ADAMS 2020从入门到精通

实战案例视频版

葛正浩
刘言松
田普建
等
编著

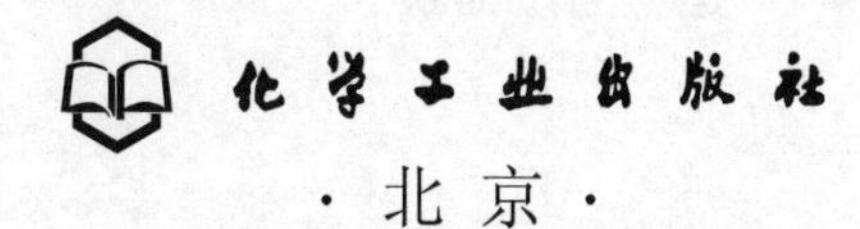

·北京·

内容简介

本书以ADAMS软件为平台，以基本操作为基础，以设计实例为主线，系统介绍ADAMS在设计与分析中的应用。全书分为两篇，基础篇在介绍多体系统动力学基础知识、ADAMS2020功能的基础上，详细讲解ADAMS的创建载荷、求解与后处理、多刚体系统建模与仿真、刚柔耦合系统建模与仿真、多柔体系统建模与仿真、机电系统联合仿真和ADAMS与其他软件的接口等。实例篇向读者介绍齿轮等接触分析实例、动画与曲线生成实例、柔性体创建实例，以及吊车起吊过程、钟摆和焊接机械手三个综合实例等。

本书是作者结合多年针对本科生、研究生的教学经验编撰而成，可作为理工科院校相关专业高年级本科生、研究生及教师学习ADAMS软件的教材或参考书，也可作为从事汽车制造、航空航天、通用机械、工程机械、造船等专业领域科学研究的工程技术人员的参考书。

图书在版编目（CIP）数据

ADAMS2020从入门到精通：实战案例视频版/葛正浩等编著. —北京：化学工业出版社，2022.7（2025.1重印）
ISBN 978-7-122-41170-9

Ⅰ. ①A… Ⅱ. ①葛… Ⅲ. ①机械工程-计算机仿真-应用软件 Ⅳ. ①TH-39

中国版本图书馆CIP数据核字（2022）第059544号

责任编辑：金林茹
文字编辑：蔡晓雅　师明远
责任校对：宋　玮
装帧设计：王晓宇

出版发行：化学工业出版社
（北京市东城区青年湖南街13号　邮政编码100011）
印　　装：北京天宇星印刷厂
787mm×1092mm　1/16　印张21　字数520千字
2025年1月北京第1版第3次印刷

购书咨询：010-64518888
售后服务：010-64518899
网　　址：http://www.cip.com.cn
凡购买本书，如有缺损质量问题，本社销售中心负责调换。

定　　价：109.00元　

前言

PREFACE

ADAMS 2020

虚拟样机技术（Virtual Prototyping Technology）是以用软件工具或借助其他三维软件创建的三维模型为基础，实现机械产品虚拟样机开发、仿真、试验和测试，在产品开发阶段就可以帮助设计者发现设计缺陷，并提出改进的方法。

本书以美国 MSC 公司的机械系统动力学分析软件 ADAMS 为平台，面向入门用户，以基本操作为基础，以设计实例为主线，介绍 ADAMS 在机械产品设计与分析中的应用。

本书内容涉及 ADAMS 软件的基本操作、载荷创建、求解与后处理，以及多刚体、刚柔耦合、多柔体、接触等满足不同对象需求的内容，同时涉及机电系统联合仿真、与其他软件数据交换等。

全书分两篇：基础篇（第 1～10 章）和实例篇（第 11～14 章）。第 1 章简要介绍多体系统动力学的基本概念、建模理论，以及虚拟样机技术的应用和相关软件。第 2 章介绍 ADAMS2020 的新功能、建模基础和求解器算法。第 3 章介绍软件的界面和工作环境，详细讲解物体、约束、载荷、标记点、仿真、动画以及曲线的创建过程，并以虎钳为例介绍仿真过程。第 4 章以曲柄滑块为例详细阐述外部载荷、柔性连接和摩擦力的施加方法。第 5 章先介绍 ADAMS 中的求解类型、后处理的作用，及交互式仿真界面中各种工具的含义和使用方法，然后讲解仿真过程动画和曲线的生成方法。第 6～8 章分别介绍多刚体系统建模与仿真、刚柔耦合系统建模与仿真、多柔体系统建模与仿真的详细过程。第 9、10 章介绍 ADAMS 与 MATLAB 联合仿真的操作方法，以及 ADAMS 软件与其他常用建模软件的数据交换。第 11～14 章分别采用实例带领读者对前述 ADAMS 的操作内容进行练习与应用，进一步熟悉 ADAMS 常用功能。

读者在学习过程中遇到问题时可联系编者解答。本书配有各章实例源文件和同步实例讲解视频（见带▶的章节），方便读者进一步理解。

本书由陕西科技大学葛正浩教授统稿，参与编写的还有陕西科技大学刘言松、田普建等。具体编写分工：第 1、3、12 章由刘言松编写；第 2、9 章由田普建编写；第 4、5

章由葛正浩、李理想、刘言松编写；第 6、13 章由刘言松、王琳编写；第 7、8 章由葛正浩、张新安编写；第 10 章由葛正浩、尹欢编写；第 11 章由葛正浩、尹欢、刘言松、张怡辉、王特栋、薛宇飞编写；第 14 章由葛正浩、薛宇飞编写。

虽然编著者在编写本书的过程中力求完善，但是水平有限，书中欠妥之处在所难免，希望读者能够及时指出，共同促进本书质量的提高。

编著者

扫码尽享

ADAMS 全方位学习

ADAMS 2020

目录 CONTENTS

基础篇

实例篇

ADAMS 2020

基础篇

扫码尽享
ADAMS 全方位学习

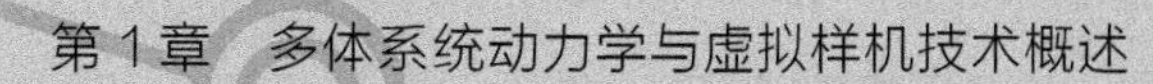

第1章 多体系统动力学与虚拟样机技术概述

扫码尽享
ADAMS 全方位学习

本章主要介绍与多体系统动力学相关的基本概念、建模理论和方法，以及基于多体系统动力学理论的虚拟样机技术的知识。本章内容的学习，能为读者深入理解 ADAMS（或称 Adams）提供理论基础。

1.1 多体系统动力学简介

多体系统是指多个物体按照确定的方式所组成的机械系统。多体系统是对一般复杂机械系统的完整抽象和有效描述，是现今分析和研究复杂机械系统的最优模式。由多个刚体或柔体通过某种形式连接的复杂机械系统，都可以通过抽象、提炼而成为一个多体系统。

多体系统动力学的根本任务是基于多体系统理论，利用现代计算机技术对复杂机械系统进行动力学分析。多体系统动力学的基础是传统的经典力学，经过长期的发展，又派生出计算多体系统动力学的相关理论。

本节介绍多体系统动力学的基本概念、建模理论和求解方法。

1.1.1 多体系统动力学基本概念

（1）物理模型

模型是对真实世界物质关系的抽象。在多体系统动力学中，物理模型是指由物体、运动副和力等要素组成，并具有一定拓扑结构的线性或非线性系统。物理模型是多体系统动力学的研究和分析对象。

（2）物体

在多体机械系统中，称构件为物体。物体可以理解为由若干质点组成的质点系。

① 刚体

质点间距离保持不变的物体。

② 柔体

质点间距离能够变化的物体。

（3）拓扑结构

在多体系统中，称物理模型中物体间的联系方式为拓扑结构。其中，任意两个物体间只有唯一通路的拓扑结构系统称树形系统，如图 1-1（a）所示；任意两个物体间有两个或两个以上通路的拓扑结构系统称非树形系统，如图 1-1（b）所示。

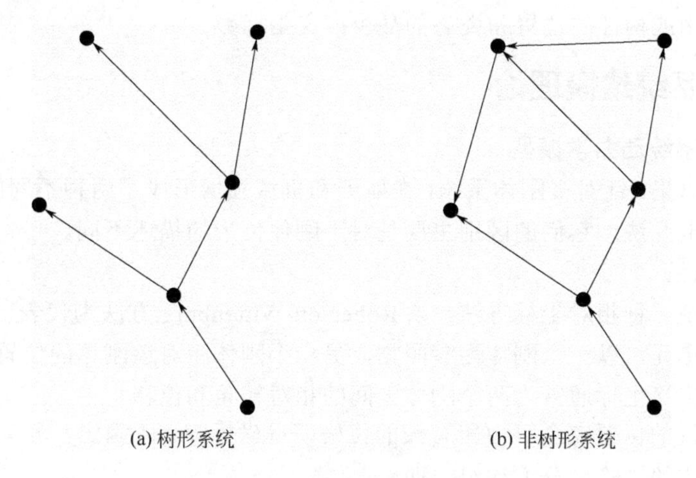

图 1-1　多体系统的拓扑结构

（4）约束

在多体系统中，称对某物体的运动或者对物体之间的相对运动施加的限制为约束。约束又分为运动约束和驱动约束。

（5）运动副

在多体系统中，称物体之间的运动学约束为运动副。如，机构学中常见的转动副、移动副等。

（6）力

对于多体系统，力表现为两种形式：一是系统内部物体之间的相互作用，也称为力元；二是系统外部物体对系统内部物体的作用，也称为外力（偶）。

（7）数学模型

用数学方法描述的多体系统物理模型。依据研究目标，数学模型又分为静力学模型、运动学模型和动力学模型。

（8）运动学

通过机构中各构件的尺寸、运动副等参数得到构件的位移、速度和加速度。运动学与力无关。

（9）动力学

在外力作用下，通过机构中各构件的尺寸、运动副等参数，得到构件的位移、速度、加速度、约束反力。

① 动力学正问题

已知机构构型、外力和初始条件，求机构各构件的运动。

② 动力学逆问题

已知机构构型、运动，求机构各构件的受力。

（10）连体坐标系

固定于物体并随其一起运动的坐标系，用以确定物体的运动状态。

（11）广义坐标系

能够唯一确定机构所有构件的位置和姿态的任意一组变量。

（12）自由度

确定一个机构或构件的位置和姿态的最少广义坐标数。

1.1.2 多体系统建模理论

（1）多刚体系统动力学模型

自二十世纪以来，针对多刚体系统，在航天和机械领域形成了两种不同的数学建模方法：拉格朗日法和笛卡儿法，它们的区别主要是对于刚体位形的描述不同。

① 拉格朗日法

拉格朗日法是一种相对坐标方法，以 Roberson-Wittenburg 方法为代表，以系统每个铰的一对邻接刚体为单元，以一个刚体为参照物，另一个刚体相对该刚体的位置通过铰的广义坐标来描述。铰的广义坐标通常为两个刚体之间的相对转角和位移。

这样开环系统的位置完全可由所有铰的拉格朗日坐标阵 $\boldsymbol{q}$ 所确定。其动力学方程的形式为拉格朗日坐标阵的二阶微分方程组，即

$$\boldsymbol{A}(\boldsymbol{q},t)\ddot{\boldsymbol{q}}=\boldsymbol{B}(\boldsymbol{q},\dot{\boldsymbol{q}},t) \tag{1-1}$$

该模型的优点是方程个数最少，树系统的坐标数等于系统自由度，而且动力学方程易转化为常微分方程组（Ordinary Differential Equations，ODEs），但方程呈严重非线性。为使方程具有程序化与通用性，在矩阵 $\boldsymbol{A}$ 与 $\boldsymbol{B}$ 中常常包含描述系统拓扑的信息，其形式相当复杂，而且在选择广义坐标时需人为干预，不利于计算机自动建模。不过目前对于多体系统动力学的研究比较深入，采用拉格朗日方法的几种应用软件也取得了较好的效果。

对于非树形系统，拉格朗日方法要采用切割铰的方法以消除闭环，但这引入了额外的约束，使得产生的动力学方程为微分代数方程，不能直接采用常微分方程算法去求解，需要专门的求解技术。

② 笛卡儿法

在机械工程领域形成的笛卡儿法是一种绝对坐标方法，以系统中每一个物体为单元，建立固结在刚体上的坐标系，刚体的位置相对于一个公共参考基进行定义，其位置坐标（也可称为广义坐标）统一为刚体坐标系基点的笛卡儿坐标与坐标系的方位坐标，方位坐标选用欧拉角或欧拉参数。

单个物体位置坐标在二维系统中为 3 个、三维系统中为 6 个（如果采用欧拉参数为 7 个）。对于由 N 个刚体组成的系统，位置坐标阵 $\boldsymbol{q}$ 中的坐标个数为 $3N$（二维）或 $6N$（或 $7N$）（三维）。由于铰约束的存在，这些位置坐标不独立。笛卡儿法系统动力学模型的一般形式可表示为

$$\begin{cases}\boldsymbol{A}\ddot{\boldsymbol{q}}+\boldsymbol{\Phi}_q^{\mathrm{T}}\boldsymbol{\lambda}=\boldsymbol{B}\\ \boldsymbol{\Phi}(\boldsymbol{q},t)=0\end{cases} \tag{1-2}$$

式中，$\boldsymbol{\Phi}$ 为位置坐标阵；$\boldsymbol{q}$ 为约束方程；$\boldsymbol{\Phi}_q$ 为约束方程的雅可比矩阵；$\boldsymbol{\lambda}$ 为拉格朗日乘子。

上述方程即是微分-代数方程组，也称为欧拉-拉格朗日方程组。其方程个数较多，但系数矩阵呈稀疏状，适合计算机自动建立统一的模型进行处理。笛卡儿方法对于多刚体系统的处理不区分开环与闭环（树形系统与非树形系统），统一处理。目前国际上有名的两个动力学分析商业软件 ADAMS 和 DADS 都采用这种建模方法。

（2）柔性多体系统动力学模型

从计算多体系统动力学角度看，柔性多体系统动力学的数学模型首先应该和多刚体系统与结构动力学有一定的兼容性。当系统中的柔性体变形不计时就退化为多刚体系统，当部件间的大范围运动不存在时就退化为结构动力学问题。

柔性多体系统不存在连体基，通常选定一个浮动坐标系描述物体的大范围运动，物体的弹性变形将相对该坐标系定义。弹性体相对于浮动坐标系的离散将采用有限单元法与现代模态综合分析方法。

在用集中质量有限单元法或一致质量有限单元法处理弹性体时，用节点坐标来描述弹性变形。

在用正则模态或动态子结构等模态分析方法处理弹性体时，用模态坐标描述弹性变形。这就是莱肯斯首先提出的描述柔性多体系统的混合坐标方法，即用坐标阵 $\boldsymbol{p}=(\boldsymbol{q}^{\mathrm{T}}\boldsymbol{a}^{\mathrm{T}})^{\mathrm{T}}$ 描述系统的位形，其中 $\boldsymbol{q}$ 为浮动坐标系的位形坐标，$\boldsymbol{a}$ 为变形坐标。

根据动力学基本原理推导的柔性多体系统动力学方程形式同式（1-1）和式（1-2），只是将 $\boldsymbol{q}$ 用 $\boldsymbol{p}$ 代替，即柔性多体系统具有与多刚体系统类似的动力学数学模型。

1.1.3 多体系统动力学数值求解

多刚体系统拉格朗日方法产生的形如式（1-1）的动力学数学模型是复杂的二阶常微分方程组（ODEs），系数矩阵包含描述系统拓扑的信息。对于该类问题的求解，通常采用符号-数值相结合的方法或者全数值的方法。

符号-数值方法是先采用基于计算代数的符号计算方法进行符号推导，得到多刚体系统拉格朗日模型系数矩阵简化的数学模型，再用数值方法求解 ODEs 问题。

多刚体系统笛卡儿方法产生的形如式（1-2）的动力学数学模型属于微分-代数方程组（DAEs）。

柔性多体系统的动力学数学模型形式与多刚体系统相同，借鉴多刚体系统数学模型的求解方法。只是混合坐标中描述浮动坐标系运动的刚体坐标 $\boldsymbol{q}$ 通常是慢变大幅值的变量，而描述相对于浮动坐标系弹性变形的坐标 $\boldsymbol{a}$ 是快变微幅的变量。两类变量出现在强非线性与时变的耦合动力学方程中，其数值计算呈病态，数值计算困难。

综上所述，多体系统动力学问题的求解集中于微分-代数方程组的求解。下面介绍 DAEs 问题的求解方法。

（1）微分-代数方程组的特性

对于多刚体系统，采用笛卡儿方法建立的微分-代数方程为

$$\boldsymbol{M}(\boldsymbol{q},t)\ddot{\boldsymbol{q}}+\boldsymbol{\Phi}_{q}^{\mathrm{T}}(\boldsymbol{q},t)\boldsymbol{\lambda}-\boldsymbol{Q}(\boldsymbol{q},\dot{\boldsymbol{q}},t)=\boldsymbol{0} \tag{1-3}$$

$$\boldsymbol{\Phi}(\boldsymbol{q},t)=\boldsymbol{0} \tag{1-4}$$

其中，$\boldsymbol{q}$、$\dot{\boldsymbol{q}}$、$\ddot{\boldsymbol{q}}$ 分别为系统的位置、速度、加速度向量；$\boldsymbol{\lambda}\in\boldsymbol{R}^{m}$ 为拉格朗日乘子；$t\in\boldsymbol{R}$ 为时间；$\boldsymbol{M}\in\boldsymbol{R}^{n\times n}$ 为系统的质量（惯性）矩阵；$\boldsymbol{\Phi}_{q}\in\boldsymbol{R}^{m\times n}$ 为约束雅可比矩阵；$\boldsymbol{Q}\in\boldsymbol{R}^{n}$ 为外力向量；$\boldsymbol{\Phi}\in\boldsymbol{R}^{m}$ 为位置约束方程。

将式（1-4）对时间求一阶和二阶导数，得到速度和加速度约束方程

$$\dot{\boldsymbol{\Phi}}(\boldsymbol{q},\dot{\boldsymbol{q}},t)=\boldsymbol{\Phi}_{q}(\boldsymbol{q},t)\dot{\boldsymbol{q}}-\boldsymbol{\nu}(\boldsymbol{q},t)=\boldsymbol{0} \tag{1-5}$$

$$\ddot{\boldsymbol{\Phi}}(\boldsymbol{q},\dot{\boldsymbol{q}},\ddot{\boldsymbol{q}},t)=\boldsymbol{\Phi}_{q}(\boldsymbol{q},t)\ddot{\boldsymbol{q}}-\boldsymbol{\eta}(\boldsymbol{q},\dot{\boldsymbol{q}},t)=\boldsymbol{0} \tag{1-6}$$

其中，称 $\boldsymbol{v}=-\boldsymbol{\Phi}_t(\boldsymbol{q},t)$ 为速度右项；$\boldsymbol{\eta}=-(\boldsymbol{\Phi}_q\dot{\boldsymbol{q}})_q\dot{\boldsymbol{q}}-2\boldsymbol{\Phi}_{qt}\dot{\boldsymbol{q}}-\boldsymbol{\Phi}_{tt}$ 为加速度右项。

假定系统的初始条件为

$$\begin{cases}\boldsymbol{q}(0)=\boldsymbol{q}_0\\ \dot{\boldsymbol{q}}(0)=\dot{\boldsymbol{q}}_0\end{cases} \tag{1-7}$$

微分-代数方程组的特性和需要注意的问题有：

① 微分-代数方程问题不是常微分方程（ODEs）问题；

② 由式（1-3）和式（1-4）组成的微分-代数方程组是指标 3 问题，通过对约束方程求导，化为由式（1-3）～式（1-6）组成的微分-代数方程组后，其指标降为 1；

③ 微分-代数方程数值求解的关键在于避免积分过程中代数方程的违约现象；

④ 初值式（1-7）与位置约束式（1-4）及速度约束式（1-5）的相容性；

⑤ 微分-代数方程组的刚性问题。

（2）微分-代数方程组的积分技术

根据对位置坐标阵和拉格朗日乘子处理技术的不同，将微分-代数方程组问题的处理方法分为增广法和缩并法。

① 增广法

传统的增广法是把广义坐标加速度 $\ddot{\boldsymbol{q}}$ 和拉格朗日乘子 $\boldsymbol{\lambda}$ 作为未知量同时求解，再对加速度面进行积分，求出广义坐标速度 $\dot{\boldsymbol{q}}$ 及广义坐标位置 $\boldsymbol{q}$，包括直接积分法和约束稳定法。

近年来，在传统增广法的基础上又发展形成了超定微分-代数方程组（ODAEs）方法等新的算法。

直接积分法：将式（1-3）和式（1-6）联立在一起，同时求出 $\ddot{\boldsymbol{q}}$ 与 $\boldsymbol{\lambda}$，然后对 $\ddot{\boldsymbol{q}}$ 积分得 $\dot{\boldsymbol{q}}$ 和 $\boldsymbol{q}$。该方法未考虑式（1-4）和式（1-5）的坐标和速度违约问题，积分过程中误差积累严重，极易发散。在实际的数值计算过程中，并不直接采用直接积分法，但在直接积分法的基础上发展了一系列控制违约现象的数值方法。

约束稳定法：将控制反馈理论引入微分-代数方程组的数值积分过程以控制违约现象。通过把式（1-6）右边量替换为含位置约束和速度约束的参数式，保证位置约束和速度约束在式（1-3）和式（1-6）联立求解时恒满足。该方法稳定性好、响应快，但如何选择参数式中速度项和位置项的系数是一个问题。

超定微分-代数方程组（ODAEs）法：将系统速度作为变量引入微分-代数方程组，从而将原来的二阶 DAEs 化为超定的一阶 DAEs，再为所得方程组引入未知参数，根据模型的相容性消除系统的超定性，如此可使数值计算的稳定性明显改变；或者将系统位置、速度、加速度向量和拉格朗日乘子向量联立作为系统广义坐标，再将由式（1-3）～式（1-6）组成的微分-代数方程组及速度与位置、加速度与速度的微分关系式作为约束，化二阶 DAEs 为超定的一阶 DAEs，再根据系统相容性引入两个未知参数，消除超定性，这样所得的最终约化模型更为简单，但方程组要多 n 个。在 ODAEs 方法的基础上产生了一系列新的更为有效的算法。

解耦 ODAEs 法：在 ODAEs 方法的基础上，发展形成了一类解耦思想，就是在 ODAEs 的基础上对常用的隐式 ODEs 方法采用预估式，再按加速度、速度和位置的顺序进行求解。后来进一步发展形成了无须对隐式 ODEs 方法利用预估式求解的解耦思想，进一步提高了效率。

② 缩并法

缩并法就是通过各种矩阵分解方法将描述系统的n个广义坐标用p个独立坐标表达，从而将微分-代数方程组从数值上化为与式（1-1）类似的数学模型，以便于用 ODEs 方法进行求解。传统的缩并法包括 LU 分解法、QR 分解法、SYD 分解法以及可微零空间法等，后来在传统缩并法的基础上产生了局部参数化缩并方法等新的算法。缩并法中的这些具体方法分别对应着约束雅可比矩阵的不同分解。

LU 分解法：又称为广义坐标分块法。把广义位置坐标$\boldsymbol{q}$用相关坐标$\boldsymbol{u}$和独立坐标$\boldsymbol{v}$分块表示，再将约束雅可比矩阵$\boldsymbol{\Phi}_q$用 LU 分解法分块，得到广义坐标速度$\dot{\boldsymbol{q}}$和加速度$\ddot{\boldsymbol{q}}$用独立坐标速度$\dot{\boldsymbol{v}}$、加速度$\ddot{\boldsymbol{v}}$表达的式子。将这两个表达式代入式（1-3），就可得到形如式（1-1）的关于独立坐标加速度$\ddot{\boldsymbol{v}}$的二阶微分方程。该算法可靠、精确，并可控制误差，但效率稍低。

QR 分解法：通过对约束雅可比矩阵$\boldsymbol{\Phi}_q$正交分解的结果做微分流型分析，得到可选作受约束系统独立速度的$\dot{\boldsymbol{z}}$，并将微分-代数方程组化作二阶微分方程，如此可保证在小时间间隔内由$\dot{\boldsymbol{z}}$积分引起的广义坐标的变化不会导致大的约束违约。

SYD 分解法：把约束雅可比矩阵$\boldsymbol{\Phi}_q$做奇异值分解所得的结果分别用于式（1-3）和式（1-6），得到缩并后的系统动力学方程。在该方法推导过程中没有用到式（1-4）和式（1-5），所以也存在位置和速度违约问题，可用约束稳定法改善其数值性态。

可微零空间法：通过 Gram-Schmidt 正交化过程自动产生约束雅可比矩阵$\boldsymbol{\Phi}_q$的可微、唯一的零空间基来对系统方程降阶。具体做法是对由$\boldsymbol{\Phi}_q \in \boldsymbol{R}^{m\times n}$和任意矩阵$\boldsymbol{B} \in \boldsymbol{R}^{(n-m)\times n}$构造的矩阵$\boldsymbol{P} \in \boldsymbol{R}^{n\times n}$采用 Gram-Schmidt 正交化过程，将$\boldsymbol{P}$化为正交非奇异矩阵$\boldsymbol{V}$。再引入新的速度矢量比$\dot{\boldsymbol{z}} \in \boldsymbol{R}^n$使其满足$\dot{\boldsymbol{z}} = \boldsymbol{V}^{\mathrm{T}}\dot{\boldsymbol{q}}$，将新速度矢量$\dot{\boldsymbol{z}}$和加速度矢量$\ddot{\boldsymbol{z}}$按正交化结果分块，得到新的独立速度矢量$\dot{\boldsymbol{z}}_t$和加速度$\ddot{\boldsymbol{z}}_t$，如此可将微分-代数方程组化为关于新的独立加速度矢量$\ddot{\boldsymbol{z}}_t$的动力学方程。

局部参数化缩并方法：先将式（1-3）～式（1-6）改写为等价的一阶形式，再用微分流形理论的切空间局部参数化方法将等价的欧拉-拉格朗日方程降为参数空间上的常微分方程。

微分-代数方程组数值求解的方法基本都可归为增广法或缩并法。

（3）相容性问题和刚性问题

① 初值相容性问题

在微分-代数方程组的数值求解过程中，给定的位置和速度初始条件与微分-代数方程组中的位置和速度约束的相容性是值得注意的一个问题。相容性是微分-代数方程组有解的必要条件。

② 刚性问题

现代机械系统的复杂性、系统的耦合使得所得的微分-代数方程呈现刚性特征。目前一般采用隐式方法求解刚性问题，如在 LU 分解法基础上发展起来的新缩并法，基于 ODAEs 方法的增广法、基于多体系统正则方程的解法等，都属于隐式方法，具有较好的稳定性和计算精度。

1.2 虚拟样机技术简介

虚拟样机技术（Virtual Prototyping Technology，VPT）是目前设计制造领域的一项新技术，虚拟样机技术利用计算机软件建立机械系统的三维实体模型、运动学和动力学模型，分析和评估机械系统的性能，为机械产品的设计和制造提供技术依据。

1.2.1 机械产品设计的基本流程

机械产品设计的基本流程如图 1-2 所示。

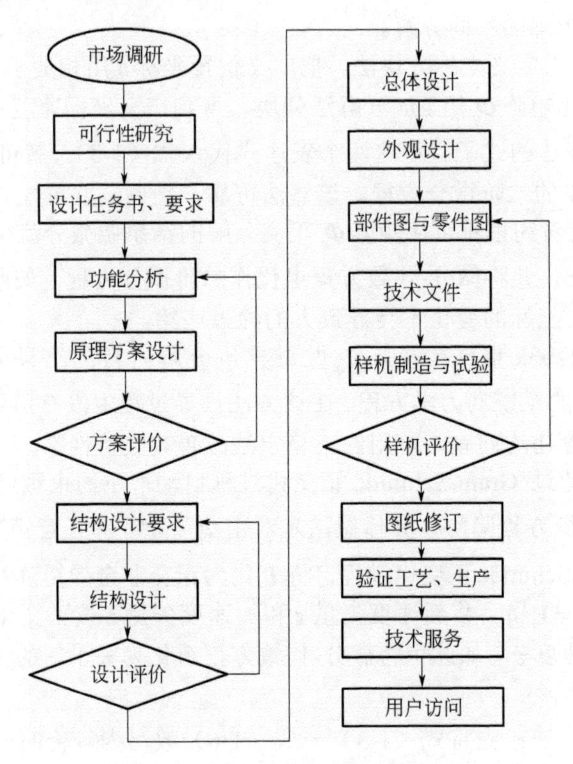

图 1-2　机械产品设计的基本流程

机械产品的设计流程起点为市场调研。在明确设计任务和设计要求的前提下，进入机械系统运动方案设计。在完成机构设计获得部件装配图和零件图的基础上，进行样机的制造和试验，并对样机进行评价。

样机的试验往往采用物理样机，周期长、成本高。随着现代计算机技术水平的不断提高，虚拟样机技术得到了迅猛发展，并在机械产品设计过程中得到了广泛应用。

1.2.2 虚拟样机技术的简介

虚拟样机技术是一种基于产品计算机仿真模型的数字化设计方法，这些数字模型即虚拟样机（VP）支持并行设计。虚拟样机技术涉及多体系统运动学与动力学建模理论及其技术实现，是基于先进的建模技术、多领域仿真技术、信息管理技术、交互式用户界面技术和虚拟现实技术的综合应用技术。

虚拟样机技术是在 CAX（如 CAD、CAM、CAE 等）/DFX（如 DFA、DFM 等）技术基础上的发展，它进一步融合信息技术、先进制造技术和先进仿真技术，并应用于复杂系统的全生命周期、全系统。利用虚拟样机代替物理样机对产品进行创新设计、测试和评估，能够缩短开发周期、降低成本、改进产品设计质量，提高面向客户与市场需求的能力。

在产品设计开发中，虚拟样机技术将分散的零部件设计和分析技术（指在某一系统中零部件的 CAD 和 FEA 技术）糅合，在计算机上建造出产品的整体模型，并针对该产品在投入使用后的各种工况进行仿真分析，预测产品的整体性能，进而改进产品设计，提高产品性能。

在传统的设计与制造过程中，为了验证设计，通常要制造物理样机进行试验，通过试验发现问题，再修改设计进行样机验证。只有不断地循环设计-试验过程，产品才能达到所要求的性能。对于结构复杂的机械系统，设计周期漫长，无法适应市场的变化，极大影响产品的竞争力，且制造物理样机增加了产品成本。在竞争的市场背景下，基于物理样机的设计验证规程严重地制约了产品质量的提高、成本的降低和产品的竞争力。

虚拟样机技术是从分析解决产品整体性能及其相关问题的角度出发，解决传统的设计与制造过程弊端的高新技术。在该技术中，工程设计人员可以直接利用 CAD 系统所提供的各种零部件的物理信息及其几何信息，在计算机上定义零部件间的约束关系并对机械系统进行虚拟装配，获得机械系统的虚拟样机。使用系统仿真软件在各种虚拟环境中真实地模拟系统的运动，并对其在各种工况下的运动和受力情况进行仿真分析，观测并试验各组成部分的相互运动情况。可以方便地修改设计缺陷，仿真试验不同的设计方案，对整个系统进行不断改进，直到获得最优设计方案以后，再制造物理样机。

虚拟样机技术可使产品设计人员在各种虚拟环境中真实地模拟产品整体的运动及受力情况，快速分析多种设计方案，进行对物理样机而言难以进行或根本无法进行的试验，直到获得系统的最佳设计方案为止。虚拟样机技术的应用贯穿于整个设计过程，它可以用在概念设计和方案论证中，设计者可以把自己的经验与想象结合在虚拟样机里，充分发挥想象力和创造力。用虚拟样机替代物理样机验证设计时，不但可以缩短开发周期，而且设计效率也得到大幅提高。

1.2.3 虚拟样机技术的应用

当前，虚拟样机技术已经在汽车制造、工程机械、航空航天、造船、航海、机械电子、通用机械等众多领域得到了广泛的应用。美国波音飞机公司的波音 777 飞机（图 1-3）是世界上首架以无图纸方式研发并制造的飞机，其设计、装配、性能评价及分析均采用了虚拟样机技术，不但使研发周期大大缩短（制造周期缩短 50%）、研发成本大大降低（如减少设计更改费用 94%），而且确保最终产品一次装配成功。

图 1-3　波音 777-200

在航天及星际探测领域，利用虚拟样机技术仿真研究宇宙飞船在不同阶段（进入大气层、减速和着陆）的工作过程。如在探测器发射之前，运用虚拟样机技术预测到由于制动火箭与火星风的相互作用，探测器很可能在着陆时滚翻，修改了技术方案，保证了火星登陆计划的成功。图 1-4 所示为祝融号火星车。

图 1-4 祝融号火星车

通用动力公司 1997 年建成了全数字化机车虚拟样机，并行地进行产品的设计、分析、制造及夹具、模具工装设计和可维修性设计。日产汽车公司也利用虚拟样机进行概念设计、包装设计、覆盖件设计、整车仿真设计等。

Caterpillar 公司以前制造一台大型设备的物理样机需要数月时间，并耗资数百万美元；为提高竞争力，大幅度降低产品的设计成本和制造成本，该公司采用了虚拟样机技术，从根本上改进了设计和试验步骤，实现了虚拟试验多种设计方案，降低了产品成本，提高了产品性能。

在我国的农业机械领域，虚拟样机技术也有应用。有人利用虚拟样机技术设计甘蔗收割机，实现了产品及其设计方法的创新，取得了良好的效果。

1.2.4 虚拟样机技术软件

虚拟样机技术在工程中的应用通过界面友好、功能强大、性能稳定的商业化虚拟样机软件实现。国外虚拟样机相关技术软件的商业化过程已经完成，目前有二十多家公司在这个日益增长的市场上竞争。

比较有影响的有美国 MSC 公司的 ADAMS、比利时 LMS 公司的 DADS 以及德国航天局的 SIMPACK，其中美国 MSC 公司的 ADAMS 占据了市场份额的 50%以上。其他的软件还有 Working Model、Folw 3D、IDEAS、Phoenics、ANSYS、Pamcrash 等。由于机械系统仿真提供的分析技术能够满足真实系统并行工程设计要求，通过建立机械系统的模拟样机，使得在物理样机建造前便可分析出它们的工作性能，因而其应用日益受到国内外机械领域的重视。

本书采用美国 MSC 公司的 ADAMS 2020 软件进行阐述。

第2章 ADAMS 2020 简介

扫码尽享
ADAMS 全方位学习

2.1 ADAMS 2020 功能简介

虚拟样机仿真分析软件 ADAMS（Automatic Dynamic Analysis of Mechanical Systems）是一款集建模、求解、可视化技术于一体的虚拟样机软件，是目前世界上使用范围最广、最负盛名的机械系统运动学和动力学仿真分析软件。

最早的 ADAMS 由美国密歇根大学的 ADAMS 代码开发研究人员于 1977 年成立的美国 MDI（Mechanical Dynamics Incorporated）公司开发。最开始 ADAMS 软件只有 ADAMS/Sovler，用来解算非线性的方程组。使用者需要以文本方式建立模型提交给 ADAMS/Sovler 进行求解，使用很不方便。为了便于用户的使用，也为了便于软件的推广应用，在 20 世纪 90 年代初，ADAMS/View 发布，用户可以在统一的环境下建立机械系统的模型、仿真模型并分析检查结果。

1995 年，ADAMS 软件进入中国，开始在北京航空航天大学、清华大学等高校使用，随后不断扩展到国内的科研院所，开始在我国的机械制造、汽车、航空航天、铁道、兵器、石油化工等领域得到应用，为各领域中的产品设计、科学研究做出了贡献。

2002 年，MSC.Software 公司以 1.2 亿美元收购了 MDI 公司。随着 ADAMS 软件内容的不断完善和更新，其版本也不断地进行变更，由最初的 ADAMS 8.0，到后来的 ADAMS 9.1、ADAMS 10.0、ADAMS 12.0、ADAMS 2003、ADAMS 2005、ADAMS 2007、ADAMS 2010、ADAMS 2012、ADAMS 2013、ADAMS 2015、ADAMS 2016、ADAMS 2017、ADAMS 2018、ADAMS 2019、ADAMS 2020 等。

使用 ADAMS 可以建立复杂机械系统的虚拟样机，并真实地仿真其运动过程，同时可以迅速地分析和比较多种参数方案，直至获得优化的工作性能，从而大大减少了昂贵的实物样机制造及试验次数，提高了产品设计质量，大幅度地缩短产品研制周期并降低费用。ADAMS 可辅助工程师研究运动部件的动力学特性以及在整个机械系统内部荷载和作用力的分布情况。通过 ADAMS 提前进行系统级设计验证，可以提升工程效率、降低产品开发成本。工程师可评估并管理包括运动、结构、驱动和控制在内的各学科之间复杂的相互作用，以便更好地优化产品设计的性能，如安全性和舒适度。凭借广泛的分析能力，ADAMS 可充分利用高性能计算环境对大型问题进行优化。

2012 版 ADAMS 引入了新的 ADAMS/ViewFlex 模块，使用户在无须脱离 ADAMS 环境或者依赖于外部有限元建模（FEM）或有限元分析（FEA）软件的情况下即可创建柔性体。该功能技术支持来自嵌入式 MSC Nastran，整体在 ADAMS 后台运行实现，从而提高了设计效率，使高保真建模变得更容易。

ADAMS 2020 是新版本，适用于 64 位操作系统，可以帮助工程师快速创建和测试机械系统的模型，并拥有操作简单、分析速度快的特点。ADAMS 2020 新版本进行了全方位的新增和优化，不仅支持将控制系统集成到车辆模型中，还支持在线框或 3D 实体中创建或导入零部件几何，并且能在各种不同的路况下进行车辆设计，也无需编写多余的代码脚本，即可使用 GUI 轻松创建高阶对象，能够全方面满足用户的使用需求。

ADAMS 2020 的主要功能模块如表 2-1 所示。

表 2-1　ADAMS 2020 的主要功能模块

模块类	模块名	模块功能
基本模块	ADAMS/View	用户界面模块
	ADAMS/Solver	求解器模块
	ADAMS/PostProcessor	后处理模块
扩展模块	ADAMS/Hydraulics	液压系统模块
	ADAMS/Vibration	振动分析模块
	ADAMS/Linear	线性化分析模块
	ADAMS/Animation	高速动画模块
	ADAMS/Insight	试验设计与分析模块
	ADAMS/Durability	耐久性分析模块
	ADAMS/DMU Replay	数字化装配回放模块
接口模块	ADAMS/Flex	柔性分析模块
	ADAMS/Controls	控制模块
	ADAMS/Exchange	图形接口模块
	CAT/ADAMS	CATIA 专业接口模块
	Mechanical/Pro	Pro/E 接口模块
专业领域模块	ADAMS/Car	轿车模块
	Suspension Design	悬架设计软件包
	CSM	概念化悬架模块
	ADAMS/Driver	驾驶员模块
	ADAMS/Driveline	动力传动系统模块
	ADAMS/Tire	轮胎模块
	FTire Module	柔性环轮胎模块
	ADAMS/FBG	柔性体生成器模块
	EDM	经验动力学模型
	ADAMS/Engine	发动机设计模块
	ADAMS/Engine Valvetrain	配气机构模块
	ADAMS/Engine Chain	正时链模块

续表

模块类	模块名	模块功能
专业领域模块	Accessory Drive Module	附件驱动模块
	ADAMS/Rail	铁路车辆模块
	ADAMS/Pre（现名为 Chassis）	FORD 汽车公司专用汽车模块
工具箱	ADAMS/SDK	工具箱软件开发工具包
	Virtual Test Lab	虚拟试验工具箱
	Virtual Experiment Modal Analysis	虚拟试验模态分析工具箱
	Leafspring Toolkit	钢板弹簧工具箱
	ADAMS/Landing Gear	飞机起落架工具箱
	Tracked/Wheeled Vehicle	履带/轮胎式车辆工具箱
	ADAMS/Gear Tool	齿轮传动工具箱

ADAMS 2020 相比前期版本主要新增了以下功能：

① ADAMS 视图临时设置：可以将临时设置应用于单个模拟运行，使用“临时设置”功能，可以在维护审核跟踪的同时修改模型设置。

② ADAMS 视图 UDE 创建：ADAMS 2020 可以利用现有的 UDE 功能创建可重复的子模型，可以使用 GUI 创建高阶对象，并在 ADAMS 中包含这些对象的多个实例，而无需编写额外的脚本和代码。

③ ADAMS 汽车 FMU 衬套：在 ADAMS 2020 模型中包含了外部高保真衬套表示的能力，不用再局限于 ADAMS 汽车中理想化的衬套表示，可以将外部高保真套管表示作为黑盒模型引入，以使用 FMI 接口保护任何专有信息。

④ 解算器接触性能：接触建模中的性能做了优化改进，特别是当运行带有 flexbody contact 的模型时，仿真速度明显提升。

2.2 ADAMS 多体系统建模基础

ADAMS 采用世界上广泛流行的多刚体系统动力学理论中的拉格朗日方程方法建立系统的动力学方程。它选取系统内每个刚体质心在惯性参考系的 3 个直角坐标和确定刚体方位的 3 个欧拉角作为笛卡儿广义坐标，用带乘子的拉格朗日方程处理具有多余坐标的完整约束系统或非完整约束系统，导出以笛卡儿广义坐标为变量的运动学方程。

2.2.1 参考标记

ADAMS 在对构件的速度和加速度进行仿真分析的过程中，需要指定参考标记作为该构件速度和加速度的参考坐标系。在机械系统的运动分析过程中，有两种类型的参考标记：地面参考标记和构件参考标记。地面参考标记是一个惯性参考系，固定在一个绝对静止的空间中。通过地面参考标记建立机械系统的绝对静止参考系，属于地面标记上任何一点的速度和加速度均为零。

对于大多数问题，将地球或地面近似为惯性参考标记，即地面参考标记。每一个刚性体都有一个与地面参考标记相对固定的参考标记，即构件参考标记。刚性体上的各点相对于该构件参考标记位置是固定的、静止的。

2.2.2 坐标系

笛卡儿坐标系是采用右手规则的直角坐标系，直角坐标系是机械系统的坐标系中应用最广泛的坐标系，常用的机械系统运动学和动力学的所有矢量均用沿 3 个单位坐标矢量的分量来表示。坐标系固定在一个参考标记上，随参考标记相对于参考框架做相对运动。合理地设置坐标系可简化机械系统的运动分析计算量。在机械系统运动分析过程中，经常使用以下 3 种坐标系。

（1）大地坐标系（Ground Coordinate System）

大地坐标系又称为静坐标系，是固定在地面标记上的坐标系。在 ADAMS 中，所有构件的位置、方向和速度都用大地坐标系表示。

（2）局部构件参考坐标系（Local Part Reference Frame）

局部构件参考坐标系一般固定在构件或部件上并随构件或部件同步运动。每个构件都有一个局部构件参考坐标系，通过局部构件参考坐标系在大地坐标系的位置和方向来确定一个构件在大地坐标系中的位置和方向。在 ADAMS 中，局部构件参考坐标系默认与大地坐标系重合。

（3）标记点坐标系（Marker System）

标记点坐标系是为了简化建模和分析而在构件上设立的辅助坐标系。标记点坐标系有两种类型：固定标记点坐标系和浮动标记点坐标系。固定标记点固定在构件上，并随构件运动。通过固定标记点在局部构件参考坐标系中的位置和方向来确定固定标记点坐标系的位置和方向。固定标记点用来定义构件的形状、质心位置、作用力和反作用力的作用点、构件之间的连接位置等。浮动标记点相对于构件是运动的，在机械系统的运动分析过程中有些力和约束必须使用浮动标记来定位。

广义坐标选择的合理性直接影响动力学方程的求解速度。研究刚体在惯性空间中的一般运动时，常用它的连体基的原点（一般与质心重合）确定位置，用连体基相对惯性基的方向余弦矩阵确定方位。

为了解析和描述构件的方位，还需要规定一组转动广义坐标来表示方向余弦矩阵。

第一种方法是用方向余弦矩阵本身的元素作为转动广义坐标，但是变量太多，同时还要附加 6 个约束方程。

第二种方法是用欧拉角或卡尔登角作为转动坐标，它的算法规范，缺点是在逆问题中存在奇点，在奇点位置附近的数值计算容易出现问题。

第三种方法是用欧拉参数作为转动广义坐标，它的变量不太多，由方向余弦计算欧拉角时不存在奇点，数值计算更加顺畅。

ADAMS 软件用笛卡儿坐标反映刚体的质心位置，用欧拉角反映刚体的方位，从而构建并作为刚体的广义坐标。由于采用了不独立的广义坐标，系统动力学方程的数量是三种方法中最大的，但每个动力学方程都是高度稀疏耦合的微分代数方程，适用于稀疏矩阵的高效求解，求解速度是三种方法中最高效的。

在 ADAMS/View 工作窗口的左下角有一个原点固定，但可以随模型旋转的坐标系，该坐标系用于显示系统的总体坐标系，默认为笛卡儿坐标系，另外在每个刚体的质心处，系统会固定一个坐标系，这个坐标系便是标记点坐标系，通过描述标记点坐标系在大地坐标系中的方位，就可以完全描述刚体在大地坐标系中的方位。

在 ADAMS 中有 3 种坐标系表示形式，分别为笛卡儿坐标系（Cartesian Coordinate）、柱坐标系（Cylindrical Coordinate）和球坐标系（Spherical Coordinate），如图 2-1 所示。空间一点在 3 种坐标系中的坐标分别表示为（x, y, z）、（r, θ, z）和（ρ, ϕ, θ），并且它们之间满足如下的关系

$$\begin{cases} x = r\cos\theta \\ y = r\sin\theta \\ z = z \end{cases} \quad \begin{cases} x = \rho\sin\phi\cos\theta \\ y = \rho\sin\phi\sin\theta \\ z = \rho\cos\phi \end{cases}$$

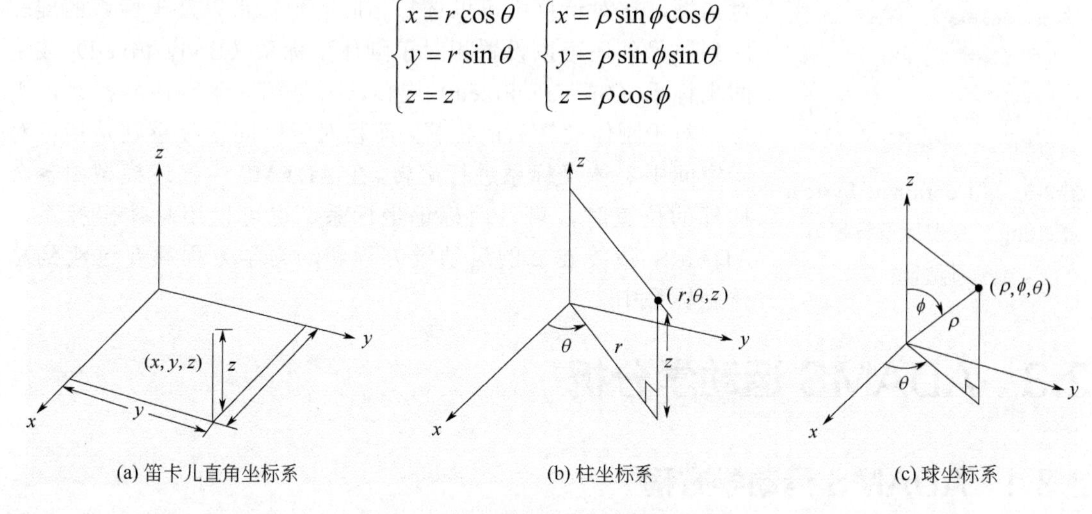

图 2-1　ADAMS 中的坐标系形式

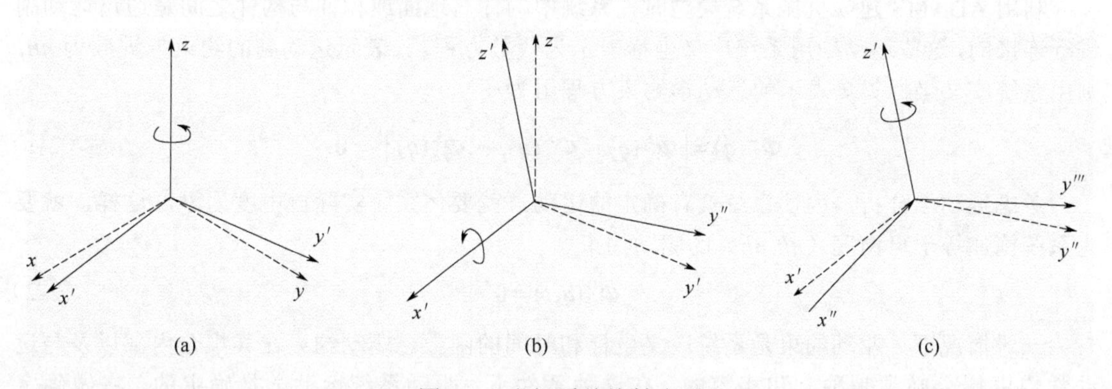

图 2-2　坐标系的旋转序列

刚体在空间旋转时，其标记点坐标系可以相对于自身旋转后的某个坐标轴旋转一定角度（刚体固定，Body Fixed），也可以相对于自身原来的坐标轴旋转一定角度（空间固定，Space Fixed），旋转时，可以绕不同的坐标轴旋转，也可以绕着相同的坐标轴旋转，这样就形成了一个旋转序列。在 ADAMS/View 中，绕 x 轴旋转称为 1 旋转，绕 y 轴旋转称为 2 旋转，绕 z 轴旋转称为 3 旋转，这样就可以形成多个旋转序列（Rotation Sequence），如 313、312、123 等。如果按照 313 刚体固定的旋转序列来旋转坐标系，则旋转过程如图 2-2 所示。首先绕 z 轴旋转一定角度，x 轴旋转到 x'位置，y 轴旋转到 y'位置，z 轴不动，这样就得到新的坐标系（x'，y'，z），如图 2-2（a）所示。然后绕坐标系（x'，y'，z）的 x'轴旋转一定角度，y'轴旋转到 y''位置，z 轴旋转到 z'位置，x'轴不动，这样就得到另一个新坐标系（x'，y''，z'），如图 2-2（b）所示。最后再绕坐标系（x'，y''，z'）的 z'轴旋转一定角度，x'轴旋转到 x''位置，y''轴旋转到 y'''位置，z'轴不动，这样就最终得到了坐标系（x''，y'''，z'），如图 2-2（c）所示。

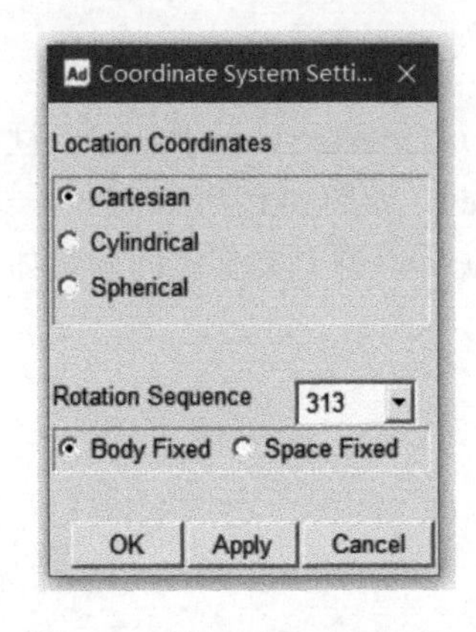

图 2-3 “Coordinate System Setting”（坐标系设置）对话框

以上旋转序列称为刚体固定 313 旋转序列，这种旋转序列的三次旋转的角度称为欧拉角，欧拉角在高等动力学和多体系统动力学中有广泛的应用，其他旋转序列与此类似。

在 ADAMS 2020 软件中，单击菜单“Setting”—“Coordinate System”后，弹出如图 2-3 所示的“Coordinate System Setting”对话框，在对话框中可以选择相应的坐标系以及坐标系的旋转序列。另外还可以设置相对于刚体坐标系（Body Fixed）或空间坐标系（Spaced Fixed）旋转，若是相对于刚体坐标系，则是相对于刚体旋转后的位置，而相对于空间坐标系则是指相对于空间中总体坐标系进行旋转。在 ADAMS 中描述模型中各个构件的位置时，可以用标记坐标系，也可以用总体坐标系，ADAMS 最终建立的运动学方程和动力学方程都要过渡到总体坐标系中。

2.3 ADAMS 运动学分析

2.3.1 ADAMS 运动学方程

利用 ADAMS 建立机械系统模型时，系统中构件与地面或构件与构件之间是通过运动副进行连接的，这些运动副用系统广义坐标表示为代数方程。设表示运动副的约束方程数为 nh，则用系统广义坐标矢量表示的运动学约束方程组为

$$\boldsymbol{\Phi}^{\mathrm{K}}(\boldsymbol{q})=\left[\boldsymbol{\Phi}_1^{\mathrm{K}}(\boldsymbol{q}),\ \boldsymbol{\Phi}_2^{\mathrm{K}}(\boldsymbol{q}),\cdots,\boldsymbol{\Phi}_{nh}^{\mathrm{K}}(\boldsymbol{q})\right]^{\mathrm{T}}=\mathbf{0} \tag{2-1}$$

考虑运动学分析，为使系统具有确定的运动，就要使系统实际自由度为零，这样，就要为系统施加等于自由度（nh-nh）的驱动约束

$$\boldsymbol{\Phi}^{\mathrm{D}}(\boldsymbol{q},t)=\mathbf{0} \tag{2-2}$$

一般情况下，驱动约束是系统广义坐标和时间的函数。驱动约束在其集合内部以及与运动学约束集合必须是独立和相容的。在这种条件下，驱动系统运动学是确定的，将做确定运动。

由式（2-1）表示的系统运动学约束和式（2-2）表示的驱动约束组合成系统所受的全部约束

$$\boldsymbol{\Phi}(\boldsymbol{q},t)=\begin{bmatrix}\boldsymbol{\Phi}^{\mathrm{K}}(\boldsymbol{q},t)\\ \boldsymbol{\Phi}^{\mathrm{D}}(\boldsymbol{q},t)\end{bmatrix}=\mathbf{0} \tag{2-3}$$

式（2-3）为 nc 个广义坐标的非线性方程组，其构成了系统位置方程。

对式（2-3）求导，得到速度约束方程

$$\dot{\boldsymbol{\Phi}}(\boldsymbol{q},\dot{\boldsymbol{q}},t)=\boldsymbol{\Phi}_q(\boldsymbol{q},t)\dot{\boldsymbol{q}}+\boldsymbol{\Phi}_t(\boldsymbol{q},t)=\mathbf{0} \tag{2-4}$$

如果令 $\boldsymbol{v}=-\boldsymbol{\Phi}_t(\boldsymbol{q},t)$，则速度方程为

$$\dot{\boldsymbol{\Phi}}(\boldsymbol{q},\dot{\boldsymbol{q}},t)=\boldsymbol{\Phi}_q(\boldsymbol{q},t)\dot{\boldsymbol{q}}-\boldsymbol{v}=\mathbf{0} \tag{2-5}$$

对式（2-5）求导，可以得到加速度方程

$$\ddot{\boldsymbol{\Phi}}(\boldsymbol{q},\dot{\boldsymbol{q}},\ddot{\boldsymbol{q}},t)=\boldsymbol{\Phi}_q(\boldsymbol{q},t)\ddot{\boldsymbol{q}}+\left(\boldsymbol{\Phi}_q(\boldsymbol{q}t)\right)_q\dot{\boldsymbol{q}}+2\boldsymbol{\phi}_{qt}\dot{\boldsymbol{q}}+\boldsymbol{\phi}_{tt}=0 \tag{2-6}$$

如果令 $\boldsymbol{\eta}=-(\boldsymbol{\Phi}_q\dot{\boldsymbol{q}})_q\dot{\boldsymbol{q}}-2\boldsymbol{\Phi}_{qt}\dot{\boldsymbol{q}}-\boldsymbol{\Phi}_{tt}$，则加速度方程为

$$\ddot{\boldsymbol{\Phi}}(\boldsymbol{q},\dot{\boldsymbol{q}},\ddot{\boldsymbol{q}},t)=\boldsymbol{\Phi}_q(\boldsymbol{q},t)\ddot{\boldsymbol{q}}-\boldsymbol{\eta}(\boldsymbol{q},\dot{\boldsymbol{q}},t)=\mathbf{0} \tag{2-7}$$

矩阵 $\ddot{\boldsymbol{\Phi}}_q$ 为雅可比矩阵，如果 $\ddot{\boldsymbol{\Phi}}$ 的维数为 m，$\boldsymbol{q}$ 的维数为 n，那么 $\ddot{\boldsymbol{\Phi}}_q$ 为 $m\times n$ 矩阵，其定义为 $(\ddot{\boldsymbol{\phi}}_q)_{(i,j)}=\partial\ddot{\boldsymbol{\phi}}_i/\partial q_j$。这里的 $\ddot{\boldsymbol{\Phi}}_q$ 为方阵。

2.3.2 ADAMS 运动学方程的求解

在 ADAMS 仿真软件中，运动学分析研究零自由度系统的位置、速度、加速度和约束反力，因此只需求解系统的约束方程

$$\boldsymbol{\phi}(\boldsymbol{q},t_n)=\mathbf{0} \tag{2-8}$$

运动过程中任一时刻 t_n 位置的确定，均可由约束方程的 Newton-Raphson 迭代法求得

$$\ddot{\boldsymbol{\Phi}}_{qj}\Delta\boldsymbol{q}_j+\ddot{\boldsymbol{\Phi}}(\boldsymbol{q}_j,t_n)=\mathbf{0} \tag{2-9}$$

其中，$\Delta\boldsymbol{q}_j=\boldsymbol{q}_{j+1}-\boldsymbol{q}_j$ 表示第 j 次迭代。

t_n 时刻速度、加速度利用线性代数方程的数值方法求解，如式（2-10）、式（2-11）所示。ADAMS 中提供了两种线性代数方程求解方法，一种是由 Michigan 大学的 Donald Calahan 教授提出的 CALAHAN 方法，另一种是由 HARWELL 的 Ian Duff 教授提出的 HARWELL 方法。其中，CALAHAN 方法不能处理冗余约束问题，HARWELL 方法能够处理冗余约束问题，但 CALAHAN 方法处理速度比 HARWELL 方法快。

$$\dot{\boldsymbol{q}}=-\boldsymbol{\Phi}_q^{-1}\boldsymbol{\Phi}_t \tag{2-10}$$

$$\ddot{\boldsymbol{q}}=\boldsymbol{\Phi}_q^{-1}\left[(\boldsymbol{\Phi}_q\dot{\boldsymbol{q}})_q\dot{\boldsymbol{q}}+2\boldsymbol{\Phi}_{qt}\dot{\boldsymbol{q}}+\boldsymbol{\Phi}_{tt}\right] \tag{2-11}$$

2.4 ADAMS 动力学分析

2.4.1 ADAMS 动力学方程

ADAMS 中用刚体 B 的质心笛卡儿坐标和反映刚体方位的欧拉角作为广义坐标，即 $\boldsymbol{q}=[x,y,z,\psi,\theta,\phi]^{\mathrm{T}}$，令 $\boldsymbol{R}=[x,y,z]^{\mathrm{T}}$、$\boldsymbol{\gamma}=[\psi,\theta,\phi]^{\mathrm{T}}$，则 $\boldsymbol{q}=[\boldsymbol{R}^{\mathrm{T}},\boldsymbol{\gamma}^{\mathrm{T}}]^{\mathrm{T}}$。

构件质心参考坐标系与大地坐标系间的坐标变换矩阵为

$$\boldsymbol{A}^{\mathrm{gi}}=\begin{bmatrix}\cos\psi\cos\phi-\sin\psi\cos\theta\sin\phi & -\cos\psi\sin\phi-\sin\psi\cos\theta\cos\phi & \sin\psi\sin\theta\\ \sin\psi\cos\theta+\cos\psi\cos\theta\sin\phi & -\sin\psi\sin\phi+\cos\psi\cos\theta\cos\phi & -\cos\psi\sin\theta\\ \sin\theta\sin\phi & \sin\theta\cos\phi & \cos\theta\end{bmatrix} \tag{2-12}$$

定义一个欧拉转轴坐标系，该坐标系的 3 个单位矢量分别为上面 3 个欧拉转动的轴，因而 3 个轴并不相互垂直。该坐标系到构件质心坐标系的坐标变换矩阵为

$$\boldsymbol{B}=\begin{bmatrix}\sin\theta\sin\phi & 0 & \cos\theta \\ \sin\theta\cos\phi & 0 & -\sin\theta \\ \cos\theta & 1 & 0\end{bmatrix} \tag{2-13}$$

构建的角速度可表达为

$$\boldsymbol{\omega}=\boldsymbol{B}\dot{\boldsymbol{\gamma}} \tag{2-14}$$

ADAMS 中引入变量 $\boldsymbol{\omega}_e$ 为角速度在欧拉转轴坐标系分量

$$\boldsymbol{\omega}_e=\dot{\boldsymbol{\gamma}} \tag{2-15}$$

考虑约束方程，ADAMS 利用带拉格朗日乘子的拉格朗日第一类方程的能量形式得到如下方程

$$\frac{\mathrm{d}}{\mathrm{d}t}\left(\frac{\partial T}{\partial \dot{\boldsymbol{q}}_j}\right)-\frac{\partial T}{\partial \boldsymbol{q}_j}=\boldsymbol{Q}_j+\sum_{i=1}^{n}\boldsymbol{\lambda}_i\frac{\partial \phi}{\partial \boldsymbol{q}_j} \tag{2-16}$$

式中，T 为系统广义坐标表达的动能；$\boldsymbol{q}_j$ 为广义坐标；$\boldsymbol{Q}_j$ 为在广义坐标 $\boldsymbol{q}_j$ 方向的广义力；最后一项涉及约束方程和拉格朗日乘子，表达了在广义坐标 $\boldsymbol{q}_j$ 方向的约束反力。

ADAMS 中进一步引入广义动量

$$\boldsymbol{P}_j=\frac{\partial T}{\partial \dot{\boldsymbol{q}}_j} \tag{2-17}$$

简化表达约束反力为

$$\boldsymbol{C}_j=-\sum_{i=1}^{n}\boldsymbol{\lambda}_i\frac{\partial \phi}{\partial \boldsymbol{q}_i} \tag{2-18}$$

这样方程式（2-16）就可以简化为

$$\dot{\boldsymbol{P}}_j-\frac{\partial T}{\partial \boldsymbol{q}_j}=\boldsymbol{Q}_j-\boldsymbol{C}_j \tag{2-19}$$

动能就可以进一步表达为

$$T=\frac{1}{2}\dot{\boldsymbol{R}}^{\mathrm{T}}\boldsymbol{M}\dot{\boldsymbol{R}}+\frac{1}{2}\dot{\boldsymbol{\gamma}}^{\mathrm{T}}\boldsymbol{B}^{\mathrm{T}}\boldsymbol{J}\boldsymbol{B}\dot{\boldsymbol{\gamma}} \tag{2-20}$$

式中，$\boldsymbol{M}$ 为构件的质量阵；$\boldsymbol{J}$ 为构件在质心坐标系下的惯量阵。

将式（2-19）分别表达为移动方向与转动方向

$$\dot{\boldsymbol{P}}_R-\frac{\partial T}{\partial \boldsymbol{q}_R}=\boldsymbol{Q}_R-\boldsymbol{C}_R \tag{2-21}$$

$$\dot{\boldsymbol{P}}_\gamma-\frac{\partial T}{\partial \boldsymbol{q}_\gamma}=\boldsymbol{Q}_\gamma-\boldsymbol{C}_\gamma \tag{2-22}$$

其中，$\dot{\boldsymbol{P}}_{\mathrm{R}}=\dfrac{\mathrm{d}}{\mathrm{d}t}\left(\dfrac{\partial T}{\partial \dot{\boldsymbol{q}}_R}\right)=\dfrac{\mathrm{d}}{\mathrm{d}t}(\boldsymbol{M}\dot{\boldsymbol{R}})=\boldsymbol{M}\dot{\boldsymbol{V}},\dfrac{\partial T}{\partial \boldsymbol{q}_R}=\boldsymbol{0}$，则式（2-21）可简化为

$$\boldsymbol{M}\dot{\boldsymbol{V}}=\boldsymbol{Q}_R-\boldsymbol{C}_R \tag{2-23}$$

$$\boldsymbol{P}_\gamma = \frac{\partial T}{\partial \dot{\boldsymbol{q}}_\gamma} = \boldsymbol{B}^{\mathrm{T}} \boldsymbol{J} \boldsymbol{B} \dot{\boldsymbol{\gamma}} \tag{2-24}$$

$\boldsymbol{B}$ 中包含欧拉角，为了简化推导，ADAMS 中并没有进一步推导 $\dot{\boldsymbol{P}}_\gamma$，而是将其作为一个变量求解。这样 ADAMS 中每个构件就具有了如下 5 个变量和 5 个方程。

变量：
$$\begin{cases} \boldsymbol{V} = \left[V_x,\ V_y,\ V_z\right]^{\mathrm{T}} \\ \boldsymbol{R} = \left[x,\ y,\ z\right]^{\mathrm{T}} \\ \boldsymbol{P}_\gamma = \left[P_\psi,\ P_\theta,\ P_\phi\right]^{\mathrm{T}} \\ \boldsymbol{\omega}_e = \left[\omega_\psi,\ \omega_\theta,\ \omega_\phi\right]^{\mathrm{T}} \\ \boldsymbol{\gamma} = \left[\psi,\ \theta,\ \phi\right]^{\mathrm{T}} \end{cases} \tag{2-25}$$

方程：
$$\begin{cases} \boldsymbol{M}\dot{\boldsymbol{V}} = \boldsymbol{Q}_R - \boldsymbol{C}_R \\ \boldsymbol{V} = \dot{\boldsymbol{R}} \\ \dot{\boldsymbol{P}}_\gamma - \dfrac{\partial T}{\partial \boldsymbol{q}_\gamma} = \boldsymbol{Q}_\gamma - \boldsymbol{C}_\gamma \\ \boldsymbol{P}_\gamma = \boldsymbol{B}^{\mathrm{T}} \boldsymbol{J} \boldsymbol{B} \boldsymbol{\omega}_e \\ \boldsymbol{\omega}_e = \dot{\boldsymbol{\gamma}} \end{cases} \tag{2-26}$$

集成约束方程，ADAMS 可自动建立系统的动力学方程——微分-代数方程

$$\begin{cases} \dot{\boldsymbol{P}} - \dfrac{\partial T}{\partial \boldsymbol{q}} + \boldsymbol{\Phi}_q^{\mathrm{T}} \boldsymbol{\lambda} + \boldsymbol{H}^{\mathrm{T}} \boldsymbol{F} = \boldsymbol{0} \\ \boldsymbol{P} = \dfrac{\partial T}{\partial \dot{\boldsymbol{q}}} \\ \boldsymbol{u} = \dot{\boldsymbol{q}} \\ \boldsymbol{\Phi}(\boldsymbol{q}, t) = 0 \\ F = f(u, \boldsymbol{q}, t) \end{cases} \tag{2-27}$$

其中，$\boldsymbol{P}$ 为系统的广义动量；$\boldsymbol{H}$ 为外力的坐标转换矩阵；$\boldsymbol{u}$ 为广义坐标 $\boldsymbol{q}$ 导数构成的向量。

为了更好地说明 ADAMS 的建模过程，下面以一个单摆为例进行建模推导。

假设单摆的质量为 M、惯量为 I，杆长为 $2L$，并在 O 点以转动副与地面相连接约束在地面的 OXY 平面内。在单摆质心处建立单摆的跟随坐标系，即局部构件参考坐标系 $O_pX_pY_p$，其坐标在大地坐标系 OXY 中为（x，y），单摆的姿态角为 θ。

系统的动能表达式：
$$T = \frac{1}{2}(M\dot{x}^2 + M\dot{y}^2 + I\dot{\theta}^2)$$

广义动量表达式：
$$\begin{cases} \dfrac{\partial T}{\partial \dot{x}} = M\dot{x} \\ \dfrac{\partial T}{\partial \dot{y}} = M\dot{y} \\ \dfrac{\partial T}{\partial \dot{\theta}} = I\dot{\theta} \end{cases}$$

外力表达式：$$\boldsymbol{H}^{\mathrm{T}}\boldsymbol{F}=\begin{bmatrix}0\\Mg\\0\end{bmatrix}$$

约束方程：$$\begin{cases}x-L\cos\theta=0\\y-L\sin\theta=0\end{cases}$$

约束方程的雅可比矩阵：$$\boldsymbol{\Phi}_q=\begin{bmatrix}1&0&L\sin\theta\\0&1&-L\cos\theta\end{bmatrix}$$

约束对应的拉格朗日乘子：$$\boldsymbol{\lambda}=\begin{bmatrix}\lambda_1\\\lambda_2\end{bmatrix}$$

力、力矩平衡方程：

$$\dot{\boldsymbol{P}}-\frac{\partial T}{\partial \boldsymbol{q}}+\boldsymbol{\Phi}_q^{\mathrm{T}}\lambda+\boldsymbol{H}^{\mathrm{T}}\boldsymbol{F}=\boldsymbol{0}\Longrightarrow\begin{cases}M\dot{V}_x+\lambda_1=0\\M\dot{V}_y+\lambda_2-Mg=0\\\dot{P}_\theta+\lambda_1L\sin\theta-\lambda_2L\cos\theta=0\end{cases}$$

动量矩表达式：$\boldsymbol{P}=\dfrac{\partial T}{\partial \dot{\boldsymbol{q}}}\Longrightarrow\boldsymbol{P}=\boldsymbol{I}\boldsymbol{\omega}_\theta$

运动学关系方程式：$\boldsymbol{u}=\dot{\boldsymbol{q}}\Longrightarrow\begin{cases}\dot{V}_x-\dot{x}=0\\\dot{V}_y-\dot{y}=0\\\omega_\theta-\dot{\theta}=0\end{cases}$

其方程集成表达为：$$\begin{cases}M\dot{V}_x+\lambda_1=0\\M\dot{V}_y+\lambda_2-Mg=0\\\dot{P}_\theta+\lambda_1L\sin\theta-\lambda_2L\cos\theta=0\\\boldsymbol{P}-I\boldsymbol{\omega}_\theta=\boldsymbol{0}\\\dot{V}_x-\dot{x}=0\\\dot{V}_y-\dot{y}=0\\\omega_\theta-\dot{\theta}=0\\x-L\cos\theta=0\\y-L\sin\theta=0\end{cases}$$

其中，系统需求解变量为：$[x\ y\ \theta\ V_x\ V_y\ \boldsymbol{\omega}_\theta\ P_\theta\ \lambda_1\ \lambda_2]^{\mathrm{T}}$。

2.4.2 ADAMS 动力学初始条件分析

为了保证系统满足所有的约束条件，以便在初始系统模型中各物体的坐标与各种运动学约束之间协调，ADAMS 在进行动力学、静力学分析之前会自动进行初始条件分析。

我们可以通过求解相应的位置、速度、加速度目标函数的最小值，进行初始条件分析。

（1）初始位置分析，需满足约束最小化问题

Minimize：$C=\dfrac{1}{2}(\boldsymbol{q}-\boldsymbol{q}_0)^{\mathrm{T}}\boldsymbol{W}(\boldsymbol{q}-\boldsymbol{q}_0)$

Subject to：$\boldsymbol{\Phi}(\boldsymbol{q})=\mathbf{0}$

初始位置表达式中，$\boldsymbol{q}$ 为构件广义坐标；$\boldsymbol{W}$ 为权重矩阵；$\boldsymbol{q}_0$ 为用户输入的值，若用户输入的值为精确值，则相应权重较大，并在迭代中变化较小。利用拉格朗日乘子将上述约束最小化问题变为如下极值问题

$$L=\frac{1}{2}(\boldsymbol{q}-\boldsymbol{q}_0)^{\mathrm{T}}\boldsymbol{W}(\boldsymbol{q}-\boldsymbol{q}_0)+\boldsymbol{\Phi}(\boldsymbol{q})^{\mathrm{T}}\boldsymbol{\lambda} \tag{2-28}$$

L 取最小值，则由 $\frac{\partial L}{\partial \boldsymbol{q}}=\mathbf{0}$、$\frac{\partial L}{\partial \boldsymbol{\lambda}}=\mathbf{0}$ 得

$$\begin{cases}\boldsymbol{W}(\boldsymbol{q}-\boldsymbol{q}_0)+\left[\dfrac{\partial \boldsymbol{\Phi}}{\partial \boldsymbol{q}}\right]^{\mathrm{T}}\boldsymbol{\lambda}=\mathbf{0}\\ \boldsymbol{\Phi}(\boldsymbol{q})=\mathbf{0}\end{cases} \tag{2-29}$$

在约束函数中存在广义坐标，所以该方程为非线性方程，需要用 Newton-Raphson 迭代，如下

$$\begin{bmatrix}\boldsymbol{W} & \left(\dfrac{\partial \boldsymbol{\Phi}}{\partial \boldsymbol{q}}\right)^{\mathrm{T}}\\ \dfrac{\partial \boldsymbol{\Phi}}{\partial \boldsymbol{q}} & \mathbf{0}\end{bmatrix}\begin{bmatrix}\Delta \boldsymbol{q}\\ \Delta \boldsymbol{\lambda}\end{bmatrix}=\begin{bmatrix}\boldsymbol{W}(\boldsymbol{q}-\boldsymbol{q}_0)+\left(\dfrac{\partial \boldsymbol{\Phi}}{\partial \boldsymbol{q}}\right)^{\mathrm{T}}\boldsymbol{\lambda}\\ \boldsymbol{\Phi}(\boldsymbol{q})\end{bmatrix} \tag{2-30}$$

（2）对初始速度分析，需满足约束最小化问题

Minimize：$C=\frac{1}{2}(\dot{\boldsymbol{q}}-\dot{\boldsymbol{q}}_0)^{\mathrm{T}}\boldsymbol{W}(\dot{\boldsymbol{q}}-\dot{\boldsymbol{q}}_0)$

Subject to：$\left[\frac{\partial \boldsymbol{\Phi}}{\partial \boldsymbol{q}}\right]\dot{\boldsymbol{q}}+\frac{\partial \boldsymbol{\Phi}}{\partial t}=\mathbf{0}$

初始表达式中，$\dot{\boldsymbol{q}}_0$ 为用户设定的准确的或近似的初始速度值，或者为程序设定的默认速度值；$\boldsymbol{W}$ 为对应 $\dot{\boldsymbol{q}}_0$ 的权重矩阵。

再利用拉格朗日乘子将上述约束最小化问题变为如下极值问题

$$L=\frac{1}{2}(\dot{\boldsymbol{q}}-\dot{\boldsymbol{q}}_0)^{\mathrm{T}}\boldsymbol{W}(\dot{\boldsymbol{q}}-\dot{\boldsymbol{q}}_0)+\left[\left(\frac{\partial \boldsymbol{\Phi}}{\partial \boldsymbol{q}}\right)\dot{\boldsymbol{q}}+\frac{\partial \boldsymbol{\Phi}}{\partial t}\right]^{\mathrm{T}}\boldsymbol{\lambda} \tag{2-31}$$

L 取最小值，得

$$\begin{cases}\boldsymbol{W}(\dot{\boldsymbol{q}}-\dot{\boldsymbol{q}}_0)+\left(\dfrac{\partial \boldsymbol{\Phi}}{\partial \boldsymbol{q}}\right)^{\mathrm{T}}\boldsymbol{\lambda}=\mathbf{0}\\ \left(\dfrac{\partial \boldsymbol{\Phi}}{\partial \boldsymbol{q}}\right)\dot{\boldsymbol{q}}+\dfrac{\partial \boldsymbol{\Phi}}{\partial t}=\mathbf{0}\end{cases} \tag{2-32}$$

该方程为线性方程组，可求解如下方程

$$\begin{bmatrix}\boldsymbol{W} & \left(\dfrac{\partial \boldsymbol{\Phi}}{\partial \boldsymbol{q}}\right)^{\mathrm{T}}\\ \dfrac{\partial \boldsymbol{\Phi}}{\partial \boldsymbol{q}} & \mathbf{0}\end{bmatrix}\begin{bmatrix}\dot{\boldsymbol{q}}\\ \boldsymbol{\lambda}\end{bmatrix}=\begin{bmatrix}\boldsymbol{W}\boldsymbol{q}_0\\ \dfrac{\partial \boldsymbol{\Phi}}{\partial \boldsymbol{q}}\end{bmatrix} \tag{2-33}$$

对初始加速度、初始拉格朗日乘子的分析，可直接由系统动力学方程和系统约束方程的二阶导数确定。

2.4.3 ADAMS动力学方程的求解

对于微分-代数方程的求解，ADAMS采用两种方式求解：第一种为对DAEs方程的直接求解；第二种为DAEs方程利用约束方程，将广义坐标分解为独立坐标和非独立坐标，然后化简为ODEs方程再求解。DAEs方程的直接求解是将二阶微分方程降阶为一阶微分方程，通过引入$\boldsymbol{u}=\dot{\boldsymbol{q}}$将所有拉格朗日方程均写成一阶微分形式，该方程为I3微分-代数方程。

（1）I3积分格式

$$\begin{cases} \dot{\boldsymbol{P}}-\dfrac{\partial T}{\partial \boldsymbol{q}}+\boldsymbol{\Phi}_q^{\mathrm{T}}\boldsymbol{\lambda}+\boldsymbol{H}^{\mathrm{T}}\boldsymbol{F}=\boldsymbol{0} \\ \boldsymbol{P}=\dfrac{\partial T}{\partial \dot{\boldsymbol{q}}} \\ \boldsymbol{u}=\dot{\boldsymbol{q}} \\ \boldsymbol{\Phi}(\boldsymbol{q},t)=\boldsymbol{0} \\ \boldsymbol{F}=\boldsymbol{f}(\boldsymbol{u},\boldsymbol{q},t) \end{cases} \tag{2-34}$$

式中，$\boldsymbol{P}$为系统的广义动量矩阵；$\boldsymbol{H}$为外力的坐标转换矩阵；T为系统动能。

运用一阶向后差分公式，上述方程组求导可得Jacobian矩阵，然后利用Newton-Rapson求解。当积分步长h减小并趋近于0时，上述Jacobian矩阵呈现病态。为了有效地监测速度积分的误差，可采用降阶积分方法（Index Reduction Methods）。通常来说，微分方程的阶数越少，其数值求解稳定性越好。

ADAMS还采用两种方法来降阶求解，即SI2（Stabilized-Index Two）和SI1（Stabilized-Index One）方法。

（2）SI2积分格式

$$\begin{cases} \dot{\boldsymbol{P}}-\dfrac{\partial T}{\partial \boldsymbol{q}}+\boldsymbol{\Phi}_q^{\mathrm{T}}\boldsymbol{\lambda}+\boldsymbol{H}^{\mathrm{T}}\boldsymbol{F}=\boldsymbol{0} \\ \boldsymbol{P}=\dfrac{\partial T}{\partial \dot{\boldsymbol{q}}} \\ \boldsymbol{u}-\dot{\boldsymbol{q}}+\boldsymbol{\Phi}_q^{\mathrm{T}}\boldsymbol{\mu}=\boldsymbol{0},\ \boldsymbol{\mu}=\boldsymbol{0} \\ \boldsymbol{\Phi}(\boldsymbol{q},t)=\boldsymbol{0} \\ \dot{\boldsymbol{\Phi}}(\boldsymbol{q},\boldsymbol{u},t)=\boldsymbol{0} \\ \boldsymbol{F}=\boldsymbol{f}(\boldsymbol{u},\boldsymbol{q},t) \end{cases} \tag{2-35}$$

上式能同时满足$\boldsymbol{\Phi}$和$\dot{\boldsymbol{\Phi}}$求解不违约，且当步长h趋近于0时，Jacobian矩阵不会呈现病态现象。

（3）SI1积分格式

$$\begin{cases} \dot{\boldsymbol{P}}-\dfrac{\partial T}{\partial \boldsymbol{q}}+\boldsymbol{\Phi}_q^{\mathrm{T}}\dot{\boldsymbol{\eta}}+\boldsymbol{H}^{\mathrm{T}}\boldsymbol{F}=\boldsymbol{0} \\ \boldsymbol{P}=\dfrac{\partial T}{\partial \dot{\boldsymbol{q}}} \\ \boldsymbol{u}-\dot{\boldsymbol{q}}+\boldsymbol{\Phi}_q^{\mathrm{T}}\dot{\boldsymbol{\xi}}=\boldsymbol{0} \\ \boldsymbol{\Phi}(\boldsymbol{q},t)=\boldsymbol{0} \\ \dot{\boldsymbol{\Phi}}(\boldsymbol{q},\boldsymbol{u},t)=\boldsymbol{0} \\ \boldsymbol{F}=\boldsymbol{f}(\boldsymbol{u},\boldsymbol{q},t) \end{cases} \tag{2-36}$$

上式中，为了对方程组降阶，引入$\dot{\eta}$和$\dot{\xi}$来替代拉格朗日乘子，即$\dot{\eta}=\lambda$，$\dot{\xi}=\mu$。这种变化有效地将上述方程组的阶数降为 1。因为只需要速度约束方程一次，来显式地计算表达式$\dot{\eta}$和$\dot{\xi}$。

运用 SI1 积分器能够方便地监测q、u、$\dot{\eta}$和$\dot{\xi}$的积分误差，系统的加速度也趋向于更加精确。在处理有明显的摩擦接触问题时，SI1 积分器十分敏感并具有挑剔性。

2.5 ADAMS 求解器算法简介

2.5.1 ADAMS 数值算法简介

进行运动学、静力学分析时，需要求解一系列的非线性和线性代数方程。ADAMS 采用了修正的 Newton-Raphson 迭代算法来求解非线性代数方程，利用基于 LU 分解的 CALAHAN 方法和 HARWELL 方法求解线性代数方程。

求解动力学微分方程时，根据机械系统特性选择不同的积分算法。对刚性系统，采用变系数的 BDF（Backwards Differentiation Formulation）刚性积分程序，它是自动变阶、变步长的预估校正法（Predict Evaluate Correct Evaluate，PECE），并分别为 I3、SI2、SI1 积分格式，在积分的每一步采用了修正的 Newton-Raphson 迭代算法。

对高频系统（High Frequencies），采用坐标分块法（Coordinate Partitioned Equation）将微分-代数（DAEs）方程简化为常微分（ODEs）方程，并分别利用 ABAM（ADAMS Bashforth ADAMS Moulton）方法和龙格-库塔（RKF45）方法求解。

在 ADAMS 中，具体方法如下：

① 线性求解器：用以求解线性方程，采用稀疏矩阵技术，以提高效率。

a．CALAHAN 求解器。

b．HARWELL 求解器。

② 非线性求解器：用于求解代数方程，采用 Newton-Raphson 迭代算法。

③ DAE 求解器：用于求解微分-代数方程，采用 BDF 刚性积分法。

a．SI2：GSTIFF、WSTIFF 与 CONSTANT_BDF。

b．SI1：GSTIFF、WSTIFF 与 CONSTANT_BDF。

c．I3：GSTIFF、WSTIFF、DSTIFF 与 CONSTANT_BDF。

④ ODE 求解器：用于求解非刚性常微分方程。

a．ABAM 求解器。

b．RKF45 求解器。

DAE 求解器的 3 种积分格式，在求解精度、求解稳定性、求解速度、处理高频问题的能力等方面各有优势。

I3 积分格式仅监控位移和其他微分方程的状态变量的误差。当积分步长变小时，Jacobian 矩阵不能保持稳定，会出现奇异，积分易发散。积分过程不能监控速度和约束反力，因而速度、加速度、约束反力计算精度差一些。

SI2 积分格式中考虑了速度约束方程，控制拉格朗日乘子的误差、速度误差，仿真结果更精确，给出速度、加速度的解较为精确。Jacobian 矩阵在步长很小时仍能保持稳定。Jacobian 矩阵在小步长情况下，不会出现奇异、病态，增加了校正器在小步长时的稳定性。校正阶段不会像 I3 积分格式那样容易失败。

SI2 积分格式能够精确处理高频问题，但比 I3 积分格式求解速度慢，驱动约束为速度时，输入必须可微、光滑。输入非光滑驱动约束时，运动会产生无限加速度，从而导致 SI2 积分失败。输入位移驱动约束时，不能是速度、加速度等变量函数。

SI1 积分格式中考虑了速度约束方程，但没有引入加速度约束方程，相对应引入了拉格朗日乘子的导数而使方程降阶，控制拉格朗日乘子的误差、速度误差，可以得到很精确的仿真结果，Jacobian 矩阵在步长很小时仍能保持稳定，增加了校正器在小步长时的稳定性。

SI1 积分格式对速度、加速度可以求得较为精确的解，并可以监控所有状态变量，比如位移、速度和拉格朗日乘子，比 SI2 格式的精度高，但对具有摩擦、接触的模型很敏感。

3 种积分格式的求解效果如表 2-2 所示。

表 2-2　3 种积分格式的求解效果比较

求解效果	I3	SI2	SI1
速度	快	一般	一般
精度	位移精度高	位移、速度、加速度精度高	位移、速度、加速度、拉格朗日乘子精度高
稳定性	一般	好	好
处理高频问题	中低频问题适合	高频适合	高频适合

ADAMS 系统提供的以下 6 种求解器在求解不同方程时，求解速度、效果、稳定性也各有特点。

（1）GSTIFF 求解器

GSTIFF 求解器为刚性稳定算法，采用多步、最高阶为 6 的变阶、变步长、固定系数算法，可直接求解 DAEs 方程，有 I3、SI2、SI1 三种积分格式。在预估中采用泰勒级数，而且其系数是在假设步长不变的情况下得到的固定系数，因而当步长改变时会产生一定的误差。其特点是计算速度快，位移精度高，I3 格式时速度、加速度会产生误差。可以通过控制最大步长来控制求解中步长的变化，从而提高精度，使仿真按照定步长运行。当步长取值较小时，Jacobian 矩阵（是步长倒数的函数）会变成病态，从而导致奇异。采用 SI2 及 SI1 积分格式时，即使 Jacobian 矩阵步长取很小值时，仍能保持稳定的仿真。该算法求解器适用于大多数仿真分析问题。

（2）WSTIFF 求解器

WSTIFF 求解器同样也是刚性稳定算法，采用多步、最高阶为 6 的变阶、变步长、变系数算法，可直接求解 DAEs 方程，有 I3、SI2、SI1 三种积分格式。在预估中采用 NDD（Newton's Divided Difference）公式，求解器会根据步长信息修改相应阶的系数，所以改变步长并不会对精度有较大的影响，因而相比 GSTIFF，更具健壮性、更稳定，但仿真时间比 GSTIFF 长。

（3）DSTIFF 求解器

DSTIFF 求解器也是刚性稳定算法，采用多步、最高阶为 6 的变阶、变步长、第一个系数固定的变系数算法，可直接求解 DAEs 方程，ADAMS 中仅有 I3 一种积分格式。DSTIFF 求解器基于 DASSL 积分器，是由 Petzdd 开发的。在预估中采用 NDD 公式，固定第一个系数，从而使第一个系数与步长无关，其他可变系数随步长变化而变化，求解器会根据步长信息，修改相应阶的系数，仿真比较稳定，但仿真时间比 GSTIFF 长。

（4）CONSTANT_BDF 求解器

CONSTANT_BDF 求解器同样为刚性稳定算法，采用多步、最高阶为 6 的变阶、固定步长算法，可直接求解 DAEs 方程，有 I3、SI2、SI1 三种积分格式。在预估中采用 NDD 公式，在 SI2 积分格式时，步长取值较小时，仿真非常稳定健壮，可求解 GSTIFF 不能求解的问题，位移、速度求解精度高，而且对加速度和力的不连续性没有 GSTIFF 求解器敏感，有些问题没有 GSTIFF、WSTIFF 快，$H_{\max}$ 太大会导致结果不准，太小则求解仿真速度太慢。

（5）ABAM 求解器

ABAM 求解器为非刚性稳定算法，采用多步、最高阶为 12 的变阶、变步长算法，适合求解低阻尼、瞬态系统，尤其适合求解存在突变或高频的非刚性系统。ABAM 求解器是由 L.F.Shampine 和 M.K.Gordon 开发的。ABAM 利用坐标分块技术将 DAEs 方程变为 ODEs 方程，仅独立坐标被积分求解，其他非独立坐标利用约束方程（代数方程）求解。

（6）RKF45 求解器

RKF45 是非刚性稳定算法，采用单步算法，是以上多步算法的补充，但在积分计算时计算导数费时，而且与其他算法相比不能给出高精度结果，且速度比 ABAM 积分器慢。L.Fshampine 和 H.A.Watts 开发了 DDERKF 积分器。

2.5.2 动力学求解算法简介

ADAMS 中对于微分-代数方程（DAEs）的求解采用了 BDF 刚性积分法，具体求解过程有以下几个步骤。

（1）预估阶段

用 Gear 预估-校正算法可以有效地求解微分-代数方程。首先，根据当前时刻的系统状态矢量值用泰勒级数预估下一时刻系统的状态矢量值

$$\boldsymbol{y}_{n+1}=\boldsymbol{y}_n+\frac{\partial \boldsymbol{y}_n}{\partial t}h+\frac{1}{2!}\times\frac{\partial^2 \boldsymbol{y}_n}{\partial t^2}h^2+\cdots \tag{2-37}$$

其中，时间步长 $h=t_{n+1}-t_n$。这种预估算法得到的新时刻的系统状态矢量值通常不准确，由 Gear K+1 阶积分求解程序来校正，或者采用其他向后差分积分程序来校正。

$$\boldsymbol{y}_{n+1}=-h\beta_0\dot{\boldsymbol{y}}_{n+1}+\sum_{i=1}^{k}\alpha_i\boldsymbol{y}_{n-i+1} \tag{2-38}$$

其中，$\boldsymbol{y}_{n+1}$ 为 $\boldsymbol{y}(t)$ 在 $t=t_{n+1}$ 时的近似值，β_0 和 α_i 为 Gear 积分程序的系数值。

整理式（2-38）可得

$$\dot{\boldsymbol{y}}_{n+1}=\frac{-1}{h\beta_0}\left[\boldsymbol{y}_{n+1}-\sum_{i=1}^{k}\alpha_i\boldsymbol{y}_{n-i+1}\right] \tag{2-39}$$

（2）校正阶段

求解系统方程 G，若 $G(\boldsymbol{y},\dot{\boldsymbol{y}},t_{n+1})=\boldsymbol{0}$ 则方程成立，此时的 $\boldsymbol{y}$ 为方程的解，否则继续。

求解 Newton-Raphson 线性方程，得到 $\Delta\boldsymbol{y}$，以更新 $\boldsymbol{y}$，使系统方程 G 更接近于成立。

$$\boldsymbol{J}\Delta\boldsymbol{y}=G(\boldsymbol{y},\dot{\boldsymbol{y}},t_{n+1})$$

其中，$\boldsymbol{J}$ 为系统的雅可比矩阵。

利用 Newton-Raphson 迭代更新 $\boldsymbol{y}$

$$\boldsymbol{y}^{k+1} = \boldsymbol{y}^{k} + \Delta \boldsymbol{y}^{k}$$

重复以上步骤，直到 $\Delta \boldsymbol{y}$ 足够小。

（3）误差控制阶段

预估积分误差并与误差精度进行比较，若积分误差过大，则舍弃此步。

最后，计算优化的步长 h 和阶数 n。

2.5.3 坐标缩减的微分方程求解过程算法

ADAMS 程序提供 ABAM 和 RKF45 积分程序，采用坐标分离算法将微分-代数方程减缩成用独立广义坐标表示的纯微分方程，然后用 ABAM 或 RKF45 程序进行数值积分。下面以 ABAM 为例介绍其求解过程。

坐标减缩微分方程的确定及其数值积分过程按以下步骤进行。

① 坐标分离：将系统的约束方程进行矩阵的满秩分解，可将系统的广义坐标列阵 $\boldsymbol{q}$ 分解成独立坐标列阵 $\boldsymbol{q}^{\mathrm{i}}$ 和非独立坐标列阵 $\boldsymbol{q}^{\mathrm{d}}$，即 $\boldsymbol{q}=[\boldsymbol{q}^{\mathrm{i}} \quad \boldsymbol{q}^{\mathrm{d}}]^{\mathrm{T}}$。

② 预估：根据独立坐标前几个时间步长的值，用 ADAMS-Bashforth 显式公式预估 t_{n+1} 时刻的独立坐标值 $\boldsymbol{q}^{\mathrm{i}P}$，$P$ 表示预估值。

③ 校正：根据给定的收敛误差限，用 ADAMS-Moulton 隐式公式对上面的预估值进行校正，以得到独立坐标的校正值 $\boldsymbol{q}^{\mathrm{i}C}$，$C$ 表示校正值。

④ 确定相关坐标：确定独立坐标的校正值之后，可由相应公式计算出非独立坐标和其他系统状态变量值。

⑤ 积分误差控制：与上面的预估-校正算法积分误差控制过程相同，如果预估值与校正值的差值小于给定的积分误差限就接受该解，进行下一时刻的求解；否则减小积分步长，继续从预估步骤开始。

2.5.4 刚性问题求解算法选择

数值刚性问题是指系统的特征值分布广泛，存在低频、高频，而且对应的高频部分具有较高阻尼，因而当系统有可能产生高频振动时，高频阻尼会很快使高频振动散掉。刚度比是系统隐藏的最高频率（对应较高阻尼）与系统表现出的最低频率（对应较低阻尼）的比值。

非刚性系统的最高频率一定对应较小阻尼而被激发出。例如，具有柔性体的系统，柔体的高频都具有高阻尼，一般不会被激发，都是低频被激发，系统的高频被激发时系统则变为非刚性系统。刚性积分器对数值刚性系统的微分方程进行有效的积分，刚性积分器中积分器步长被限制为最高主动频率（系统表现出的最高频率）的倒数，而非刚性积分器中积分器步长被限制为最高频率（系统所有频率中的最高频率，包含隐藏频率）的倒数，这样非刚性积分器对数值刚性系统的微分方程积分的效率非常低。

在 ADAMS 中，如果一个系统是非数值刚性系统，就采用 ABAM 或 RKF45 积分器，也可采用 GSTIFF、WSTIFF、DSTIFF、CONSTANT_BDF 积分器；如果系统是数值刚性系统，采用 ABAM 或 RKF45，系统就不会收敛或计算速度极慢。

数值刚性系统除在刚度方面存在较大差异外，还有一个很重要的特征是对应高频的阻尼较大，使较高频率基本被阻尼掉，而低频则处于未阻尼状态。当数值刚性系统采用 ADAMS 非刚性数值算法（如 ABAM 或 RKF45）时会出现数值困难，很难收敛，而用刚性数值算法（如 GSTIFF、WSTIFF、DSTIFF 或 CONSTANT_BDF）时则很快收敛。去掉阻尼后的物理刚性系统，若高频没有被阻尼掉，则为高频系统，采用非刚性数值算法（如 ABAM 或 RKF45）以及刚性数值算法（如 GSTIFF、WSTIFF、DSTIFF、CONSTANT_BDF）都较快收敛。

第3章

ADAMS 操作基础

扫码尽享
ADAMS 全方位学习

本章主要介绍 ADAMS/View 的基础操作，包括设置工作环境、创建物体、创建约束、施加力和力矩、仿真和动画、输出曲线等，使读者熟悉和掌握 ADAMS 的工作环境、建立模型、施加约束和载荷及输出设置等。

3.1 ADAMS 的工作环境

ADAMS/View 的启动欢迎界面如图 3-1 所示，单击"新建模型"，弹出如图 3-2 所示的"创建新模型"对话框。"重力"选项用于设置重力的有无和方向，重力的默认方向是$-Y$方向。"单位"选项用于设置模型的单位，默认单位选项为"MMKS-mm,kg,N,s,deg"。

图 3-1 ADAMS/View 欢迎界面

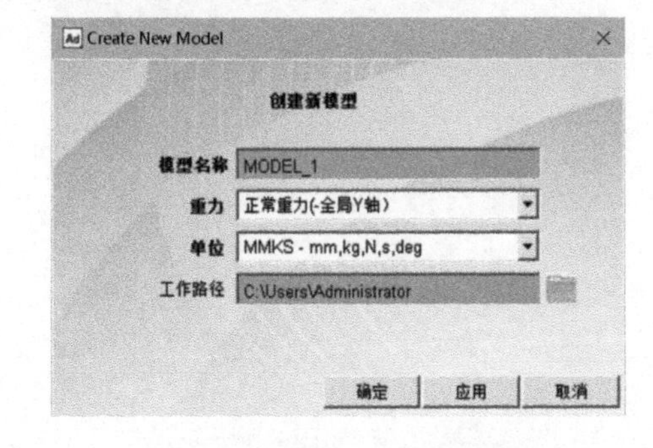

图 3-2 "Create New Model"（创建新模型）对话框

也可以在 ADAMS/View 的"设置"菜单中完成工作格栅、单位、重力及方向等的设置。

（1）设置工作格栅

① 单击 ADAMS/View 的"设置"—"工作格栅"，弹出如图 3-3 所示的"Working Grid Settings"对话框。

复选项"显示工作格栅"可以显示或关闭格栅的显示。

② 选择"矩形"，格栅显示为矩形，"大小"表示矩形格栅的范围，"间隔"表示格栅点的距离。

③ 选择"极坐标"，格栅显示为圆形，"最大半径"表示格栅范围，"圆的间隔"表示捕捉圆的半径间距，"半径增量"表示圆的捕捉点数，如图 3-4 所示。

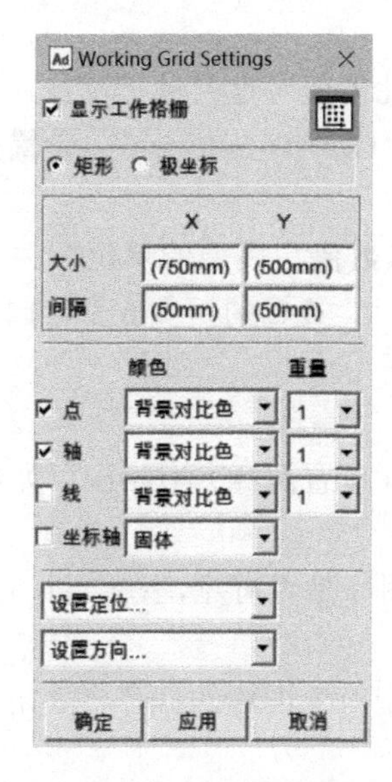

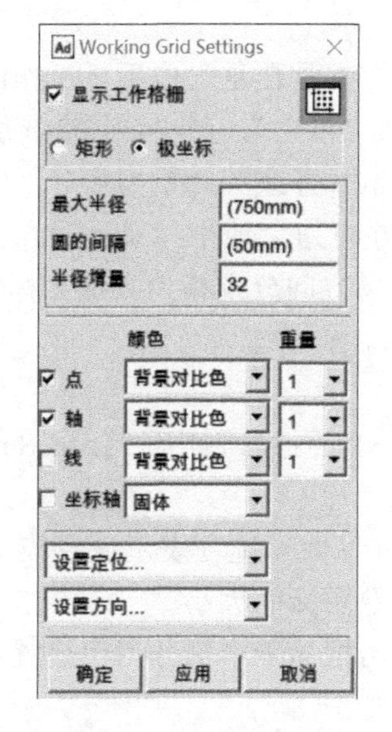

图 3-3 “Working Grid Settings”对话框　　图 3-4 极坐标格栅　　图 3-5 “设置定位…”选项

④ “设置定位…”用于确定工作格栅原点的位置，如图 3-5 所示。

“全局坐标原点”是将工作格栅的原点设置在大地坐标系的原点上，“选取”是允许用户用鼠标选择适当的位置作为工作格栅的原点。

⑤ “设置方向…”用于设置工作格栅的方向，如图 3-6 所示。

“设置方向…”有多个选项，其中“全局 XY”表示将大地坐标系的 *XY* 平面作为工作格栅的平面，“显示平面”表示将视图平面作为工作格栅的平面，“XY 轴”表示通过选择确定 *X* 轴和 *Y* 轴确定工作格栅的平面。

（2）设置模型的单位

模型单位是系统的重要参数，正确的单位设置是保证仿真结果正确的重要前提。

① 单击菜单“设置”—“单位”，打开“Units Settings”（设置单位）对话框，如图 3-7 所示。MMKS、MKS、CGS、IPS 表示四种不同的单位组合。

② 单击“MMKS”将单位组合设置为“毫米、千克、牛顿、秒、度、赫兹”。如果四种单位组合不能满足需要，可以单击各个选项的下拉菜单进行单独设置，如图 3-8 所示。

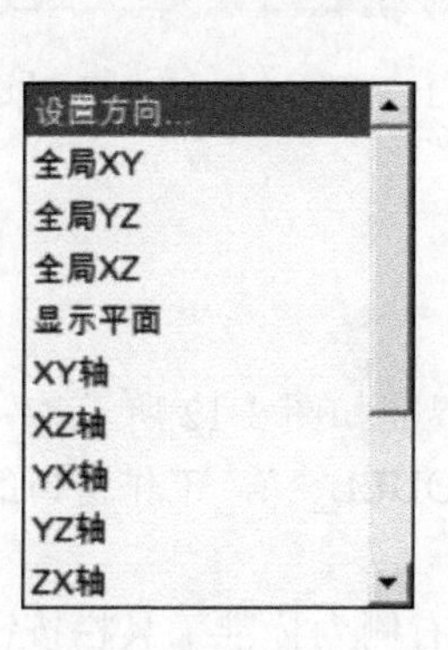

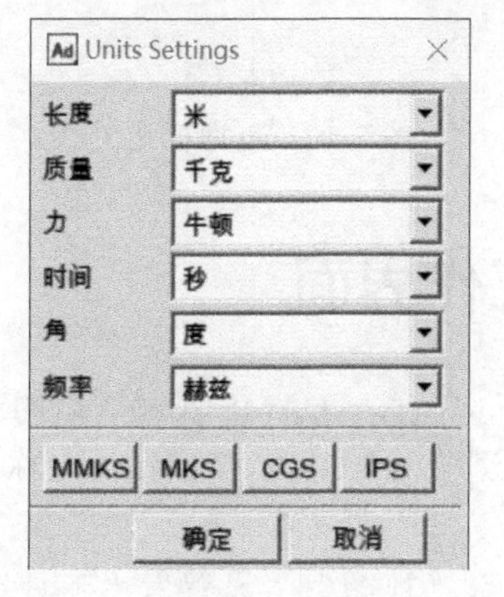

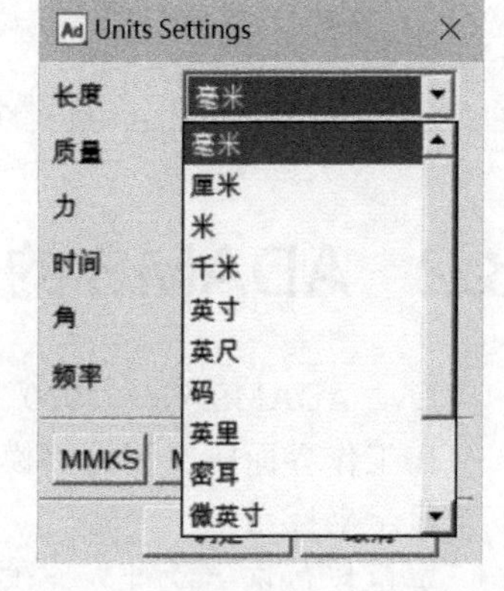

图 3-6 “设置方向…”选项　图 3-7 “Units Settings”对话框　图 3-8 单独设置单位下拉列表

（3）设置重力及其方向

对于机械系统，各个构件都是在重力作用下工作的，因此需要对重力进行设置。

① 单击菜单“设置”—“重力”，弹出如图 3-9 所示的“Gravity Settings”（设置重力）对话框。复选框“重力”表示打开或关闭重力场。

② 系统默认的重力场方向为大地坐标系的-*Y* 方向，其数值与模型的单位有关。单击“-X*”等 6 个按钮可把重力场方向分别指为大地坐标系的 *X*、*Y*、*Z* 轴的正负 6 个方向。模型中的重力标记如图 3-10 所示。

（4）设置图标大小

① 单击菜单“设置”—“图标”，打开“Icon Settings”（设置图标）对话框，如图 3-11 所示。

② “所有模型图标的可见性”选项表示设置模型中的图标是否可见，在“新的尺寸”输入框中输入尺寸可改变模型图标的大小。

③ “Icon Settings”对话框的下半部分用于设置不同类型对象图标的打开、关闭及图标大小。

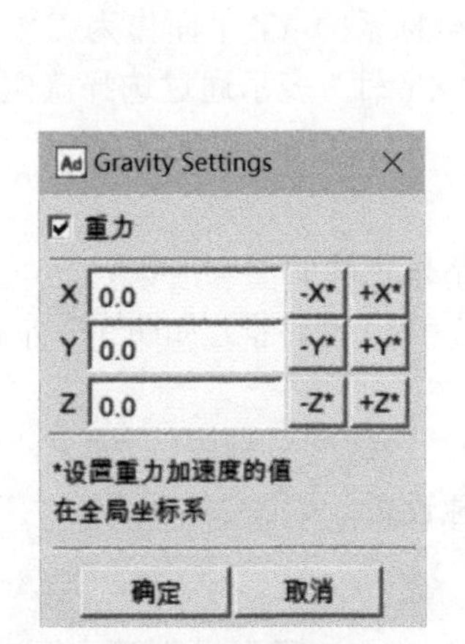

图 3-9 “Gravity Settings”对话框

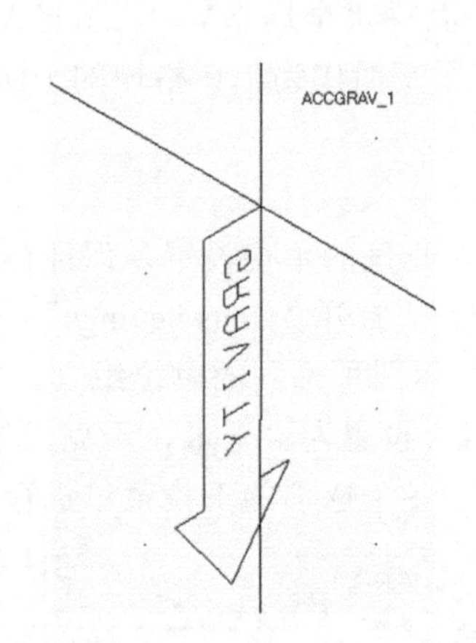

图 3-10 重力标记

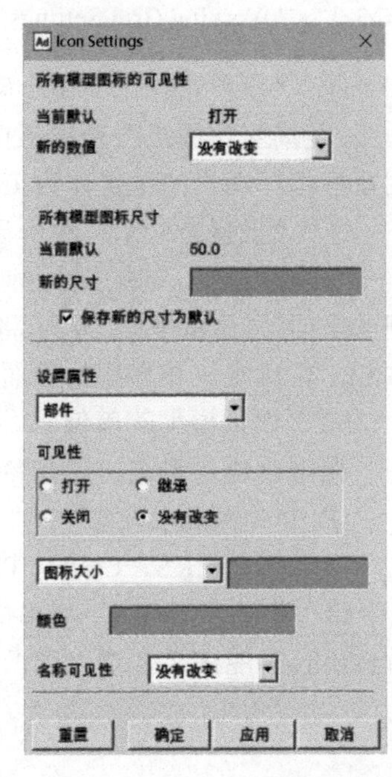

图 3-11 “Icon Settings”对话框

3.2 ADAMS 的工作界面

启动 ADAMS/View 2020（下文简称 ADAMS 2020）后的工作界面如图 3-12 所示。

在工作界面的左侧为“模型浏览器”，显示模型默认名称“.MODEL_1”，工作窗口的左下角显示坐标系。

菜单栏包括“文件”、“编辑”、“视图”、“设置”、“工具”，其右侧为标准工具栏按钮，如图 3-13 所示。

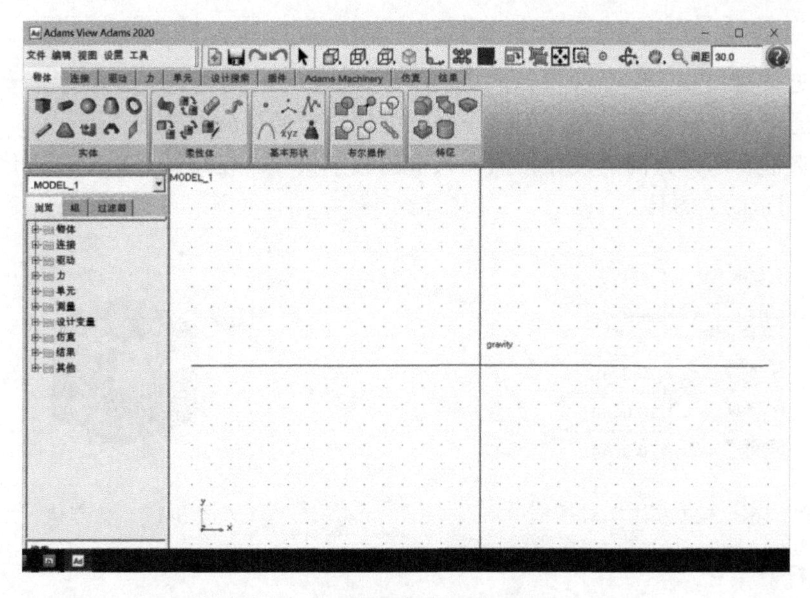

图 3-12　ADAMS/View 2020 工作界面

图 3-13　标准工具栏

菜单栏的下方是“物体”、“连接”等 10 个选项卡，分别是各种功能按钮的集合，如图 3-14 所示。

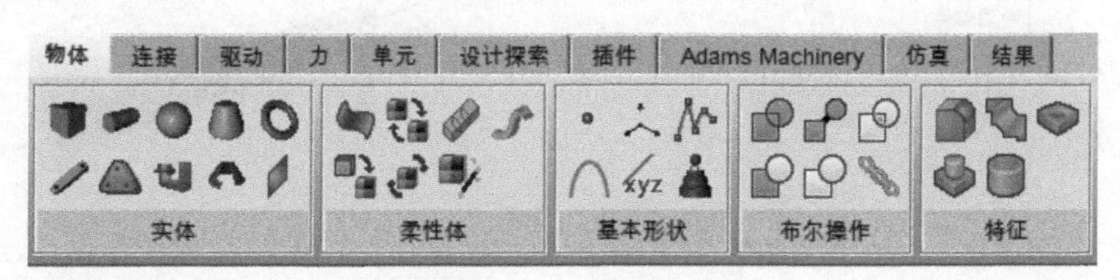

图 3-14　选项卡

界面右下角为快捷工具栏，如图 3-15 所示，可以对背景颜色、可见性、窗口布局、切换网格等进行快捷操作。

图 3-15　快捷工具栏

3.3　物体与约束

在图 3-14 所示的 10 个选项卡中，“物体”和“连接”选项卡是最常用的两种。

3.3.1　物体

“物体”选项卡中包含实体与柔性体创建、布尔操作等多种工具，如图 3-14 所示。常用工具包括：

（1）立方体

该工具通过定义长、宽、高，创建一个立方体，对话框如图 3-16 所示。

勾选复选框表示该方向的尺寸按照输入框的数字执行。在绘图区确定立方体端点后，创建如图 3-17 所示的立方体。

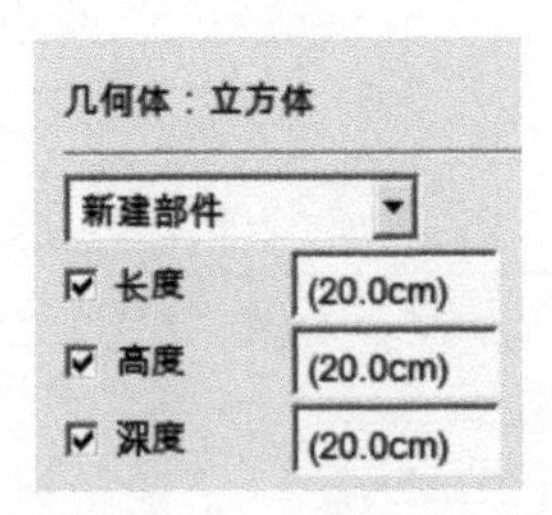

图 3-16 “立方体”对话框

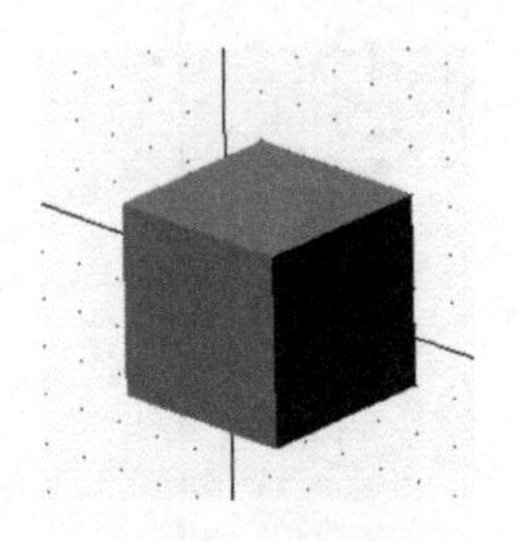

图 3-17 立方体

（2）连杆

该工具通过定义两点来创建一个连杆，其中两点为连杆两端面的圆心，对话框如图 3-18 所示。

勾选复选框表示该方向的尺寸按照输入框的数字执行。在绘图区确定两点后，创建如图 3-19 所示的连杆。

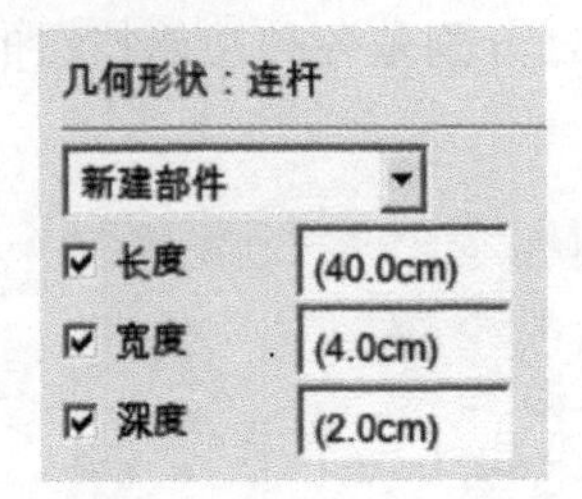

图 3-18 “连杆”对话框

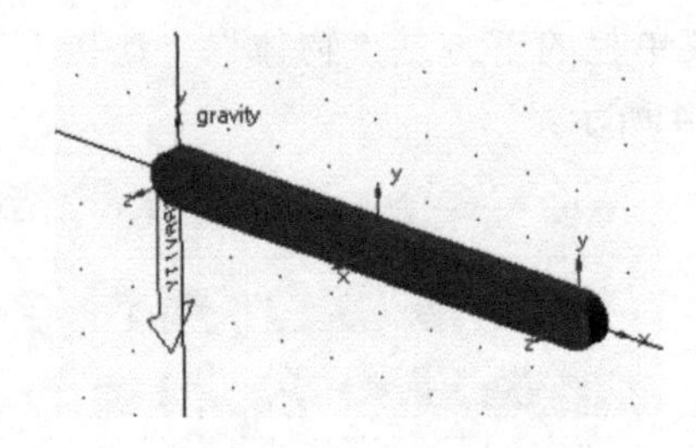

图 3-19 连杆

（3）圆柱

该工具通过定义圆柱的中心线来创建圆柱长度，对话框如图 3-20 所示。

勾选复选框表示该方向的尺寸按照输入框的数字执行。在绘图区确定两点后，创建如图 3-21 所示的圆柱。

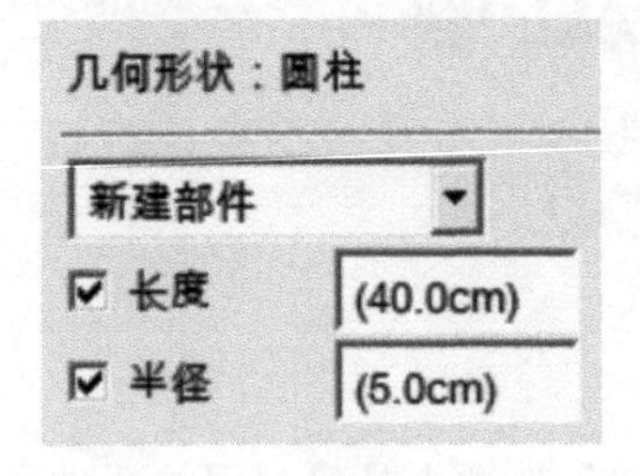

图 3-20 “圆柱”对话框

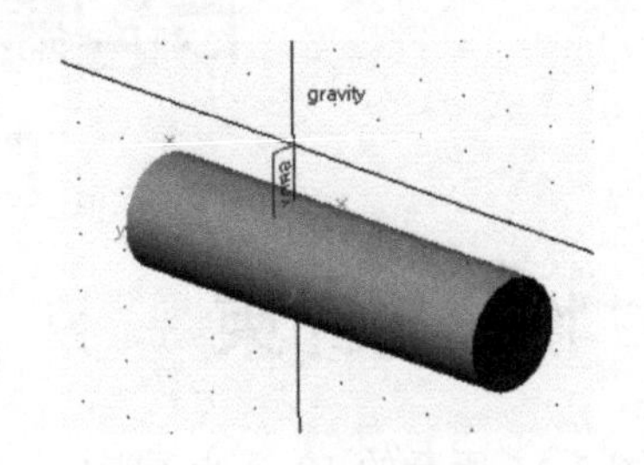

图 3-21 圆柱

（4）球

该工具通过定义球的球心来创建球体，对话框如图 3-22 所示。

勾选复选框表示该方向的尺寸按照输入框的数字执行。在绘图区确定一点后，创建如图 3-23 所示的球。

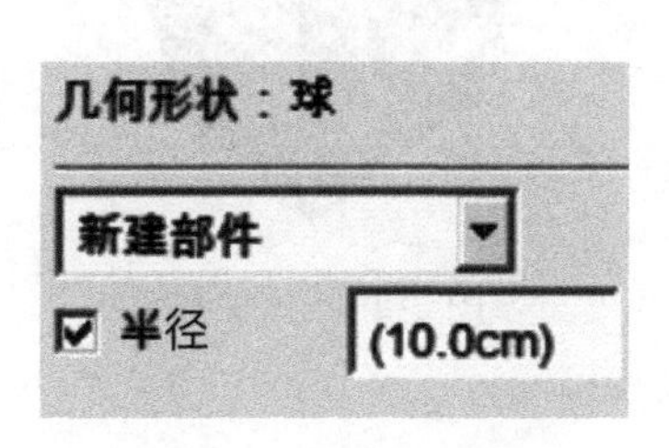

图 3-22 “球”对话框

图 3-23 球

（5）锥台

该工具通过定义锥台的顶部半径、底部半径及长度创建锥台，对话框如图 3-24 所示。

勾选复选框表示该方向的尺寸按照输入框的数字执行。在绘图区选定两点确定锥台长度后，创建如图 3-25 所示的锥台。

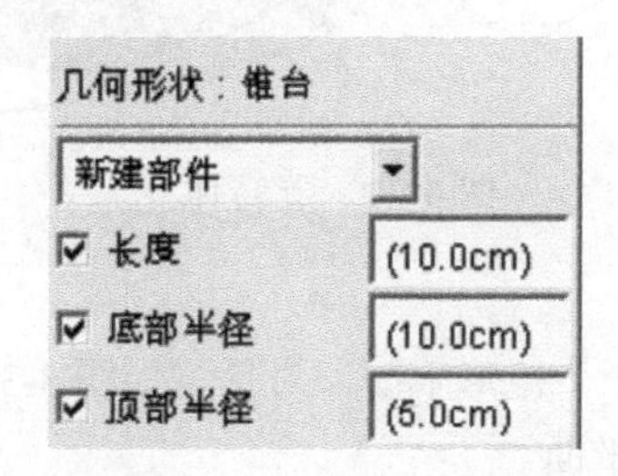

图 3-24 “锥台”对话框

图 3-25 锥台

（6）圆环

该工具通过定义圆环的截面半径和中心半径创建圆环，对话框如图 3-26 所示。

勾选复选框表示该方向的尺寸按照输入框的数字执行。在绘图区选定一点确定圆环中心后，创建如图 3-27 所示的圆环。

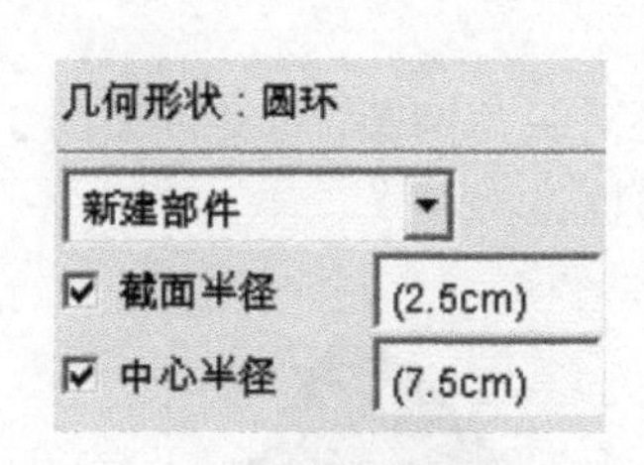

图 3-26 “圆环”对话框

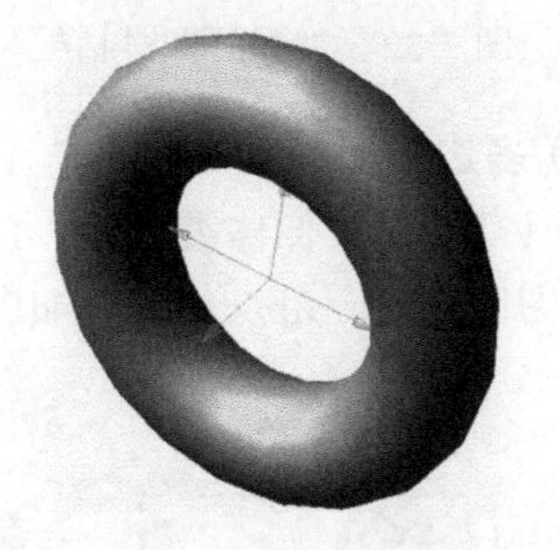

图 3-27 圆环

（7）拉伸体

该工具通过在工作格栅平面上定义一个截面形状创建拉伸体，对话框如图 3-28 所示。

在绘图区选定一组点确定截面形状后，创建如图 3-29 所示的拉伸体。

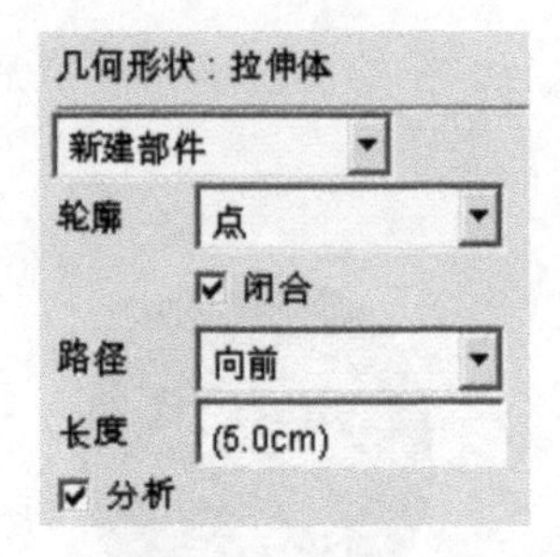

图 3-28 “拉伸体”对话框

图 3-29 拉伸体

（8）旋转体

该工具通过定义一个旋转轴和一个截面来创建旋转体，对话框如图 3-30 所示。

在绘图区选定两点确定轴线，选定一组点确定截面后，创建如图 3-31 所示的旋转体。

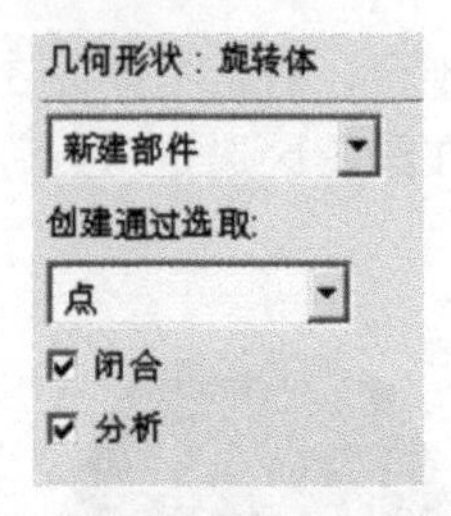

图 3-30 “旋转体”对话框

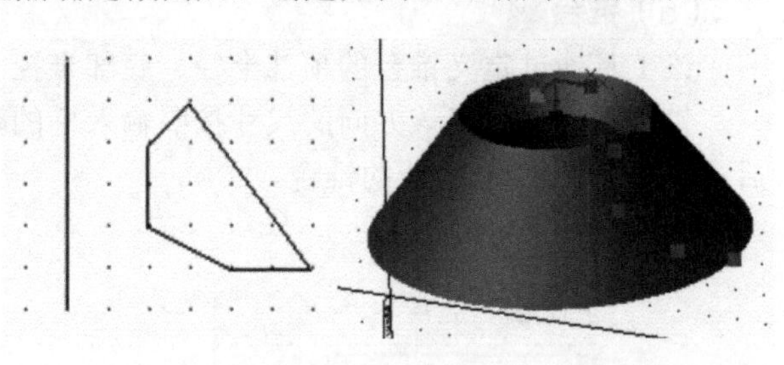

图 3-31 旋转体

（9）平面

该工具通过在工作格栅平面选定一个角点拖动创建一个矩形平面，对话框如图 3-32 所示。

在绘图区选定一点并拖动，创建如图 3-33 所示的平面。

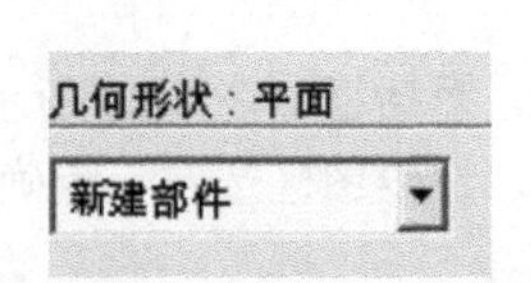

图 3-32 “平面”对话框

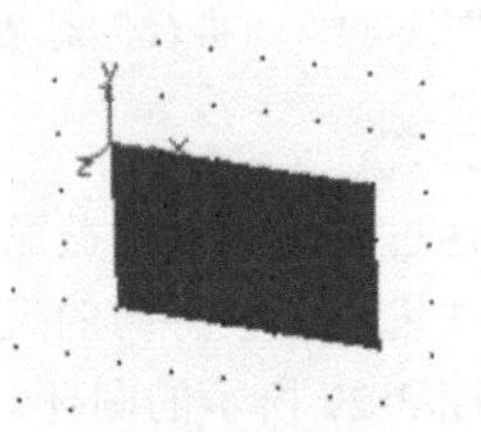

图 3-33 平面

（10）多边形板

该工具功能与拉伸体类似，除了形成拉伸体之外，还对尖角倒圆，对话框如图 3-34 所示。

在绘图区选定一组点，创建如图 3-35 所示的多边形板。

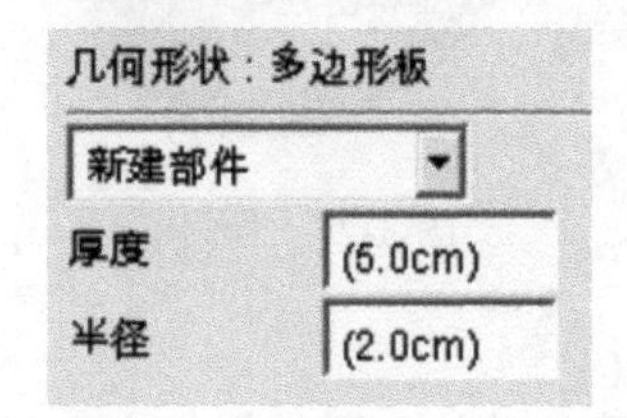

图 3-34 “多边形板”对话框

图 3-35 多边形板

3.3.2 约束

“连接”选项卡中包含运动副、基本运动约束、耦合副和特殊约束工具，如图 3-36 所示。

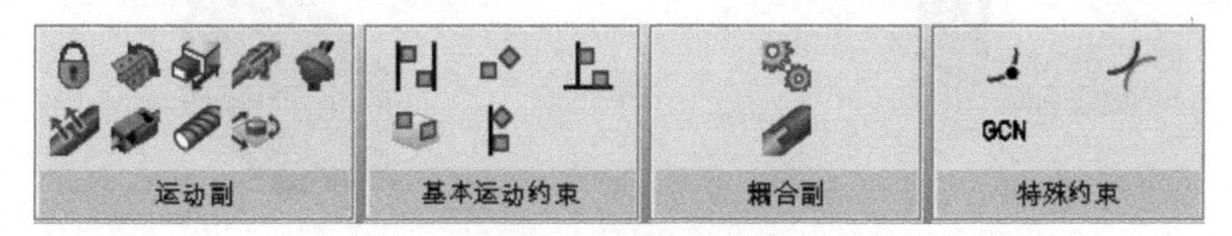

图 3-36 “连接”选项卡

ADAMS 中的运动副主要包括五种：一般运动副、虚约束、运动发生器、高副和一般函数约束。常见的一般运动副主要有：旋转副、万向节副（虎克铰）、固定副、移动副、恒速度副和圆柱副等，如表 3-1 所示。

表 3-1 ADAMS 常用运动副

图标	名称	功能
	旋转副	物体 1 相对于物体 2 旋转； 约束了 2 个旋转自由度和 3 个平移自由度
	移动副	物体 1 相对于物体 2 平移； 约束了 3 个旋转自由度和 2 个平移自由度
	圆柱副	物体 1 相对于物体 2 既可以平移又可以旋转； 约束了 2 个旋转自由度和 2 个平移自由度
	球副	物体 1 相对于物体 2 在球面内旋转； 约束了 3 个平移自由度
	固定副	物体 1 相对于物体 2 固定； 约束了 3 个旋转自由度和 3 个平移自由度
	万向节（虎克铰）副	物体 1 相对于物体 2 转动； 约束了 1 个旋转自由度和 3 个平移自由度
	恒速度副	物体 1 相对于物体 2 恒速转动； 约束了 1 个旋转自由度和 3 个平移自由度
	平面副	物体 1 相对于物体 2 在平面内运动； 约束了 2 个旋转自由度和 1 个平移自由度
	螺旋副	物体 1 相对于物体 2 每旋转一周同时上升或下降一个螺距； 提供 1 个相对运动自由度
	齿旋副	物体 1 相对于物体 2 定速比相对啮合转动； 提供定比传动关系
	耦合副	物体 1 相对于物体 2 相对旋转或平移运动； 两个构件的旋转轴或平移轴可不共面

常用约束工具包括：

（1）旋转副

旋转副只允许两个物体绕一条共同的轴线旋转。旋转副在旋转轴线的任意位置，其方向决定旋转轴线的方向，如图 3-37 所示。一个旋转副从模型中去除 5 个自由度。

（2）移动副

移动副只允许两个物体沿一条轴线相互移动，移动副的位置不影响物体的运动，移动副的方向确定物体滑移的方向，如图 3-38 所示。一个移动副从模型中去除 5 个自由度。

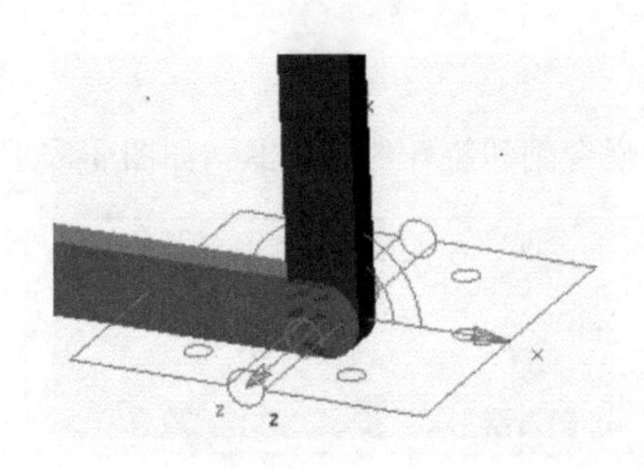

图 3-37　旋转副

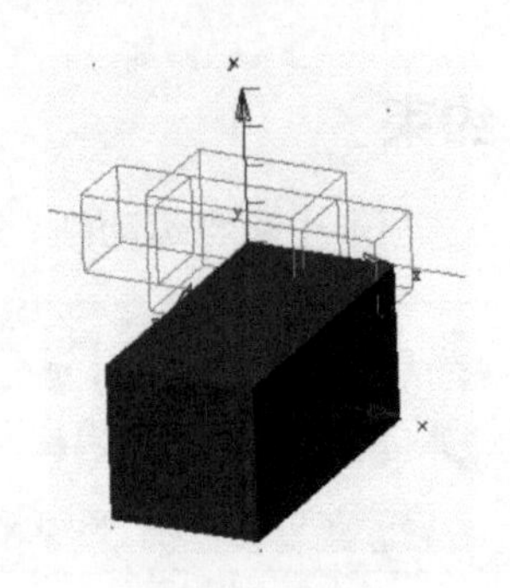

图 3-38　移动副

（3）圆柱副

圆柱副允许两个物体沿一条轴线既滑动又旋转。圆柱副在轴线的任意位置，圆柱副的方向确定轴线的方向，如图 3-39 所示。一个圆柱副从模型中去除 4 个自由度。

（4）球副

球副允许两个物体相对于一点自由转动，但是没有平移。球副的位置确定旋转点的位置，如图 3-40 所示。一个球副从模型中去除 3 个自由度。

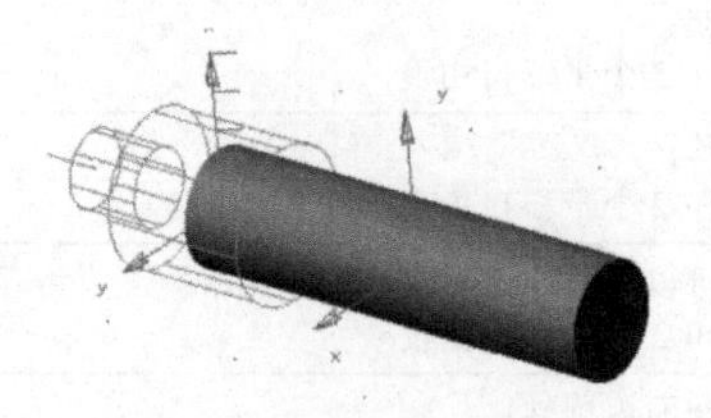

图 3-39　圆柱副

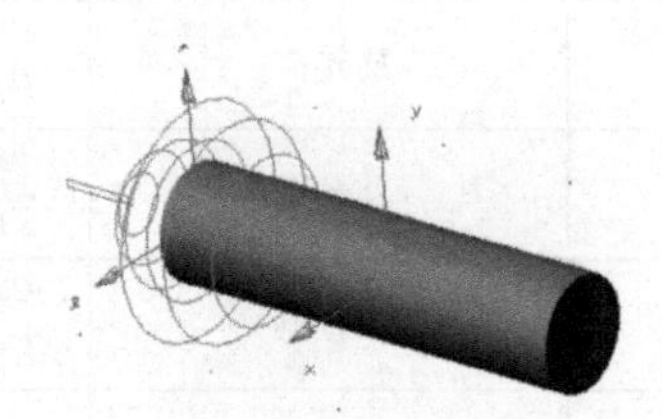

图 3-40　球副

（5）固定副

固定副把两个物体固结在一起，两个物体没有相对运动。固定副的位置和方向都不影响仿真结果。因此，将其放在容易看见的位置，如图 3-41 所示。一个固定副从模型中去除 6 个自由度。

（6）万向节（虎克铰）副

万向节（虎克铰）副允许一个物体把旋转运动传递给另一个物体，且两物体的旋转轴线有夹角。万向节（虎克铰）副的位置确定两个物体的连接点，如图 3-42 所示。一个万向节（虎克铰）副去除 4 个自由度。

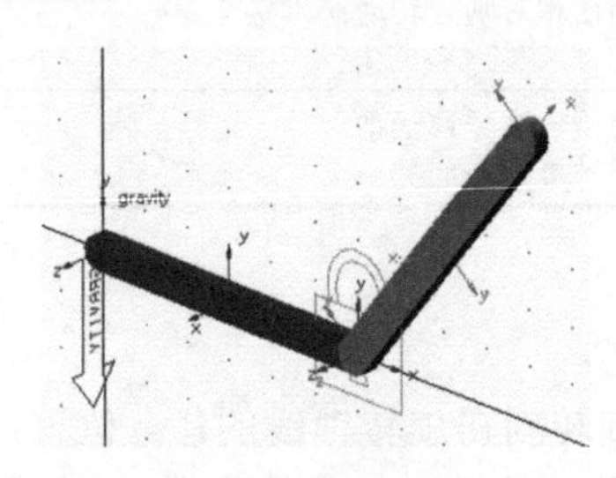

图 3-41　固定副

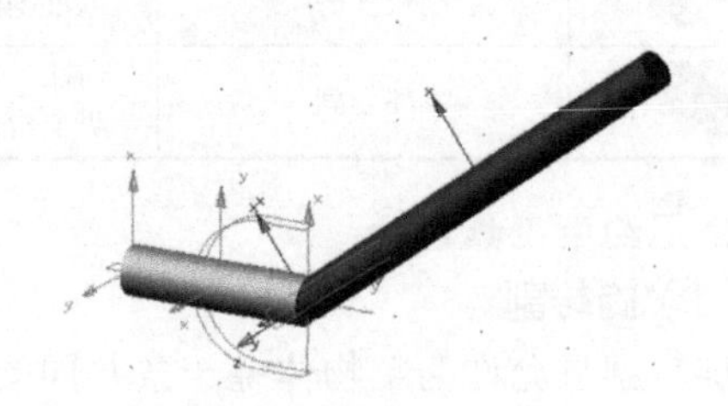

图 3-42　万向节（虎克铰）副

（7）恒速度副

恒速度副允许两个物体以相等的速度旋转，恒速度副的位置确定两个物体的连接点，如

图 3-43 所示。一个恒速度副去除 4 个自由度。

（8）平面副

平面副的位置确定约束平面通过的点。平面副的矢量垂直于约束平面，如图 3-44 所示。一个平面副从模型中去除 3 个自由度。

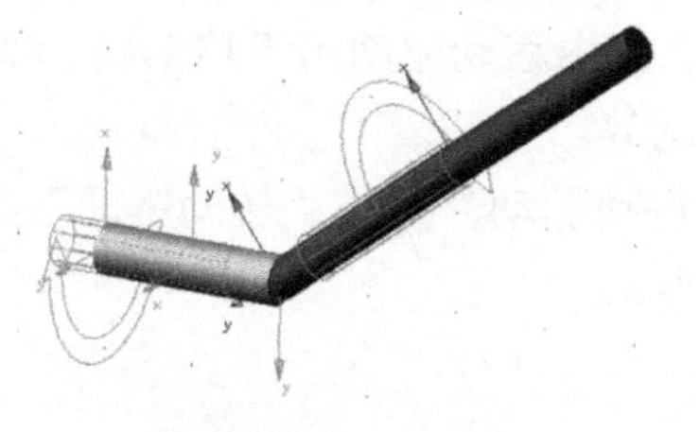

图 3-43　恒速度副

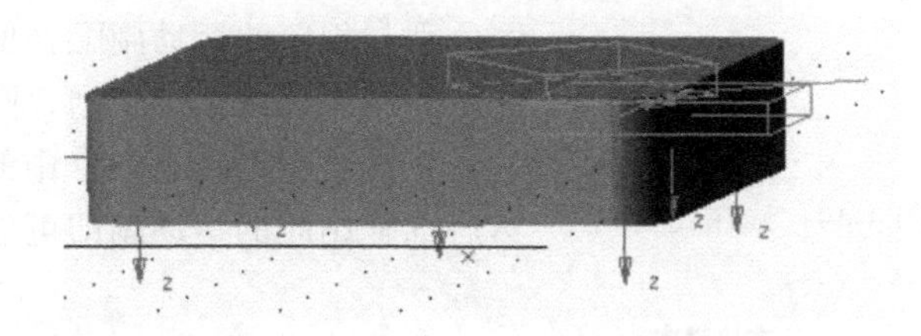

图 3-44　平面副

（9）螺旋副

螺旋副允许一个物体相对于一个物体作螺旋运动。确定螺旋副时需要定义螺距值，正的螺距值创建右旋螺纹，负的螺距值创建左旋螺纹，如图 3-45 所示。

（10）齿轮副

齿轮副允许两个物体在共同的速度点以相同的速度运动，它通过耦合两个运动副连接两个物体，运动副可以是移动副、旋转副或圆柱副。根据运动副的不同，可以创建齿轮副、螺旋传动、齿轮齿条等。如图 3-46 所示。

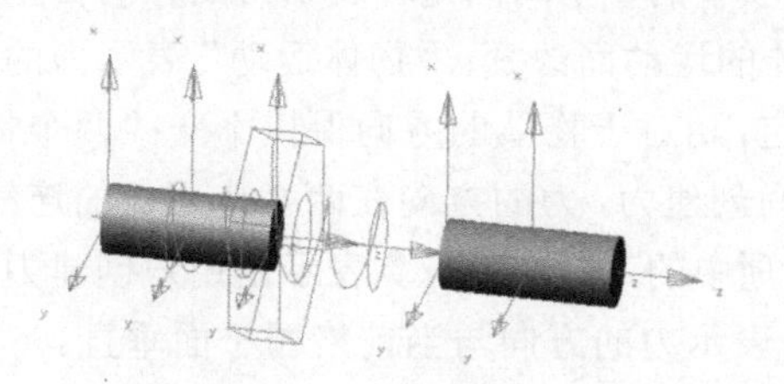

图 3-45　螺旋副

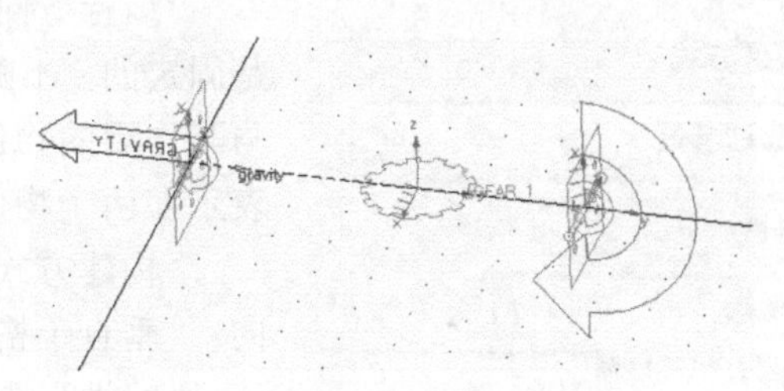

图 3-46　齿轮副

（11）耦合副

耦合副可以把两个或三个约束副连接起来，它以一定的比例关系定义约束副之间的平移和（或）旋转运动。如图 3-47 所示。

（12）点在线上副

点在线上副允许一个物体上的固定点在另一个物体的曲线上自由翻转和滑动，其中曲线既可以是封闭曲线，也可以是开口曲线，如图 3-48 所示。

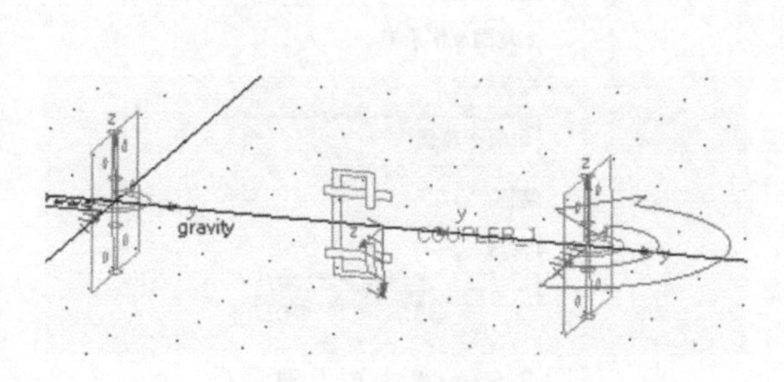

图 3-47　耦合副

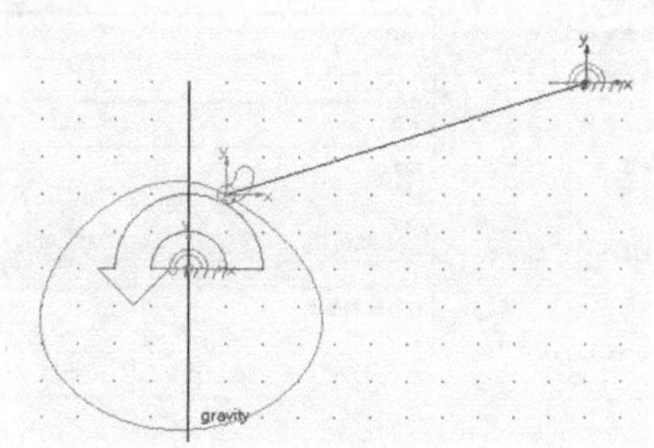

图 3-48　点在线上副

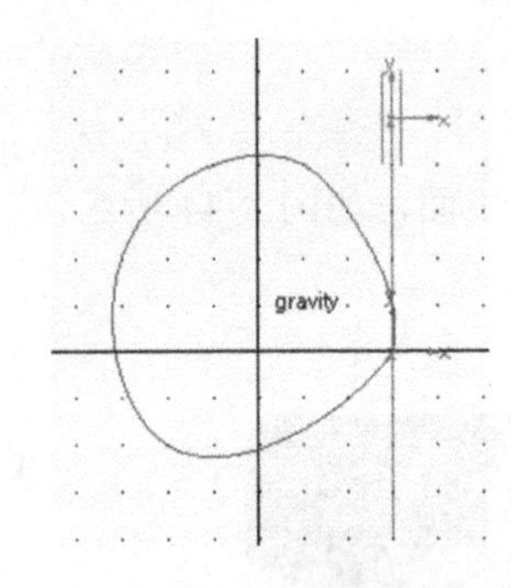

图 3-49　线在线上副

(13) 线在线上副

线在线上副要求两个物体上曲线始终接触，且两条曲线必须在同一个平面上，如图 3-49 所示。

(14) 驱动

ADAMS 中，常用驱动有移动驱动和转动驱动两种添加形式，它们分别与相应的运动副配合使用，其中移动驱动用于移动副、圆柱副等，转动驱动用于旋转副、圆柱副等。

单击“驱动”选项卡中的“启动驱动”、“转动驱动”，然后选择相应的运动副即可创建驱动。

3.4　载荷

ADAMS“力”选项卡中提供三种类型的力：一是作用力，如常用的力和力矩等；二是柔性连接，如轴套、弹簧等；三是特殊力，如轮胎、接触等。下面介绍力、力矩、拉压弹簧。

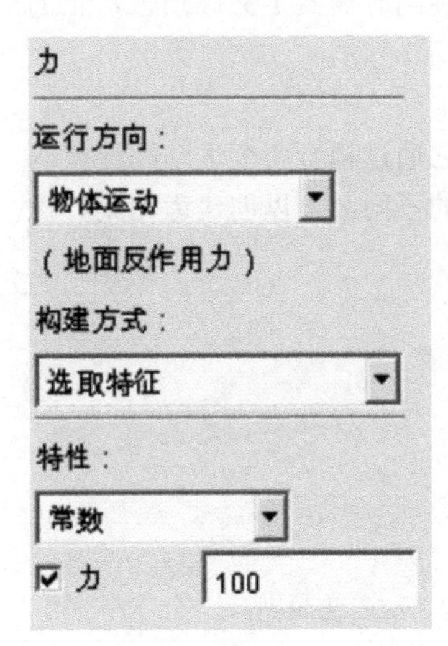

图 3-50　“力”对话框

(1) 力

单击“力”选项卡“力”按钮，弹出如图 3-50 所示的“力”对话框。

“运行方向”选项中的“空间固定”表示力的方向在空间上是固定的，不随物体的运动而改变；“物体运动”表示力的方向与其作用的物体固定，相对于物体的方向保持不变；“两个物体”表示在两个物体之间创建力，力的方向在两个作用点的连线上。

“构建方式”选项中的“选取特征”表示由用户创建力的方向；“垂直于格栅”表示力的方向与当前格栅平面垂直。

“特性”选项中的“常数”表示力的大小是确定值；“定制”表示由用户在力修改对话框中输入力值或力的表达式，“Modify Force”（力修改）对话框如图 3-51 所示。

(2) 力矩

单击“力”选项卡“力矩”，弹出如图 3-52 所示的“力矩”对话框。

Modify Force

名称	SFORCE_1
方向	两个物体之间(视线方向)
主动物体	PART_2
被动物体	PART_3
定义使用	函数
函数	100.0
求解ID	1
力显示	在主动物体上

确定　应用　取消

图 3-51　“Modify Force”对话框

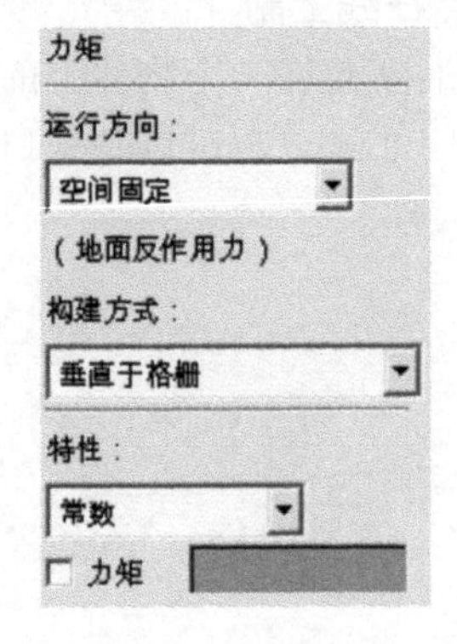

图 3-52　“力矩”对话框

“力矩”对话框的相关选项与“力”对话框类似，这里不再介绍。

（3）拉压弹簧

单击“力”选项卡“拉压弹簧”，弹出如图 3-53 所示的“拉压弹簧”对话框。

通过选取两个物体或地面上的标记点创建它们之间的弹簧力。

“属性”选项中的“K”表示设置弹簧刚度；“C”表示设置弹簧的阻尼。也可以在已创建的弹簧力上右击选择“修改”，在弹出的如图 3-54 所示的“Modify a Spring-Damper Force”（修改弹簧力）对话框中对刚度和阻尼进行修改。

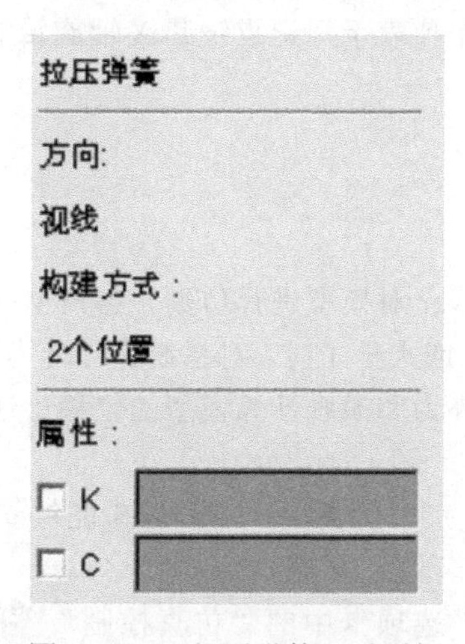

图 3-53 “拉压弹簧”对话框

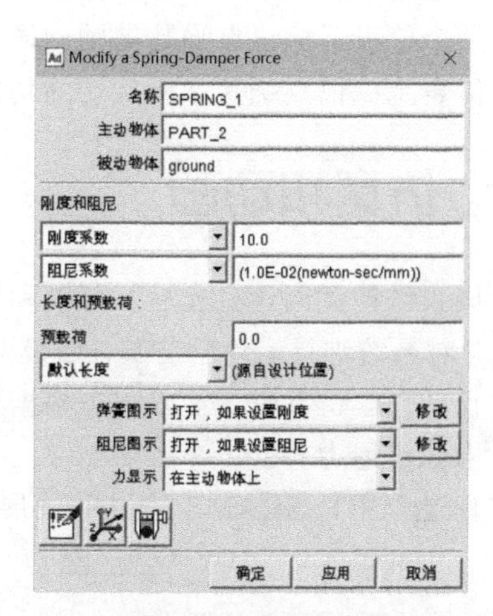

图 3-54 “Modify a Spring-Damper Force”对话框

3.5 标记点

标记点是 ADAMS 中一个非常重要的概念，标记点的作用主要包括：控制物体的位置和方向；控制约束副的位置和方向；作为物体之间约束、力等的连接参考点。

单击“物体”选项卡“标记点”，弹出“修改标记点”对话框，如图 3-55（a）所示。

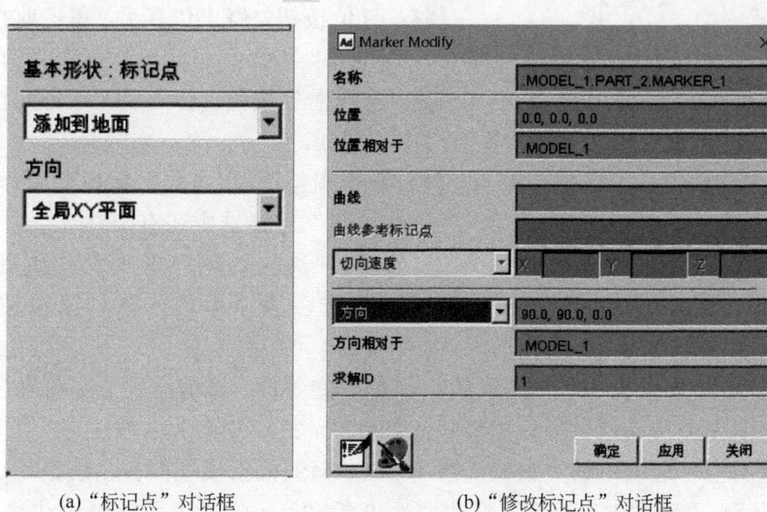

(a)“标记点”对话框　　(b)“修改标记点”对话框

图 3-55 “标记点”对话框和“修改标记点”对话框

添加位置包括添加到地面、添加到现有部件、添加到曲线和添加有限元部件；“方向”选项默认为“全局 XY 平面”，表示标记点的 X、Y 轴在大地坐标的 XY 平面；“X 轴”和“Y 轴”表示通过指定标记点的 X 轴和 Y 轴的方向确定其坐标方向；“X 轴”表示通过指定标记点的 X 轴的方向确定其坐标方向。

对于已经创建的标记点，可以通过右击选择“修改”来修改标记点的位置和方向，如图 3-55（b）所示。

在“位置”选项中可以修改标记点的坐标，在“方向”选项中可以修改标记点的方向，其中第一个值表示标记点绕其 Z 轴旋转的角度，第二个值表示标记点绕其 X 轴旋转的角度，第三个值表示标记点绕其 Z 轴旋转的角度。

3.6 仿真和动画

机械系统模型创建完成后，可以利用 ADAMS/Solver 对模型进行仿真。当模型的自由度为 0 时，对系统进行运动学仿真，当模型的自由度为 1 或大于 1 时，对系统进行动力学仿真。

进行动力学仿真时，ADAMS 根据模型上施加的外力和激励计算模型的位移、速度和加速度、内部作用力等。

仿真过程中，ADAMS 通过动画展示计算结果。完成仿真后，ADAMS 能够重复播放动画。

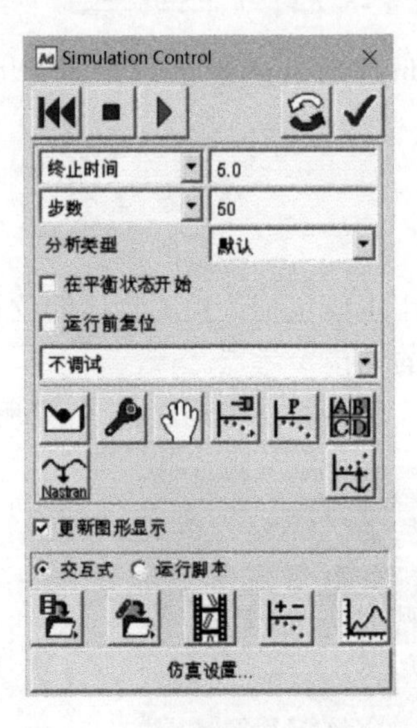

图 3-56 “Simulation Control”对话框

单击“仿真”选项卡中的“仿真控制”，弹出“Simulation Control”（仿真控制）对话框，如图 3-56 所示。

对话框中常用的各按钮功能如下：

：开始仿真按钮。单击此按钮，ADAMS 开始进行仿真；仿真结束后，再次单击此按钮，重复仿真。

：停止仿真按钮。仿真过程中，单击此按钮停止仿真。

：复位按钮。停止仿真后，单击此按钮使模型回到仿真开始时的位置。

：重新播放按钮。仿真后，单击此按钮重新播放上一次仿真动画。

：静平衡按钮。单击此按钮模型进行静平衡求解。

“仿真控制”对话框中还有一些选项，其功能如下：

① 时间：“终止时间”选项表示仿真停止时间；“持续时间”选项表示单击一次仿真按钮，仿真持续多久。

② 步：“步数”选项表示仿真结果的总步数，如 500，表示一次仿真结果按照 500 步输出；“步长”选项表示仿真结果的输出步长，如 0.1，表示每隔 0.1s 输出一次仿真结果。

③ “分析类型”选项中的“默认”表示 ADAMS 根据模型的自由度自动进行运动学仿真或者动力学仿真；“动力学”表示按照动力学仿真；“运动学”表示按照运动学仿真；“静态”表示按照静平衡求解。

3.7 输出曲线

对模型进行仿真以后，用曲线的形式输出仿真结果。在 ADAMS 中几乎可以测量模型中的任意参数。

例如，物体任意点的位移、速度、加速度等，约束副的相对位移、相对速度、相对加速度以及所受的力和力矩等，弹簧的变形量、变形速度、作用力等。

在测量仿真结果时将光标放置在需要测量的对象上，如物体、约束副、弹簧等。右击，在弹出的菜单中选择"测量"，弹出"Part Measure"（测量）对话框，如图 3-57 所示。选择需要测量的目标特性，单击"确定"按钮，ADAMS 生成仿真结束的测量曲线，如图 3-58 所示。

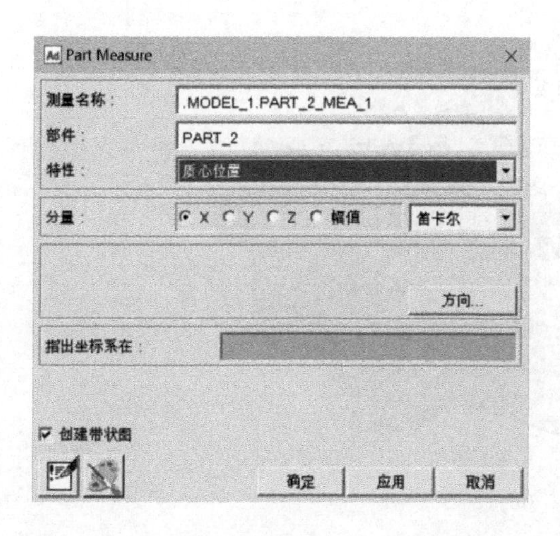

图 3-57 "Part Measure"对话框

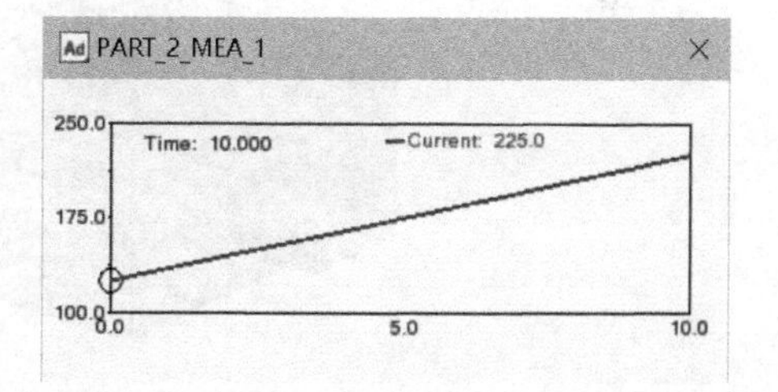

图 3-58 测量曲线

3.8 实例：台虎钳仿真

3.8.1 台虎钳装配与运动分析

台虎钳的装配关系如图 3-59 所示。

台虎钳的安装关系如下：

① 活动钳口通过螺钉连接在螺母上，螺母与螺杆通过螺纹连接。

② 螺杆安装于钳座，左侧通过挡圈定位，右侧通过螺杆上的轴肩定位。螺杆绕自身轴线转动。

③ 两个钳口板分别安装于活动钳口和钳座。

运动关系：

当螺杆转动时，通过螺旋传动带动螺母、活动钳口和钳口板直线运动，改变两个钳口板的距离，实现钳夹作用。

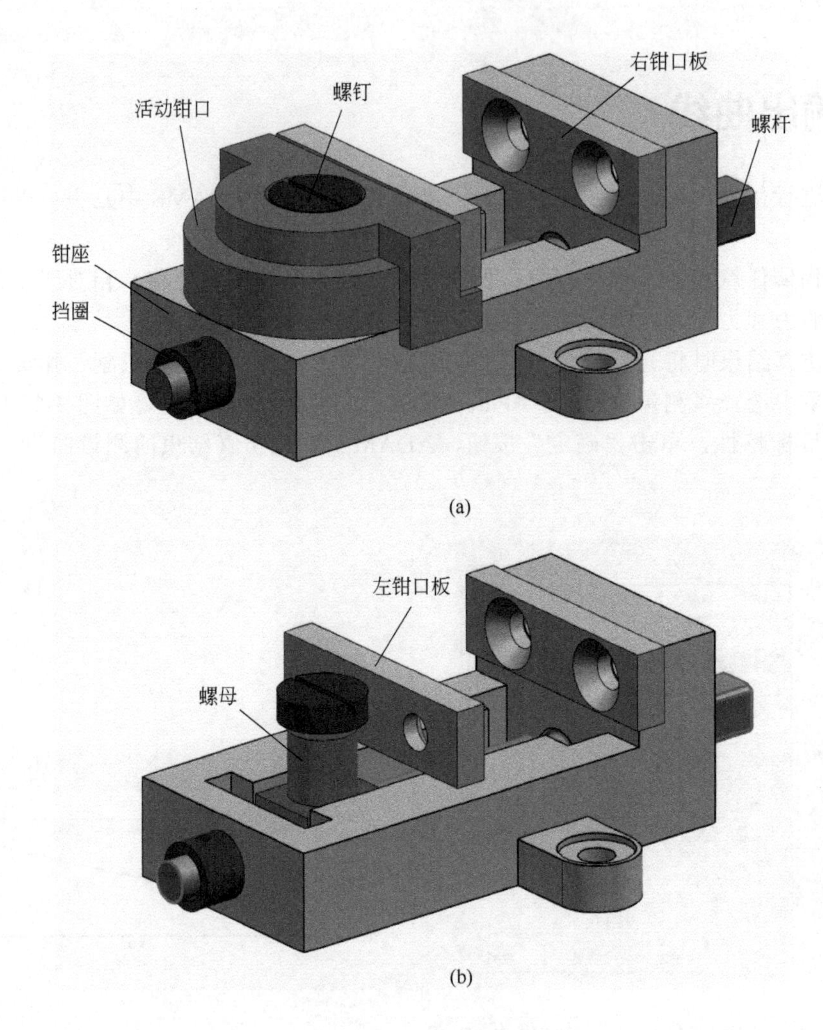

图 3-59　台虎钳装配图

3.8.2　台虎钳仿真分析思路

台虎钳的运动构件主要包含两类：一是与主动运动相关的螺杆和挡圈，做转动运动，二是与从动运动相关的螺母、活动钳口、螺钉和左钳口板，做直线运动。另外，钳座和右钳口板为非运动件。

挡圈和螺杆通过销连接（图中未画出），因此可以在挡圈和螺杆之间建立固定副。同理，螺母、活动钳口、螺钉和左钳口板之间为固定副，钳座、右钳口板和地面为固定副。

螺杆和螺母之间需建立螺旋副。

另外，需要建立螺杆和钳座之间的转动副，在螺母和钳座之间建立移动副。为了测试左右钳口板之间的接触力，在左右钳口板之间建立接触力。

3.8.3　台虎钳仿真操作过程

（1）导入模型

单击菜单“文件”—“导入”，弹出如图 3-60 所示的“File Import”（文件导入）对话框。

"文件类型"选项选择"Parasolid（*.xmt，*.x_t，*.xmt_bin，*x_t）"，"读取文件"选项选择随书源文件资料"cha_3\huqian.x_t"，"模型名称"选项输入 hq，其余选项保持默认。单击"确定"。

单击菜单"视图"—"模型"，弹出"Selections"（选择）对话框如图 3-61 所示。

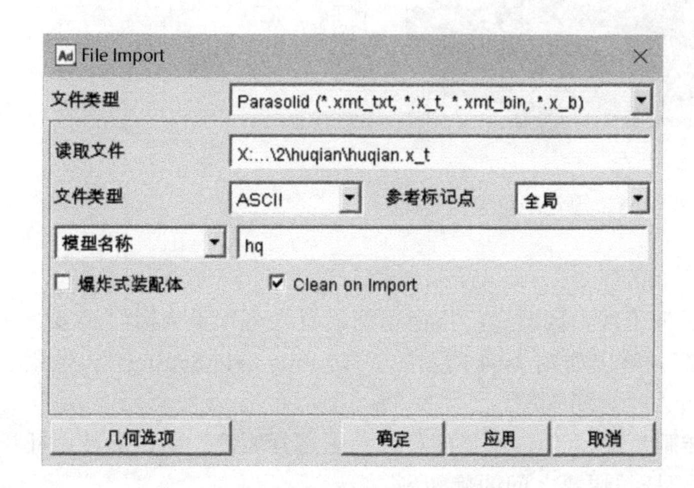

图 3-60 "File Import"对话框

图 3-61 "Selections"对话框

选择".hq"，单击"确定"。在界面右下角单击，将视图切换为阴影模式，如图 3-62 所示。

图 3-62 导入 ADAMS 的台虎钳

（2）创建固定副

单击"连接"选项卡中的"固定副"，单击钳座，单击地面，单击如图 3-63 所示的角点。

同理，建立右钳口板与钳座之间的固定副。

同理，建立螺母、活动钳口、螺钉和左钳口板之间的固定副；建立挡圈和螺杆之间的固定副。

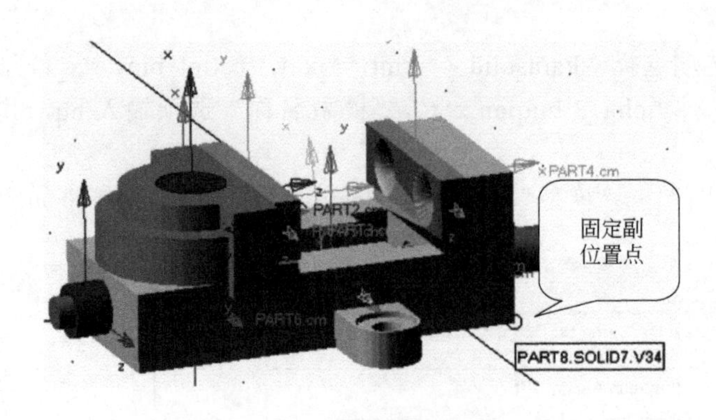

图 3-63　固定副位置点

（3）创建旋转副

由于旋转副默认方向为垂直于格栅平面，因此先将格栅平面设置为平行于坐标面 *XOZ*。

单击菜单“设置”—“工作格栅”，弹出如图 3-64 所示的“Working Grid Settings”（设置工作格栅）对话框，将设置方向修改为“全局 XZ”。

单击“连接”选项卡中的“旋转副”，单击选择螺杆，单击选择钳座，单击旋转螺杆左端面圆心，如图 3-65 所示，创建螺杆与钳座之间的旋转副。

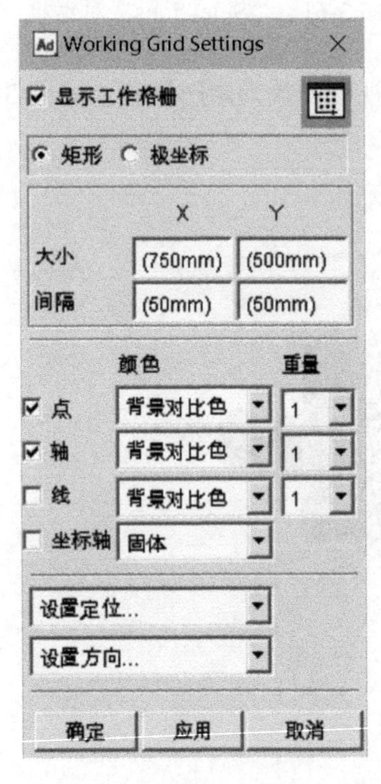

图 3-64　“Working Grid Settings”对话框

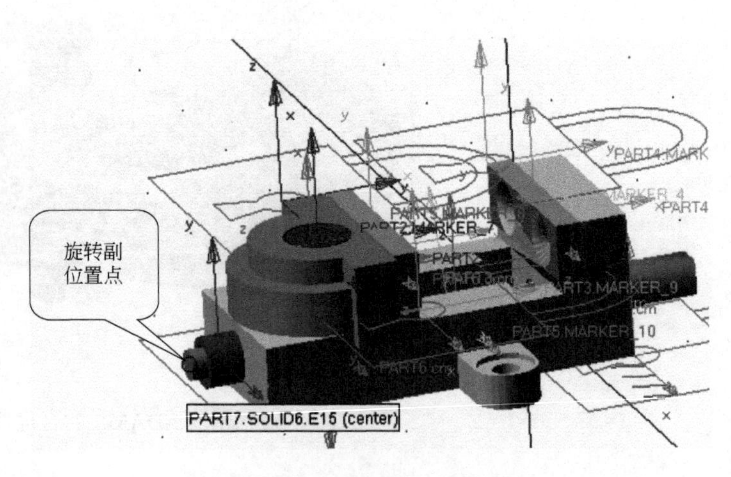

图 3-65　旋转副的位置点

（4）创建圆柱副

单击“连接”选项卡中的“圆柱副”，由于螺母等的移动方向与坐标面 *XOZ*（当前格栅平面）垂直，因此在“构件方式”选项中选择“垂直格栅”。单击螺母，单击螺杆，单击选择如图 3-66 所示的螺杆左端面圆心作为圆柱副的位置点，创建圆柱副。

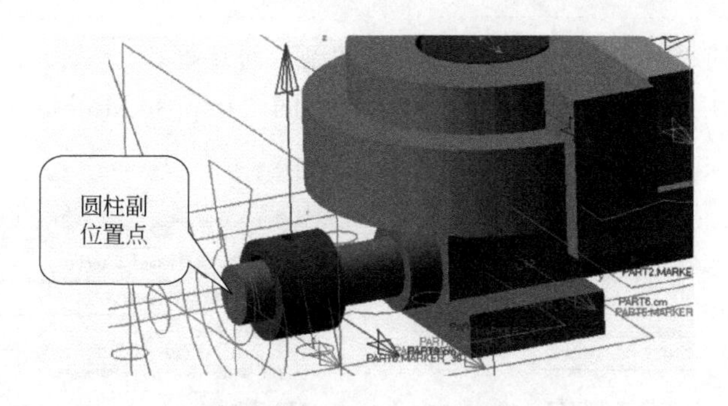

图 3-66　圆柱副的位置点

（5）创建螺旋副

单击“连接”选项卡中的“螺旋副”，在“构件方式”选项中旋转“垂直格栅”。单击螺母，单击螺杆，单击选择如图 3-66 所示的螺杆左端面圆心作为圆柱副的位置点，创建螺旋副。

右击旋转副，在快捷菜单中选择“修改”，弹出如图 3-67 所示的“Modify Joint”（修改运动副）对话框，将“节圆”的值修改为 2（节圆即为螺旋副的螺距）。

（6）创建接触力

单击“力”选项卡中的“接触力”，弹出如图 3-68 所示的“Create Contact”（创建接触力）对话框。

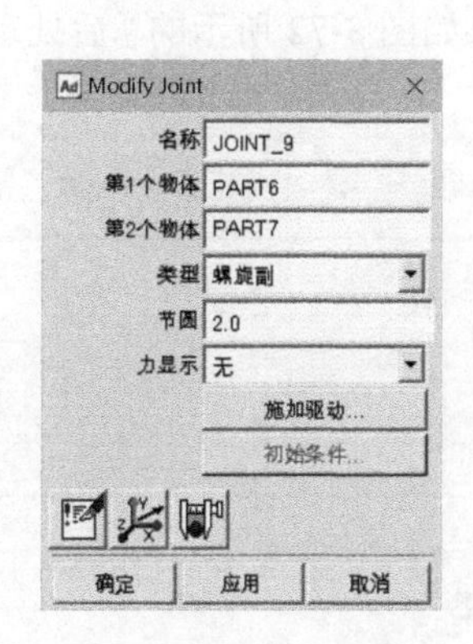

图 3-67　“Modify Joint”对话框

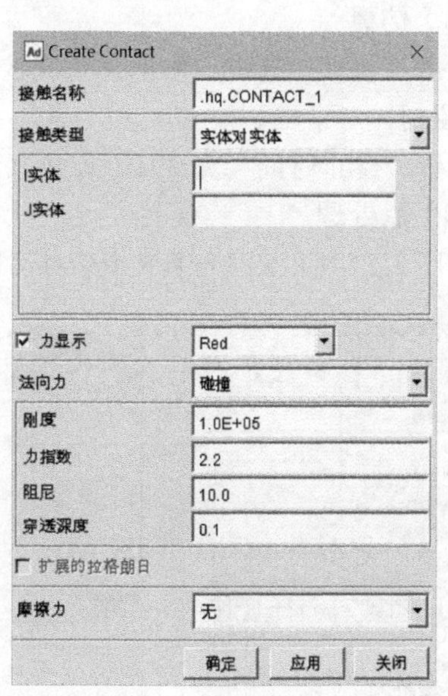

图 3-68　“Create Contact”对话框

设置“I 实体”选项为左钳口板，“J 实体”选项为右钳口板，其余选项保持默认。

按照相同方法设置活动钳口与钳座之间接触力。

详细的碰撞力参数如刚度、力指数、阻尼、穿透深度及摩擦力，读者需查阅相关资料，按照碰撞理论进行设置。

（7）创建驱动

单击“力”选项卡，另外在左侧浏览窗口右击旋转副，在弹出的快捷菜单中选择“修改”，弹出如图 3-69 所示的“Modify Joint”（修改运动副）对话框。

单击“施加驱动”选项，弹出如图 3-70 所示的“Impose Motion（s）”（施加运动）对话框。

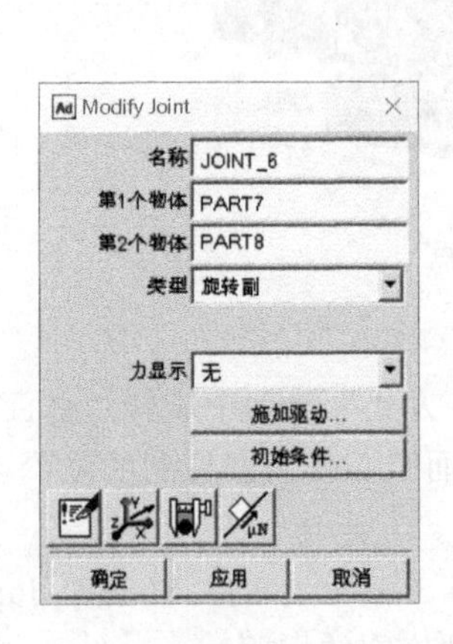

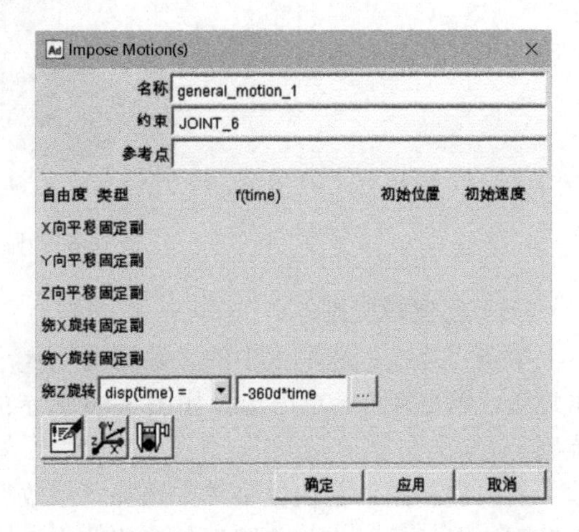

图 3-69 “Modify Joint”对话框

图 3-70 “Impose Motion（s）”对话框

设置“绕 Z 旋转”选项为“disp（time）=”，设置值为“-360d*time”，单击“确定”回到“Modify Joint”对话框，单击“确定”。

（8）仿真

单击“仿真”选项卡中的“仿真控制”，弹出如图 3-71 所示的“Simulation Control”（仿真控制）对话框。

设置“终止时间”为 29，“步数”为 1000，其余默认。单击开始仿真。

（9）后处理

在图 3-71 所示的“仿真控制”对话框中单击，弹出如图 3-72 所示的“后处理”对话框。

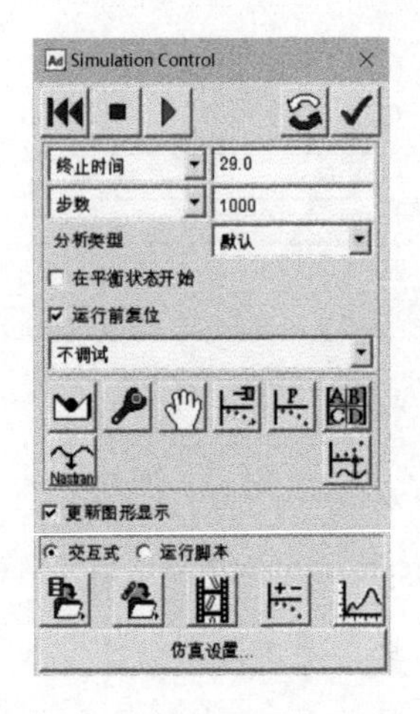

图 3-71 “Simulation Control”对话框

图 3-72 “后处理”对话框

在“资源”选项中选择“对象”，在“过滤器”中选择“body”，在“对象”中选择“PART2”，在“特征”中选择“CM_Position”，在“分量”中选择“Y”，单击“添加曲线”，PART2（左钳口板）的位移曲线如图 3-73 所示。

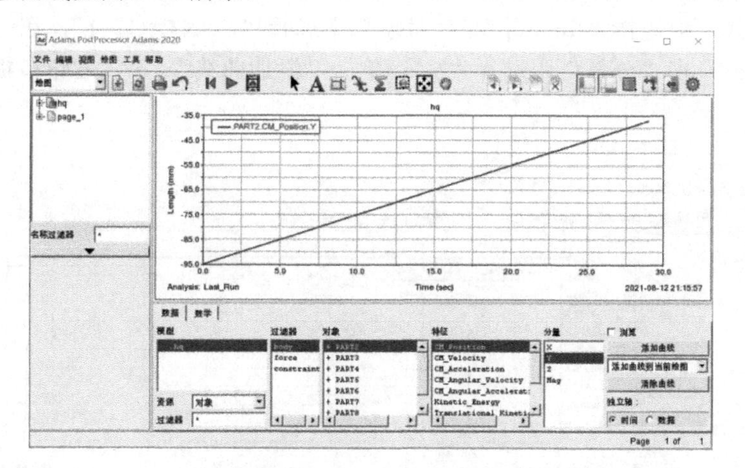

图 3-73　左钳口板位移曲线

同理，在“特征”中分别选择“CM-Velocity”和“CM_Acceleration”，可以得到左钳口板速度曲线和加速度曲线，分别如图 3-74 和图 3-75 所示。

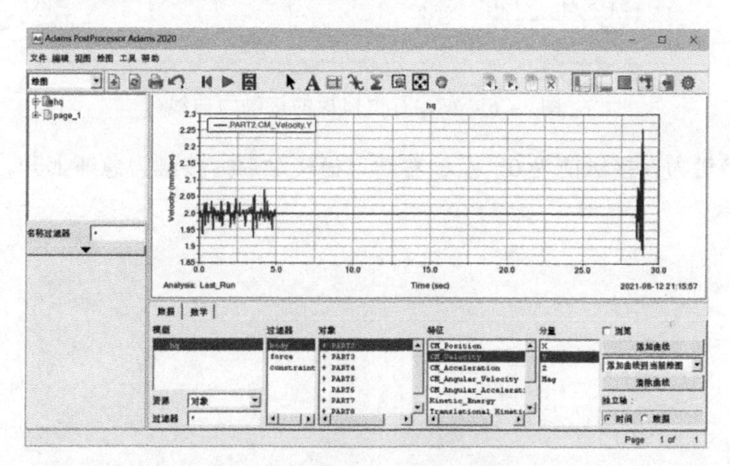

图 3-74　左钳口板速度曲线

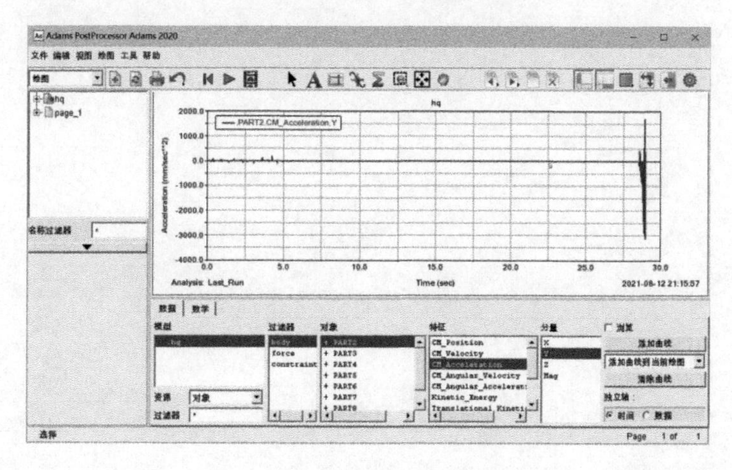

图 3-75　左钳口板加速度曲线

速度和加速度在右侧有较大波动，是因为左右钳口板接触后产生较大的接触力。

在“过滤器”中选择“force”，在“对象”中选择“CONTACT_1”，在“特征”中选择“Element_Force”，在“分量”中选择“Y”，单击“添加曲线”，左、右钳口板接触力曲线如图 3-76 所示。

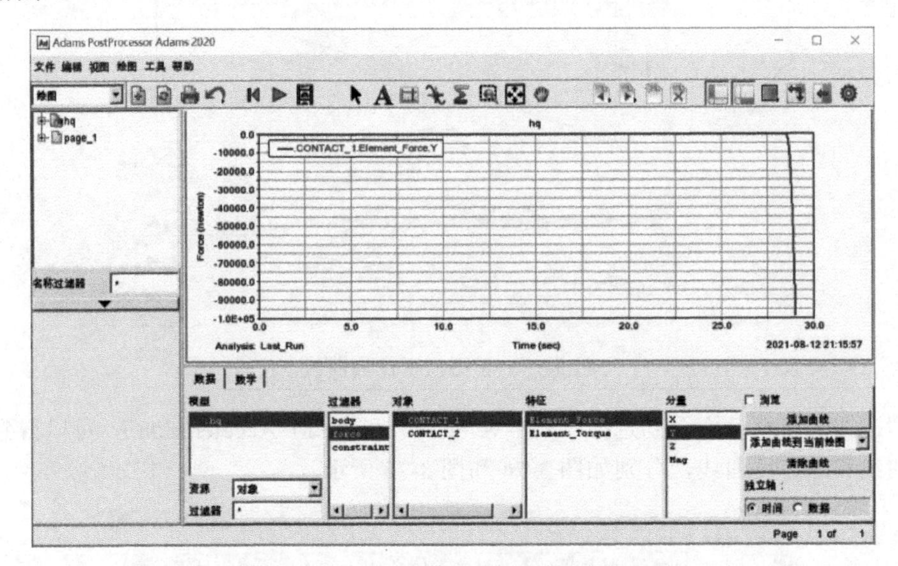

图 3-76　左、右钳口板的接触力曲线

很明显，接触力在接触前为 0，左、右钳口板接触后，接触力急速上升。

第4章 创建载荷

扫码尽享
ADAMS 全方位学习

在一个系统中，构件与构件之间存在约束，所以构件与构件之间就会产生作用力与反作用力，这种力是成对出现的，而且是大小相等、方向相反的，这种力称为系统的内力。如果在约束上不存在摩擦，系统的内力对系统往往不做功，不会产生能量损失。在 ADAMS/View 中，载荷主要分为外部载荷、内部载荷和特殊载荷。通过本章的学习，应掌握载荷的定义和施加，为后面的学习打下坚实的基础。

4.1 外部载荷

外部载荷主要是指主矢和主矩，是系统内的构件与系统外的元素之间的作用力。外部载荷系统选择系统构件上的一个作用点，其方向相对于总体坐标系不变，也相对于构件不变。外部载荷的形式比较简单，分为单分量形式和多分量形式的力和力矩。

（1）单向力和单向力矩的定义

在 ADAMS/View 中，载荷主要分为外部载荷、内部载荷和特殊载荷。外部载荷主要是力、力矩和重力，内部载荷主要是构件之间的一些柔性连接关系，如弹簧、缓冲器、柔性梁接触以及约束上的摩擦等。在 ADAMS/View 中，载荷类型如图 4-1 所示。

图 4-1　载荷类型

单击工具栏中的力（Force）图标 或单向力矩按钮 ，然后根据需要选择相应的选项，如图 4-2 所示，定义单向力和力矩需要确定如下选项。

• 空间固定（Space Fixed）：空间固定力，力的方向相对总体坐标系不变，也就是在计算过程中力的方向不随受力构件位形的变换而改变。

• 物体运动（Body Moving）：构件固定力，力的方向相对受力构件的局部坐标系不变。

由于构件受力后位置将发生改变，因此力的方向时刻发生变换。

• 两个物体（Two Bodies）：在两个构件上的两个点之间产生一对作用力和反作用力，力的方向在这两点的连线上。由于两个构件在计算过程中相对位置会发生改变，因此力的方向也会发生改变。

• 垂直格栅（Normal To Grid）：确定力的方向为垂直于工作格栅。

• 选取几何特性（Pick Geometry Feature）：手动定义力的方向，当鼠标在图形区移动时会出现一个方向箭头，当出现需要的方向时单击鼠标即可。

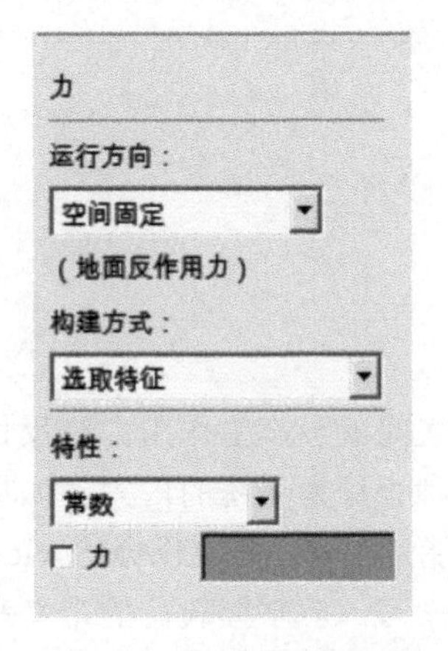

图 4-2　定义单向力的选项

确定了相应的选项后，在图形区域选择相应的构件、作用点和相应的方向，即可在构件上定义作用力或力矩（在只选择一个构件的情况下）。

系统默认另一个构件是地面，并将构件作为第一个构件，将地面作为第二个构件，当只选择一个作用点时两个构件上的两个作用点重合。

系统会自动在第一个构件的作用点处固定一个坐标系 I-标记点（I-Marker）作为受力点，在第二个构件的作用点处固定一个 J-标记点（J-Marker）作为反作用力受力点。

通过“Modify Force”（单向力/力矩编辑）对话框来修改已经定义的力，如图 4-3 所示。例如，将力的方向更改为依赖于其他构件［在一个物体上（On One Body），随其他物体移动（Moving with Other Body）］；将力的大小定义为函数，从而实现力的大小依赖于其他构件的位形、速度和加速度等。

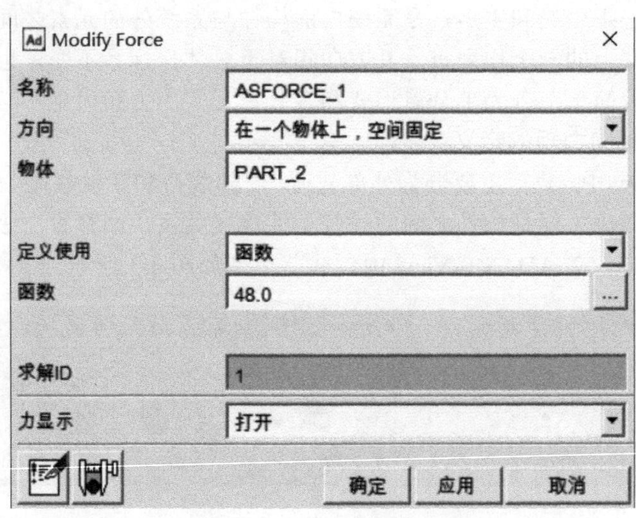

图 4-3　单向力/力矩编辑对话框

（2）多分量力和多分量力矩的定义

单向力或单向力矩是直接根据力或力矩的幅值和力的方向来定义的。另外，还用力或力矩在坐标系 3 个坐标轴上的分量来确定力的大小和力的方向。多分量力和多分量力矩包括三分量力、三分量力矩和它们的组合力，也就是广义力。多分量力或多分量力矩需要确定在坐标系 I-标记点（I-Marker）的 3 个坐标轴上每个分量的值。多分量力和力矩的定义过程与单向力和力矩的定义过程类似，只不过需要输入多个力或力矩的分量值。

单击工具栏的三分量力矩按钮或六分量力矩按钮后，选择相应的选项即可通过多分量力和力矩的编辑对话框来修改已经定义的力或力矩。图 4-4 所示是“Modify General Force”（广义力编辑）对话框，其中 *X* 向分力（X Force）、*Y* 向分力（Y Force）和 *Z* 向分力（Z Force）分别为 I-标记点（I-Marker）坐标系上的 3 个力分量，*X* 轴力矩（AX Torque）、*Y* 轴力矩（AY Torque）和 *Z* 轴力矩（AZ Torque）分别为 I-标记点（I-MarKer）坐标系上的 3 个力矩分量。

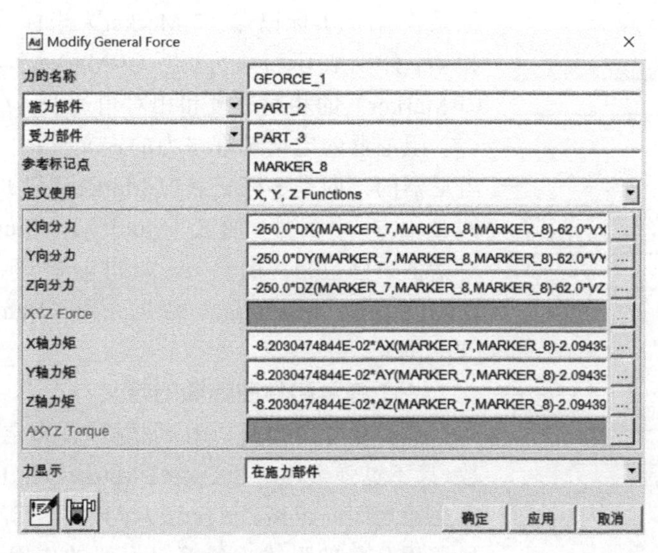

图 4-4　广义力编辑对话框

4.2 柔性连接

除了刚性连接外，两个构件之间可能还有柔性连接关系。这些柔性连接关系包括阻尼器、弹簧、柔性梁和力场。柔性关系并不减少两个构件之间的自由度，只是在两个构件产生相对位移和相对速度时，这两个构件会产生一对与相对位移成正比的弹性力或力矩以及与速度成正比的阻尼力。这种弹性力与位移的方向相反，阻尼力与速度的方向相反，它们起阻碍两个构件相对运动的作用。柔性连接只考虑作用力和力矩，而不考虑柔性连接的质量。

（1）阻尼器的定义

阻尼器实际上是一个六分量的弹簧结构，指定沿 J-标记点（J-Marker）坐标轴上的刚度系数和三个旋转阻尼系数及预载荷。系统将按下式计算作用力和作用力矩。

$$\begin{bmatrix} F_x \\ F_y \\ F_z \\ T_x \\ T_y \\ T_z \end{bmatrix} = \begin{bmatrix} K_{11} & 0 & 0 & 0 & 0 & 0 \\ 0 & K_{22} & 0 & 0 & 0 & 0 \\ 0 & 0 & K_{33} & 0 & 0 & 0 \\ 0 & 0 & 0 & K_{44} & 0 & 0 \\ 0 & 0 & 0 & 0 & K_{55} & 0 \\ 0 & 0 & 0 & 0 & 0 & K_{66} \end{bmatrix} \begin{bmatrix} x \\ y \\ z \\ \theta_x \\ \theta_y \\ \theta_z \end{bmatrix}$$

$$
-\begin{bmatrix} C_{11} & 0 & 0 & 0 & 0 & 0 \\ 0 & C_{22} & 0 & 0 & 0 & 0 \\ 0 & 0 & C_{33} & 0 & 0 & 0 \\ 0 & 0 & 0 & C_{44} & 0 & 0 \\ 0 & 0 & 0 & 0 & C_{55} & 0 \\ 0 & 0 & 0 & 0 & 0 & C_{66} \end{bmatrix} \begin{bmatrix} v_x \\ v_y \\ v_z \\ \omega_x \\ \omega_y \\ \omega_z \end{bmatrix} + \begin{bmatrix} f_{x0} \\ f_{y0} \\ f_{z0} \\ t_{x0} \\ t_{y0} \\ t_{z0} \end{bmatrix}
$$

式中，x、y、z 分别为第一个构件上的 I-标记点（I-Marker）坐标系相对于第二个构件上的 J-标记点（J-Marker）坐标系的相对位移；θ_x、θ_y、θ_z 分别表示 I-标记点（I-Marker）坐标系相对于 J-标记点（J-Marker）坐标系的相对角位移；v_i 和 ω_i 分别表示 I-标记点（I-Marker）相对于 J-标记点（J-Marker）的相对速度和相对角速度；f_{i0} 和 t_{i0} 是预载荷。

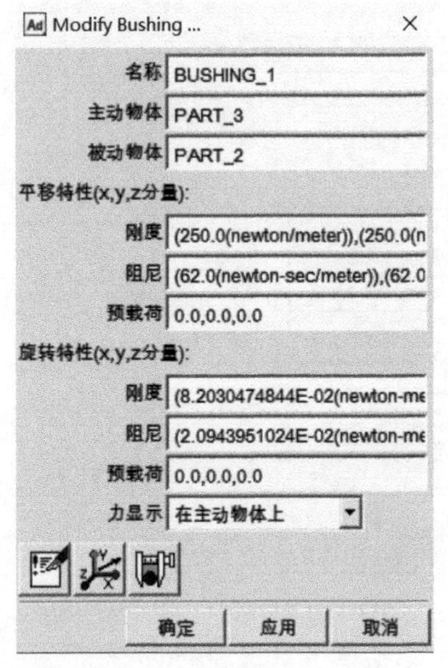

图 4-5　阻尼器编辑对话框

阻尼器的定义过程与力的定义过程类似，唯一的区别是阻尼器的方向是 I-标记点（I-Marker）和 J-标记点（J-Marker）的 Z 轴方向。另外，通过“Modify Bushing...”（阻尼器编辑）对话框来修改相应的参数，如图 4-5 所示。在此对话框中修改刚度系数（Stiffness）、阻尼系数（Damping）以及预载荷（Preload）。

（2）弹簧和卷曲弹簧的定义

弹簧和卷曲弹簧与阻尼器类似，指定刚度系数和阻尼系数，只不过弹簧用 I-标记点（I-Marker）和 J-标记点（J-Marker）定义原点间的距离、速度和方向来计算弹簧的作用力，而阻尼器用分量的形式来计算阻尼器的作用力。弹簧用于计算力，而卷曲弹簧用于计算力矩。

定义弹簧和卷曲弹簧参数的物理意义与阻尼器参数的物理意义相同。定义方式类似，下式是弹簧作用力的计算公式

$$
F=-k(r-r_0)-c\frac{\mathrm{d}r}{\mathrm{d}t}+f
$$

式中，k 为弹簧的刚度系数；r 和 r_0 分别是弹簧的长度和初始长度；c 为阻尼系数，f 为预载荷。

如图 4-6 所示，通过“Modify a Spring-Damper Force”（弹簧编辑）对话框修改弹簧的刚度系数、阻尼系数、预载荷等。另外，若有弹簧力和弹簧长度与速度之间的试验数据，就定义非线性弹簧，只需要将定义刚度和阻尼的选项设置为样条函数（Spline）：F=f（defo）和样条函数（Spline）：F=f（velo）即可。

（3）无质量梁

在力工具集中选择无质量梁工具 。

在第一个构件上选择梁的端点位置。第一个构件是作用力作用的构件。

在第二个构件上选择梁的端点位置。第二个构件是反作用力作用的构件。

选择梁截面的向上方向（Y 方向）。

在产生无质量梁以后，使用弹出式对话框显示无质量梁的编辑对话框，通过“Force Modify Element Like Beam”（梁编辑）对话框修改无质量梁的坐标系、刚度和阻尼系数值、

梁的长度和截面积等，如图 4-7 所示。

图 4-6　弹簧编辑对话框

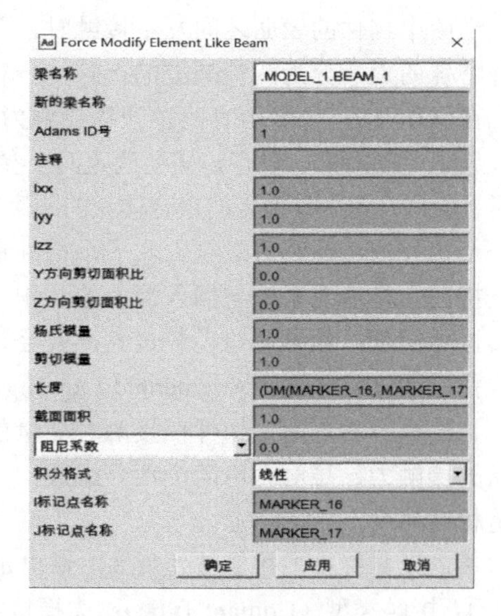

图 4-7　梁编辑对话框

（4）力场

力场工具提供了一种施加更一般情况的力和反作用力的工具，力场的计算公式同轴套力的计算公式相似，不同之处是力场计算公式中刚性和阻尼系数不为零，同时，考虑初始位移和转角。

因为力场工具 (6x6) 提供了定义一般力的方法，所以也利用力场工具来定义一般情况下的梁，例如定义变截面肋梁或者使用非线性材料的梁。

利用力场工具施加力场。产生力场的方法同施加轴套力相似，右击，选择力场的修改（Modify）命令，系统弹出“Field Force Modify”（力场编辑）对话框，如图 4-8 所示。

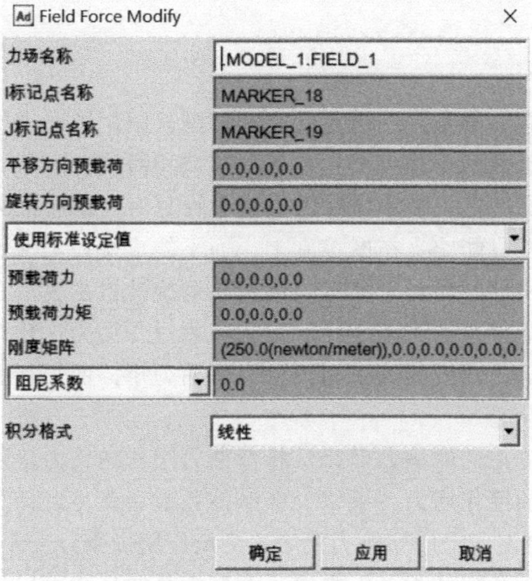

图 4-8　力场编辑对话框

（5）接触

当两个构件的表面之间发生接触时，两个构件就会在接触的位置产生接触力。接触力是一种特殊的力，分为两种类型的接触：一种是时断时续的接触，另一种是连续的接触。

在 ADAMS/View 中有两种计算接触力的方法，一种是补偿法（Restitution），另一种是冲击函数法（Impact）。补偿法需要确定两个参数：惩罚系数（Penalty）和补偿系数（Restitution）。惩罚系数确定两个构件之间重合体积的刚度，也就是说由于接触，一个构件的一部分体积要进入另一个构件内，惩罚系数越大，一个构件进入另一个构件的体积就越小，接触刚度就越大。

接触力是惩罚系数与插入深度的乘积。如果惩罚系数过小，就不能模拟两个构件之间的真实接触情况；如果惩罚系数过大，就会使计算出现问题，导致计算不能收敛。为此选用辅助的拉格朗日扩张法（Augmented Lagrangian），通过多步迭代来解决这个问题。

补偿系数决定两个构件在接触时能量的损失。冲击函数法根据冲击函数来计算两个构件之间的接触力，接触力由两个部分组成：一个是由两构件之间的互切而产生的弹性力；另一个是相对速度产生的阻尼力。

单击工具栏中的接触按钮，弹出定义接触力对话框。对话框中各选项的含义如下。

① 接触类型（Contact Type）：选择接触类型，然后拾取相应的几何元素，选择同一个构件上多个同类型的几何元素。若选择曲线时单击按钮，则可改变接触力的方向。定义两个构件接触时，需要设置计算接触力的方法和计算摩擦力的方法。

② 法向力（Normal Force）：确定法向力的方法有补偿法、冲击函数法和用户自定义法。如果选择补偿法，就需要输入惩罚系数和补偿系数。如果选择冲击函数法，就需要输入接触刚度（Stiffness）k，指数（Force Exponent）e、阻尼（Damping）d 和切入深度（Penetration Depth），其中切入深度决定了阻尼何时达到最大值。还可以选择拉格朗日扩张法。

③ 摩擦力（Friction Force）：一个构件在另一个构件上滑动摩擦力的计算方法有库仑法（Coulomb）、没有摩擦力法（None）和用户自定义法（User Defined）。若选择库仑法（Coulomb），则需要设定静态系数 μ、动态系数片 μ_d、静滑移速度 V_s 和动滑移速度 V_d。

4.3 摩擦力

由于旋转副、滑移副、圆柱副、虎克铰副和球副只限制了两个构件的部分自由度，而没有限制自由度的方向，因此两个构件产生相对位移或相对旋转时就可以在能产生相对位移或相对旋转的自由度上定义摩擦，使系统在做动力学计算时考虑摩擦力的存在。这样仿真出来的结果更符合实际。摩擦只能定义在摩擦副上，而不能定义在柔性连接上。

运动副限制了两个构件的相对平移自由度和相对旋转自由度，在这些被限制的自由度上会产生约束力和约束力矩。在 ADAMS 中约束力成为反作用力，相对于平动或旋转的自由度而言，垂直于移动或旋转自由度的约束力矩称为弯曲力矩，而平行于移动或旋转自由度的约束力矩称为扭转力矩。

这样对于平动自由度上的摩擦力而言，将弯曲力矩和扭转力矩除以力臂就等效为一个反作用力，再加上已经有的反作用力，乘以一个摩擦系数后就可以计算出该滑移自由度上的摩擦力。同样，对于旋转自由度上的摩擦力而言，将反作用力乘以一个力臂就等效为一个力矩，再加上已经有的弯曲力矩和扭转力矩，乘以一个摩擦系数后就可以计算出摩擦力矩。

本节以旋转副为例讲解在运动副上添加摩擦力时各个选项的意义，首先单击连杆图标创建一个连杆，然后单击连杆图标，创建另一个连杆，接着单击旋转副图标，系统弹出创建旋转副对话框。采用默认设置，首先选择第一个连杆，然后选择另一个连杆，作用点选为两连杆的重合位置，方向沿垂直连杆平面，再单击“确定”（OK）按钮创建旋转副。

要编辑旋转副，右击旋转副，选择修改（Modify）命令，在“Modify Joint”（旋转副编辑）对话框中单击左下角的添加运动副摩擦按钮（图 4-9），弹出定义在滑移副上的“Create Friction...”（摩擦力编辑）对话框（图 4-10）。

图 4-9　添加摩擦力

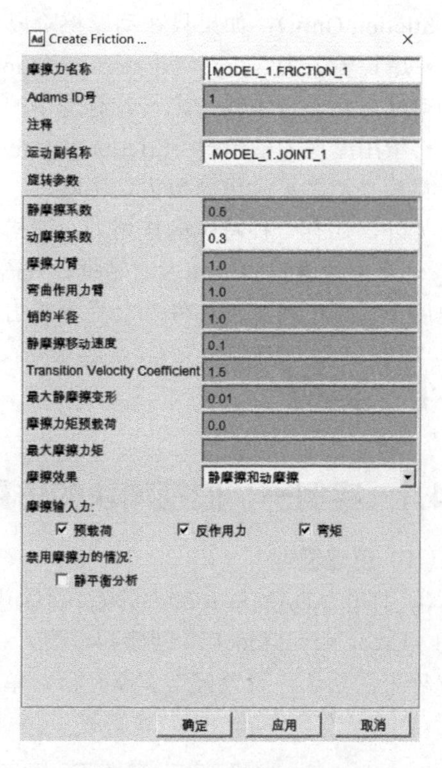

图 4-10　摩擦力编辑对话框

摩擦力编辑对话框中各个选项的物理意义如下。

- 静摩擦系数（Mu Static）：物体没有相对移动时的摩擦系数。
- 动摩擦系数（Mu Dynamic）：物体匀速相对运动时的摩擦系数。
- 摩擦力臂（Reaction Arm）：反作用力的力臂。用扭转力矩除以反作用力的力臂就可以计算出等效扭转力矩的等效压力。
- 弯曲作用力臂（Initial Overlap）：滑移副沿滑移轴的初始位移值。弯曲力矩除以位移值就可以计算出弯曲力矩的等效压力。
- 重叠状态（Overlap Will）：滑移副位移值的变换情况，有 3 个选项，即保持为常值（Remain Constant）、增加（Increase）和减少（Decrease）。
- 销的半径（Bending Factor）：滑移副的弯曲系数，滑移副的弯曲大小。
- 静摩擦移动速度（Stiction Transition Velocity）：静态滑动速度，只有当滑移副的相对速度大于该值时，滑移副关联的两个构件才开始滑动，小于该值则滑移副关联的两个构件不产生相对移动。

• 最大静摩擦变形（Max Stiction Deformation）：在静摩擦时滑移副的最大位移。

• 摩擦力矩预载荷（Friction Force Preload）：静摩擦预载荷，例如过盈装配而产生的装配压力。

• 最大摩擦力矩（Max Friction Force）：最大摩擦力。

• 摩擦效果（Effect）：确定在计算仿真时静摩擦和动摩擦阶段是否考虑摩擦力的作用。考虑摩擦力的作用可能会使计算变慢。如果在静摩擦和动摩擦阶段都需要考虑摩擦力，就选择静摩擦和动摩擦（Stiction and Sliding）；如果只在静摩擦阶段考虑摩擦力，就选择仅静摩擦（Stiction Only）；如果只在动摩擦阶段考虑摩擦力，就选择仅动摩擦（Sliding Only）。

• 摩擦输入力（Input Forces to Friction）：选择引起摩擦力的因素，选择预载荷、反作用力和弯曲力矩，选中的考虑，没有选中的不考虑。

• 禁用摩擦力的情况（Friction Inactive During）：若选中静平衡分析（Static Equilibrium），则计算静平衡时不考虑摩擦力的影响。

另外，还有一种特殊的作用力，即构件在重力场中所受的重力，单击工具栏中的重力按钮，弹出设置重力加速度对话框，只需要输入重力在总体坐标系中的值即可。设置了重力加速度，模型中所有的构件都会受到重力加速度的影响。

4.4 实例

4.4.1 实例一：曲柄滑块的仿真分析

（1）创建模型

① 打开 ADAMS 2020，开始界面如图 4-11 所示，单击“新建模型”，弹出如图 4-12 所示的“Creat New Model”（创建新模型）对话框。将模型名称修改为“MODEL_Practice”，重力选项采用默认，设置好工作路径后，单击“确定”，进入 ADAMS 2020 主界面，如图 4-13 所示。

图 4-11　ADAMS 2020 开始界面

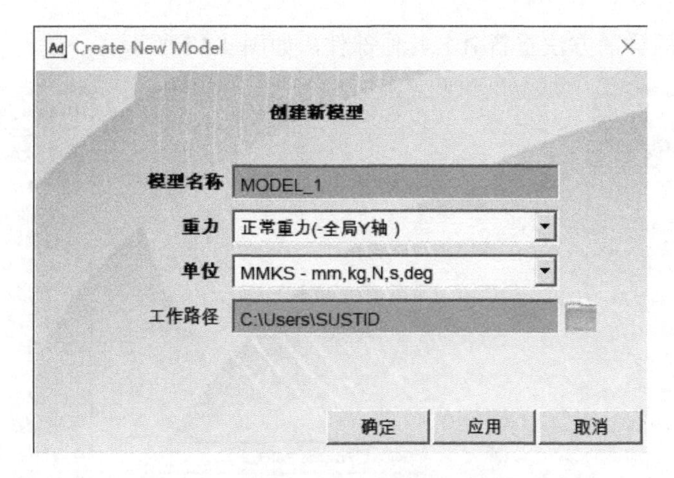

图 4-12 “Creat New Model”对话框

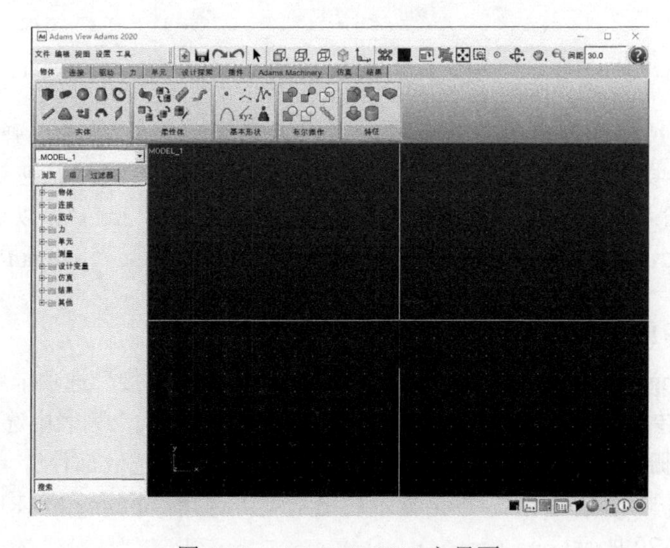

图 4-13 ADAMS 2020 主界面

② 在图 4-13 所示的主界面中，在“物体”选项卡中单击“连杆”图标和“立方体”图标，从而创建如图 4-14 所示的曲柄滑块模型。

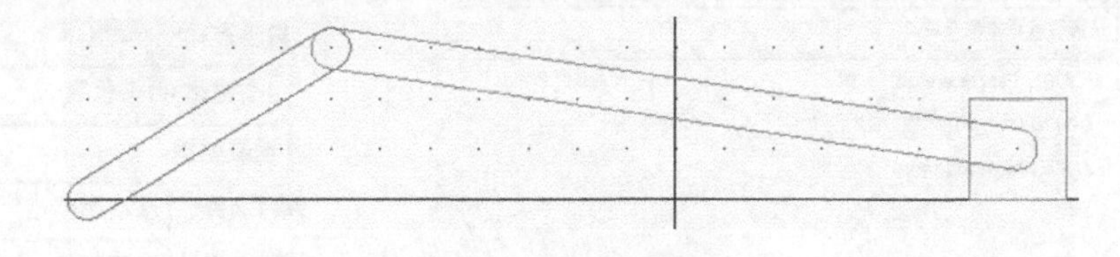

图 4-14 曲柄滑块模型

(2) 定义材料属性

多体系统动力学仿真需要对各模型构件赋予材料属性。

① 在浏览器窗口单击“浏览”标签，单击“物体”展开曲柄滑块部件，如图 4-15 所示。

② 为了方便操作，可以对各个部件进行重新命名。右击“PART_2”，在快捷菜单中选择“重命名”，弹出“Rename”对话框，在“新名称”选项中键入“qubing”，如图 4-16 所示，

单击“确定”。按同样的方法重新命名其他部件，如图 4-17 所示。

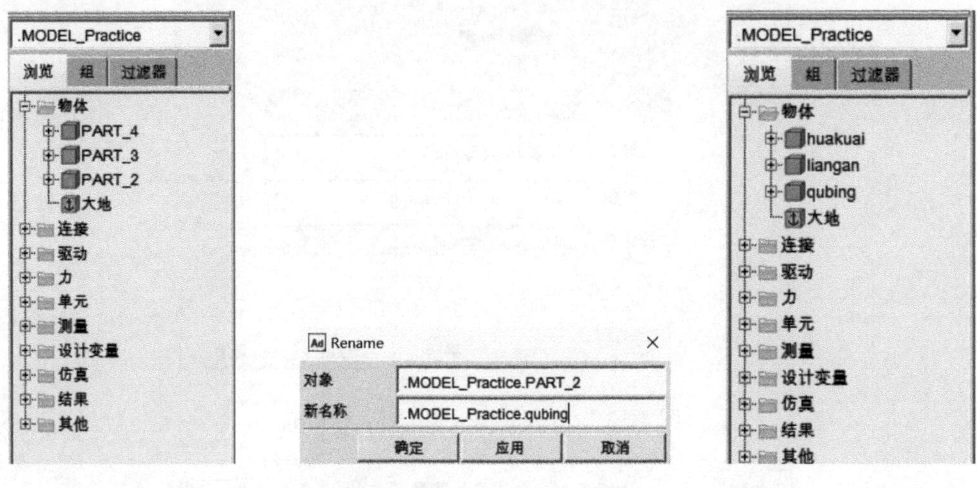

图 4-15　浏览器　　　　图 4-16　“Rename”对话框　　　　图 4-17　重命名部件

③ 在图 4-17 所示的窗口中右击 qubing，选择快捷菜单中的“修改”，弹出“Modify Body”对话框，设置“分类”为“质量特性”，设置“定义质量方式”为“几何形状和材料类型”，在“材料类型”输入框中右击，选择“材料”—“推测”—“steel”，以定义材料的密度、弹性模量和泊松比，如图 4-18 所示，单击“确定”。同理，定义“liangan”材料为“steel”，“huakuai”材料为“steel”。

（3）添加约束与驱动

① 创建 qubing 与 ground（大地）之间的旋转副。在“连接”选项卡中单击“旋转副”图标弹出“旋转副”对话框，如图 4-19 所示。在“构建方式”列表中选择“2 个物体-1 个位置”和“垂直格栅”，“第 1 选择”和“第 2 选择”均设置为“选取部件”，单击选择“qubing”后，在空白区域单击，选择大地，根据提示栏提示单击选择“qubing.MARKER_1”为固定连接点，结果如图 4-20 所示。

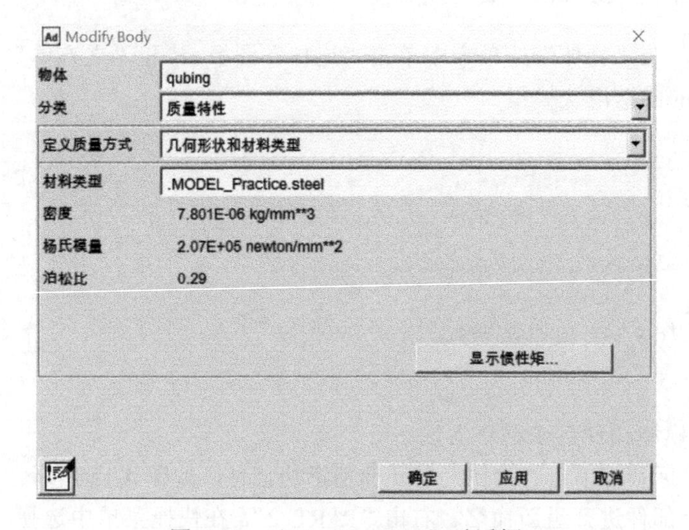

图 4-18　“Modify Body”对话框

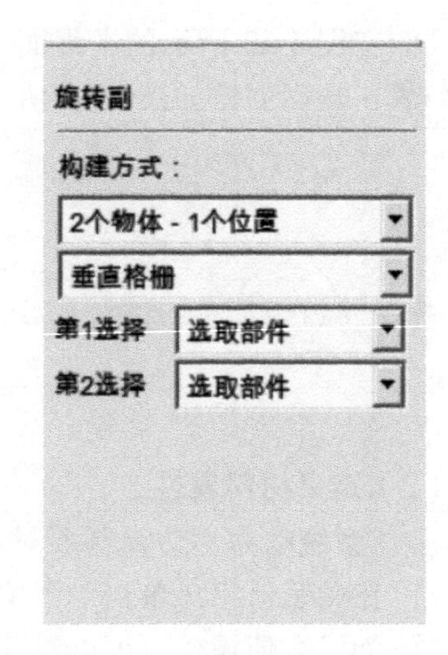

图 4-19　“旋转副”对话框

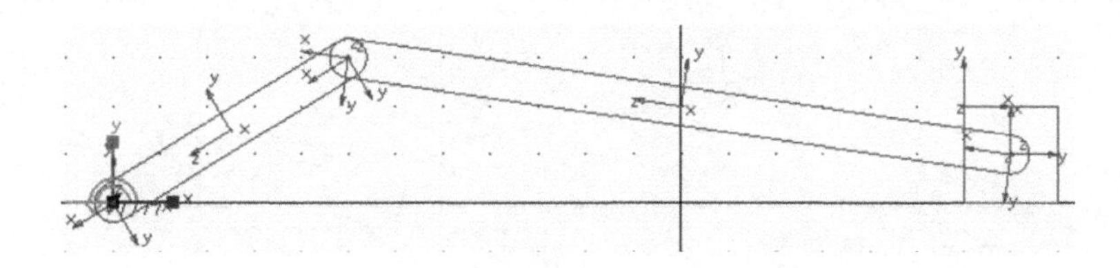

图 4-20　qubing 与大地的旋转副

② 同理设置 qubing 与 liangan、liangan 与 huakuai 之间的旋转副。结果如图 4-21 所示。

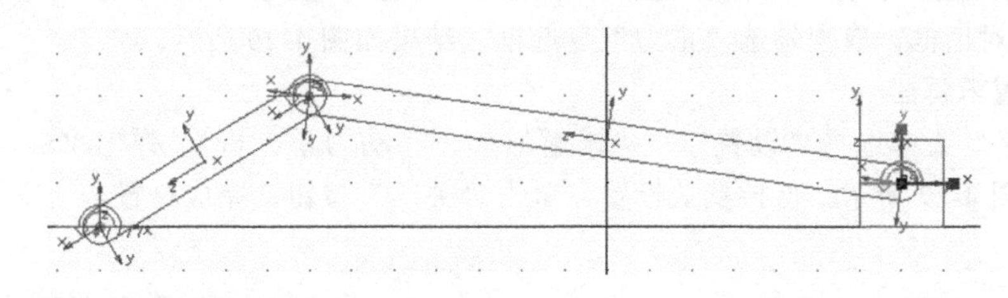

图 4-21　qubing 与 liangan、liangan 与 huakuai 的旋转副

③ 设置 huakuai 的运动副。按照曲柄滑块运动过程，滑块的运动为水平直线运动。

单击“连接”选项卡中的“平移副”按钮，弹出“平移副”对话框，如图 4-22 所示。设置“构建方式”为“2 个物体-1 个位置”和“选择几何体”，“第 1 选择”和“第 2 选择”均设置为“选取部件”。在显示区单击 huakuai 和 ground，而后单击滑块的质心，即单击“huakuai.cm”，在信息栏提示“请选择方向向量”并弹出“LocationEvent”对话框，如图 4-23 所示。将弹出的“LocationEvent”对话框的第一个输入框坐标设置为（450，50，0），单击“应用”，结果如图 4-24 所示。

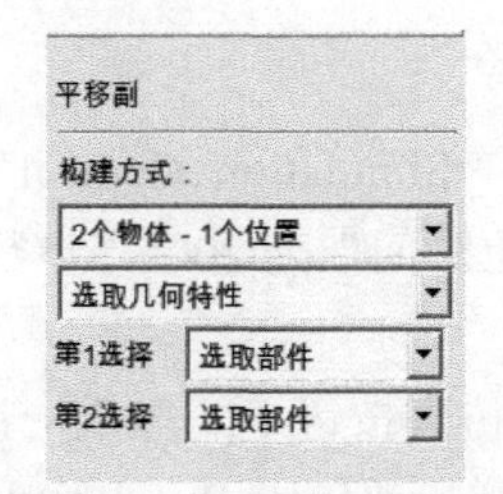

图 4-22　“平移副”对话框

图 4-23　“LocationEvent”对话框

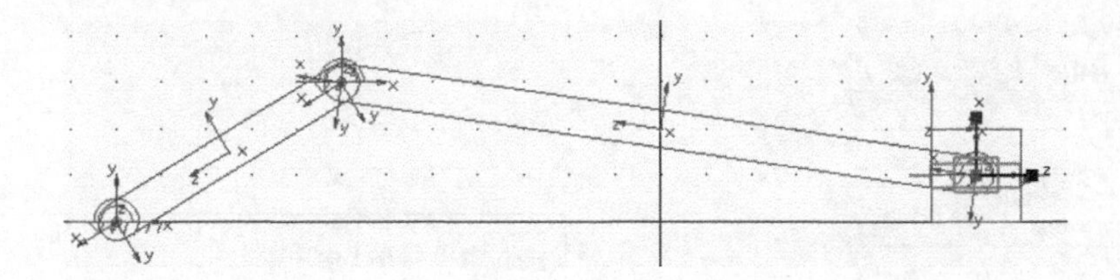

图 4-24　设置 huakuai 与 ground 之间的平移副

④ 设置一个旋转副的驱动。

在“驱动”选项卡中单击“旋转驱动”图标，弹出“旋转驱动”对话框，设置“旋转速度”为 10，在操作窗口中单击 qubing 与 ground 之间的旋转副 JIONT1 设置驱动，如图 4-25 所示。

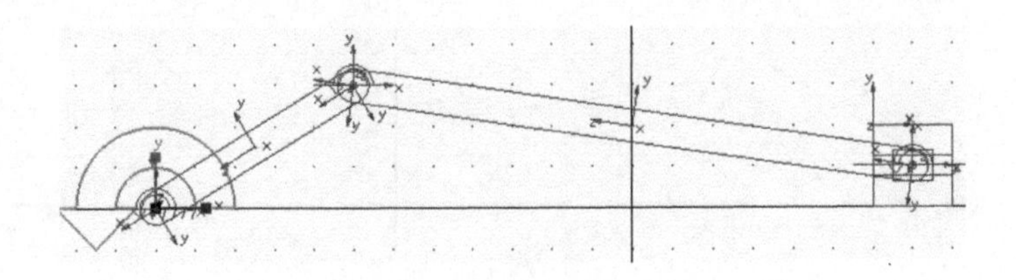

图 4-25　设置“JIONT1”旋转副的驱动

⑤ 取消设置重力方向。在“设置”菜单选择“设置”—“重力”，弹出“Gravity Settings”（设置重力）对话框，取消勾选“重力”复选框，结果如图 4-26 所示。

（4）设置求解器

在“设置”菜单选择“设置”—“求解器”—“动力学分析”，弹出“Solver Settings”对话框，如图 4-27 所示。保持默认设置，单击“关闭”按钮，完成设置。

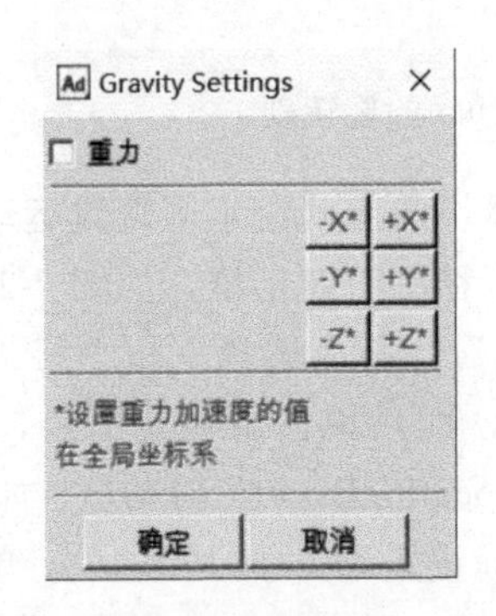

图 4-26　“Gravity Settings”对话框

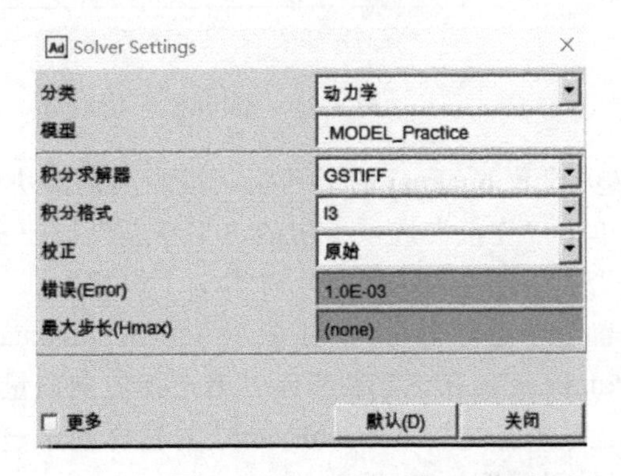

图 4-27　“Solver Settings”对话框

（5）仿真与后处理分析

① 仿真控制设置。在“仿真”选项卡中，单击“Simulation Control”按钮，弹出“Simulation Control”（仿真控制）对话框，设置“终止时间”为 200，“步数”为 1000，勾选“运行前复位”复选框，如图 4-28 所示。

② 仿真。在“Simulation Control”对话框中单击仿真按钮，完成一次仿真。仿真结束单击“Save Run Results”（保存运行结果）按钮。弹出“Save Run Results”对话框，设置名称为 qbhk_1，如图 4-29 所示，单击“确定”。

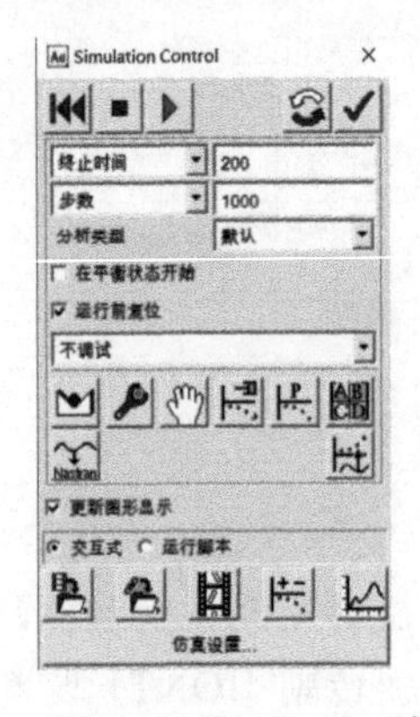

图 4-28　“Simulation Control”对话框

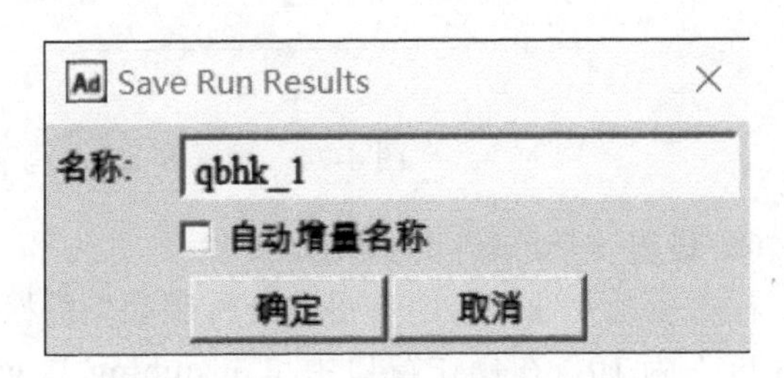

图 4-29　“Save Run Results”对话框

③ 后处理。

滑块的运动变化曲线。在“结果”选项卡中单击按钮 ，弹出“Adams PostProcessor Adams 2020”窗口，如图 4-30 所示。

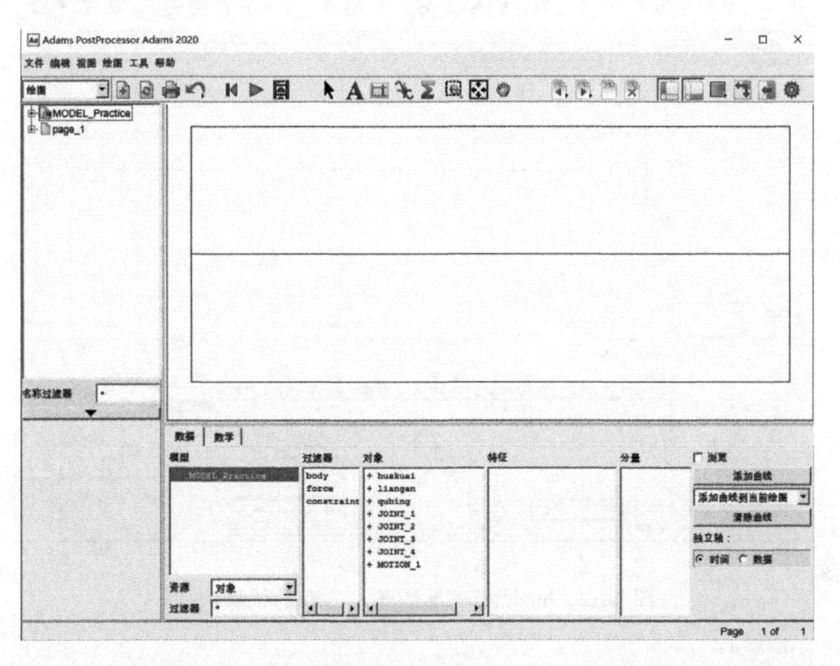

图 4-30 “Adams PostProcessor Adams 2020”窗口

在“资源”下拉列表中选择“对象”，在“过滤器”列表中选择“body”，在“对象”中选择“huakuai”，在“特征”中选择“CM_Position”，在“分量”中选择“X”，单击“添加曲线”，结果如图 4-31 所示。

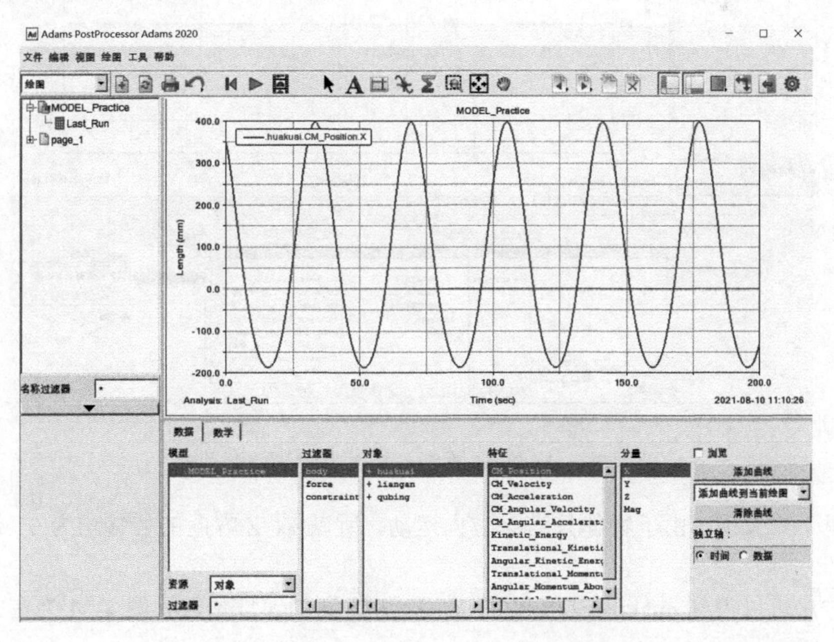

图 4-31 huakuai 的质心在 X 方向位移曲线

同理可得，huakuai 在 Y、Z 方向的位移曲线如图 4-32 和图 4-33 所示。

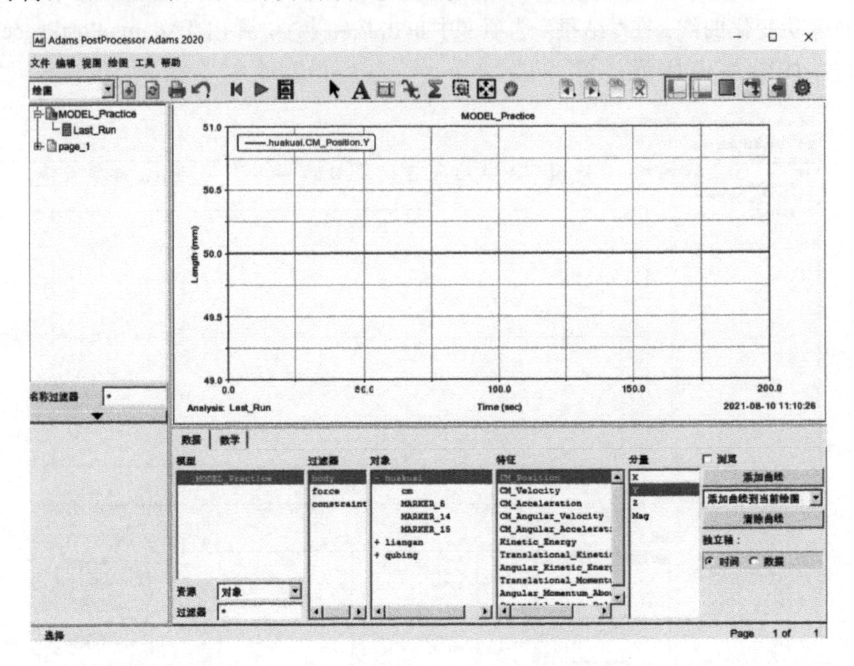

图 4-32　huakuai 的质心在 Y 方向的位移曲线

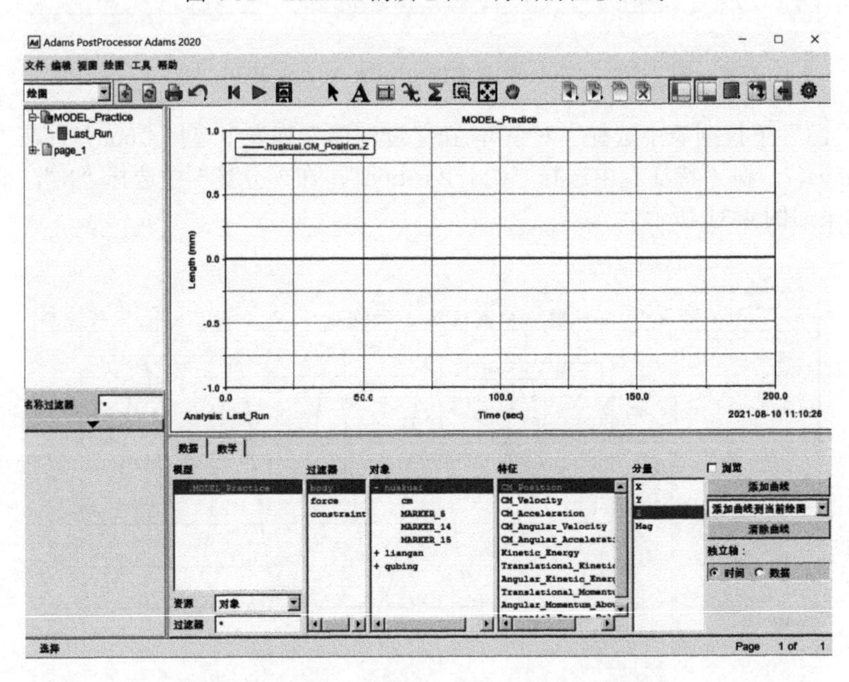

图 4-33　huakuai 的质心在 Z 方向的位移曲线

在这里不难发现，由于物体只沿 X 方向运动，所以 Y、Z 方向的位移均为 0，这里就不赘述了。

同样方法可以得到 huakuai 的质心在 X、Y、Z 方向的速度曲线，图 4-34 为在 X 方向的速度曲线。

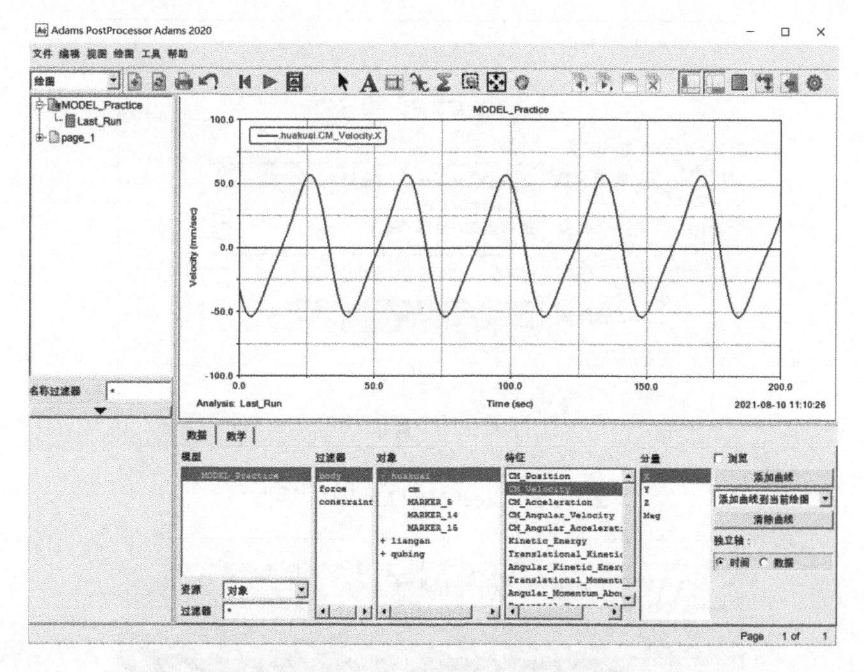

图 4-34　huakuai 的质心在 *X* 方向的速度曲线

由于物体只沿 *X* 方向运动，所以 *Y*、*Z* 方向的速度均为 0，这里就不赘述了。后面类似的例子就不添加无运动方向的位移和速度了，读者有兴趣可自行添加曲线。

对于速度曲线变化的分析过程，读者可以参考位移曲线的分析自行完成。

4.4.2　实例二：牛头刨床的仿真分析

（1）创建模型

① 打开 ADAMS 2020，开始界面如图 4-35 所示，单击“新建模型”，弹出如图 4-36 所示的“Creat New Model”对话框。将模型名称修改为“MODEL_Practice”，重力选项采用默认，设置好工作路径后，单击“确定”，进入 ADAMS 2020 主界面，如图 4-37 所示。

图 4-35　ADAMS 2020 开始界面

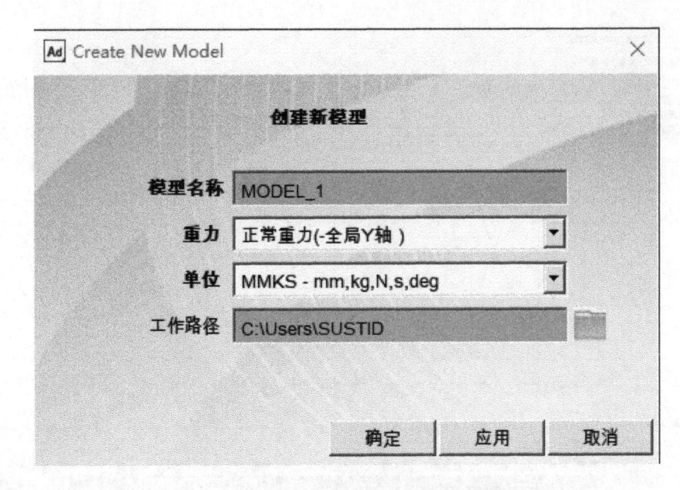

图 4-36　Creat New Model 对话框

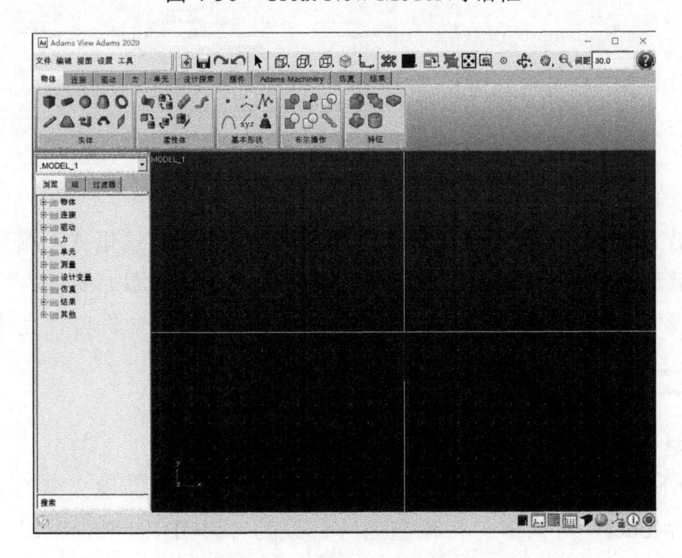

图 4-37　ADAMS 2020 主界面

② 在图 4-37 的主界面中，在“物体”选项卡中单击“圆柱体”图标和“球体”图标，从而创建如图 4-38 所示的牛头刨床模型。

（2）定义材料属性

多体系统动力学仿真需要对各模型构件赋予材料属性。

① 在浏览器窗口单击“浏览”标签，单击“物体”展开牛头刨床部件，如图 4-39 所示。

② 为了方便操作，可以对各个部件进行重新命名。右击“PART2”，在快捷菜单中选择“重命名”，弹出“Rename”窗口，在“新名称”选项中键入“dao”，如图 4-40 所示，单击“确定”。按同样的方法重新命名其他部件，如图 4-41 所示。

③ 在图 4-41 所示的窗口中右击“dao”，选择快捷菜单中的“修改”，弹出“Modify Body”对话框，设置“分类”为“质量特性”，设置“定义质量方式”为“几何形状和材料类型”，在“材料类型”输入框中右击，选择“材料”—“推测”—“steel”，以定义材料的密度、弹性模量和泊松比，如图 4-42 所示。单击“确定”。同理，定义 liangan 材料为 steel、yaogan 材料为 steel、qubing 材料为 steel 和 xiaoqiu 材料为 steel。

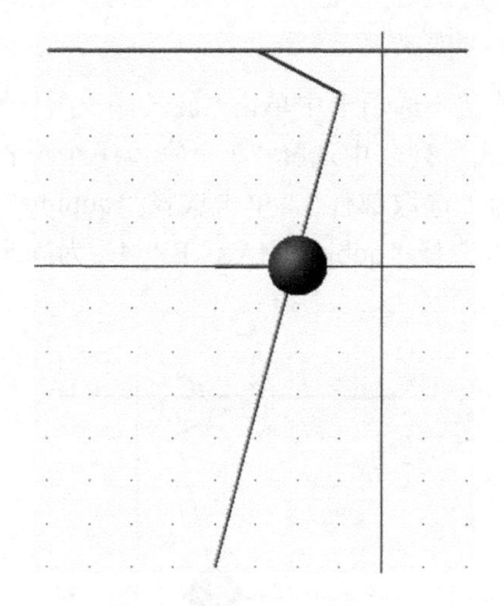

图 4-38　牛头刨床模型

图 4-39　浏览器窗口

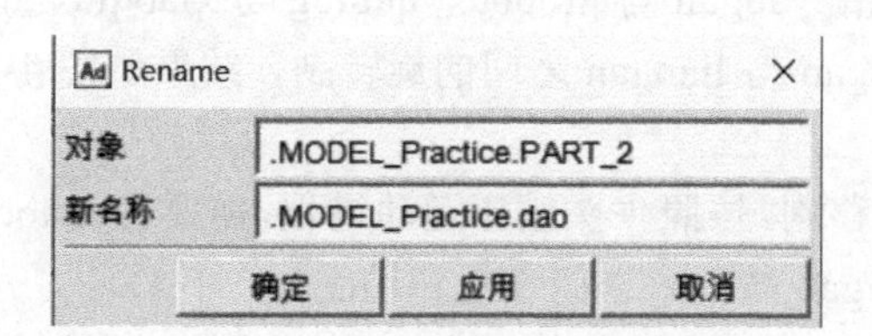

图 4-40　“Rename”对话框

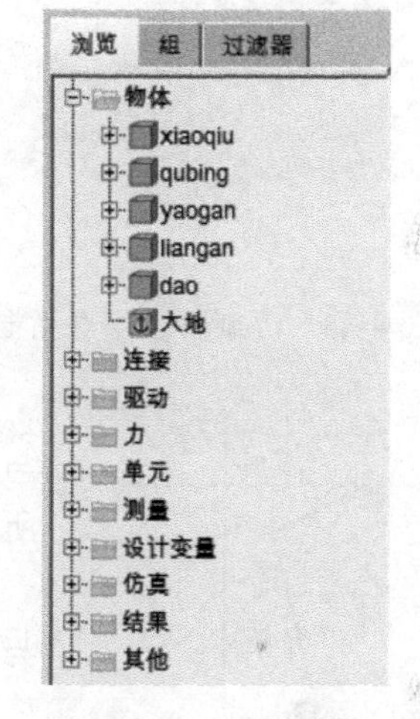

图 4-41　重命名部件

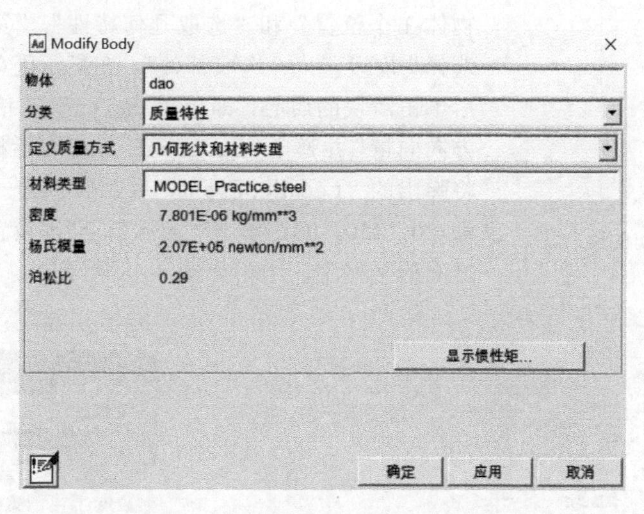

图 4-42　“Modify Body”对话框

（3）添加约束与驱动

① 创建 qubing 与 ground 之间的旋转副。在“连接”选项卡中单击“旋转副”图标弹出“旋转副”对话框，如图 4-43 所示。在“构建方式”列表中选择“2 个物体-1 个位置”和“垂直格栅”，“第 1 选择”和“第 2 选择”均设置为“选取部件”。单击选择“qubing”后，在空白区域单击，选择 ground，根据提示栏提示单击选择“qubing.MARKER_4”为固定连接点，结果如图 4-44 所示。

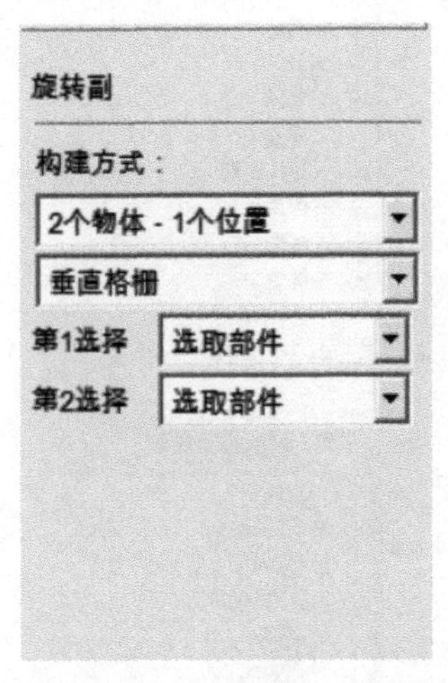

图 4-43 “旋转副”对话框

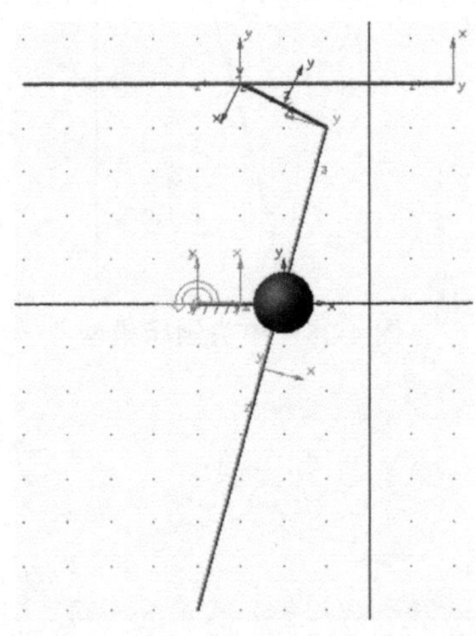
图 4-44 qubing 与 ground 的旋转副

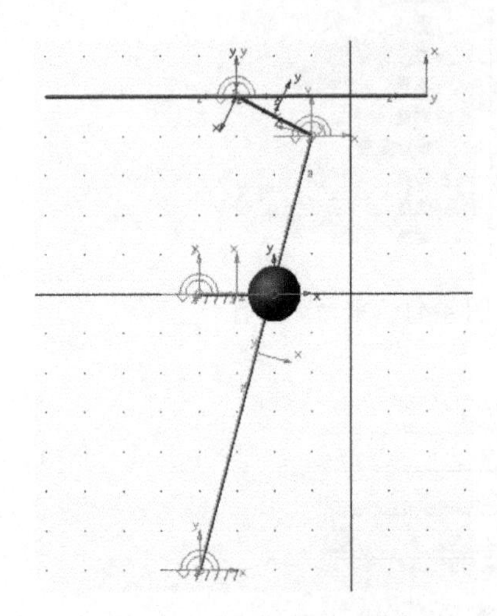
图 4-45 构件之间的旋转副

② 同理设置 yaogan 与 ground、qubing 与 xiaoqiu、dao 与 liangan、yaogan 与 liangan 之间的旋转副，结果如图 4-45 所示。

③ 设置平移副。按照牛头刨床运动过程，需要在 xiaoqiu 与 yaogan、liangan 与 dao 之间设置移动副。

单击“连接”选项卡中的“平移副”按钮，弹出“平移副”对话框，如图 4-46 所示。设置“构建方式”为“2 个物体-1 个位置”和“选取几何特性”，“第 1 选择”和“第 2 选择”均设置为“选取部件”。在显示区单击 dao 和 liangan，后单击滑块的质心，即单击 dao.cm，在信息栏提示“请选择方向向量”并弹出“LocationEvent”对话框，如图 4-47 所示。将弹出的“LocationEvent”对话框的第一个输入框坐标设置为（0，250，0），单击“应用”，同理设置 xiaoqiu 与 yaogan 之间的平移副，结果如图 4-48 所示。

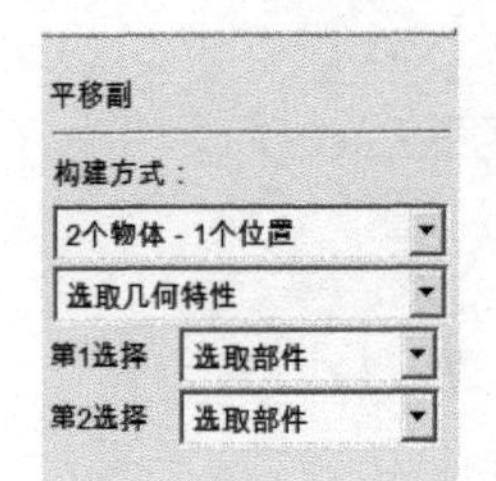

图 4-46 “平移副”对话框

图 4-47 “LocationEvent”对话框

④ 设置一个旋转副的驱动。

在“驱动”选项卡中单击“旋转驱动”图标，弹出“旋转驱动”对话框，设置“旋转速度”为 10，在操作窗口中单击 qubing 与 ground 之间的旋转副 JIONT1 设置驱动，如图 4-49 所示。

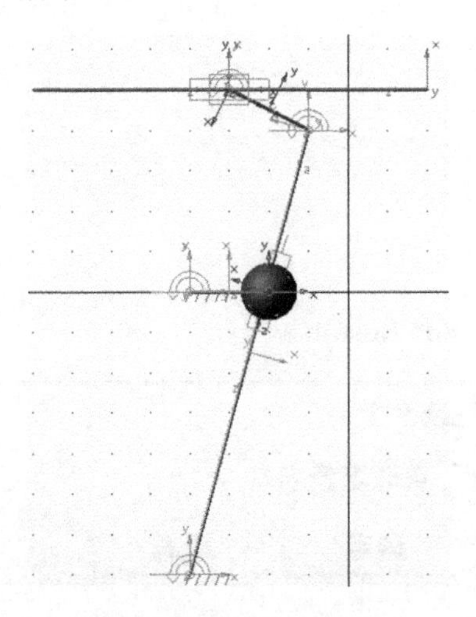

图 4-48　设置平移副

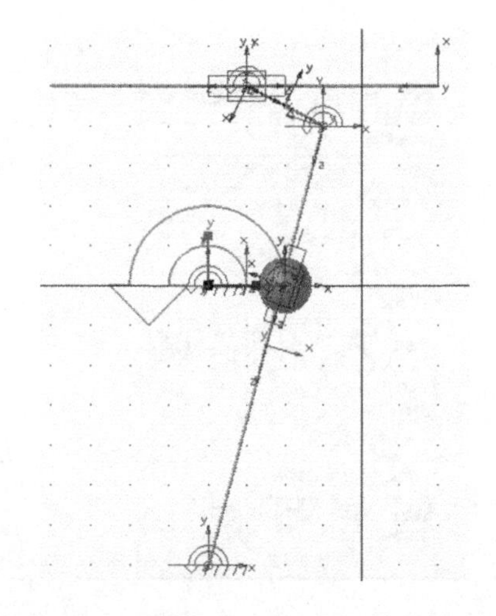

图 4-49　设置“JIONT1”旋转副的驱动

⑤ 取消设置重力方向。在“设置”菜单选择“设置”—“重力”，弹出“Gravity Settings”（设置重力）对话框，取消勾选“重力”复选框，结果如图 4-50 所示。

（4）设置求解器

在“设置”菜单选择“设置”—“求解器”—“动力学分析”，弹出“Solver Settings”（设置求解器）对话框，如图 4-51 所示。保持默认设置，单击“关闭”按钮，完成设置。

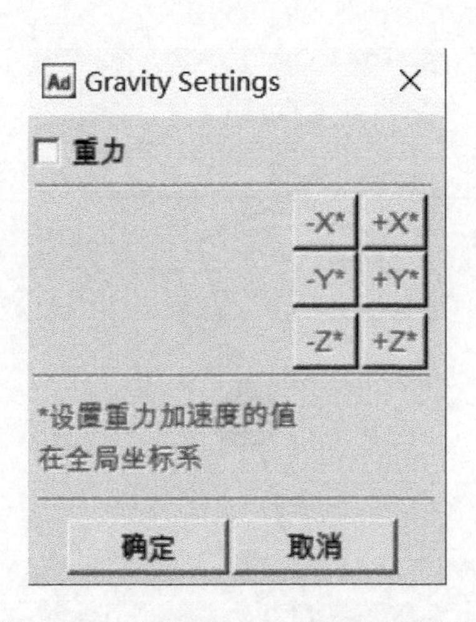

图 4-50　“Gravity Settings”对话框

Solver Settings

分类	动力学
模型	.MODEL_Practice
积分求解器	GSTIFF
积分格式	I3
校正	原始
错误(Error)	1.0E-03
最大步长(Hmax)	(none)

更多　默认(D)　关闭

图 4-51　“Solver Settings”对话框

（5）仿真与后处理分析

① 仿真控制设置。在“仿真”选项卡中，单击“Simulation Control”（仿真控制）按钮，弹出“Simulation Control”对话框，设置“终止时间”为 100，“步数”为 1500，勾选“运行

前复位”复选框，结果如图 4-52 所示。

② 仿真。在“Simulation Control”对话框中单击仿真按钮 ▶|，完成一次仿真。仿真结束单击“Save Run Results”（保存运行结果）按钮 。弹出“Save Run Results”对话框，设置名称为“ntbc_1”，如图 4-53 所示，单击“确定”。

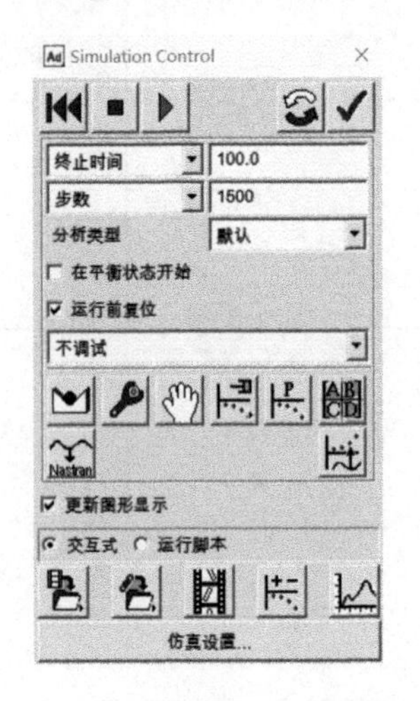

图 4-52 “Simulation Control”对话框

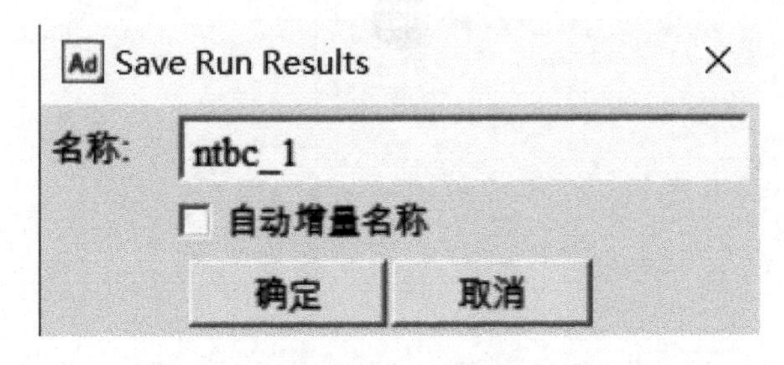

图 4-53 “Save Run Results”对话框

③ 运动轨迹。在“结果”选项卡中，单击“显示动画控制对话框”按钮 ，弹出“Animation Controls”对话框，选中“轨迹标记点”，右击“轨迹标记点”下方框，依次单击“标记点”、“选取”，然后选中想要标记的点。本例标记的是 yaogan 与 liangan 的相交处，即 MAKER_3，结果如图 4-54 所示。然后单击“Animation Controls”（动画控制）对话框的“动画：前进”按钮 ▶，得到如图 4-55 所示的结果。

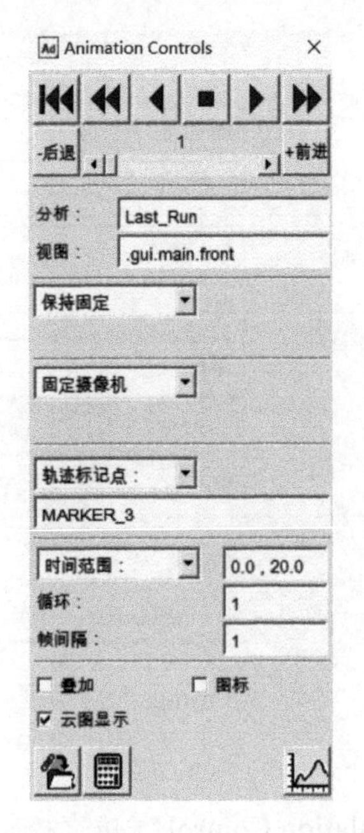

图 4-54 “Animation Controls”对话框

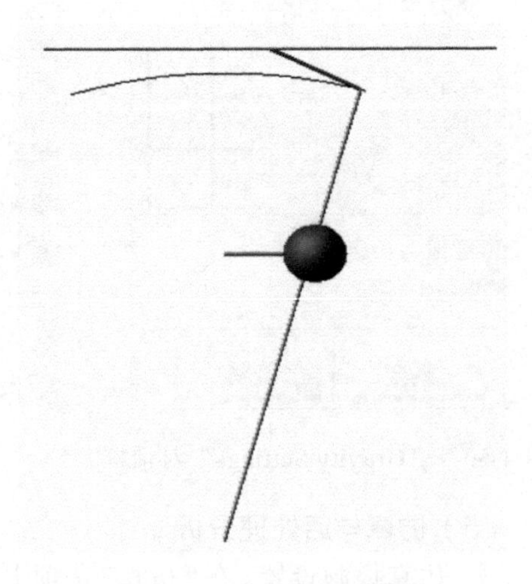

图 4-55 运动轨迹图

④ 后处理。

刀的运动变化曲线。在“结果”选项卡中单击按钮，弹出“Adams PostProcessor Adams 2020”窗口，如图 4-56 所示。

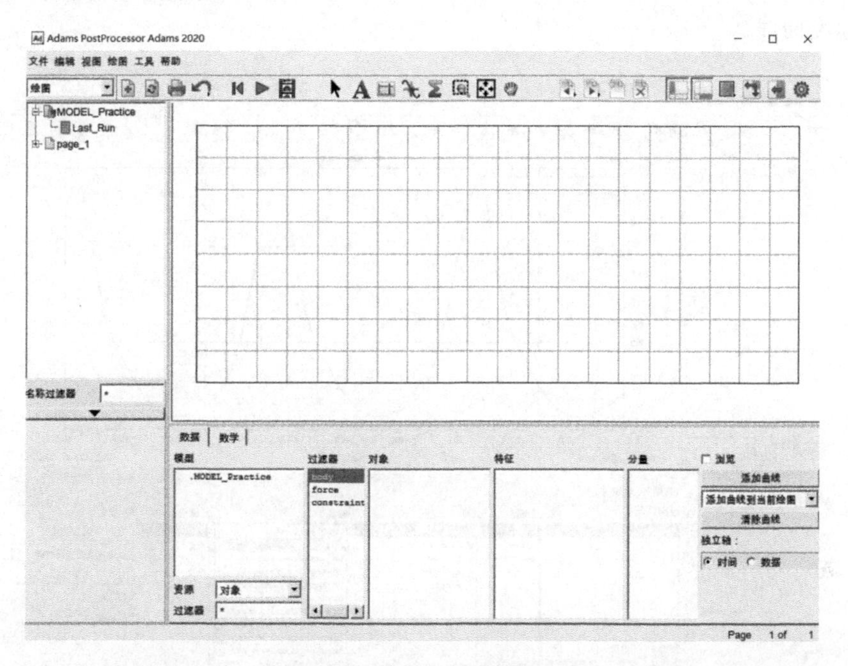

图 4-56 “Adams PostProcessor Adams 2020”窗口

在“资源”下拉列表中选择“对象”，在“过滤器”列表中选择“body”。在“对象”中选择“dao”，在“特征”中选择“CM_Position”，在“分量”中选择“X”，单击“添加曲线”，结果如图 4-57 所示。

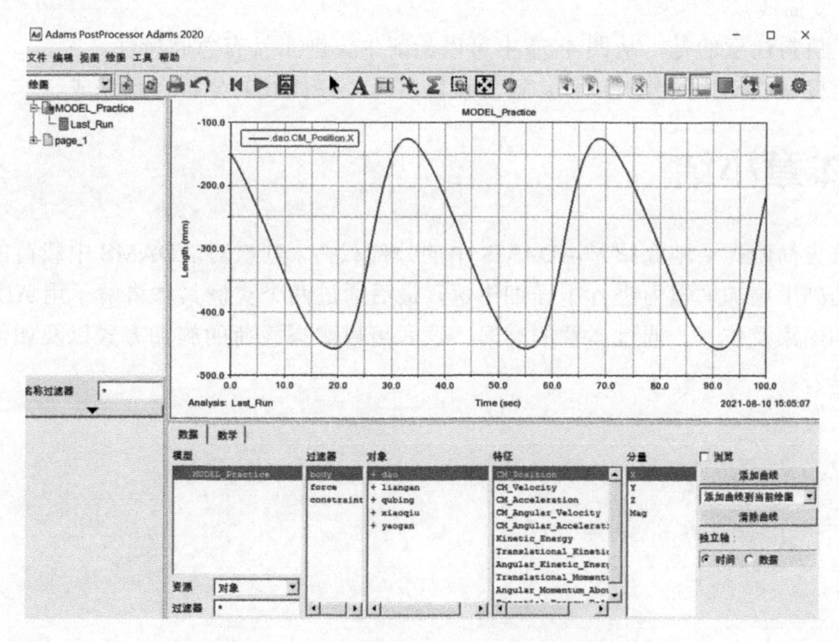

图 4-57 dao 的质心在 X 方向位移曲线

同理可得，dao 在 *Y*、*Z* 方向的位移曲线，由于物体只沿 *X* 方向运动，所以 *Y*、*Z* 方向的位移均为 0。读者有兴趣可以自己添加 *Y*、*Z* 方向的位移曲线。

同样方法可以得到 dao 的质心在 *X*、*Y*、*Z* 方向的速度曲线。图 4-58 所示为 dao 的质心在 *X* 方向的速度曲线。

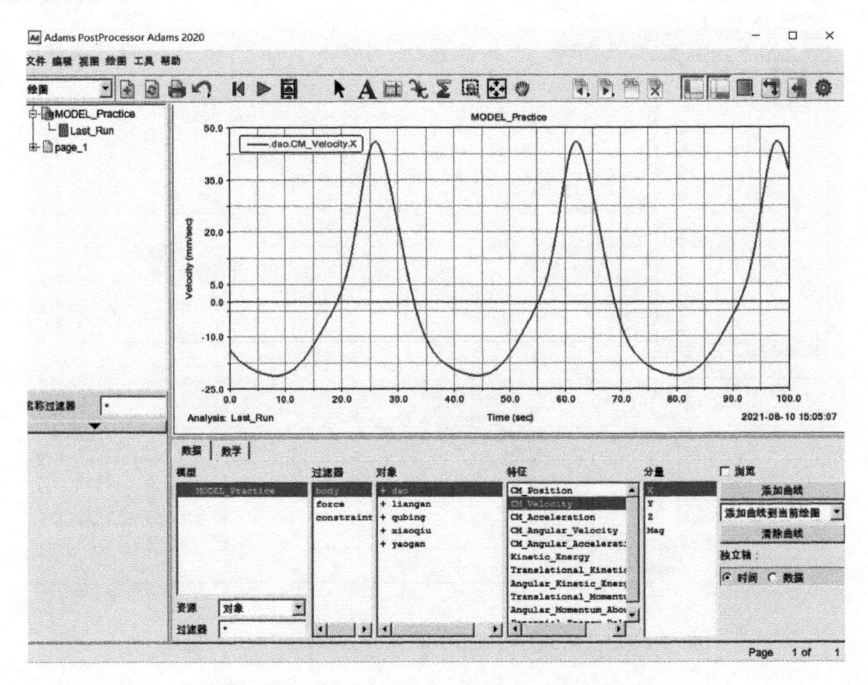

图 4-58　dao 的质心在 *X* 方向的速度曲线

由于物体只沿 *X* 方向运动，所以 *Y*、*Z* 方向的速度均为 0。读者有兴趣可以自己添加 *Y*、*Z* 方向的速度曲线。

在这里值得注意的是，从图 4-57 中可以验证牛头刨床具有急回特性。

对于速度曲线变化的分析过程，读者可以参考位移曲线的分析自行完成。

4.5　本章小结

本章首先简明扼要地介绍了 ADAMS 中的外部载荷，其次对 ADAMS 中载荷的定义和施加及在运动副上施加摩擦力进行了详细讲解，最后通过两个实例具体讲解了用 ADAMS 创建模型并施加约束及仿真。通过本章的学习，读者可以掌握载荷的施加方式以及如何在运动副上添加摩擦力。

第5章

求解与后处理

扫码尽享
ADAMS 全方位学习

对于一个系统，在建立构件或者导入模型、定义材料属性、定义运动副和载荷等之后，前处理就基本结束了，接下来要对系统进行仿真计算。通过后处理计算标记点的位移、速度和加速度，计算运动副关联的两个构件之间的相对位移、速度和加速度。通过本章的学习可以为后面的后处理打下坚实的基础。

5.1 求解

5.1.1 求解类型

（1）装配计算

如果在建立构件时构件之间的位置并不是实际装配的位置，就利用运动副的约束关系将两个构件放置到正确的位置。

（2）运动学计算

由于运动副和驱动会约束系统的自由度，因此当添加运动副和驱动后，相应的系统自由度就会减少。如果系统的自由度减少到零，那么系统各个构件的位置和姿态就可以在任意时刻由约束关系来确定，在计算仿真时系统会进行运动学计算，由于系统做平面运动，因此任意一个运动副添加旋转驱动，系统的自由度均为零，进行运动学仿真。在这种情况下，系统认为驱动提供任意大小的驱动载荷，只要能满足运动学关系就行。在运动学计算中，计算运动副的相对位移、速度、加速度、约束力和约束载荷以及任意标记点的位移、速度、加速度等数据。

（3）动力学计算

模型上不会添加驱动，而是让其在重力的作用下运动。由于系统还有一个自由度未确定，因此系统进行动力学计算。在动力学计算中，将会考虑构件的惯性力，求解动力学方程，计算运动副的相对位移、速度、加速度、约束力和约束载荷以及任意标记点的位移、速度、加速度等数据。

（4）静平衡计算

静平衡计算时，系统构件在载荷的作用下受力平衡。一个系统有多个静平衡位置，通过一定时间的运动学计算或动力学计算后让系统到达某一位置，再进行一次静平衡计算，这样就可以找到该位置附近的静平衡位置。一个系统可能会有多个静平衡位置，如果在静平衡位置处开始动力学计算，系统就会始终不动。

（5）线性化计算

线性化计算是将系统的非线性动力学方程线性化，这样就可以得到系统的共振频率和振型（模态）。

5.1.2 模型验证

在仿真计算之前，对系统的构成、系统的自由度、未定义质量的构件和过约束等情况进行查询，而且在建立模型的过程中也要进行查询，以保证模型的准确性。依次单击菜单工具（Tools）—模型验证（Model Verify），系统弹出“Information”（信息）窗口，如图 5-1 所示，从中可以看到有关模型的详细信息。

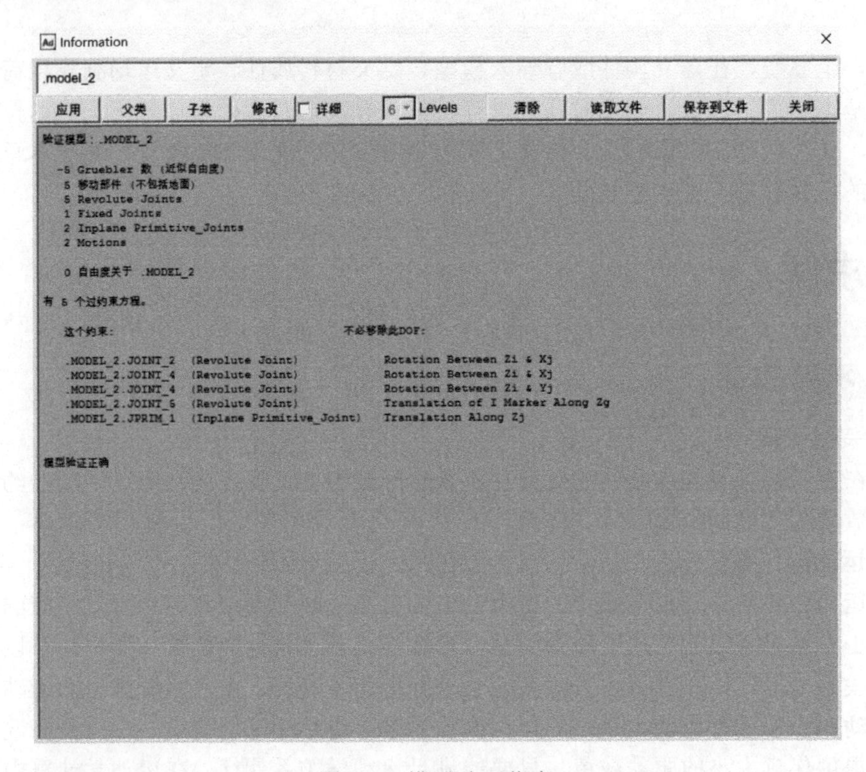

图 5-1　模型验证信息

5.1.3 仿真控制

仿真控制决定仿真计算的类型、仿真时间、仿真步数和仿真步长等。可以使用两种仿真控制，一种是交互式，另一种是脚本式。交互式是普通的方式，完成多数的仿真，脚本控制不仅能完成交互式的所有功能，还能完成一些特殊的功能，如在仿真过程的模型中修改一些元素的参数或改变积分参数等。

（1）交互式仿真控制

单击工具栏中的仿真计算按钮，弹出“Simulation Control”（交互式仿真控制）对话框，如图 5-2 所示。

交互式仿真控制对话框中的选项如下。

① 控制按钮：▶运行仿真计算、■终止仿真计算、⏮返回仿真设置的起始位置、播放最后一次仿真的动画、✔验证模型。

② 分析类型（Sim.Type）：仿真类型有默认（Default）、动力学（Dynamic）、运动学（Kinematic）和静态（Static）。如果选择默认，系统就会根据模型的自由度自动选择进行动力学计算还是运动学计算。

③ 仿真时间：有终止时间（End Time）和持续时间（Duration Time）两个选项。如果选择持续时间（Duration Time），当仿真结束后再次单击仿真计算按钮▶，就会从上次仿真计算结束的时间开始继续进行仿真计算。另外，如果需要进行静平衡和装配计算，可单击按钮和按钮。

④ 仿真计算的步长和步数：如果选择步数（Steps），就需要设置仿真步数，系统根据仿真的时间和步数计算仿真的时间间隔；如果选择步长（Step Size），就需要输入仿真计算的时间间隔。

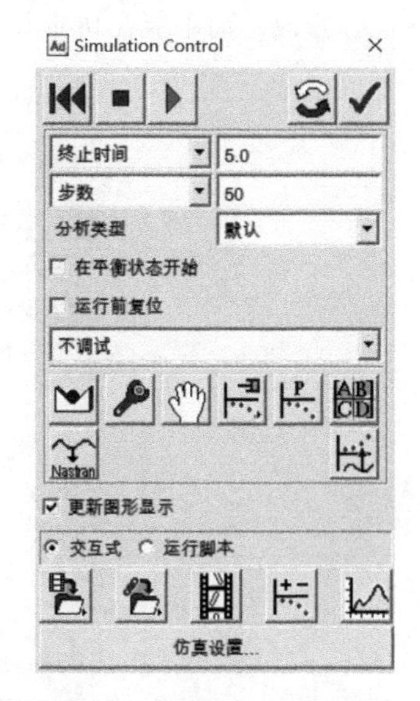

图 5-2 “Simulation Control”（交互式仿真控制）对话框

⑤ 在平衡状态开始（Start at Equilibrium）：在平衡位置处开始仿真计算，系统会在模型的当前位置处找到一个平衡位置，然后从该位置开始进行仿真计算。

⑥ 运行前复位（Reset before Running）：在仿真计算时，从模型的起始位置开始仿真计算。

⑦ 仿真计算过程中的调试：不调试（No Debug）、在信息窗口显示每帧计算信息（Eprint）和表格（Table）（表示在新窗口中显示每帧的迭代等信息）。

⑧ 仿真设置：单击“仿真设置…”（Simulation Settings）按钮后，弹出“仿真设置”对话框。设置目标不同，对话框中的内容也不一样。

（2）脚本仿真控制

脚本仿真控制相当于求解器性质的仿真控制命令，并读取相关的仿真控制参数。在运行脚本仿真控制以前，必须先创建脚本控制命令。单击按钮，系统弹出“Create Simulation Script...”（创建仿真控制脚本）对话框，进行如下 3 种脚本仿真控制。

① 简单运行（Simple Run）：简单脚本控制，在这种情况下只能进行运动学、动力学和静平衡计算控制。如图 5-3 所示，在“脚本类型”（Script Type）下拉列表中选择“简单运行”（Simple Run），在“仿真类型”（Simulation Type）下拉列表中选择仿真类型，有“瞬态-默认”“瞬态-动力学分析”“瞬态-运动学分析”和“瞬态-静态分析”，然后输入相应的仿真参数，创建仿真脚本。

② Adams 视图命令（Adams View Commands）：ADAMS/View 命令方式如图 5-4 所示。在“脚本类型”（Script Type）下拉列表中选择“Adams View 命令”（Adams View Commands），然后在下面的输入框中输入命令。在这种情况下需要知道 ADAMS/View 命令的语法格式，如果对命令语法不熟悉，可单击“添加运行命令”（Append Run Commands）按钮，之后出现新的对话框，如图 5-5 所示。在“运行添加到脚本的命令”（Run command to be appended to script）下拉列表中选择仿真类型，并输入相应的仿真参数，单击“确定”按钮，将仿真命令添加到命令的末尾。在这种情况下，如果用命令的方式改变了模型的参数，求解器不会理会这些参

数，而是按一开始时的参数进行仿真计算。如果确实想修改模型的参数，就只能回到最初状态进行修改，而不能在仿真脚本中用命令来修改。

图 5-3　创建仿真控制脚本对话框

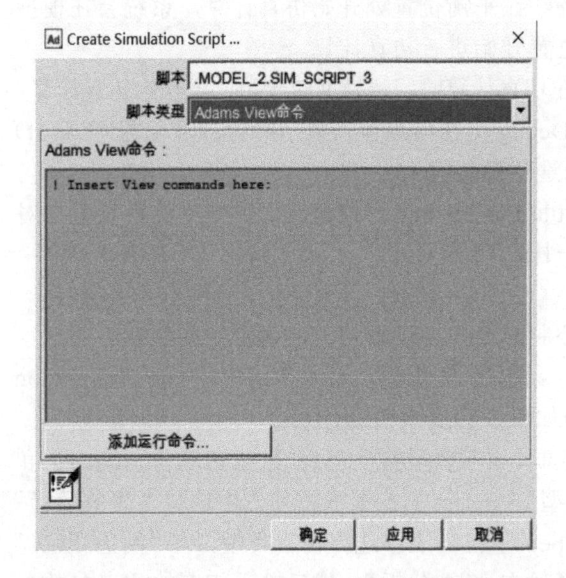

图 5-4　创建 ADAMS/View 仿真脚本控制对话框

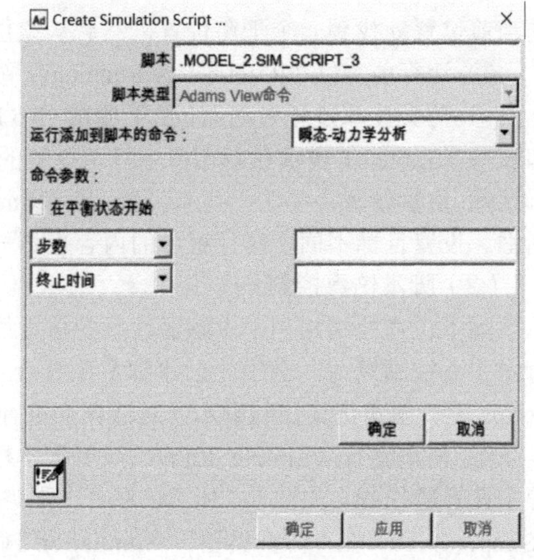

图 5-5　添加运行命令

③ Adams Solve 命令（Adams Solver Commands）：求解器命令方式如图 5-6 所示。在“脚本类型”（Script Type）下拉列表中选择“Adams Solver 命令”（Adams Solver Commands），然后在下面的输入框中输入命令和参数，在“添加 ACF 命令”（Append ACF Command）下拉列表中选择仿真控制命令，就会弹出相应的对话框，输入参数即可。在这种仿真脚本控制下，可以修改模型中元素的参数，例如改变仿真步长、仿真精度、使元素失效或者有效等，因此在这种情况下可以完成常规仿真所不能完成的一些特殊计算。

以上是创建脚本的方法。在创建脚本后，需要执行脚本命令。单击菜单“仿真”（Simulation）—“脚本控制”（Script Controls）后，系统弹出“仿真控制”对话框，如图 5-7 所示。在“仿真脚本名称”（Simulation Script Name）输入框中输入脚本命令的名称，然后单击▶按钮开始运行脚本仿真。

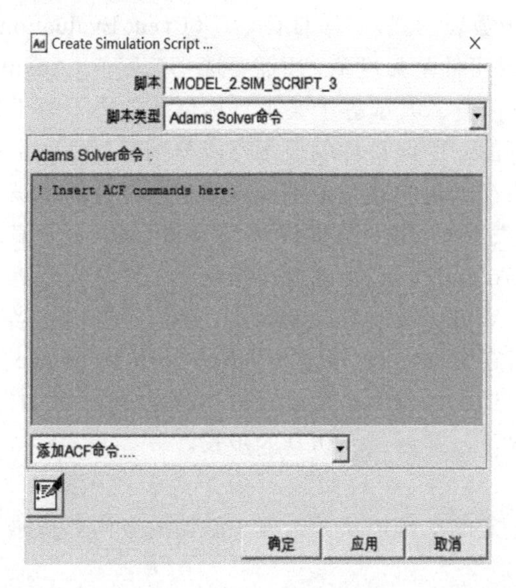

图 5-6　创建 ADAMS/Solver 仿真脚本控制对话框

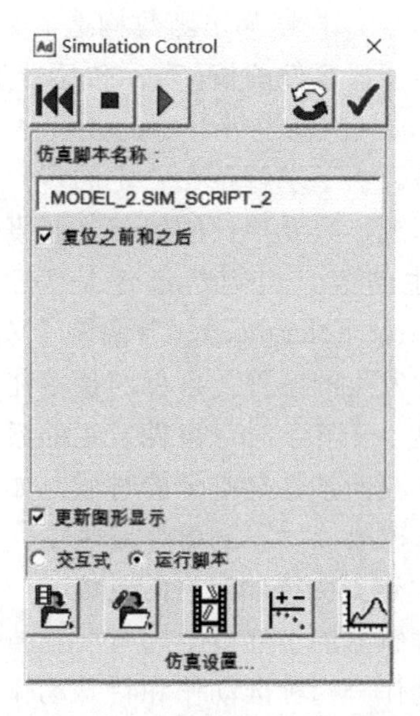

图 5-7　执行脚本仿真控制对话框

5.1.4　传感器

与仿真控制密切联系的一个元素是控制器，传感器感知系统运行到某一个状态的时间，这种状态是系统模型元素之间的函数，也是时间的函数，例如两个标记点（Marker）之间的位置、速度、加速度等。当传感器感知到状态已经发生时，采取一定的动作，从而改变系统的运行方向，使系统采用另一种方式继续进行仿真计算。将脚本控制和传感器结合起来进行仿真控制可完成一些特殊的仿真控制，例如在某一状态下使约束失效、取消重力加速度等。定义传感器需要定义传感器感知状态的事件以及事件发生后系统要执行的动作。单击工具栏的设计探索，创建新的传感器后，弹出“Create Sensor...”（定义传感器）对话框，如图 5-8 所示。

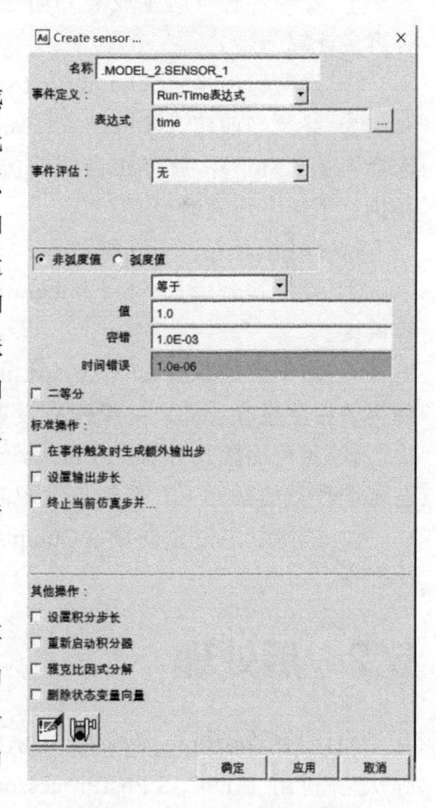

图 5-8　定义传感器对话框

（1）定义传感器感知的事件及事件发生的条件

定义传感器首先要定义传感器感知事件以及判断事件发生的条件。求解器在每一步计算过程中都会将事件的值与判断事件发生的值进行比较，当事件的值满足发生条件时就认为事件发生了，此时传感器会让系统执行一定的动作。

在定义传感器对话框中，“事件定义”（Event Definition）

项定义传感器感知事件，通常用函数表达式来表示。“事件定义”选择用“Run-Time 表达式”（Run-time Expression）和“用户自己定义的子程序”（User-Written Subroutine）来表示。如果用运行过程函数来定义，在“表达式”（Expression）后的输入框中输入具体的函数表达式来定义，单击...按钮弹出函数构造器来创建复杂函数表达式。“事件评估”（Event Evaluation）项定义传感器事件的值，表示传感器返回值，如果事件是弧度值，还需要选择弧度值（Angular Values）项。判断事件发生的条件是等于某个目标值、大于等于某个目标值或者小于等于某个目标值。由于求解是在一定的步长范围内进行的，因此事件的值不可能与判断事件发生的值完全匹配，只要事件的值与判断事件发生的值在一定的误差范围内，就认为事件的值满足事件发生的值。当判断条件是等于时，事件发生的条件是事件落在真值区间（下偏差（Value-Error Tolerance），上偏差（Value+Error Tolerance））范围内；当判断条件是大于等于时，事件发生的条件是事件的值落在（下偏差（Value-Error Tolerance），+∞）范围内；当判断条件是小于等于时，事件发生的条件是事件落在（-∞，上偏差（Value+Error Tolerance））范围内。判断条件是等于的时候，如果仿真步长过大，事件的值就有可能跨越事件发生的范围，使传感器感知不到事件发生了。在这种情况下，需要减小仿真的步长。

（2）定义传感器产生的动作

当传感器的事件发生时需要由传感器产生一定的动作，从而改变求解器的方向。传感器产生的动作分为标准动作和特殊动作。

标准动作分为以下几种。

① 在事件触发时生成额外输出步（Generate additional output step）：在传感器事件发生时再多计算一步。

② 设置输出步长（Set output step size）：重新设置计算步长，需要输入新的仿真步长。

③ 终止当前仿真步并...（Terminate current step and）：当使用交互式仿真控制时，如果选择停止（Stop），就终止当前的仿真；如果选择继续（Continue），就继续当前的仿真命令并执行下一个仿真命令。

特殊动作分为以下几种。

① 设置积分步长（Set integration step size）：设置下一步积分步长，以提高下一步的计算精度。

② 重新启动积分器（Restart integration）：如果在设置积分步长时设置了计算精度，就使用该精度进行计算；如果没有设置，就重新调整积分阶次。

③ 雅可比因式分解（Refactorize Jacobian）：重新启动矩阵分解，以提高计算精度。另外，在不能收敛的条件下，重新启动矩阵分解有利于收敛。

④ 删除状态变量向量（Dump state variable vector）：将状态变量的值写到工作目录下的文件中。

5.2 后处理

ADAMS/PostProcessor 是 ADAMS 软件的后处理模块，绘制曲线和仿真动画的功能十分强大。利用 ADAMS/PostProcessor 可以使用户更清晰地观察其他 ADAMS 模块（如 ADAMS/View、ADAMS/Car 或 ADAMS/Engine）的仿真结果，也可将得到的结果转化为动画、表格或者 HTML 等形式，能够更确切地反映模型的特性，便于用户对仿真计算的结果进行观察和分析。

5.2.1 后处理的作用

ADAMS/PostProcessor 在模型的整个设计周期中发挥着重要的作用，其用途主要包括以下 4 方面。

（1）模型调试

在 ADAMS/PostProcessor 中，用户可选择最佳的观察视角来观察模型的运动，也可向前、向后播放动画，从而有助于对模型进行调试，还可从模型中分离出单独的柔性部件，以确定模型的变形。

（2）试验验证

如果需要验证模型的有效性，可输入测试数据并以坐标曲线图的形式表达出来，然后将其与 ADAMS 仿真结果绘于同一坐标曲线图中进行对比，并在曲线图上进行数学操作和统计分析。

（3）设计方案改进

在 ADAMS/PostProcessor 中，可在图表上比较两种以上的仿真结果，从中选择合理的设计方案。另外，可通过单击操作更新绘图结果。如果要加速仿真结果的可视化过程，可对模型进行多种变化，也可进行干涉检验，并生成一份关于每帧动画中构件之间最短距离的报告，帮助改进设计。

（4）结果显示

ADAMS/PostProcessor 可显示运用 ADAMS 进行仿真计算和分析研究的结果。为增强结果图形的可读性，可改变坐标曲线图的表达方式，或者在图中增加标题和附注，或者以图表的形式来表达结果。为增加动画的逼真性，可将 CAD 几何模型输入动画中，也可将动画制作成小电影的形式。最终可在曲线图的基础上得到与之同步的三维几何仿真动画。

5.2.2 后处理界面

ADAMS/PostProcessor 可单独运行，也可从其他模块（如 ADAMS/View、ADAMS/Car、ADAMS/Engine 等）启动。下面将介绍如何单独启动 ADAMS/PostProcessor，并解释如何在 ADAMS/PostProcessor 中运行附件和插件。

（1）直接启动 ADAMS/PostProcessor

在 Windows 操作系统中单击 Windows 开始菜单，在所有程序列表中找到并单击 ADAMS/PostProcessor，直接启动进入 ADAMS/PostProcessor 窗口。

（2）在 ADAMS/View 或其他 ADAMS 模块中启动 ADAMS/PostProcessor

在 ADAMS/View 中单击结果选项卡，然后单击 PostProcessor 图标或按 F8 键，进入后处理模块。

（3）退出 ADAMS/PostProcessor

退出 ADAMS/PostProcessor 的方法有很多，具体如下。

① 在文件（File）菜单中选择退出（Exit）。

② 如需从 ADAMS/PostProcessor 退回到 ADAMS/View，可按快捷键 F8。

③ 直接退出 ADAMS/PostProcessor，按快捷键 Ctrl+Q。

④ 单击 ADAMS/PostProcessor 窗口右上角的关闭按钮。

⑤ 双击 ADAMS/PostProcessor 窗口右上角的 ⚙ 按钮。

启动 ADAMS/PostProcessor 后进入 ADAMS/PostProcessor 窗口，如图 5-9 所示。

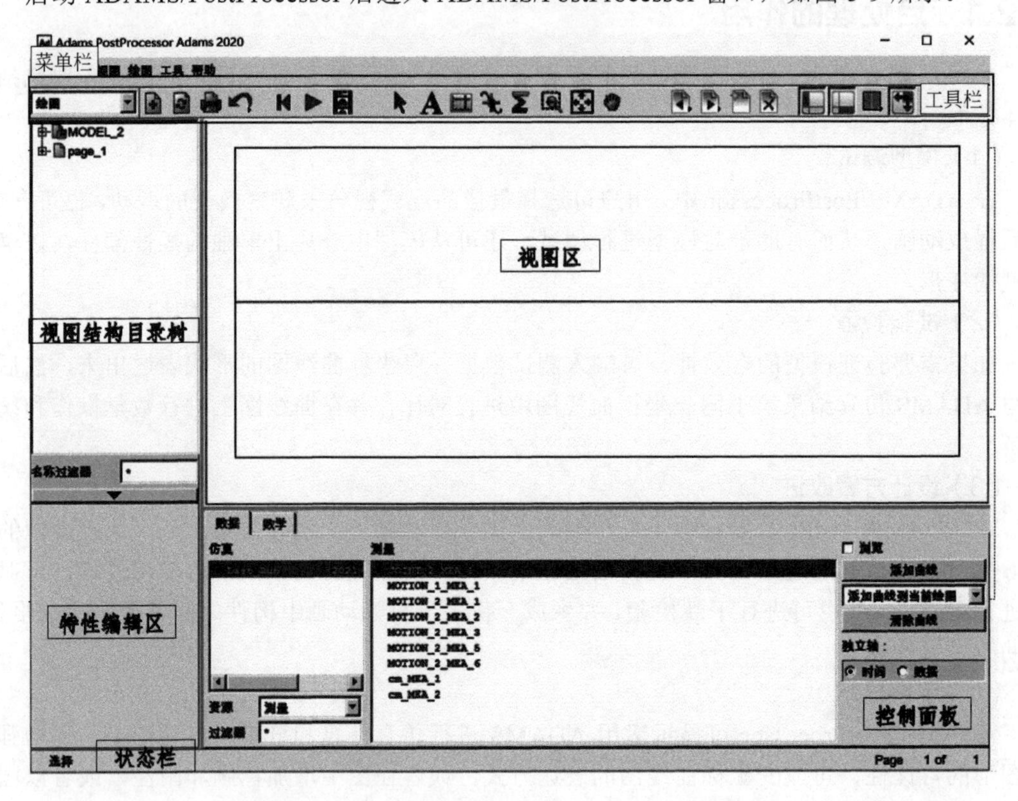

图 5-9 ADAMS PostProcessor Adams 2020 窗口

ADAMS/PostProcessor 窗口中各部分的功能如下。

• 视图区：显示当前页面，每页最多可分为 6 个视图，可同时显示不同的曲线、动画和报告。

• 菜单栏：包含几个下拉式菜单，完成后处理的操作。

• 工具栏：包含后处理常用的功能图标，可自行设置需要显示哪些图标。

• 视图结构目录树：显示模型或页面等级的树形结构。

• 特性编辑区：改变所选对象的特性。

• 状态栏：在操作过程中显示相关的信息。

• 控制面板：提供对结果曲线和动画进行控制的功能。

5.2.3 后处理的常用工具

启动 ADAMS/PostProcessor 后可建立新任务的记录，并对其进行操作，创建任务和添加数据。ADAMS/PostProcessor 使用单一窗口界面，可以更方便、快捷地输入信息，界面随所选择项目自动变化。界面操作包括工具栏、页面、窗口模式等。

5.2.3.1 创建任务和添加数据

启动 ADAMS/PostProcessor 后就开创了一个新任务，即记录。要把仿真结果导入记录中，需要先输入相应的结果数据。如果采用直接启动 ADAMS/PostProcessor 的方式，对仿真结果进行操作之后，可保存记录并输出数据以供其他程序使用。

（1）创建新任务

每次单独启动 ADAMS/PostProcessor 时都会自动创建一个新任务，以进行工作。用户也可以随时创建新任务。创建新任务的方法是在“文件”（File）菜单中选择“新建”（New）。

（2）保存记录

在单独启动模式下，ADAMS/PostProcessor 可将当前任务保存在记录里，以二进制文件的格式保存所有的仿真结果动画和绘制的曲线。

• 保存已存在并已命名的任务：从“文件”（File）菜单中选择“保存”（Save）。

• 保存一个新的未命名的文件或者以新的名字来保存文件：从“文件”（File）菜单中选择“另存为”（Save As），然后输入记录的名字。在不同的目录中保存文件，右击“文件名称”（File Name）栏，选择“浏览”（Browse），然后选择想要保存的目录，最后单击“确定”（OK）按钮。

（3）添加数据

通过不同文件格式输入数据到 ADAMS/PostProcessor 中以生成动画、曲线图和报告。输入的数据出现在视图结构目录树的顶端。不同文件格式的输入数据形式如表 5-1 所示。

表 5-1　不同文件格式的输入数据形式

文件格式	描述
ADMAS/View Command（.cmd）	一套 ADAMS/View 命令，包含模型信息，用于调入分析文件
ADMAS/Solver dataset（.adm）	用 ADAMS/Solver 数据语言描述模型信息
ADAMS/Solver analysis（.req,.res,.gra）	三种分析文件： *Graphics 包含来自仿真的图形输出，并包含能描述模型中各部件位置和方向的时间序列数据，可使 ADAMS/PostProcessor 生成模型动画； *Request 包含使 ADAMS/PostProcessor 产生仿真结果曲线的信息，也包含基于用户自定义信息的输出数据； *Result 包含在仿真过程中 ADAMS/PostProcessor 计算得出的一套基本的状态变量信息。 可导入整套或者单个数据文件
Numeric data	按列编排的 ASCII 文件，包含其他应用程序输出的数据
Wavefront objects，Stereolithgraphy，Render，and shell	曲面
Report	以 HTML 或 ASCII 格式表示的报告数据

（4）输出数据

以数据电子表格的形式输出动画或曲线信息，并可用表格的形式输出曲线数据（HTML 或者电子表格的形式）或者 DAC 和 RPC Ⅲ数据（仅适用于 ADAMS/Durability），也可将动画记录为 AVI 电影、TIFF 文件或其他形式。

以表格形式输出曲线的步骤如下：

① 选择一条曲线。

② 从“文件”（File）菜单指向“导出”（Export），然后选中“表格”（Table）。

③ 输入该文件的名字。

④ 输入包含数据的曲线的名字。

⑤ 在 HTML 或 Spreadsheet（电子表格）中任选一个。

⑥ 单击“确定”（OK）按钮。

5.2.3.2 工具栏的使用

ADAMS/PostProcessor 包含若干工具栏，位于菜单栏下面。选择特定工具栏能完成相关的操作，达到特定的功能。

（1）基本工具栏

① 主工具栏如图 5-10 所示。主工具栏按钮功能说明如表 5-2 所示。

图 5-10 主工具栏

表 5-2 主工具栏按钮功能说明

工具	功能
	输入文件
	重新载入更新的仿真结果以及最新的数据报告
	显示打印对话框以便打印该页面
	撤销上次操作
	重置动画到第一帧（仅在动画模式）
	播放动画（仅在动画模式）

② 页面与视图工具栏如图 5-11 所示。页面与视图工具栏中的各个按钮及功能如表 5-3 所示。

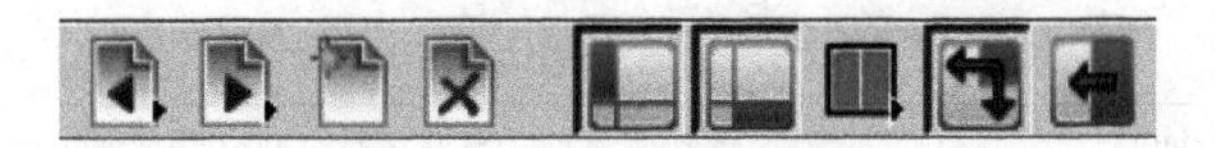

图 5-11 页面与视图工具栏

表 5-3 页面与视图工具栏按钮功能说明

工具	功能
	显示前页或第一页
	显示下一页或最后一页
	以当前布局创建新页
	删除显示页
	打开或关闭目录树
	打开或关闭控制板
	从 12 个标准页面布局中选择一个新的布局

续表

工具	功能
	将所选择的视图扩展到覆盖整个页面
	将当前视图的数据交换到其他数据窗口

③ 动画工具如图 5-12 所示。动画工具栏中的各个按钮及功能如表 5-4 所示。

图 5-12　动画工具栏

表 5-4　动画工具栏按钮功能说明

工具	功能
	选择模式
	旋转视图
	移动视图并设置比例
	将模型放到中间位置
	缩放视图
	将整个动画设置到适应整个窗口大小
	设置动画视图方位的工具
	线框模式与实体模式的切换开关
	光标默认显示的切换开关

注意：该工具栏只有在 ADAMS/PostProcessor 的动画模式下才能显示。

④ 图表工具栏如图 5-13 所示。图表工具栏中的各个按钮及功能如表 5-5 所示。

图 5-13　图表工具栏

表 5-5　图表工具栏按钮功能说明

工具	功能
	设置选择模式
	增加文本
	创建一个规格线

续表

工具	功能
	显示曲线的统计值，包括曲线上数据点的最大值、最小值和平均值
	显示曲线编辑工具栏
	放大曲线图的一部分
	将曲线图以合适大小放在视图内

注意：图表工具栏只有在 ADAMS/PostProcessor 的图表模式下才能显示出来。

（2）工具栏的设置与显示

① 工具栏的打开和关闭：在“视图”（View）菜单中选中“工具栏”（Toolbars），然后选择需要打开或关闭的工具栏即可。

② 设置工具栏的位置：

a. 在“视图”（View）菜单中选中“工具栏”（Toolbars），然后选择“设置”（Settings），打开工具栏设置对话框；

b. 选择工具栏项目的可见性以及所选工具栏的位置，所做的设置会立刻生效。

（3）工具栏的展开

在主工具栏中有一些工具是下拉式的，出现在顶部的是默认的工具或最近用过的工具。这样的工具栏在其右下角有一个小三角标记。要选择这种工具栏中的工具时，可右击右下角的小三角标记，在展开的工具栏中选择需要采用的工具。

5.2.3.3 窗口模式的设置

ADAMS/PostProcessor 有 3 种不同的窗口模式：动画、曲线绘制和报告模式。其模式改变依赖于当前视图的内容，例如加载动画模式时，在窗口顶端工具栏中的工具就会相应地发生改变，也可手动设置模式。手动切换视图模式，可采用下面 3 种方法中的任意一种。

• 单击包含动画、绘图或报告的视图。

• 在主工具栏的选项菜单中选择所需要的模式选项。

• 右击视图窗口，再选择加载动画（Load Animation）、加载绘图（Load Plot）或者加载报告（Load Report）选项。

5.2.3.4 ADAMS/PostProcessor 的页面管理

用户通过创建新页来达到显示动画和曲线图的目的。ADAMS/PostProcessor 中的一页最多有 6 个区，即视图在每个区中都显示动画和曲线。

（1）创建页面

从“视图”（View）菜单中指向“页面”（Page），然后选择“新建”（New）。当创建新页时，ADAMS/PostProcessor 将自动为新页分配一个名字。

（2）重命名页面

在目录树中选中需要重命名的页，再从“编辑”（Edit）菜单中选择“重命名”（Rename），输入该页的新名字，最后单击“确定”（OK）按钮。

（3）显示页面

若需显示特定页面，可在目录树中选择需要显示的页面，或者从“视图”（View）菜单中指向“页面”（Page），然后选择“显示”（Display），再从页面列表中选择需要显示的页面。

如需进行页面导航，可从“视图”（View）菜单中指向“页面”（Page），然后通过选择“下一页”（Next page）、“上一页”（Previous page）、“首先”（First page）或“最后”（Last page）定位到后一页、前一页、第一页或最后一页。

（4）显示页眉和页脚

选中有关页面后，在特性编辑区中选择“页眉”（Header）或“页脚”（Footer），再分别选择“左侧”（Left）、“右侧”（Right）或“中心”（Center），然后在特性编辑区的相关区域输入有关信息，就可在页眉或页脚的相应区域加入文本或图形。

5.3 创建动画

ADAMS/PostProcessor 的动画功能可以将其他 ADAMS 产品中通过仿真计算得出的动画画面进行重新播放，有助于更直观地了解整个物理系统的运动特性。当加载动画或者将 ADAMS/PostProcessor 设置为动画模式时，ADAMS/PostProcessor 界面改变为允许对动画进行播放和控制。

5.3.1 动画类型

ADAMS/PostProcessor 加载两种类型的动画：时域动画和频域动画（在 ADAMS/Vibration 中的一种正则模态动画）。如果在 ADAMS 产品中使用 ADAMS/Vibration 插件，可使用 ADAMS/PostProcessor 来观察受迫振动的动画。

（1）时域动画

当在 ADAMS 产品中以时间为单位进行仿真时，如在 ADAMS/View、ADAMS/Solver 中进行的动力学仿真分析，分析引擎将为仿真的每一步输出创建一个动画。画面随输出时间步长而依次生成，即时域动画。例如，在 0.0～10.0s 的时间内完成仿真，以每 0.1s 作为输出的步长，ADAMS/Solver 将记录 101 步或帧的数据，它在 10s 中的每 0.1s 创建一帧动画。

（2）频域动画

使用 ADAMS/PostProcessor 时，可观察到模型以其固有频率中的某个频率进行振动。它以特征值中的某个固有频率为操作点，将模型的变形动画循环地表现出来。从动画中可以看到柔性体中阻尼的影响，并显示特征值的列表。

当对模型进行线性化仿真时，ADAMS/Solver 在指定工作点对模型进行线性化，并计算特征值和特征向量。ADAMS/PostProcessor 利用这些信息来显示通过特征解预测的动画变形形状。

通过在正的最大变形量和负的最大变形量之间进行插值来生成一系列动画。动画循环地显示了柔性体的变形过程，与频域参数有关，称为频域动画。

5.3.2 创建动画方法

在单独启动的 ADAMS/PostProcessor 中演示动画，必须导入一些相应的文件，或者打开已存在的记录文件（.bin），然后导入动画。在使用其他 ADAMS 的产品（如 ADAMS/View 等）时使用 ADAMS/PostProcessor，如果已经运行了交互式的仿真分析，所需的文件在 ADAMS/PostProcessor 中就已经是可用的了，只需直接导入动画即可。

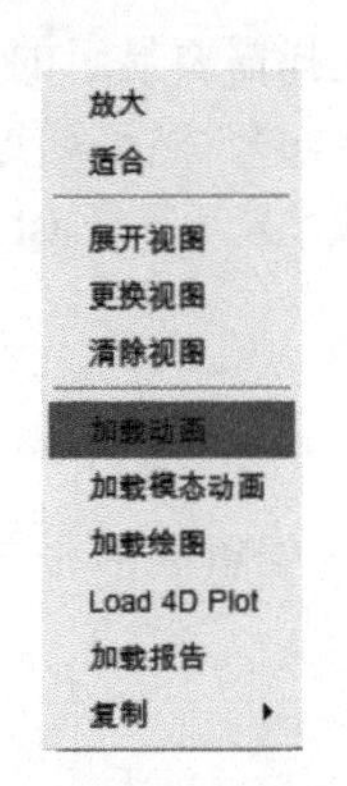

图 5-14　载入动画选项菜单

对于时域动画，必须导入包含动画的图形文件（.gra）。该图形文件可由其他 ADAMS 产品（如 ADAMS/View 和 ADAMS/Solver）创建。对于频域模型，必须导入 ADAMS/Solver 模型定义文件（.adm）和仿真结果文件（.res）。

（1）导入动画

从“文件”（File）菜单中选择“导入”（Import），然后输入相关的文件。

（2）在视图中载入动画

右击视图背景，弹出载入动画选项菜单，如图 5-14 所示。然后选择“加载动画”（Load Animation）载入时域仿真动画，或选择“加载模态动画”（Load Mode Shape Animation）载入频域仿真动画。

5.3.3 演示与控制动画

5.3.3.1 演示动画

当演示时域动画时，ADAMS/PostProcessor 按默认设置尽快显示每帧动画，默认状态下循环播放动画直到用户终止播放，也可以设置只播放一次或者先向前再向后播放动画。

• 向前播放动画：在控制面板中选择 ▶。

• 向后播放动画：在控制面板中选择 ◀。

• 一次播放一帧动画：在控制面板滑动杆两端单击向左或向右箭头按钮。

• 暂停动画：在控制面板中选择 ‖。

• 将动画重置回起点：在控制面板中选择 |◀。

在控制面板中设置循环（Loop），有以下几个选项。

• 永远（Forever）：不断地循环播放动画。

• 一次（Once）：只播放一次动画。

• 循环播放一次（Oscillate）：先向前播放动画，再向后播放动画（例如，在 100 帧动画中，先从 1 到 100 帧播放动画，再从 100 到 1 帧播放动画）。

• 循环连续播放（Oscillate Forever）：重复地向前、向后播放动画。

5.3.3.2 时域动画的控制

（1）播放部分时动画

默认状况下，ADAMS/PostProcessor 采用基于时间的动画画面。选择跳过一定数量的帧，仅播放以时间或帧数为单位的一部分动画。例如，要查看在 3.0～5.5s 之间的动画，可设定开始时间为 3.0s、结束时间为 5.5s。

① 跳过帧数，在控制面板上选择“动画”（Animation），在帧增加栏“帧增量”（Frame Increment）中填入要跳过的帧数，然后播放动画。

② 播放动画的一部分，在控制面板上选择“动画”（Animation），选择显示单位（Display Units）为帧（Frame）或时间（Time），在“开始”（Start）栏中填入开始的帧数或时间，并在“结束”（End）栏中填入结束的帧数或时间，然后播放动画。

③ 设置动画速度，通过改变时域动画中每帧动画之间的时间延迟来改变动画速度，通过使用控制面板上的滑动杆来引入时间延迟。默认状况下，当滑动杆向右时就是将动画尽可

能快地播放；向左移动滑动杆可引入时间延迟，最大可达到 1s。

（2）演示特定动画帧

ADAMS/PostProcessor 提供了播放特定动画帧的几个选项，如一次播放一帧，或播放某特定时间的某一帧。此外，还可用动画帧表示：模型输入表示模型仿真前的状态，不表达模型部件的初始条件和静态解；下一静态，表示下一个静平衡状态；下一接触，表示构件之间的接触。

① 在动画中演示某一帧：在控制面板上选择“动画”（Animation），然后单击并拖动最上端的控制条直至要演示的帧数或者时间，或在滑动条右端的输入框里填入要演示的帧数或者时间。

② 演示代表模型输入的帧：在控制面板上选中“动画”（Animation），然后选择模型输入（Mode Input）。

（3）演示代表静平衡状态的帧

在控制面板上选择“动画”（Animation），然后选中“包括静分析”（Include Static），继续选择“下一静态”（Static），查看所有的静平衡状态位置。

（4）演示代表接触的帧

在控制面板上选择“动画”（Animation），然后选择“包括接触”（Include Contacts），继续选择“下一接触”（Contact），查看构件之间的所有接触。

（5）追踪点的轨迹

要在动画中追踪点的轨迹，首先在控制面板上选择“动画”（Animation），然后在“轨迹标记点”（Trace Marker）栏内输入要追踪轨迹的标记点（Marker）的名字。如果要在视图内选择一个标记点（Marker），需右击文字栏，然后从弹出的菜单内选择合适的命令。

（6）重叠动画帧

将基于时间的连续动画帧重叠起来。当选择叠加（Superimpose）切换按钮时，ADAMS/PostProcessor 将各动画帧重叠显示。在控制面板上选择“动画”（Animation），然后选中叠加（Superimpose）即可。

5.3.3.3 频域动画的控制

（1）选择观察模态和频率

在控制面板上选择“模态动画”（Mode Shape Animation），然后设置选项菜单为“模态”（Mode）并输入要使用的模态数字，或者设置选项菜单为“频率”（Frequency）并输入模态频率。

如果指定的是输入频率，ADAMS/PostProcessor 将使用最接近该频率的模态。如果既没有指定模态又没有定义频率，ADAMS/PostProcessor 将使用模型变形的第一阶模态。

（2）使用滑动条演示动画中的画帧

在控制面板中选择“模态动画”（Mode Shape Animation），然后单击并拖动最上端的滑动条，直到达到指定模态和频率，或者在滑动条右端的文字输入栏中输入指定模态和频率。

（3）控制每次循环画帧的数目

对于线性化模态形状动画，控制每次循环画帧的数目。在控制面板上选择“模态动画”（Mode Shape Animation），在每次循环帧数（Frames Per Cycles）文字栏中填入每次循环将演示的帧数，然后演示动画即可。

（4）设置线性化模态形状的显示

当演示频域动画时，设置构件从未变形位置开始平移或旋转变形比例的最大值，显示变形幅值是否随时间衰减，将一个模态重叠到另一个模态，还显示未变形的模型。

在设置频域显示控制参数时，在控制面板上选择“模态动画”（Mode Shape Animation），然后按需要选择选项。

（5）查看特征值

在一个信息窗口中显示预测特征解所有特征值的信息。一旦在信息窗口中显示了该信息，就将其以文件的形式保存。这些信息包括模态数（预测特征解的模态序号数）、频率（相应于模态的自然频率）、阻尼（模态的阻尼比）、特征值（列出特征值的实部和虚部）。

为查看特征值，从控制面板上选择“特征值表”（Table of Eigenvalues），弹出信息窗口，在查看了信息之后选择关闭（Close）。

5.3.4 保存动画

（1）创建动画的准备

① 在创建动画之前，选择格式AVI、TIF、JPG、BMP和XPM（AVT格式仅适用于Windows）。

② 给文件命名一个前缀。ADAMS/PostProcessor将为该文件分配一个唯一的数字以形成该文件的名字。例如，定义一个BLOCK的前缀，以TIF格式保存，则该文件名字为BLOCK_001.tif、BLOCK_002.tif等。若没有定义文件名字，则前缀为frame（如frame_OO1.tif）。

③ 对于AVI格式，不压缩以保证图片质量，并设置关键画帧的间隔。默认情况下采用1/5000的压缩率。

（2）记录动画

在控制面板上，单击“记录”按钮，再单击“播放”。

（3）设置记录选项

在控制面板上选择“录像”（Record），然后选择保存动画的文件格式，在“文件名称”（Filename）文字栏中输入文件名字的前缀，如果选择AVI格式，需设置每秒的帧数目、压缩率，还有可能需设置关键帧之间的间隔时间。

5.4 创建测量曲线

将仿真结果用曲线图的形式表达出来，能更深刻地了解模型的特性。ADAMS/Post Processor能够绘制仿真结果的曲线图，包括间隙检查等，还可将结果以用户定义的量度或需求绘制出来，甚至将输入进来的测试数据绘制成曲线。绘制出的曲线由数据点组成，每个数据点代表在仿真中每个输出步长上创建的输出点的数据。

在创建了曲线之后，在曲线上进行后处理操作，比如通过信号处理进行数据过滤以及数学运算等，也可手动改变数值或者写表达式来定义曲线上的数值。

5.4.1 曲线图的类型

ADAMS提供了由几种不同类型的仿真结果绘制曲线图的功能。

• 对象（Object）：模型中物体的特性，如某个构件的质心位置等。如果要查看物体的特性曲线图，就必须先运行ADAMS/View，再进入ADAMS/PostProcessor，或者导入一个命令文件（.cmd）。

• 测量（Measure）：模型中可计量对象的特性，如施加在弹簧阻尼器上的力或者物体之间的相互作用。可直接在ADAMS产品中创建量度，或者导入测试数据作为量度。要查看量度，需要先运行 ADAMS/View，再运行 ADAMS/PostProcessor，或者导入一个模型和结果文件（.res）。

- 结果（Result）：ADAMS 在仿真过程中计算出的一套基本状态变量。ADAMS 在每个仿真输出步长上输出数据。一个结果的构成通常是以时间为横坐标的特定量（比如，构件的 X 方向位移或者铰链上 Y 方向的力矩）。
- 请求（Request）：要求 ADAMS/Solver 输出的数据，得到要考察的位移、速度、加速度或者力的信息。
- 系统模态：查看线性化仿真得到的离散特征值。
- 间隙分析：查看动画中物体之间的最小距离。

5.4.2 创建曲线图

在绘制曲线图模式下，用控制面板选择需要绘制的仿真结果。在选择了仿真结果以绘制曲线后，安排结果曲线的布局，包括增加必要的轴线、确定量度单位的标签、确定曲线的标题以及描述曲线数据的标注等。

（1）控制面板的布局

绘制曲线图模式下的控制面板如图 5-15 所示。

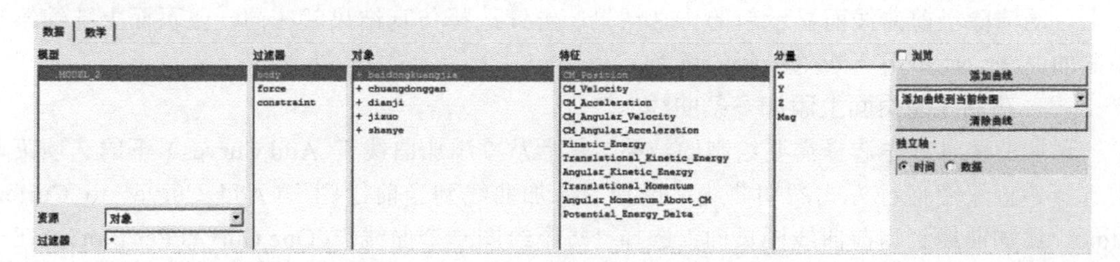

图 5-15　绘制曲线图模式下的控制面板

（2）绘制物体特性曲线

绘制物体特性数据的曲线，在控制面板上设置“资源”（Source）为“对象”（Objects），控制面板改变成显示所有绘制曲线图时可用的结果。再选择要绘制特性曲线的模型，从“对象”（Objects）菜单中选择要绘制特性的物体，“对象”（Objects）菜单中包含模型中所有构件的清单。

从“特征”（Characteristic）菜单中选择要绘制曲线的特征，然后从“分量”（Component）菜单中选择一种或多种需要绘制特征的分量。选择“添加曲线”（Add Curves）将数据曲线添加到当前曲线上。

（3）绘制量度曲线

在控制面板上设置“资源”（Source）为“测量”（Measures），控制面板改变成显示所有绘制曲线图时可用的量度。再从“仿真”（Simulation）菜单中选择一次仿真结果，该菜单中包含所有绘制成曲线的数据资源，当调入额外的仿真结果时也会添加到“仿真”（Simulation）菜单中。接着选择想要绘制的量度，并在控制面板上选择“添加曲线”（Add Curves），将曲线添加到当前页。

（4）绘制请求或结果曲线

在控制面板上设置“资源”（Source）为“请求”（绘制请求的分量）或“结果”（绘制来

自仿真结果的分量），控制面板改变为显示所有绘制曲线图时可用的结果。再从“仿真”（Simulation）菜单中选择一次仿真结果，该菜单中包含所有创建曲线的数据资源，当调入额外的仿真结果时也会添加到“仿真”（Simulation）菜单中。然后从“结果集”（Result Sets）或“请求”（Request）菜单中选择一个结果或者请求，再从“分量”（Component）菜单中选择要绘制的分量，并选择“添加曲线”（Add Curves）将数据曲线添加到当前曲线图。

（5）绘制系统模态

在控制面板上设置“资源”（Source）为“系统模态”（System Modes），然后从“特征值”（Eigen）菜单中选择一个特征值，再选择“添加曲线”（Add Curves）按钮添加曲线。

（6）查看测试数据

通过在“文件”（File）菜单中使用“导入”（Import）命令读入 ASCII 格式的文件可以很方便地导入测试数据。ADAMS/PostProcessor 将测试数据以栏式文件的格式导入，并以量度的形式保存数据。一旦 ADAMS/PostProcessor 将测试数据以量度的形式导入，就可以像其他形式的量度一样对其进行绘图、显示和修改。

（7）快速浏览仿真结果

快速浏览仿真结果，而不用创建大量的曲线图页面。在控制面板的右端选择“浏览”（Surf），然后选择想要绘制的仿真结果，在做出选择后，ADAMS/PostProcessor 能够在当前页面上自动清除当前曲线而显示新的仿真结果。继续选择仿真结果就在同一张页面上陆续绘制不同的曲线，而不用不断生成新的页面。

（8）在曲线图页面上添加多条曲线

添加曲线时首先选择需要绘制的结果，然后从“添加曲线”（Add Curves）下的选项菜单中选择希望采用何种方式添加曲线：选择“添加曲线到当前绘图”（Add Curves to Current Plot），添加曲线到当前曲线图页面；选择“每个绘图一个曲线”（One Curves Per Plot），在一张新页面上创建该曲线；选择“对象、请求或结果的一个绘图”（One Plot Per Object，Request，Or Result），针对一项特定的物体、请求或结果创建一条新曲线（对于测量不可用）。

（9）使用除时间值外的横坐标轴

曲线图中用于绘制横坐标轴的默认数据是仿真时间，也可选择除仿真时间外的其他数据作为横坐标轴。在控制面板右端横坐标轴区域选择数据（Data），出现横坐标轴浏览器，然后选择想要作为横坐标轴的数据，再单击“确定”（OK）按钮。

5.4.3 数学计算曲线图

（1）对任一曲线上的数据进行数学计算

- 将一条曲线上的值与另一条曲线上的值进行加、减、乘运算。
- 计算曲线数值的绝对值或对称值。
- 对曲线上的值进行插值，以创建一条均匀分布采样点的曲线。
- 按特定比例将曲线进行缩放。
- 按特定值平移曲线。平移曲线就是沿相应轴转换数据。
- 将一条曲线与另一条曲线的开始点对齐，或者将曲线的开始点挪至零点。将曲线对齐有助于比较曲线上的数据。
- 从曲线上的值创建样条曲线。
- 手动改变曲线上的值。

• 过滤曲线数据。

（2）创建或修改曲线

在基于计算的基础上创建新的曲线，或者对所选用来操作的第一条曲线进行修改。当选择进行数学计算时，ADAMS/PostProcessor 显示出曲线编辑工具栏，如图 5-16 所示。

图 5-16 曲线编辑工具栏

切换是否显示曲线编辑工具栏，在“视图”（View）菜单中选择“工具栏”（Toolbars），然后选择“曲线编辑工具栏”（Curve Edit Tool Bar），曲线编辑工具栏就会出现在窗口上端的主工具栏下。

（3）在曲线数据上进行简单的数学计算和操作

• 将一条曲线的值与另一条曲线的值进行加、减、乘：按照要进行的操作在“曲线编辑工具栏”中选择工具，如曲线数据相加（Add Curve Data）、曲线数据相减（Subtract Curve Data）或曲线数据相乘（Multiply Curve Data），然后选择要被加、减、乘的曲线，再选择第二条曲线。

• 找出数据点绝对值或对称点：在“曲线编辑工具栏”中选择要进行操作的工具，如绝对值工具（Absolute Value）或找对称点工具（Negate），然后选择一条曲线进行操作。

• 产生采样点均匀分布的曲线（曲线插值）：在“曲线编辑工具栏”中选择曲线采样工具（Curve Sampling），然后从工具栏右端的选项菜单中选择用于插值的样条曲线类型，继而输入需要生成的插值点的数目（默认为 1024，必须输入一个正整数），再选择需要进行操作的曲线。

• 按特定值缩放或平移曲线：在“曲线编辑工具栏”中选择缩放工具比例（Scale）或平移工具（Offset），然后在曲线编辑工具栏右端出现的文字栏中输入缩放或平移值，再选择需要进行操作的曲线。

• 将一条曲线与另一条曲线的开始点对齐：在“曲线编辑工具栏”中选择偏移曲线（Align Curve to Curve）工具，然后选择要对齐的曲线，再选择第二条曲线。

• 将曲线的开始点移至零点：在“曲线编辑工具栏”中选择对齐曲线的起点到原点（Align Curve to Zero）工具，然后选择需要进行操作的曲线。

• 计算曲线的积分或微分：可进行已存在数据点的积分和微分操作。在“曲线编辑工具栏”中选择积分工具（Integrate）或者微分工具（Differential），然后选择要进行该运算的曲线，再选择第二条曲线。

• 由曲线生成样条：可从一条曲线上提取数据点，然后由这些点生成样条。在“曲线编辑工具栏”中选择样条工具（Spline），在出现在“曲线编辑工具栏”左边的样条名称文本框中输入样条的取名，然后选择曲线即可由曲线生成样条。

• 手动修改数据点数值：对于已经生成的任何曲线都可手动修改数据点的数值，手动修改数据点的数值时各顶点处的点以高亮显示。首先选择需要高亮显示的曲线，然后在特性编辑器中设置移动数据点的方向为水平、垂直还是任意方向，再将光标置于高亮显示的点上并将其拖动到所需的位置。

5.4.4 曲线图的处理

ADAMS/PostProcessor 提供了若干对曲线图进行处理的工具，包括进行滤波以消除噪声信号、进行快速傅里叶变换和生成伯德图等。

5.4.4.1 曲线数据滤波

对曲线数据进行滤波操作可以消除时域信号中的噪声，或者强调时域信号中特定的频域分量。ADAMS/PostProcessor 提供两种类型的滤波：一种是由 The Math Works 公司开发的 MATLAB 软件中的 Butterworth 滤波；另一种是直接指定传递函数。

（1）滤波的方法

ADAMS/PostProcessor 提供以下两种滤波的方法。

① 连续滤波

连续滤波将时域信号通过快速傅里叶变换转化到频域，然后将结果函数与滤波函数相乘，再进行逆傅里叶变换。

② 离散（数值）滤波

直接针对时域信号进行离散滤波操作，这时在某一特定时间步长上滤波后的信号是由前面的输入、输出信号和离散传递函数经计算得到的。

（2）产生滤波函数

采用曲线编辑工具栏产生滤波函数。

① 产生 Butterworth 滤波函数

先从“曲线编辑工具栏”中选择曲线滤波工具，再在“过滤器名称”（Filter Name）文本框中右击，选择“滤波函数”（Filter Function）—“创建”（Creat），进入产生滤波函数对话框。然后在对话框中输入滤波的名字，选择 Butterworth 滤波，并选择滤波的方法是连续的还是离散的，是低通、高通、带通还是带阻的，还要指定滤波阶数以及阻断频率。

② 产生基于传递函数方式的滤波函数

同样先从“曲线编辑工具栏”中选择曲线滤波工具，在“过滤器名称”（Filter Name）文本框中右击后，选择“滤波函数”（Filter Function）—“创建”（Creat），进入产生滤波函数对话框，在对话框中输入滤波的名字，并选择传递函数（Transfer Function）滤波。然后选择滤波的方法是连续的还是离散的，还要指定传递函数分子、分母的系数（可直接输入数值，或者由 Butterworth 滤波转换生成）。还可利用检查格式和生成曲线图按钮来检查格式、生成增益和相位的曲线图。

（3）执行滤波函数

生成滤波函数后即可对滤波曲线进行滤波操作。先选择需要滤波的曲线，再从“曲线编辑工具栏”中选择曲线滤波工具，然后在过滤器名称文本框内输入要采用的滤波函数的名称，并通过名称文本框后面的复选框选择是否执行0相位操作。按照以上步骤可对曲线执行滤波操作。

5.4.4.2 快速傅里叶变换

快速傅里叶变换（FFT）是一种有效的数学算法，可将时域函数映射到正弦分量。FFT 在模型中以时间为自变量，可将函数转换为频域形式，分离出以正弦分量表达的频率成分。

（1）FFT 表示法

ADAMS/PostProcessor 包含 3 种表示频域数据的方法：FFTMAG、FFTPHASE 和 PSD（Power Spectral Density）。

① FFTMAG

FFTMAG 确定 FFT 算法返回复数值的绝对值的大小，ADAMS/PostProcessor 以频率为自变量（*X* 轴）、以复数值大小为 *Y* 轴绘制出频率数据的左半边频谱，而右半边频谱是左半边的镜像。

② FFTPHASE

FFTPHASE 确定标准 FFT 算法返回复数值的相位角，在给定频率处给出时域数据中等效正弦函数表达的相位差。

③ PSD（Power Spectral Density）

任何基于时间的模型信号在时域和频域中都有相同的总功率，在谱分析中感兴趣的就是在频率间隔中所包含功率的分布，PSD 表达的就是信号在其频率成分上的功率分布。PSD 曲线看上去通常和 FFTMAG 曲线相似，但具有不同比例。

（2）Window 函数

FFT 算法假定时域数据是来自连续无限数据系列中的周期性样本，开始和结束的条件假定是能够匹配的。Window 函数能过滤掉因为开始和结束的条件不匹配而引起的不连续，并确保 FFT 的周期性。Window 函数类似于单位阶跃输入，能保持 FFT 输出的幅值，但容许微小的不连续。Window 函数趋向于减小峰值频率幅值的准确性，也显著减少因为终点条件不连续而引起的负面影响。

采用何种 Window 函数应根据实际情况确定。可供选用的 Window 函数有矩形窗、三角窗/费杰窗（Fejer）、汉宁窗（Hanning）、海明窗（Hamming）、韦尔奇窗（Welch）、帕尔逊窗（Parzen）、巴特利特窗（Bartlett）、布莱克曼窗（Blackman）等。

（3）构造 FFT 曲线

选择要进行信号处理的曲线，再从“绘画”（Plot）菜单中选择“FFT”，弹出“FFT”对话框。选择要使用的 Window 函数类型，输入要进行信号处理的曲线的开始时间和结束时间，指明插值点的数目（点的数目必须为正整数），并将 *Y* 轴设置为 MAG、Phase 或者 PSD，然后选择“应用”（Apply）执行 FFT 操作。

5.4.4.3 生成伯德图

伯德图提供了一种研究线性系统频率响应函数（FRF）及对非线性系统进行线性化的工具。频率响应函数测量的是采用不同频率单位简谐振动作为输入时的输出响应。伯德图显示线性系统所有输入输出组合的幅值增益和输入输出间的相位差。

（1）构造伯德图的方法

ADAMS/PostProcessor 提供 3 种构造伯德图的方法，主要是基于线性系统的不同表达方式。这 3 种方法是传递函数表达、线性状态空间矩阵（***A***、***B***、***C***、***D*** 矩阵）表达和输入输出对表达。

（2）生成伯德图

从“绘图”（Plot）菜单中选择“伯德图”（Bode Plots），弹出“伯德图”对话框。在对话框中选择不同的输入类型，根据不同输入类型要求输入不同的数据，输入完成后单击“确定”（OK）按钮生成伯德图。

5.5 实例分析：机械手搬运过程的多刚体分析

5.5.1 机械手的结构特点及搬运过程

本节主要以一个实例演示多刚体系统的分析过程，因此将机械手搬运系统简化为只包含机械手和重物（含地面和平台）的简单系统。

由于不含绳索等弹性构件，且机械手和重物的变形相对于机械手和重物的大尺度运动非常小，因此该搬运系统可以被视为一个多刚体系统。

搬运系统的工作过程如下：机械手向重物运动至指定位置→机械手向下运动→机械手与重物产生接触，夹紧重物→重物在机械手夹紧力的作用下被夹起→机械手与重物一起移动到一个指定的距离→机械手与重物一起向下运动到指定位置后重物静止→机械手与重物脱离→机械手回到起始位置。

本例将通过多刚体的仿真分析，得到在上述搬运过程中，重物的位移、速度、加速度，以及机械手与重物之间的接触力。

5.5.2 搬运系统动力学分析思路及要点

上述搬运系统中，重点考察的是重物的位移、速度、加速度，以及机械手和重物之间的接触力。由于重物在搬运过程的开始和结束均位于地面上，需要建立地面模型，在此基础上，首先构造机械手的运动轨迹与运动速度，设置机械手和重物之间的接触力模型参数；其次在重物的适当位置设置测量点，跟踪该点的运动参数。最终的搬运系统模型如图 5-17 所示。

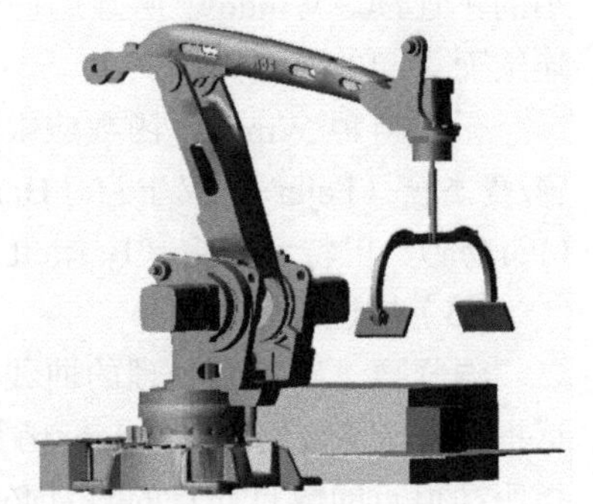

图 5-17　搬运系统

5.5.3 动力学分析

（1）创建模型

① 打开 ADAMS 2020，开始界面如图 5-18 所示，单击“新建模型”，弹出如图 5-19 所示的“Creat New Model”对话框。将模型名称修改为“MODEL_BANYUN”，设置好工作路径后，单击“确定”，进入 ADAMS 2020 主界面，如图 5-20 所示。

图 5-18　ADAMS 2020 开始界面

② 在图 5-20 的界面中，选择“文件”—“导入”命令，弹出如图 5-21 所示的“File Import”对话框，在“文件类型”选项中，选择“Parasolid”。

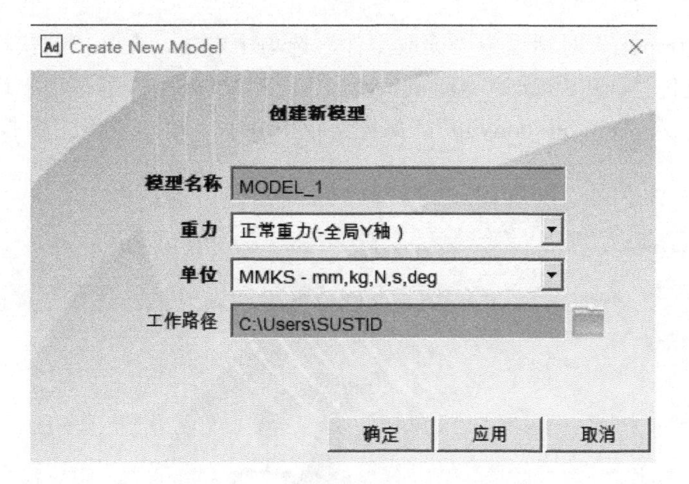

图 5-19 “Creat New Model”对话框

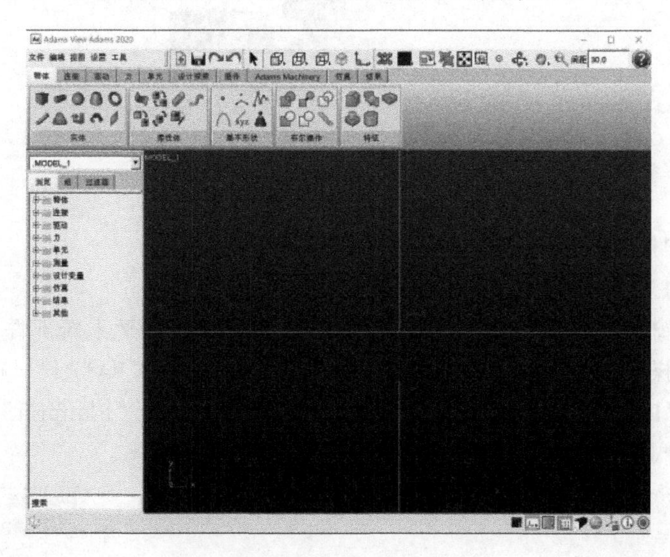

图 5-20 ADAMS 2020 主界面

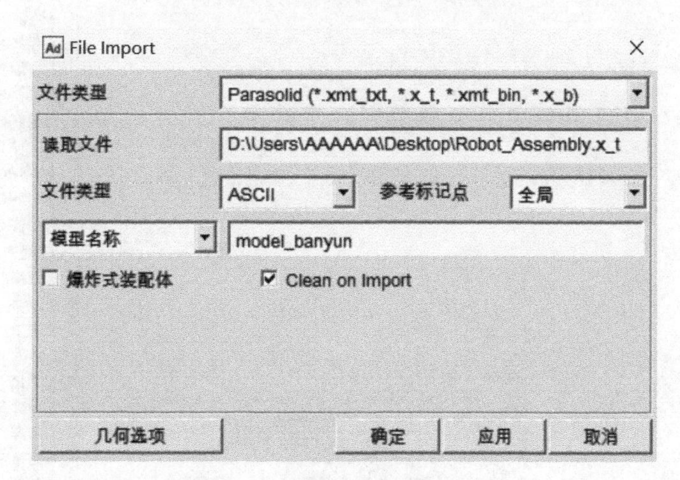

图 5-21 “File Import”对话框

③ 在“File Import”对话框中“读取文件”选项中右击，在弹出的快捷菜单中选择“浏览”，找到素材文件“cha_S\Robot_Assembly.x_t”，在“文件”类型选项中选择“ASCII”，在“模型名称”中输入“model_banyun”，如图 5-21 所示。单击“确定”按钮，导入的模型如图 5-22 所示。

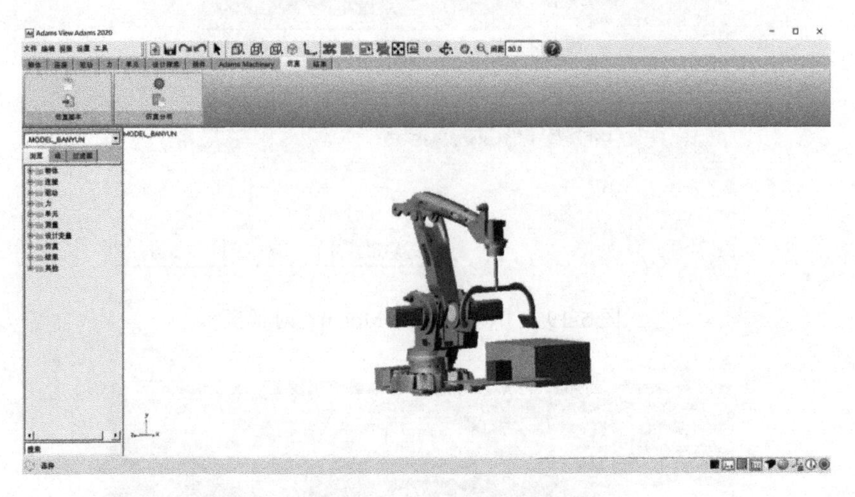

图 5-22　搬运模型

（2）定义材料属性

多体系统动力学仿真需要对各模型构件赋予材料属性。

① 在浏览器窗口单击“浏览”标签，单击“物体”展开搬运系统部件，如图 5-23 所示。

② 为了方便操作，可以对各个部件进行重新命名。右击“PATR1”，在快捷菜单中选择“重命名”，弹出“Rename”对话框，在“新名称”选项中键入“Platform”，如图 5-24 所示，单击“确定”。按同样的方法重新命名其他部件，如图 5-25 所示。

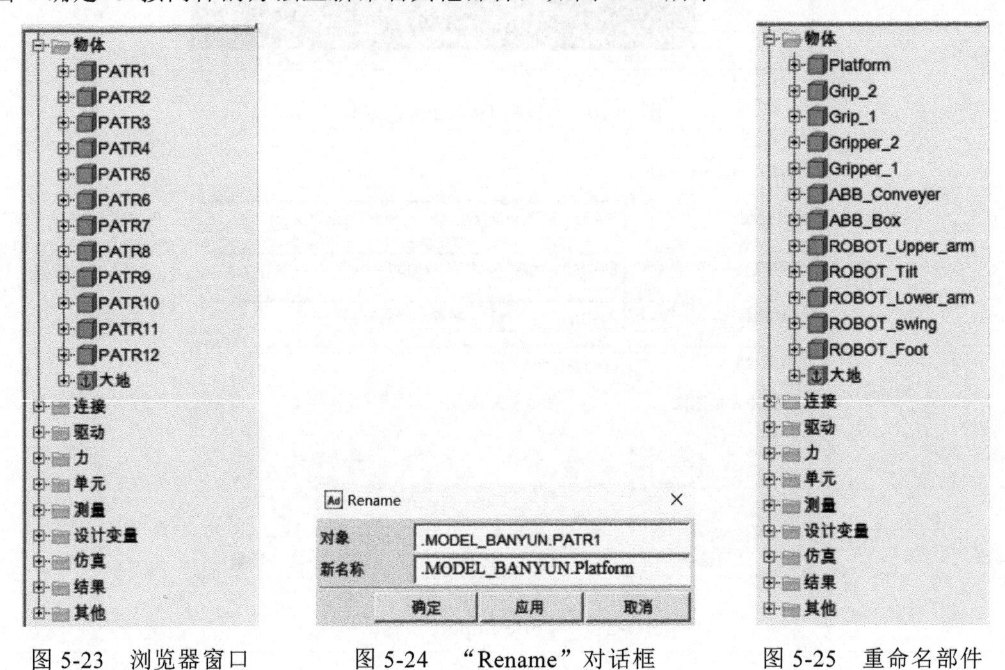

图 5-23　浏览器窗口　　图 5-24　“Rename”对话框　　图 5-25　重命名部件

③ 在图5-25所示的窗口中右击“Platform”，选择快捷菜单中的“修改”，弹出“Modify Body”对话框，设置“分类”为“质量特性”，设置“定义质量方式”为“几何形状和材料类型”，在“材料类型”输入框中右击，选择“材料”—“推测”—“steel”，以定义材料的密度、弹性模量和泊松比，如图5-26所示，单击“确定”。同理，定义其余材料均为steel。

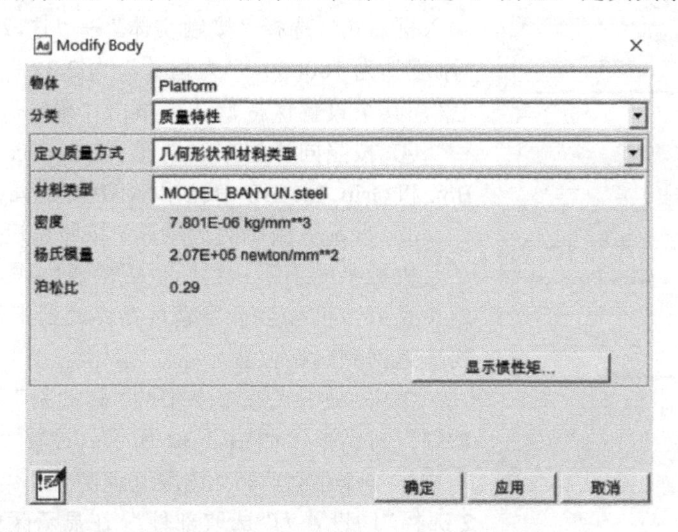

图5-26　“Modify Body”对话框

（3）添加约束和驱动

① 创建Platform与ground之间的固定副。在“连接”选项卡中单击固定副图标，弹出“固定副”对话框，如图5-27所示。在“构建方式”列表中选择“2个物体-1个位置”和“垂直格栅”，“第1选择”和“第2选择”均设置为“选取部件”，单击选择“Platform”后，在空白区域单击，选择ground，根据提示栏提示单击选择Platform的重心“Platform.cm”为固定连接点，结果如图5-28所示。

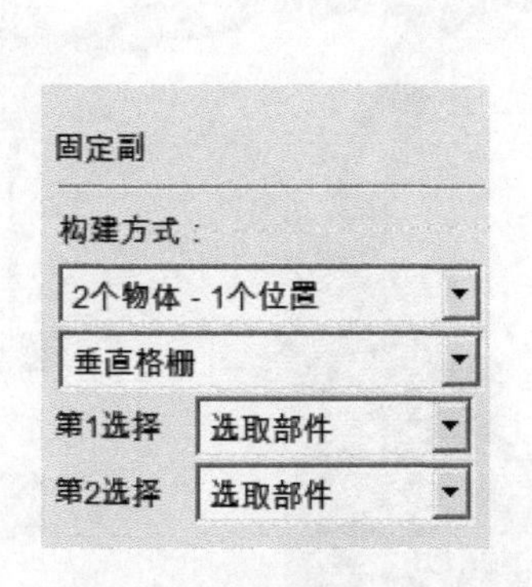

图5-27　“固定副”对话框

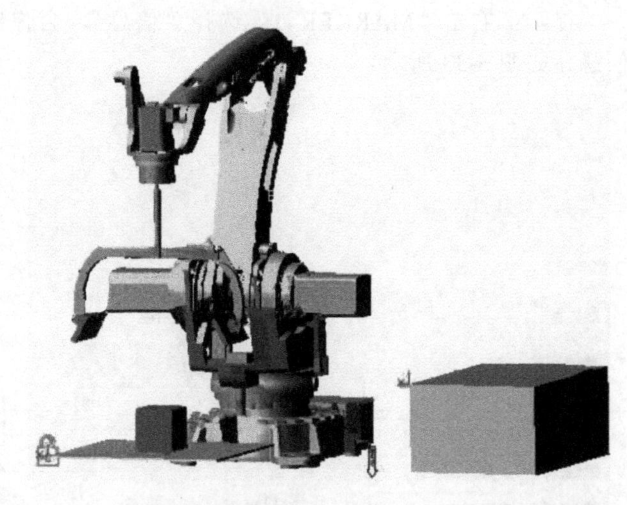

图5-28　Platform与ground的固定副

② 创建ABB_Conveyer与ground、ROBOT_Foot与ground之间的固定副，按照步骤①的方法创建固定副。

③ 创建 ABB_Box 和 Platform 之间的接触力。在“力”选项卡中单击“Creat Contact”图标，弹出“Creat Contact”对话框，如图 5-29 所示。“接触名称”选项设置为“CONTACT_1”，“接触类型”选择“实体对实体”，“I 实体”输入框右击，选择“接触实体”—“选取”，单击 ABB_Box，“J 实体”输入框右击，选择“接触实体”—“选取”，单击 Platform，“刚度”为 100000，“力指数”为 2.2，“摩擦力”选择“库仑”，其余设置保持默认，单击“确定”。

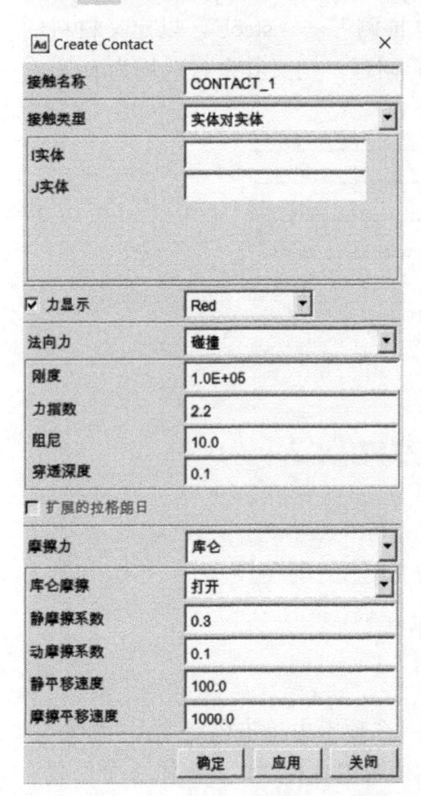

图 5-29 “Creat Contact”对话框

④ 按照同样的方法创建 ABB_Box 和 Grip_1、ABB_Box 和 Grip_2、ABB_Box 和 ABB_Conveyer 之间的接触力。

⑤ 设置机械手的运动副。按照搬运过程，机械手的运动是机械手的手不从初始位置向重物作指定运动，到达预定位置后，机械手不夹紧重物移动到指定地方，之后放下物体返回到起始位置。

单击“连接”选项卡中的“转动副”按钮，弹出“转动副”对话框，如图 5-30 所示。设置“构建方式”为“2 个物体-1 个位置”和“选取几何特性”，“第 1 选择”和“第 2 选择”均设置为“选取部件”。在显示区单击 ROBOT_Foot 和 ROBOT_swing，在信息栏提示“请选择位置”后右击，弹出“LocationEvent”对话框，如图 5-31 所示。将第一个输入框坐标设置为“（586.9314641976，106.8813877888，283.4774263425）”，单击“应用”，然后将新弹出的“LocationEvent”对话框的第一个输入框坐标设置为“（586.9314641976，206.8813877888，283.4774263425）”，单击“应用”，结果如图 5-32 所示。

提示：右击“MARKER_1”选择“信息”，会弹出“Information”窗口，可以查看坐标信息。如图 5-33 所示。

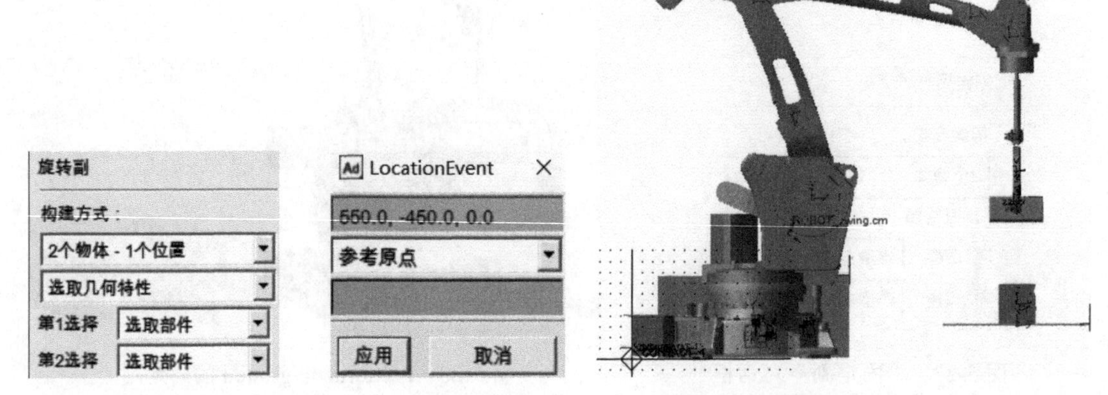

图 5-30 “转动副”对话框　图 5-31 “LocationEvent”对话框　图 5-32 设置 ROBOT_Foot 与 ROBOT_swing 之间的转动副

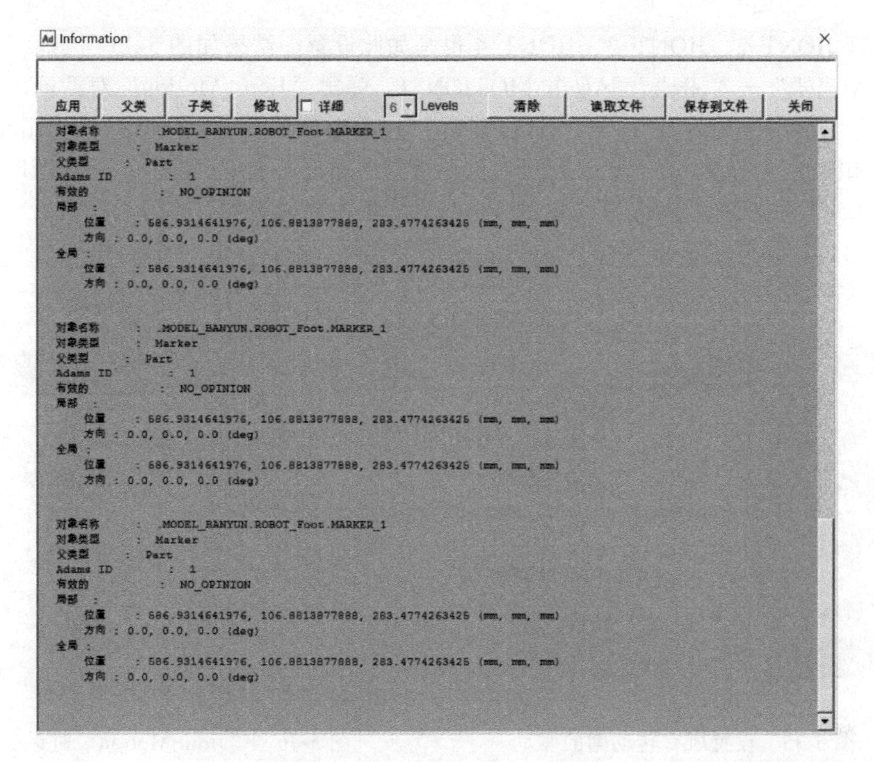

图 5-33 “Information”窗口

同理可以设置 ROBOT_swing 与 ROBOT_Lower_arm、ROBOT_Lower_arm 与 ROBOT_Upper_arm、ROBOT_Upper_arm 与 ROBOT_Tilt、ROBOT_Tilt 与 Gripper_1、ROBOT_Tilt 与 Gripper_2、Gripper_1 与 Grip_1、Gripper_2 与 Grip_2 之间的转动副，结果如图 5-34 所示。

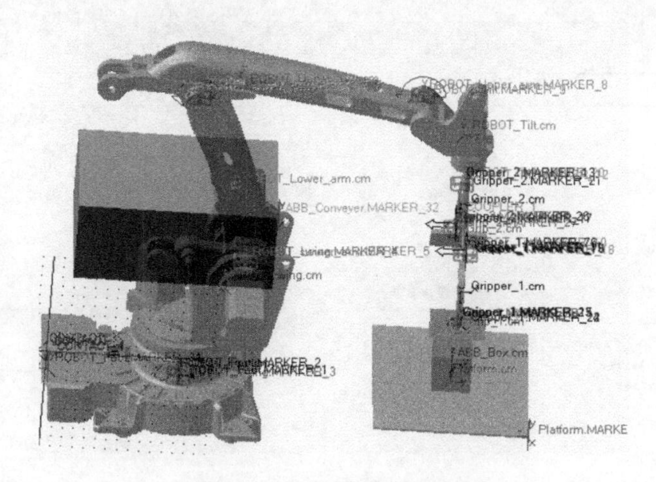

图 5-34 设置所有的转动副

⑥ 设置 JOINT_1 到 JOINT_4 这四个转动副的驱动。由于第 1 个转动副到第 4 个转动副在时间上有严格的顺序关系，因此需要通过定义 step 函数以保证这种顺序关系。

在“驱动”选项卡中单击旋转驱动图标，弹出“旋转驱动”对话框，设置“旋转速度”为 30，在操作窗口中单击 ROBOT_Foot 与 ROBOT_swing 之间的转动副 JIONT_1 即设置成功驱动，同理 JIONT_2、JIONT_3、JIONT_4 也是如此设置，结果如图 5-35 所示。

在“浏览器”—“驱动”下双击 MOTION_1，弹出“Jiont Motion”对话框，如图 5-36 所示。设置“类型”选项为位移。在“函数（时间）”选项中单击按钮 ...，弹出“Function Builder”对话框，如图 5-37 所示。在“定义运行时间函数”选项输入框中，键入“-（STEP（time，0，0，1，-12.5d）+STEP（time，2，0，3，10d））”，单击“确定”。

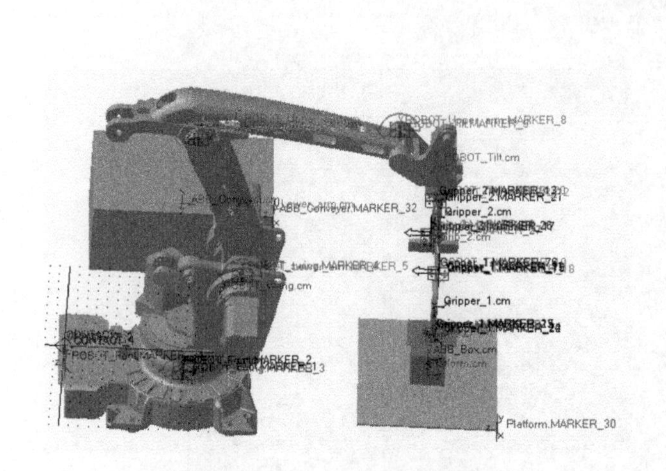

图 5-35 设置所有转动副的驱动

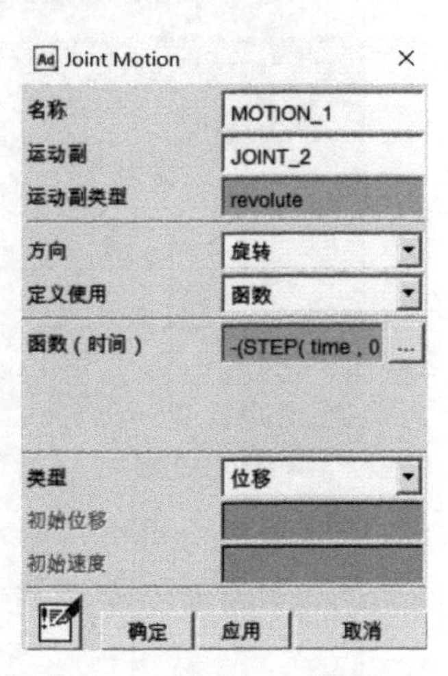

图 5-36 “Jiont Motion”对话框（一）

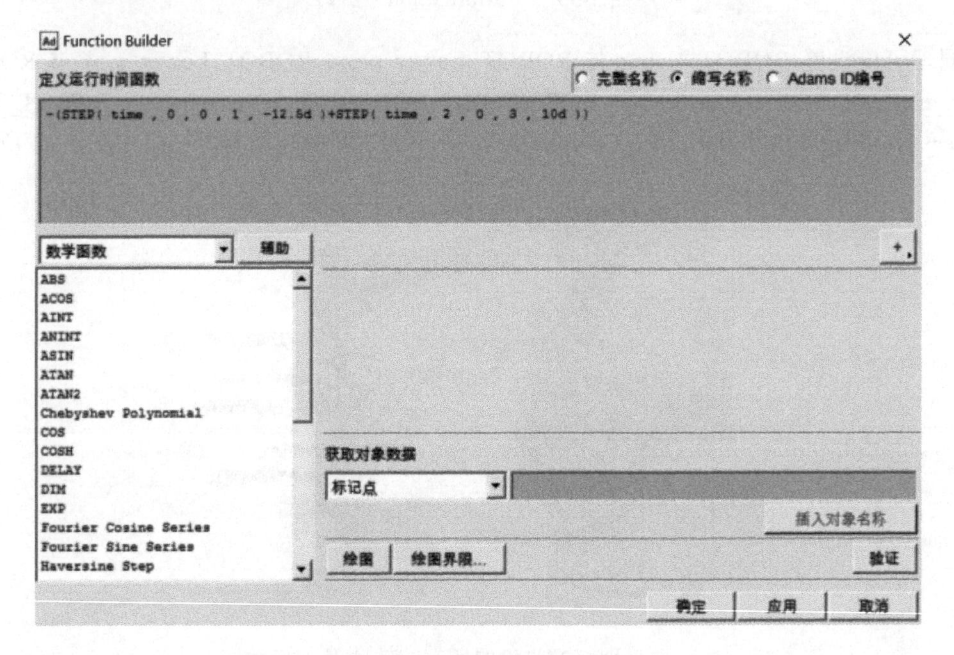

图 5-37 “Function Builder”对话框（一）

同理设置其余的驱动。

在“浏览器”—“驱动”下双击 MOTION_2，弹出“Jiont Motion”对话框，如图 5-38 所示。设置“类型”选项为位移。在“函数（时间）”选项中单击按钮 ...，弹出“Function Builder”对话框，如图 5-39 所示。在“定义运行时间函数”选项输入框中，键入“-（STEP（time，0，

0，1，-16d）+STEP（time，2，0，3，25d）+STEP（time，4，0，5，-20d）+STEP（time，5.25，0，6，20d））”，单击“确定”。

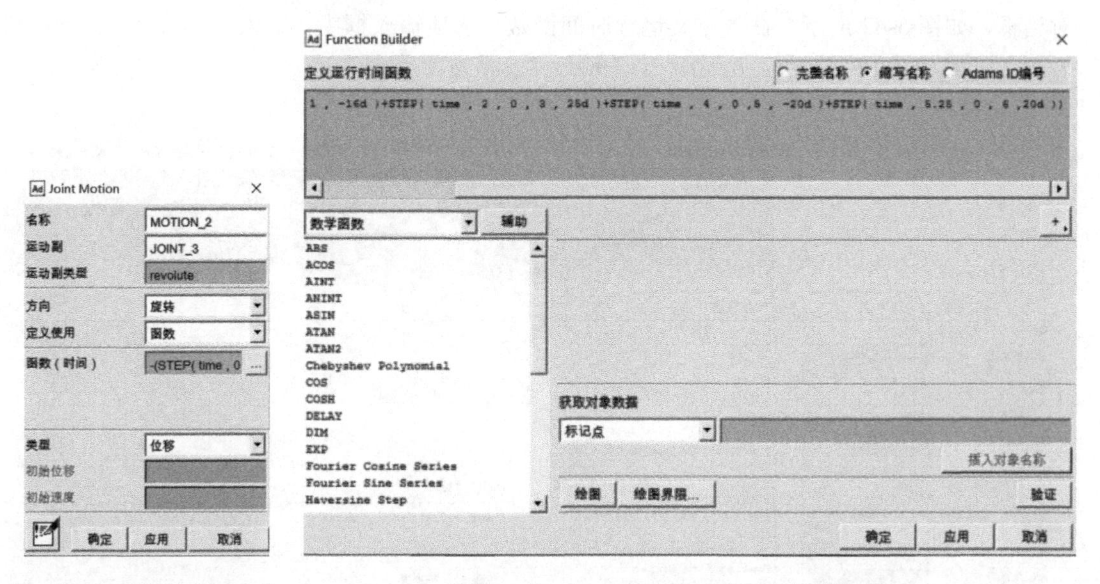

图 5-38 “Jiont Motion”对话框（二）　　图 5-39 “Function Builder”对话框（二）

在“浏览器”—“驱动”下双击 MOTION_3，弹出“Jiont Motion”对话框，如图 5-40 所示。设置“类型”选项为位移。在“函数（时间）”选项中单击按钮 ...，弹出“Function Builder”对话框，如图 5-41 所示。在“定义运行时间函数”选项输入框中，键入“-（STEP（time，0，0，1，-16d）+STEP（time，2，0，3，25d）+STEP（time，4，0，5，-20d）+STEP（time，5.25，0，6，20d））”，单击“确定”。

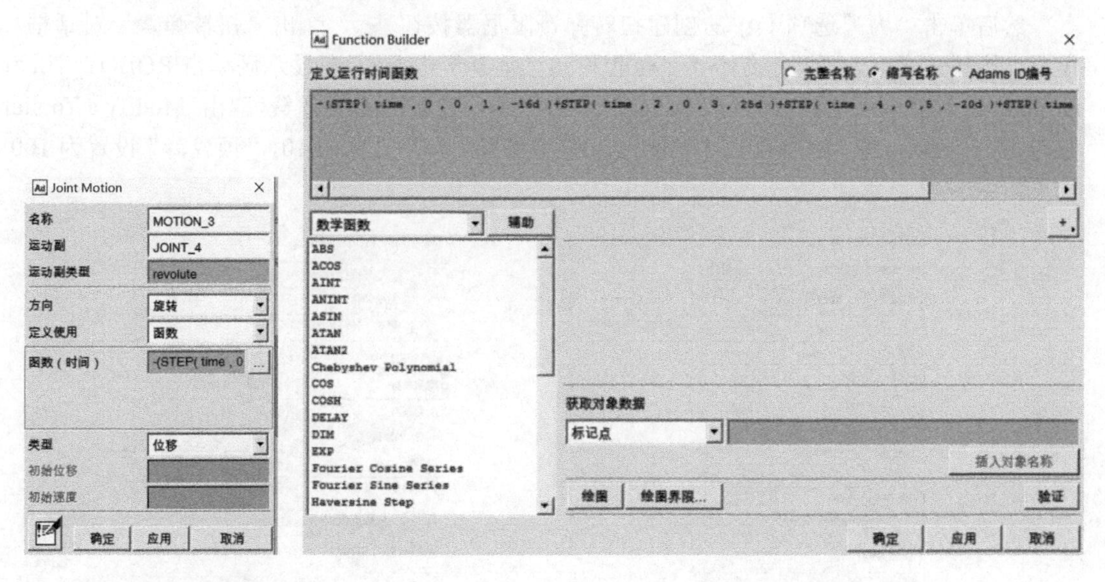

图 5-40 “Jiont Motion”对话框（三）　　图 5-41 “Function Builder”对话框（三）

在“浏览器”—“驱动”下双击 MOTION_4，弹出“Jiont Motion”对话框，如图 5-42 所示。设置“类型”选项为位移。在“函数(时间)”选项中单击按钮...，弹出“Function Builder”对话框，如图 5-43 所示。在“定义运行时间函数”选项输入框中，键入“-（STEP（time，2，0，3，90d）+STEP（time，6，0，7，-90d））”，单击“确定”。

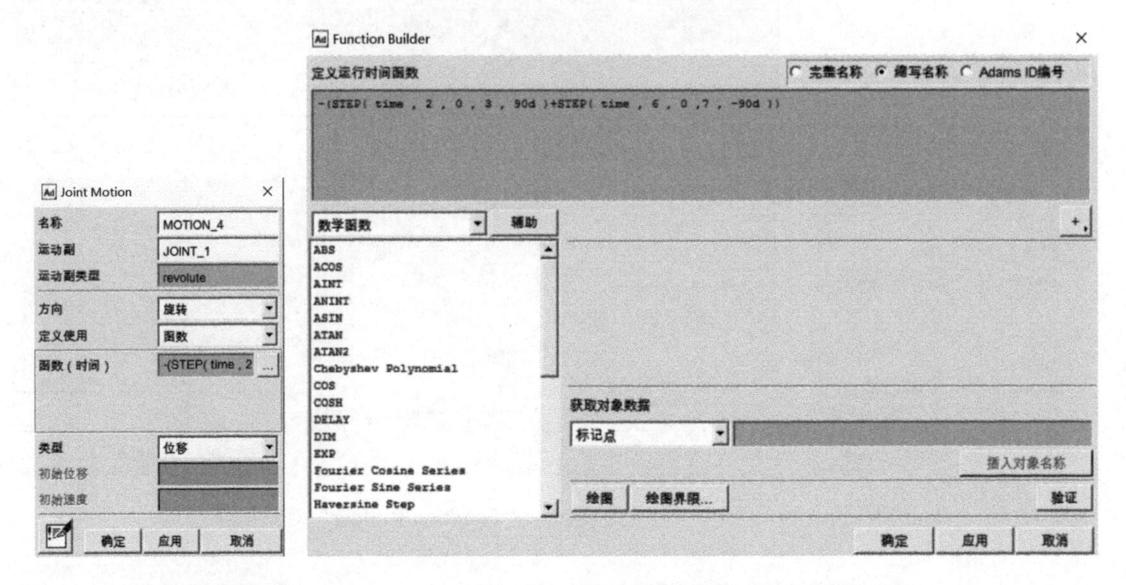

图 5-42 “Jiont Motion”对话框（四）

图 5-43 “Function Builder”对话框（四）

⑦ 创建扭转弹簧阻尼器。为了方便创建，首先在“设置”菜单选择“工作格栅”，弹出“Working Grid Settings”对话框，单击“设置方向...”下拉栏，选择“全局 YZ”，单击“确定”，结果如图 5-44 所示。

然后单击“力”选项卡中的创建扭转弹簧阻尼器按钮，弹出“扭转弹簧”对话框，设置“构建方式”为“2 个物体-1 个位置”和“垂直于格栅”，在显示区单击 ROBOT_Tilt 和 Gripper_1，选择两孔的圆心处，即 MAKER_12，双击创建好的扭转弹簧，弹出“Modify a Torsion Spring”对话框，将“刚度系数”设置为 100，“阻尼系数”设置为 10，“预载荷”设置为 100，结果如图 5-45 所示。

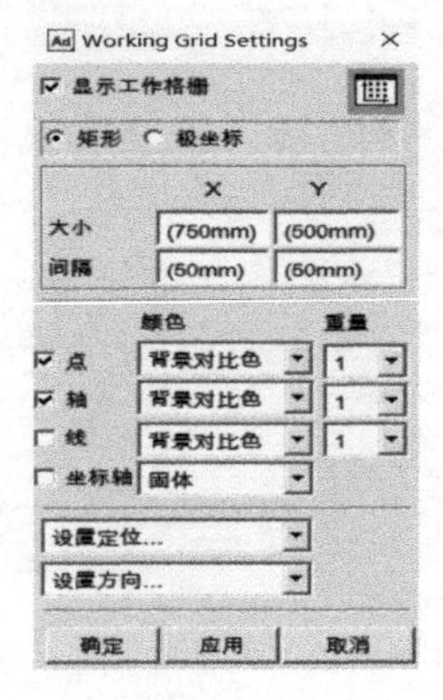

图 5-44 “Working Grid Settings”对话框

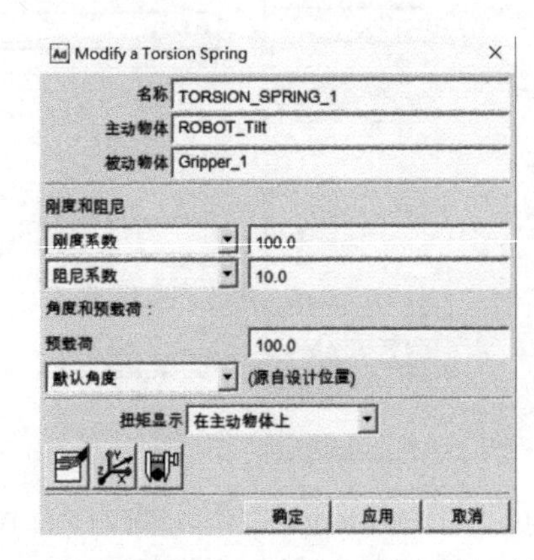

图 5-45 “Modify a Torsion Spring”对话框

同理设置其余扭转弹簧，Grip_1 和 Gripper_1 的“刚度系数”设置为 500，“阻尼系数”设置为 50，“预载荷”设置为 100；Grip_2 和 Gripper_2 的“刚度系数”设置为 500，“阻尼系数”设置为 50，“预载荷”设置为 100。

⑧ 创建耦合副。创建耦合副的目的是让两个机械手不实现同步运动。单击“连接”选项卡中的耦合副按钮，根据左下角提示“请选择作为驱动的运动副”，分别选择“JOINT_5”和“JOINT_6”。然后依次单击“浏览”—“其他”—“耦合副”，双击“COUPLER_1”，弹出“Modify Coupler”对话框，名称采用默认，依次选择“两个运动副的耦合副”“通过位移”。“驱动”和“耦合”的位移分别为“1”和“-1”，然后单击“确定”，结果如图 5-46 所示。

⑨ 创建作用力矩。单击“力”选项卡中的创建作用力矩（单向）按钮，弹出“力矩”对话框，如图 5-47 所示。“运行方向”选择“物体固定”，“构建方式”选择“垂直于格栅”，选择“Gripper_1”，再选择“MARKER_11”。

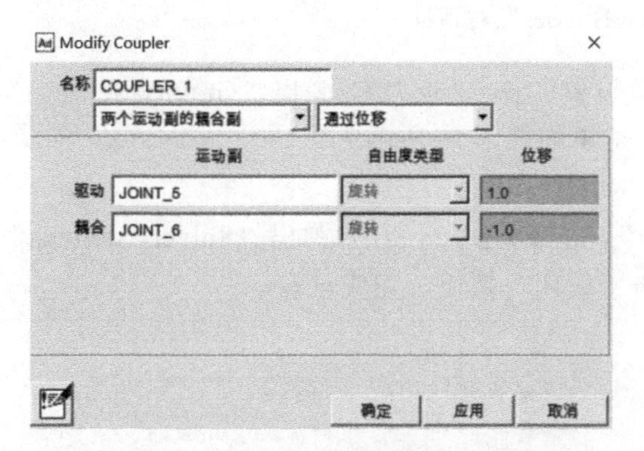

图 5-46 “Modify Coupler”对话框

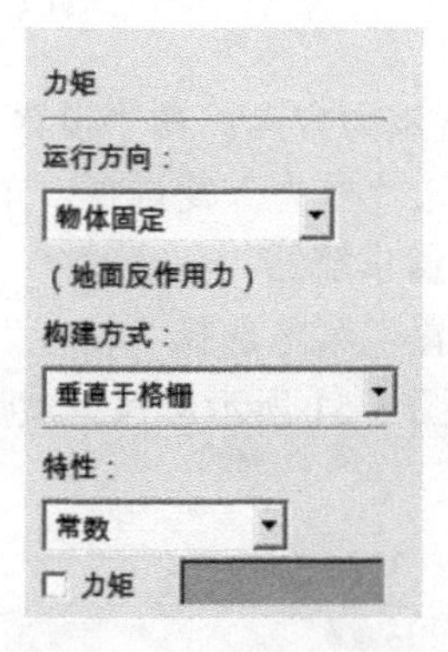

图 5-47 力矩对话框

然后依次单击“浏览”—“力”，然后双击“SFORCE_1”，弹出“Modify Torque”对话框，如图 5-48 所示，在“函数”栏点击按钮，弹出“Function Builder”对话框，如图 5-49 所示，键入“STEP（time，1，0，2，-7000000）+STEP（time，4，0，5，7000000）”。

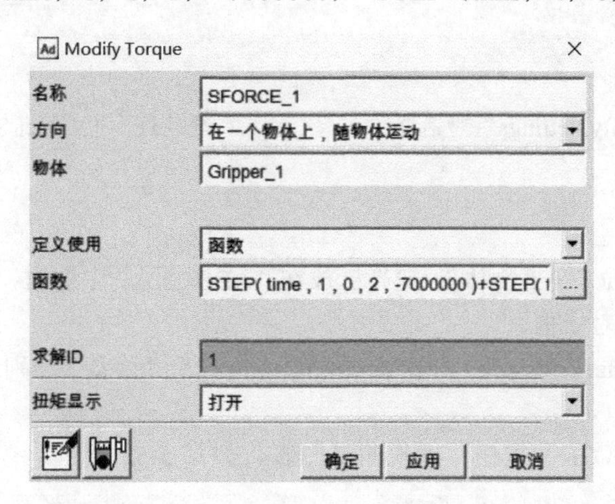

图 5-48 “Modify Torque”对话框

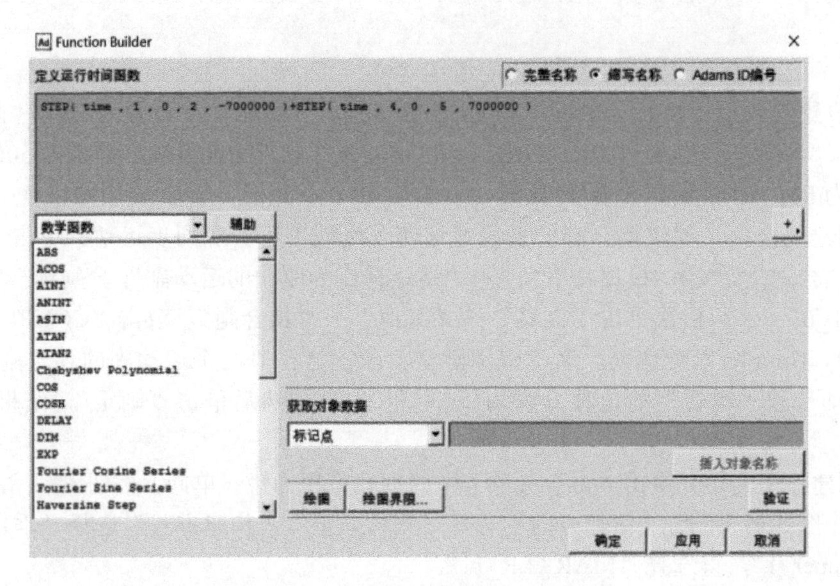

图 5-49 “Function Builder”对话框

⑩ 设置重力方向。在“设置”菜单选择“设置”— “重力”，弹出“Gravity Settings”对话框，勾选“重力”复选框，单击“-Y*”，结果如图 5-50 所示。

(4) 设置求解器

在“设置”菜单选择“设置”—“求解器”—“动力学分析”，弹出“Solver Settings”对话框，如图 5-51 所示。保持默认设置，单击“关闭”按钮，完成设置。

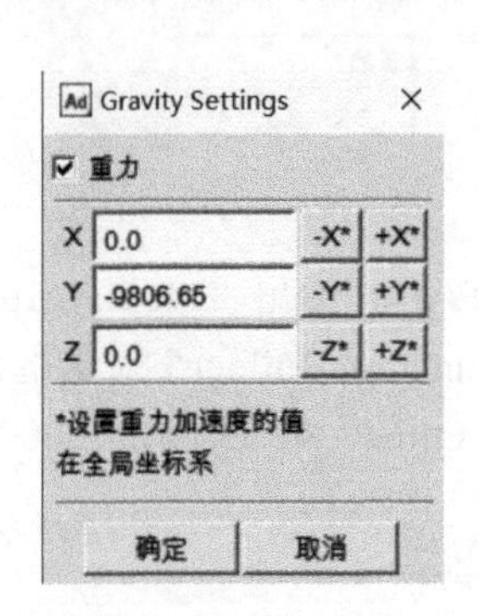

图 5-50 “Gravity Settings”对话框

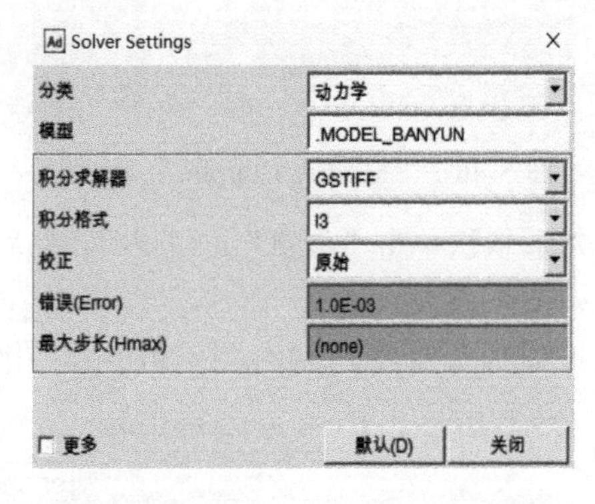

图 5-51 “Solver Settings”对话框

(5) 测量

① 测量重物位移。

a. 依次单击“浏览”—“物体”，把光标放在“ABB_Box”上右击，选择测量（Measure），弹出“Part Measure”对话框。

b. 在“特性”（Characteristic）栏中选择“质心位置”，“分量”分别选择“X”、“笛卡儿”，如图 5-52 所示。

c. 单击“确定”（OK）按钮，出现测量图表，如图 5-53 所示。

② 角度测量。

a. 单击“设计探索”（Design Exploration），在菜单中单击测量角度按钮，单击高级

（Advanced）按钮，系统弹出“Angle Measure”（角度测量）对话框。

b．在“Angle Measure”对话框中输入测量名称“.BANYUN.MEA_ANGLE”。

c.在“开始标记点”(First Marker)输入栏中右击,从弹出的菜单中选择“标记点”(Marker)，再选择“选取”（Pick），选中 Platform.cm；在“中间标记点”（Middle Marker）输入栏中选中 ABB_Box.cm；在最后标记点（Last Marker）输入栏中选中 ABB_Conveyer.cm，如图 5-54 所示。

d．单击“确定”（OK）按钮，完成角度测量，如图 5-55 所示。

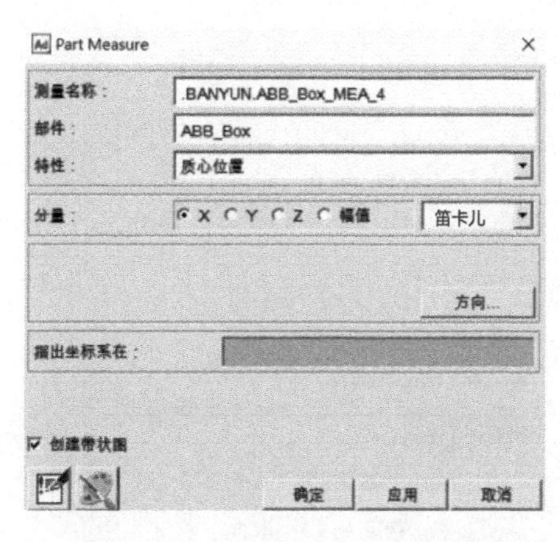

图 5-52 “Part Measure”对话框

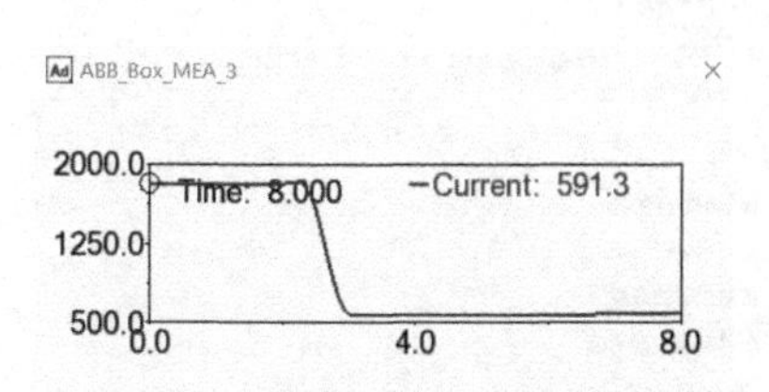

图 5-53 *X* 方向位移随时间变化

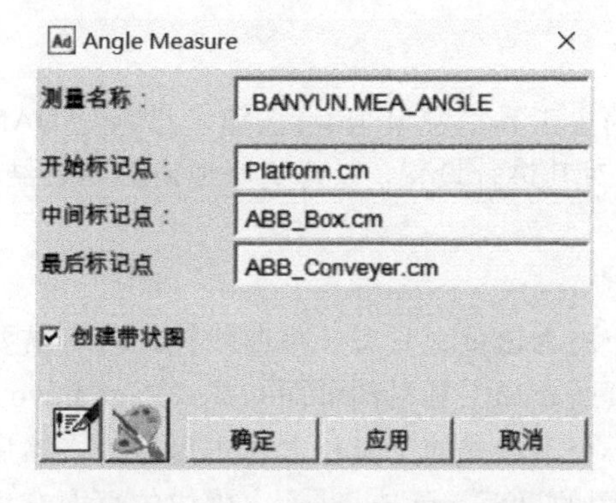

图 5-54 “Angle Measure”对话框

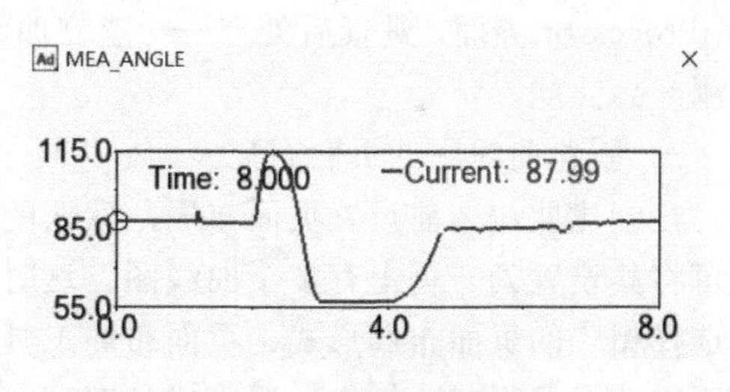

图 5-55 角度测量结果

（6）传感器

① 单击“设计探索”（Design Exploration），在弹出的工具中选择 ，出现“Greate Sensor...”（创建传感器）对话框。

② 如图 5-56 所示完成传感器的设置，再单击“确定”按钮。

③ 单击仿真工具按钮 ，进行一次 8s、1000 步的模拟。仿真中得到提示：由于传感器的作用，ADAMS/View 停止仿真模拟。

④ 单击重置（Reset）回到模型初始状态。

⑤ 仿真。在“Simulation Control”对话框中单击仿真按钮 ，完成一次仿真。仿真结束单击“Save Run Results”按钮 。弹出“Save Run Results”对话框，设置名称为“banyun_1”，如图 5-57 所示，单击“确定”。

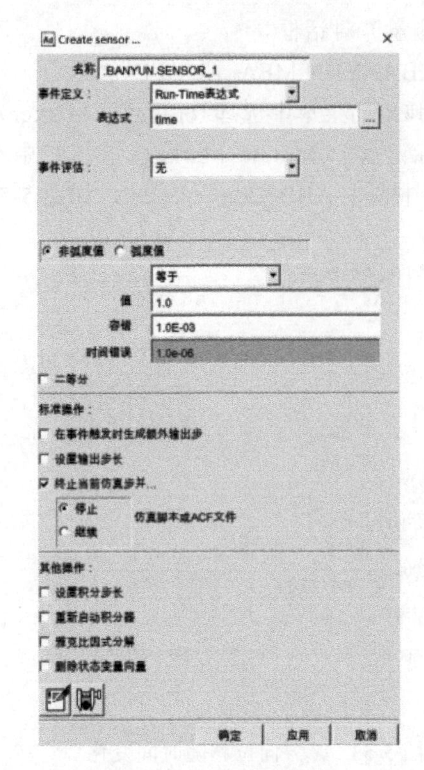

图 5-56　定义传感器

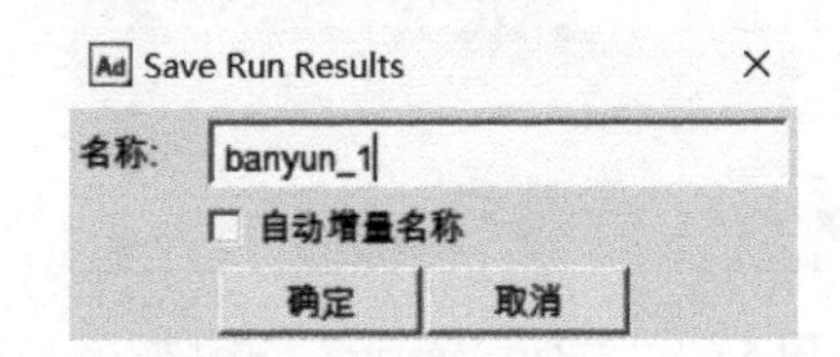

图 5-57　“Save Run Results”对话框

（7）建立和设置曲线图

打开模型的后处理界面，在 ADAMS/View 的主工具栏中单击按钮，进入 ADAMS/PostProcessor 界面，进行后处理——建立曲线图并对其进行设置，以便更好地研究仿真结果、预测产品性能。

① 创建曲线图的页面布局

在创建曲线之前设置页面布局，默认的页面布局为该页上只有一个曲线图，若有需要，则可将其设置为一页上有多个曲线图。这时需在页面布局工具栏的页面布局（Page Layout）中选择相应的页面布局形式，页面布局工具栏为一个下拉式的工具栏，右击后展开，然后选择所需的布局形式。例如，要生成具有 6 个曲线图的页面，就选择，生成的页面布局如图 5-58 所示。

② 生成曲线

需要绘制重物质心处垂直方向的位移曲线。这时依次在“仿真”（Simulation）栏中选中“Last_run”，在“资源”（Source）栏中选中“对象”，在“过滤器”栏中选中“body”，在“对象”栏中选中“+ABB_Box”，在“特征”栏中选中“CM_Position”，在“分量”栏中选中“X”，然后单击“添加曲线”（Add Curves）按钮，就可得出质心处竖直方向的位移曲线，如图 5-59 所示。采用同样的方法还可得到所关心的任何部件的位移、速度、加速度等曲线。

③ 增加曲线

在“资源”（Source）栏中选中“对象”，在“过滤器”栏中选中“body”，在“对象”栏中选中“+ABB_Box”，在“特征”栏中选中“CM_Position”，在“分量”栏中选中“X”，然后单击“添加曲线”（Add Curves）按钮，如图 5-60 所示。

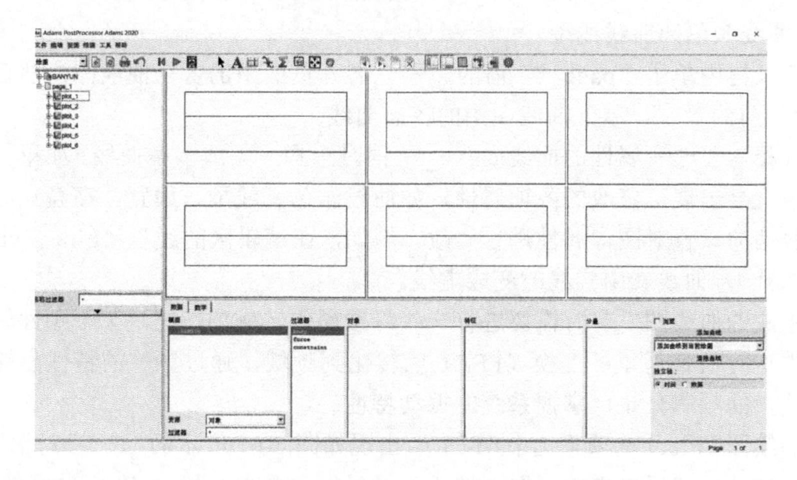

图 5-58　生成的页面部局

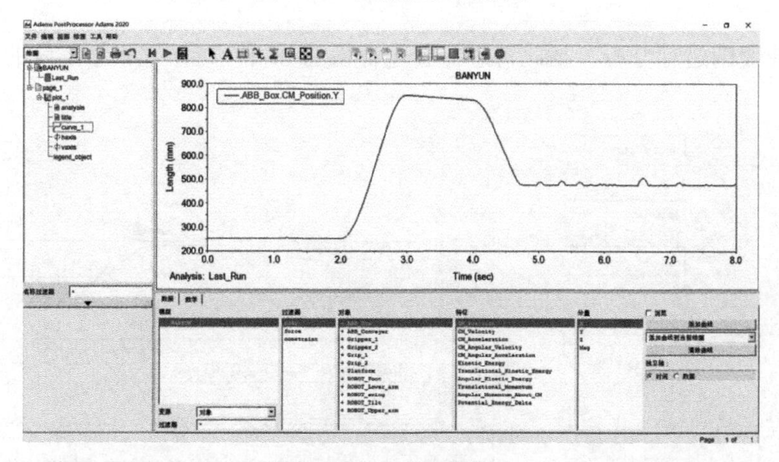

图 5-59　绘制曲线图

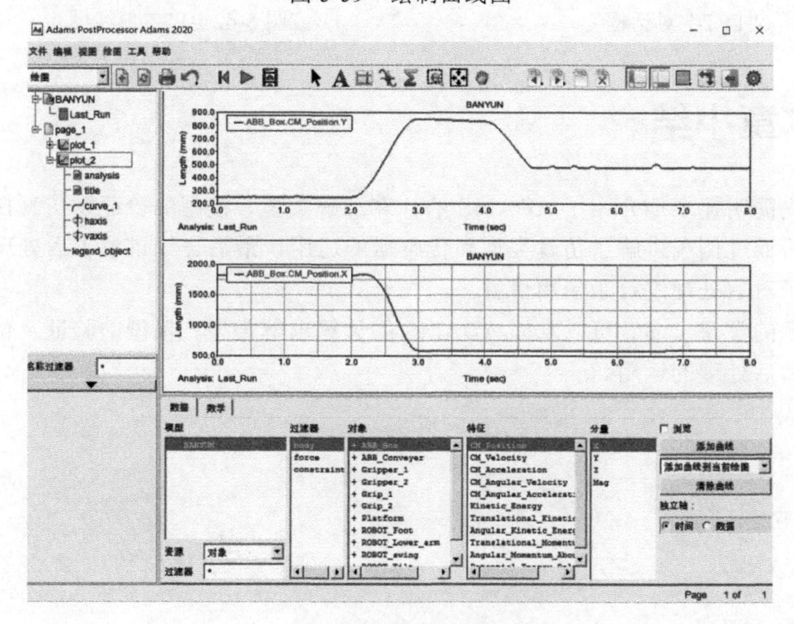

图 5-60　添加曲线图

④ 改变曲线颜色和曲线线型

首先在目录树中单击“page_*”前的“+”，展开页面中的各个曲线图；然后在目录树中单击“plot_*”前的“+”，展开曲线图中的各条曲线。

在其中选择需要改变属性的曲线 curve_*，同时选择一条或多条曲线。如果已经选中了曲线，编辑区中就会出现可修改的各项属性，如曲线颜色、线型、线宽、高亮点等。通过对编辑区中各项属性的设置对图像属性进行修改。例如，在编辑区的线型（Line Style）对话框中选择虚线（Dash），曲线就由实线改变成虚线。

对于所生成的曲线图，有时需要进行一些特殊操作。例如，在汽车平顺性研究中经常需要对时域数据进行快速傅里叶变换（FFT）以转化到频域，通过频域的特性能够更直观地了解汽车振动能量的频率分布，掌握系统的振动特性。

在菜单的绘图（Plot）选项下选中“FFT”，出现如图 5-61 所示的“FFT”对话框。在“FFT”对话框中设置参数，然后单击“应用”按钮，最后得到垂直位移的 FFT 曲线图，如图 5-62 所示。

由 FFT 曲线图进行分析，据此可进行其他特性的分析，以研究模型系统的性能。

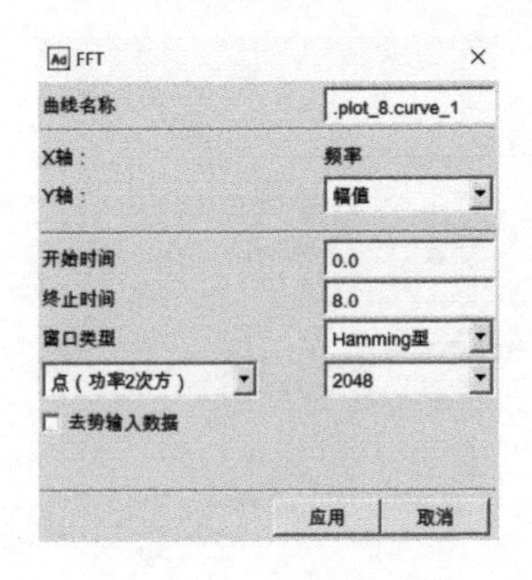

图 5-61 “FFT”对话框

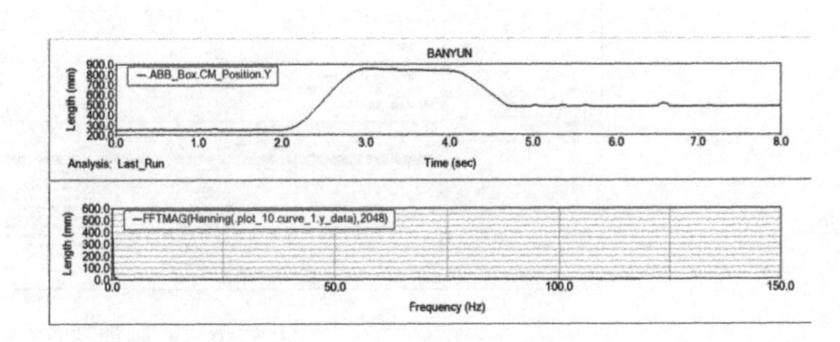

图 5-62 FFT 曲线图

5.6 本章小结

本章首先简明扼要地介绍了 ADAMS 的计算求解类型、模型的验证及仿真控制和传感器的设置，然后通过例子讲解了仿真类型和传感器的运用，最后详细讲解了后处理的使用，并通过具体例子对后处理进行了应用讲解。

通过本章的学习，读者可以掌握 ADAMS 的计算求解类型、模型的验证及仿真控制和传感器的设置和后处理的运用。

第6章 多刚体系统建模与仿真

扫码尽享
ADAMS 全方位学习

6.1 创建模型

① 双击桌面上的 ADAMS 图标，打开 ADAMS 2020，开始界面如图 6-1 所示，单击“新建模型”，弹出如图 6-2 所示的“Creat New Model”对话框。修改好模型名称，设置好工作路径后，单击“确定”，进入 ADAMS 2020 主界面，如图 6-3 所示。

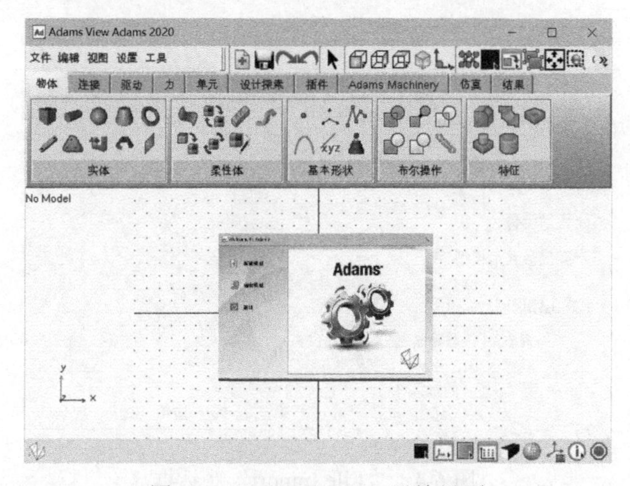

图 6-1 ADAMS 2020 开始界面

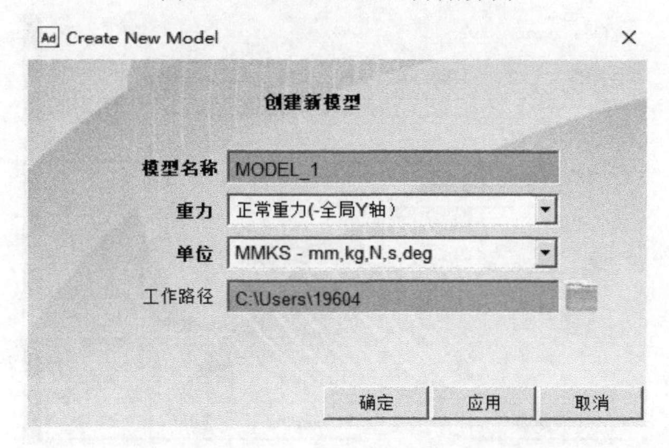

图 6-2 “Creat New Model”对话框

图 6-3　ADAMS 2020 主界面

② 单击界面中的“文件”命令，在下拉菜单中单击“导入”命令，弹出如图 6-4 所示的“File Import”（文件导入）对话框，在“文件类型”选项中，单击选中“Parasolid”选项。

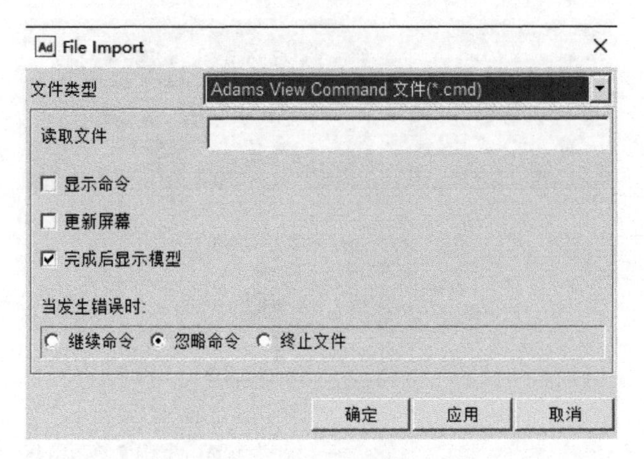

图 6-4　“File Import”对话框

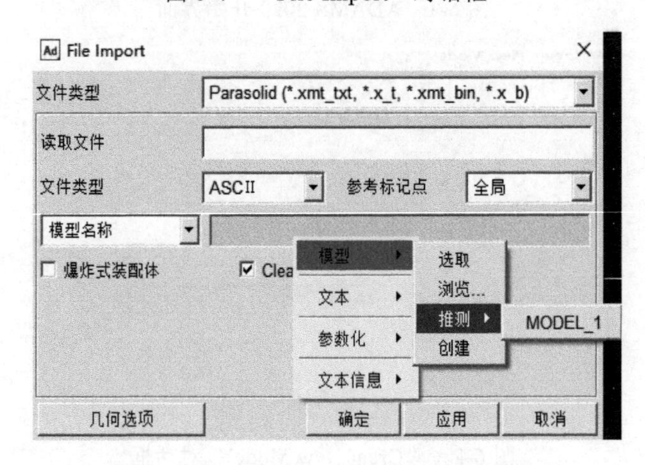

图 6-5　“File Import”对话框具体设置

③ 在“File Import”对话框中的“读取文件”选项中右击，在弹出的快捷菜单中选择“浏览”，找到所需的 x_t 文件，在“文件”类型选项中选择“ASCII”选项，在“模型名称”栏中输入名称或单击右键依次选中“模型”—“推测”，如图 6-5 所示，单击“确定”按钮，此时，导入的模型为线框模式。

④ 单击主界面中的“视图”命令，依次选择“渲染模式（R）”—“阴影模式（h）”，如图 6-6 所示。

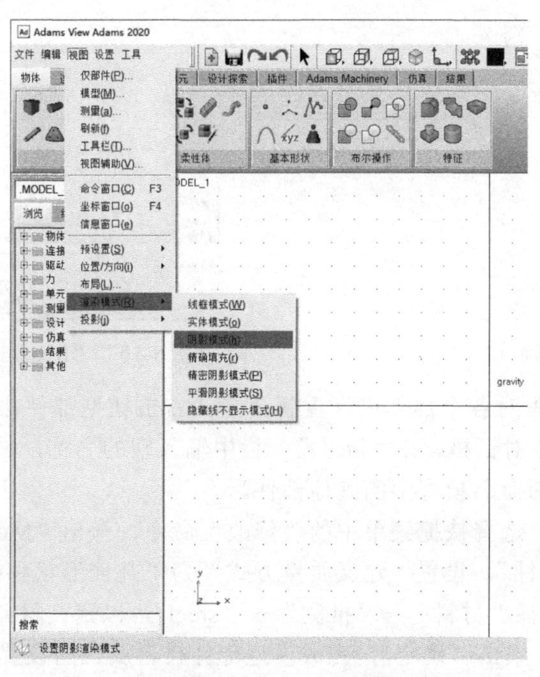

图 6-6 渲染模式设置

⑤ 右键单击选择主界面右下角■按钮，在弹出界面选择白色背景或单击主界面的“设置”命令，选择下拉选项中“背景颜色 B”，弹出“Edit Background Color”对话框，如图 6-7 所示，设置各参数，取消梯度勾选，单击“确定”，完成背景颜色的设置，如图 6-8 所示。

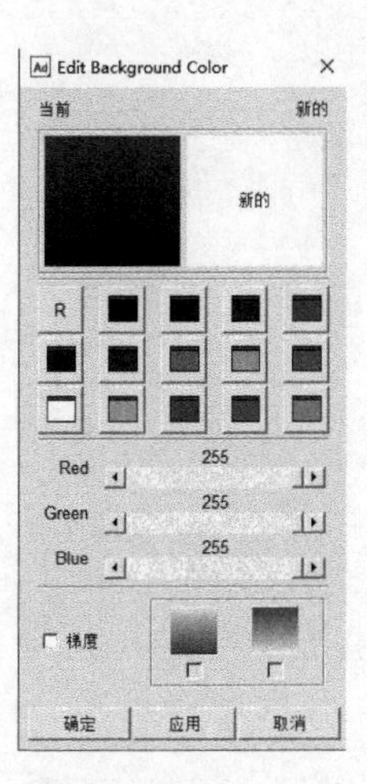

图 6-7 “Edit Background Color”对话框

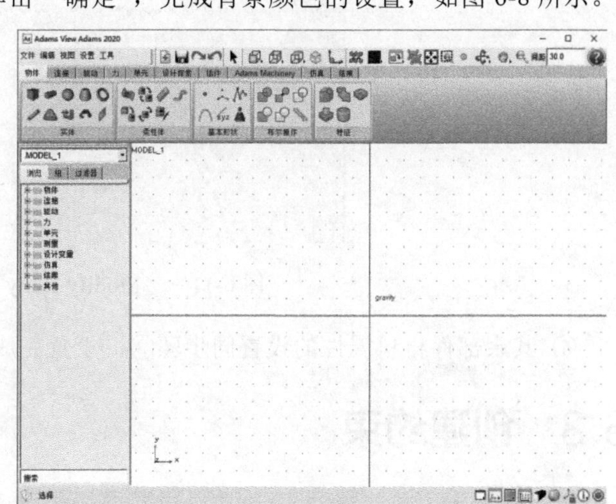

图 6-8 背景颜色设置

6.2 定义材料

导入的模型材料属性是空的，多体系统动力学仿真需要对各模型构件赋予材料属性。定义材料属性为本章的一个重点。

① 在浏览器窗口单击“浏览”标签，单击“物体”展开模型部件，如图 6-9 所示。

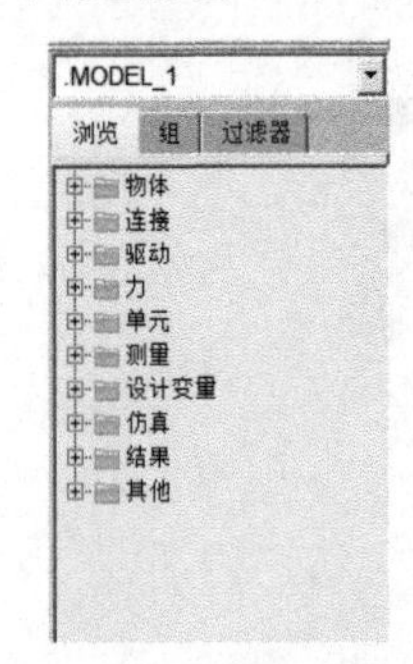

图 6-9 浏览器窗口

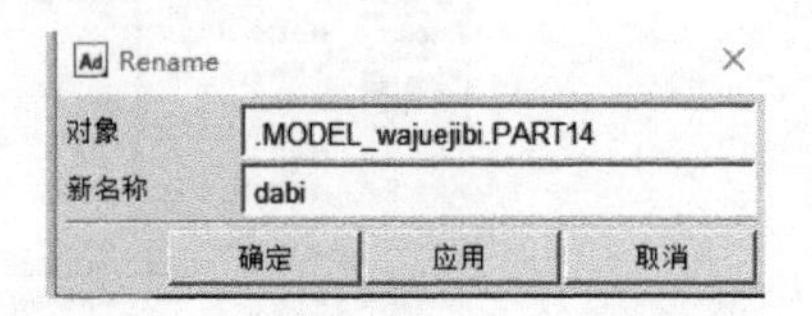

图 6-10 “Rename”对话框

② 为方便操作，先对各个部件进行重新命名。右击模型部件，在快捷菜单中选择“重命名”，弹出“Rename”对话框，在“新名称”栏中输入新的名称，如图 6-10 所示，单击“确定”。以同样的方法重新命名模型中的其他部件。

③ 右击模型部件，选择快捷菜单中的“修改”命令，弹出“Modify Body”对话框，设置“分类”为“质量特性”，设置“定义质量方式”为“几何形状和材料类型”，在“材料类型”输入框中右击，选择“材料”—“推测”—“steel”，以定义材料的密度、弹性模量和泊松比，如图 6-11 所示。单击“确定”，完成模型部件材料属性的设置。

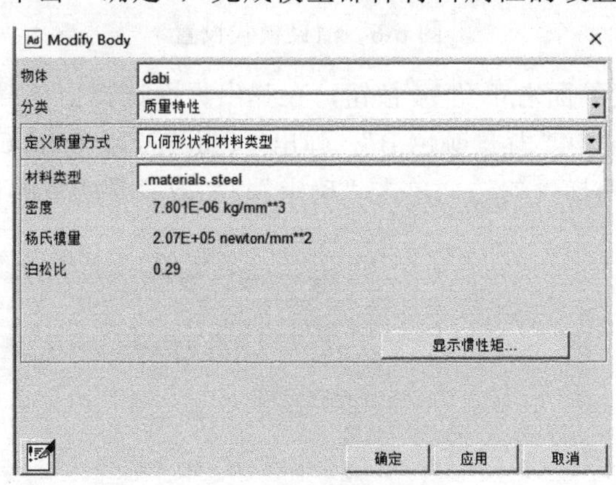

图 6-11 “Modify Body”对话框

④ 其余部件材料属性的设置同步骤③，设置完成即可。

6.3 创建约束

（1）固定副

① 创建部件之间的固定副。在主界面“连接”选项卡中单击固定副图标 ，弹出“固

定副”对话框，如图 6-12 所示。在“构建方式”列表中选择“2 个物体-1 个位置”和“垂直格栅”，“第 1 选择”和“第 2 选择”均设置为“选取部件”，单击选择两个部件后，根据提示栏提示单击选择固定连接点，完成固定副的创建。

② 其他固定副的创建方法同步骤①，设置完成即可。

（2）旋转副

① 创建部件之间的旋转副。在主界面“连接”选项卡中单击旋转副图标，弹出“旋转副”对话框，如图 6-13 所示。在“构建方式”列表中选择“2 个物体-1 个位置”和“选取几何特性”（可根据旋转副情况选择“垂直格栅”），“第 1 选择”和“第 2 选择”均设置为“选取部件”，分别单击选择两个部件。

根据提示栏提示单击选择旋转副连接点，移动鼠标，当鼠标指针指向所需方向时单击，完成旋转副的创建。

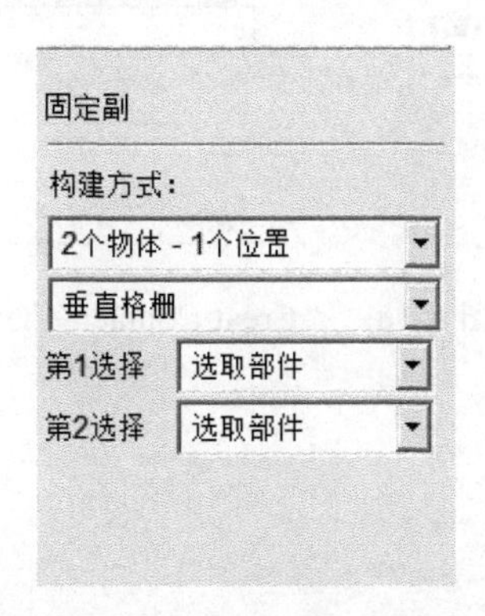

图 6-12 “固定副”对话框

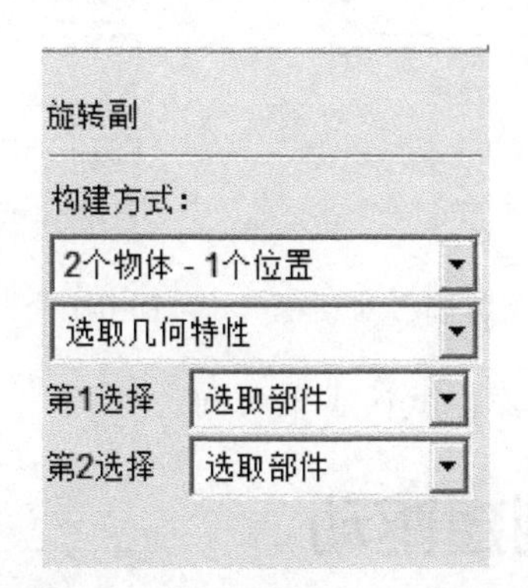

图 6-13 “旋转副”对话框

② 其他旋转副的创建方法同步骤①，设置完成即可。

（3）平移副

① 创建部件之间的移动副。在主界面“连接”选项卡中单击平移副图标，弹出“平移副”对话框，如图 6-14 所示。在“构建方式”列表中选择“2 个物体-1 个位置”和“选取几何特性”，“第 1 选择”和“第 2 选择”均设置为“选取部件”，分别单击选择两部件。

选择平移副连接点，单击重心，移动鼠标，当鼠标指针指向 Z 轴正方向时单击，完成平移副的创建。

② 其他平移副的创建方法同步骤①，设置完成即可。

（4）力约束

① 对部件添加力约束。选择主界面“力”选项卡中的图标，弹出“力”对话框，如图 6-15 所示。在“运行方向”一栏选择“空间固定”，“构建方式”选择“选取特征”，“特性”一栏选择“定制”，选择部件，单击部件质心，移动鼠标，当鼠标指向指定方向时单击，完成力约束的添加。

② 创建部件之间的接触力。在“力”选项卡中单击“Creat Contact”图标，弹出“Creat Contact”（创建接触）对话框，如图 6-16 所示。“接触名称”选项设置好名称，“接触类型”选择“实体对实体”，“I 实体”输入框右击，选择“接触实体”—“选取”，单击部件，“J 实体”输入框右击，选择“接触实体”—“选取”，单击另一部件，设置“刚度”和“力指数”，其余设置保持默认，单击“确定”。

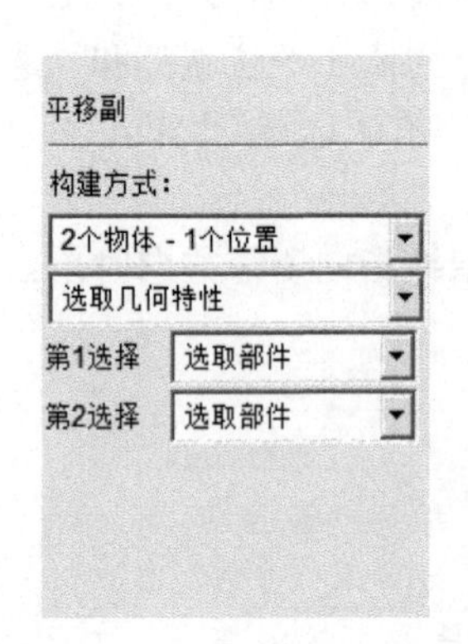

图 6-14 “平移副”对话框

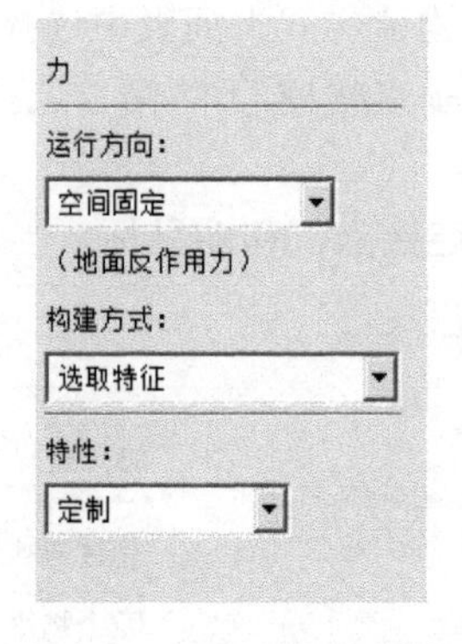

图 6-15 “力”对话框

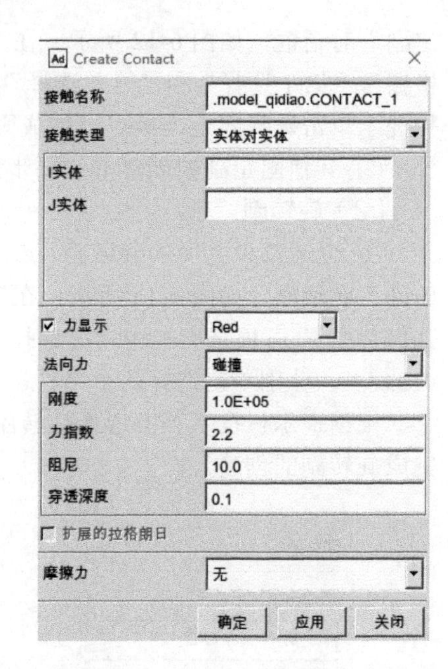

图 6-16 “Creat Contact”对话框

③ 重力添加默认 Y 轴负向。

6.4 创建驱动

（1）转动驱动的创建

① 创建部件之间的转动驱动。在主界面“驱动”选项卡中单击转动驱动图标，弹出“转动驱动”对话框，如图 6-17 所示，在旋转速度中选择默认参数，单击运动副，完成转动驱动的创建。

② 右击浏览窗口下创建的转动驱动“MOTION_1”，选择“修改”命令，弹出“Joint Motion”对话框，如图 6-18 所示。在“函数（时间）”栏单击 ... ，弹出“Fuction Builder”对话框，在定义运行时间函数对话框中输入 STEP 函数，可实现对驱动的控制顺序及时间要求。

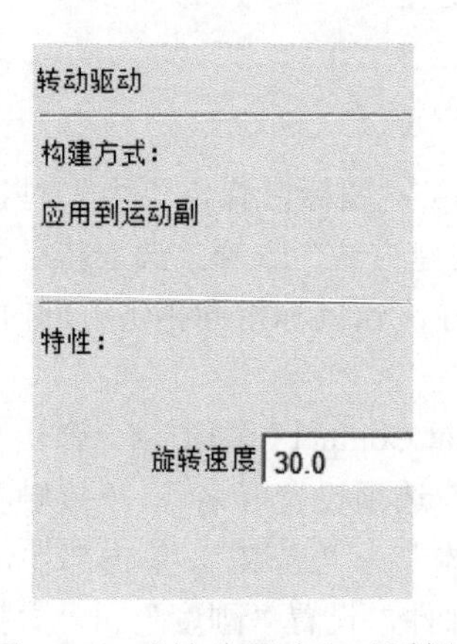

图 6-17 “转动驱动”对话框

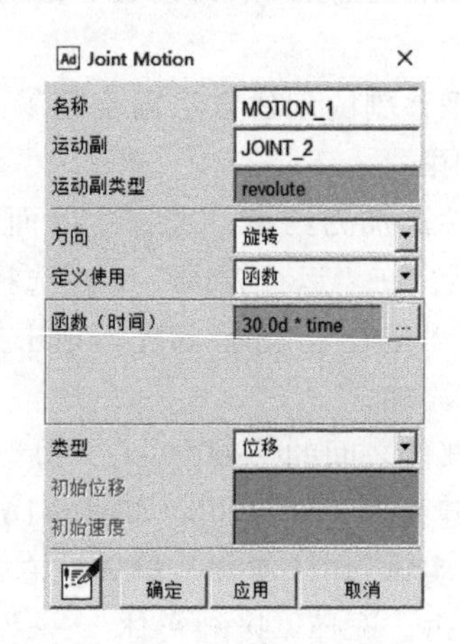

图 6-18 “Joint Motion”对话框

③ 单击“绘图界限”按钮，设置开始值、最终值以及计算点的数量，单击“确定”按钮；单击“绘图”按钮，可查看驱动曲线，点击“确定”完成函数的定义，再单击“确定”按钮，完成函数的设置。

（2）平移驱动的创建

① 创建部件之间的平移驱动。在主界面“驱动”选项卡中单击平移驱动图标，弹出“移动驱动”对话框，如图 6-19 所示，在平移速度中输入速度值，单击运动副，完成平移驱动的创建。

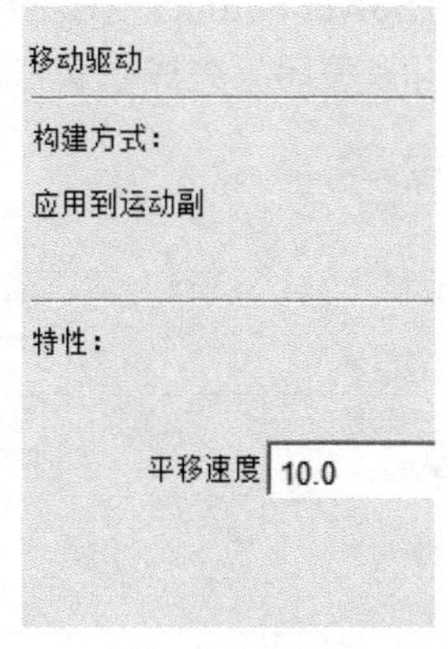

图 6-19 “移动驱动”对话框

② 右击浏览窗口下创建的平移驱动，选择“修改”命令，弹出“Joint Motion”对话框。在函数（时间）栏单击 ... ，弹出“Fuction Builder”对话框，在定义运行时间函数对话框中输入 STEP 函数，单击“绘图”查看函数图形，单击“确定”按钮，完成函数的定义，再单击“确定”按钮，完成函数的设置。

6.5 求解

① 单击主界面中“设置”选项，在下拉菜单中选择“求解器（S）”—“显示”，如图 6-20 所示。弹出“Solver Settings”显示框，“显示信息”选择“否”，“更新图像”下拉列表中选择“从不”，如图 6-21 所示。

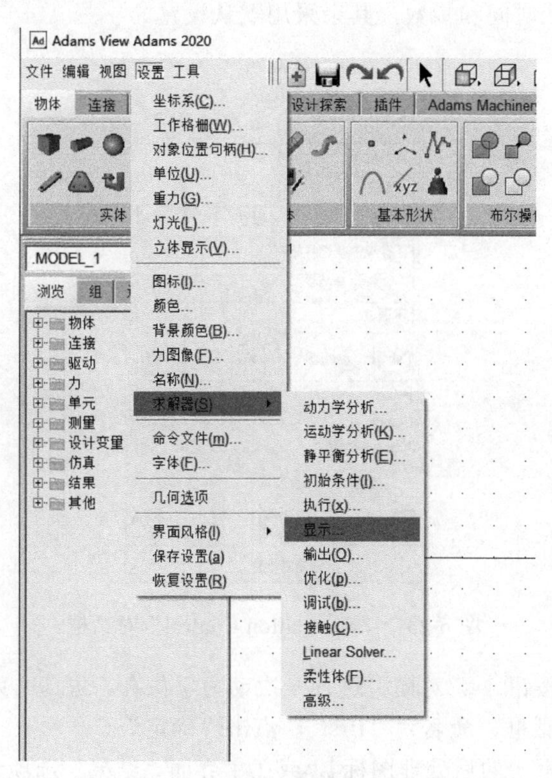

图 6-20 求解器设置

② 单击主界面中“设置”选项，在下拉菜单中选择“求解器（S）”—“接触（C）”，弹出“Solver Settings”对话框，如图 6-22 所示。在“几何形状库”下拉列表中选择“parasolids”，单击“关闭”完成求解器的设置。

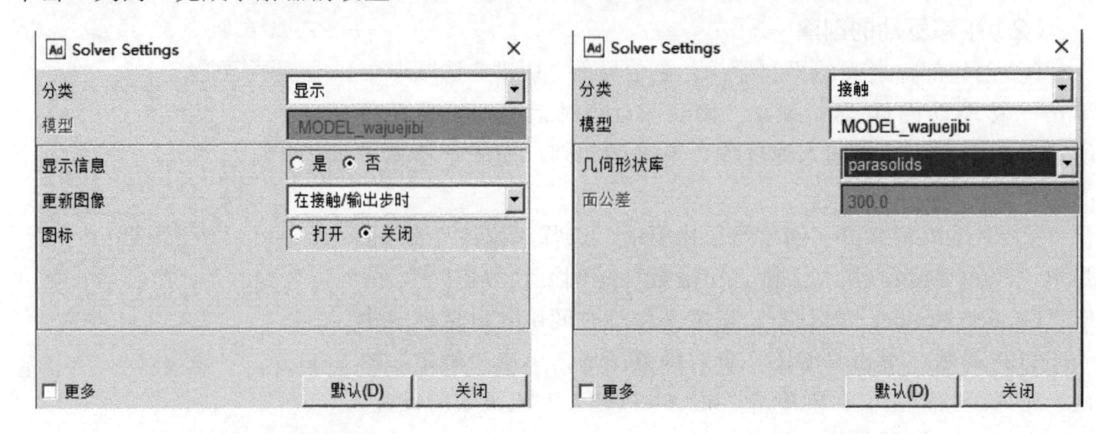

图 6-21　显示设置　　　　图 6-22　接触设置

6.6　仿真与后处理

① 在主界面“仿真”选项中单击仿真按钮，弹出“Simulation Control”对话框，如图 6-23 所示。设置终止时间和步数，其余采用默认设置。

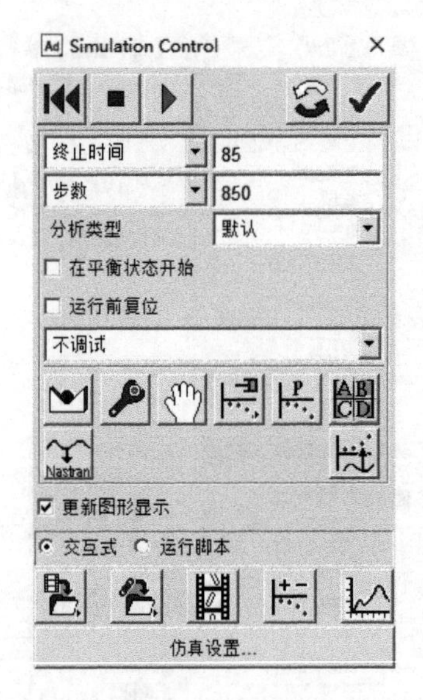

图 6-23　“Simulation Control”对话框

② 单击开始仿真按钮，对模型进行一次动力学仿真。仿真结束后单击按钮，弹出“Save Run Results”对话框，命名为“first”，点击“确定”。

③ 单击仿真对话框中的后处理图标或在主界面“结果”选项卡中单击图标，打开后处理窗口，如图 6-24 所示。

④ 在窗口的资源下拉菜单中选择对象，过滤器中选择 body，确定好特征以及分量，可

查看部件的位移、速度、加速度及受力曲线图。

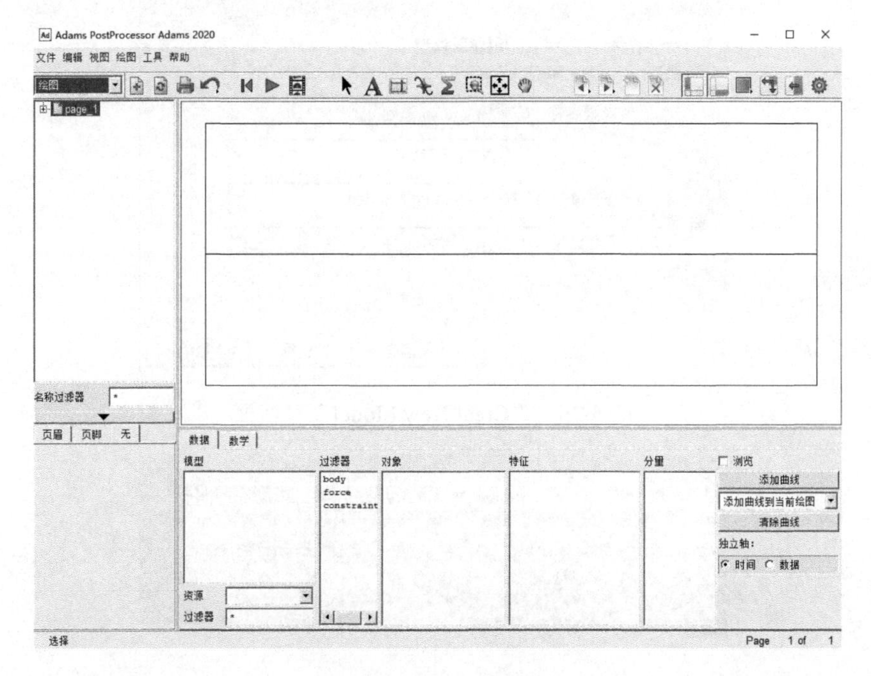

图 6-24　后处理窗口

6.7　仿真实例一

（1）模型的建立

① 双击桌面上 ADAMS 图标，打开 ADAMS 2020，开始界面如图 6-25 所示，单击“新建模型”，弹出如图 6-26 所示的“Creat New Model”对话框。将模型名称修改为“MODEL_qubinghuakuai”，“重力”和“单位”采取默认，设置好工作路径后，单击“确定”，进入 ADAMS 2020 主界面，如图 6-27 所示。

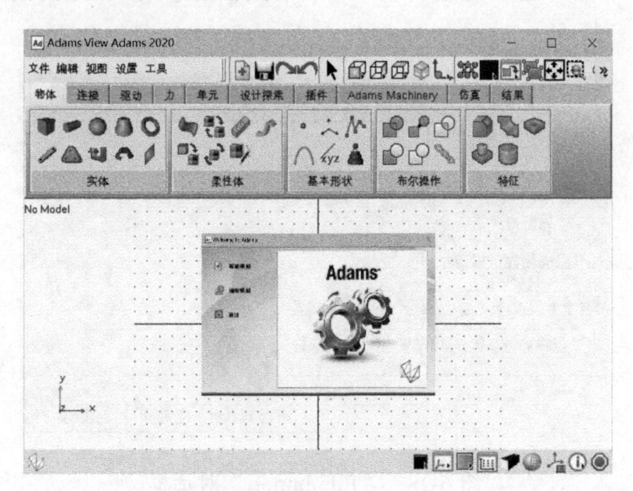

图 6-25　ADAMS 2020 开始界面

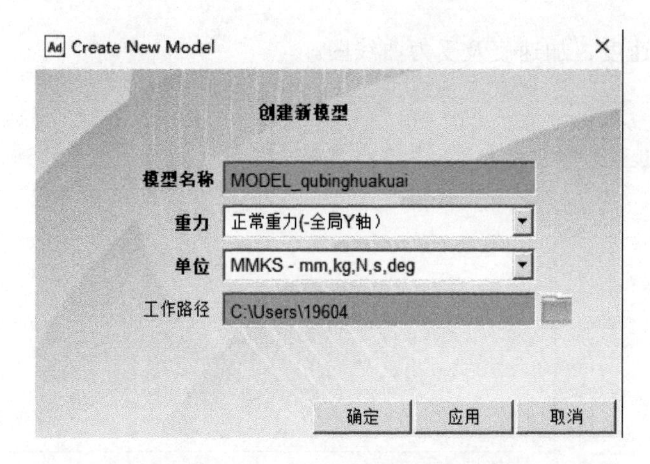

图 6-26 “Creat New Model”对话框

图 6-27 ADAMS 2020 主界面

② 单击界面中的“文件”命令，在下拉菜单中单击“导入”命令，弹出如图 6-28 所示的“File Import”对话框，在“文件类型”选项中，单击选中“Parasolid”选项。

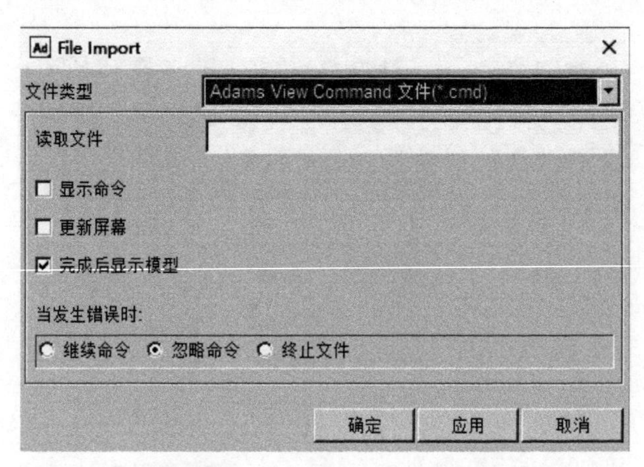

图 6-28 “File Import”对话框

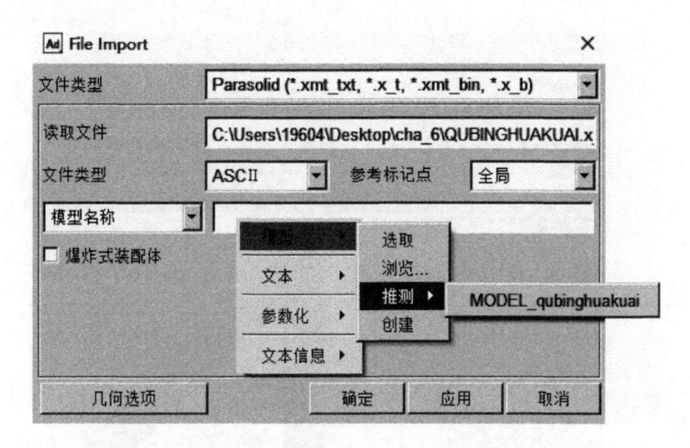

图 6-29 “File Import”对话框具体设置

③ 在“File Import”对话框中的“读取文件”选项中右击，在弹出的快捷菜单中选择“浏览”，找到 cha_6 文件夹中的文件“qubinghuakuai.x_t”，在“文件”类型选项中选择“ASCII”选项，在“模型名称”栏中输入“.MODEL_qubinghuakuai”或单击右键依次选中“模型”—“推测”—“MODEL_qubinghuakuai”，如图 6-29 所示。单击“确定”按钮，此时，导入的模型为线框模式。

④ 单击主界面中的“视图”命令，依次选择“渲染模式（R）”—“阴影模式（h）”，此时模型如图 6-30 所示。

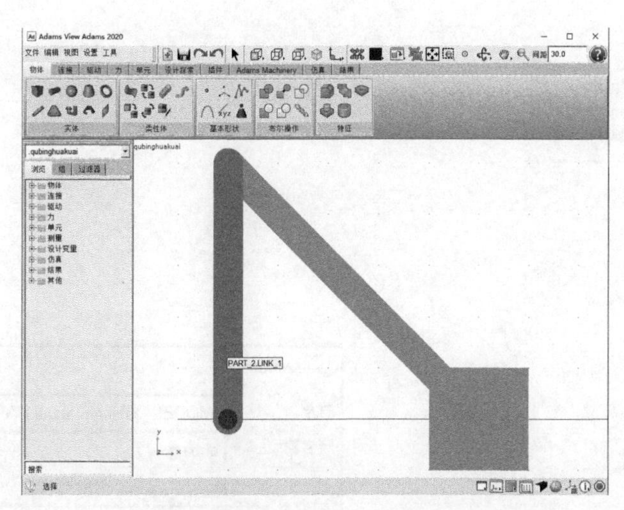

图 6-30 曲柄滑块模型

⑤ 右键单击选择主界面右下角按钮，在弹出界面选择白色背景或单击主界面的“设置”命令，选择下拉选项中“背景颜色 B”，弹出“Edit Background Color”对话框，如图 6-31 所示。设置各参数，取消梯度勾选，单击“确定”，完成背景颜色的设置，如图 6-32 所示。

（2）定义材料

导入的模型材料属性是空的，多体系统动力学仿真需要对各模型构件赋予材料属性。定义材料属性为本章的一个重点。

① 在浏览器窗口单击“浏览”标签，单击“物体”展开挖掘机臂系统部件，如图 6-33 所示。

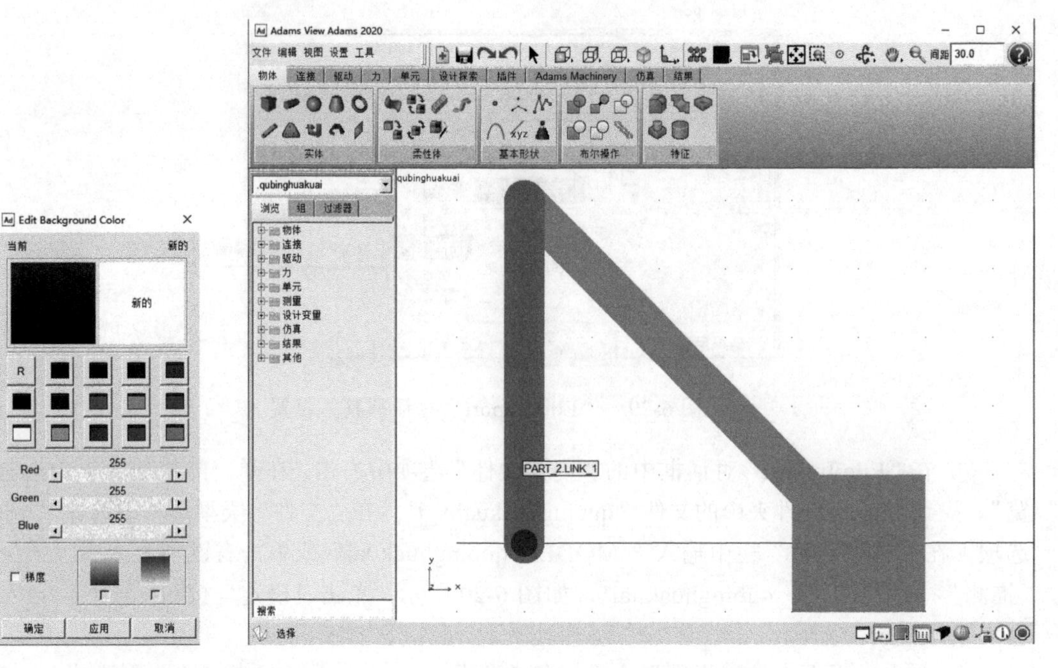

图 6-31 “Edit Background Color”对话框

图 6-32 背景颜色设置

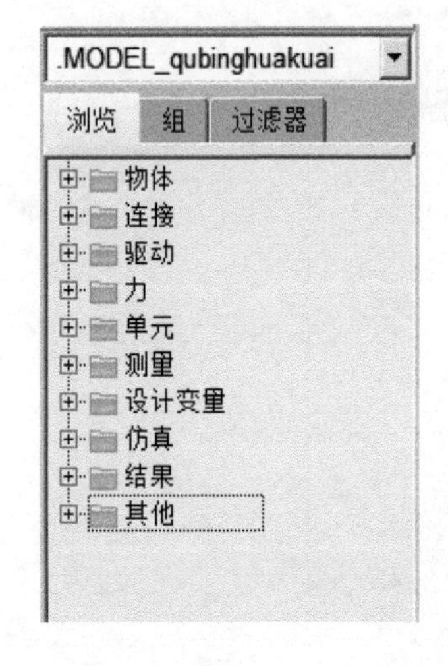

图 6-33 浏览器窗口

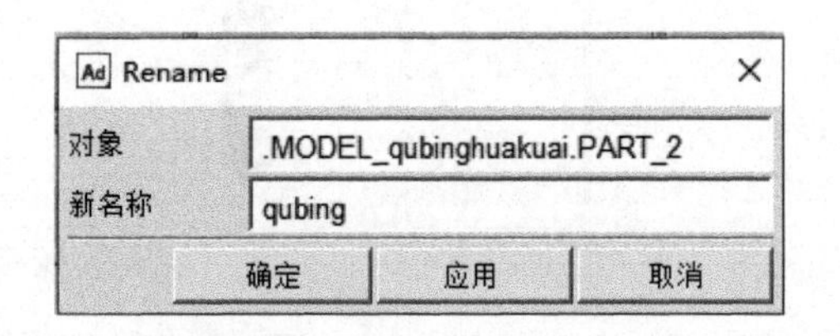

图 6-34 “Rename”对话框

② 为方便操作，先对各个部件进行重新命名。右击“PART_2”，在快捷菜单中选择“重命名”，弹出“Rename”对话框，在“新名称”栏中输入“qubing”，如图 6-34 所示，单击“确定”。以同样的方法重新命名模型中的其他部件，如图 6-35 所示。

③ 在图 6-35 所示的窗口中右击“qubing”，选择快捷菜单中的“修改”命令，弹出“Modify Body”对话框，设置“分类”为“质量特性”，设置“定义质量方式”为“几何形状和材料类型”，在“材料类型”输入框中右击，选择“材料”—“推测”—“steel”，以定义材料的密度、弹性模量和泊松比，如图 6-36 所示。单击“确定”，完成曲柄部件材料属性的设置。

图 6-35　重命名部件

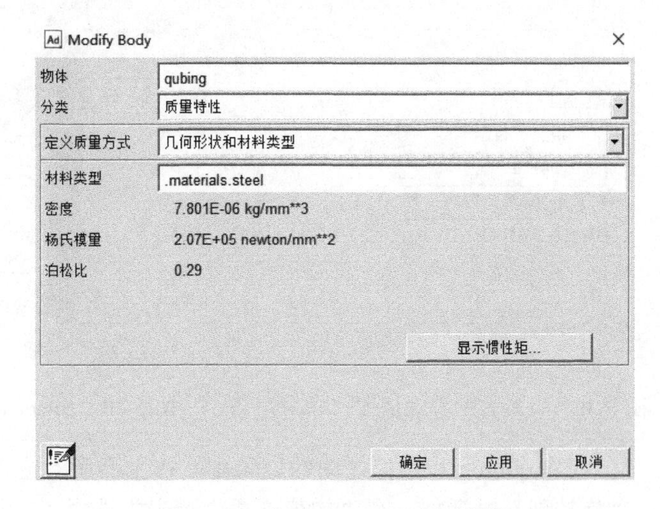

图 6-36　“Modify Body”对话框

④ 其余部件材料属性的设置同步骤③，设置完成即可。

（3）创建约束

① 固定副。创建 zhuanzhou 与 ground 之间的固定副。在主界面“连接”选项卡中单击固定副图标，弹出“固定副”对话框，如图 6-37 所示。在“构建方式”列表中选择“2 个物体-1 个位置”和“垂直格栅”,“第 1 选择”和“第 2 选择”均设置为“选取部件”，单击选择“zhuanzhou”后，在空白区域单击，选择 ground，根据提示栏提示单击选择 zhuanzhou 的重心“zhuanzhou.cm”为固定连接点，创建 zhuanzhou 和 groud 之间的固定副，结果如图 6-38 所示。

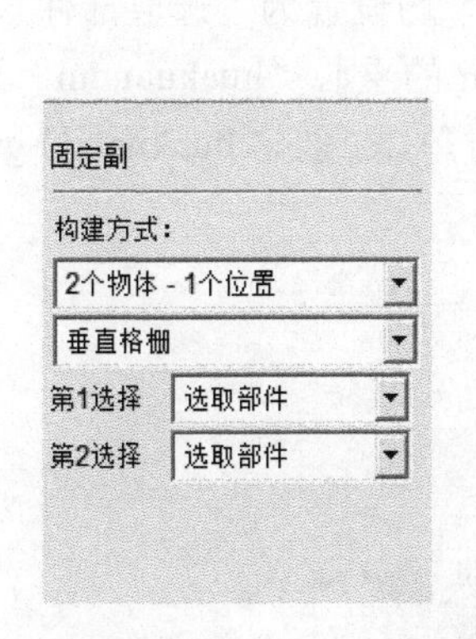

图 6-37　“固定副”对话框

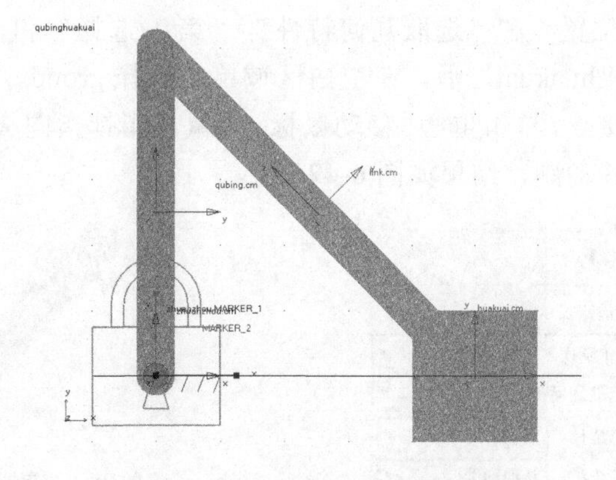

图 6-38　转轴与地面之间的固定副

② 旋转副

a. 创建 zhuanzhou 和 qubing 之间的旋转副。在主界面“连接”选项卡中单击旋转副图标，弹出“旋转副”对话框，如图 6-39 所示。在“构建方式”列表中选择“2 个物体-1 个位置”和“垂直格栅”,“第 1 选择”和“第 2 选择”均设置为“选取部件”，分别单击选择“zhuanzhou”和“qubing”。根据提示栏提示单击选择 zhuanzhou.cm 为旋转副连接点，创建 zhuanzhou 和 qubing 之间的旋转副，结果如图 6-40 所示。

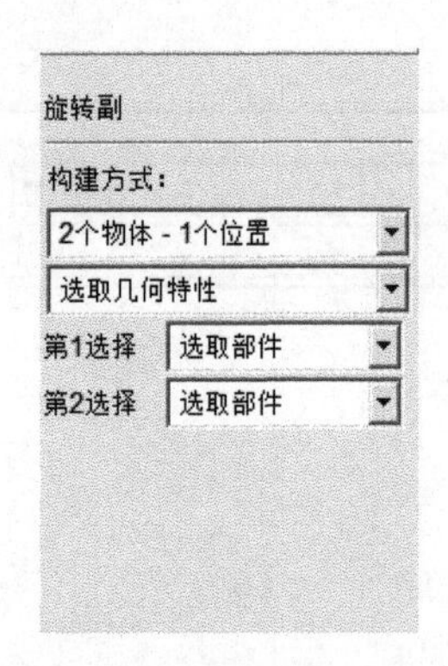

图 6-39 “旋转副”对话框

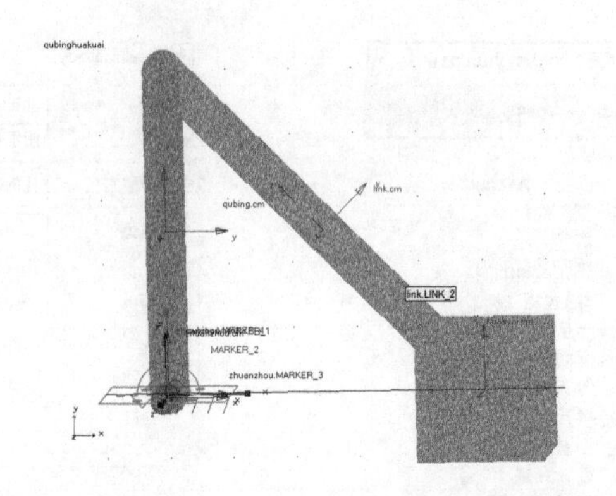

图 6-40 zhuanzhou 与 qubing 间的旋转副

b. 创建 qubing 和连杆之间的旋转副。在主界面“连接”选项卡中单击旋转副图标，弹出“旋转副”对话框。在“构建方式”列表中选择“2 个物体-1 个位置”和“垂直格栅”，“第 1 选择”和“第 2 选择”均设置为“选取部件”，分别单击选择“qubing”和“连杆”。根据提示栏提示单击选择 qubing.link_1.E10（center）为旋转副连接点，创建 qubing 和连杆之间的旋转副。

c. 创建连杆和 huakuai 之间的旋转副。在主界面“连接”选项卡中单击旋转副图标，弹出“旋转副”对话框。在“构建方式”列表中选择“2 个物体-1 个位置”和“垂直格栅”，“第 1 选择”和“第 2 选择”均设置为“选取部件”，分别单击选择“连杆”和“huakuai”。根据提示栏提示单击选择 huakuai.cm 旋转副连接点，创建连杆和 huakuai 之间的旋转副。

③ 平移副。创建 huakuai 和 groud 之间的平移副。在主界面“连接”选项卡中单击平移副图标，弹出“平移副”对话框，如图 6-41 所示。在“构建方式”列表中选择“2 个物体-1 个位置”和“选取几何特性”，“第 1 选择”和“第 2 选择”均设置为“选取部件”，单击选择“huakuai”后，在空白区域单击选择 groud。选择 huakuai 的重心“huakuai.cm”为平移副连接点，单击重心，移动鼠标，当鼠标指针指向 X 轴正方向时单击，创建 huakuai 和 groud 之间的移动副，结果如图 6-42 所示。

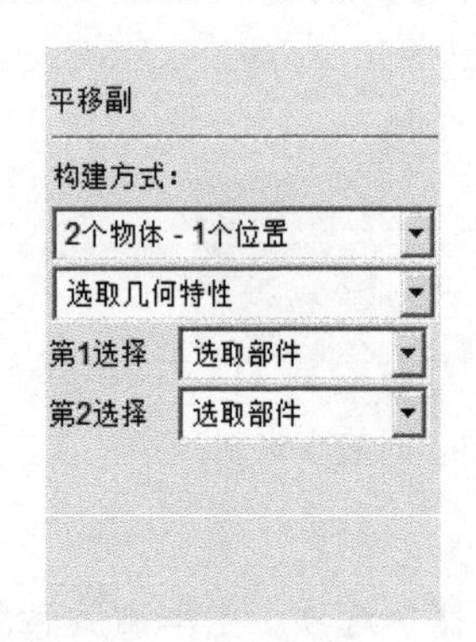

图 6-41 “平移副”对话框

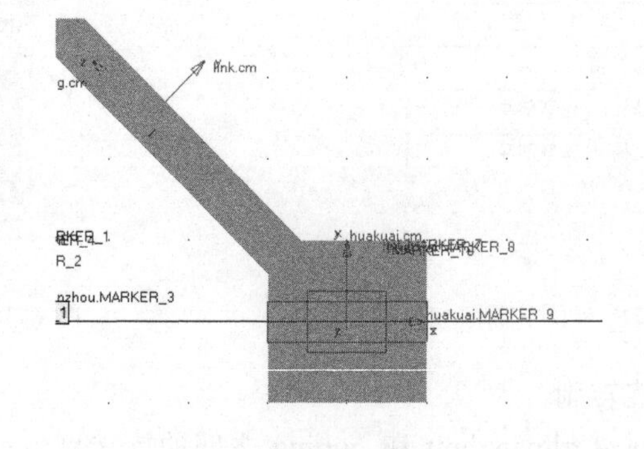

图 6-42 huakuai 和 groud 之间的平移副

④ 力约束

a. 对曲柄添加力约束。选择主界面“力”选项卡中的图标，弹出“力”对话框，如图 6-43 所示。在“运行方向”一栏选择“空间固定”，“构建方式”选择“垂直于格栅”，“特性”

选择“常数”,“力矩”一栏填入“-500”，选择 qubing，单击“qubing.cm”，对曲柄添加力约束。

b．重力添加默认 Y 轴负向。

（4）创建驱动

创建 zhuanzhou 和 qubing 之间的转动驱动。在主界面“驱动”选项卡中单击旋转驱动图标，弹出“转动驱动”对话框，如图 6-44 所示，在旋转速度中填入“360”，单击运动副“JOINT_2”，创建 zhuanzhou 和 qubing 之间的转动驱动。

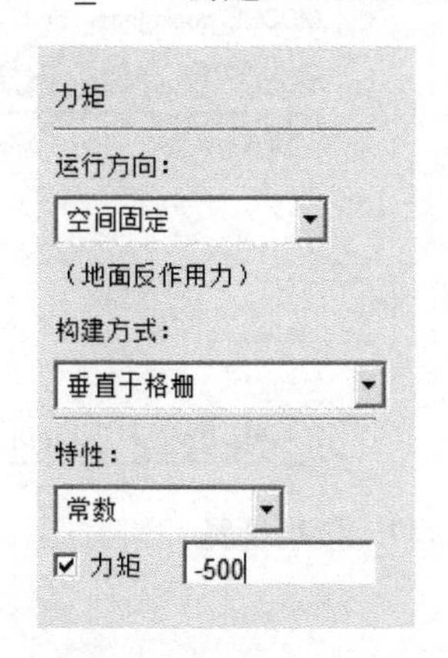

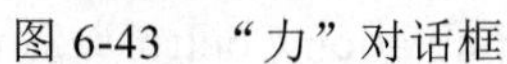

图 6-43　“力”对话框

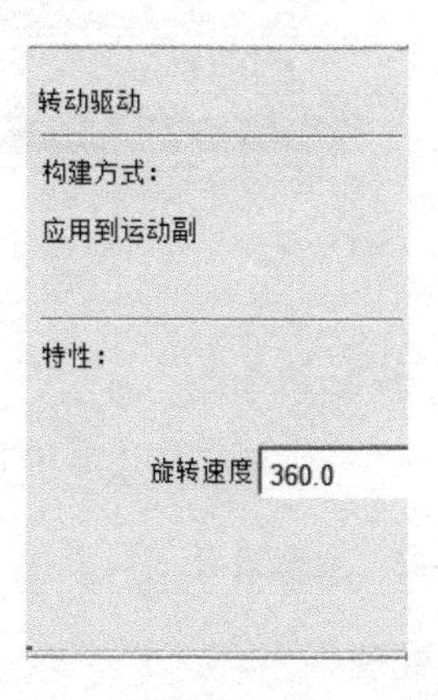

图 6-44　“转动驱动”对话框

（5）求解

① 单击主界面中“设置”选项，在下拉菜单中选择“求解器（S）”—“显示”，如图 6-45 所示。弹出“Solver Settings”显示框，“显示信息”选择“否”，“更新图像”下拉列表中选择“从不”，如图 6-46 所示。

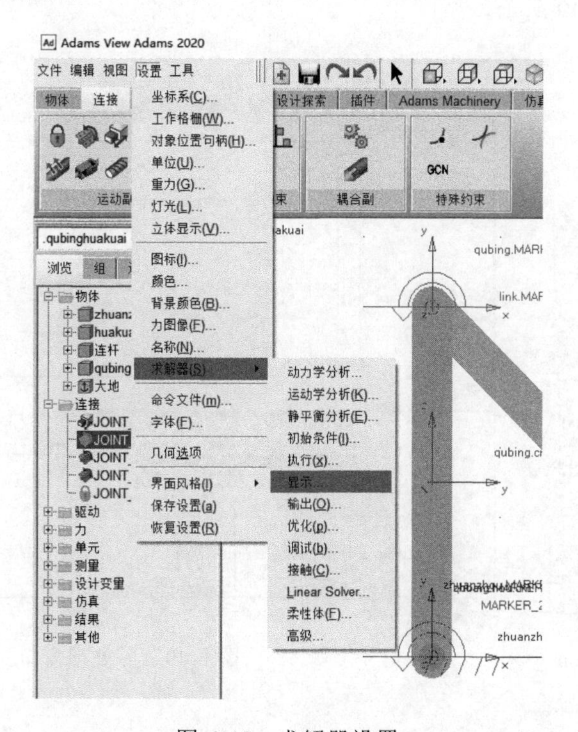

图 6-45　求解器设置

② 单击主界面中“设置”选项，在下拉菜单中选择“求解器（S）”—“接触（C）”，弹出“Solver Settings”对话框，如图 6-47 所示。在“几何形状库”下拉列表中选择“parasolids”，单击“关闭”完成求解器的设置。

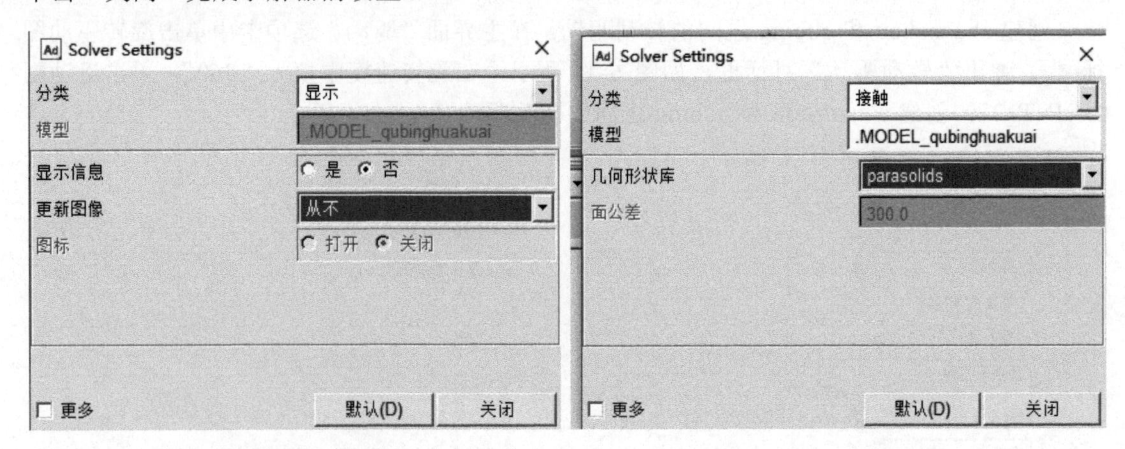

图 6-46　显示设置　　　　图 6-47　接触设置

（6）仿真与后处理

① 在主界面“仿真”选项中单击“仿真”按钮，弹出“Simulation Control”对话框，如图 6-48 所示。将终止时间设置为 1、步数设置为 500，其余采用默认设置。

② 单击开始仿真”按钮，对模型进行一次 1s 的动力学仿真。仿真结束后单击按钮，弹出“Save Run Results”对话框，命名为“first”，点击“确定”。

③ 单击仿真对话框中的后处理图标或在主界面“结果”选项卡中单击图标，打开后处理窗口，如图 6-49 所示。

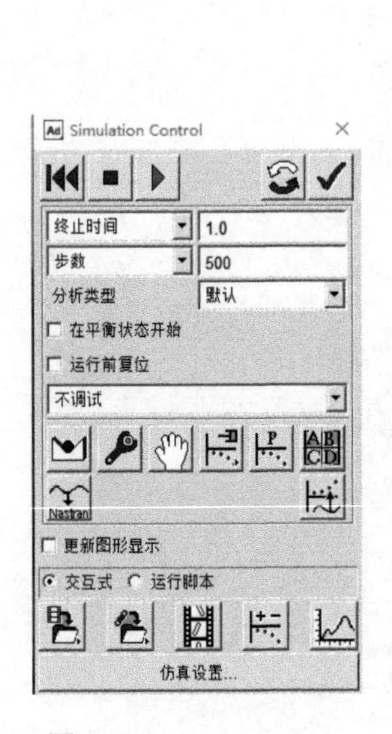

图 6-48　“Simulation Control”对话框

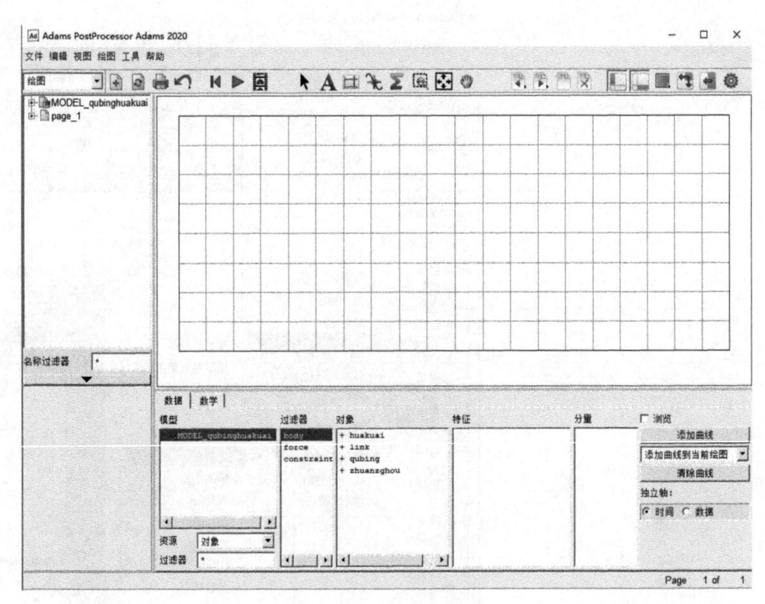

图 6-49　后处理窗口

④ 在窗口的资源下拉菜单中选择对象，过滤器中选择“body”，对象列表中选择“huakuai”，在特征列表框中选择“CM_position”，分量列表框中选择“X”，单击添加曲线或点击浏览，即可显示 huakuai 质心处的位移曲线，如图 6-50 所示。速度曲线如图 6-51 所示。

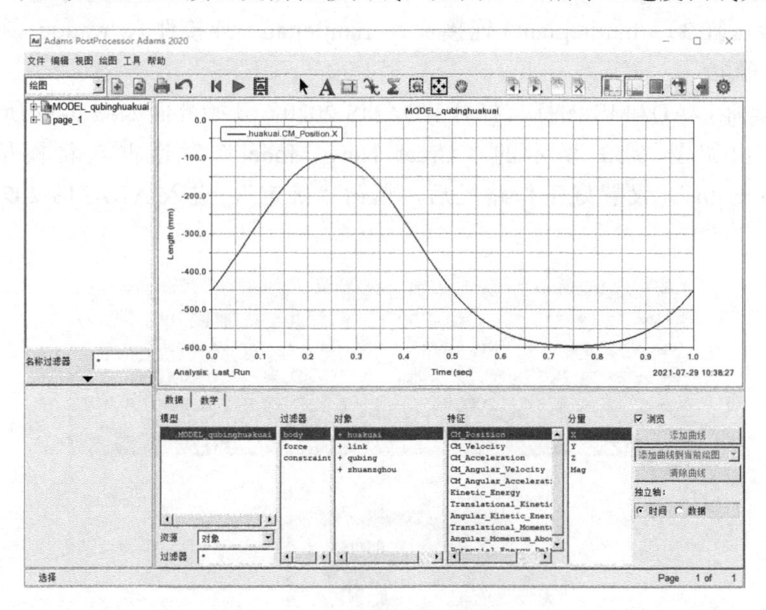

图 6-50 huakuai 质心处位移曲线

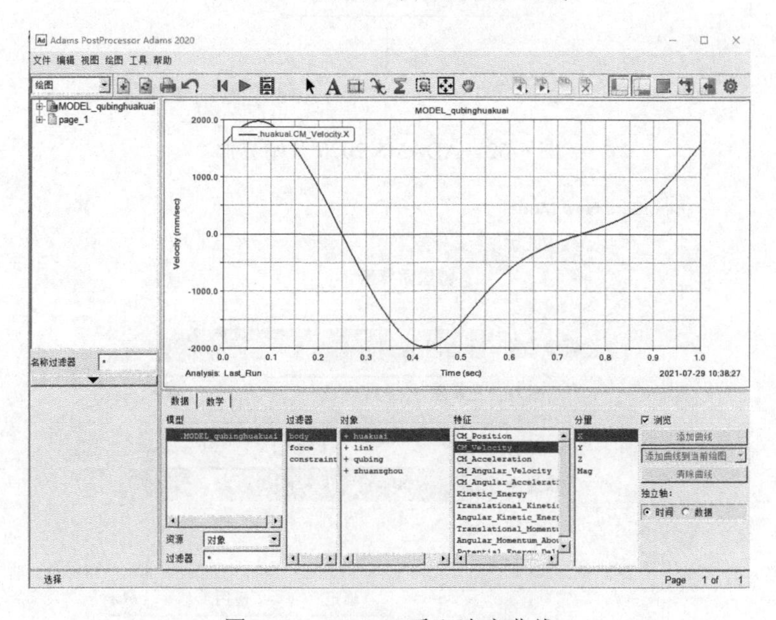

图 6-51 huakuai 质心速度曲线

⑤ 其他部件的位移、速度、加速度及受力曲线图同步骤④。

6.8 仿真实例二

本节以挖掘机机臂模型为例使读者熟悉刚体建模、定义材料、创建约束和驱动以及求解、仿真分析、后处理等操作，培养熟练运用 ADAMS 进行刚体建模的能力。挖掘机机臂主要部件有 zhuanzhou（转轴）、jizuo（基座）、dabi（大臂）、xiaobi（小臂）、yeyagan1（液压杆 1）、yeyagang1（液压缸 1）、yeyagan2（液压杆 2）、yeyagang2（液压缸 2）、yeyagan3（液压杆 3）、yeyagang3（液压缸 3）、lianjiepian（连接片）、lianjiejian（连接件）、wadou（挖斗）。

（1）创建模型

① 双击桌面上 ADAMS 图标，打开 ADAMS 2020，开始界面如图 6-52 所示，单击“新建模型”，弹出如图 6-53 所示的“Creat New Model”对话框。将模型名称修改为“MODEL_wajuejibi”，设置好工作路径后，单击“确定”，进入 ADAMS 2020 主界面，如图 6-54 所示。

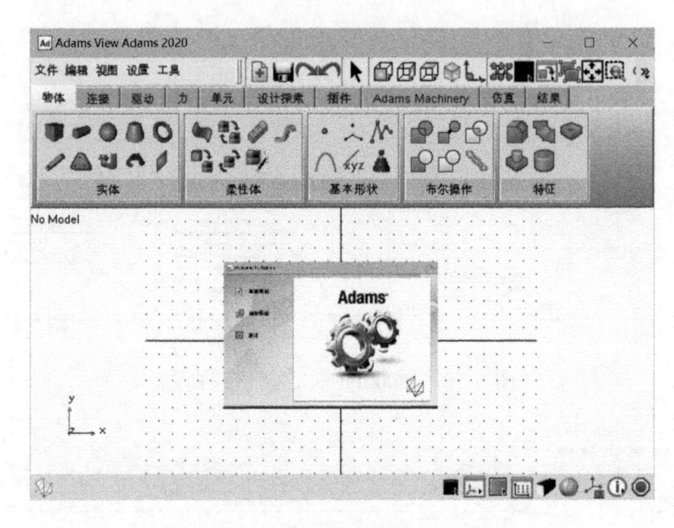

图 6-52　ADAMS 2020 开始界面

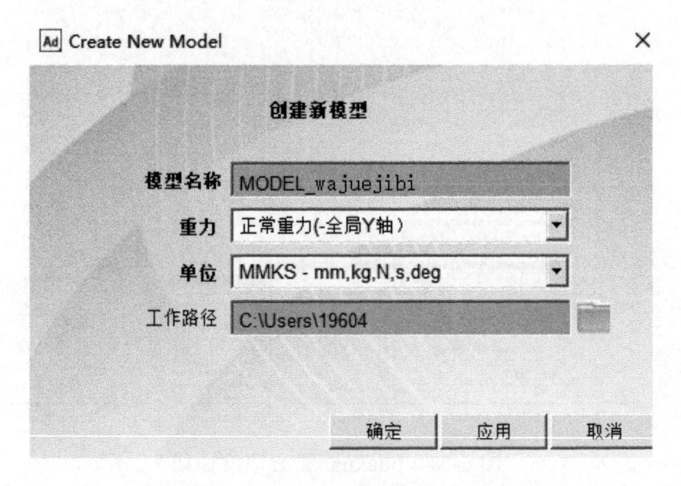

图 6-53　“Creat New Model”对话框

② 单击界面中的“文件”命令，在下拉菜单中单击“导入”命令，弹出如图 6-55 所示的“File Import”对话框，在“文件类型”选项中，单击选中“Parasolid”选项。

③ 在“File Import”对话框中的“读取文件”选项中右击，在弹出的快捷菜单中选择“浏览”，找到 cha_6 文件夹中的文件“wajuejibi.x_t”，在“文件”类型选项中选择“ASCII”选项，在“模

型名称”栏中输入“.MODEL_wajuejibi”或单击右键依次选中“模型”—“推测”—“MODEL_wajuejibi”，如图 6-56 所示。单击“确定”按钮，此时，导入的模型为线框模式。

图 6-54　ADAMS 2020 主界面

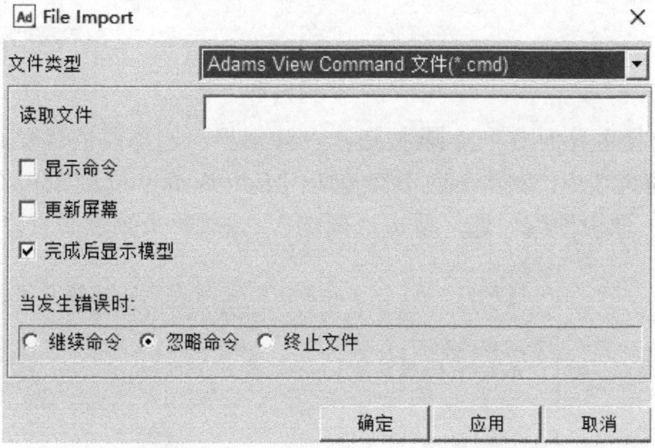

图 6-55　“File Import”对话框

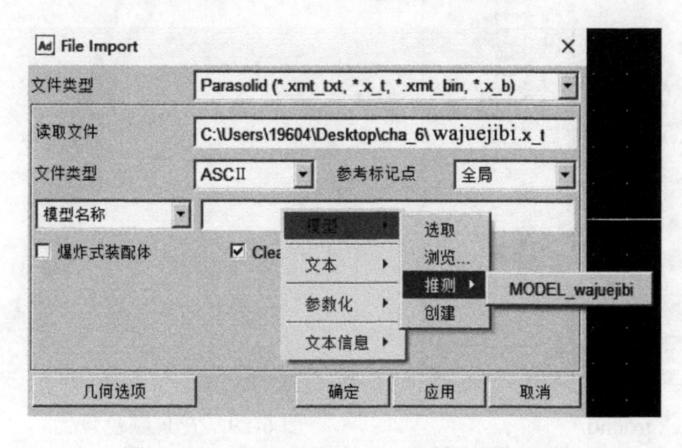

图 6-56　“File Import”对话框具体设置

④ 单击主界面中的“视图”命令，依次选择“渲染模式（R）”—“阴影模式（h）”，此时模型如图 6-57 所示。

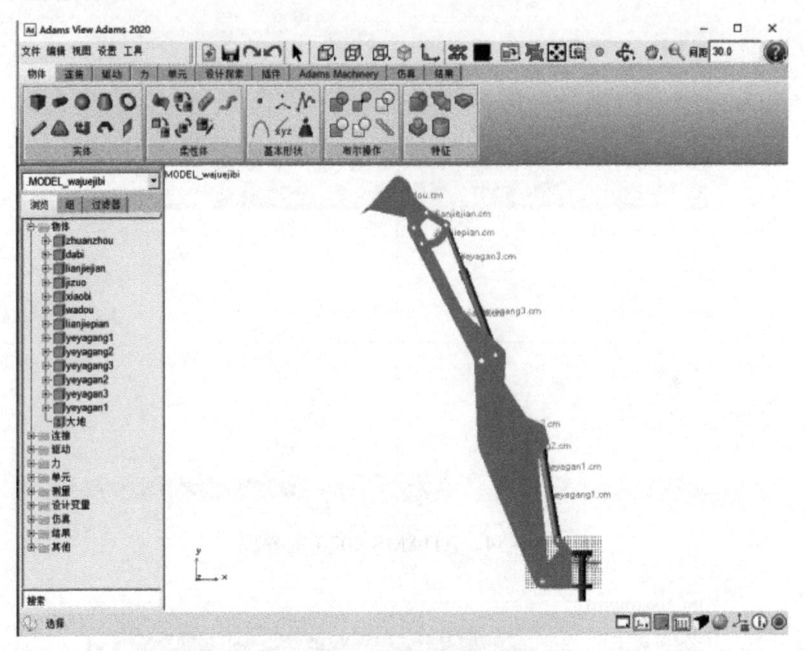

图 6-57 挖掘机臂模型

⑤ 右键单击选择主界面右下角 按钮，在弹出界面选择白色背景或单击主界面的“设置”命令，选择下拉选项中“背景颜色 B”，弹出“Edit Background Color”对话框，如图 6-58 所示。设置各参数，取消梯度勾选，单击“确定”，完成背景颜色的设置，如图 6-59 所示。

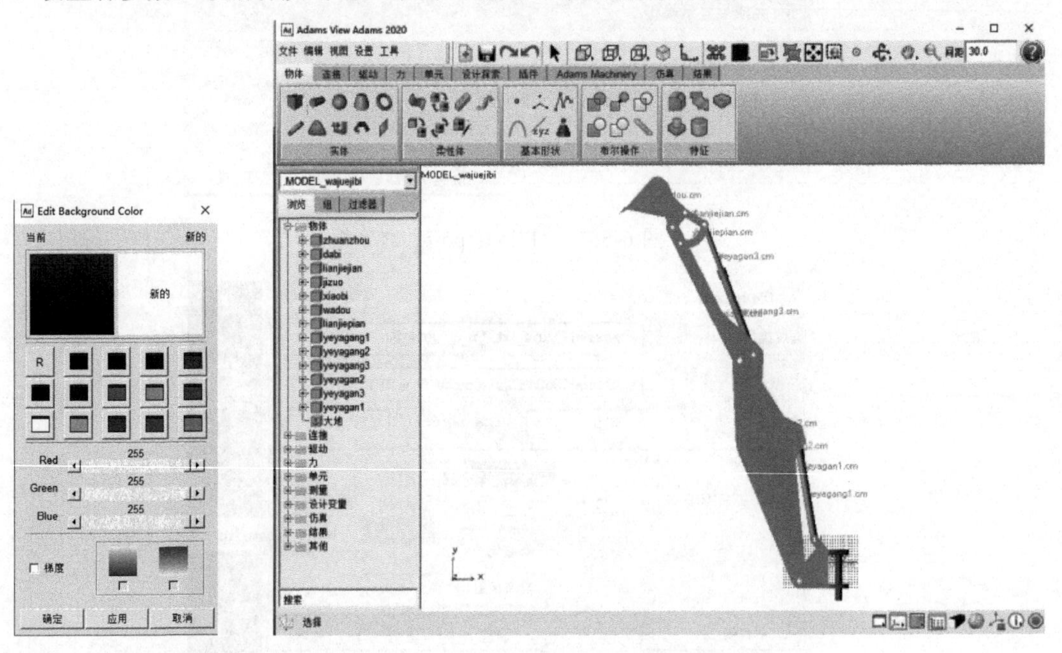

图 6-58 “Edit Background Color”对话框

图 6-59 背景颜色设置

（2）定义材料

导入的模型材料属性是空的，多体系统动力学仿真需要对各模型构件赋予材料属性。定义材料属性为本章的一个重点。

① 在浏览器窗口单击“浏览”标签，单击“物体”，展开挖掘机臂系统部件，如图 6-60 所示。

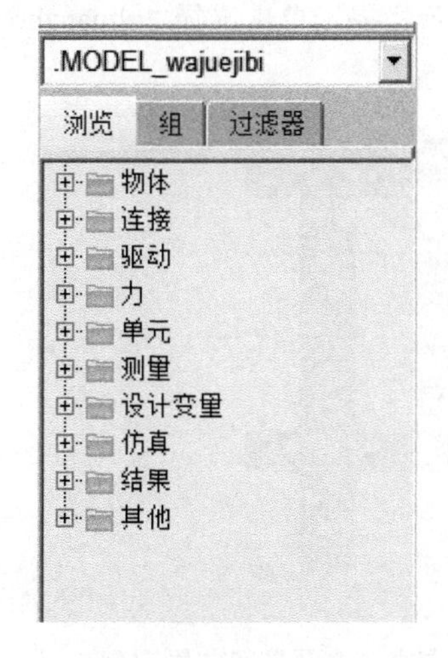

图 6-60 浏览器窗口

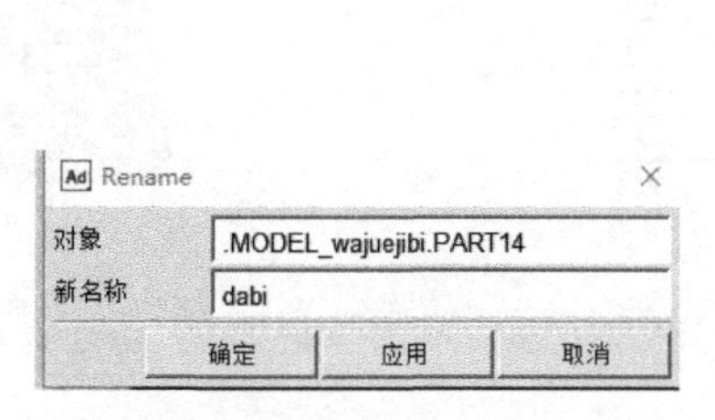

图 6-61 “Rename”对话框

图 6-62 重命名部件

② 为方便操作，先对各个部件进行重新命名。右击“PART14”，在快捷菜单中选择“重命名”，弹出“Rename”对话框，在“新名称”栏中输入“dabi”，如图 6-61 所示，单击“确定”。以同样的方法重新命名模型中其他部件，如图 6-62 所示。

③ 在图 6-62 所示的窗口中右击“dabi”，选择快捷菜单中的“修改”命令，弹出“Modify Body”（修改部件）对话框，设置“分类”为“质量特性”，设置“定义质量方式”为“几何形状和材料类型”，在“材料类型”输入框中右击，选择“材料”—“推测”—“steel”，以定义材料的密度、弹性模量和泊松比，如图 6-63 所示。单击“确定”，完成挖掘机大臂部件材料属性的设置。

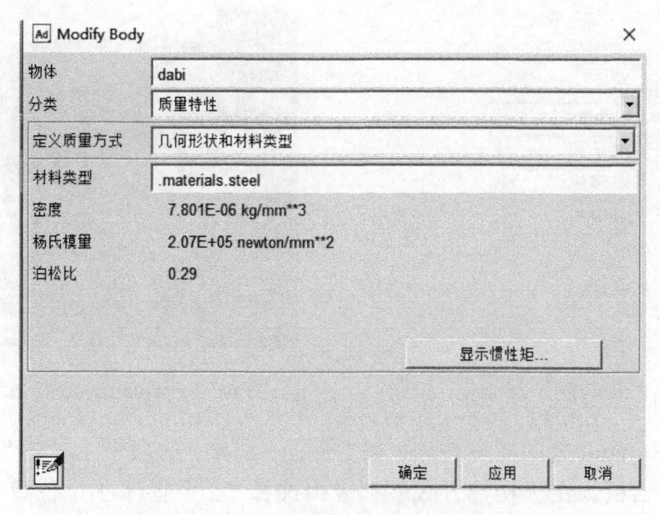

图 6-63 “Modify Body”对话框

④ 其余挖掘机部件的材料属性的设置同步骤③，设置完成即可。

（3）创建约束

① 固定副。创建 zhuanzhou 与 ground 之间的固定副。在主界面“连接”选项卡中单击“固定副”图标，弹出“固定副”对话框，如图 6-64 所示。在“构建方式”列表中选择“2 个物体-1 个位置”和“垂直格栅”，“第 1 选择”和“第 2 选择”均设置为“选取部件”，单击选择“zhuanzhou”后，在空白区域单击，选择 ground，根据提示栏提示单击选择“zhuanzhou.CYLINDER_29.E1（center）”为固定连接点，结果如图 6-65 所示。

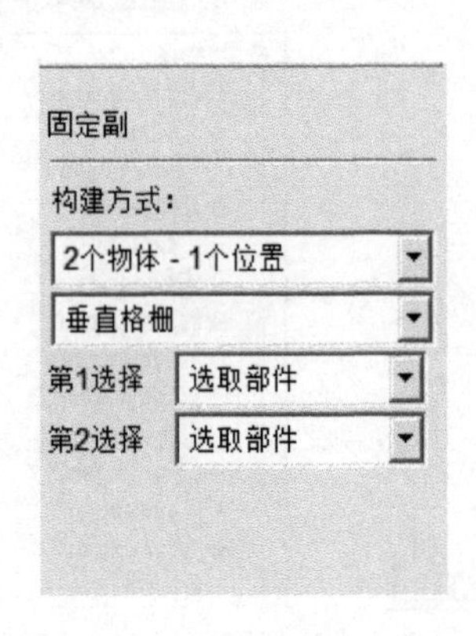

图 6-64 “固定副”对话框

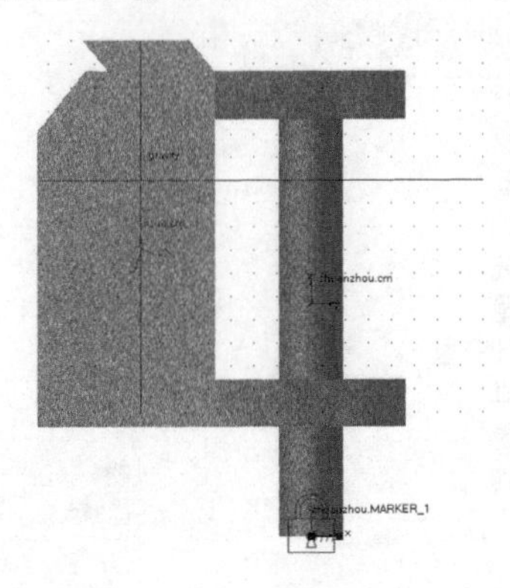

图 6-65 转轴与地面之间的固定副

② 旋转副

a．创建 zhuanzhou 和 jizuo 之间的旋转副。在主界面“连接”选项卡中单击“旋转副”图标，弹出“旋转副”对话框，如图 6-66 所示。在“构建方式”列表中选择“2 个物体-1 个位置”和“选取几何特性”，“第 1 选择”和“第 2 选择”均设置为“选取部件”，分别单击选择“zhuanzhou”和“jizuo”。

根据提示栏提示单击选择“PART12.SOLID11.E74”（center）为旋转副连接点，单击点，移动鼠标，当鼠标指针指向 SOLID11.E72 方向时单击，创建 zhuanzhou 和 jizuo 之间的旋转副，结果如图 6-67 所示。

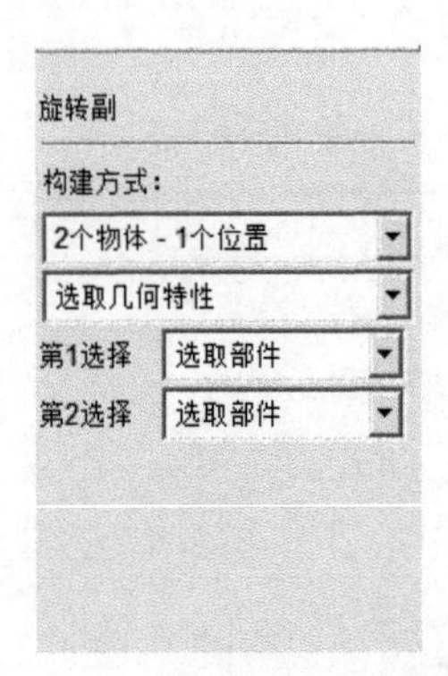

图 6-66 “旋转副”对话框

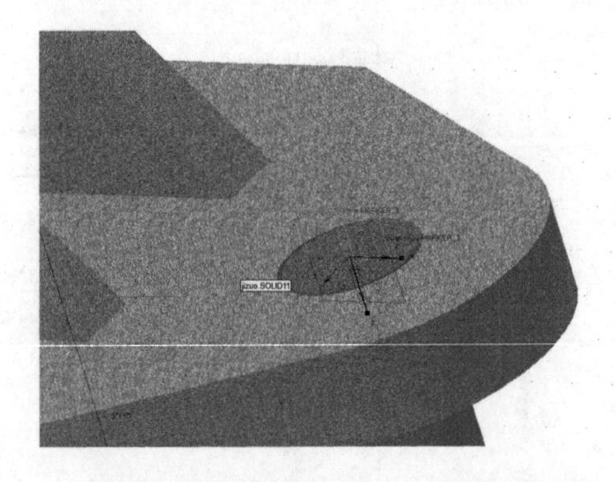

图 6-67 zhuanzhou 与 jizuo 间的旋转副

b．创建 dabi 和 jizuo 之间的旋转副。在主界面“连接”选项卡中单击“旋转副”图标，弹出“旋转副”对话框。在“构建方式”列表中选择“2 个物体-1 个位置”和“垂直格栅”，“第 1 选择”和“第 2 选择”均设置为“选取部件”，分别单击选择“jizuo”和“dabi”。

根据提示栏提示单击选择“jizuo.SOLID11.E63”（center）为旋转副连接点，创建 dabi 和 jizuo 之间的旋转副。

c．创建 yeyagang1 和 jizuo 之间的旋转副。在主界面“连接”选项卡中单击“旋转副”图标，弹出“旋转副”对话框。在“构建方式”列表中选择“2 个物体-1 个位置”和“垂直格栅”，“第 1 选择”和“第 2 选择”均设置为“选取部件”，分别单击选择“yeyagang1”和“jizuo”。

根据提示栏提示单击选择“yeyagang1.SOLID6.E42”（center）为旋转副连接点，创建 yeyagang1 和 jizuo 之间的旋转副。

d．创建 yeyagan1 和 dabi 之间的旋转副。在主界面“连接”选项卡中单击“旋转副”图标，弹出“旋转副”对话框。在“构建方式”列表中选择“2 个物体-1 个位置”和“垂直格栅”，“第 1 选择”和“第 2 选择”均设置为“选取部件”，分别单击选择“yeyagan1”和“dabi”。

根据提示栏提示单击选择“yeyagan1.SOLID1.E21”（center）为旋转副连接点，创建 yeyagan1 和 dabi 之间的旋转副。

e．创建 yeyagang2 和 dabi 之间的旋转副。在主界面“连接”选项卡中单击“旋转副”图标，弹出“旋转副”对话框。在“构建方式”列表中选择“2 个物体-1 个位置”和“垂直格栅”，“第 1 选择”和“第 2 选择”均设置为“选取部件”，分别单击选择“yeyagang2”和“dabi”。

根据提示栏提示单击选择“yeyagang2.SOLID5.E40”（center）为旋转副连接点，创建 yeyagang2 和 dabi 之间的旋转副。

f．创建 yeyagan2 和 xiaobi 之间的旋转副。在主界面“连接”选项卡中单击“旋转副”图标，弹出“旋转副”对话框。在“构建方式”列表中选择“2 个物体-1 个位置”和“垂直格栅”，“第 1 选择”和“第 2 选择”均设置为“选取部件”，分别单击选择“yeyagan2”和“xiaobi”。

根据提示栏提示单击选择“yeyagan2.SOLID3.E14”（center）为旋转副连接点，创建 yeyagan2 和 xiaobi 之间的旋转副。

g．创建 dabi 和 xiaobi 之间的旋转副。在主界面“连接”选项卡中单击“旋转副”图标，弹出“旋转副”对话框。在“构建方式”列表中选择“2 个物体-1 个位置”和“垂直格栅”，“第 1 选择”和“第 2 选择”均设置为“选取部件”，分别单击选择“dabi”和“xiaobi”。

根据提示栏提示单击选择“xiaobi.SOLID10.E128”（center）为旋转副连接点，创建 dabi 和 xiaobi 之间的旋转副。

h．创建 yeyagang3 和 xiaobi 之间的旋转副。在主界面“连接”选项卡中单击“旋转副”图标，弹出“旋转副”对话框。在“构建方式”列表中选择“2 个物体-1 个位置”和“垂直格栅”，“第 1 选择”和“第 2 选择”均设置为“选取部件”，分别单击选择“yeyagang3”和“xiaobi”。

根据提示栏提示单击选择“yeyagang3.SOLID4.E38”（center）为旋转副连接点，创建 yeyagang3 和 xiaobi 之间的旋转副。

i．创建 yeyagan3 和 lianjiepian 之间的旋转副。在主界面“连接”选项卡中单击“旋转副”图标，弹出“旋转副”对话框。在“构建方式”列表中选择“2 个物体-1 个位置”和“垂直格栅”，“第 1 选择”和“第 2 选择”均设置为“选取部件”，分别单击选择“yeyagan3”和“lianjiepian”。

根据提示栏提示单击选择 yeyagan3.SOLID2.E14（center）为旋转副连接点，创建 yeyagan3 和 lianjiepian 之间的旋转副。

j．创建 xiaobi 和 lianjiepian 之间的旋转副。在主界面“连接”选项卡中单击“旋转副”图标，弹出“旋转副”对话框。在“构建方式”列表中选择“2 个物体-1 个位置”和“垂直格栅”，“第 1 选择”和“第 2 选择”均设置为“选取部件”，分别单击选择“xiaobi”和“lianjiepian”。

根据提示栏提示单击选择“lianjiepian.SOLID8.E36”（center）为旋转副连接点，创建 xiaobi 和 lianjiegan 之间的旋转副。

k．创建 lianjiejian 和 lianjiepian 之间的旋转副。在主界面“连接”选项卡中单击“旋转副”图标，弹出“旋转副”对话框。在“构建方式”列表中选择“2 个物体-1 个位置”和“垂直格栅”，“第 1 选择”和“第 2 选择”均设置为“选取部件”，分别单击选择“lianjiejian”和“lianjiepian”。

根据提示栏提示单击选择“lianjiepian.SOLID8.E36”（center）为旋转副连接点，创建 lianjiejian 和 lianjiegan 之间的旋转副。

l．创建 wadou 和 lianjiejian 之间的旋转副。在主界面“连接”选项卡中单击“旋转副”图标，弹出“旋转副”对话框。在“构建方式”列表中选择“2 个物体-1 个位置”和“垂直格栅”，“第 1 选择”和“第 2 选择”中均设置为“选取部件”，分别单击选择“wadou”和“lianjiejian”。

根据提示栏提示单击选择“wadou.SOLID9.E220”（center）为旋转副连接点，创建 wadou 和 lianjiejian 之间的旋转副。

m．创建 wadou 和 xiaobi 之间的旋转副。在主界面“连接”选项卡中单击“旋转副”图标，弹出“旋转副”对话框。在“构建方式”列表中选择“2 个物体-1 个位置”和“垂直格栅”，“第 1 选择”和“第 2 选择”均设置为“选取部件”，分别单击选择“wadou”和“xiaobi”。

根据提示栏提示单击选择“wadou.SOLID9.E224”（center）为旋转副连接点，创建 wadou 和 xiaobi 之间的旋转副。

③ 平移副

a．创建 yeyagan1 和 yeyagang1 之间的移动副。在主界面“连接”选项卡中单击“平移副”图标，弹出“平移副”对话框，如图 6-68 所示。在“构建方式”列表中选择“2 个物体-1 个位置”和“选取几何特性”，“第 1 选择”和“第 2 选择”均设置为“选取部件”，分别单击选择“yeyagan1”和“yeyagang1”。

选择 yeyagang1 的重心“yeyagang1.cm”为平移副连接点，单击重心，移动鼠标，当鼠标指针指向 SOLID1.E3 时单击，创建 yeyagan1 和 yeyagang1 之间的平移副，结果如图 6-69 所示。

b．创建 yeyagan2 和 yeyagang2 之间的移动副。在主界面“连接”选项卡中单击“平移副”图标，弹出“平移副”对话框。在“构建方式”列表中选择“2 个物体-1 个位置”和“选取几何特性”，“第 1 选择”和“第 2 选择”均设置为“选取部件”，分别单击选择“yeyagan2”和“yeyagang2”。

选择 yeyagang2 的重心“yeyagang2.cm”为平移副连接点，单击重心，移动鼠标，当鼠标指针指向 SOLID3.E15 时单击，创建 yeyagan2 和 yeyagang2 之间的移动副。

c．创建 yeyagan3 和 yeyagang3 之间的移动副。在主界面“连接”选项卡中单击“平移副”图标，弹出“平移副”对话框。在“构建方式”列表中选择“2 个物体-1 个位置”和“选取几何特性”,“第 1 选择”和“第 2 选择”均设置为“选取部件”, 分别单击选择“yeyagan3”和“yeyagang3”。

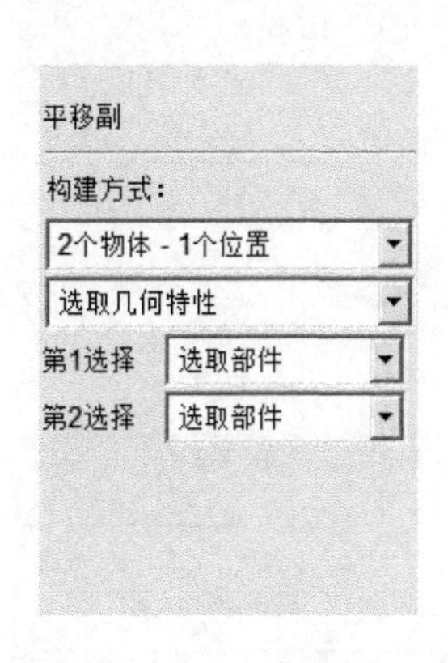

图 6-68 “平移副”对话框

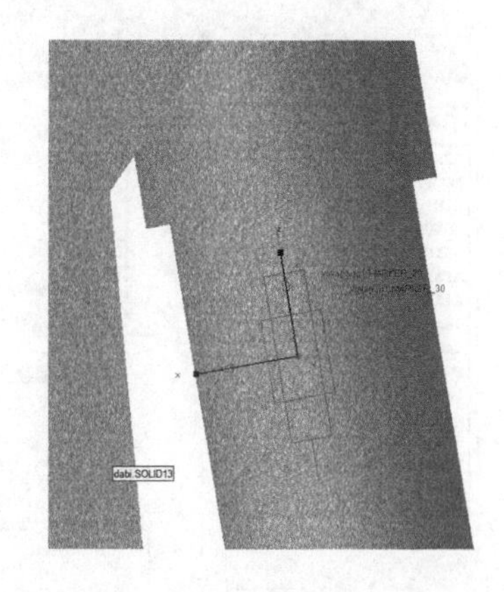

图 6-69 yeyagan1 和 yeyagang1 间的平移副

选择 yeyagang3 的重心“yeyagang3.cm”为平移副连接点，单击重心，移动鼠标，当鼠标指针指向 SOLID2.E3 时单击，创建 yeyagan3 和 yeyagang3 之间的移动副。

④ 力约束

a. 对 wadou 添加力约束

选择主界面“力”选项卡中的图标，弹出“力”对话框，如图 6-70 所示。在“运行方向”一栏选择“空间固定”,“构建方式”选择“选取特征”,“特性”选择“定制”, 选择“wadou”, 单击“wadou.cm”, 移动鼠标，当鼠标指向 *Y* 轴负方向时单击，弹出如图 6-71 所示的“Modify Force”对话框，在“函数”栏单击，弹出“Fuction Builder”对话框，在定义运行时间函数对话框中输入“STEP（time，20，0，40，10）+STEP（time，40，0，45，-10)”，如图 6-72 所示。点击“确定”完成函数的定义，再单击“确定”按钮，完成函数的设置，完成对 wadou 力约束的添加。

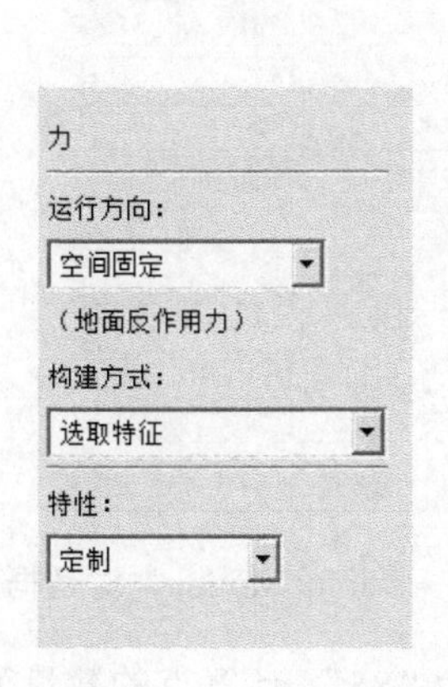

图 6-70 “力”对话框

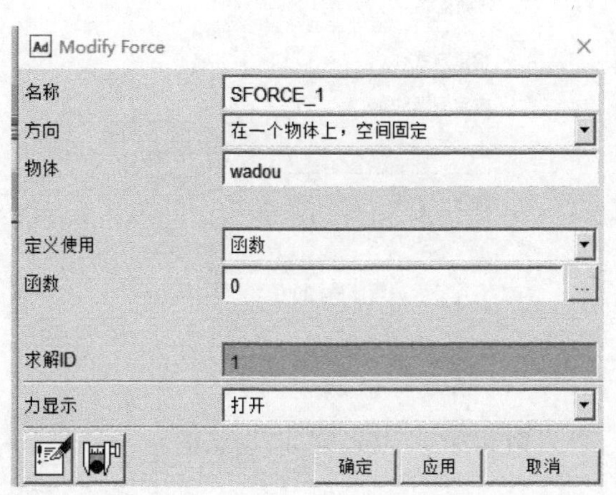

图 6-71 “Modify Force”对话框

b. 重力添加默认 *Y* 轴负向。

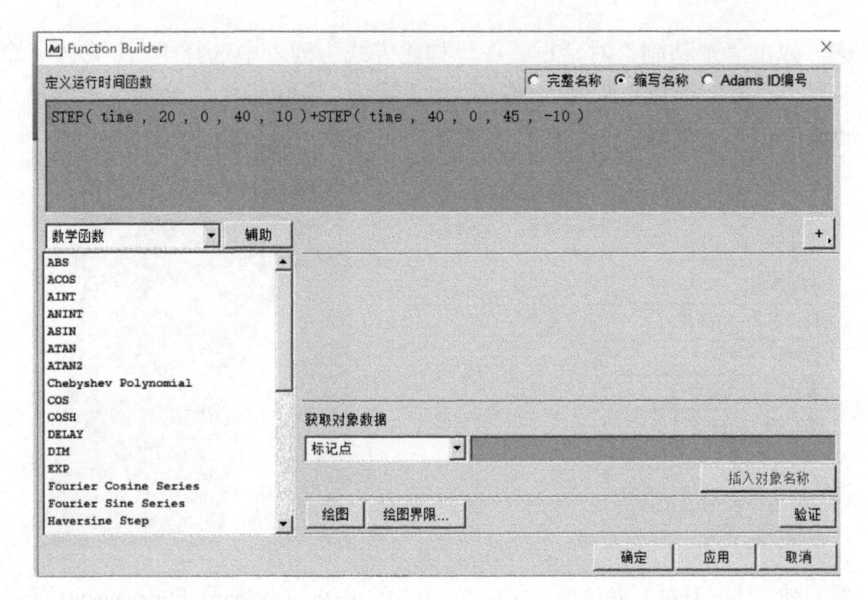

图 6-72　“Fuction Builder”对话框

（4）创建驱动

① 转动驱动的创建

a．创建 zhuanzhou 和 jizuo 之间的转动驱动。在主界面“驱动”选项卡中单击“旋转驱动”图标，弹出“转动驱动”对话框，如图 6-73 所示，在旋转速度中选择默认参数，单击运动副“JOINT_2”，创建 zhuanzhou 和 jizuo 之间的转动驱动。

b．右击浏览窗口下创建的转动驱动 MOTION1，选择“修改”命令，弹出“Joint Motion”对话框，如图 6-74 所示。在“函数（时间）”栏单击，弹出“Fuction Builder”对话框，在定义运行时间函数对话框中输入“STEP（time，55，0，65，1.2）+STEP（time，75，0，85，-1.2）”，如图 6-75 所示。

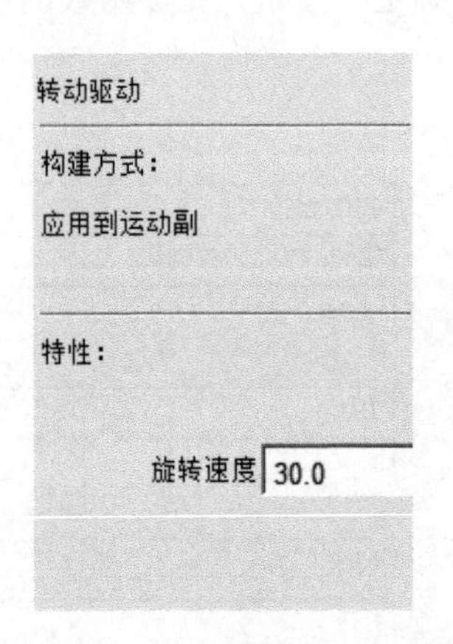

图 6-73　“转动驱动”对话框

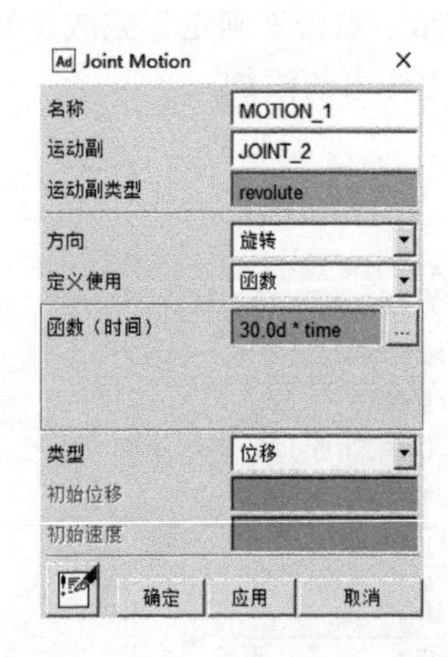

图 6-74　“Joint Motion”对话框

c．单击“绘图界限”按钮，设置开始值为“0”，最终值为“85”，计算点的数量为“86”，单击确定按钮；单击“绘图”按钮，系统弹出驱动曲线，如图 6-76 所示，点击“确定”完成函数的定义，再单击“确定”按钮，完成函数的设置。

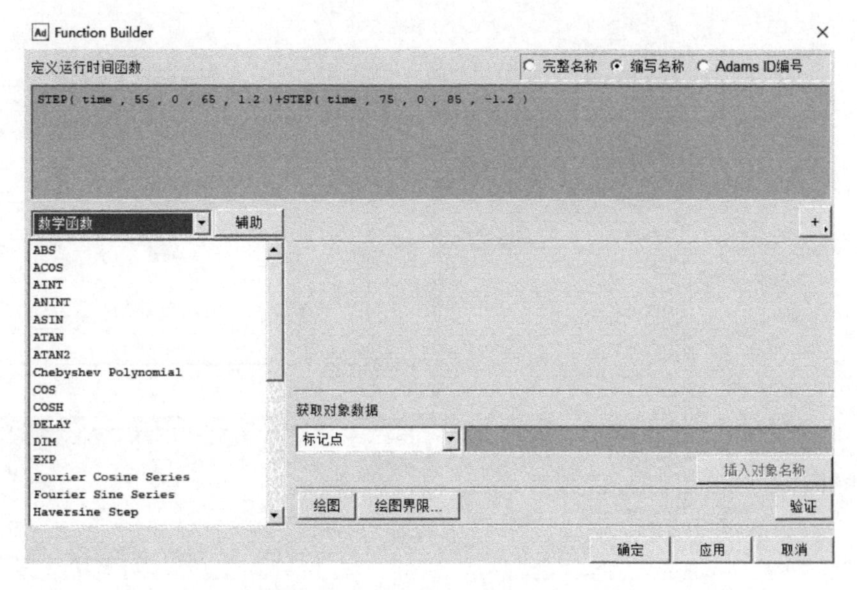

图 6-75 “Fuction Builder”对话框

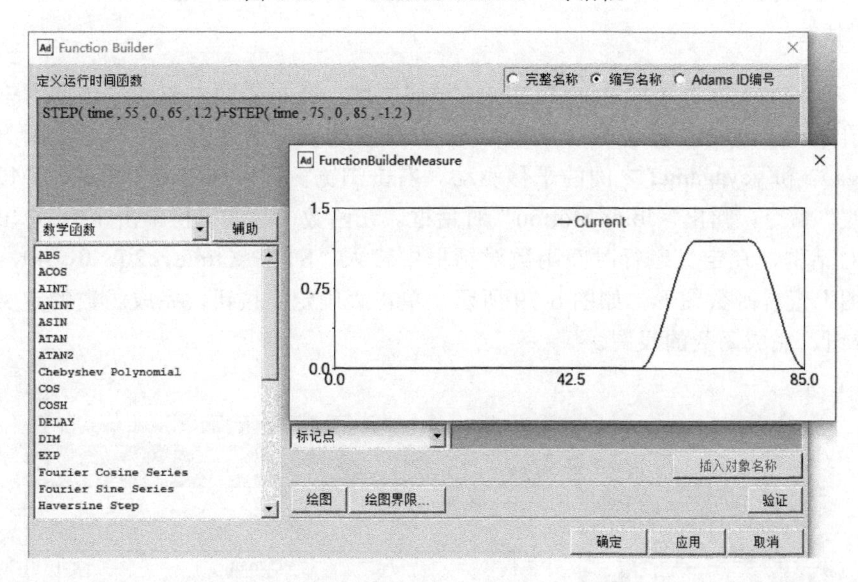

图 6-76 驱动曲线

② 平移驱动的创建

a．创建 yeyagan1 和 yeyagang1 之间的平移驱动。在主界面“驱动”选项卡中单击平移驱动图标，弹出“移动驱动”对话框，如图 6-77 所示，在平移速度中输入 10，单击运动副 JOINT_15，创建 yeyagan1 和 yeyagang1 之间的平移驱动。

b．右击浏览窗口下创建的平移驱动 MOTION2，选择“修改”命令，弹出“Joint Motion”对话框。在函数（时间）栏单击 ...，弹出“Fuction Builder”对话框，在定义运行时间函数对话框中输入“STEP（time，0，0，20，-700）+STEP（time，50，0，55，150）”，单击“绘图”查看函数图形，如图 6-78 所示。单击“确定”按钮，完成函数的定义，再单击“确定”按钮，完成函数的设置。

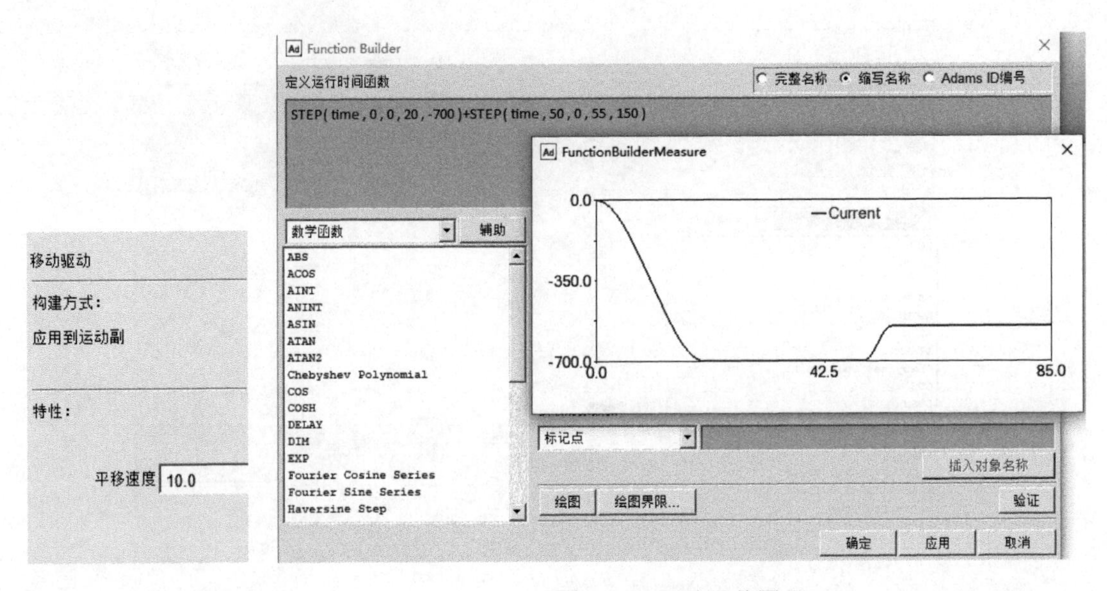

图 6-77 “移动驱动”对话框

图 6-78 驱动函数图形

c．创建 yeyagan2 和 yeyagang2 之间的平移驱动。在主界面“驱动”选项卡中单击“平移驱动”图标，弹出“移动驱动”对话框，在平移速度中输入 30，单击运动副 JOINT_16，创建 yeyagan2 和 yeyagang2 之间的平移驱动。右击浏览窗口下创建的平移驱动 MOTION3，选择“修改”命令，弹出“Joint Motion”对话框。在函数（时间）栏单击 ... ，弹出“Fuction Builder”对话框，在定义运行时间函数对话框中输入“STEP（time，20，0，40，-700）”，单击“绘图”查看函数图形，如图 6-79 所示。单击“确定”按钮，完成函数的定义，再单击“确定”按钮，完成函数的设置。

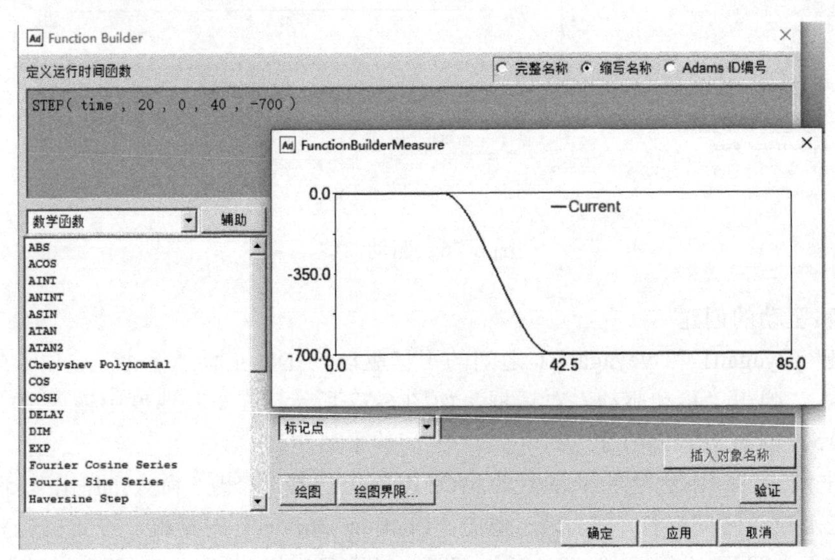

图 6-79 函数图形

d．创建 yeyagan3 和 yeyagang3 之间的平移驱动。在主界面“驱动”选项卡中单击“平移驱动”图标，弹出“移动驱动”对话框，平移速度默认，单击运动副 JOINT_17，创建 yeyagan3 和 yeyagang3 之间的平移驱动。右击浏览窗口下创建的平移驱动 MOTION4，选择“修改”命令，弹出“Joint Motion”对话框。在函数（时间）栏单击 ...，弹出“Fuction Builder”对话框，在定义运行时间函数对话框中输入“STEP（time，40，0，50，-350）+STEP（time，65，0，75，600）”，单击“绘图”查看函数图形，如图 6-80 所示。单击“确定”按钮，完成函数的定义，再单击“确定”按钮，完成函数的设置。

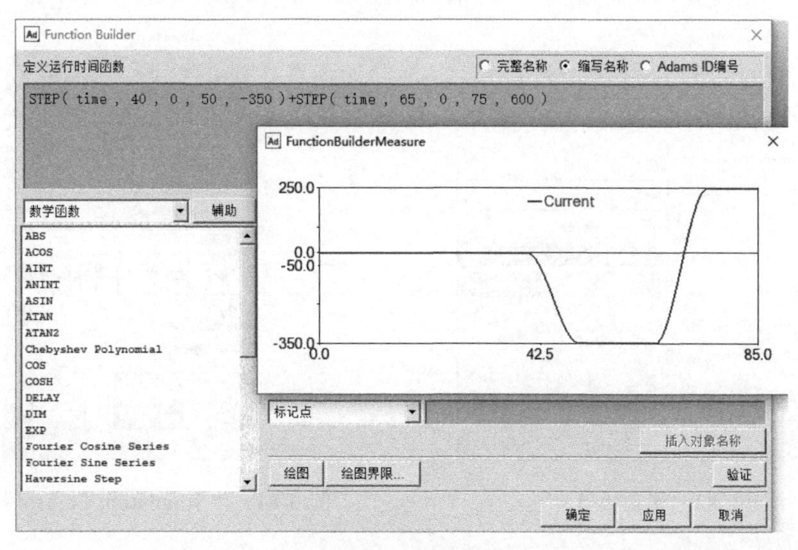

图 6-80　函数图形

（5）求解

① 单击主界面中“设置”选项，在下拉菜单中选择“求解器（S）”—“显示”，如图 6-81 所示。弹出“Solver Settings”显示框，“显示信息”选择“否”，在“更新图像”下拉列表中选择“在接触/输出步时”，如图 6-82 所示。

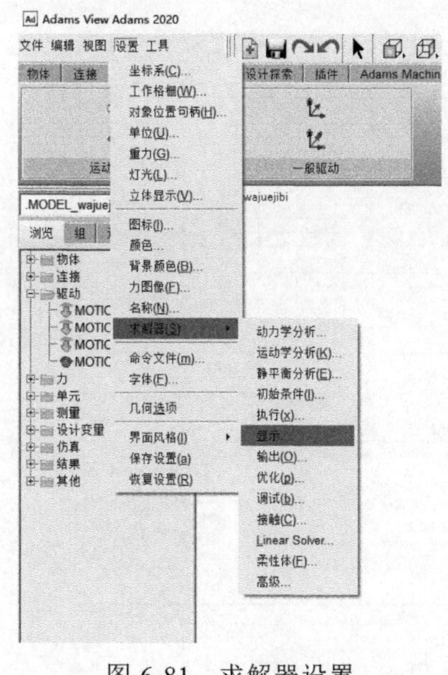

图 6-81　求解器设置

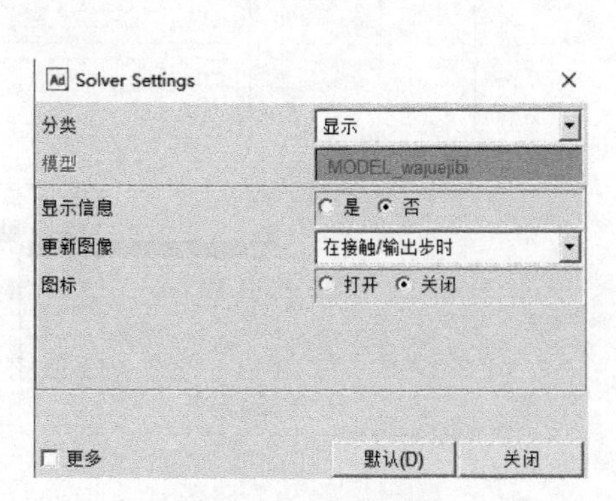

图 6-82　显示设置

② 单击主界面中“设置”选项，在下拉菜单中选择“求解器（S）”—“接触（C）”，如图 6-83 所示。在“几何形状库”下拉列表中选择“parasolids”，单击“关闭”完成求解器的设置。

（6）仿真与后处理

① 在主界面“仿真”选项中单击仿真按钮，弹出“Simulation Control”对话框，如图 6-84 所示。将终止时间设置为 85、步数设置为 850，其余采用默认设置。

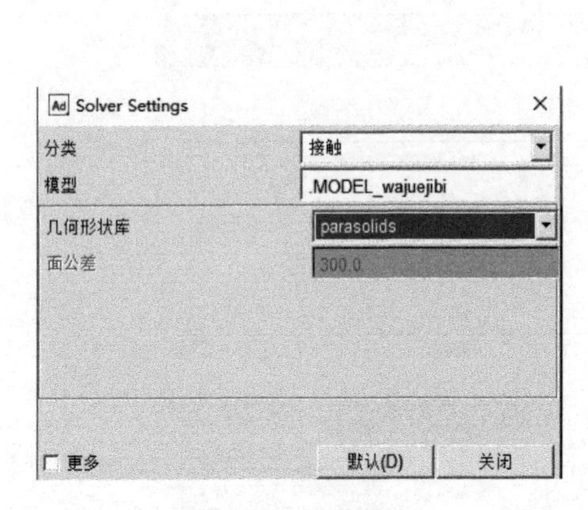

图 6-83　接触设置

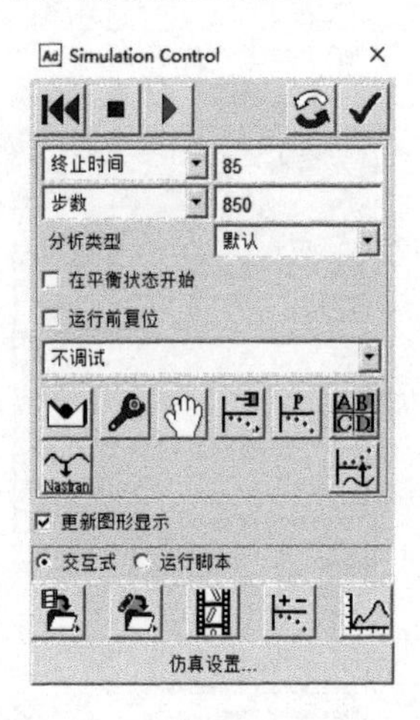

图 6-84　“Simulation Control”对话框

② 单击开始仿真按钮，对模型进行一次 85.0s 的动力学仿真。仿真若不成功，可更改时间函数的正负号，仿真结束后单击按钮，弹出“Save Run Results”对话框，命名为“first”，点击“确定”。

③ 单击仿真对话框中的后处理图标或在主界面“结果”选项卡中单击图标，打开后处理窗口，如图 6-85 所示。

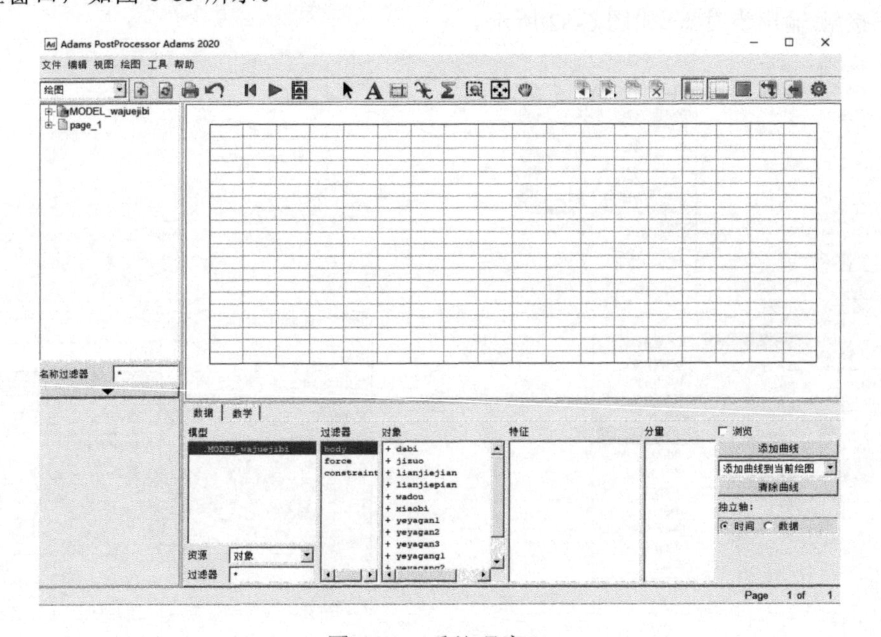

图 6-85　后处理窗口

④ 在窗口的资源下拉菜单中选择对象，过滤器中选择 body，对象列表中选择 wadou，在特征列表框中选择 CM_position，分量列表框中选择 X，单击添加曲线或点击浏览，即可显示 wadou 质心处在 *X* 方向上的位移曲线，如图 6-86 所示。

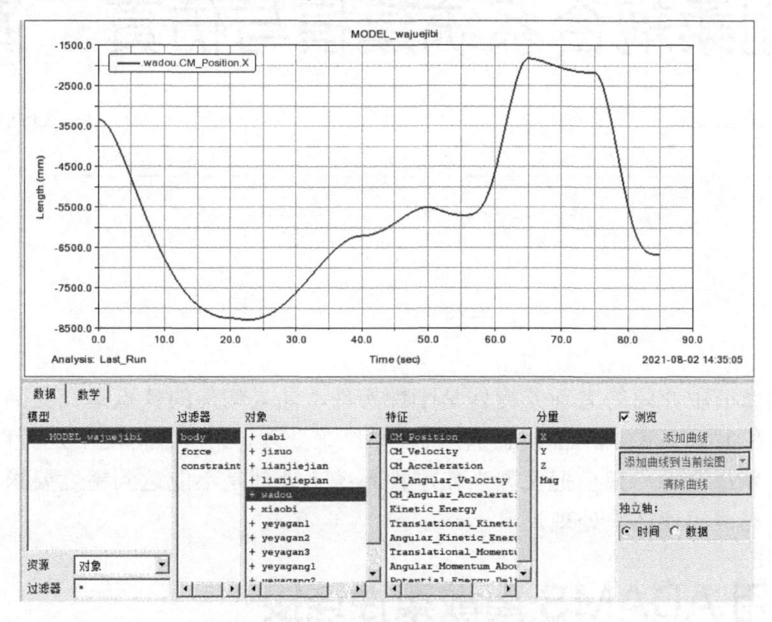

图 6-86　wadou 质心处位移曲线

⑤ 在窗口的资源下拉菜单中选择对象，过滤器中选择 force，对象列表中选择 SFORCE1，在特征列表框中选择 Element_Force，分量列表框中选择 X，单击添加曲线或点击浏览，即可显示载荷曲线，如图 6-87 所示。

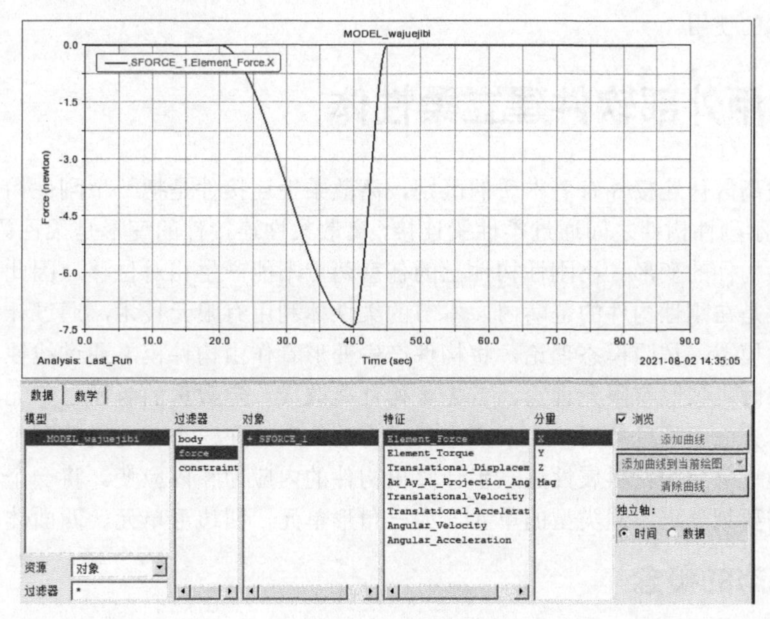

图 6-87　载荷曲线

⑥ 其他部件的位移、速度、加速度及受力曲线图同步骤④，读者可自行查看。

第7章 刚柔耦合系统建模与仿真

扫码尽享
ADAMS 全方位学习

在前面的章节中介绍的大部分构件是刚性构件，此类构件的特点是在受到力的作用时不会产生变形。在实际生活中，把样机当作刚性系统来处理，大多数情况下是可以满足要求的，但是在一些特殊情况下，完全把模型当作刚性系统来处理是不能达到精度要求的，必须把模型的部分构件当成柔性体来处理。

7.1 利用 ADAMS 离散柔性连接

离散柔性连接件直接利用刚性体之间的柔性梁连接，将一个构件分成多个小块，在各个小块之间建立柔性连接，变形也只是柔性梁的变形，并不是那些刚性体的变形，刚性体上任意两点之间并不会产生位移，本质上是刚性构件柔性连接，并不是真正的柔性体，该方法只限于简单构件的使用。

7.2 利用外部软件建立柔性体

柔性体与离散体连接件有着本质的区别，离散柔性连接件是把一个刚性构件离散为多个小刚性构件，小刚性构件之间通过柔性梁连接，离散柔性连接件的变形是柔性梁连接的变形，并不是小刚性构件的变形。小刚性构件上的任意两点不能产生相对位移，因此离散柔性连接件本质上仍然是在刚性构件的范畴内。本节的柔性体利用有限元技术，通过计算构件的自然频率和对应的模态，按照模态理论，将构件产生变形看作由构件模态通过线性计算得到。在计算构件模态时，按照有限元理论，首先将构件离散成一定数量的单元，单元数越多，计算精度越高，单元之间通过共用一个节点来传递力的作用，在一个单元上的两个点之间产生相对位移，再通过单元的材料属性进一步计算出构件的内应力和内应变。将一个构架划分为单元时，根据需要划分出不同类型的单元，如三角形单元，四边形单元、四面体单元等。

7.2.1 模态的概念

ADAMS 中柔性体的载体是包含构件模态信息的中性文件，构件的模态是构件自身的一个物理属性，一个构件一旦制造出来，它的模态就是自身的一种属性。在将一个构件离散成有限元模型时，要对每一个单元和节点进行标号，以便将节点的位移按照编号组成一个矢量，该矢量由多个最基本而且相互垂直的同维矢量通过线性组合而得到，这里最基本的矢量是构件的模态。

模态对应的频率是共振频率（特征值），模态实际上是有限元模型中各节点位移的一种比例关系，不同的模态之间互相垂直，它们构成了一个线性空间。这个线性空间的坐标轴就是由构件的模态构成的。在物理空间中构件变形通过直接积分计算得到，也在模态空间中通过模态的线性叠加而得到。

在将集合模型离散成有限元模型后，有限元模型的各个节点有一定的自由度，所有节点自由度的和构成了有限元模型的自由度。一个有限元模型有多少个自由度，就有多少阶模态。

构件各个节点的实际位移是模态按照一定比例的线性叠加，这个比例是一个系数，通常称为模态参与因子，参与因子越大，对应的模态对构件变形的贡献量就越大，因此对构件振动分析时从构件的模态参与因子的大小来分析，如果构件在振动时某阶模态的参与因子大，就通过改进设计抑制该模态对振动的贡献量，可以明显降低构件的振动。

7.2.2 柔性体的替换与编辑

在建立柔性体的时候，读入柔性体的位置并不一定是所要的位置，在柔性体上定义运动副和载荷也不方便。为了方便操作，ADAMS 开发了一个工具，即直接用柔性体替代刚性体，或用柔性体替代柔性体。替换后刚性体或柔性体上的运动副、载荷就会自动转移到柔性体上，刚性体或柔性体上的标记点（Marker）会转移到柔性体上与标记点最近的节点上，新的柔性体还会继承原来的刚性体或柔性体的一些特征，如颜色、图标、尺寸、初始速度、模态位移等。这样就会方便操作，需要注意的是柔性体的几何模型与被替代件的几何模型最好一致。

7.2.3 刚柔体之间的约束

在将柔性体导入 ADAMS 后，需要建立柔性体与其他的刚性体或柔性体之间的运动副约束关系，还需要在柔性体上施加载荷等。如果直接在柔性体与刚性体之间建立关系，由于理论等条件的限制，有很多限制性条件需要考虑。

例如，柔性体与刚性体之间不能进行柔性连接，不能在柔性体上施加多分量力和力矩，不能在柔性体上施加平移副约束和平面副约束等。为了解决这个问题，创建一种虚构件（Dummy Part），通过虚构件建立柔性体与其他件之间的连接关系，即使是用户直接将柔性体与其他件之间建立连接关系，系统也会在柔性体与刚性体之间自动创建一个虚构件。

虚构件的创建方法很简单，只要在构件编辑对话框中将构件的质量和惯性矩等质量信息设置为 0，即可保留虚构件的几何外观或者将构件的几何元素删除。由于构件的质量信息是通过计算构件的体积得到的，因此将构件的几何元素删除后，构件的质量和惯性矩等质量信息也为 0，这样得到的构件就是虚构件。由于虚构件没有任何质量信息，因此不会对整个模型的计算结果带来影响。

7.3 实例一：摇头风扇刚柔动力学分析

（1）利用有限元软件进行模态中性文件的生成

ADAMS 中使用的模态中性文件必须借助其他有限元软件来完成。ADAMS 与 ANSYS 实现了很好的衔接关系，可以利用 ANSYS 生成的 mnf 文件直接导入 ADAMS 2020。下面以

ANSYS 为例介绍 mnf 文件的生成过程。

① 首先，启动 ANSYS 经典界面，点击“File”，然后点击“Import”，再点击“PARA...”，如图 7-1 所示。

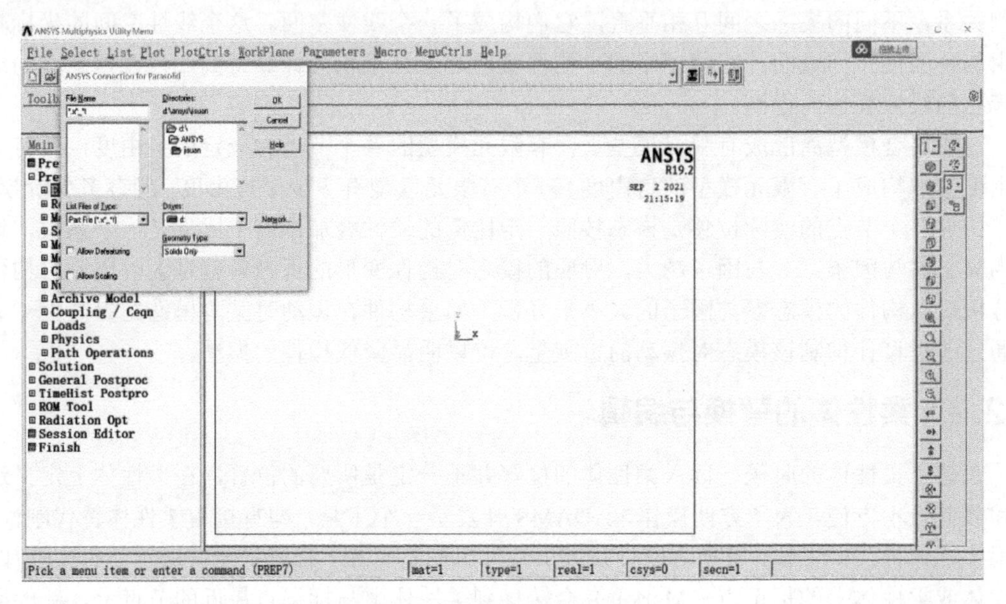

图 7-1　模型的导入（一）

② 在“Directories”中打开文件所在位置（文件格式设置为“x_t”格式），在“File Name”中选中要变成柔性体的部件，点击“OK”按钮，如图 7-2 所示。导入模型后如图 7-3 所示。

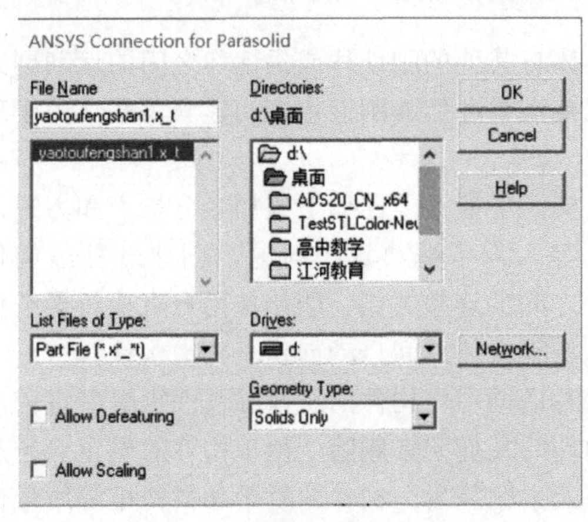

图 7-2　模型的导入（二）

图 7-3　模型导入后

③ 可以将导入的部件进行表面显示，首先，点击“PlotCtrls”，再点击“Style”，在下拉菜单中选择“Solid Model Facets...”，打开“Solid Model Facets”（添加表面）对话框，如图 7-4 所示。在“Wireframe”下拉菜单中选择“Normal Faceting”，如图 7-5 所示。然后点击“OK”按钮，此时部件显示如图 7-6 所示。

④ 进行节点显示。点击“PlotCtrls”，选择“Numbering...”，打开如图 7-7 所示“Plot Numbering Controls”（表面显示）对话框。在对话框中选中“KP Keypoint numbers”后面“off”

选项，然后单击左下角“OK”按钮，完成了节点显示，如图 7-8 所示。

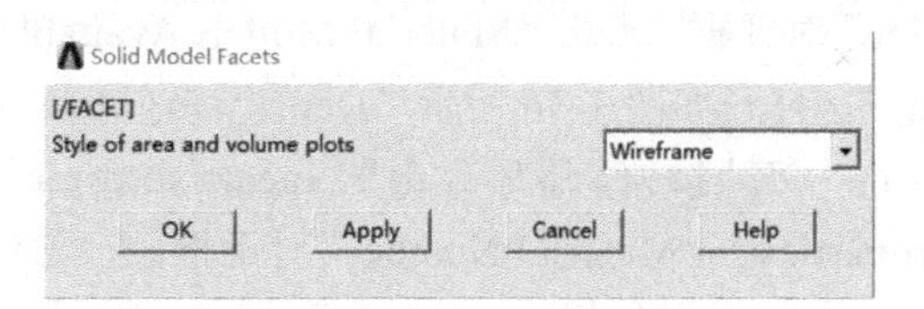

图 7-4　添加表面对话框

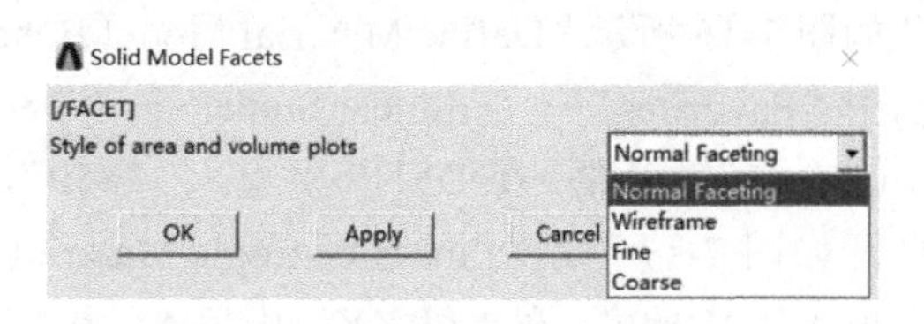

图 7-5　下拉对话框

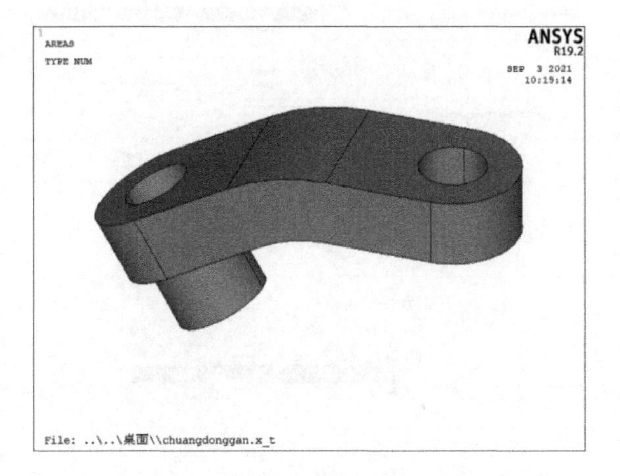

图 7-6　表面显示

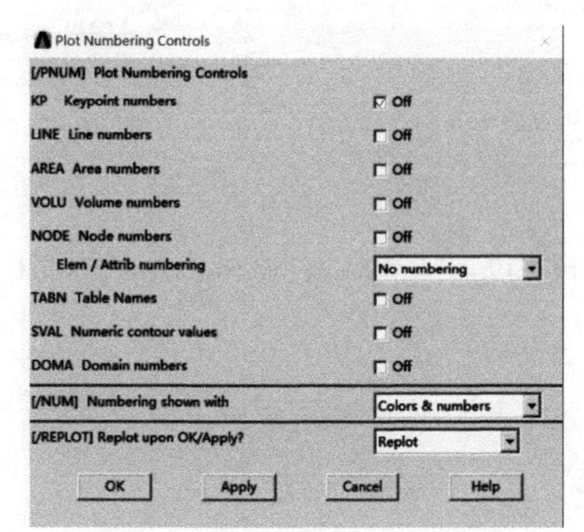

图 7-7　表面显示对话框

⑤ 给模型创建单元材料。依次点击 ANSYS 工具栏上的主菜单（Main Menu）—预处理（Preprocessor）—单元类型（Element Type），然后点击“Add/Edit/Delete”，弹出如图 7-9 所示“Element Types”对话框。点击“Add...”，弹出如图 7-10 所示“Library of Element Types”对话框。选择“Solid”—“Brick 8 node 185”，如图 7-11 所示。点击“OK”按钮，继续点击“Add...”，选中“Structural Mass”，如图 7-12 所示。点击“OK”按钮，如图 7-13 所示。最后点击“Close”按钮。

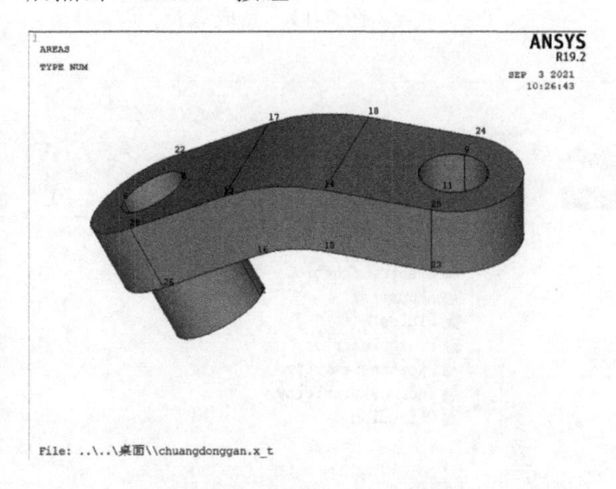

图 7-8　添加节点后的部件

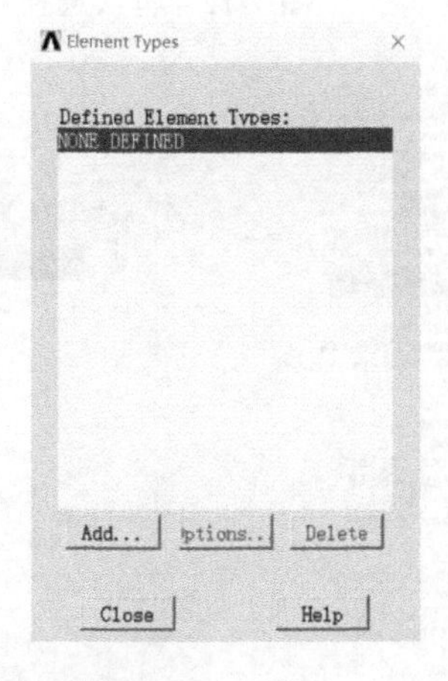

图 7-9　“Element Types”对话框

⑥ 添加材料属性。依次点击 ANSYS 工具栏上的主菜单（Main Menu）—预处理

（Preprocessor）—材料属性（Material Props），如图 7-14 所示。点击“Material Models”，打开如图 7-15 所示“Define Material Model Behavior”对话框。点击“Material Models Available”框中“Favorites”—“ Linear Static”—“Density”，打开如图 7-16 所示“Density for Material Number 1”对话框。在 DENS 中填入“7850”，点击“OK”按钮。然后点击“Linear Isotropic”，打开如图 7-17 所示“Linear Isotropic Material Properties for Material Number”对话框。在“EX”中填入“210e9”，在“PRXY”中填入“0.3”，点击“OK”按钮。

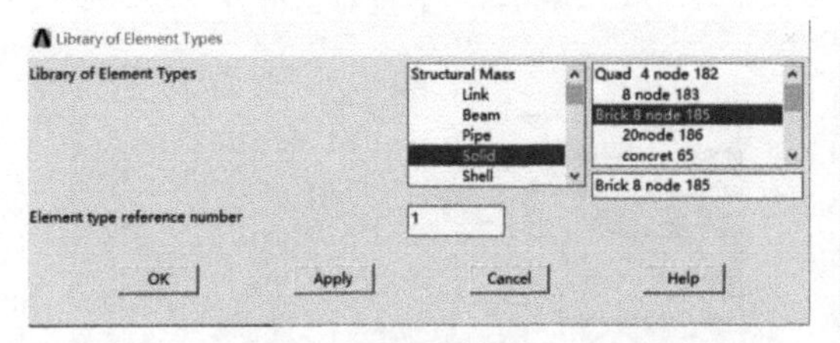

图 7-10 “Library of Element Types”对话框

图 7-11 选择结果

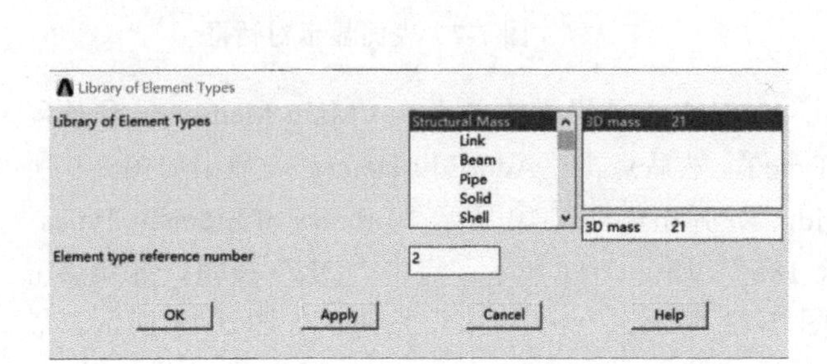

图 7-12 再次选择

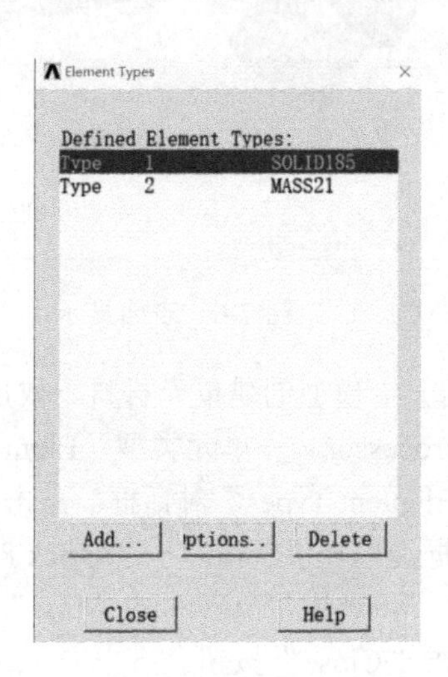

图 7-13 完成选择

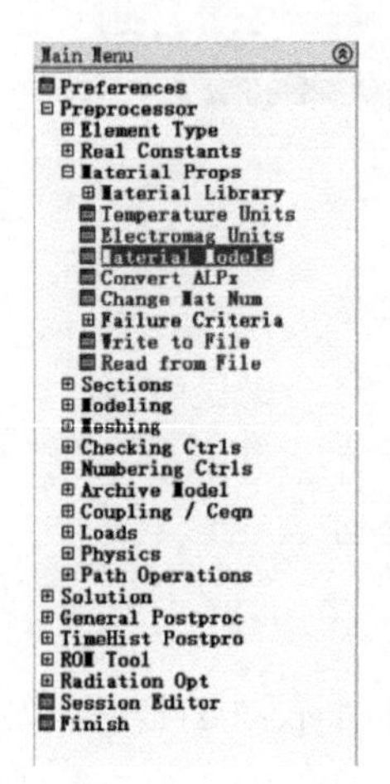

图 7-14 主菜单

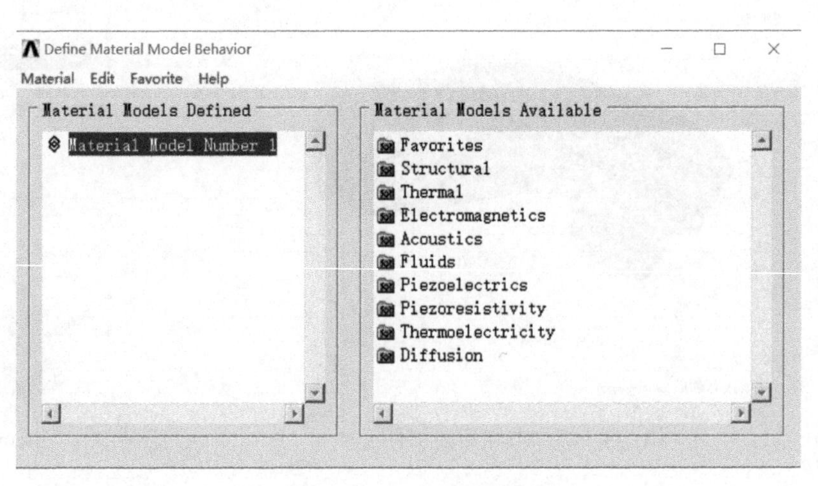

图 7-15 “Define Material Model Behavior”对话框

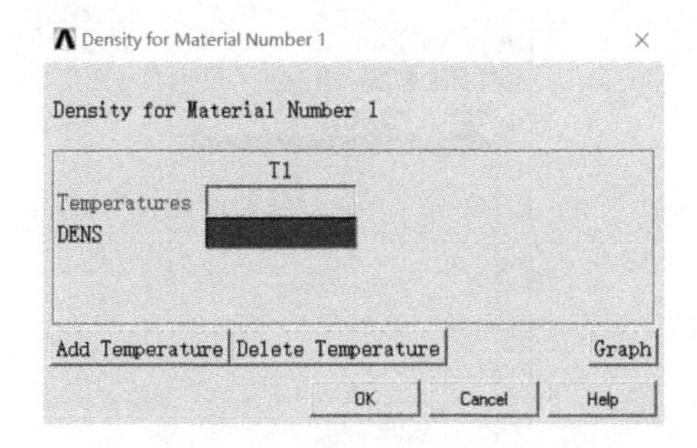

图 7-16 “Density for Material Number 1”对话框

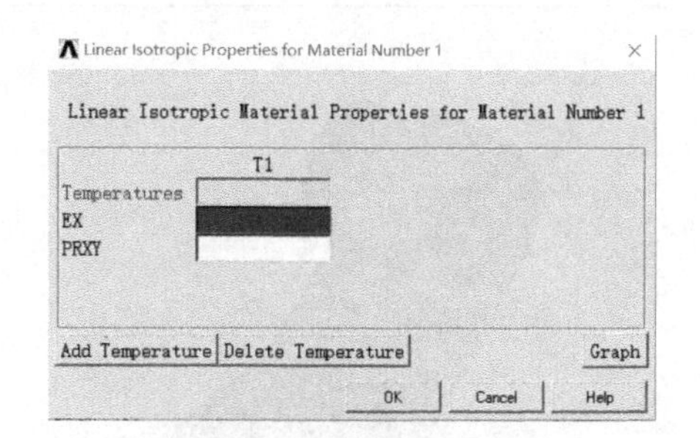

图 7-17 “Linear Isotropic Material Properties for Material Number 1”对话框

⑦ 找到两个孔的中心位置。依次点击 ANSYS 工具栏上的主菜单（Main Menu）—预处理（Preprocessor）—Modeling—Create—Keypoints，点击“KP between KPs”，弹出如图 7-18 所示对话框。鼠标点击输入栏，然后分别选中两个孔的对角节点（如节点 6、7，节点 10、11）。点击“OK”按钮。

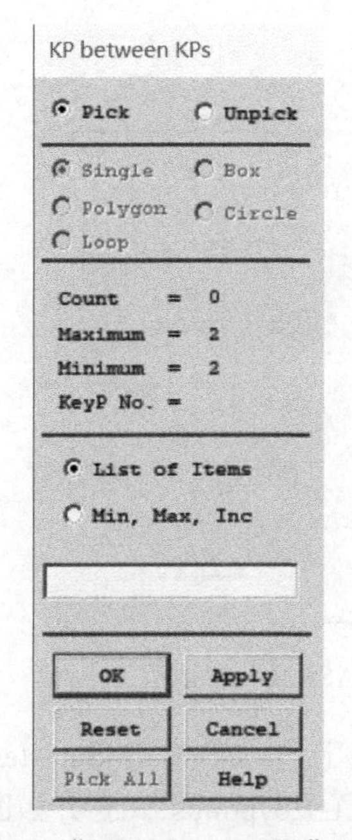

图 7-18 “KP between KPs”对话框

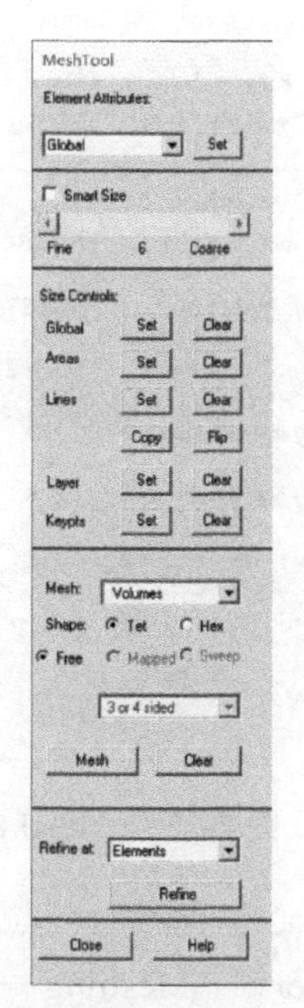

图 7-19 “Meshtool”对话框

⑧ 划分网格。依次点击 ANSYS 工具栏上的主菜单（Main Menu）—预处理（Preprocessor）—网格（Meshing）—MesherTool，打开如图 7-19 所示对话框。勾选“Smart Size”前面对勾，将网格精度调为 2。然后点击“Mesh”按钮，弹出新的对话框点击“Close”按钮。然后在“Mesh Volumes”中的输入栏中选中部件，点击“OK”按钮。再点击“Close”按钮，即完成网格划分。划分完成如图 7-20 所示。

⑨ 依次点击 ANSYS 工具栏上的主菜单（Main Menu）—预处理（Preprocessor）—Real Constants，点击“Add/Edit/Delete”按钮，点击“Add...”，弹出如图 7-21 所示对话框。点击“Type 2 MASS21”，点击“OK”按钮，弹出如图 7-22 所示对话框。在对话框“Real Constant Set No.”后面输入栏中输入“3”，其他位置输入“1e-16”。点击“OK”按钮。

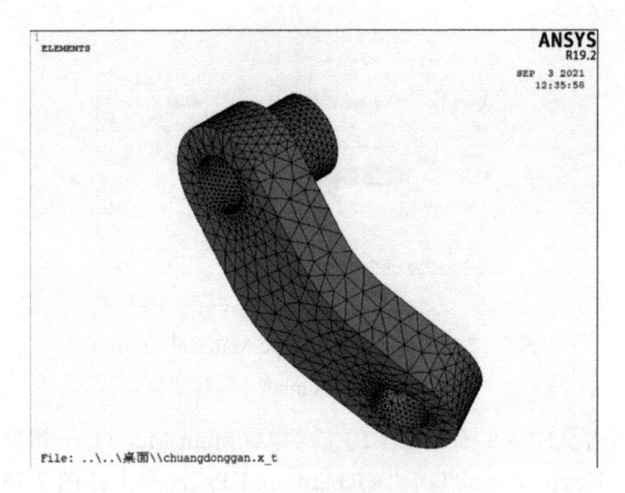

图 7-20 划分完网格部件

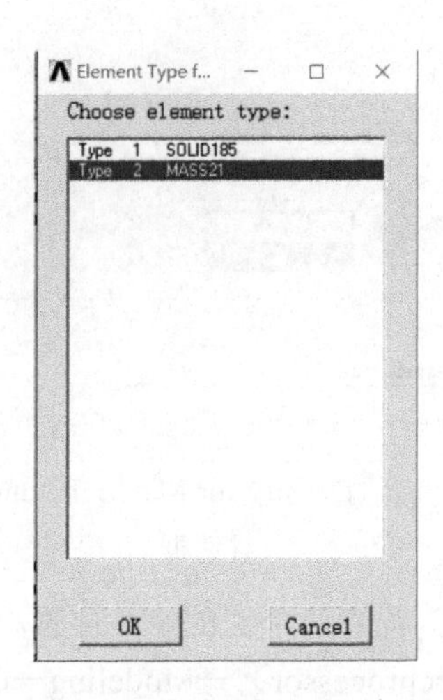

图 7-21 “Element Type f...”对话框

图 7-22 “Real Constant Set Number 1，for MASS21”对话框

⑩ 给圆孔中心位置添加节点。依次点击 ANSYS 工具栏上的主菜单（Main Menu）—预处理（Preprocessor）—Meshing—Mesh Attributes，点击“ALL Keypoints”，打开如图 7-23 所示对话框。在“TYPE Element type number”后面选择“2MASS21”，点击“OK”按钮。点击“MeshTool”，弹出如图 7-24 所示对话框。在 Mesh 后面下拉菜单中选择“Keypoints”，点击“Mesh”按钮，弹出如图 7-25 所示对话框，在对话框中点击两个圆心，点击“OK”按钮。

⑪ 建立刚性区域。点击“Select”按钮，点击“Entities”，弹出如图 7-26 所示对话框。点击“OK”按钮，弹出如图 7-27 对话框，选中第一个节点，点击 OK 按钮。然后再点击“Select”，点击“Comp/Assembly”按钮，再点击“Create Component...”，弹出如图 7-28 所示对话框。在“Component name”后面输入栏中输入“M1”，点击“OK”按钮。同理选择另一个节点为“M2”。然后创建重节点，点击“Select”，点击“Entities”，在弹出的对话框中点击第一个下拉菜单，选择“Areas”，点击“OK”按钮。选择一个圆柱内表面如图 7-29 所示，点击“OK”按钮。然后再次点击“Select”下的“Entities...”按钮。然后在第二个下拉菜单中选择“Attached to”，勾选“Areas，all”，如图 7-30 所示。点击“OK”按钮，然后再点击“Select”，点击“Comp/Assembly”按钮，再点击“Create Component...”，在弹出的对话框的第一个输入栏输入 S1，如图 7-31 所示。点击“OK”按钮，然后点击“Entities...”，将第一个下拉菜单改为“Areas”，第二个下拉菜单改为“By Num/Pick”，如图 7-32 所示。点击“OK”按钮，在弹出的对话框中选中另一个圆柱的内表面，点击“OK”按钮。点击“Entities...”，点击“OK”按钮。在弹出的对话框中选择如图 7-33 所示的内容。然后再点击“Select”，点击“Comp/Assembly”按钮，再点击“Create Component...”，输入“S2”。

Keypoint Attributes
[KATT] Assign Attributes to All Selected Keypoints
MAT Material number 1
REAL Real constant set number 3
TYPE Element type number 1 SOLID185
ESYS Element coordinate sys 0
OK Cancel Help

图 7-23 “Keypoint Attributes”对话框

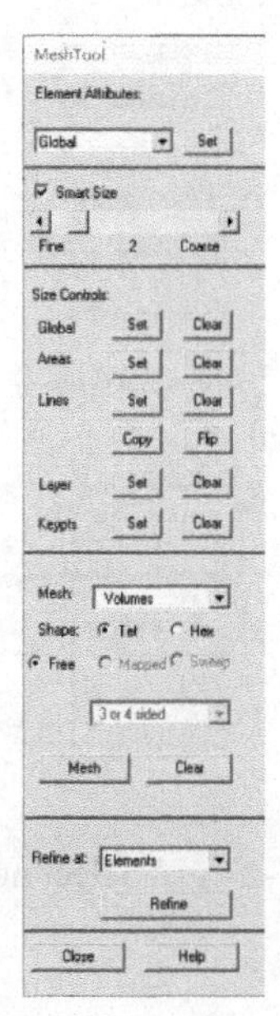

图 7-24 “MeshTool”对话框

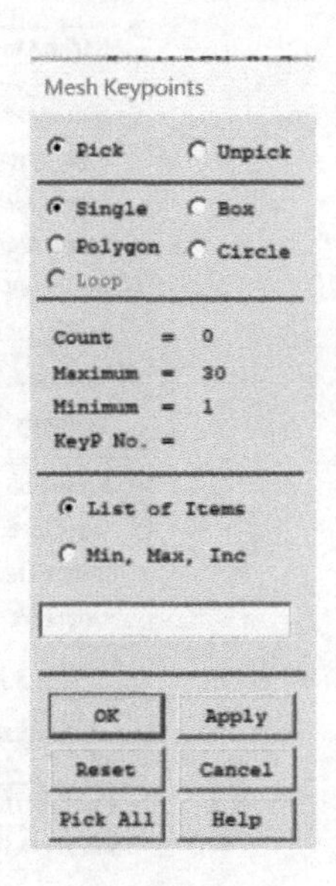

图 7-25 “Mesh Keypoints”对话框

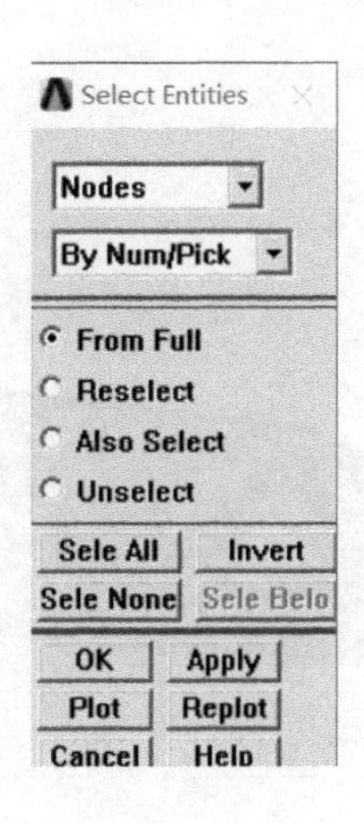

图 7-26 “Select Entities”对话框

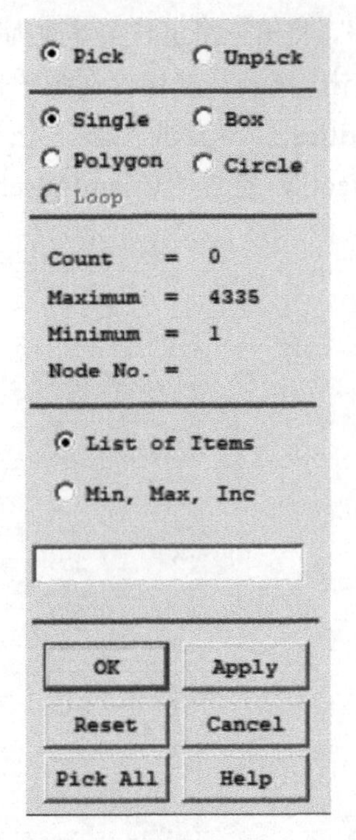

图 7-27 “Select nodes”对话框

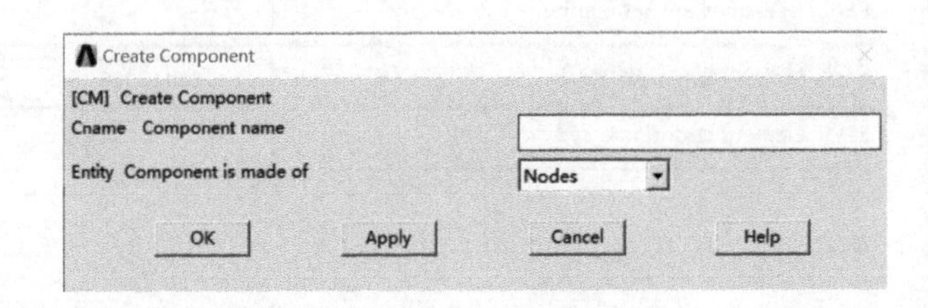

图 7-28 “Create Component”对话框（一）

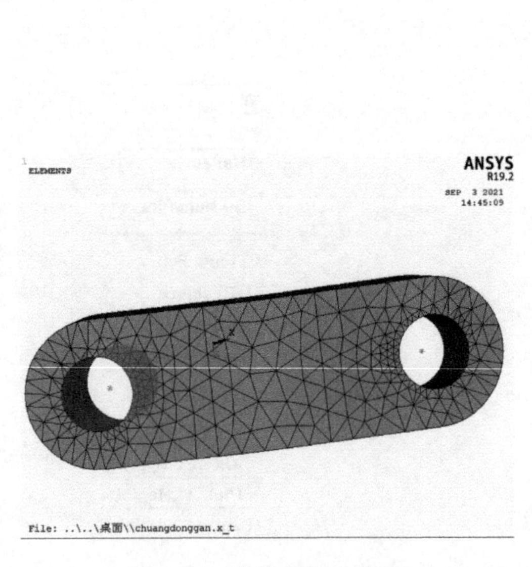

图 7-29 选择圆柱内表面

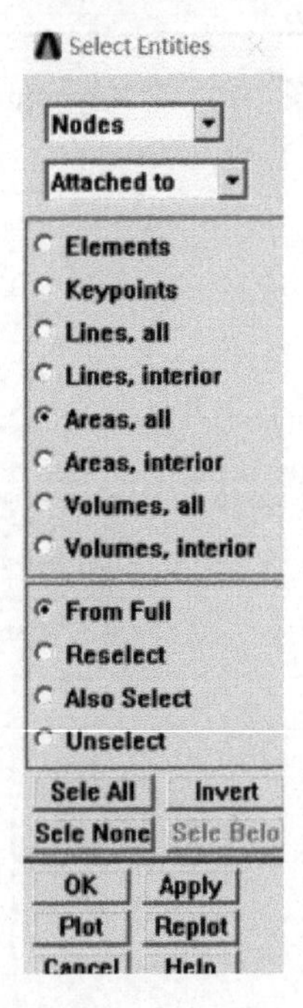

图 7-30 “Select Entities”对话框（一）

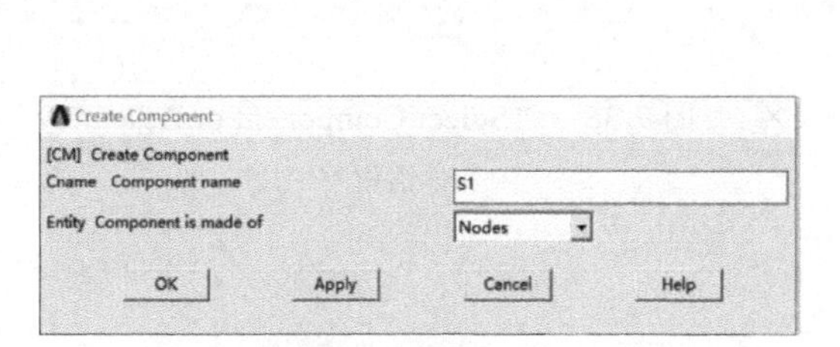

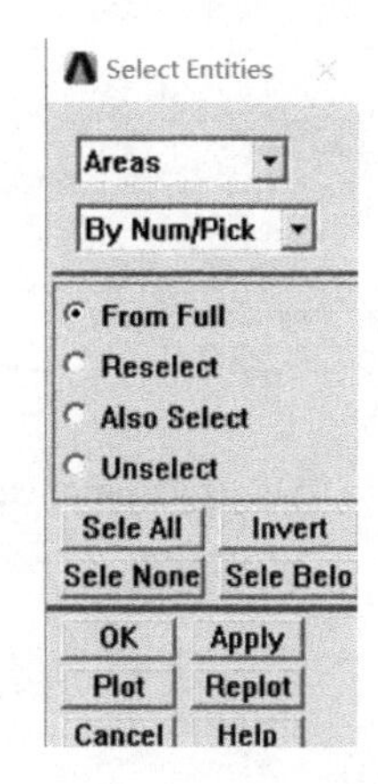

图 7-31　“Create Component”对话框（二）　　　图 7-32　“Select Entities”对话框（二）

组装节点。点击“Select”，点击“Comp/Assembly”按钮，再点击“Create Assembly”，弹出如图 7-34 所示对话框。选中 M1、S1，输入“MS1”，点击“OK”按钮。同理选中 M2、S2，输入“MS2”。最后点击“Comp/Assembly”按钮，再点击“Select Comp/Assembly”，弹出如图 7-35 所示对话框。点击“OK”按钮，弹出如图 7-36 所示对话框。选中 MS1，点击“OK”按钮。点击“Plot”，点击“Volumes”，点击“Nodes”，节点显示如图 7-37 所示。依次点击 ANSYS 工具栏上的主菜单（Main Menu）—预处理（Preprocessor）—Coupling/Ceqn，点击“Rigid Region”，弹出如图 7-38 所示对话框。选择主节点，点击“OK”按钮。然后勾选“BOX”，框选所有从节点，如图 7-39 所示。点击“OK”按钮，弹出对话框，继续点击“OK”按钮，出现如图 7-40 所示结果。同理 MS2 如此。

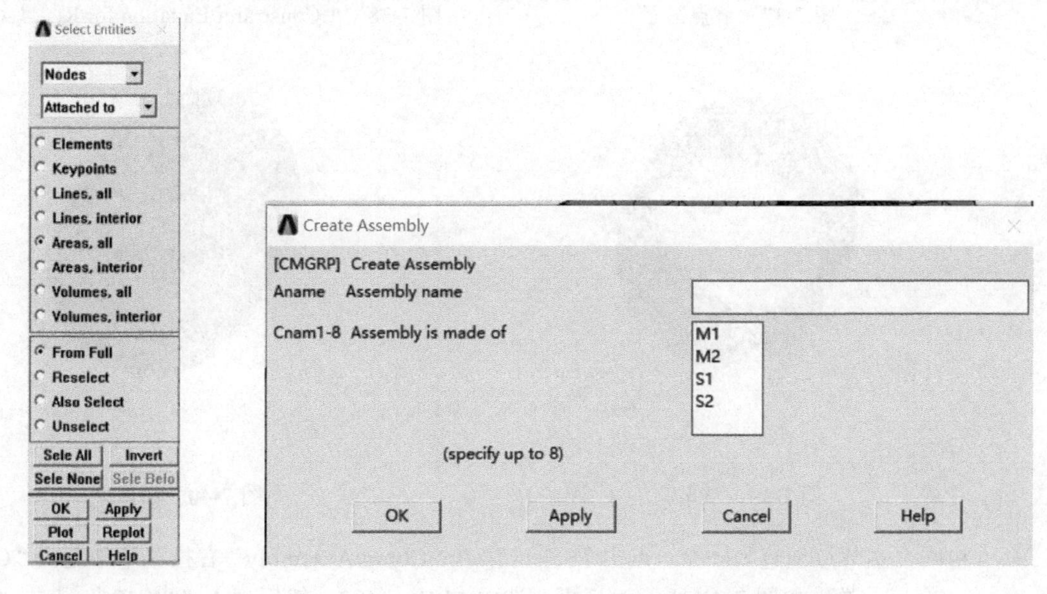

图 7-33　“Select Entities”对话框（三）　　　图 7-34　“Create Assembly”对话框

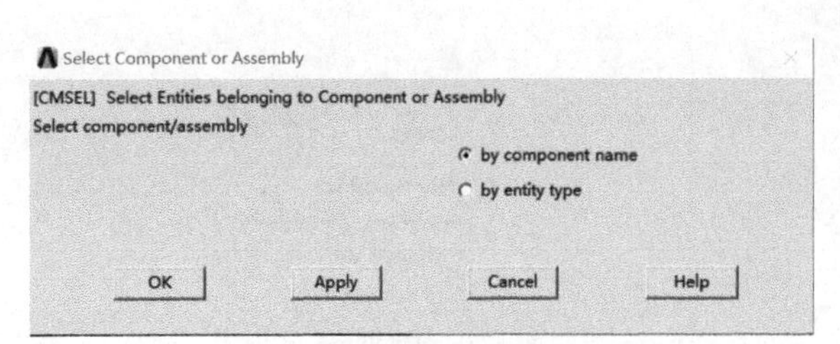

图 7-35 “Select Component or Assembly”对话框（一）

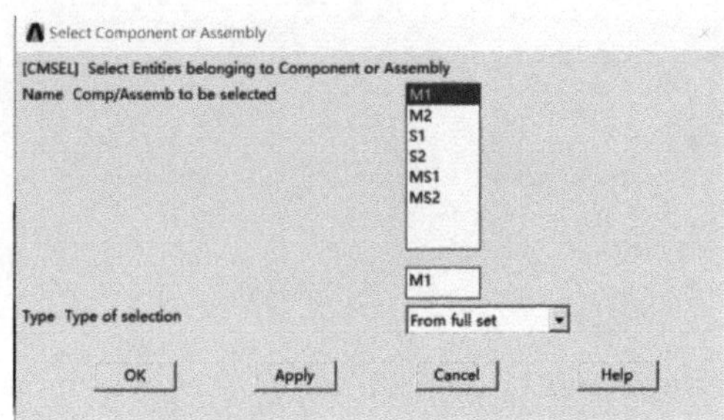

图 7-36 “Select Component or Assembly”对话框（二）

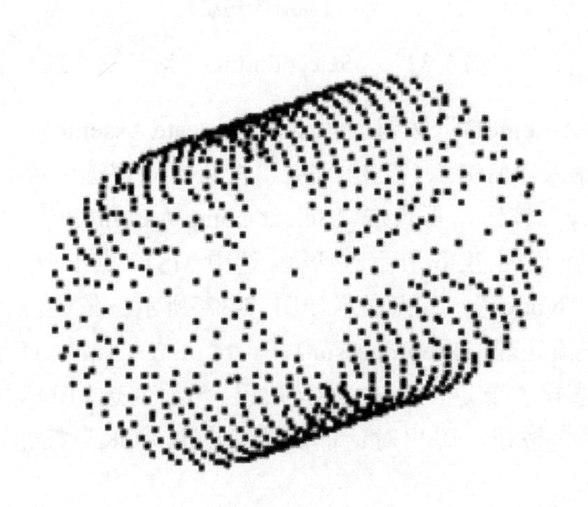

图 7-37 节点显示

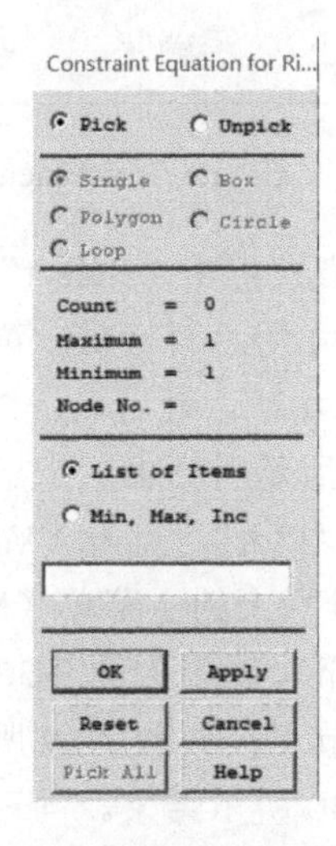

图 7-38 “Constraint Equation for Ri…”对话框

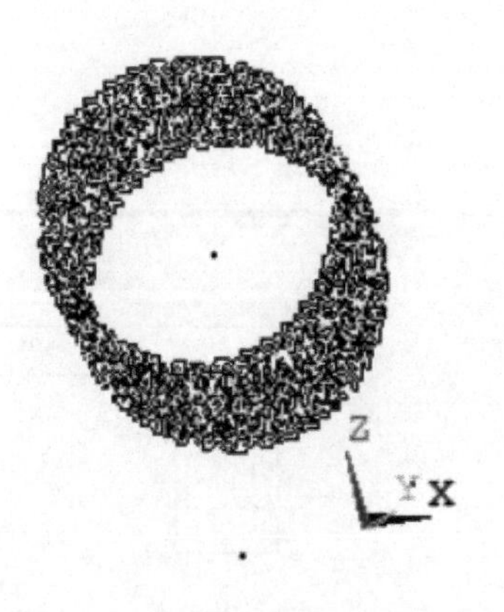

图 7-39 从节点

图 7-40 图像

将两个主节点创建为一个。点击“Select”，在“Comp/Assembly”右拉菜单中选择“Create Assembly...”，弹出如图 7-41 所示对话框。选中 MS1、MS2，然后填入“MS12”，点击“OK”按钮。然后点击“Comp/Assembly”按钮，再点击“Select Comp/Assembly...”，然后选中“MS12”，点击“OK”按钮。然后点击“Plot”，再点击“Multi-Plots”，此时部件如图 7-42 所示。

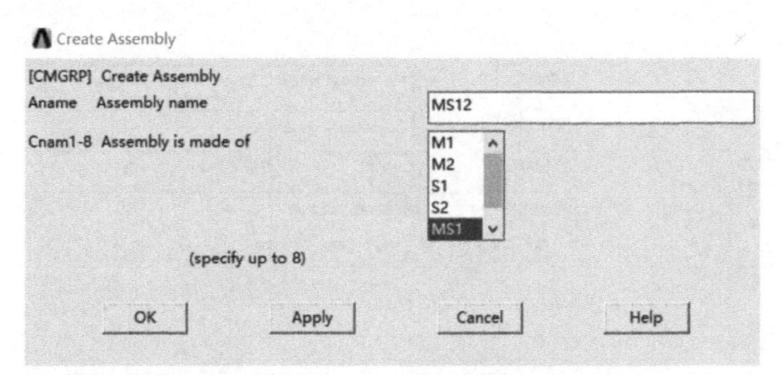

图 7-41 “Create Assembly”对话框

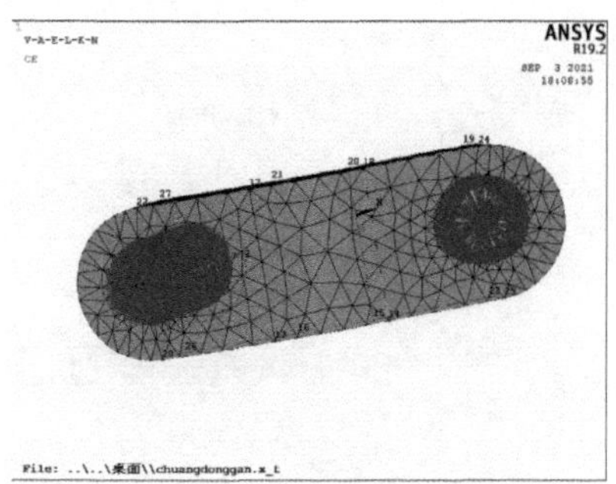

图 7-42 部件图

⑫ 导入 ADAMS 软件。依次点击 Main Menu—Solution—ADAMS Connection—Export to ADAMS，弹出如图 7-43 所示对话框。选中两个主节点，点击“OK”按钮，弹出如图 7-44 所示对话框。选择“Browse...”，选择要保存的路径。然后点击“Solve and create export file to ADAMS”，如图 7-45 所示，完成求解。

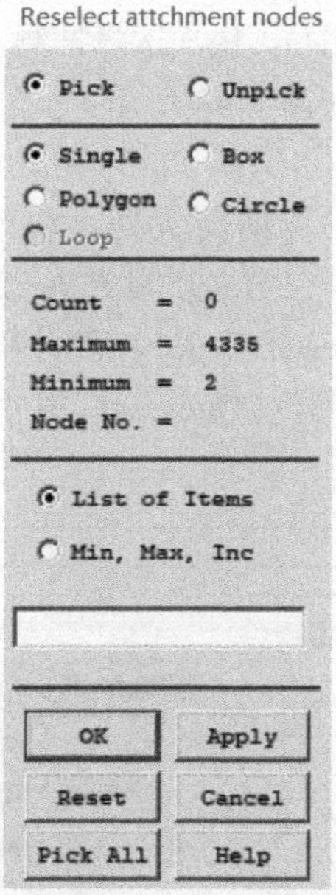

Reselect attchment nodes

Pick Unpick
Single Box
Polygon Circle
Loop
Count = 0
Maximum = 4335
Minimum = 2
Node No. =
List of Items
Min, Max, Inc
OK Apply
Reset Cancel
Pick All Help

图 7-43 “Reselect attchment nodes”对话框

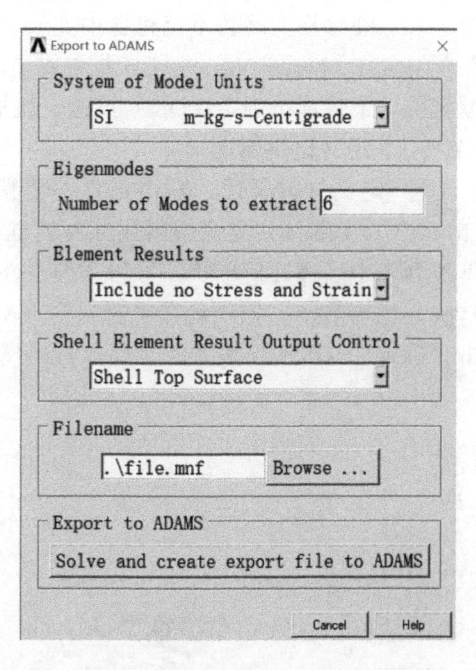

图 7-44 “Export to ADAMS”对话框

Solve and create export file to ADAMS

图 7-45 完成求解

（2）ADAMS 模型的导入

① 打开创建新模型对话框。单击桌面上的 ADAMS 2020 快捷图标按钮，或者单击开始菜单，然后依次单击“程序”—“ADAMS 2020”—“ADAMS View”，系统弹出创建新模型对话框。在对话框的名称（Name）中输入对应名称，单击单位（Units）下拉列表中的 MKS，可以选择设置单位，如图 7-46 所示。单击“确定”（OK）按钮，完成新模型的创建。

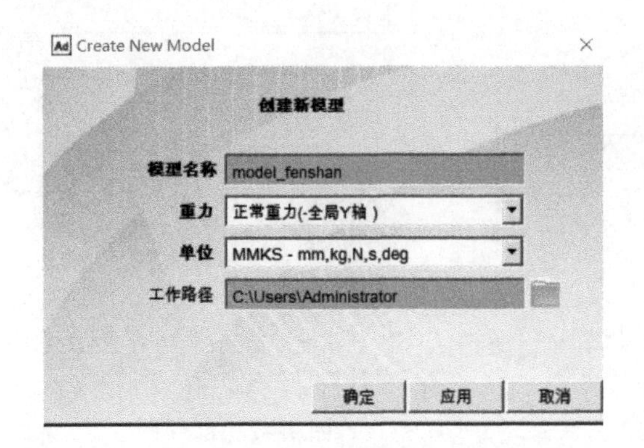

图 7-46 定义模型

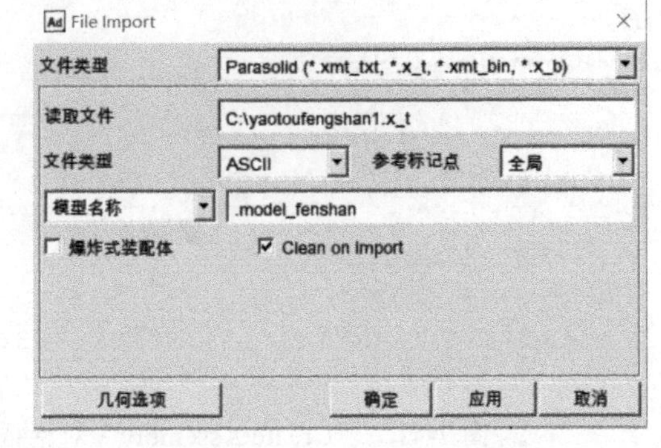

图 7-47 导入模型对话框

② 导入模型。单击文件（File），选择导入（Import），系统弹出导入模型对话框，如图 7-47 所示。在文件类型（File Type）下拉列表中选择 Parasolid 格式。在读取文件（File To Read）框中双击，找到模型所在文件夹，单击选中文件，再单击确定（OK）按钮，完成模型的导入（注意模型路径不能包含中文）。在文件类型（File Type）下拉列表中选择 ASCII 项。在模型名称（Model Name）下拉框中右击，选择模型（Model），依次选择推测（Guesses）→模型名称。最后单击确定（OK）按钮，完成模型的导入，如图 7-48 所示。

（3）定义材料属性

① 定义材料属性。右击部件，将鼠标移动至部件右侧的箭头处，从列表中选择修改（Modify）。系统弹出定义材料属性对话框，如图 7-49 所示。在定义质量方式（Define Mass By）下拉列表中选择几何形状和材料类型（Geometry and Material Type），在材料类型（Material Type）栏中右击，依次选择“材料”（Material）—“推测”（Guesses）→“steel”。最后单击“确定”（OK）按钮完成对部件材料属性的定义。

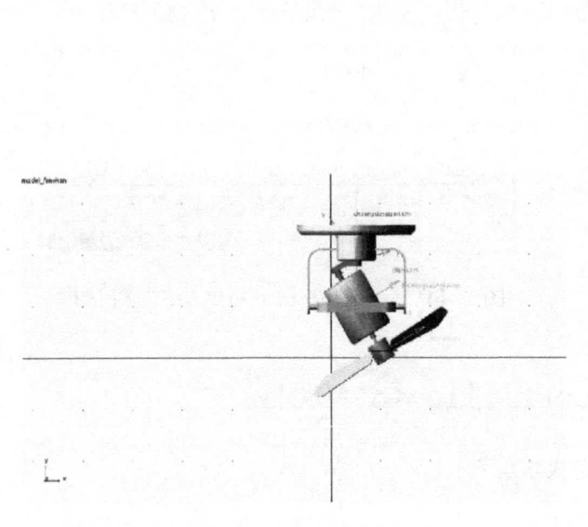

图 7-48 模型导入

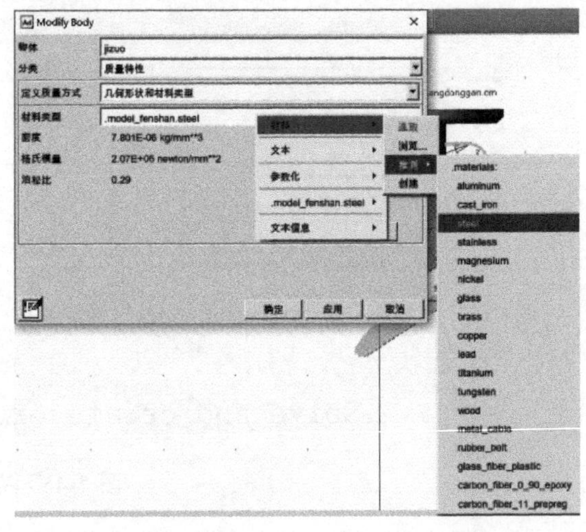

图 7-49 定义部件

② 由于其余材料相同，故可以批量定义。在工具中点击表格编辑器，如图 7-50 所示，系统弹出如图 7-51 所示表格。点击过滤器，弹出如图 7-52 所示对话框。勾选“质量特性”，选择材料类型，单击“确定”，就可以在表格中添加材料栏。复制粘贴材料信息，如图 7-53

所示，点击“确定”按钮。

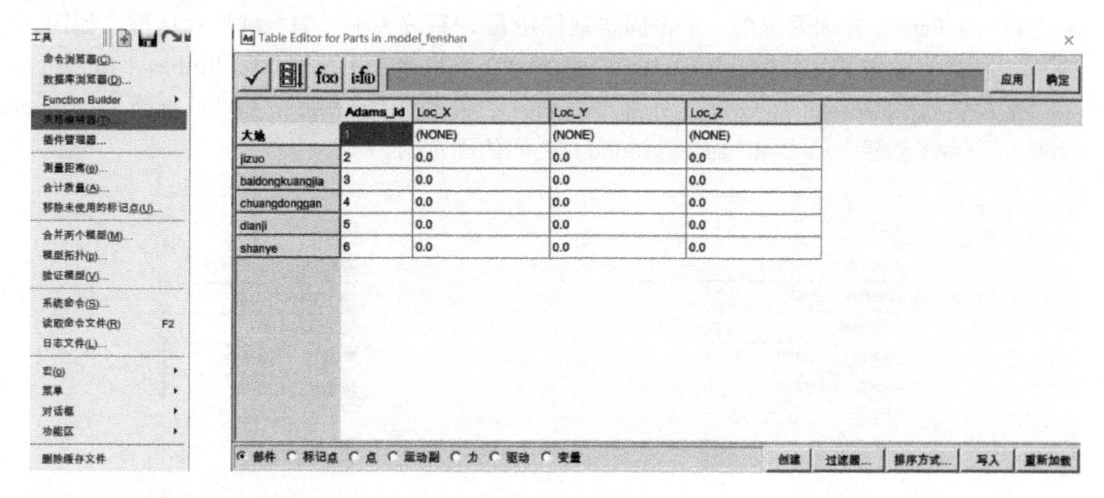

图 7-50　表格编辑器　　　　　　　　　　　　图 7-51　表格

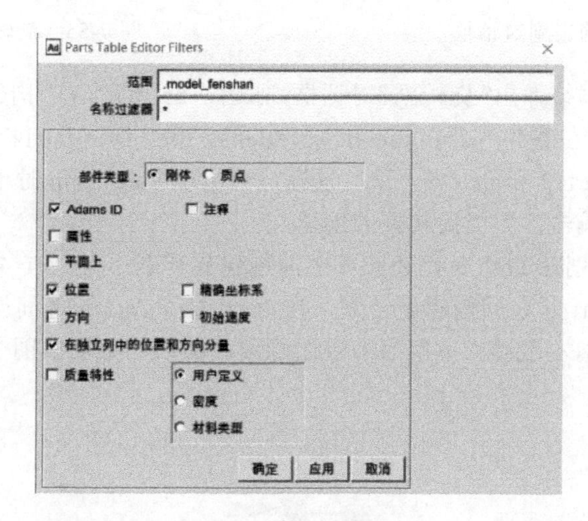

图 7-52　对话框

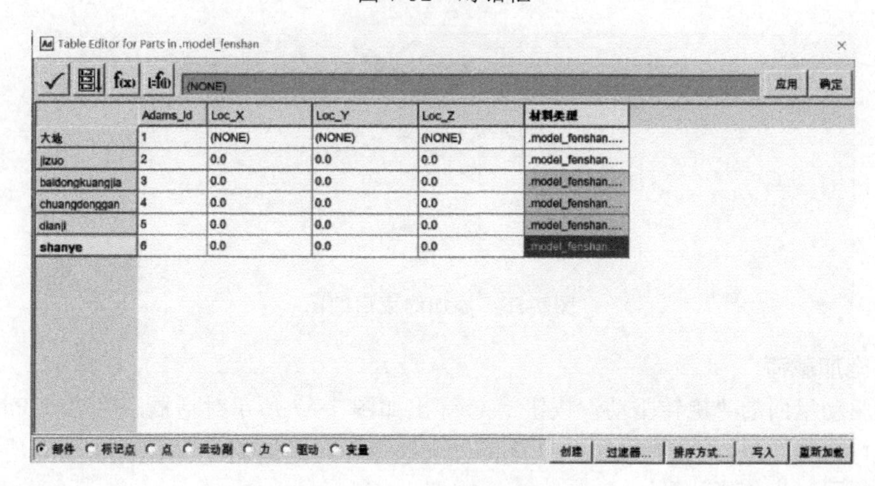

图 7-53　带有材料栏表格

（4）施加约束

① 对 Part_2 施加固定副。单击固定副按钮🔒，系统弹出“固定副”对话框，如图 7-54 所示。在“构建方式”（Construction）下选择“2 个物体-1 个位置”（2 Bodies-1 Locations）和“垂直格栅”（Normal To Grid）。分别单击 Part_2 和地面（ground），移动鼠标至“Part 2.cm”后单击，系统创建 Part_2 和地面（ground）之间的固定副。

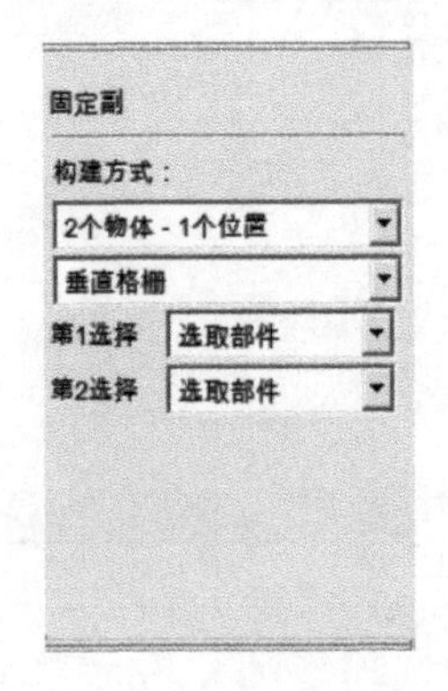

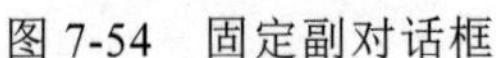

图 7-54　固定副对话框

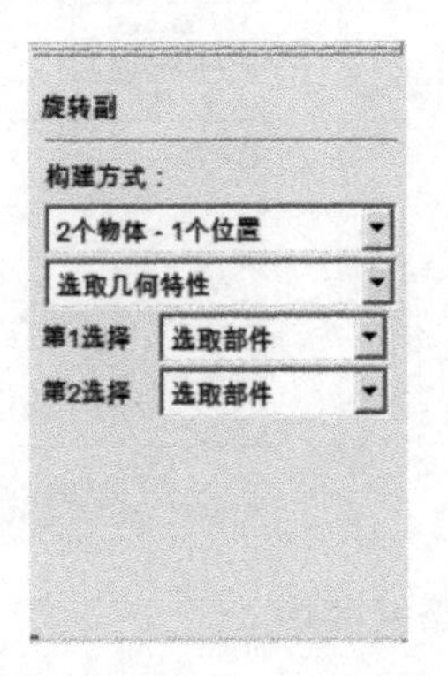

图 7-55　旋转副对话框

② 创建旋转副。系统弹出“旋转副”对话框，如图 7-55 所示。在“构建方式”（Construction）下选择“2 个物体-1 个位置”（2 Bodies-I Locations）和“选取几何特性”（Pick Geometry Feature）。分别单击 Part_2 和 Part_3，移动鼠标，当出现 Part_3.cm 时单击，移动鼠标，当箭头指向 X 轴正方向时单击，完成旋转副的创建。

③ 同上述方法分别在 Part_3 和 Part_4 之间创建旋转副，在 Part_4 和 Part_5 之间创建旋转副，在 Part_5 和 Part_6 之间创建旋转副，在 Part_2 和 Part_5 之间创建旋转副，在 Part_2 和 Part_5 之间再创建基本运动约束里面的点面约束。最后约束图如图 7-56 所示。

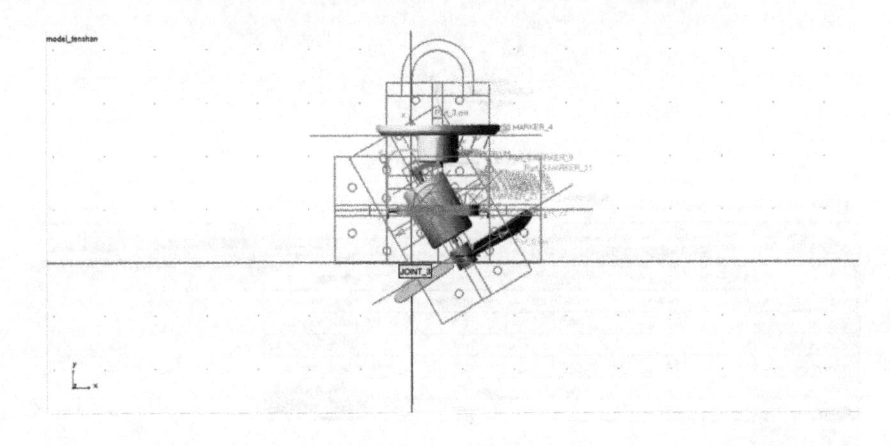

图 7-56　添加约束后的图

（5）施加载荷

点击驱动里面的“旋转驱动”按钮，弹出如图 7-57 所示对话框，将扇叶 Part_6 部分旋转速度设置为“360.0”。将底座 Part_2 部分旋转速度设置为“60.0”，如图 7-58 所示。添加驱动后进行下一步仿真计算。

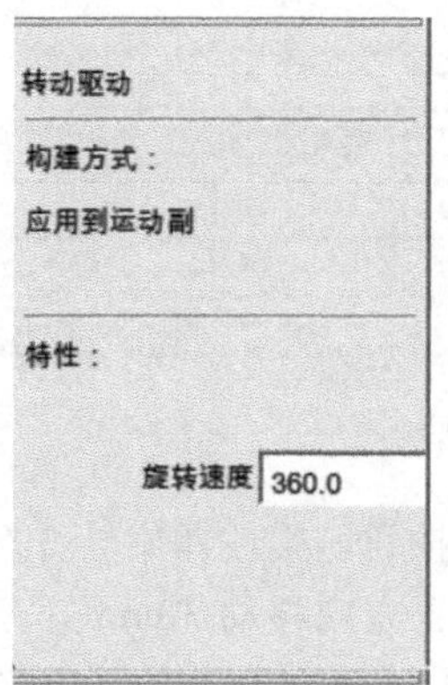

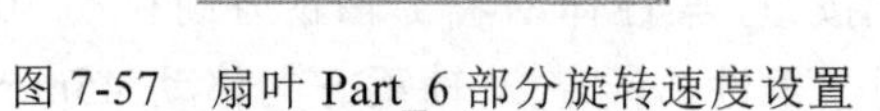

图 7-57　扇叶 Part_6 部分旋转速度设置

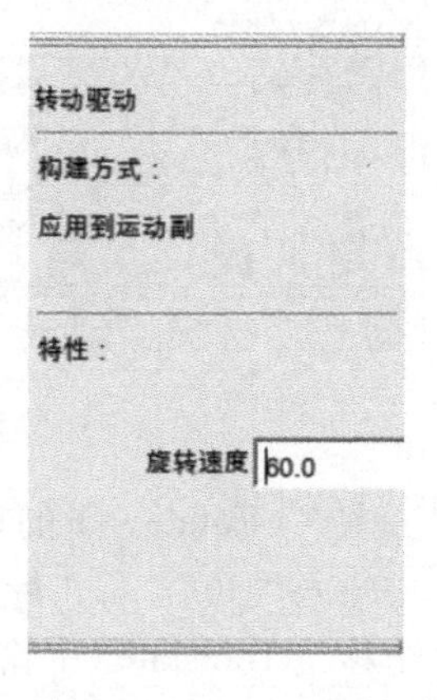

图 7-58　底座 Part_2 部分旋转速度设置

（6）仿真计算

单击仿真按钮，系统弹出“Simulation Control”（仿真控制）对话框，将终止时间设置为“5.0”、步数设置为“500”，如图 7-59 所示。单击开始仿真按钮，系统开始仿真。单击“保存”按钮，在弹出对话框中输入“model_fenshan”，将此次仿真结果保存。

图 7-59　仿真设置对话框

（7）柔性体的替换与编辑

① 柔性体替换刚性体。单击按钮，系统弹出“Create a Flexible Body”（导入柔性体）对话框，如图 7-60 所示。在对话框的“MNF”栏中右击，找到储存柔性体的文件，双击选中，然后单击“确定”按钮完成柔性体的导入。

② 移动旋转柔性体。右击按钮，在弹出的选项中单击按钮，弹出“Precision Move”（旋转和平移）对话框，如图 7-61 所示。在“柔性体”（flexible body）后右击，再单击“选取”（Pick），移动鼠标选择柔性体。

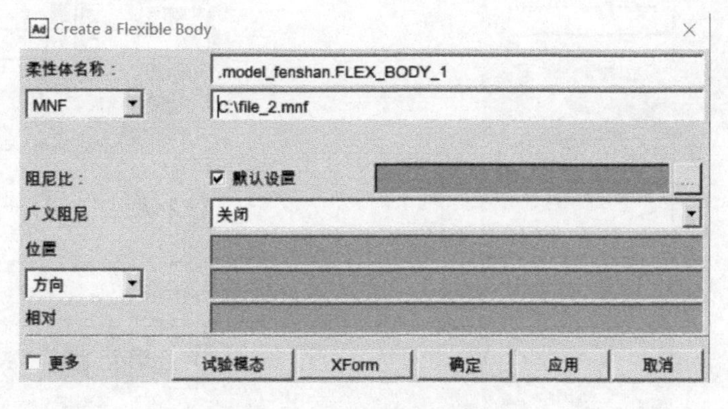

图 7-60　导入柔性体对话框

③ 在“修改”（Relocate）下拉列表中选择“标记点”（Marker），并在其后的栏中右击，选择“MARKER_1”。

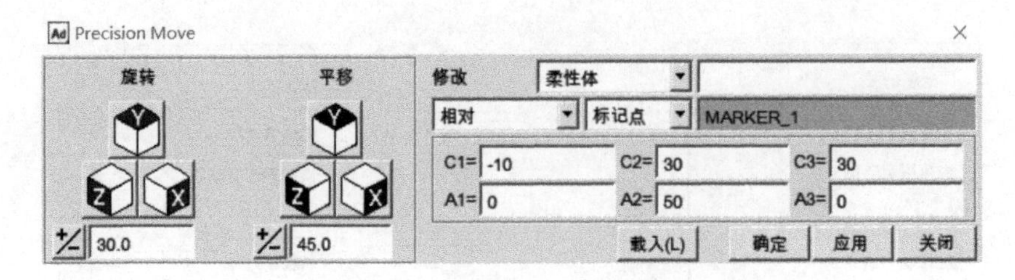

图 7-61 旋转和平移对话框

④ 在“旋转”（Rotate）下的栏中输入“30”，单击按钮，柔性体旋转 30°。在“平移”（Translate）中输入“30”，单击按钮，柔性体沿着 Z 轴正方向移动 30mm。

⑤ 在“平移”（Translate）中输入“30”，单击按钮，柔性体沿着 Y 轴正方向移动 30mm。在“平移”（Translate）中输入“45”，单击按钮，柔性体沿着 X 轴正方向移动 45mm。单击“关闭”（Colse），关闭对话框。

⑥ 删除刚性体。右击“Part_3”，在弹出的菜单中单击“删除”（Delete）按钮完成刚性体的删除。

⑦ 创建刚柔接触。单击接触按钮，系统弹出“Create Contact”（创建接触）对话框，如图 7-62 所示。在对话框的“接触类型”（Contact Type）下拉列表中选择“柔性体对刚体”（Flex Body to Solid），在“I 柔性体”（I Flexible Body）栏中右击，单击“选取”（Pick），移动鼠标选择柔性体。在“J 实体”（J Solid）栏中右击，单击“选取”（Pick），移动鼠标选择“Part_3”。勾选“力显示”（Force Display）复选框，并从下拉列表中选择“Red”（红色）。在“法向力”（Normal Force）下拉列表中选择“碰撞”（Impact），其余选项采用默认设置。

⑧ 单击“确定”（OK）按钮完成接触的定义。

（8）仿真计算

① 单击仿真按钮，系统弹出仿真控制对话框，将仿真时间设置为“5.0”、仿真步数设置为“500”，如图 7-63 所示。单击开始仿真按钮，系统开始仿真。

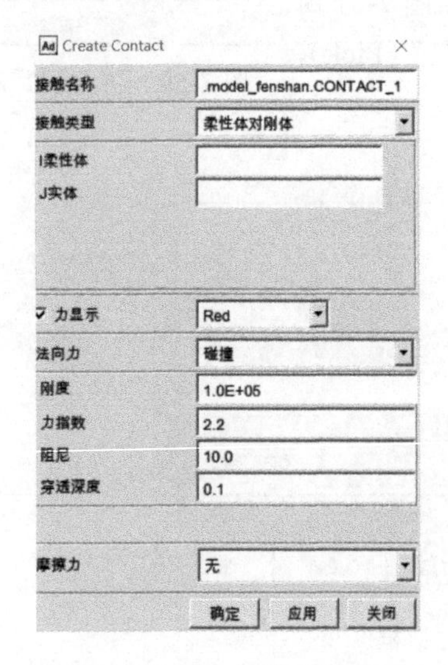

图 7-62 定义刚-柔接触

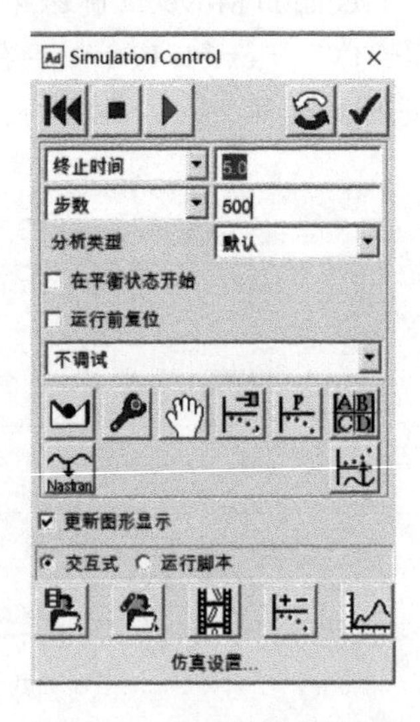

图 7-63 仿真设置对话框

② 单击按钮，在弹出的对话框中输入“flex_fenshan”，将此次仿真结果保存。

（9）后处理

查看仿真结果。单击后处理按钮，系统打开后处理窗口，进行后处理。

7.4　实例二：钟摆机构刚体离散及动力学分析

钟摆机构由球体和连杆组成。本节主要讲解在 ADAMS 中自动生成柔性体以及对刚性球体和柔性轴实现刚柔耦合仿真。

（1）创建模型

① 定义新模型。单击桌面上 ADAMS View 2020 快捷图标，系统弹出创建新模型对话框。在对话框的“模型名称”（Model Name）中输入“model_pendulum”，在“工作路径”（Working Directory）中双击，选择文件储存路径，如图 7-64 所示。

② 单击“确定”（OK）按钮完成新模型的定义。

③ 建立模型。单击连杆按钮，系统弹出“连杆”对话框，在对话框中将连杆的长度（Length）设置为 40.0cm、宽度（Width）设置为 4.0cm、深度（Depth）设置为 2.0cm，如图 7-65 所示。

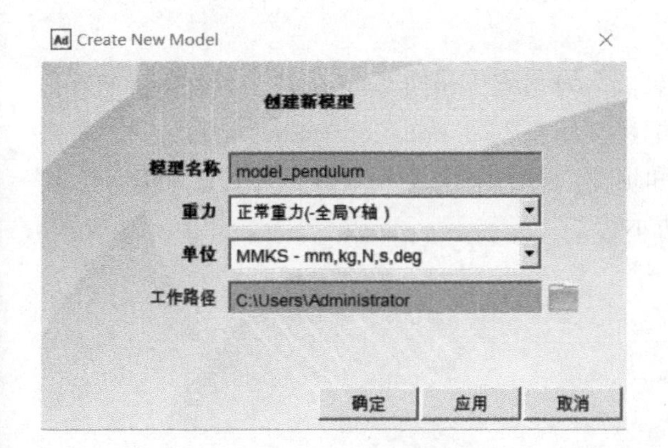

图 7-64　定义钟摆模型

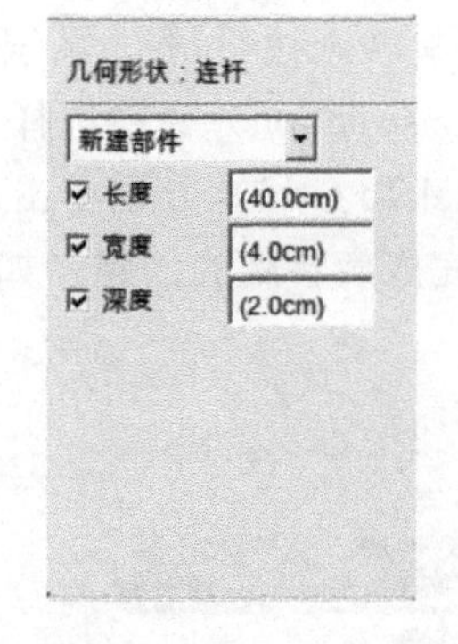

图 7-65　“连杆”对话框

④ 单击（0，0）点，移动鼠标，当指向 X 轴正方向的时候单击，完成连杆的创建，如图 7-66 所示。

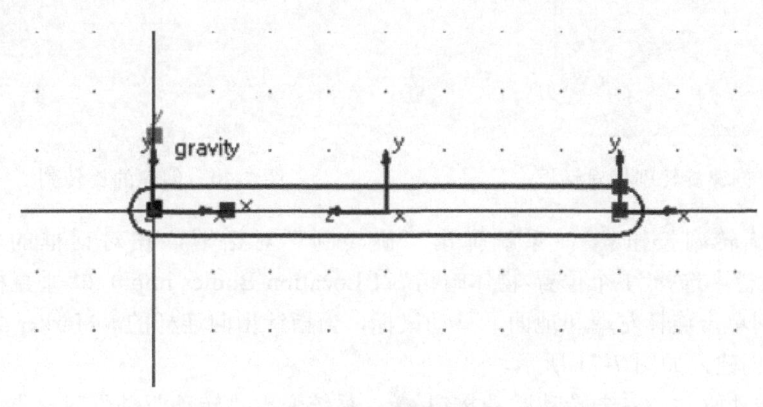

图 7-66　创建的连杆

⑤ 创建球。单击球按钮，系统弹出“球”对话框，如图 7-67 所示。选中“半径”（Radius）复选框并在后面输入 5.0cm，将球的半径设置为 5.0cm，单击连杆右端的“Marker_2”点，创建的球如图 7-68 所示。

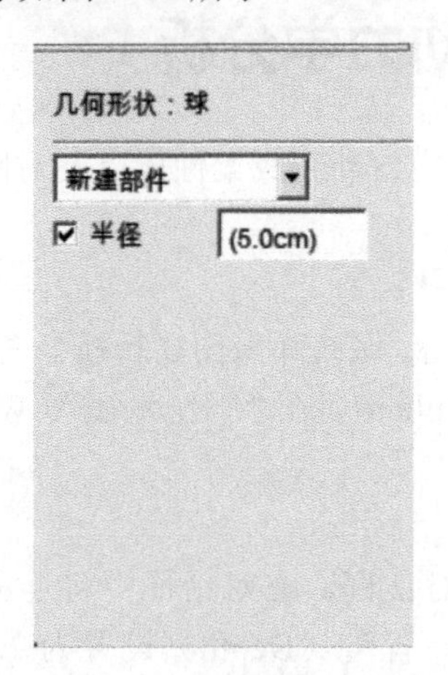

图 7-67 “创建球”对话框

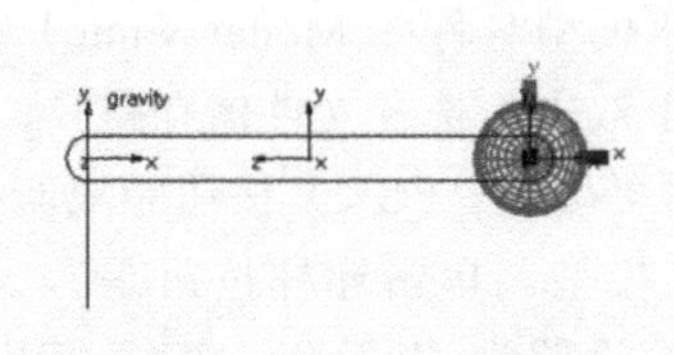

图 7-68 创建的球

（2）施加约束和驱动

① 单击旋转副按钮，系统弹出“旋转副”对话框，如图 7-69 所示。在对话框的“构建方式”（Construction）栏中选择“1 个位置-物体暗指”（1 Location-Bodies impl）和“垂直格栅”（Normal To Grid）。分别单击连杆左端和地面，移动鼠标，当指针指向连杆的“Marker_1”点时单击，完成旋转副的创建，如图 7-70 所示。

图 7-69 “创建旋转副”对话框

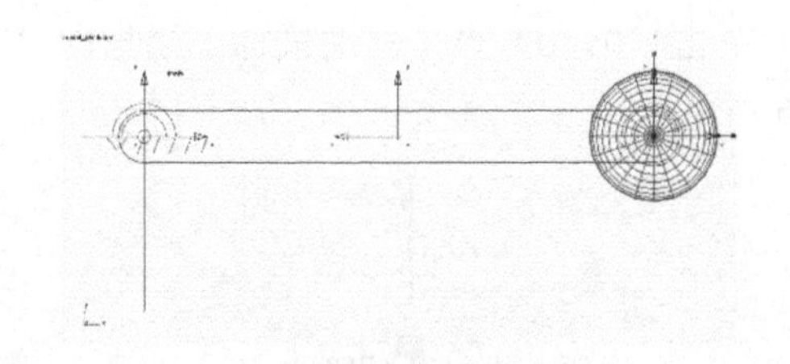

图 7-70 创建的旋转副

② 单击旋转副按钮，系统弹出“旋转副”对话框，在对话框的“构建方式”（Construction）栏中选择“1 个位置-物体暗指”（1 Location-Bodies impl）和“垂直格栅”（Normal To Grid）。分别单击连杆左端和地面，移动鼠标，当指针指向连杆的“Marker_2”点时单击，完成旋转副的创建，如图 7-71 所示。

③ 创建转动驱动。单击转动驱动按钮，系统弹出“转动驱动”对话框。在“转动驱动”对话框旋转速度中输入 360.0，如图 7-72 所示。单击连杆左端的旋转副（Joint_1），完成

驱动的施加，如图 7-73 所示。

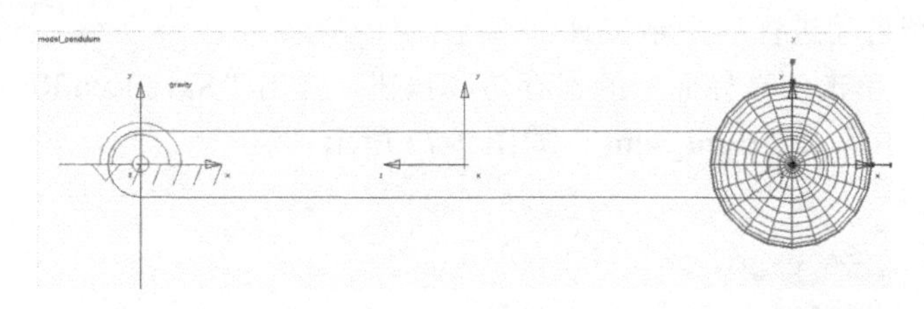

图 7-71　旋转副创建

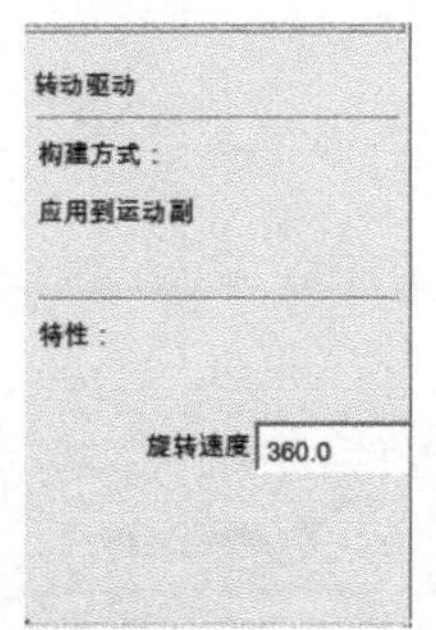

图 7-72　“转动驱动”对话框

图 7-73　施加驱动

④ 设置驱动函数。右击驱动，在弹出的菜单中选择“修改”(Modify)，弹出“Joint Motion”（设置驱动）对话框，如图 7-74 所示。在对话框的函数（时间）中输入函数“step（time，0，0d，0.5，-90d）+STEP（time，0.501，0d，1.0，-90.0d）+STEP（time，1.01，0.0d，1.5，90.0d）+STEP（time，1.501，0.0d，2.0，90.0d）”，如图 7-75 所示。单击“确定”（OK）按钮，完成驱动函数的定义，再单击图 7-74 中的“确定”（OK）按钮完成驱动的定义。

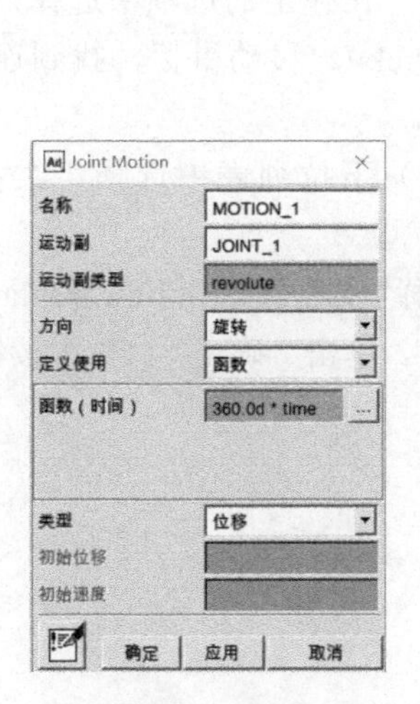

图 7-74　设置驱动

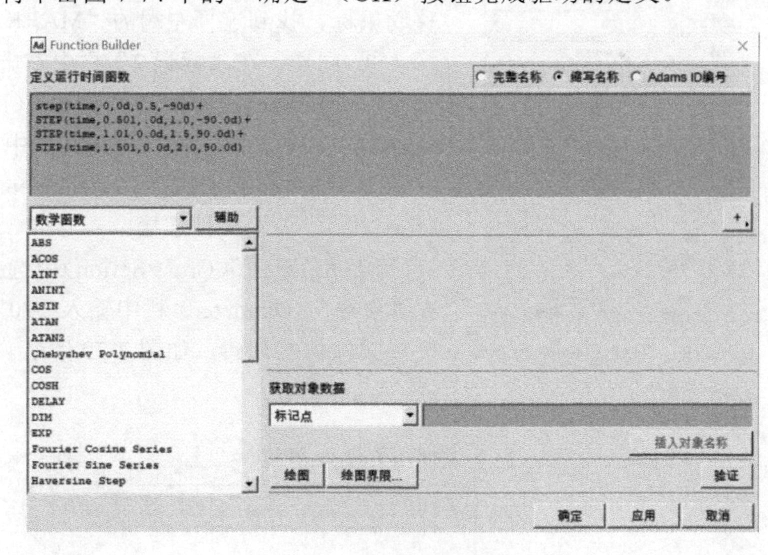

图 7-75　设置驱动函数

（3）仿真

① 仿真。单击仿真按钮，系统弹出“Simulation Control”（仿真控制）对话框。在对

话框的“终止时间”栏中输入“2.0”、“步数”栏中输入“1000”，如图 7-76 所示。单击开始仿真按钮▶，系统自动进行动力学仿真。

② 保存仿真。单击仿真界面中的保存仿真按钮，弹出“Save Run Results”（保存仿真）对话框。在对话框中输入“rigid_sim”，如图 7-77 所示。

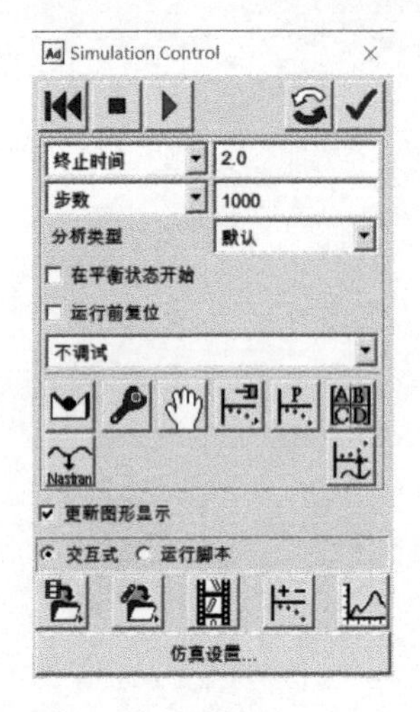

图 7-76　仿真

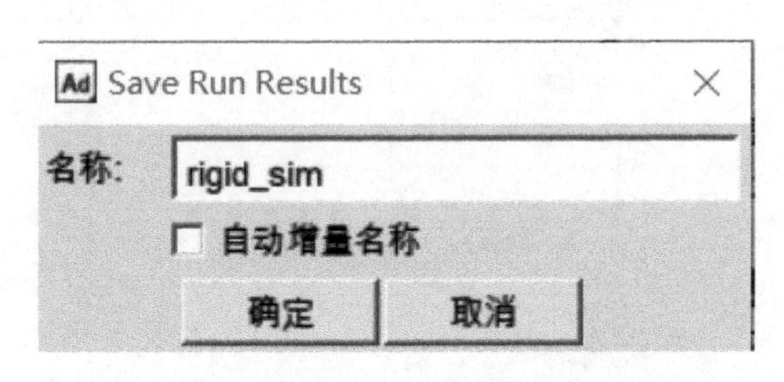

图 7-77　保存刚性体仿真

（4）创建柔性离散连杆

① 离散连杆。单击按钮，弹出创建柔性体对话框，如图 7-78 所示。在“名称”（Name）中输入“liangan”，在“段数”（Segments）中输入“8”，表示把连杆分成 8 份。在“标记 1”栏中右击，在弹出的选项中选择“标记点”（Marker），再单击“选取”（Pick）。移动鼠标，找到连杆左端的“MARKER_1”，并将其选中。

② 同样，在“标记 2”栏中右击，在弹出的选项中选择“标记点”（Marker），再单击“选取”（Pick）。移动鼠标，找到连杆左端的“MARKER _2”，并将其选中。

③ 在“连接方式”（Attachment）下拉列表中选择“柔性”（flexible），表示柔性连接。

④ 在“断面”（Cross Setion）中选择“实心圆”（Solid Circular）。在“直径”（Diameter）栏中输入“20”，单击“确定”（OK）按钮，完成柔性体的创建，如图 7-79 所示。

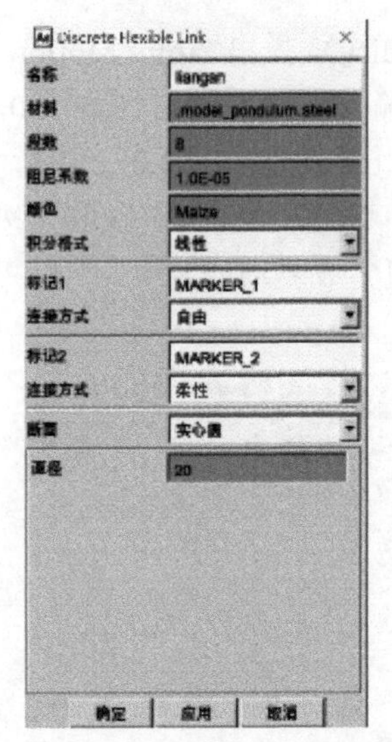

图 7-78　创建柔性体对话框

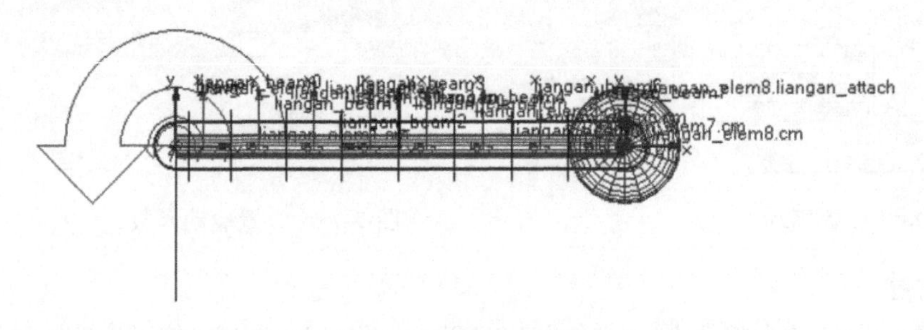

图 7-79　柔性体创建

⑤ 删除刚性体。在连杆上右击，在弹出的列表中单击“删除”，完成删除工作。

(5) 创建刚柔体间的约束和驱动

① 定义旋转副。单击旋转副按钮，系统弹出“旋转副”对话框，如图 7-80 所示。在“构建方式”(Construction) 栏中选择“1 个位置-物体暗指”(1 Location-Bodies impl) 和“垂直格栅”(Normal To Grid)。分别单击连杆左端的 liangan_eleml 和地面，移动鼠标，当指针指向连杆的“liangan_elem1.Marker_ 10”点时单击，完成旋转副的创建，如图 7-81 所示。

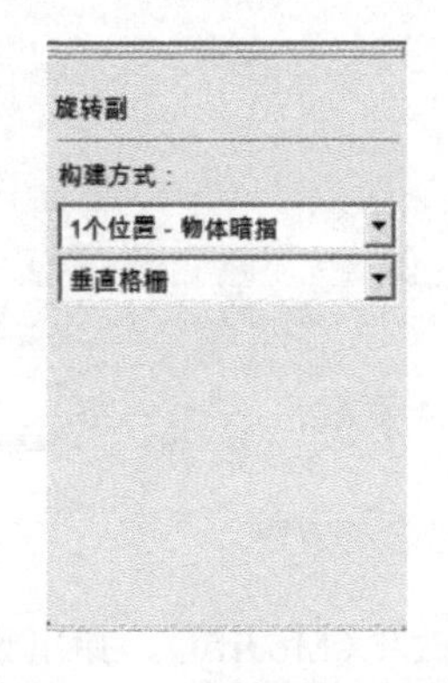

图 7-80　“旋转副”对话框

图 7-81　旋转副创建

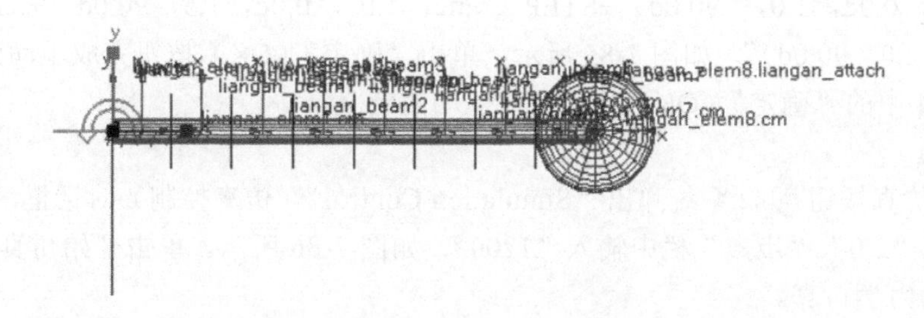

图 7-82　旋转副创建

② 单击旋转副按钮，系统弹出创建旋转副对话框，在“构建方式”(Construction) 栏中选择“1 个位置-物体暗指”(1 Location Bodies impl) 和“垂直格栅”(Normal To Grid)。分别单击连杆左端的 liangan_elem7 和球体，移动鼠标，当指针指向连杆的“Part_3.cm”点时单击，完成旋转副的创建，如图 7-82 所示。

③ 创建驱动。单击旋转驱动按钮，系统弹出“Joint Motion”(创建驱动) 对话框。在对话框中输入 360.0，单击连杆左端的旋转副 (Joint 1)，完成驱动的施加，如图 7-83 所示。

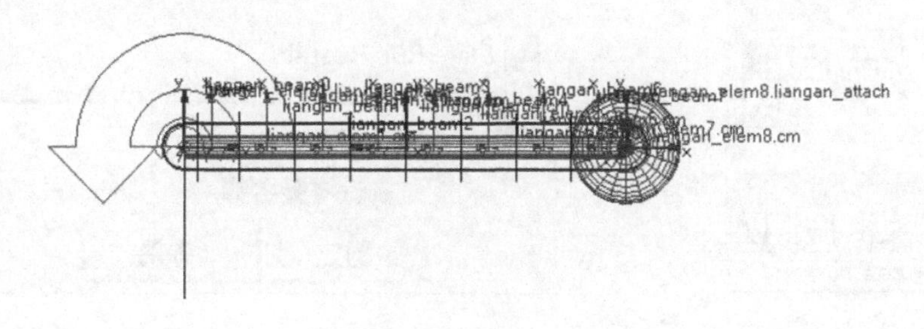

图 7-83　创建驱动

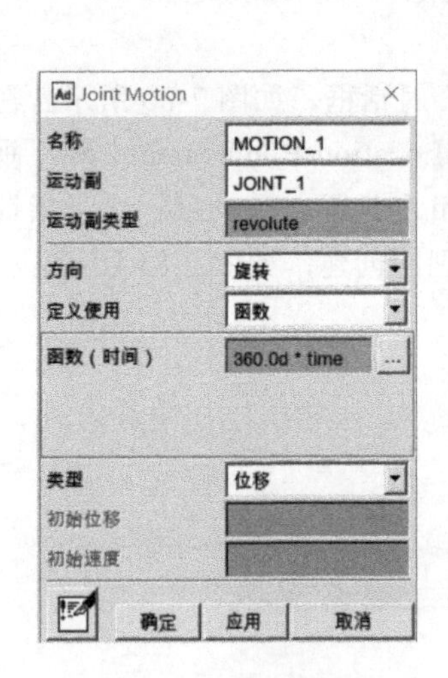

图 7-84 设置驱动

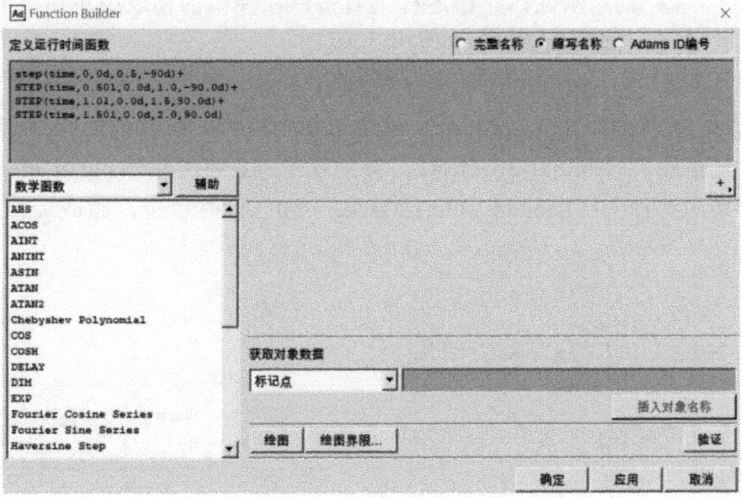

图 7-85 设置驱动函数

④ 设置驱动函数。右击驱动，在弹出的菜单中选择“修改”（Modify），弹出设置驱动对话框，如图 7-84 所示。在函数（时间）中输入函数“step（time，0，0d，0.5，-90d）+STEP（time，0.501，0.0d，1.0，-90.0d）+STEP（time，1.01，0.0d，1.5，90.0d）+STEP（time，1.501，0.0d，2.0，90.0d）”，如图 7-85 所示，单击“确定”（OK）按钮完成驱动函数的定义，再单击图 7-84 中的“确定”（OK）按钮完成驱动的定义。

（6）仿真

① 单击仿真按钮，系统弹出“Simulation Control”（仿真控制）对话框，在“终止时间”栏中输入“2.0”、“步数”栏中输入“1200”，如图 7-86 所示。单击开始仿真按钮，系统自动进行动力学仿真。

② 保存仿真。单击仿真界面的保存仿真按钮，弹出“Save Run Results”（保存仿真）对话框，在对话框中输入“flex_sim”，将此次仿真结果保存，如图 7-87 所示。

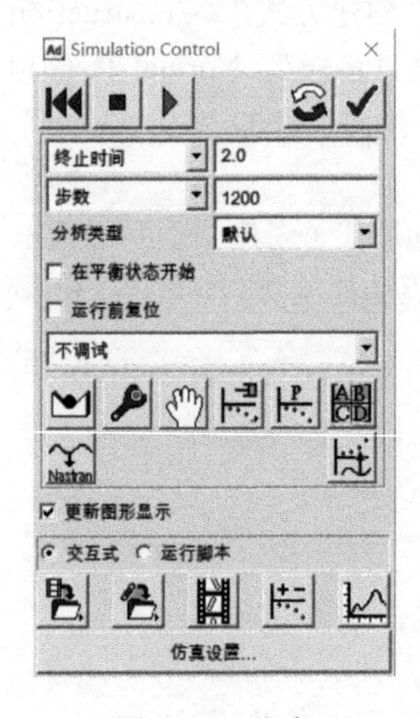

图 7-86 仿真

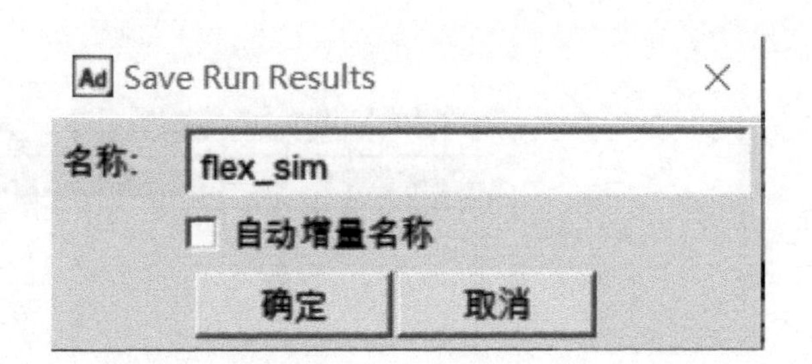

图 7-87 保存仿真

（7）后处理

① 在后处理中分析结果。单击后处理按钮，进入后处理界面，如图 7-88 所示。

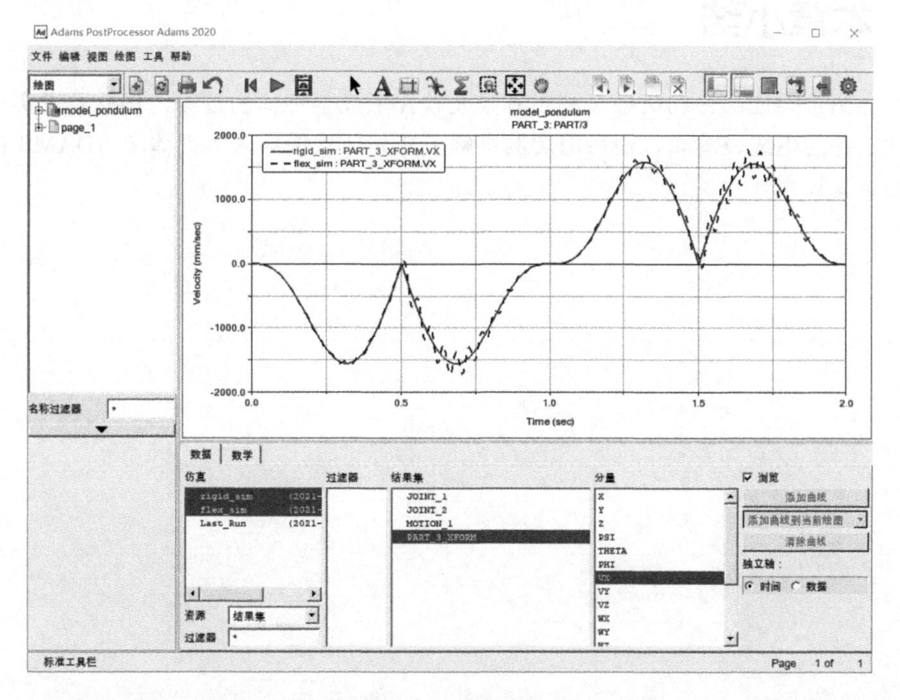

图 7-88　后处理

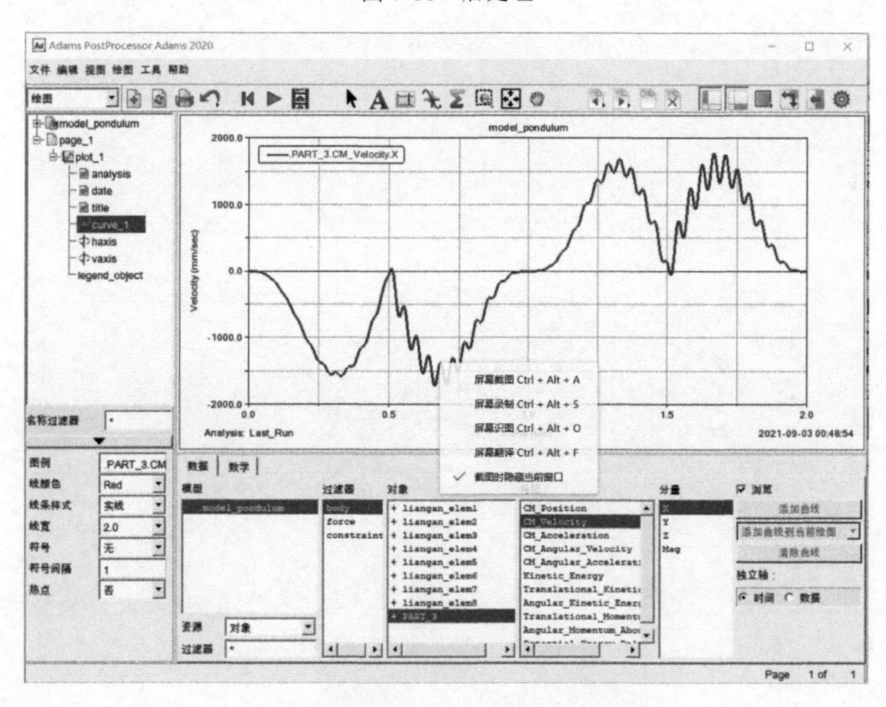

图 7-89　球体在 X 轴方向的加速度曲线

② 参照图 7-88 对其进行设置。当刚性和柔性连杆仿真时，球体在 X 轴方向的加速度曲

线如图 7-89 所示。

7.5 本章小结

本章介绍了柔性部件的离散及利用有限元软件生成柔性体的过程，然后通过实例讲解了模态中性文件的生成及编辑，最后用实例讲解了从外部软件导入柔性体和 ADAMS 自己生成柔性体的仿真过程。

第8章 多柔体系统建模与仿真

扫码尽享
ADAMS 全方位学习

在工程应用中经常会计算在固定不变的载荷作用下的结构效应，主要有平面应力、平面应变、轴对称、梁及桁架分析、壳分析、接触分析等问题的求解。这些问题均是线性静态结构问题。线性静态结构分析是有限元（FEM）分析中最基础的内容。充分学习本章内容可以为后面的学习打下坚实的基础。

关于多柔体系统，目前尚无确切的、众所接受的定义。人们通常将多柔体系统理解为由多个柔性体（柔性部件）通过铰链（又称关节）连接而成的一个系统。相邻两个柔性部件之间有较大的相对刚体位移发生。因此，多柔体系统和由多个柔体组成的结构是不同的。传统意义下的结构应该具有几何不可变性，就是说相邻两个部件间除弹性变形外，不允许有相对的刚体位移发生。

一个固定结构（如楼房、桥梁）的自由度数只是它的弹性位移的自由度数。倘若结构是可移动的（如车辆、飞行器），还需加上可能发生的整体运动的刚体自由度数。对于多柔体系统就完全不同了，除去各柔性体的弹性位移自由度数以外，还有两个柔性体间关节的刚体运动自由度数。

目前公认的多柔体系统动力学理论的发展是以 3 个重要的工程领域作为背景的，即航天器、机器人（机械臂）和高速精密机构，尤以前两者的推动作用较大。

机器人（机械臂）被模化为多体系统是显而易见的。目前地面应用的机器人臂杆多是刚性的，但用于美国航天飞机上的空间遥控机械臂已经具有相当的柔性。因为机器人（机械臂）轻型化、高速化的需求，特别是用于空间环境的空间机器人的发展需要，使得机器人工程领域成为推动多柔体系统动力学发展的一个重要工程领域。

航天器工程领域是推动多柔体系统动力学发展的另一个重要领域。航天器上都需要带有大型天线和太阳帆板，这些都通称为柔性附件。

由于航天器在空间轨道上是在接近于零的过载下（微重力、无机动情况）工作的，因此这些附件都设计得尽可能轻柔。又由于航天器在发射入轨过程中要承受很大的过载，因此通常在发射时这些附件是以紧凑形式折叠安装于航天器上的，入轨后再展开到工作状态。

这样，我们就看到了两类常见的多柔体系统：多柔体系统和多柔体链系统。带有几个已展开到工作位置的太阳帆板（当然还包括其他已展开的柔性附件）的航天器可看作（或称模化为）多柔体系统。卫星本体（又可称为根体）像花托，诸多柔性附件连于其上形如花簇。

空间机器人或带有展开的太阳帆板等附件的航天器都是多柔体链系统的典型，因为在这个系统中各个柔性体串联如链。

8.1 多柔体系统动力学的主要问题

多柔体系统是一个在有控条件下运动的工程系统，在运动时受控的刚体位移和弹性振动位移同时发生，相互配合。它有一个重要特点就是系统的弹性振动与控制交互作用。由于缺乏认识而被这种作用所影响的例子可追溯到 1958 年美国探险者 1 号卫星。

美国探险者 1 号卫星是一个带有 4 根鞭状天线的卫星。按传统方法，卫星姿态控制系统是按刚性卫星模型进行设计的。在运行中发现，这样设计的控制系统并不能保持姿态的稳定，由于 4 根鞭状天线的振动耗散了能量，从而导致卫星的翻滚。

到 20 世纪 70 年代，人们发现美国的国Ⅴ号通信卫星的挠性太阳帆板的较高阶频率的扭转与驱动系统发生谐振会导致帆板停转和打滑。随着在航天器上采用的弹性附件越来越大，为这一类系统的控制设计和控制品质评定建立多柔体系统动力学模型就成为迫切的事情。这是系统弹性与控制系统交互作用的第一层意思。

再考虑机器人（机械臂）等的控制设计问题。通常爪端轨迹规划是第一步工作，然后根据爪端轨迹确定各关节的角位移，并通过控制系统设计加以实现。爪端轨迹规划和关节角位移确定都是只根据运动学考虑做出的。这就是说，传统做法主要用基于运动学的考虑来实现实质为动力学的机器人控制设计问题。这样设计的控制系统从动力学角度看难免有不合理性。

当然，在实施时还可考虑动力学补偿，但有时这种补偿是十分困难的。因此，系统弹性与控制系统的动力学交互作用的另一个含义应是用运动学与动力学结合的方法进行轨迹规划和控制系统设计。

再次，由于系统的弹性振动存在，因此总会影响系统的工作质量。例如，1982 年美国发射的陆地卫星 4 观测仪器的旋转部分受到太阳帆板驱动部分的干扰而产生微小移动，降低了图像质量。

多柔体系统动力学的另一个特点是它的方程是强非线性的，一个很实际的问题就是必须考虑数值稳定性和物理稳定性。数值稳定性问题是在工作中经常困扰我们的问题，需要在数学家们提供给我们的算法中进行选择和改善。

物理稳定性问题在非线性振动中有很多研究。据报道，在振动抑制中曾发现有混淆现象，对某些类型的机械臂，在特定的参数下还可能有动力不稳定现象，这些说明多柔体系统动力学的研究还必须与非线性理论结合起来。

8.2 实例：四杆机构柔体动力学仿真分析

本节内容以四杆机构为例，介绍运用 ADAMS 自身所带的柔性体模块创建柔性体的过程，同时介绍柔性体之间的连接和仿真，使读者对 ADAMS/Flex 模块有一个充分的认识。

（1）创建模型

① 打开 ADAMS 2020。单击桌面上的 Adams View 2020 快捷图标，系统打开 ADAMS 2020 开始界面，如图 8-1 所示。单击新建模型（New Model），弹出“Create New Model”（创建新模型）对话框，如图 8-2 所示。在“模型名称”（Model Name）栏中输入“model_linkage”，其余采用默认设置。单击“确定”（OK）按钮，完成新模型的创建。

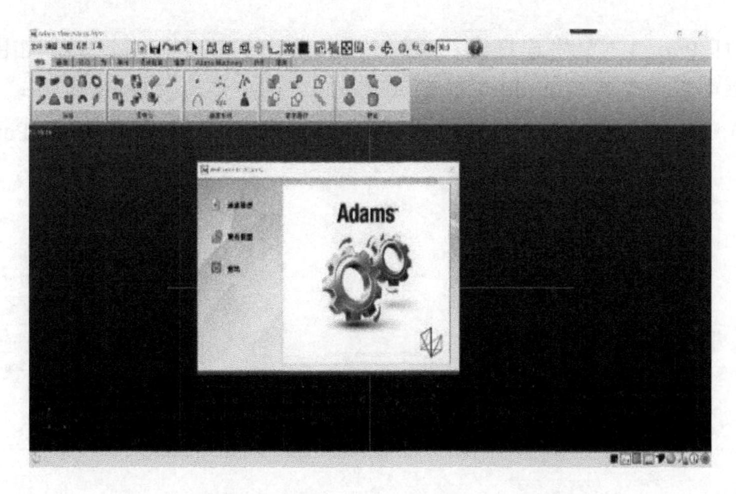

图 8-1　ADAMS 2020 开始界面

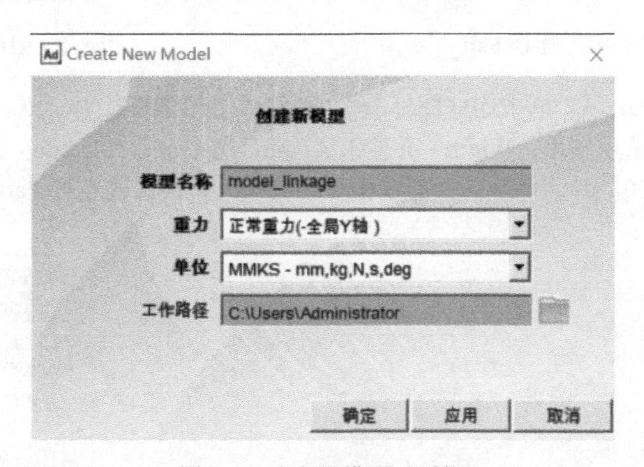

图 8-2　建立新模型对话框

② 创建连杆 Part_2。在菜单栏中单击“视图”(View)，从列表中选择坐标窗口(Coordinate Window）F4，如图 8-3 所示，或者直接按 F4 键打开系统捕捉工具。

③ 单击连杆图标，系统弹出“连杆”对话框，如图 8-4 所示。在创建连杆对话框中选中宽度（Width）并输入 4.0cm，选中深度（Depth）并输入 2.0cm，移动鼠标单击（0，0，0），再移动鼠标单击（150，200，0），创建连杆 Part_2，如图 8-5 所示。

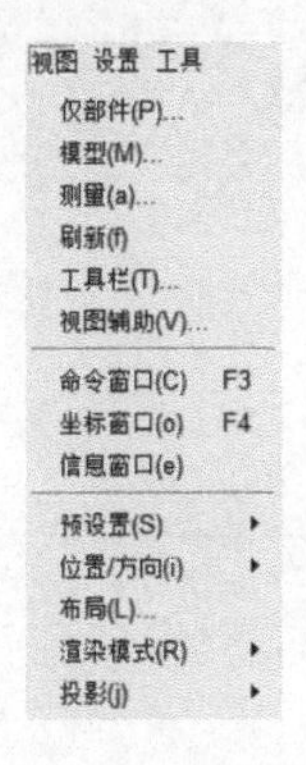

图 8-3　显示坐标

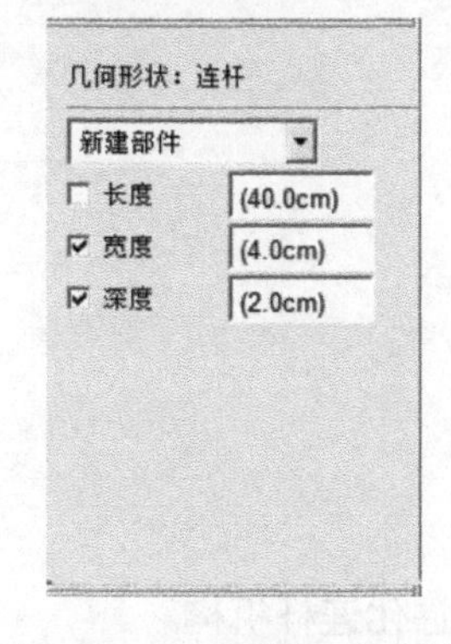

图 8-4　创建连杆对话框

④ 创建连杆 Part_3。单击连杆图标，系统弹出创建连杆对话框，如图 8-6 所示。在创建连杆对话框中选中宽度（Width）并输入 4.0cm，选中深度（Depth）并输入 2.0cm，移动鼠标单击（150，200，0），再移动鼠标单击（600，200，0），创建连杆 Part_3，如图 8-7 所示。

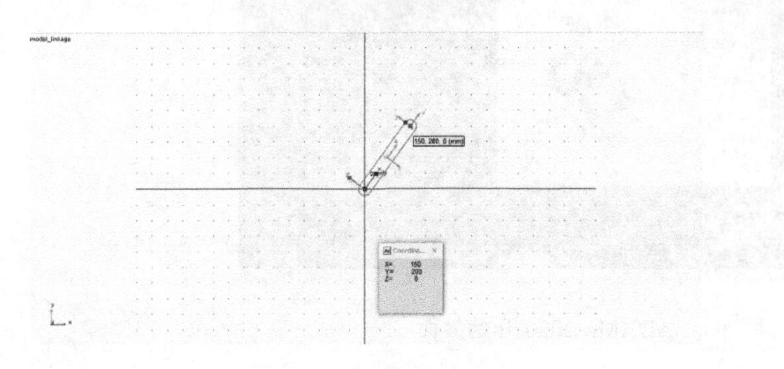

图 8-5　连杆 Part_2

图 8-6　创建连杆对话框

⑤ 创建连杆 Part_4。单击连杆图标，系统弹出创建连杆对话框，如图 8-8 所示。在创建连杆对话框中选中宽度（Width）并输入 4.0cm，选中深度（Depth）并输入 2.0cm，移动鼠标单击（600，200，0），再移动鼠标单击（450，0，0），创建连杆 Part_4，如图 8-9 所示。

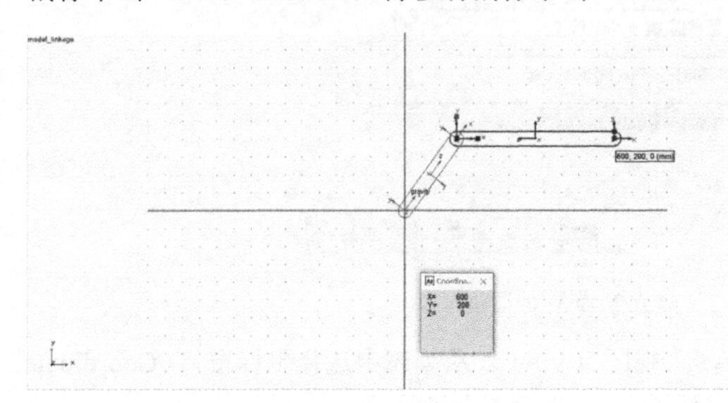

图 8-7　连杆 Part_3

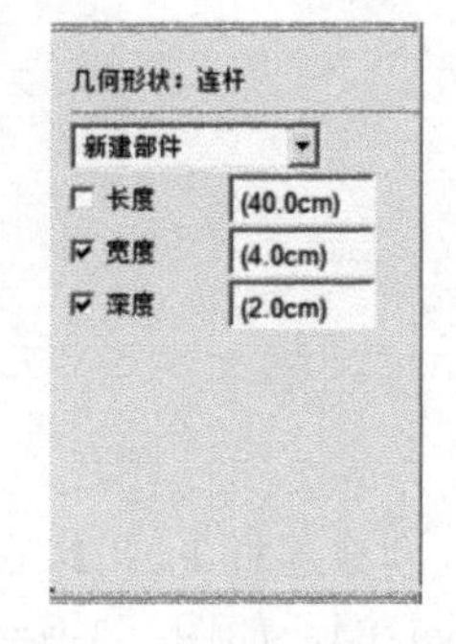

图 8-8　创建连杆对话框

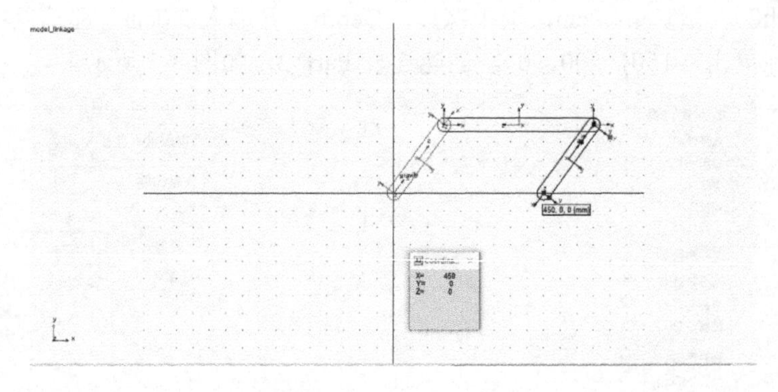

图 8-9　连杆 Part_4

（2）柔性化连杆机构

① 柔性化连杆 Part_2。单击柔性化按钮，系统弹出柔性化对话框，如图 8-10 所示。

在“名称”(Name)栏中输入“link_1”，在标记 1 栏中右击，依次选择“标记点”(Marker)—“选取”(Pick)，移动鼠标找到 Part_2 的 MARKER_1 并选中，移动鼠标找到 Part_2 的 MARKER_2 并选中。

② 在“直径”(Diameter)栏中输入 20，其余选项设置采用图 8-11 所示的参数，单击“确定”(OK)按钮，完成连杆 Part_2 的柔性化。

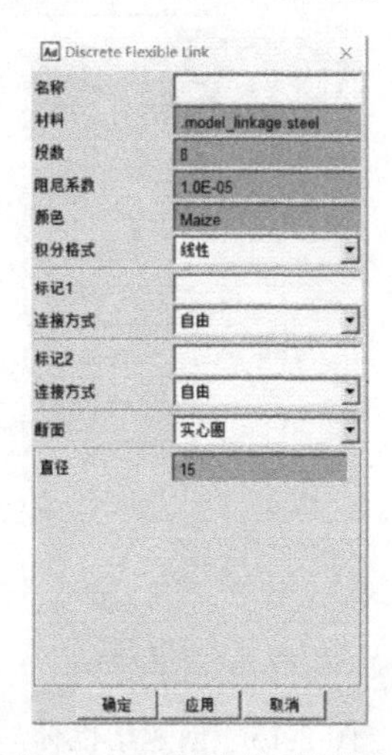

图 8-10　柔性化对话框

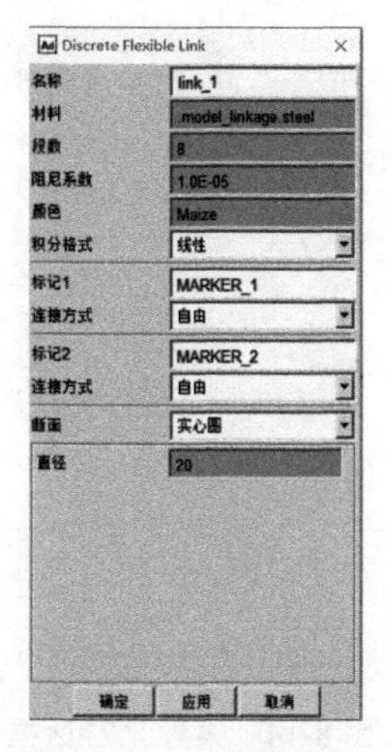

图 8-11　创建柔性体

③ 柔性化连杆 Part_3。单击柔性化按钮，系统弹出“Discrete Flexible Link”(柔性化)对话框，如图 8-12 所示。在“名称”(Name)栏中输入“link_2”，在“标记 1”栏中右击，依次选择“标记点”(Marker)—“选取”(Pick)，移动鼠标找到 Part_3 的 MARKER_3 并选中，移动鼠标找到 Part_3 的 MARKER_4 并选中。

④ 在“直径”(Diameter)栏中输入 20，其余选项设置采用图 8-13 所示的参数，单击“确定”(OK)按钮，完成连杆 Part_3 的柔性化。

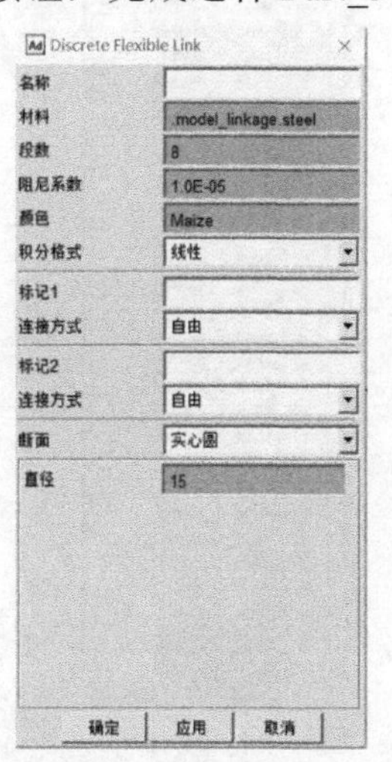

图 8-12　“柔性化”对话框

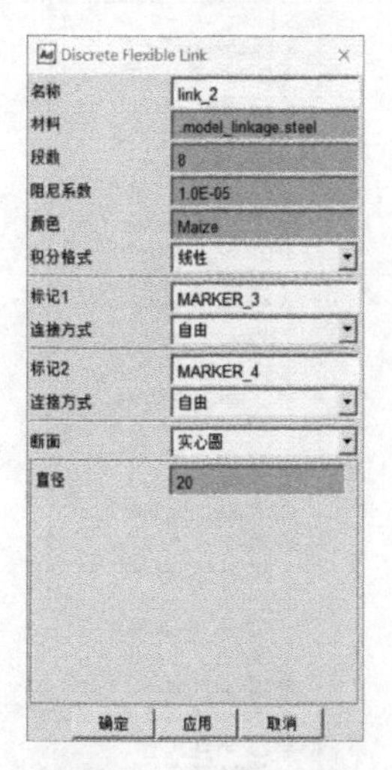

图 8-13　创建柔性体

⑤ 柔性化连杆 Part_4。单击柔性化按钮，系统弹出柔性化对话框，如图 8-14 所示。在“名称”(Name)栏中输入“link_3”，在标记 1 栏中右击，依次选择“标记点”(Marker)—“选

取”（Pick），移动鼠标找到 Part_4 的“MARKER_5”并选中，移动鼠标找到 Part_4 的“MARKER_6”并选中。

⑥ 在直径（Diameter）栏中 20，其余选项设置采用图 8-15 所示的参数，单击“确定”（OK）按钮，完成连杆 Part_4 的柔性化。

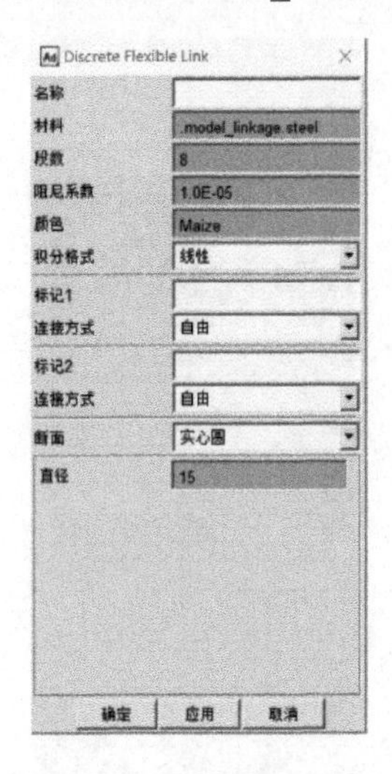

图 8-14　柔性化对话框

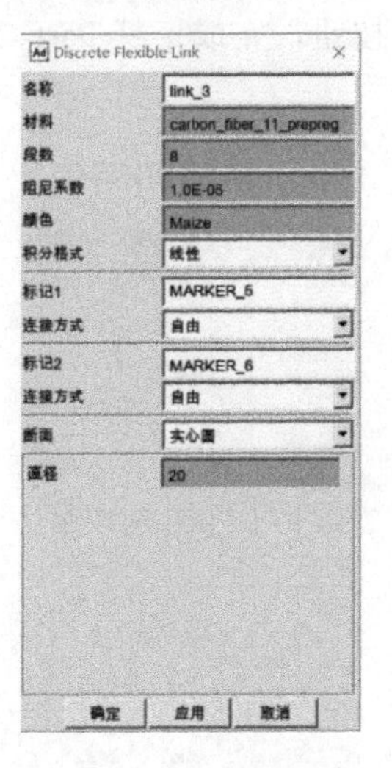

图 8-15　创建柔性体

⑦ 删除刚性体。单击左上侧的“浏览”（Browse）按钮，系统弹出模型树，如图 8-16 所示。单击物体（Bodies）左侧的“+”，系统弹出所有部件，按住 Ctrl 键单击部件 PART_2、PART_3、PART_4、选中 PART_2、PART_3、PART_4 三个部件，右击，在弹出的快捷菜单中选择删除，如图 8-17 所示。

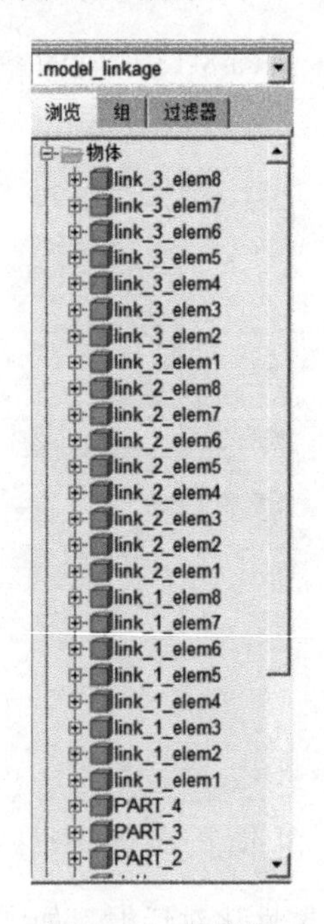

图 8-16　模型树

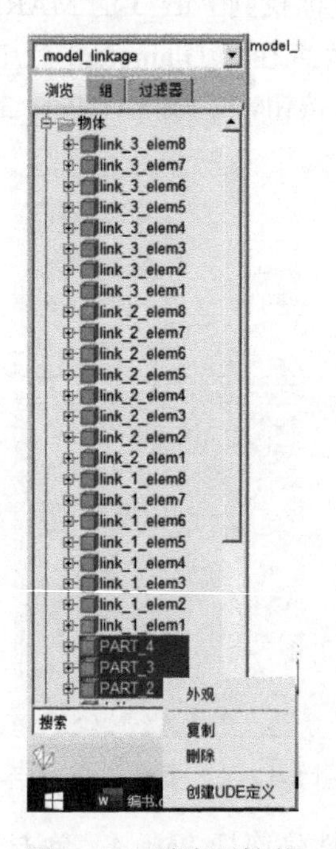

图 8-17　删除刚性体

(3) 施加约束与驱动

① 施加约束，模型中约束如表 8-1 所示。

表 8-1　模型中的约束

类型	Part_2 与 ground 之间	Part_2 与 Part_3 之间	Part_3 与 Part_4 之间	Part_4 与 ground 之间
旋转副	√	√	√	√
平移副	—	—	—	—

② 施加驱动。单击按钮，再单击在 Part_2 与地面（ground）之间的旋转副（Joint_1），系统自动在 Joint_1 上施加一个旋转驱动。其余旋转约束的施加过程相同。

(4) 仿真

① 仿真。单击仿真按钮，系统弹出仿真设置对话框，如图 8-18 所示。在终止时间（End Time）栏中输入 5.0，在步数（Steps）栏中输入 2000，单击开始仿真按钮。

② 保存模型。单击菜单栏中的“文件”（File），从弹出的选项中单击“保存数据库（S）”（Save Datebase）保存当前模型，如图 8-19 所示。

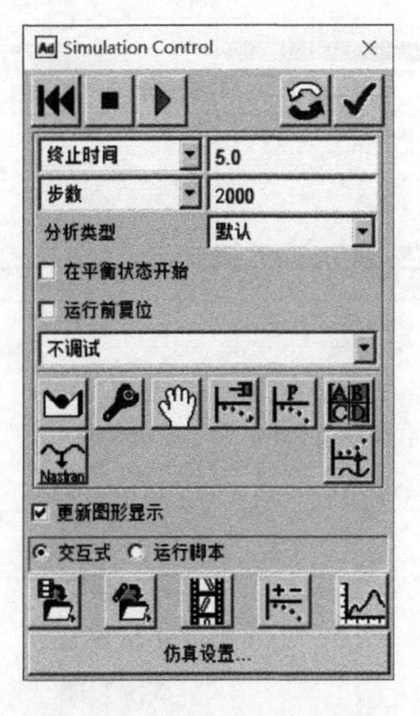

图 8-18　仿真设置对话框

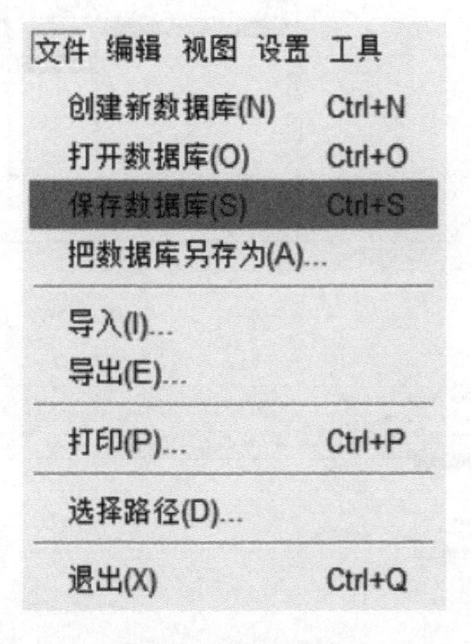

图 8-19　保存仿真

(5) 后处理

① 查看仿真结果。单击后处理按钮，进入后处理。在后处理中查看 Joint_1 处的受力情况。

② 单击模型（Model）下的“.model.linkage”，在“过滤器”（Filter）中单击“约束”（constraint），在“对象”（Object）下单击“+JOINT_1”，在“特征”（Characteristic）下单击“单元扭矩”（Element_Torque），在“分量”（Component）下单击“Mag”，选中“浏览”（Surf），即可显示 Joint_1 处的受力矩曲线，如图 8-20 所示。

③ 查看运行轨迹。在左上角框中单击动画（Animation）项，系统进入动态回放仿真结果显示界面，如图 8-21 所示。在界面空白处右击，选择“加载动画”（Load Animation），加

载动态仿真，如图 8-22 所示。

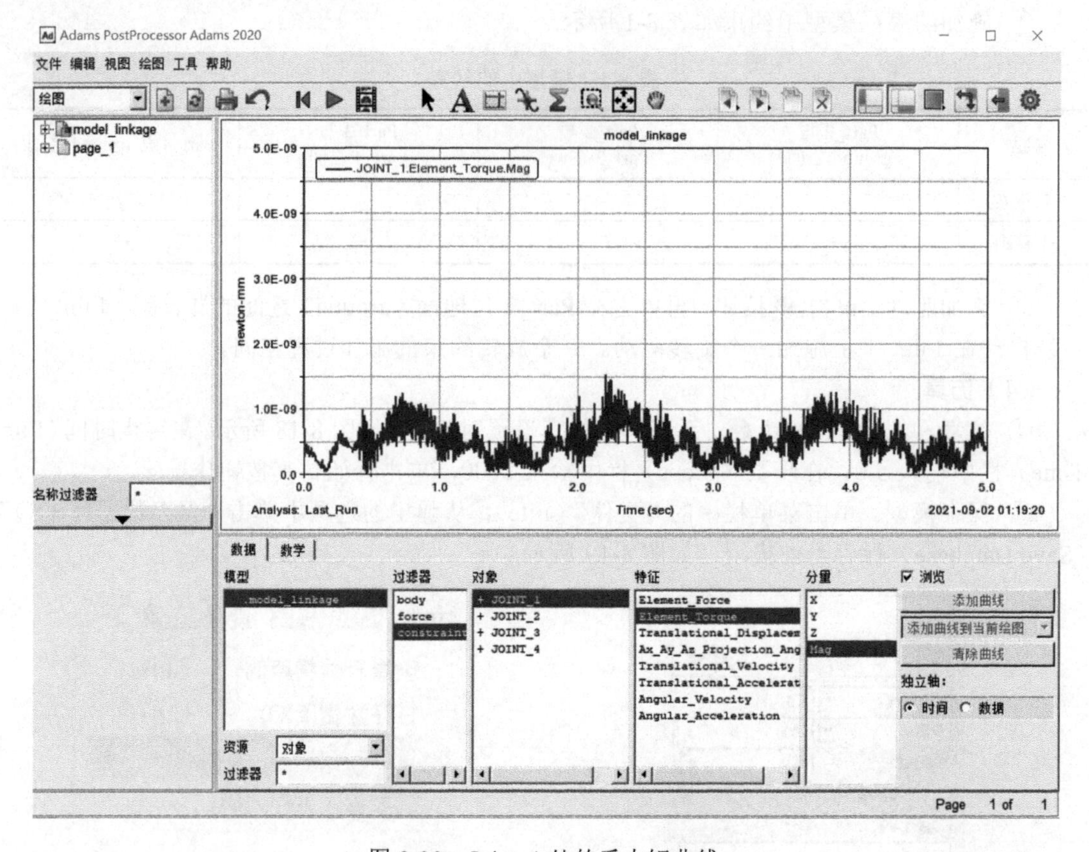

图 8-20　Joint_1 处的受力矩曲线

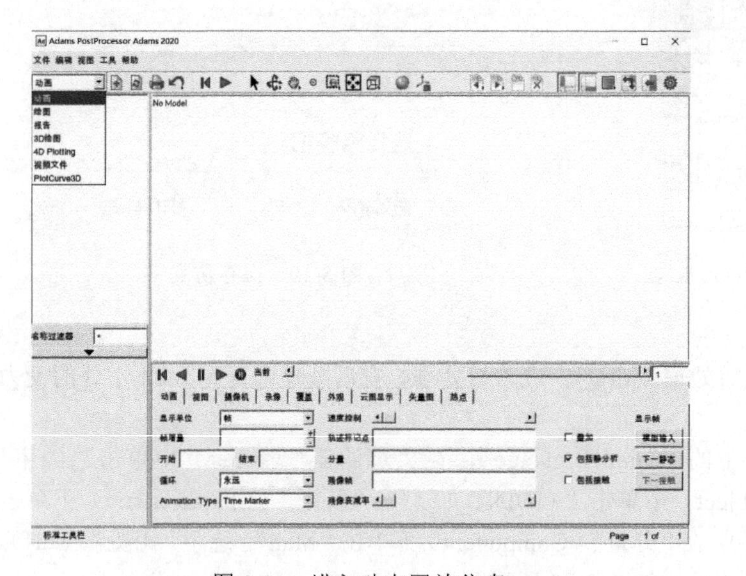

图 8-21　进入动态回放仿真

图 8-22　加载动态仿真

④ 在空白区域的下侧轨迹标记点（Trace Marker）栏中输入 Link_1_elem7.cm，如图 8-23 所示，运行轨迹如图 8-24 所示。

图 8-23 查看运行轨迹

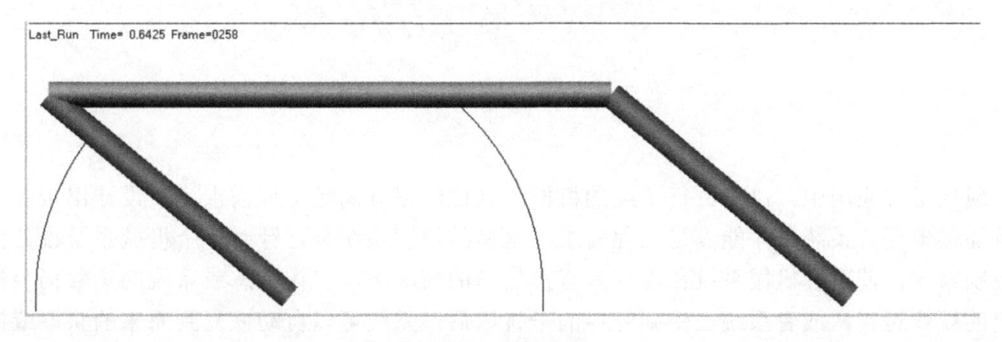

图 8-24 运行轨迹

8.3 本章小结

本章简要地介绍了多柔体仿真的工程背景，然后讲解了多柔体系统动力学的几个突出问题，最后通过简单实例讲解了多柔体系统的动力学仿真过程。

第9章 机电系统联合仿真

扫码尽享
ADAMS 全方位学习

现代工程应用中，仅仅进行单纯的机械设计已经很难满足工程需求了，设计出带有控制系统的机电联合系统，才能满足工程需求。这里的控制系统是指针对一个机械系统设计出一套控制系统，使整套机械系统在没有人直接参与的情况下，工作状态或系统的参数仍会按照预定的规律运行，或者系统在受到外界的干扰以后，系统可以自动恢复到原来的状态或恢复到预定的运动规律。一个控制系统通常由许多模块构成，每个模块起一定的作用。

在 ADAMS 中建立控制系统有两种途径：一种途径是利用 ADAMS/View 中提供的控制工具包，直接建立控制方案，这适合比较简单的控制方案；另一种途径是利用 ADAMS/Control 模块提供的与其他控制程序的数据接口，在 ADAMS 环境中建立系统方程，而在其他控制程序中建立控制方案，ADAMS 可以与 MATLAB、EASY5 和 MATRIX-X 之间进行控制数据交换。对于读者而言，要建立起控制系统，需要有控制方面的知识。

设计者对机械系统和控制系统进行联合设计、分析，是一种全新的设计、分析方法。传统的机电一体化系统设计过程中，需要机械设计师进行机械系统的设计，控制设计师进行控制系统的设计，尽管大家是在共同设计开发一个机电联合系统，但是他们各自都需要建立一个模型，然后分别采用不同的分析软件，对机械系统和控制系统进行独立的设计、调试和试验，最后建造一个物理样机，进行机械系统和控制系统的联合调试。如果发现问题，机械工程师和控制工程师又需要回到各自的模型中，修改机械系统和控制系统，然后进行物理样机联合调试。

如果采用了 ADAMS/Control 控制模块进行设计、分析，机械工程师和控制工程师就会共享同一个样机模型进行设计、调试和试验。利用虚拟样机对机械系统和控制系统进行反复的联合调试，直到获得满意的设计效果，然后进行物理样机的建造和调试，大大提高了设计、分析、调试的效率。

利用虚拟样机技术对机电一体化系统进行联合设计、调试和试验，明显比传统的设计方法更有优势，极大地提高了产品的前期设计效率，缩短了开发周期，降低了开发产品的成本，同时，通过分析、仿真、优化可以大大提升机电一体化系统整体性能和整体运行的稳定性。

9.1 ADAMS 控制工具

在 ADAMS/View 中建立的控制方案，可以分为两个大的模块，如图 9-1 所示，一个模块是在 ADAMS/View 中建立几何模型的系统方程，一般是指动力学微分方程；另一个模块是在ADAMS/View 中建立的控制方案，其中控制方案又可以分为一些小的模块，如比例模块、微分模块、积分模块和超前-滞后模块等，也可以把系统方程看成是控制方案的一个模块。

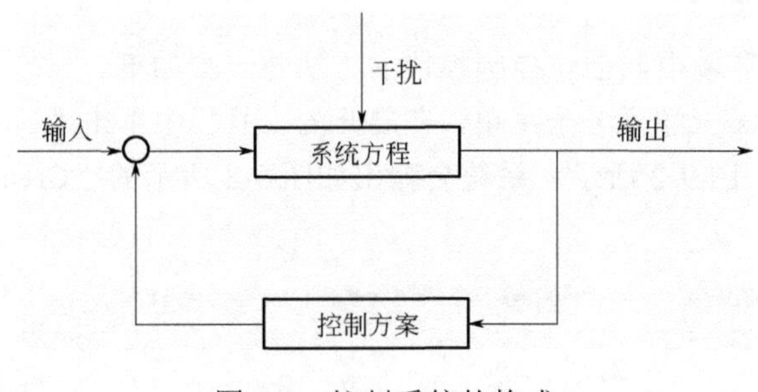

图 9-1　控制系统的构成

对于通过 ADAMS/Control 模块与其他控制程序之间实现联合控制，实际上是由 ADAMS 提供模型系统方程的参数接口，由其他控制程序提供控制方案，由 ADAMS 的求解器求解系统方程，而由其他控制程序求解控制方程，在求解过程中，每经过一定时间间隔，两者进行一次数据交换。

在 ADAMS 中可以通过如下 6 种方法建立控制器模型，其中前 3 种方法是利用 ADAMS 软件本身实现的，后 3 种方法则需要其他的外部代码。

（1）力和力矩的函数

最直接的控制方法就是定义力和力矩为时间的函数。例如，一个机械系统模型具有 F（time）=20.0×WY（.model.body.MAR_1）的力矩形式，即一个基于角速度的阻尼类型的力矩，增益为 20。这些函数是连续的，且是高度非线性的。利用 STEP 函数来控制力/力矩的开启和关闭。

（2）用户子程序（User Written Subroutines）

用户以子程序的方式设计控制规则，并把这种规则和力或者力矩联系起来。

（3）ADAMS/View 控制工具栏

在 ADAMS/View 的控制工具栏里集成了一些基本的控制工具，包含了一些基本的控制单元，如滤波器、增益和 PID 控制器等。这些控制器在 ADAMS 中是以微分方程的形式实现的。该控制器是嵌入在 ADAMS/View 中的，使用时不需要单独的 ADAMS/Controls license。

（4）导出状态矩阵的方法（Exporting State Matrix）

使用 ADAMS/Linear 模块定义输入，例如受控的力矩和输出、角速度和控制误差，然后导出整个系统的状态矩阵。该矩阵是 MATLAB 或 MATRIX-X 的格式。需要注意的是，导出的物理模型是在某个平衡点附近进行线性化的结果。该方法的主要优点是利用外部软件中强大的控制器设计工具进行控制设计。

（5）联合仿真（Co-Simulation）

利用 ADAMS/Controls 把 MATLAB/Simulink、MATRIX-X 或者 EASY5 与 ADAMS 模型连接在一起进行联合仿真。此时受控的物理模型是完全非线性的。

（6）控制系统导入（Control System Import）

首先将 Simulink 或 EASY5 中的模块转化为 C 或 Fortran 代码，然后导入 ADAMS 中作为广义状态方程（General State Equations），这样后续的仿真就完全在 ADAMS 内部进行了。采用这种方法最大的好处是机械系统和控制系统的积分都由 ADAMS 的积分器来完成，大大提高了分析、仿真效率，并且避免了由于积分步长不一致带来的错误。

9.1.1 创建控制模块

在 ADAMS/View 环境中，创建控制模块的方法与步骤如下。

① 单击“Elements”（单元）子菜单，在展开的工具栏中单击“Control Toolkit”（控制工具包）中的图标，如图 9-2 所示，系统会弹出如图 9-3 所示的“Creat Controls Block”（创建控制模块）对话框。

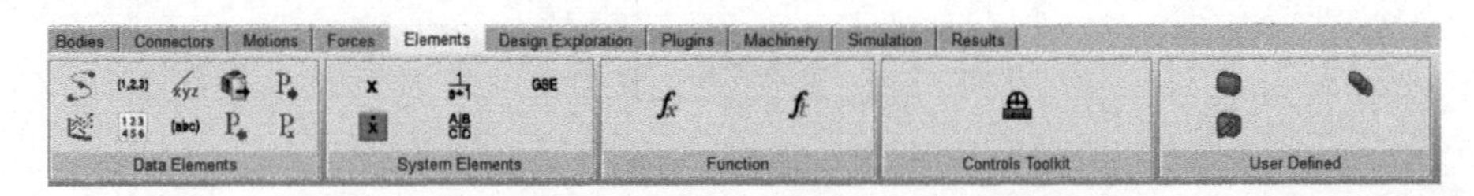

图 9-2 Elements 子菜单

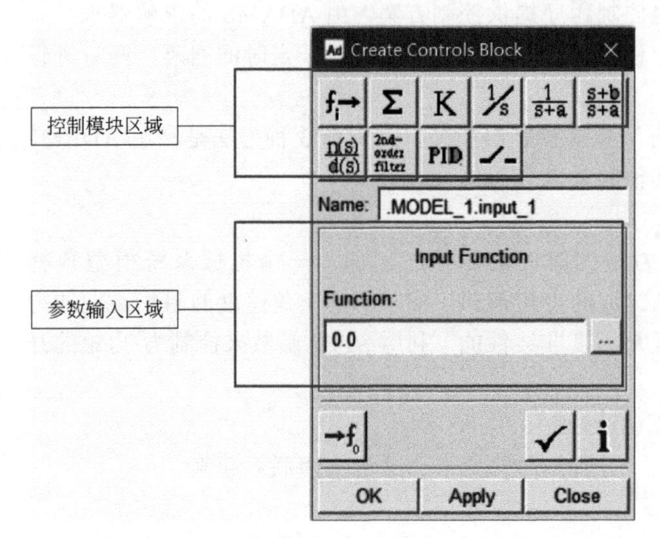

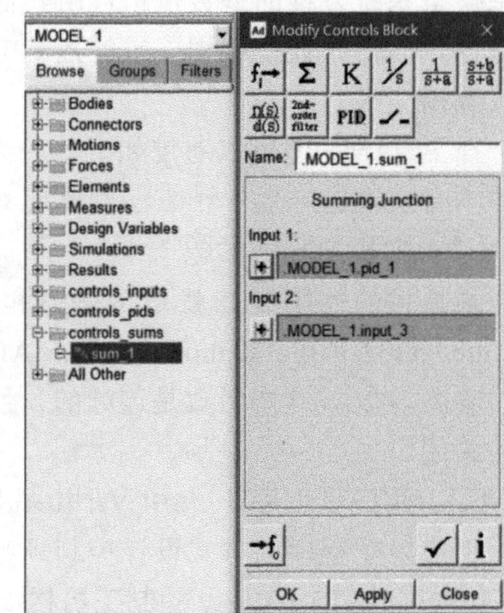

图 9-3 “Creat Controls Block”对话框　　图 9-4 “Modify Controls Block”对话框

② 根据需要在控制模块区域中，选择需要创建的控制模块的快捷图标。选择控制模块以后，控制模块对话框参数输入区域中的内容将随之变化。

③ 输入相应控制模块的名称。

④ 根据参数输入栏的提示输入有关内容，包括所有的输入和参数等。输入参数时可以借助输入栏后面的...图标，在弹出的菜单中可以很方便地完成参数输入。

⑤ 单击“OK（确定）按钮，完成控制模块的创建和设置。

ADAMS/View 将所有的控制模块定义为“Assembly”（装配）。如果需要修改控制模块，可在数据库浏览器中找到相应的控制模块，然后双击，就会弹出相应控制模块的修改对话，方便进行参数修改，如图 9-4 所示。

9.1.2 控制工具栏

在如图 9-3 所示的“Creat Controls Block”（创建控制模块）对话框中，提供了如下几种基本控制模块。

(1)输入模块

输入模块是指控制方案的输入，通常是模型中有关方向、位置或载荷信息的函数，输入环境通常作为其他环境的输入。在控制模块的工具栏中单击输入模块按钮 f→，然后通过定义函数来创建输入模块。

(2)求和连接模块

求和连接模块可以将两个信号进行相加或相减。单击控制模块工具栏中的求和连接模块按钮 Σ，然后输入两个输入信号（Input1 & Input2）。

(3)增益模块

增益模块或比例模块是将输入的信号乘以一个比例因子，得到另外一个放大或缩小的信号。单击控制模块工具栏中的比例模块按钮 K，然后输入比例因子（Gain）和输入信号（Input）。

(4)积分模块

将输入的信号在时域内进行积分求和计算。单击控制模块工具栏中的积分模块按钮 1/s，然后输入需要进行积分运算的信号（Input），以及初始条件（Initial Condition）。

(5)低通滤波模块

低通滤波可以让低频信号通过，但能够抑制高频信号。单击控制模块工具栏中的低通滤波模块按钮 $\frac{1}{s+a}$，然后输入低通常数（Low Pass Constant）和输入信号（Input）。

(6)超前-滞后模块

超前-滞后模块可以使输入信号的相位超前或滞后。单击控制模块工具栏中的超前-滞后模块按钮 $\frac{s+b}{s+a}$，然后输入超前系数（Lead Constant）、滞后系数（Lag Constant）和输入信号（Input）。

(7)用户自定义传递函数

如果控制模块工具栏中没有用户需要的传递函数，用户还可以自定义传递函数。单击控制模块工具栏中的自定义按钮 $\frac{n(s)}{d(s)}$，输入传递函数分子多项式中的系数（Numerator Coefficients）、分母多项式系数（Denominator Coefficients）和输入信号（Input），通过确定多项式的系数来确定多项式，多项式分子的系数采用 n0、n1、n2 的方式排序表示。

(8)二阶过滤器

二阶过滤器通过定义无阻尼自然频率和阻尼比，利用二次过滤器模块设置二次过滤器。使用 ADAMS/View 的实数设计变量，对无阻尼自然频率和阻尼比进行参数化处理，以便能够快速分析所连接模块的频率或阻尼比的变化对系统造成的影响。单击控制模块工具栏中的二阶过滤器按钮 2nd-order filter，然后输入自然频率（Natural Frequency）、阻尼（Damping Ratio）和输入信号（Input）。

(9)PID 模块

PID（比例-积分-微分）模块可以建立通用的 PID 控制，由前面几个环境组合而得到，单击控制模块工具栏中的 PID 按钮 PID，输入 PID 模块的 3 个系数以及输入信号（Input）和对时间求导后的信号（Derivative Input）。这样就可以使用 ADAMS/View 的实数设计变量对模块中的 P、I、D 增益进行参数化处理，以便能够快速研究比例、积分和微分增益变化对控制效果的影响。

(10)开关模块

开关模块可以方便地将某个模块的输入信号切断，将开关模块连接在反馈回路中，可以方便地观察从断路到通路的变化，以对比在不同的输入情况下，控制系统效果的变化。单击控制模块工具栏中的开关模块按钮，选择开关模块的状态是开启还是关闭（Close Switch），以及输入信号（Input）。

9.1.3 控制模块校验

创建一个控制模块时，都需要指定并输入本模块的控制模块名称。程序会根据指定的输入关系自动将当前创建的模块和输入模块相连接。校验连接关系时，可以单击“Creat Controls Block”（创建控制模块）对话框中的检验控制模块连接关系（Verify control block connections）工具按钮✓，就可以检验所有的连接是否正确。

在检验连接时，ADAMS/View 首先检查所有具有给定输入的控制模块，然后检查这些模块的输出，看看是否作为其他模块的输入或者作为样机模型的输入。

9.2 ADAMS/Controls 求解基本步骤

这里将以一个简单案例的操作过程为主线，讲解 ADAMS/Controls 求解的基本步骤和方法。首先我们建立一个偏心水平连杆，在连杆上定义一个旋转副和一个单分量力矩，旋转副不在连杆的质心处，连杆在重力的作用下将偏离水平位置。以连杆受到的重力作为干扰，通过 PID 模块进行负反馈控制，控制对象是作用在连杆上的力矩，使连杆恢复到起始的水平位置。

① 启动 ADAMS/View，在对话框中选择新建模型，将“Units”（单位）设置成“MMKS-mm, kg，N，s，deg”，长度和力的单位设置成毫米和牛顿，在“Model Name”（模型名）输入框中输入“Control_PID”，如图 9-5 所示。

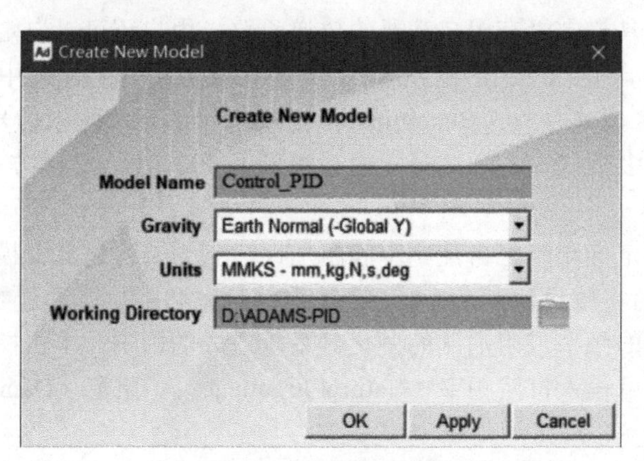

图 9-5 创建新模型

② 创建连杆。单击几何工具菜单“Bodies”中的连杆按钮，将连杆类型设置为“New Part”，“Lenth”设置为 60.0cm，“Width”设置为 3.0cm，“Depth”设置为 2.0cm，并勾选“Lenth”、“Width”和“Depth”，然后在图形区点击鼠标左键，放置连杆，确定连杆处于水平位置，创建一个连杆。

③ 创建旋转副。单击运动副工具菜单“Connectors”中的旋转副按钮，将旋转副的参数设置为“1 Location-Bodies impl”和“Normal To Grid”，单击连杆质心处的 Marker 点，将

连杆和大地关联起来。完成后，如图 9-6 所示。

④ 创建球体。单击几何工具菜单“Bodies”中的球体按钮，将球体的选项设置为“Add to Part”，半径（Radius）设置为 3.0cm，并勾选“Radius”，然后在图形区单击连杆，再单击连杆右侧处的 Marker 点，将球体加到连杆上，此时连杆的质心产生了移动，如图 9-7 所示。

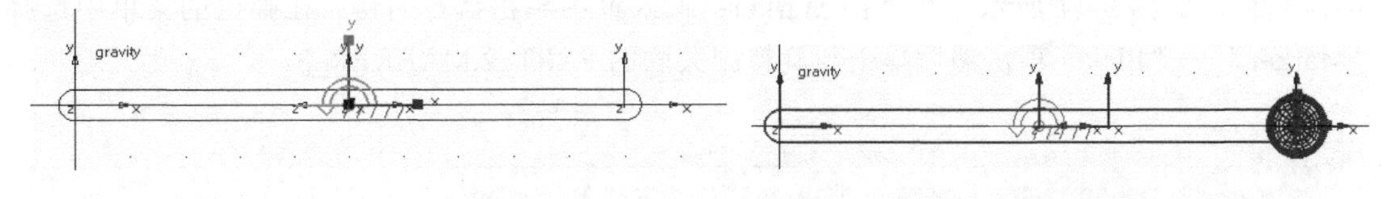

图 9-6　创建旋转副　　　　图 9-7　创建球体

⑤ 创建单分量力矩。单击载荷工具菜单“Forces”中的单分量力矩按钮，将单分量力矩的“Run-time Direction”选项设置为“Space Fixed”，“Construction”设置为“Normal to Grid”，将“Characteristic”设置为“Constant”，勾选“Torque”并设置为“0”，然后在图形区单击连杆，再单击连杆左侧的 Marker 点，在连杆上创建一个单分量力矩，如图 9-8 所示。

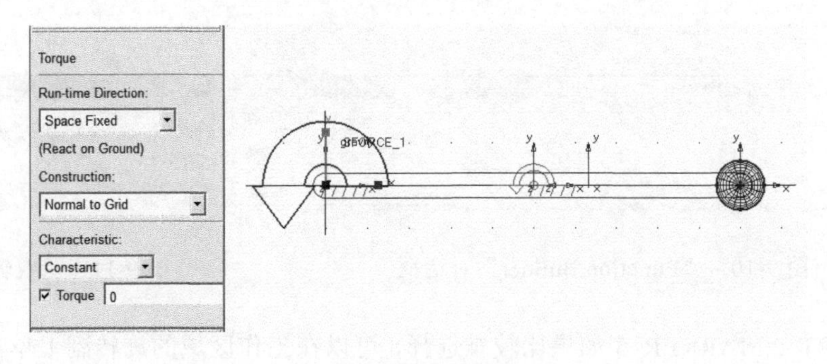

图 9-8　创建单分量力矩

⑥ 运行仿真计算。单击“Simulation”菜单下的按钮，系统弹出“Simulation Control”对话框，将仿真时间（Duration）设置成“10”，仿真步数（Steps）设置为“100”，单击按钮，观察连杆在重力作用下的自由往复摆动，如图 9-9 所示。

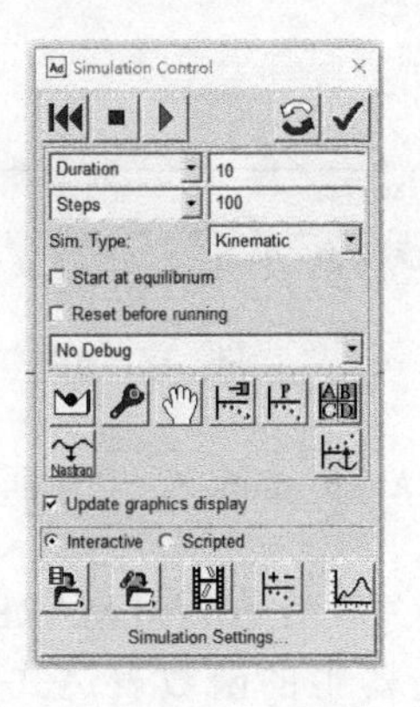

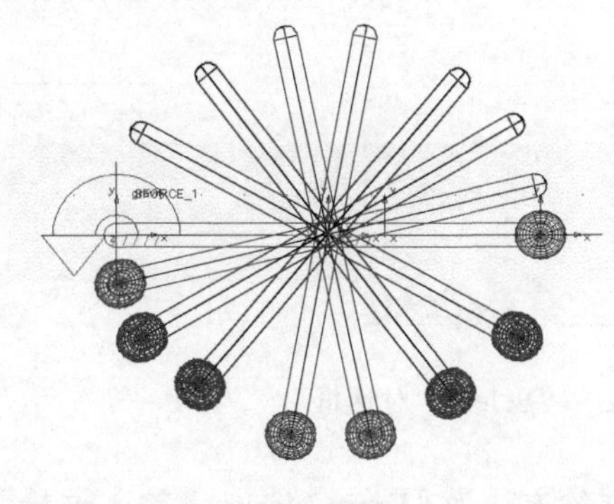

图 9-9　仿真模拟

⑦ 创建输入控制模块。单击“Elements”子菜单，在展开的工具栏中单击控制工具包（Controls Toolkit）中的图标，如图 9-2 所示，系统会弹出如图 9-3 所示的“Creat Controls

Block”（创建控制模块）对话框。在其中单击输入模块按钮 f→，在“Name”输入框中，输入名称“.Control_PID.input_angl”，单击“Function”输入框后的按钮 ...，弹出“Function Builder”（函数构造器）对话框，如图 9-10 所示，在其函数类型下拉列表中，选择“Displacement”项，然后在其下面的函数列表中，单击“Angle about Z”，再单击 Assist... 按钮，弹出函数辅助对话框，如图 9-11 所示，在“To Marker”输入框中单击鼠标右键，在弹出的菜单中选择“Marker”—“Pick”项，然后单击与旋转副关联的 PART_2.MARKER_3。

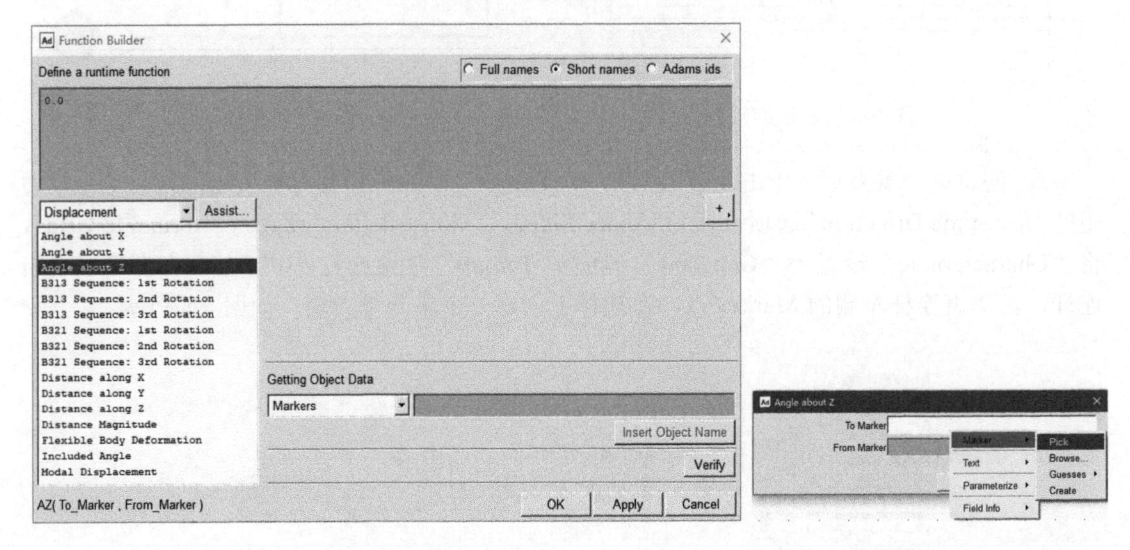

图 9-10 “Function Builder”对话框　　图 9-11 函数辅助对话框

上述 PART_2.MARKER_3 如果比较难选择，可以在工作区域的旋转副上单击右键，弹出选择对话框，如图 9-12 所示，然后选择 PART_2.MARK_3 即可。

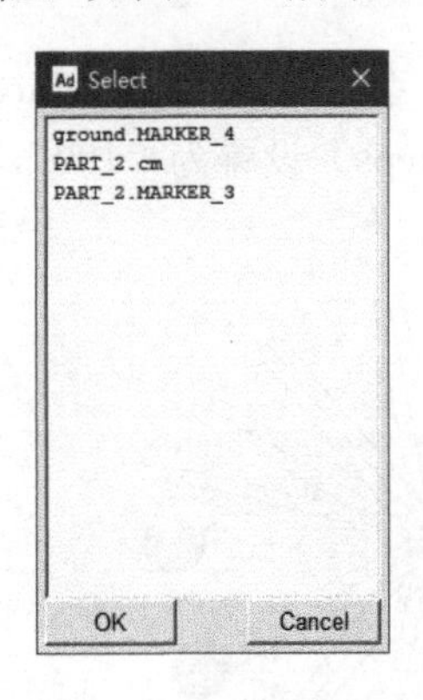

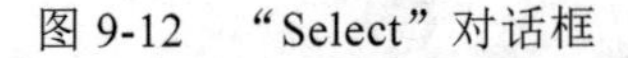

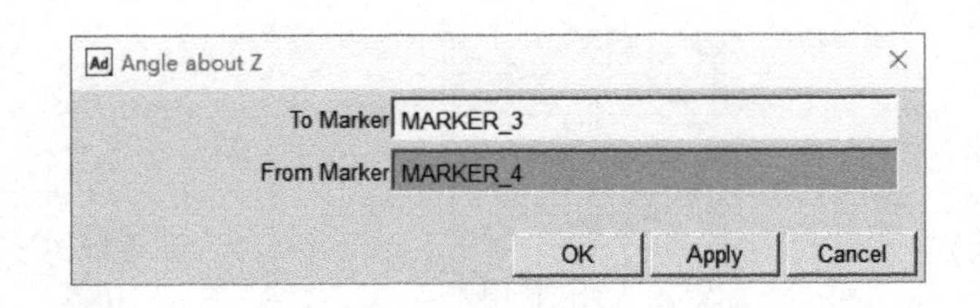

图 9-12 “Select”对话框　　图 9-13 “Angle about Z”对话框

⑧ 用同样的方法为“From Marker”输入框拾取与旋转副关联的 ground.MARKER_4，完成后如图 9-13 所示，单击“OK”按钮。此时，函数构造器中的函数表达式应为“AZ（MARKER_3，MARKER_4）”，还需要在该函数构造器的末端添加 “*180/pi”，将弧度值转换成角度值，最后的表达式为“AZ（MARKER_3，MARKER_4）*180/pi”，如图 9-14 所示，单击“OK”按钮，再单击“Creat Controls Block”对话框中的“Apply”按钮。

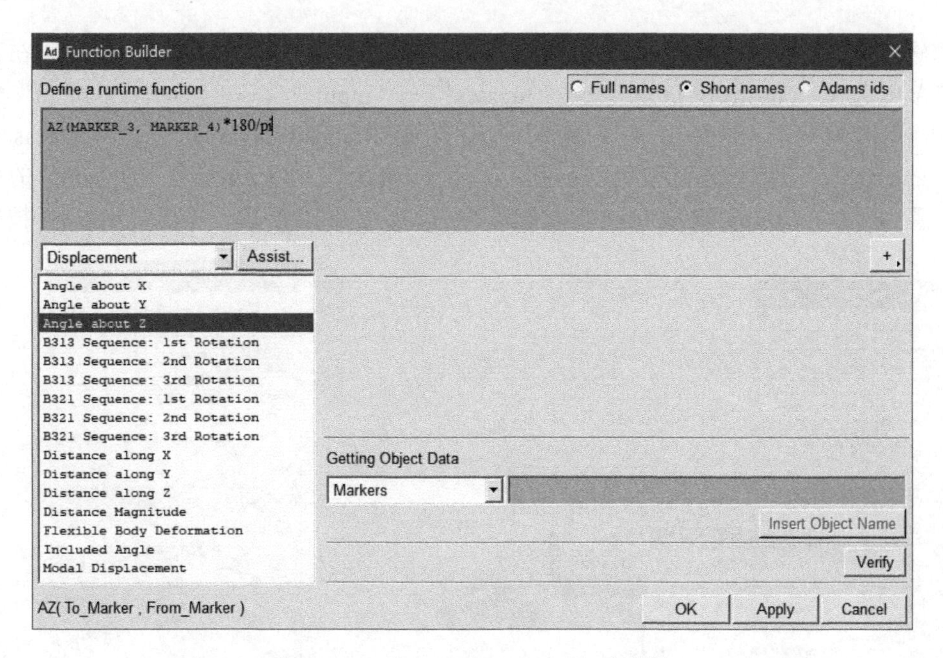

图 9-14 “Function Builder”对话框

⑨ 用同样的方法创建第 2 个输入，单击输入模块f_i→按钮，名称设置为“.Control_PID.input_angl_velo”，函数表达式为“WZ（MARKER_3，MARKER_4）*180/pi”，如图 9-15 所示。

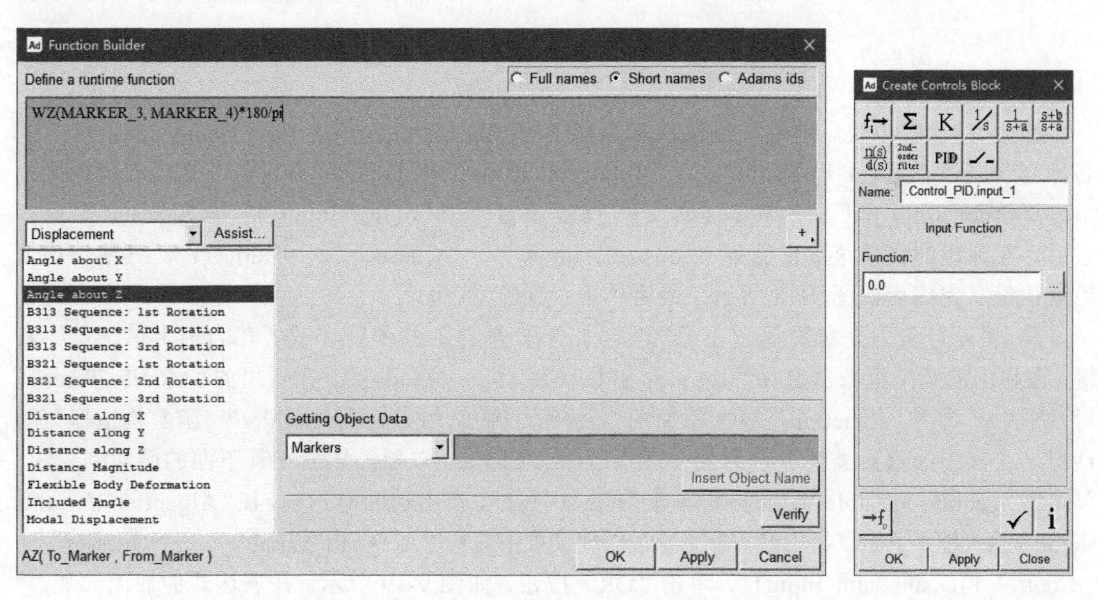

图 9-15 “Function Builder”对话框

图 9-16 “Creat Controls Block”对话框

⑩ 单击输入模块f_i→按钮，再创建一个输入，名称为“.Control_PID.input_1”，函数表达式设置为“0”，如图 9-16 所示，单击“Creat Controls Block”对话框中的“Apply”按钮。

⑪ 创建 PID 模块。单击控制模块工具栏中的 PID 模块按钮 PID，将“Name”输入框中

的名称修改成“.Control_PID.pid_ang1_velo”，在“Input”输入框中单击鼠标右键，在弹出的快捷菜单中选择“constrols_input”—“Guesses”—“Input_1”，在“Derivate Input”输入框中单击鼠标右键，在弹出的快捷菜单中选择“constrols_input”—“Guesses”—“Input_ang1_velo”，其他选项使用默认值，此时“P Gain”、“I Gain”和“D Gain”的增益系数均设置为“1”，“Initial Condition”设置为“0”，如图9-17所示。单击“Apply”按钮。

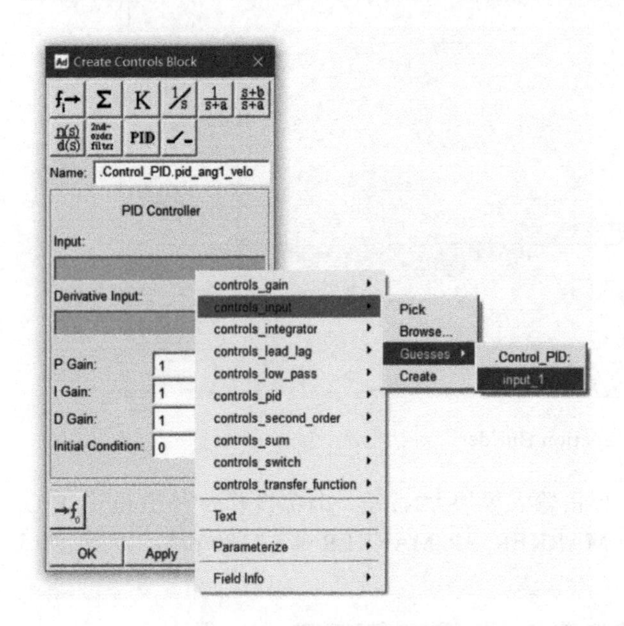

图9-17　创建PID模块

图9-18　创建比较模块

⑫ 创建比较模块。单击控制模块工具栏中的PID模块按钮Σ，将“Name”输入框中的名称修改成“.Control_PID.sum”，在“Input 1”输入框中单击鼠标右键，在弹出的快捷菜单中选择“constrols_pid”—“Guesses”—“pid_angl_velo”，在“Input 2”输入框中单击鼠标右键，在弹出的快捷菜单中选择“constrols_input”—“Guesses”—“input_1”，其他选项使用默认值，完成后如图9-18所示，最后单击“OK”按钮。

⑬ 将单分量力矩参数化。在图形区双击单分量力矩的图标，或者在力矩上单击鼠标右键，在弹出的菜单里依次选择“Torque：SFORCE_1”—“Modify”。在弹出的“Modify Torque”对话框中，单击“Function”输入框后的按钮，弹出“Function Builder”（函数构造器）对话框，在其中的函数类型下拉列表中选择“Data Element”项，然后在其下面的函数列表中，单击“Algebraic Variable Value”，再单击“Assist”按钮，弹出辅助对话框，在“Algebraic Variable Name”输入框中单击鼠标右键，在弹出的快捷菜单中选择“ADAMS_Variable”—“Guesses”—“.Control_PID.sum.sum_input1”，单击“OK”按钮，如图9-19所示。在表达式的后面添加“*（-1）”，以表示负反馈，最后创建的函数表达式是“VARVAL（sum_inputl）*（-1）”，根据操作不同，也可能不需要“*（-1）”，在计算的时候再修改也可以。单击“Modify Torque”对话框中的“OK”按钮。

⑭ 为旋转副创建测试。在图形区，在旋转副上单击鼠标右键，在弹出的菜单中选择“Joint：JOINT_1”—“Measure”项后，弹出创建测试对话框，将“Measure Name”中的名称修改成“.Control_PID.JOINT_1_Angle”，在“Characteristic”后的下拉列表中选择“Ax/Ay/Az Projected

Rotation”项，将分量“Component”设置成“Z”，如图 9-20 所示，单击“OK”按钮后创建第一个测试。

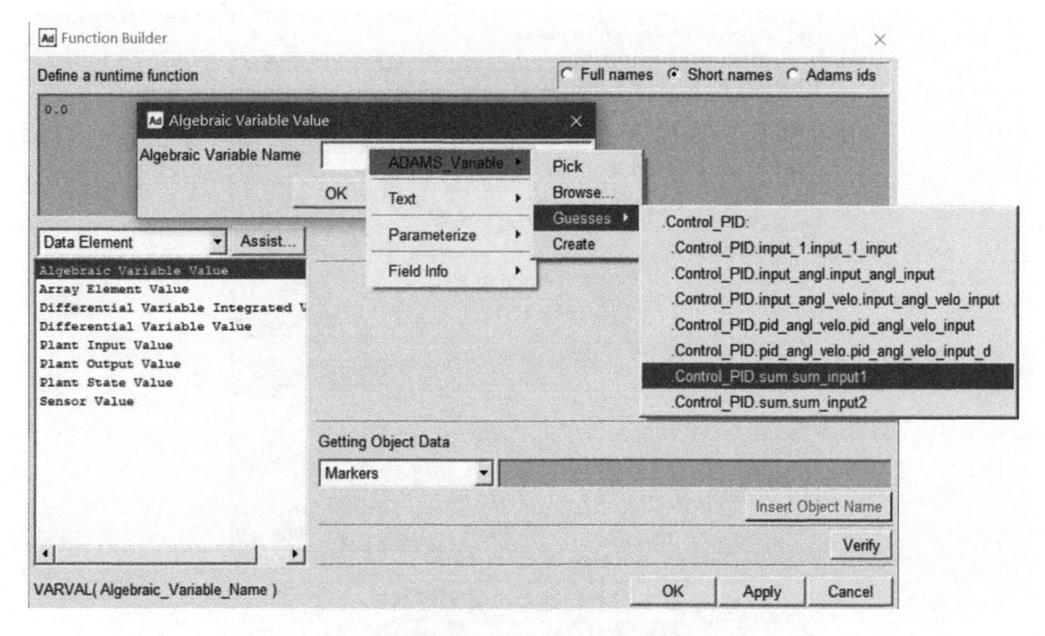

图 9-19　设置力矩参数化

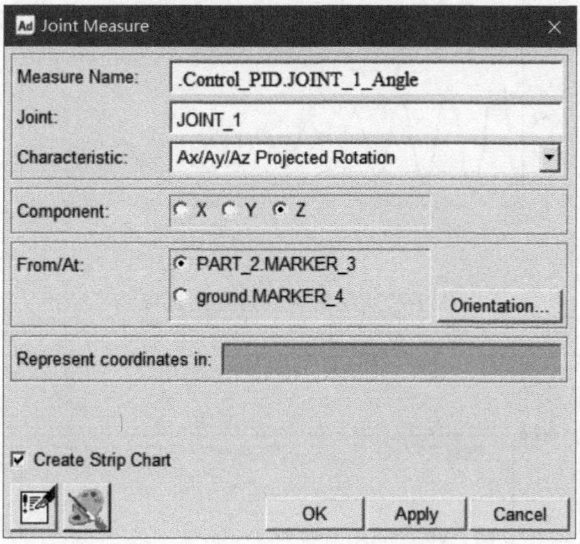

图 9-20　创建旋转副测试

⑮ 为单分量力矩创建测试。在图形区，在单分量力矩上单击鼠标右键，在弹出的菜单中选择“Joint：SFORCE 1”—“Measure”项后，弹出创建测试对话框，将“测量名称”中的名称修改成“.Control_PID.SFORCE_Torgue”，“特性”为力矩，“分量”为“Z”，如图 9-21 所示，单击“确定”按钮。

⑯ 进行 PID 仿真。单击“Simulation”菜单下的⚙按钮，系统弹出“Simulation Control”对话框，将仿真时间（Duration）设置成“20”，仿真步数（Steps）设置为“200”，单击

▶按钮，观察旋转副的角度测试曲线和单分量力矩的测试曲线，分别如图 9-22 和图 9-23 所示。

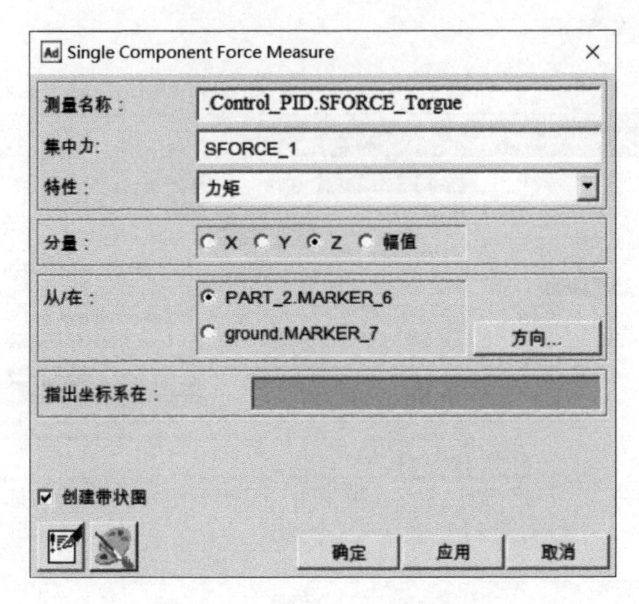

图 9-21　创建单分量力矩测试

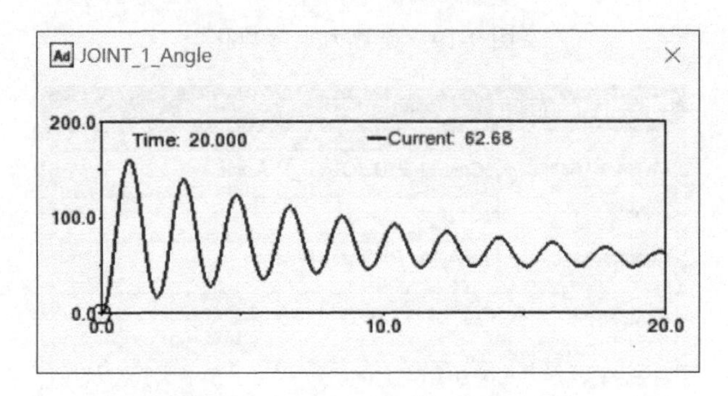

图 9-22　旋转副的角度测试曲线

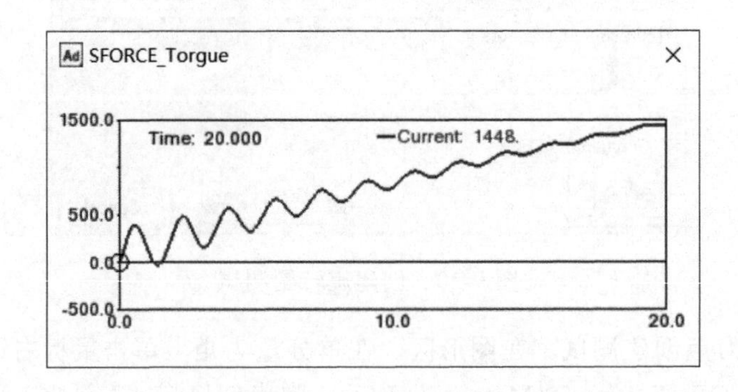

图 9-23　单分量力矩的测试曲线

⑰ 单击 F8 按钮进入后处理模块，在左上角的处理类型下拉列表中选择“Animation”项，通过菜单“View”—“Load Animation”加载动画，在 Animation 页的右侧勾选“Superimpose”

后，开始播放动画，可以看到连杆旋转一定角度后，又回到了原来的初始位置，并且逐渐静止不动，如图 9-24 所示。

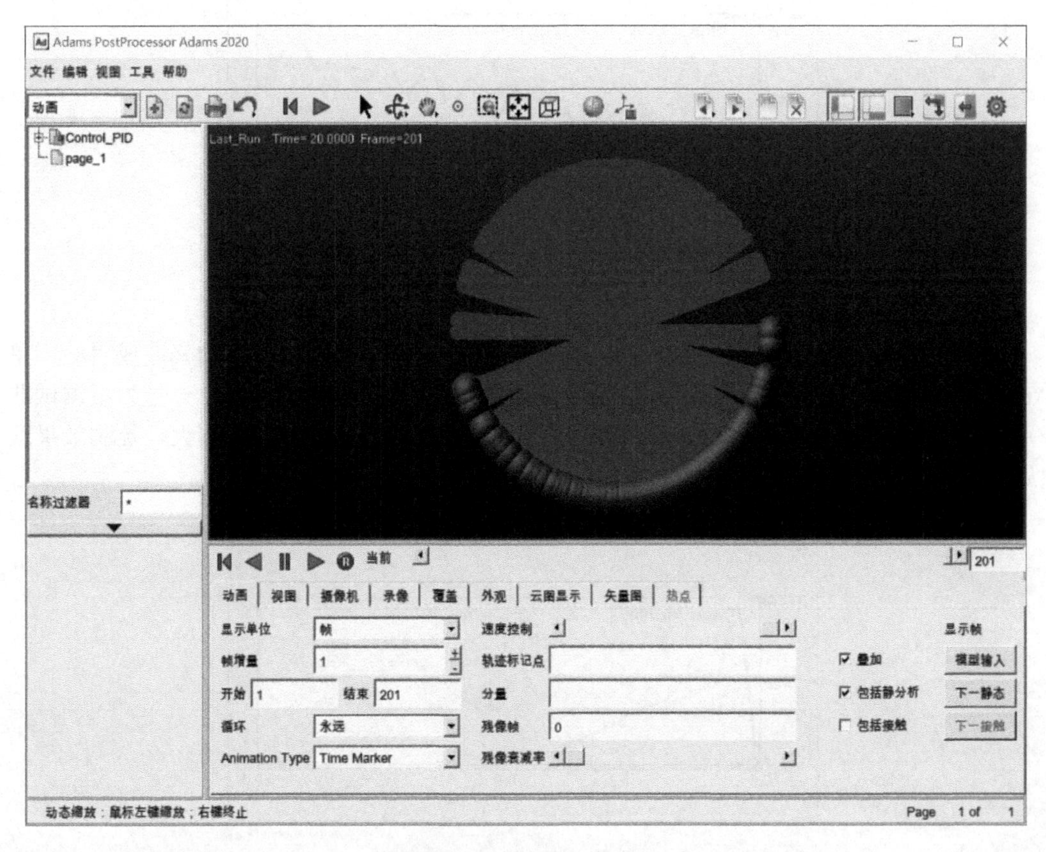

图 9-24　播放动画

⑱ 修改 PID 模块的比例、微分和积分增益系数。按 F8 键回到 View 模块，单击菜单“Edit”—“Modify”后，弹出数据库导航对话框，在列表中双击“Control_PID”，点击 PID 模块中的“pid_angl_velo”，单击“OK”按钮后，弹出修改 PID 模块的控制工具包。将 PID 模块的 3 个增益系数“P Gain”、“I Gain”和“D Gain”均修改成“0.2”，单击“Apply”按钮后，再运行一次仿真，此时旋转副的旋转角度测试曲线和单分量力矩的测试曲线分别如图 9-25 和图 9-26 所示。

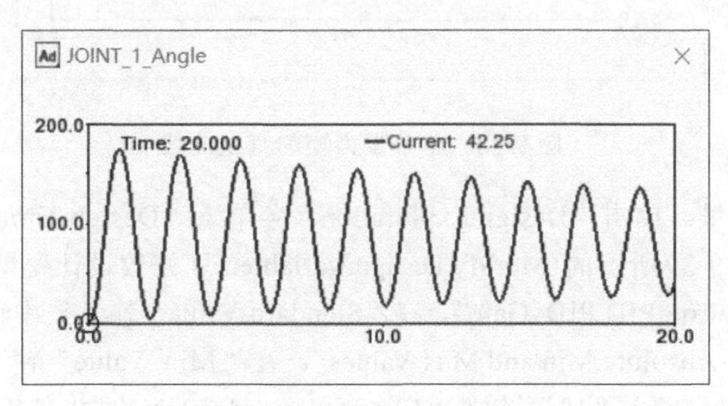

图 9-25　旋转副的角度测试曲线

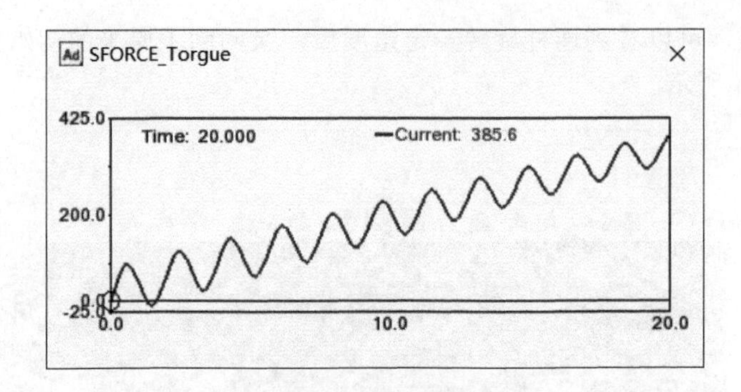

图 9-26　单分量力矩的测试曲线

⑲ 将 PID 模块的 3 个增益系数“P Gain”、“I Gain”和“D Gain”均修改成“8”，单击“Apply”按钮后，再运行一次仿真，此时旋转副的旋转角度测试曲线和单分量力矩测试曲线分别如图 9-27 和图 9-28 所示。通过对比可以看出 PID 模块的增益系数越大，控制效果就会越好。

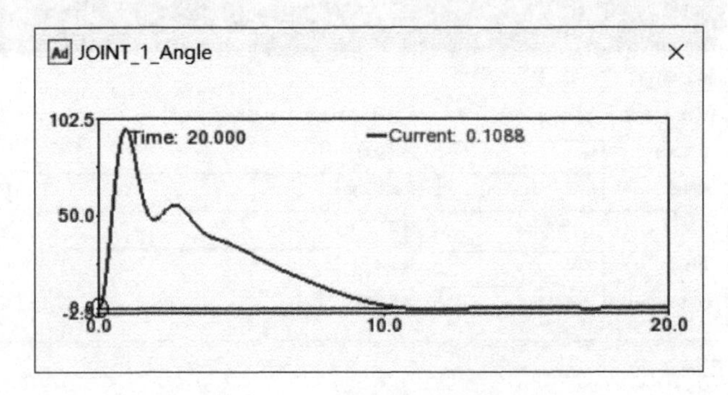

图 9-27　旋转副的角度测试曲线

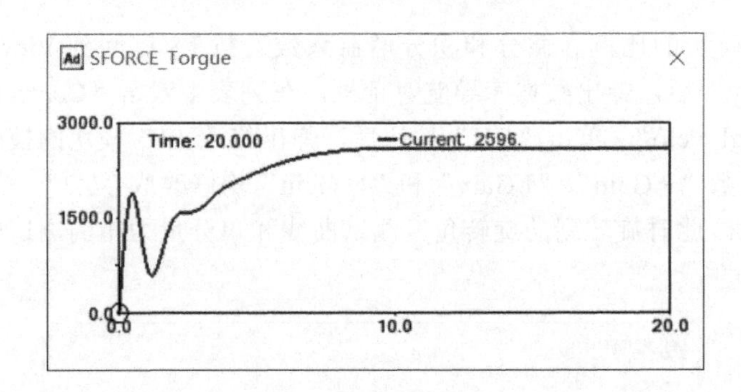

图 9-28　单分量力矩的测试曲线

⑳ 创建设计变量。单击“Design Exploration”菜单下“Design Variable”工具栏中的按钮，系统弹出如图 9-29 所示的“Modify Design Variable...”（修改设计变量）对话框，将“Name”输入框修改为“.Control_PID.PID_Gain”，在“Standard Value”输入框中输入“1”，将“Value Range by”设置为“Absolute Min and Max Values”，在“Min. Value”输入框中输入“0”，在“Max. Value”输入框中输入“10”，勾选“List of allowed values”，并在其输入框中输入“0.2，0.6，2，6，10”，单击“OK”按钮。

㉑ 修改PID模块的增益。如果编辑PID模块的控制工具包没有打开，单击菜单“Edit”—“Modify”，在弹出的数据库导航对话框中，找到“pid_ang1_velo”项，单击“OK”按钮后，打开控制工具包。在“P Gain”输入框中单击鼠标右键，在弹出的快捷菜单中选择“Param-eterize”—“Reference Design Variable”，然后弹出数据库导航对话框，在其中的列表中找到“PID_Gain”变量，单击“OK”按钮后，将PID模块的“P Gain”参数化，其他模块的增益设置为0。

㉒ 进行参数化计算。单击菜单“Design Exploration”下“Design Evaluation”工具栏中的按钮，弹出参数化计算对话框，如图9-30所示，将“Study a”设置为“Measure”，选择“Maximum of”项，并在其后的输入框中通过鼠标右键快捷菜单依次选择“Measure”—“Guesses”—“JOINT_1_Angle”，选择“Design Study”项，并在“Design Variable”后的输入框中通过鼠标右键快捷菜单依次选择“Variable”—“Guesses”—“PID_Gain”，单击“Start”按钮开始进行参数化计算。

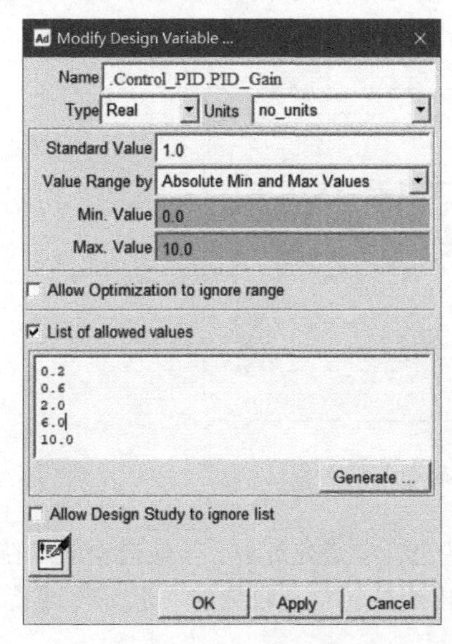

图9-29 “Modify Design Variable”对话框

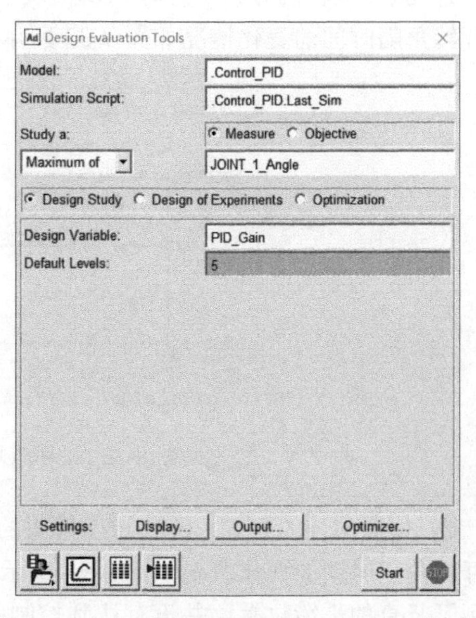

图9-30 “Design Evaluation Tools”对话框

㉓ 结果后处理。计算结束后，在后处理模块中可以看到连杆转角在每次试验中的变化情况，如图9-31所示，每次试验中连杆最大转角与变量取值的变化情况如图9-32所示。从图9-32中可以看出，设计变量取值越大，也就是比例增益越大，连杆转角就越小，单连杆做振荡运动，并不能保证收敛。

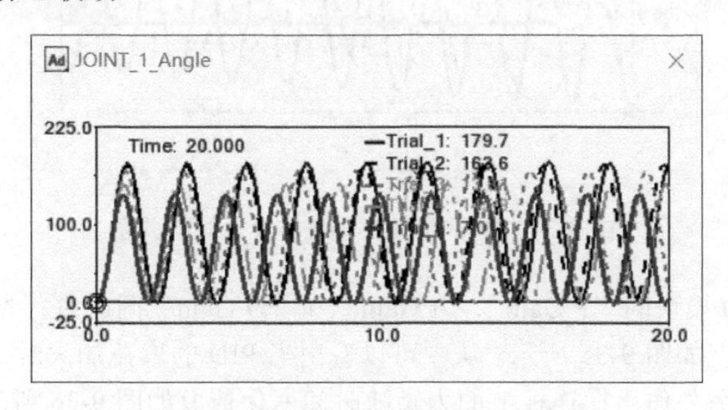

图9-31 连杆转角随时间变化情况

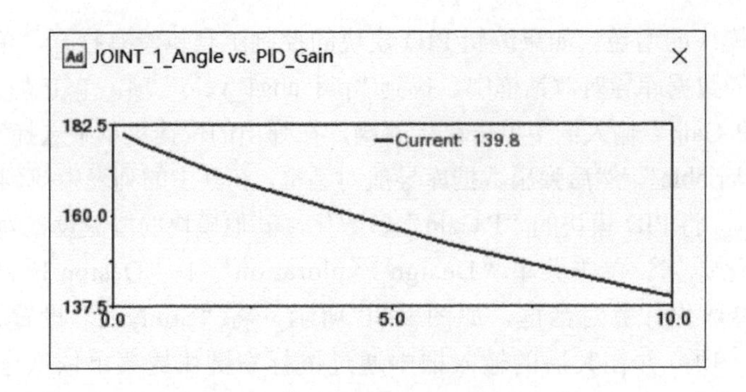

图 9-32　连杆最大转角变化情况

㉔ 按照同样的方式，只对 PID 模块的“I Gain”进行参数化计算，其他模块的增益为 0，连杆转角随时间的变化情况如图 9-33 所示，可以看出连杆转角是发散的。

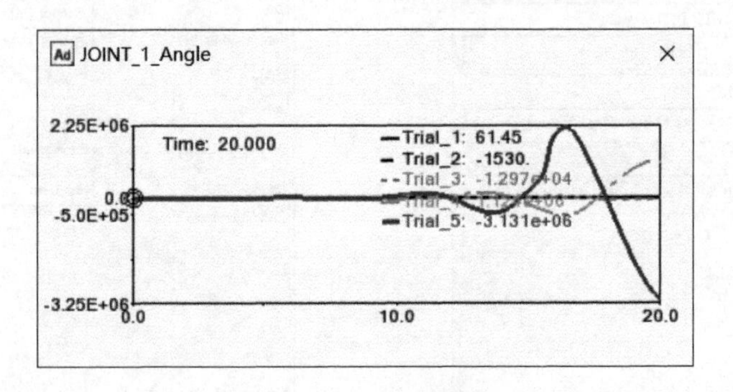

图 9-33　I 环节增益与连杆转角间的关系

㉕ 按照同样的方式，只对 PID 模块的“D Gain”进行参数化计算，其他模块的增益为 0，连杆转角随时间的变化情况如图 9-34 所示，可以看出连杆转角是收敛的，但是转过了 90°，达到了竖直的平衡位置，并没有达到控制的要求。

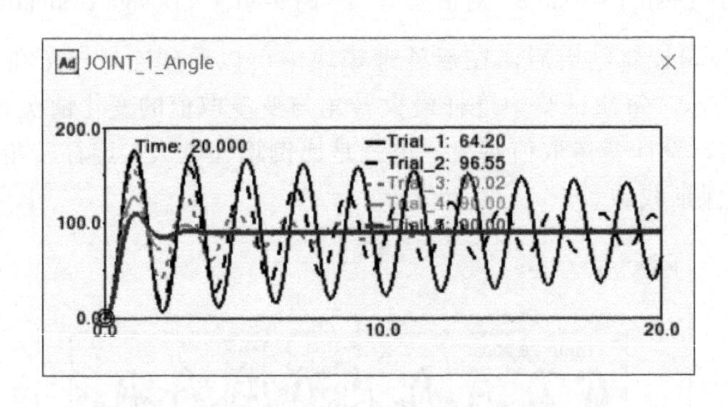

图 9-34　D 环节增益与连杆转角间的关系

㉖ 如果对 PID 模块的“P Gain”、“I Gain”和“D Gain”同时进行参数化计算，连杆转角随时间的变化情况如图 9-35 所示，从中可以看出当 PID 的增益加大时，可以使连杆恢复到原来的水平位置。另外作用在连杆上的力矩随时间变化情况如图 9-36 所示。

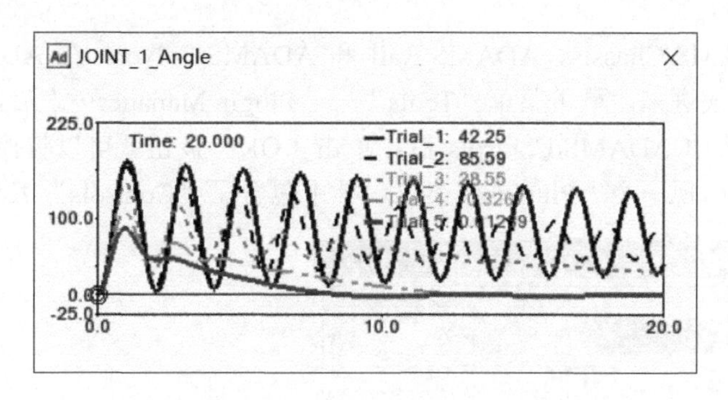

图 9-35　PID 三环节增益与连杆转角间的关系

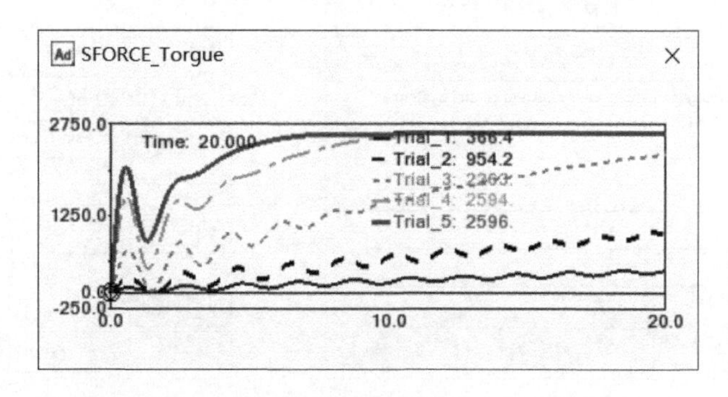

图 9-36　PID 三环节增益与控制力矩间的关系

说明：由于 PID 控制模块输入的是真实值与控制目标的误差和误差对时间的导数，因此如果在第⑧步中，将“.Control_PID_input_angle”的“Function”输入框中的函数表达式改为“AZ（MARKER_3，MARKER _4）*180/pi-180*time”，将第⑨步中“.Control_PID.input_angle_velo”的函数表达式改为“WZ（MARKER _3，MARKER _4）* 180/pi-180”，即“.Control_PID_input_angle”对时间“time”的导数，则可以实现控制偏心连杆以 180（°）/s 的转速旋转，并将重力当作外界的干扰。如果将“.Control_PID_input_angle”的函数表达式改为“AZ（MARKER _3，MARKER _4）*180/pi-F（time）”，其中 F（time）是任意一个函数，将“.Control_PID.input_angle_velo”的函数表达式改为“WZ（MARKER _3，MARKER _4）*180/pi-F′（time）”，其中 F′（time）表示 F（time）对时间的求导，则可以控制偏心连杆按照函数 F（time）确定的规律旋转。

9.3　ADAMS 与其他控制程序的联合控制

ADAMS 与其他控制程序的联合控制是在 ADAMS 中建立多体系统，然后由 ADAMS 输出描述系统方程的有关参数，再在其他控制程序中读入 ADAMS 输出的信息并建立起控制方案，在计算的过程中 ADAMS 与其他控制程序进行数据交换，由 ADAMS 的求解器求解系统的方程，由其他控制程序求解控制方程，共同完成整个控制过程的计算，控制程序可以是 MATLAB 或 EASY5。

9.3.1　加载 ADAMS/Controls 模块

ADAMS 的控制模块是 ADAMS/Controls，ADAMS/Controls 模块可以用于 ADAMS/View、

ADAMS/Car、ADAMS/Chassis、ADAMS/Rail 和 ADAMS/Solver。在 ADAMS/Controls 使用之前需要先将其加载进来，单击菜单“Tools”—“Plugin Manager…”后，弹出插件管理器，如图 9-37 所示，选中 ADAMS/Controls 后，单击“OK”按钮就可以将控制模块加载进来，之后在菜单栏上新出现一个“Plugins”菜单，其中包含了“Controls”工具按钮。

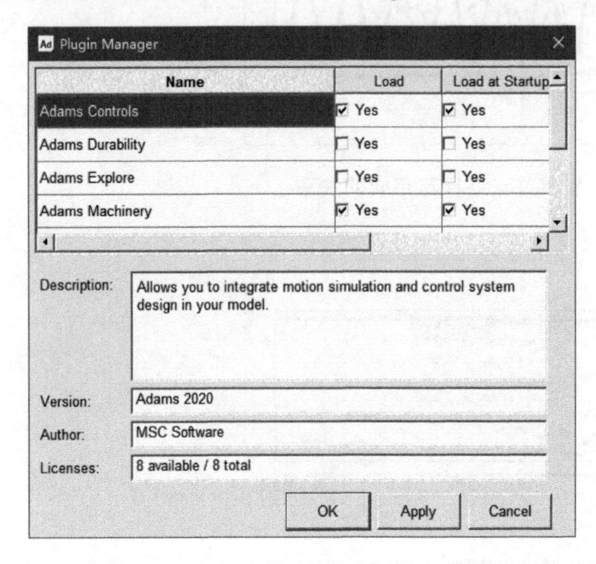

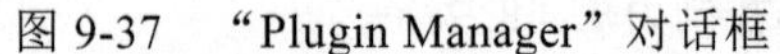
图 9-37 “Plugin Manager”对话框

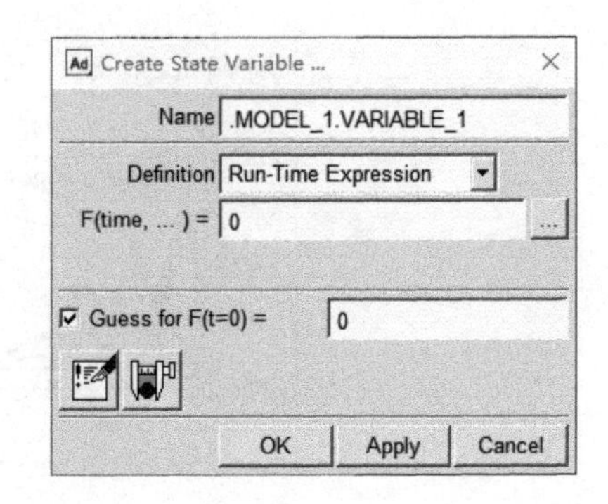

图 9-38 “Create State Variable…”对话框

9.3.2 定义输入输出

ADAMS 与其他控制程序之间的数据交换是通过状态变量实现的，而不是设计变量。状态变量在计算过程中是一个数组，它包含一系列数值，而设计变量只是一个常值，不能保存变值。在定义输入输出之前需要先将相应的状态变量定义好，用于输入输出的状态变量一般是系统模型元素的函数，如构件的位置、速度的函数以及载荷等函数。输入变量是系统被控制的量，如上节中连杆上的力矩，而输出变量是系统输入其他控制程序的变量，它的值经过控制方案后，又返回到输入变量。这里用于输入输出的状态变量与一般的状态变量的定义方法一致，也是通过菜单“Elements”下“System Elements”工具包中的 x 按钮来新建变量，单击 x 按钮后，会弹出如图 9-38 所示的“Create State Variable…”对话框。

控制的输入输出通过状态变量实现，一个系统中可能存在许多状态变量，因此还需要指定用哪些状态变量实现输入输出。指定输入状态变量，需要单击菜单“Elements”下的“Data Elements”工具栏中的 P 按钮，系统会弹出如图 9-39 所示的创建控制输入对话框，在“Plant Input Name”输入框中输入一个控制输入名称，在“Variable Name”中输入状态变量的名称，单击“OK”按钮后，就将状态变量定义为输入变量，图 9-39 中的输入变量为“.Control_PID.Torque”。

指定输出状态变量，单击菜单“Elements”下的“Data Elements”工具栏中的 P 按钮后，系统会弹出如图 9-40 所示的“Data Element Creat Plant Output”对话框，在“Plant Output Name”输入框中输入一个控制输出名称，在“Variable Name”输入框中输入状态变量的名称，单击“OK”按钮后，就将状态变量定义为输出变量，图 9-40 中的输出变量为“Angle”。

在此定义的控制输入将是其他控制程序的控制输出，而控制输出将是其他控制程序的输入，请读者理解这层关系。

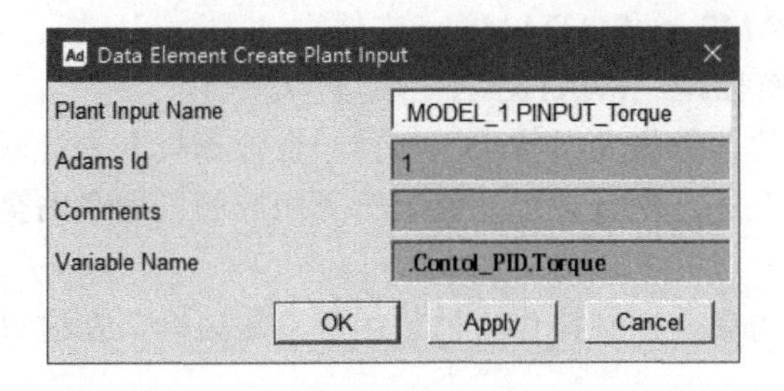

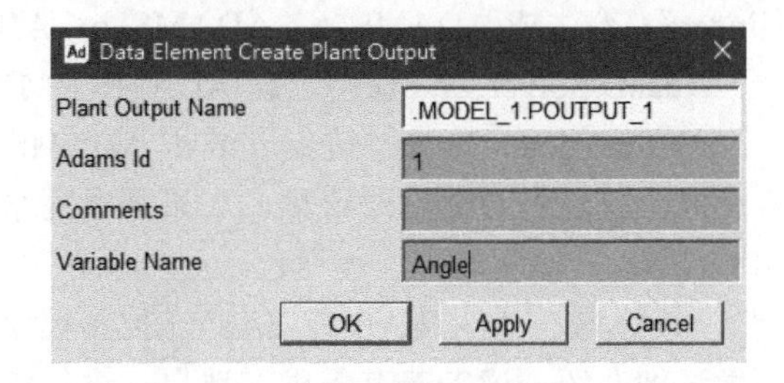

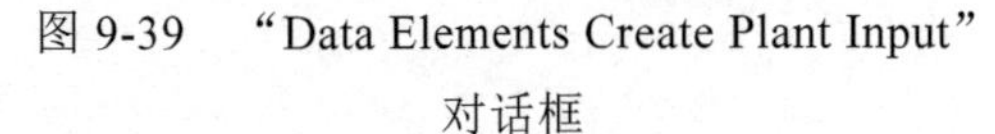
图 9-39 “Data Elements Create Plant Input”对话框

图 9-40 “Data Elements Create Plant Output”对话框

9.3.3 导出控制参数

在创建了控制输入和控制输出后，可以将系统的控制参数导出到其他控制程序中。单击“Plugins”菜单下的“Controls”，在弹出的菜单中选择“Plant Export”后，弹出如图 9-41 所示的“Adams Controls Plant Export”（导出控制参数）对话框。对话框中各个选项的功能如下：

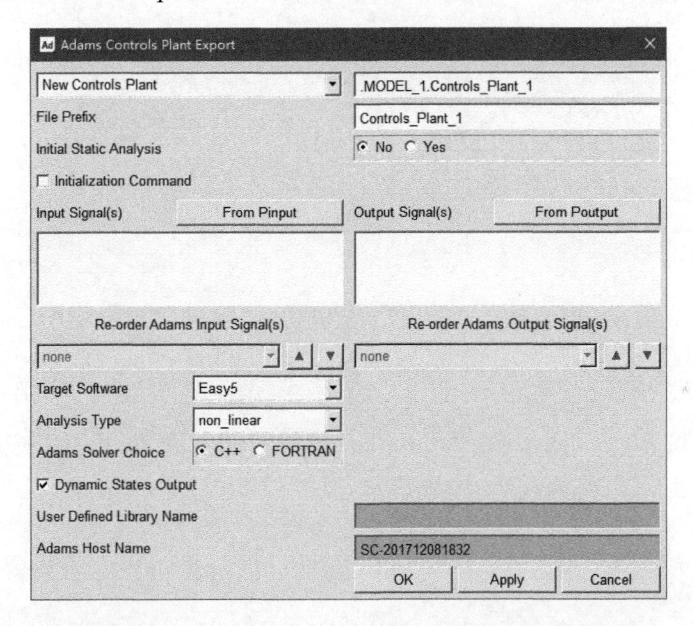

图 9-41 “Adams Controls Plant Export”对话框

File Prefix：输入文件名，ADAMS 会根据所选控制程序是 MATLAB 还是 EASY5，将分别生成 Prefix.m 或 Prefix.inf 文件，作为输出到 MATLAB 或 EASY5 接口的文件，在计算过程中还会生成 Prefix.cmd 和 Prefix.adm 文件。

Initial Static Analysis：确定是否进行静平衡计算，如果选择了“Yes”，并将“Type”选择为“linear”，则首先进行平衡计算，否则进行装配计算。

Input Signal（s）：输入已经创建的控制输入。

Output Signal（s）：输入已经创建的控制输出。

Target Software：选择控制程序是 MATLAB 还是 EASY5。

Analysis Type：选择进行线性计算（linear）还是非线性计算（non_linear），如果选择了

"linear"，会生成 ADAMS_a、ADAMS_b、ADAMS_c 和 ADAMS_d 文件。

Adams Solver Choice：选择 ADAMS 的求解器是"FORTRAN"还是"C++"。

Adams Host Name：确定安装了 ADAMS 的计算机名，如果是在同一台计算机上进行联合计算，就没有必要修改该项，如果是在网络上进行联合计算，需要输入相应的机器名的全称和域名。

ADAMS 与 MATLAB 或 EASY5 控制程序的联合控制操作方法，由于篇幅限制，在这里不做详细介绍，读者若有需求，请自行进行练习。

第10章

ADAMS 与其他软件接口及实战

扫码尽享
ADAMS 全方位学习

10.1 数据交换的必要性

ADAMS 软件是目前最具权威的机械系统动力学仿真软件。它通过在计算机上创建虚拟样机来模拟复杂机械系统的整个运动过程，从而达到改进设计质量、节约成本、节省时间的目的。但是直接在 ADAMS 上建立三维实体模型难度较大，尤其是当被研究对象难以简化，或是简化后不具备研究意义时，而运用成熟的建模软件建立准确模型，再将模型准确导入 ADAMS 中更加容易实现。

在如今的学术研究和生产制造中，CAD、CAM、CAE 技术不可替代。运用计算机进行模型的建立和运动及动力学方面的研究已经成为趋势。不同软件各有专攻，所以对对象建立模型进行研究分析时，往往需要联合多个软件。这时，软件之间数据交换准确与否，将直接影响建模与分析的准确性。本章将讨论应用 UG NX、ADAMS 及 ANSYS 等软件进行运动学及动力学仿真时，数据交换可能出现的问题。

UG NX（可简称 UG）是具有国际竞争力的、具有先进集成模块的、为机械产品的设计加工前期工作提供方便的建模过程的强大计算机辅助软件。它自身携带包含对所有复杂零件进行高精度仿真的建模功能，以及把一个系统中各个零件集合到一个平台进行可视化装配的功能。UG 软件在三维实体建模方面和进行复杂模型装配方面，在国际上来讲都处于领先地位。ANSYS 软件是当今著名的有限元分析程序，其强大的分析功能已为全球工业界广泛接受，成为拥有大用户群的 CAE 软件供应商。ANSYS 的特点有多场及多场耦合分析、多物理场优化、统一数据库及并行计算等，都代表着 CAE 软件的发展潮流。ADAMS 分析对象主要是多刚体，但与 ANSYS 软件结合使用可以考虑零部件的弹性特性。反之，ADAMS 的分析结果可为 ANSYS 分析提供人工难以确定的边界条件。所以，各个软件各有所长，要集合不同的软件优点来建立模型并研究模型。这就是多软件联合仿真在设计制造行业和应用科学研究中成为大趋势的原因，也说明探究软件间数据交换的准确性十分必要。

10.2 Pro/E 与 ADAMS 的数据交换

Pro/E 与 ADAMS 之间的数据交换是通过 MECHANISM/Pro 接口模块实现的，MECHANISM/

Pro 模块将两个软件实现无缝衔接，不需要退出 Pro/E 应用环境，就可以将装配完的模型调入 ADAMS，进行系统的运动学与动力学仿真分析。

同时还可以在 Pro/E 中定义刚体和施加约束，然后将模型导入 ADAMS 中，以便进行更为全面的动力学分析。

使用 MECHANISM/Pro 模块对机械系统模型进行运动学或动力学仿真分析时，一般遵循以下步骤。

① 创建或打开 Pro/E 装配模型。使用标准的 Pro/E 命令创建或打开装配模型，准备进行运动学或动力学仿真分析。系统判断对模型进行运动学或者动力学仿真分析的标准是：通过计算系统中的刚体和约束副的数量求出系统的自由度，如果系统的自由度为 0，就对系统进行运动学仿真分析；如果系统的自由度大于 0，就对系统进行动力学仿真分析。

② 定义刚体。根据设计意图将装配模型中没有相对运动的零件（如装配中用紧固件固定在一起的零件）定义为一个刚体，同时指定一个刚体为大地。作为大地的刚体应该是在对模型进行动力学仿真分析时一直固定不动的刚体，它是其他刚体运动的参考基准。

③ 创建约束副。根据模型的实际运动情况在刚体之间创建约束副。这些约束副确定哪些刚体之间有运动关系，并且保证有相对运动的刚体按照设计要求的运动轨迹进行运动。

④ 添加驱动。在模型的约束副上添加运动学驱动。

⑤ 应用载荷和弹性连接器。根据模型所受载荷的情况在不同刚体的两点之间施加力和力矩，也可以使用弹性连接器在两个刚体之间添加弹性力和阻尼力。

⑥ 传送模型。完成模型后，可以将模型传送到 ADAMS/Solver（ADAMS 的求解器）中直接进行动力学求解，也可以将模型传送到 ADAMS/View 中，添加更复杂的约束副或驱动后，再使用 ADAMS/Solver 进行动力学仿真分析。

⑦ 观察分析结果。经过 ADAMS/Solver 求解后，可以观察模型的运动情况，检查刚体之间的运动干涉，计算刚体之间的作用力。

10.3 Solidworks 与 ADAMS 的数据交换

① 在 Solidworks 中将零件或者装配图另存为.parasolid 格式。

② 将刚才的 Solidworks 文件修改为.xmt._xt 格式。

③ 打开 ADAMS，单击“文件”，然后单击“导入”，在“文件类型”中选择 Parasolid。

④ 在“读取文件”编辑框中右击，选择“浏览”，找到文件，将“文件类型”设为 ASCII。

⑤ 选择“模型名称”（如果是装配图）或者“部件名称”（如果是零件图），在右端编辑框中右击，选择“创建模型”或者“创建部件”，输入名称，单击“确定”按钮。

10.4 UG 与 ADAMS 的数据交换

建模类的计算机辅助软件很多，如 SolidWorks、Pro/E 等。本节主要探究 UG 和 ADAMS 间的接口。

从 UG 中得到的三维模型可以通过软件接口导入 ADAMS 中，但是 STEP、IGES、DXF、DWG 等部分格式会使模型导入 ADAMS 后出现数据丢失，导致模型本身出现错误，三维模型将不能正常显示。经验发现，只有 Parasolid 格式不会造成数据的丢失，可以使在 UG 中建立的三维实体模型及其装配关系在导入 ADAMS 中后得以继续存在。

Parasolid 文件在导入 ADAMS 后，为了进一步实现运动仿真及动力学仿真等功能，需要确定各个关键点的位置，建立 marker。定义 marker 位置时会发现，ADAMS 中对关键点进行捕捉的功能不健全，关键点靠近格栅时捕捉不准，使得对体、点或是轴线的选择很容易出错。

另外，虽然在 ADAMS 中也可以通过平移来确定模型与坐标系之间的相对位置，但是对复杂装配体来说，进行平移时选择零件容易出错，且通过测量功能得到的距离由于精度有限并不准确，所以移动后也可能不在理想位置。

鉴于以上两方面原因，为了便于更加便捷和准确地运用软件进行仿真，被研究对象的重要的点与轴线最好恰好与装配体的坐标系相重合。

经过多次试验验证，装配体在导入 ADAMS 后，坐标系不会随之导入。ADAMS 中装配体的坐标系原点，通常就是在 UG 中装配时选择的第一个零件的坐标系原点。而 Parasolid 文件在导入 ADAMS 后，在 ADAMS 环境中不能再重新建立具体坐标系，只能通过移动功能来重新定义导入模型与坐标系的关系。由于格栅精度的限制和在复杂装配体中选择零件困难，通过移动来定义的模型与坐标系的关系也会不尽准确。所以，在 ADAMS 动力学仿真前，在 UG 中进行三维建模期间，就要将重要的点设置为坐标系原点。

10.5 UG 和 ADAMS 间的数据转换实例

（1）UG 到 ADAMS

① 打开 UG 文件，如图 10-1 所示。

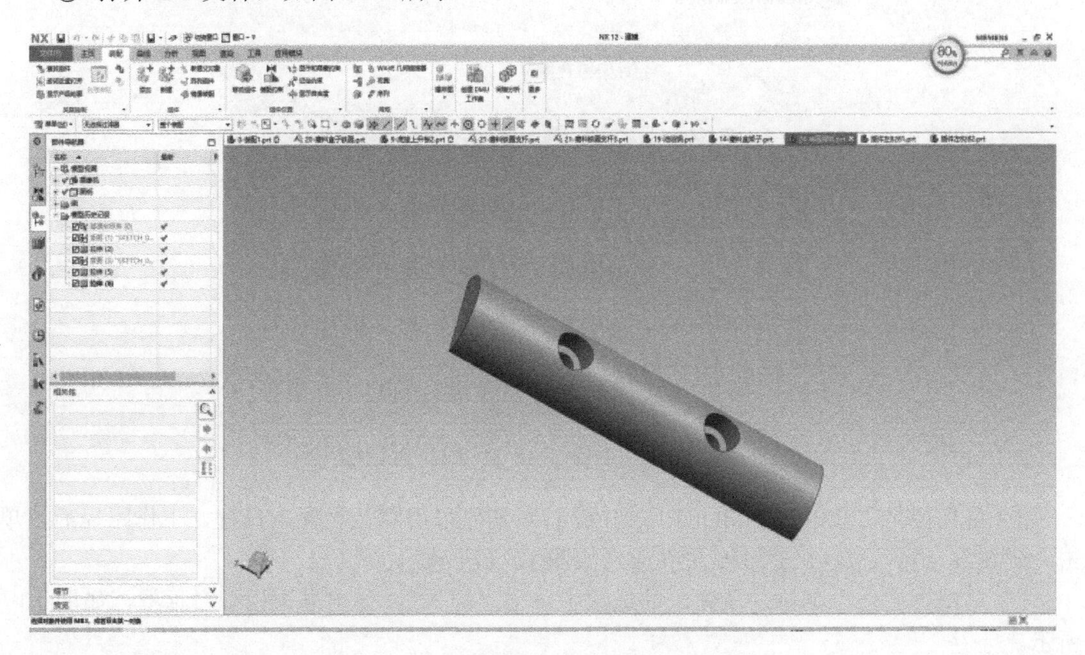

图 10-1 模型图

② 单击“文件”菜单，在弹出的选项中单击“导出”，系统弹出文件类型菜单。

③ 在文件类型菜单中选择“Parasolid”选项，系统弹出“导出 Parasolid”对话框，如

图 10-2 所示。在文件名中单击输入“column”，文件类型采用默认设置，再单击“确定”按钮，完成模型的导出。

④ 打开 ADAMS 2020，开始界面如图 10-3 所示，单击“新建模型”，弹出如图 10-4 所示的“Creat New Model”对话框。

图 10-2　导出模型的命名

图 10-3　ADAMS 2020 开始界面

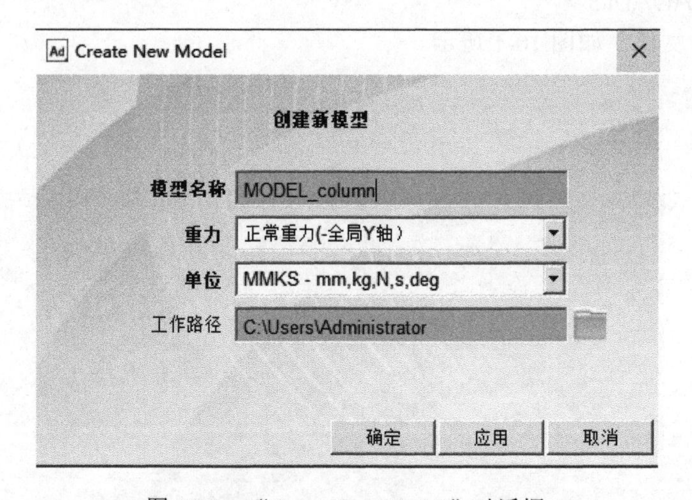

图 10-4　“Creat New Model”对话框

⑤ 将模型名称修改为“MODEL_column”，其他采用默认设置，设置好工作路径后，单击“确定”，进入 ADAMS 2020 主界面，如图 10-5 所示。

⑥ 单击“文件”菜单，从弹出的选项中单击“导入”，弹出导入模型对话框，如图 10-6 所示。

⑦ 在“文件类型”栏中单击下三角按钮，弹出 ADAMS 能导入的模型类型下拉列表，如图 10-7 所示，选择“Parasolid”格式。

⑧ 在“读取文件”栏中右击，选择“浏览”选项，如图 10-8 所示。找到模型保存的文件夹，单击选中文件，如图 10-9 所示，单击“打开（O）”按钮，导入模型。

图 10-5　ADAMS 2020 主界面

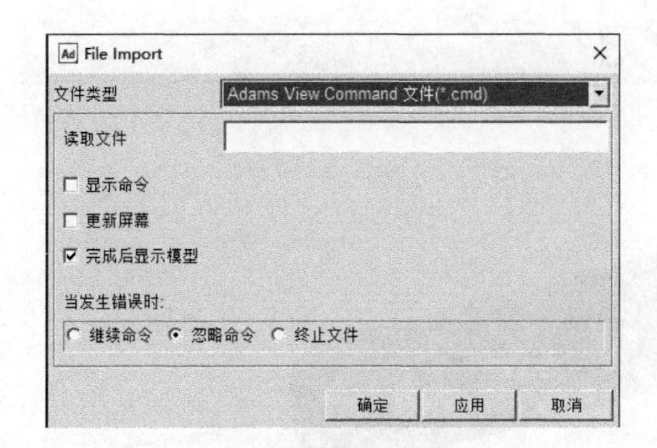

图 10-6　导入模型对话框

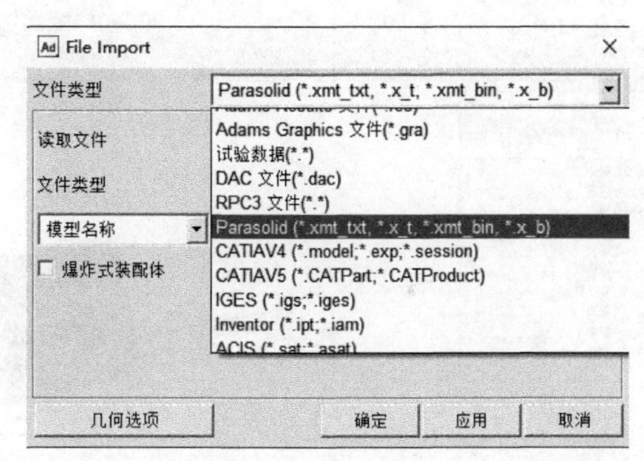

图 10-7　选择模型类型

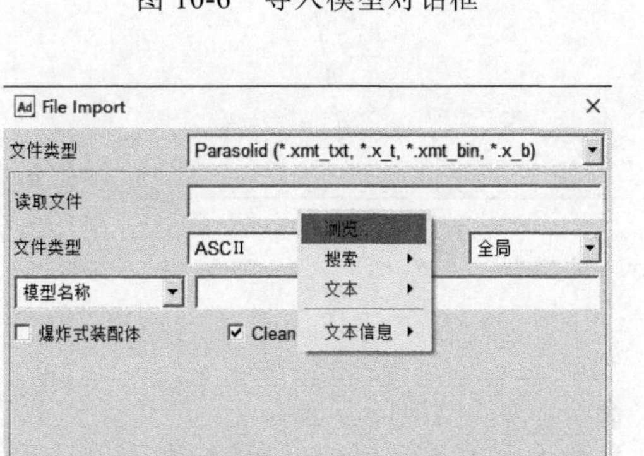

图 10-8　导入模型对话框

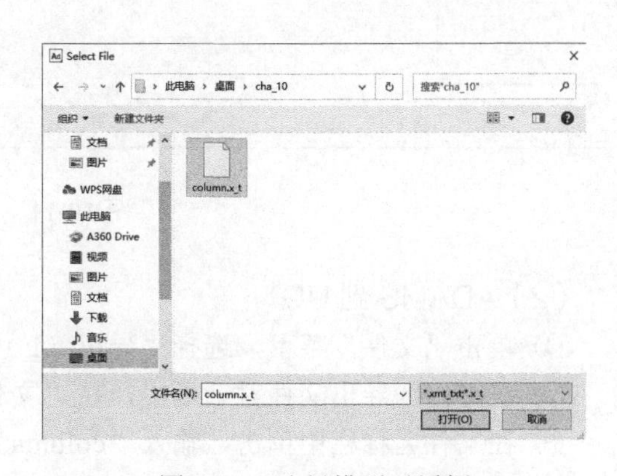

图 10-9　选择模型对话框

⑨ 在“模型名称”栏中右击，从弹出的菜单中依次选择“模型”—“推测” —“MODEL_column”，如图 10-10 所示。

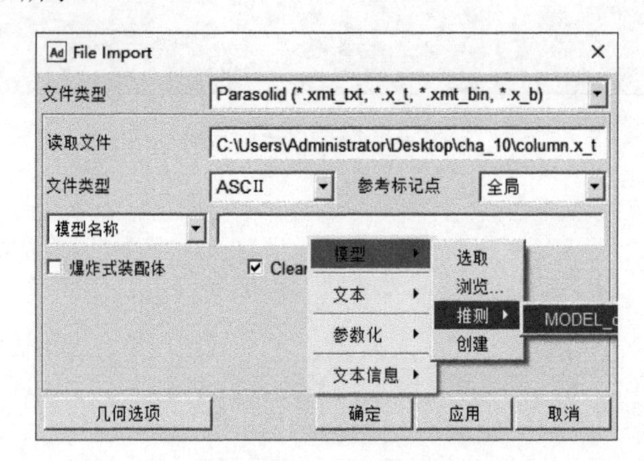

图 10-10　模型命名

⑩ 单击“确定”完成模型的导入，如图 10-11 所示。

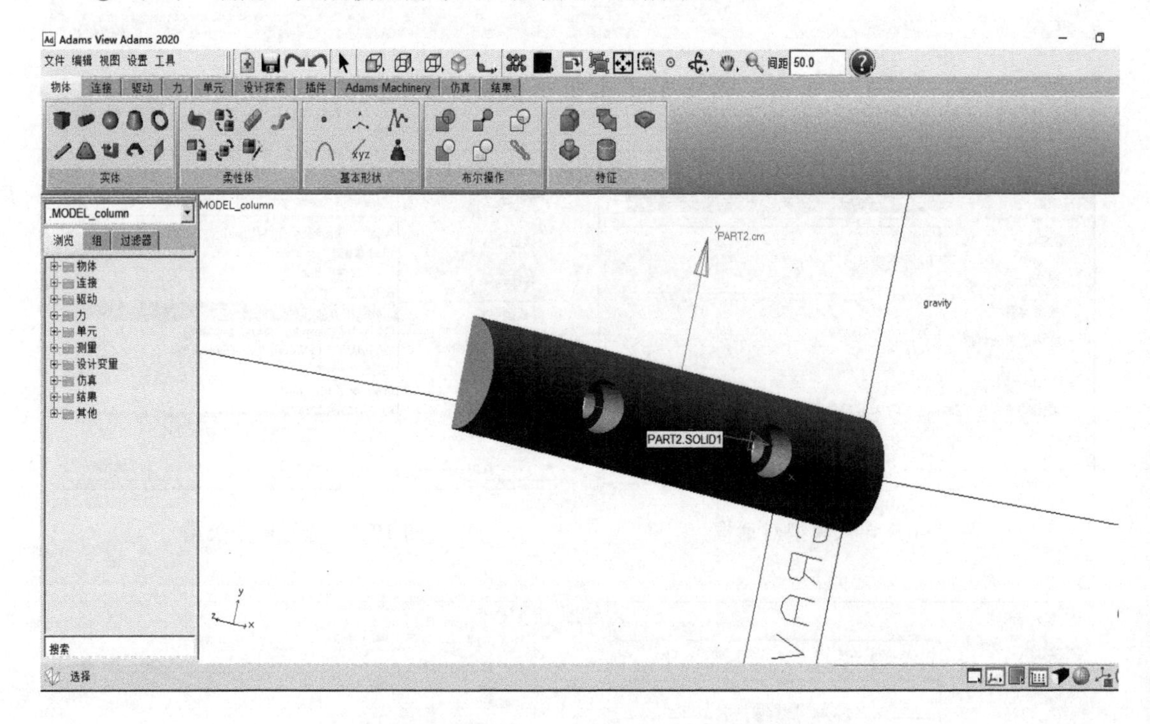

图 10-11　导入的模型

（2）ADAMS 到 UG

① 单击“文件”菜单，选择“导出（E)”命令，如图 10-12 所示。

② 在弹出的导出文件对话框中，在“文件类型”栏中选择“STEP”，如图 10-13 所示。

③ 在文件名称栏中单击，输入“column”。

④ 在“模型名称”栏中右击，依次选择“模型”—“推测” —“MODEL_column”，如图 10-14 所示。

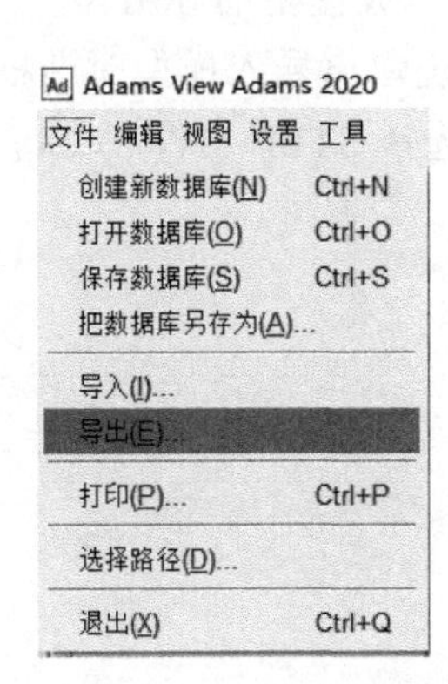

图 10-12　导出对话框

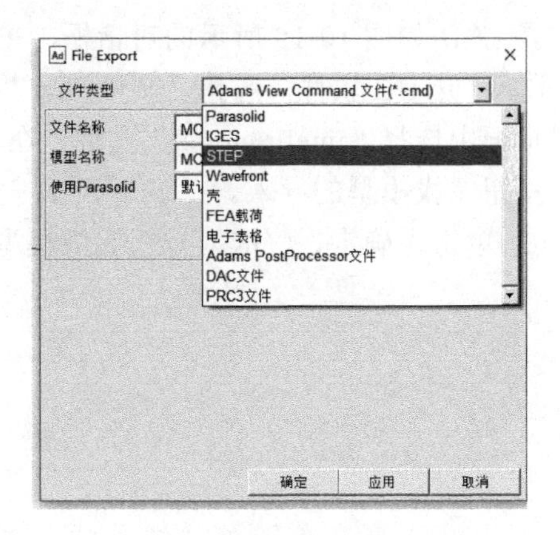

图 10-13　文件导出对话框

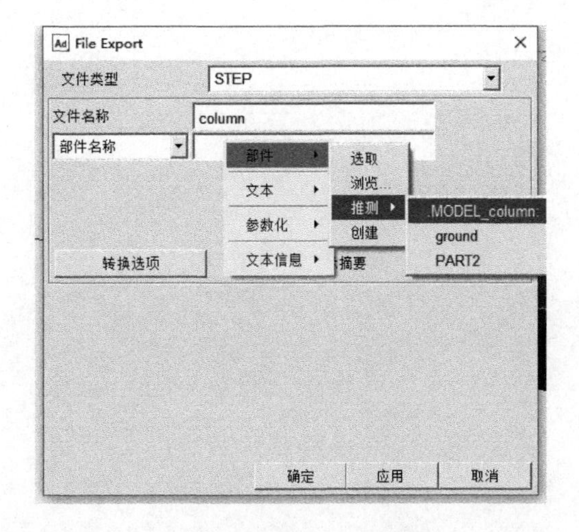

图 10-14　“File Export”（文件输出）对话框

⑤ 单击“转换选项”按钮，系统弹出如图 10-15 所示的对话框。

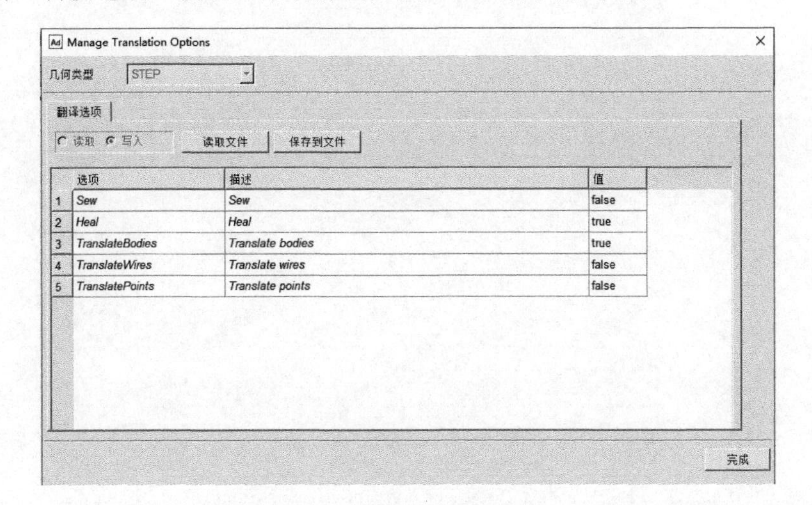

图 10-15　转换选项对话框

⑥ 关闭如图 10-15 所示的对话框，单击“确定”按钮完成模型的导出。

⑦ 打开 UG 软件，选择“文件”—“打开”命令，系统弹出导入模型对话框，在导入模型对话框中选择“imellr.model”文件，在“文件类型”中选择 STEP 文件（*.stp），单击“确定”按钮完成模型的导入。

⑧ 单击“确定”（OK）按钮完成模型的转换。

ADAMS

2020

实例篇

扫码尽享
ADAMS 全方位学习

第
11
章

操作实例

扫码尽享
ADAMS 全方位学习

11.1 创建接触实例

（1）齿轮啮合接触分析

① 打开 ADAMS 2020，开始界面如图 11-1 所示，单击“新建模型”，弹出如图 11-2 所示的“Creat New Model”对话框。将模型名称修改为“MODEL_chilun”，设置好工作路径后，单击“确定”，进入 ADAMS 2020 主界面，如图 11-3 所示。

图 11-1　ADAMS 2020 开始界面

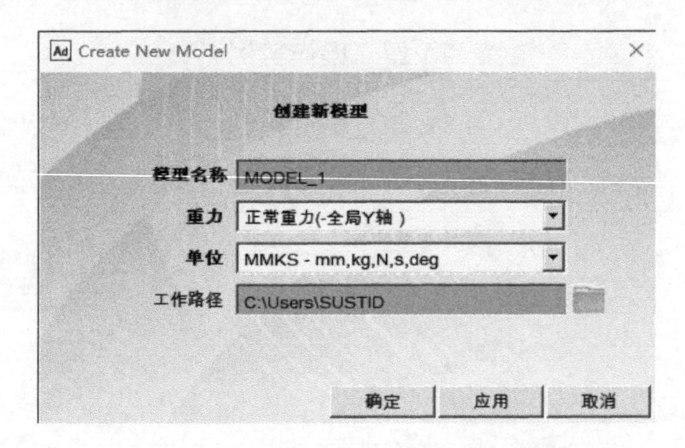

图 11-2　“Creat New Model”对话框

图 11-3　ADAMS 2020 主界面

② 导入模型。打开 ADAMS/View 后，在图 11-3 所示的界面中，选择“文件”—“导入”命令，弹出如图 11-4 所示的“File Import”对话框，在“文件类型”选项中，选择“Parasolid”。

③ 在“File Import”对话框中“读取文件”选项中右击，在弹出的快捷菜单中选择“浏览”，找到 cha_11 文件夹中的文件“chilun.x_t”，在“文件类型”选项中选择“ASCII”，在“模型名称”中输入“.model_chilun”。单击“确定”按钮，导入的模型如图 11-5 所示。

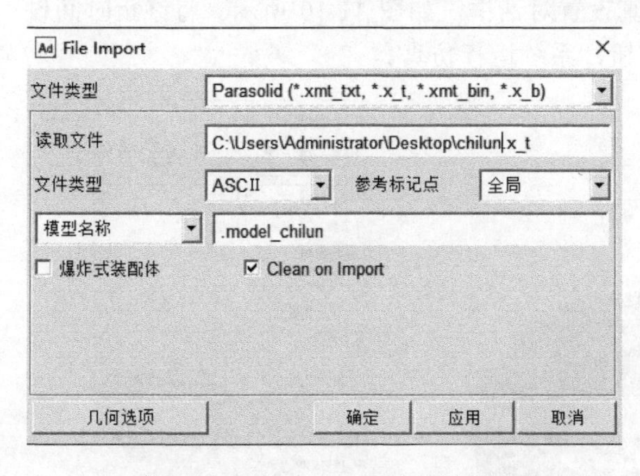

图 11-4　“File Import”对话框

图 11-5　模型图

④ 删除齿轮副。模型中的小齿轮（主动齿轮）与地面之间用旋转副 Joint_1 连接，大齿轮即从动齿轮与地面之间用旋转副 Joint_2 连接，主动齿轮与从动齿轮之间有一个齿轮副 GEAR_1，右击齿轮副，在弹出的菜单中选择“Delete”命令，删除齿轮副。

⑤ 添加接触。单击 ADAMS/View 菜单栏中的力按钮，选择接触力选项内的创造接触按钮 ，系统弹出接触编辑对话框，如图 11-6 所示。在对话框的“接触类型”栏中选择“实体对实体”。在“I 实体”中右击，在弹出的菜单中选择“接触实体”—“选取”命令，再单击从动齿轮。在“J 实体”中右击，在弹出的菜单中选择“接触实体”—“选取”命令，再单击主动齿轮。其余选项采用默认设置，如图 11-7 所示。单击“确定”按钮，完成接触的定义。

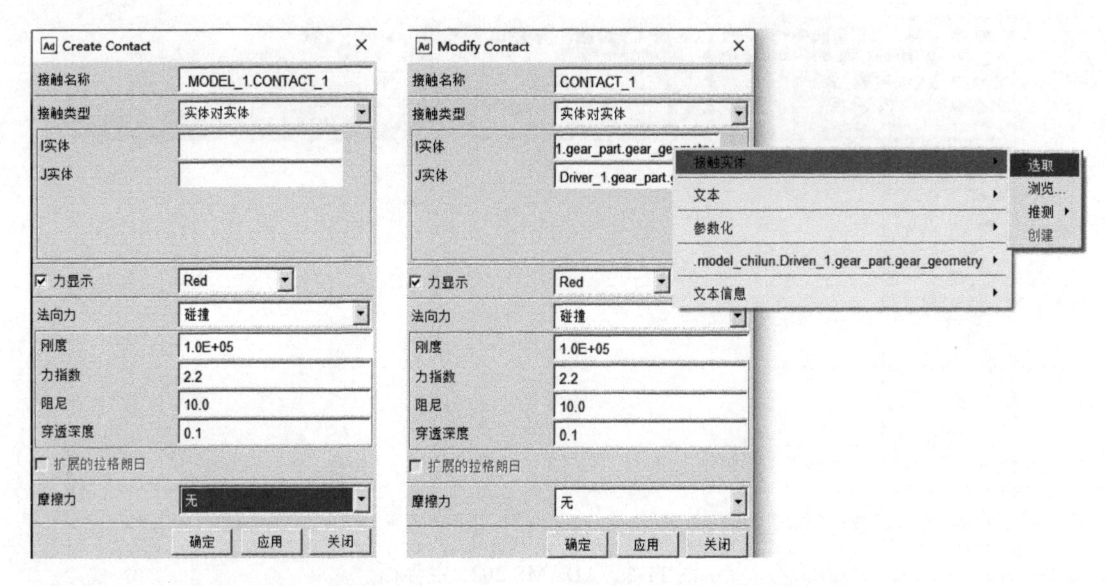

图 11-6 “Creat Contact”对话框　　　　图 11-7 定义接触对话框

⑥ 添加驱动。单击工具栏中的驱动下的旋转驱动按钮，系统弹出驱动设置对话框，如图 11-8 所示，在“旋转速度”对话框中输入 360，单击“Joint_1”，在主动齿轮旋转副上创建转速为 60r/min 的驱动，如图 11-9 所示。

⑦ 运行仿真。模型设置好后，进行仿真。单击菜单栏中的“仿真”，系统弹出仿真工具栏，在工具栏中单击仿真按钮，系统弹出仿真设置对话框，如图 11-10 所示。将终止时间设置为 5.0、步数设置为 500，单击开始仿真按钮，系统运行仿真。

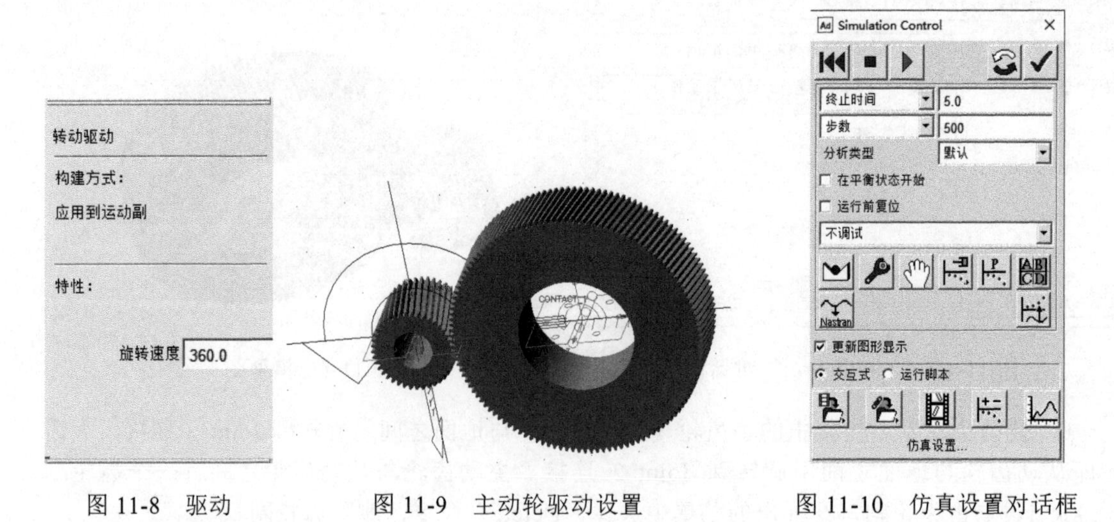

图 11-8 驱动设置对话框　　　　图 11-9 主动轮驱动设置　　　　图 11-10 仿真设置对话框

⑧ 查看仿真结果。仿真结束后，单击仿真右下角的后处理按钮进入后处理。系统打开后处理窗口，在后处理窗口的“仿真”下，结果如图 11-11 所示。

（2）ADAMS/Machinery 齿轮建模

另外，在 ADAMS/Machinery 中可以对齿轮自动化建模，不用从其他软件中导入，齿轮模块 ADAMS/Machinery Gear 能对多种类型的齿轮进行建模及性能评估，研究齿轮传动系特性参数（如传动比、摩擦、间隙等）对系统性能的影响。

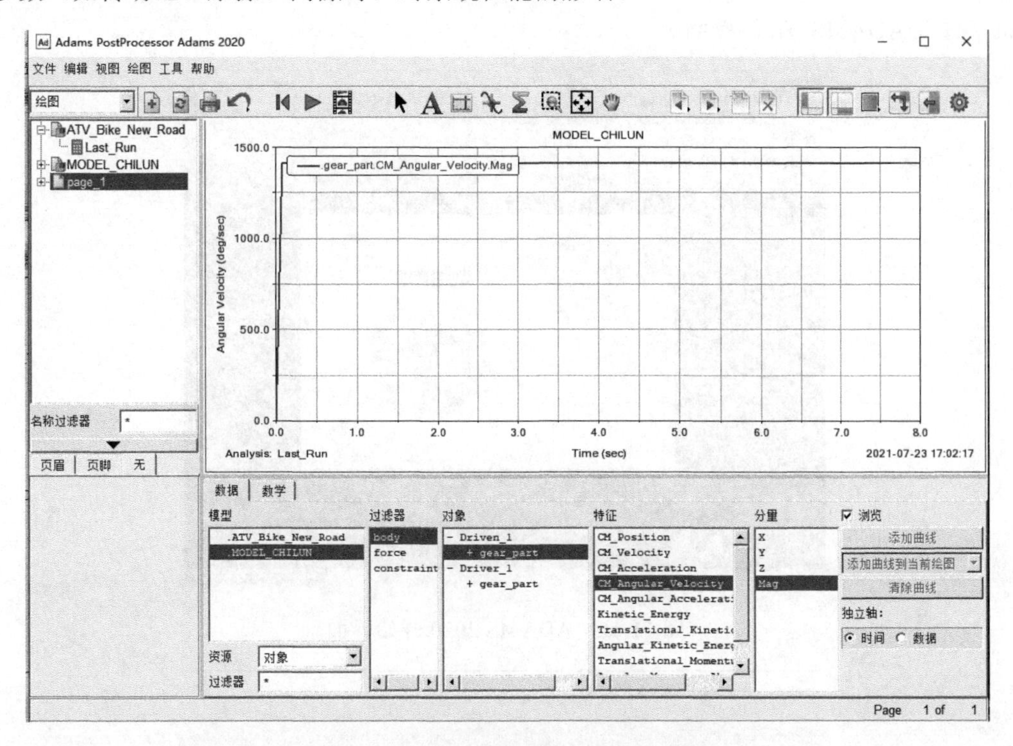

图 11-11　接触力 CONTACT_1 曲线

在产品设计周期初期可以使用 ADAMS/Machinery 构建机械部件及系统的功能性虚拟样机，在实物样机制造之前进行一系列的虚拟试验，预测导致产品故障和高保修成本的机械故障。

练习：齿轮参数如表 11-1，求齿轮 2 的转速。

表 11-1　齿轮参数

参数	齿轮 1	齿轮 2
额定功率/kW	9.5	—
转速/（r/min）	730	
模数/mm	2	2
压力角/（°）	20	20
螺旋角/（°）	8.79	8.79
齿数/个	41	127
齿宽/mm	75	68
中心距/mm	170	

试建立该系统的虚拟样机模型，并对该系统进行仿真分析。

① 建立新模型。双击桌面上 ADAMS/View 的快捷图标，启动 ADAMS/View，在欢迎对

话框（图 11-12）中选择“新建模型”，系统弹出建立新模型对话框，如图 11-13 所示。在“模型名称”中给模型定义一个名字，输入“CHILUN”，其余选项采用默认设置。单击“确定”按钮，进入 ADAMS/View 界面。

图 11-12　ADAMS 2020 开始界面

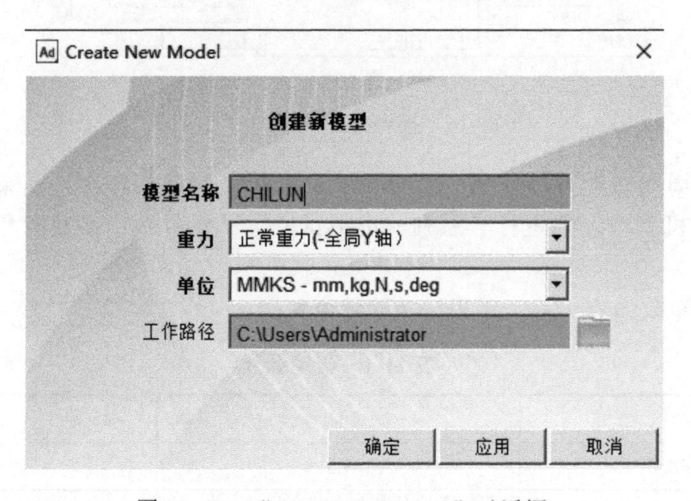

图 11-13　“Creat New Model”对话框

② 建立齿轮模型。在功能区 Adams Machinery 下的齿轮栏中，单击创建齿轮副图标，弹出“Create Gear Pair”（齿轮类型选择）对话框，如图 11-14 所示，在弹出的对话框中“齿轮类型”选择“斜齿轮”，然后点击对话框最下方图标“下一个>”，进入齿轮副方法的选择页面，如图 11-15 所示。在齿轮副方法选择页面中“方法”选择简化，点击“下一个>”，进入齿轮参数设置页面，如图 11-16 所示。齿轮参数设置页面中输入题目中所给的几何参数。输入完成后点击“下一个>”，进入齿轮材料设置页面，如图 11-17 所示。在齿轮材料设置页面中设置齿轮模型材料参数。完成后点击“下一个>”，进入齿轮连接设置页面，如图 11-18 所示。在齿轮连接设置界面中“类型”选择旋转，然后点击“下一个>”，进入最后的完成界面，如图 11-19 所示。最后在完成界面点击“完成”，完成齿轮建模，如图 11-20 所示。

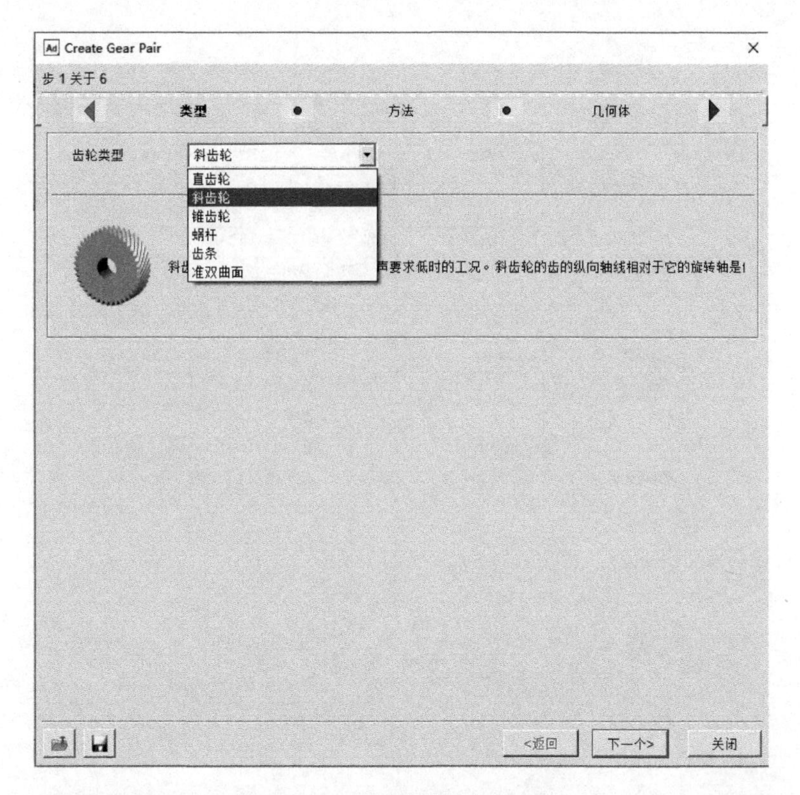

图 11-14　齿轮类型选择对话框

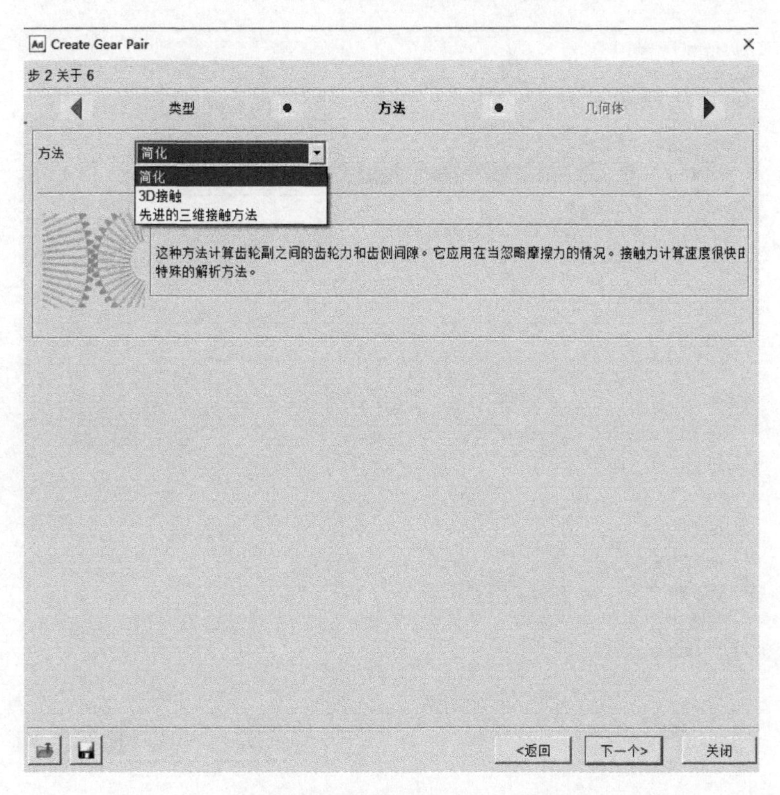

图 11-15　齿轮副方法选择页面

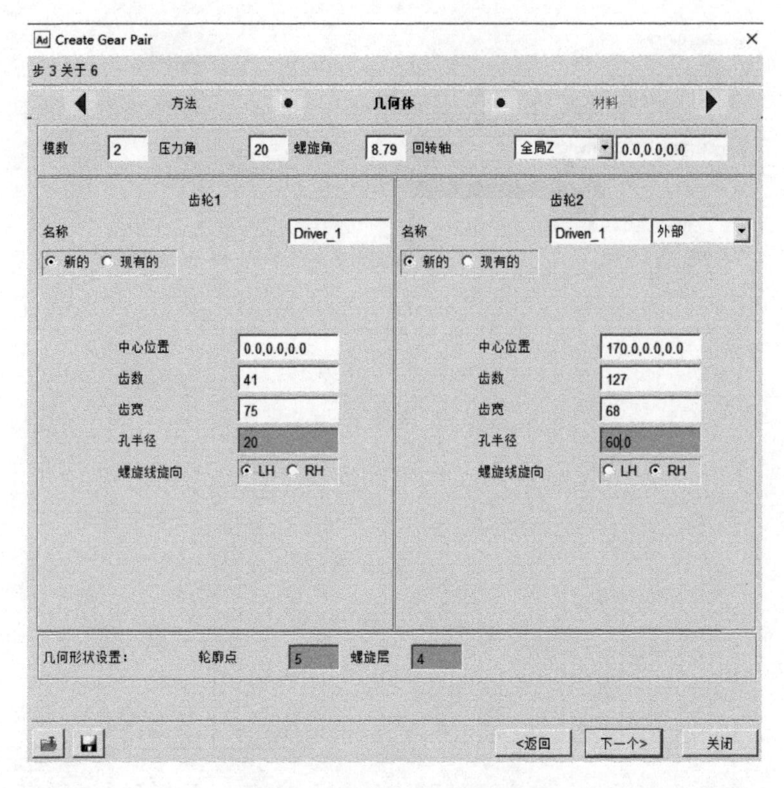

图 11-16　齿轮参数设置页面

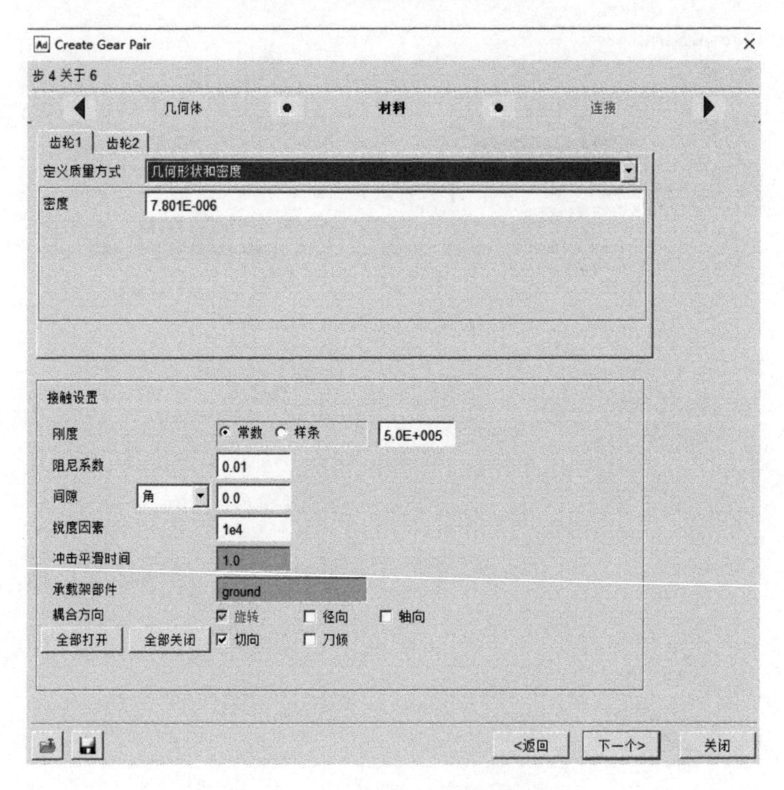

图 11-17　齿轮材料设置页面

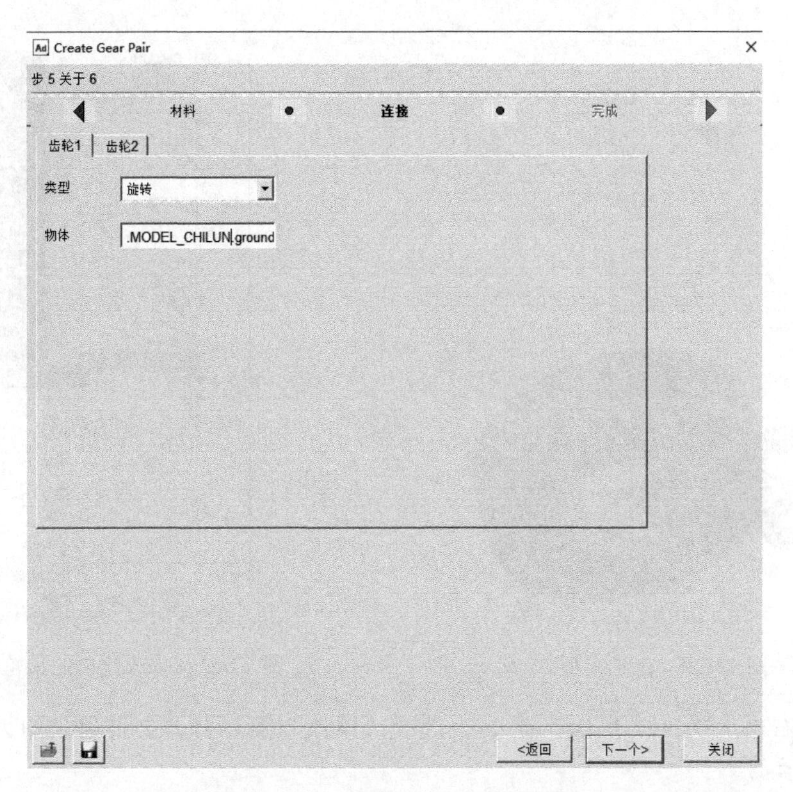

图 11-18　齿轮连接设置页面

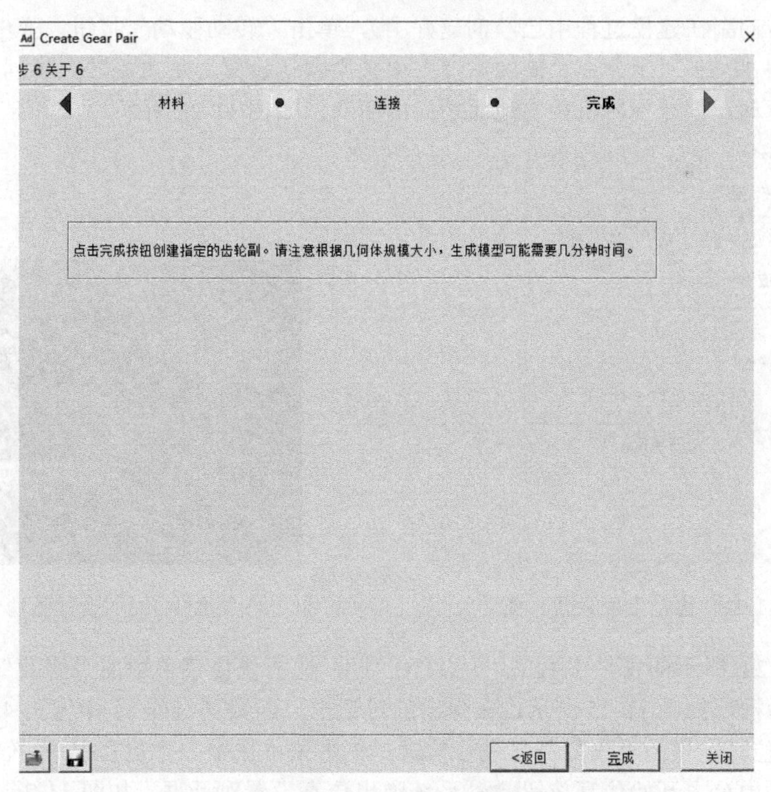

图 11-19　完成页面

图 11-20　齿轮模型

图 11-21　修改建模的齿轮参数

另外，右击“Driver_1_Driven_1”，选择“修改”可以修改之前建模的齿轮参数，如图 11-21 所示。

③ 施加驱动，进行动力学仿真。在主动齿轮旋转副上创建驱动（驱动需要施加在运动副上，此处转动副在建模过程中已经创建好了），单击“转动驱动”按钮，弹出“转动驱动”对话框，如图 11-22 所示，在“旋转速度”中采用默认设置，单击旋转副，创建旋转机构与地面之间的驱动。创建旋转机构与地面之间的驱动，如图 11-23 所示。

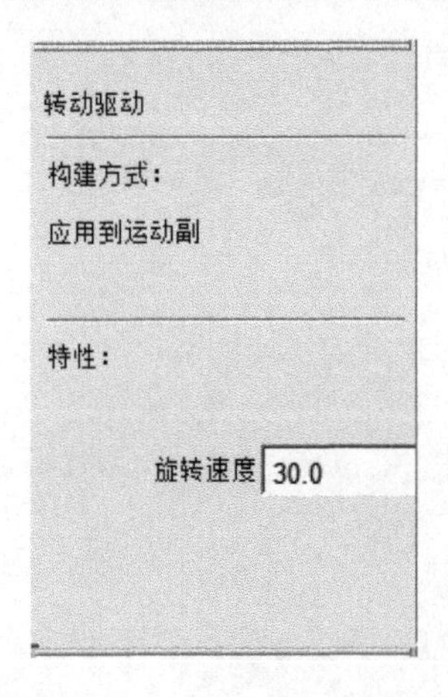

图 11-22　齿轮参数设置页面

图 11-23　设置驱动

在图 11-24 所示的窗口中右击“MOTION1”，选择快捷菜单中的“修改”，弹出“Joint Motion”对话框，如图 11-25 所示，在弹出的对话框“函数（时间）”中输入 4380d*time。

④ 运行仿真。模型设置好后，进行仿真。单击菜单栏中的“仿真”，系统弹出仿真工具栏，在工具栏中单击开始仿真按钮，系统弹出仿真设置对话框，如图 11-26 所示。将终止时间设置为 8.0、步数设置为 100，单击开始仿真按钮，系统运行仿真。

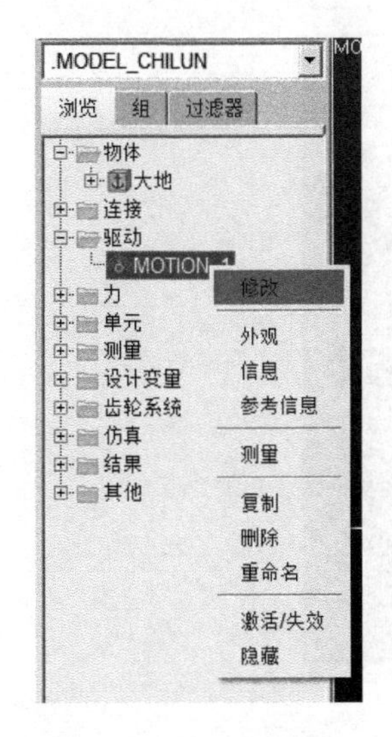

图 11-24　浏览器窗口

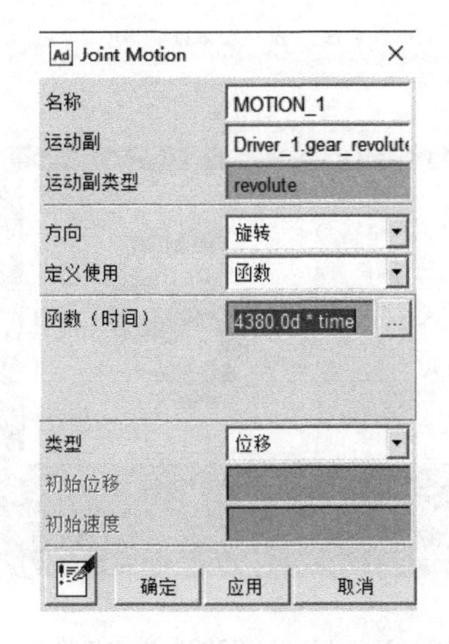

图 11-25　“Joint Motion”对话框

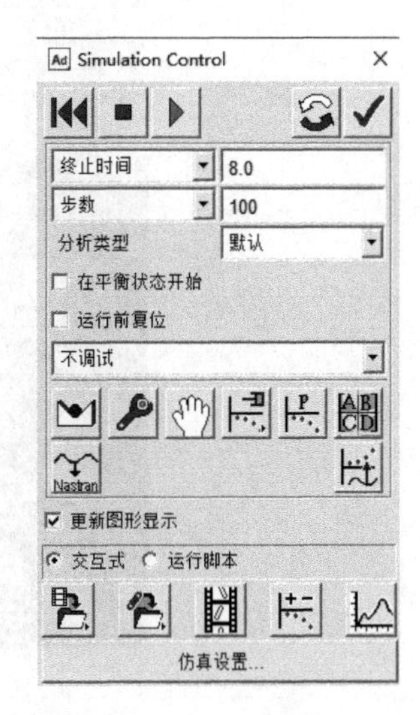

图 11-26　仿真设置对话框

⑤ 查看仿真结果。仿真结束后，单击仿真右下角的后处理按钮，进入后处理。单击后处理按钮，系统打开后处理窗口，在后处理窗口的“仿真”下，结果如图 11-27 所示。

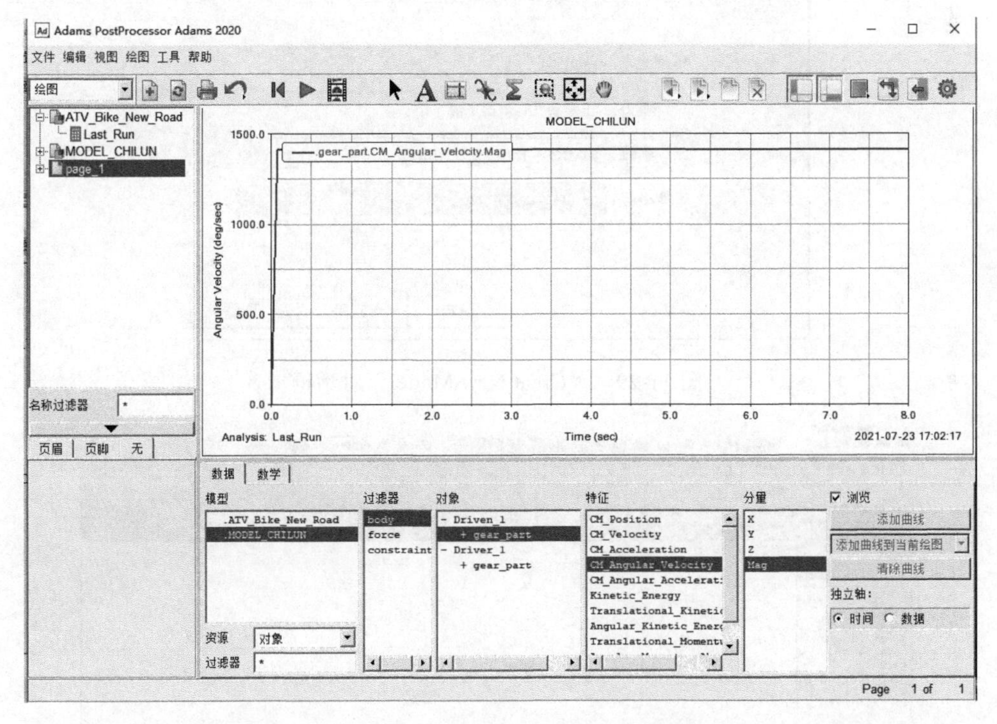

图 11-27　接触力 CONTACT_1 曲线

（3）轮胎与地面的柔性接触分析

① 建立新模型。打开 ADAMS 2020，开始界面如图 11-28 所示，单击“新建模型”，弹出如图 11-29 所示的“Creat New Model”对话框。将模型名称修改为“MODEL_QIDIAO”，设置好工作路径后，单击“确定”，进入 ADAMS 2020 主界面，如图 11-30 所示。

图 11-28　ADAM S2020 开始界面

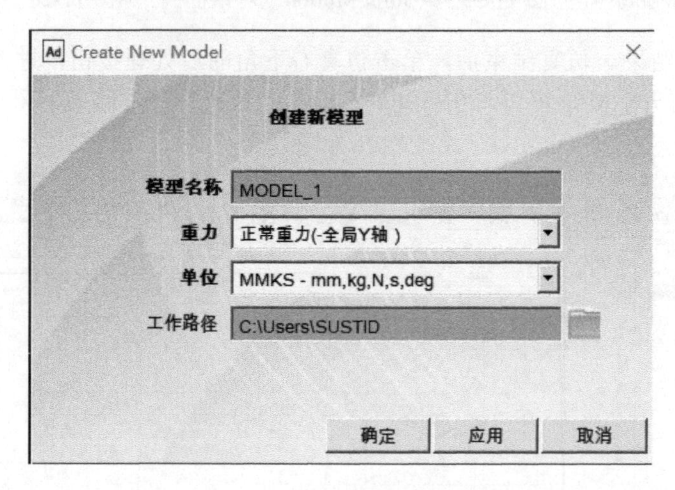

图 11-29　“Creat New Model”对话框

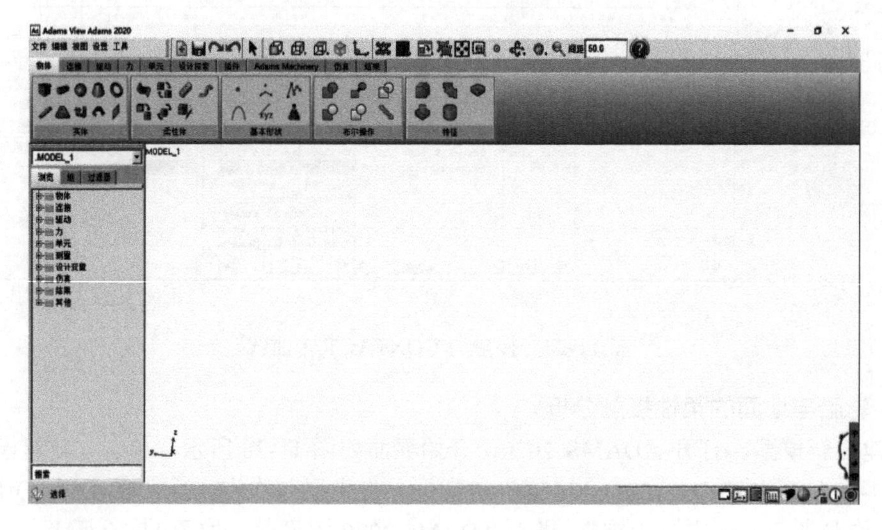

图 11-30　ADAMS 2020 主界面

② 导入模型。在图 11-30 的界面中，选择“文件”—“导入”命令，弹出如图 11-31 所示的“File Import”对话框，在“文件类型”选项中，选择“Parasolid”。

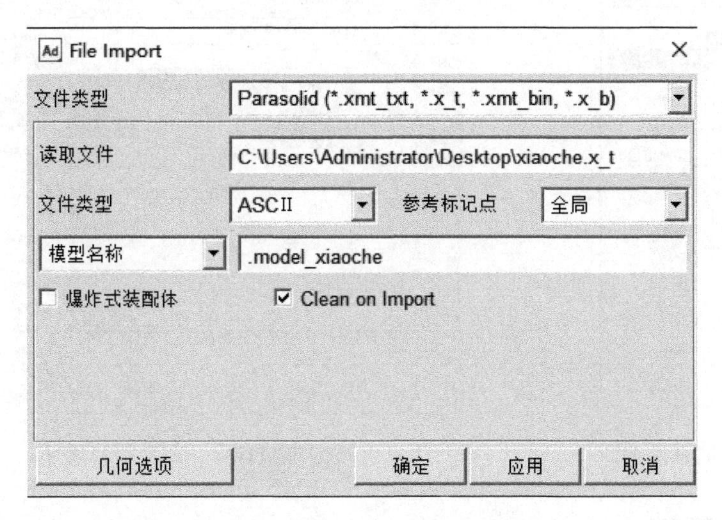

图 11-31　“File Import”对话框

在“File Import”对话框中“读取文件”选项中右击，在弹出的快捷菜单中选择“浏览”，找到 cha_11 文件夹中的文件“xiaoche.x_t”，在“文件类型”选项中选择“ASCII”，在“模型名称”中输入“.model_xiaoche”，如图 11-31 所示。单击“确定”按钮，导入的模型如图 11-32 所示。

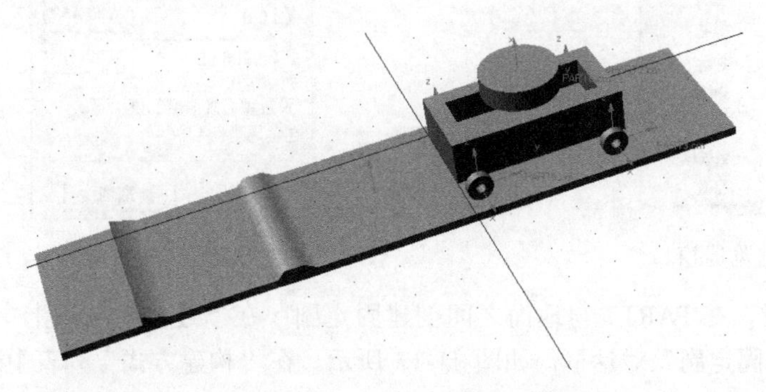

图 11-32　小车模型

③ 定义材料属性。导入模型之后，在浏览器窗口单击“浏览”标签，单击“物体”展开小车物体部件，如图 11-33 所示。

在图 11-33 所示的窗口中右击“PART8”，选择快捷菜单中的“修改”，弹出“Modify Body”对话框，设置“分类”为“质量特性”，设置“定义质量方式”为“几何形状和材料类型”，在“材料类型”输入框中右击，依次选择“材料”—“推测”—“steel”，定义材料属性后，界面中将显示材料的密度（Density）、弹性模量（Young’s Modulus）和泊松比（Poisson’s Ratio）。单击“应用”或“确定”按钮完成对 PART8 材料属性的定义，如图 11-34 所示。其他构件材料属性的定义与此步骤相同，在此不再一一赘述。

④ 定义重力加速度。右击图 11-35 浏览器窗口下的重力加速度，选择“修改”命令，将重力加速度定义为沿-Z 轴方向，如图 11-36 所示。

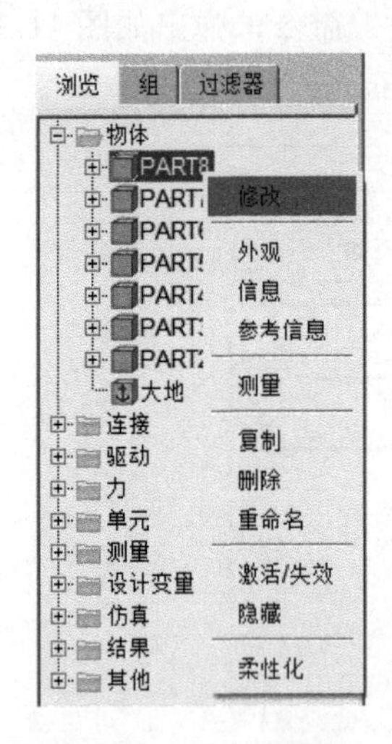

图 11-33 浏览器窗口

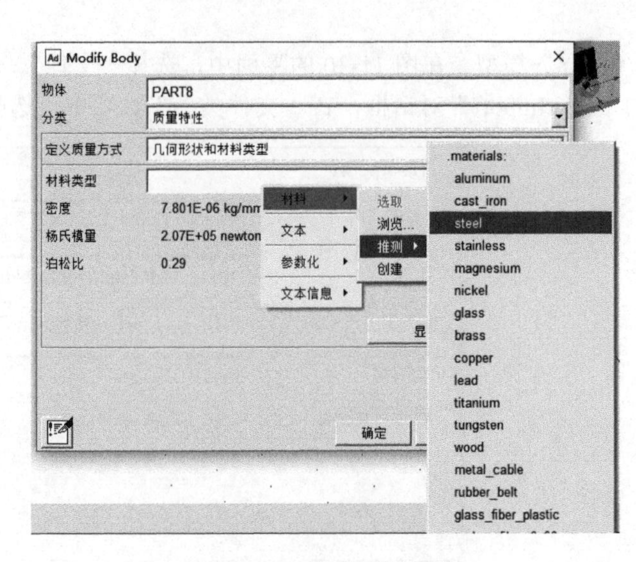

图 11-34 定义材料属性

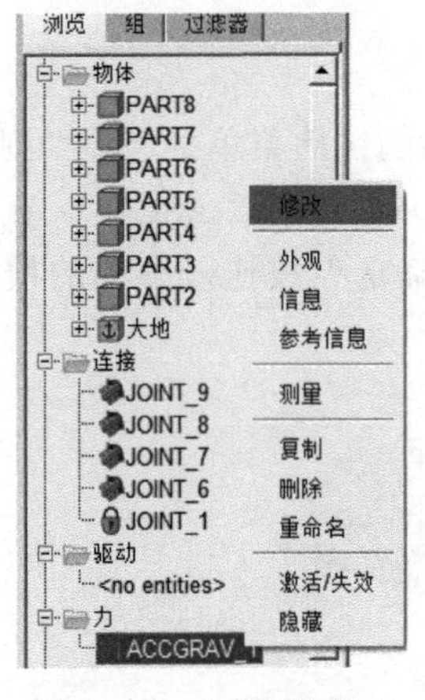

图 11-35 浏览器窗口

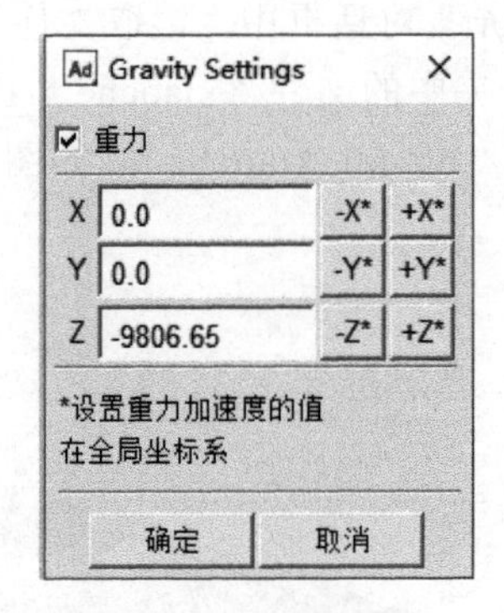

图 11-36 设置重力

⑤ 创建约束。在 PART7 与地面之间创建固定副：在“连接”选项卡中单击“固定副”图标，弹出“固定副”对话框，如图 11-37 所示。在“构建方式”列表中选择“2 个物体-1 个位置”和“垂直格栅”，“第 1 选择”和“第 2 选择”均设置为“选取部件”，单击选择“PART7”后，在空白区域单击，选择 ground，根据提示栏提示单击选择 PART7 的重心“PART7.cm”为固定连接点，结果如图 11-38 所示。

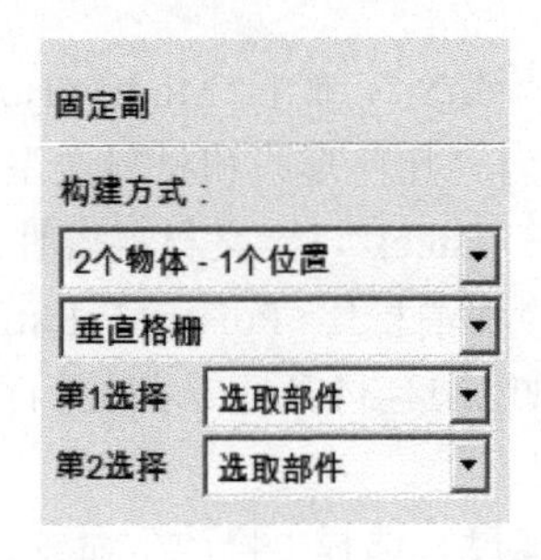

图 11-37 “固定副”对话框

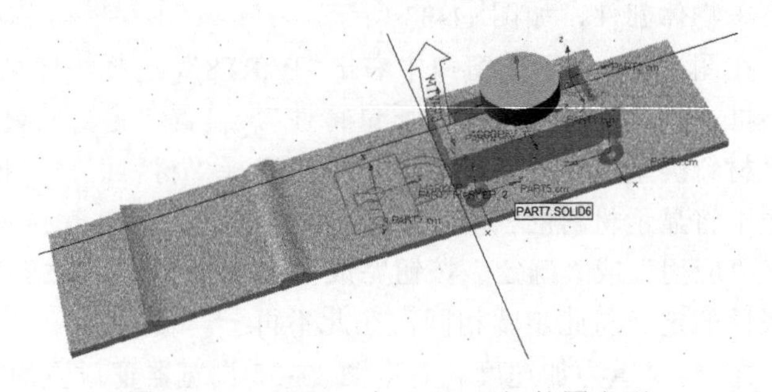

图 11-38 PART7 与 ground 间的固定副

在小车的四个轮子（PART2、PART3、PART4、PART5）与车体（PART8）之间创建旋转副：单击旋转副图标，在弹出的对话框“构建方式”列表中选择“2个物体-1个位置”和“选取几何特性”，“第1选择”和“第2选择”均设置为“选取部件”，选择轮子PART2，再选择车体PART8，此时ADAMS提示选择作用点，选择轮子PART2质心位置，移动鼠标，当鼠标指针指向X轴正方向时单击“确定”按钮，即可创建轮子与车体之间的旋转副，如图11-39所示。其他轮子与车体之间旋转副的创建与此一样。

图11-39　四个轮子与车身的旋转副

⑥ 创建接触力。单击接触按钮，系统弹出创建接触力对话框，如图11-40所示。在弹出的对话框中的“I实体”中右击，弹出“接触实体”，选择“选取”命令，将指针指向“PART7”，选中PART7，在“J实体”中右击，弹出“接触实体”，选择“选取”命令，将指针指向轮子“PART2”，选中PART2。单击“摩擦力”，在下拉列表中选择“库仑”，在“静平移速度”框中输入0.1，在“摩擦平移速度”框中输入10，单击“确定”按钮完成接触CONTACT_1的创建，如图11-41所示。其他三个轮子与板之间的接触CONTACT_2、CONTACT_3、CONTACT_4与此类似。

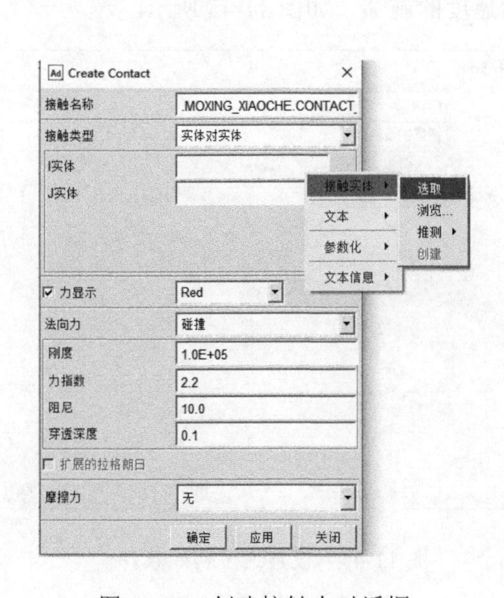

图11-40　创建接触力对话框

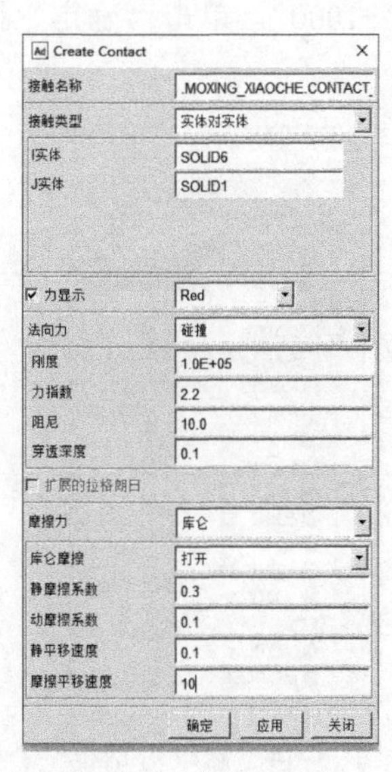

图11-41　定义接触

⑦ 创建柔性连接。定义车顶盖子（PART6）与车体（PART8）之间的柔性连接副为轴套

力，刚度“K”设置为 1.0e8，阻尼“C”设置为 0.2。具体操作是先单击轴套力连接副按钮，弹出如图 11-42 所示的对话框，在对话框中选择“2 个物体-1 个位置”、“选取特征”，选中“K”并输入“1.0e8”，选中“C”并输入“0.2”。单击“PART6”将其选中，单击车体“PART8”将其选中，移动鼠标至车体质心位置单击，当鼠标箭头指向 X 轴正方向时，单击左键确定，创建柔性连接。

⑧ 施加驱动。单击驱动按钮，系统弹出定义驱动对话框，如图 11-43 所示，在弹出的对话框“旋转速度”中输入“-3600”，单击 Joint_1 创建左轮驱动，单击 Joint_2 创建右轮驱动。

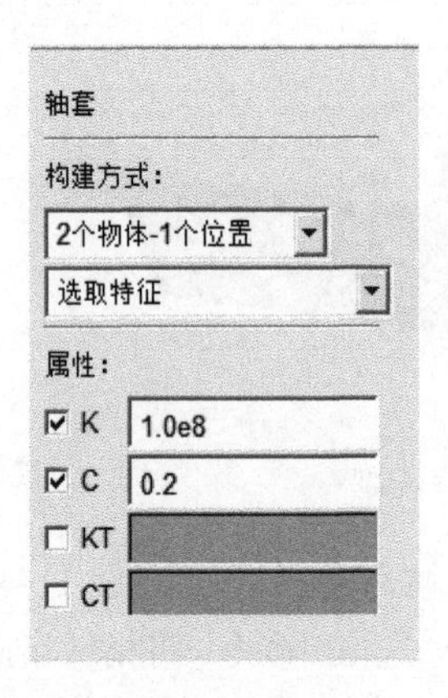

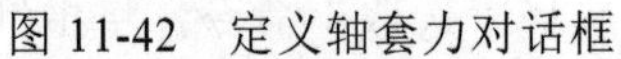

图 11-42　定义轴套力对话框

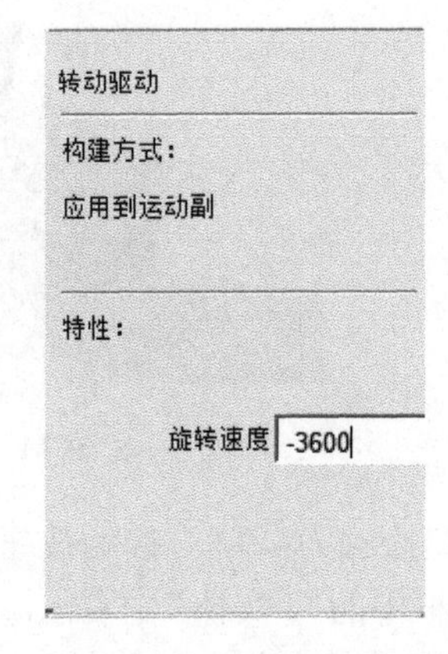

图 11-43　定义驱动对话框

⑨ 施加初始速度。给小车施加初始速度，单击小车车体 PART8，在弹出的图 11-44 所示的对话框中选择“修改”命令，系统弹出编辑车体属性对话框，在对话框的“分类”下拉菜单中选择“速度初始条件”，在“平移速度”下选中“地面”，同时选中“Y 轴”并在后面的框中输入“-1000”，单击“确定”按钮完成初始速度的施加，如图 11-45 所示。

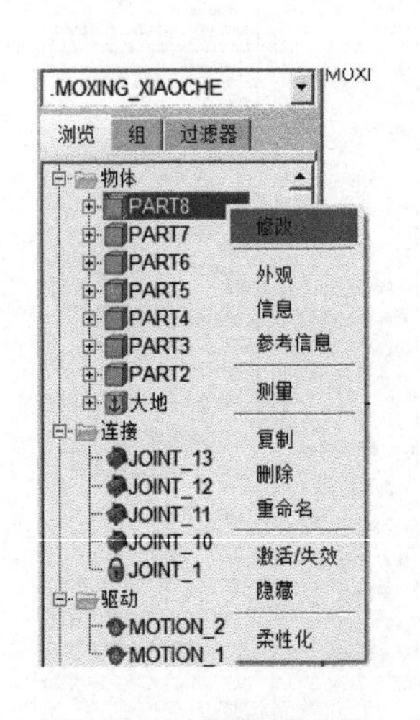

图 11-44　修改对话框

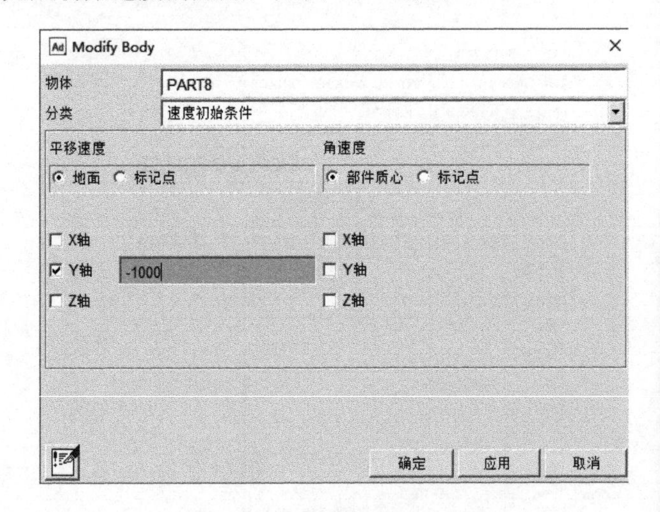

图 11-45　设置速度初始条件

⑩ 仿真。单击仿真按钮，系统弹出仿真设置对话框，如图 11-46 所示。在“终止时间”中输入 0.7，在“步数”中输入 100，其他采用默认设置，然后单击开始仿真按钮，

ADAMS 开始仿真计算。

⑪ 后处理。接触力 CONTACT_1 变化曲线。在“结果”选项卡中单击按钮，弹出“Adams PostProcessor Adams 2020”窗口，如图 11-47 所示。

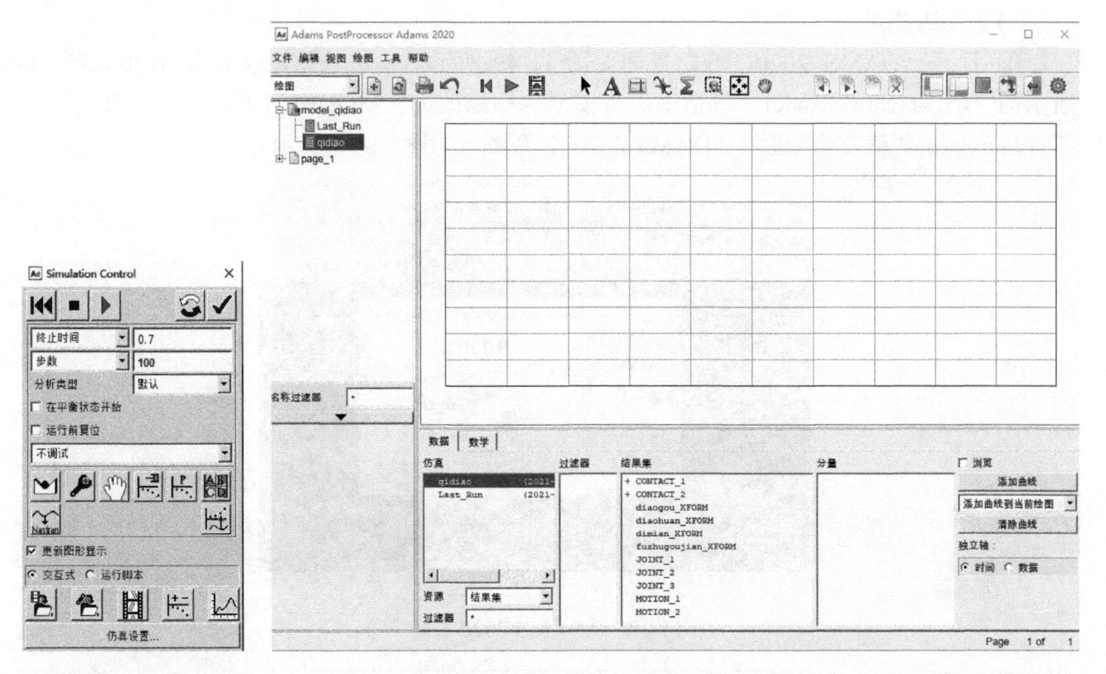

图 11-46 仿真对话框

图 11-47 “Adams PostProcessor Adams 2020”窗口

在“资源”下拉列表中选择“结果集”，在“仿真”列表中选择“Last Run”。在“结果集”中选择“CONTACT_1”，在“分量”中选择“FZ”，单击“添加曲线”，结果如图 11-48 所示。

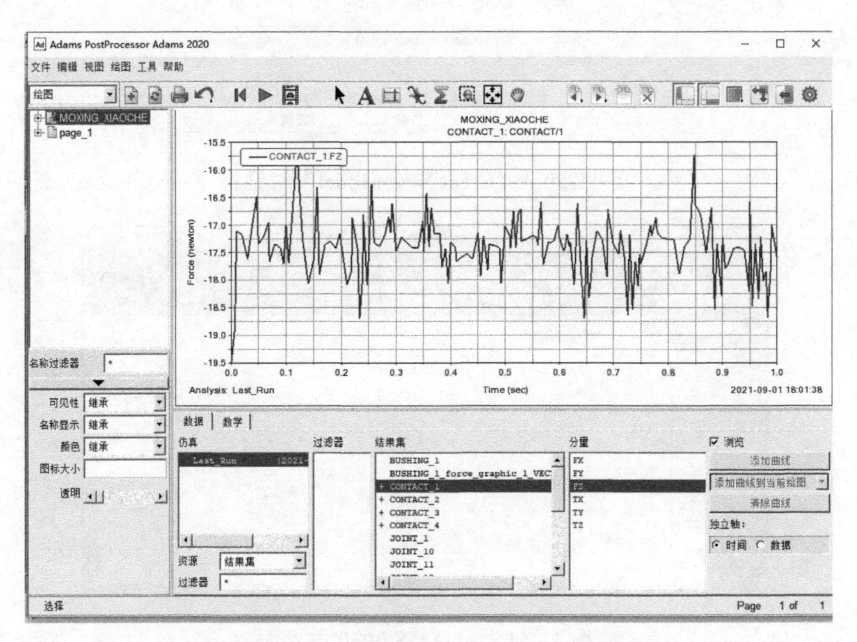

图 11-48 接触力 CONTACT_1 曲线

11.2 动画与曲线图实例

(1) 创建模型

① 打开 ADAMS 2020，开始界面如图 11-49 所示，单击“新建模型”，弹出如图 11-50 所示的“Creat New Model”对话框。将模型名称修改为“MODEL_HUQIAN”，设置好工作路径后，单击“确定”，进入 ADAMS 2020 主界面，如图 11-51 所示。

图 11-49　ADAMS 2020 开始界面

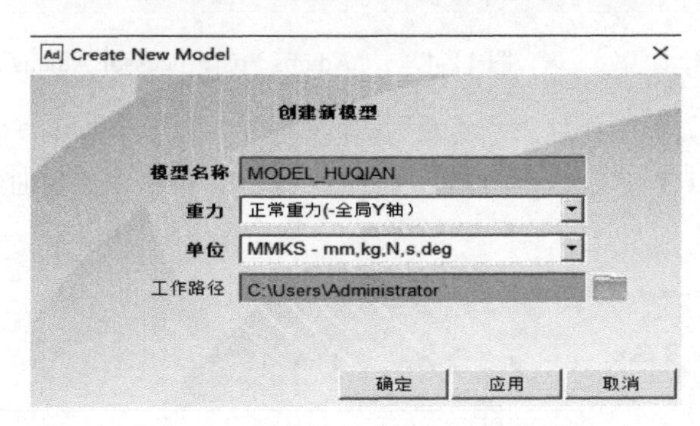

图 11-50　“Creat New Model”对话框

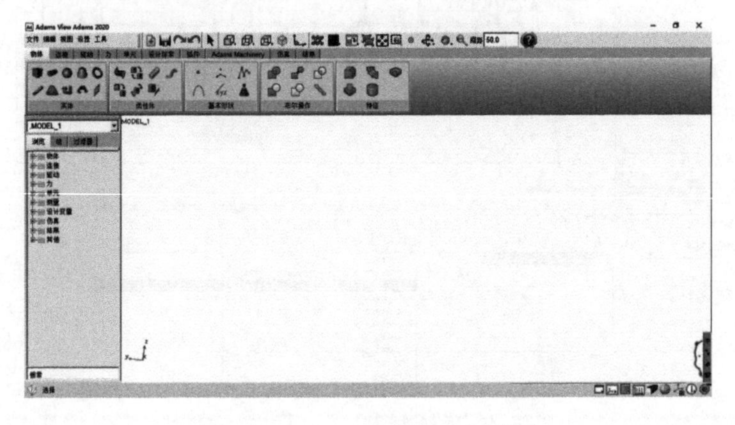

图 11-51　ADAMS 2020 主界面

② 在图 11-51 所示的界面中，选择“文件”—“导入”命令，弹出如图 11-52 所示的“File Import”对话框，在“文件类型”选项中，选择“Parasolid”。

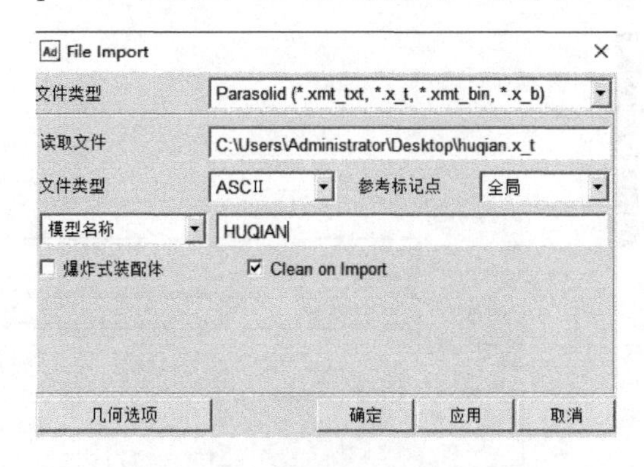

图 11-52 “File Import”对话框

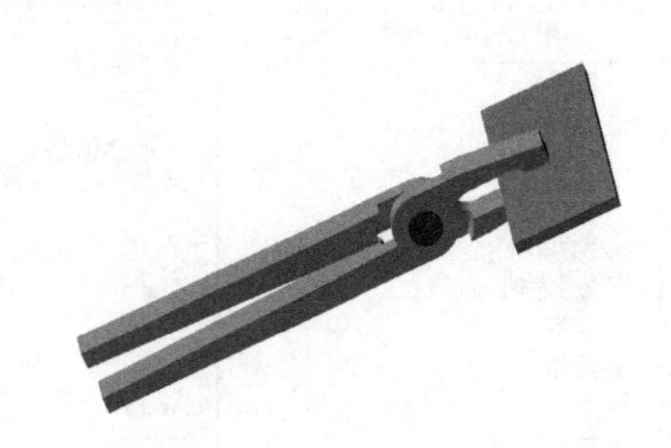

图 11-53 虎钳模型

③ 在“File Import”对话框“读取文件”选项中右击，在弹出的快捷菜单中选择“浏览”，找到 cha_11 文件夹中的文件“huqian.x_t”，在“文件类型”选项中选择“ASCII”，在“模型名称”中输入“HUQIAN”，如图 11-52 所示。单击“确定”按钮，导入的模型如图 11-53 所示。最后单击“确定”按钮完成模型的导入。

(2) 重命名部件

为了方便操作，对各个部件进行重新命名。右击“PART4”，在快捷菜单中选择“重命名”，弹出“Rename”对话框，在“新名称”选项中键入“arm”，如图 11-54 所示，单击“确定”。按同样的方法重新命名其他部件，如图 11-55 所示。

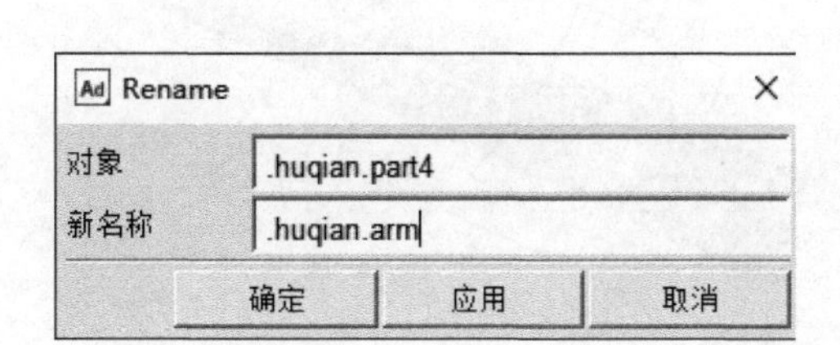

图 11-54 重命名部件

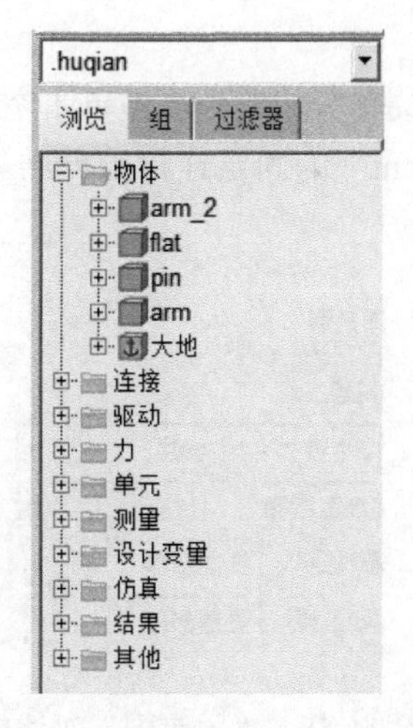

图 11-55 重命名后的部件名称

(3) 定义材料属性

① 在浏览器窗口单击“浏览”标签，单击“物体”展开系统部件，如图 11-56 所示。

② 在图 11-56 所示的窗口中右击“arm”，选择快捷菜单中的“修改”，弹出“Modify Body”对话框，设置“分类”为“质量特性”，设置“定义质量方式”为“几何形状和材料类型”，在“材料类型”输入框中右击，依次选择“材料”—“推测”—“steel”，定义材料属性后，

界面中将显示材料的密度、弹性模量和泊松比。单击“确定”按钮完成梁部件材料属性的定义，如图 11-57 所示。同理，将其余构件的材料定义为 steel。

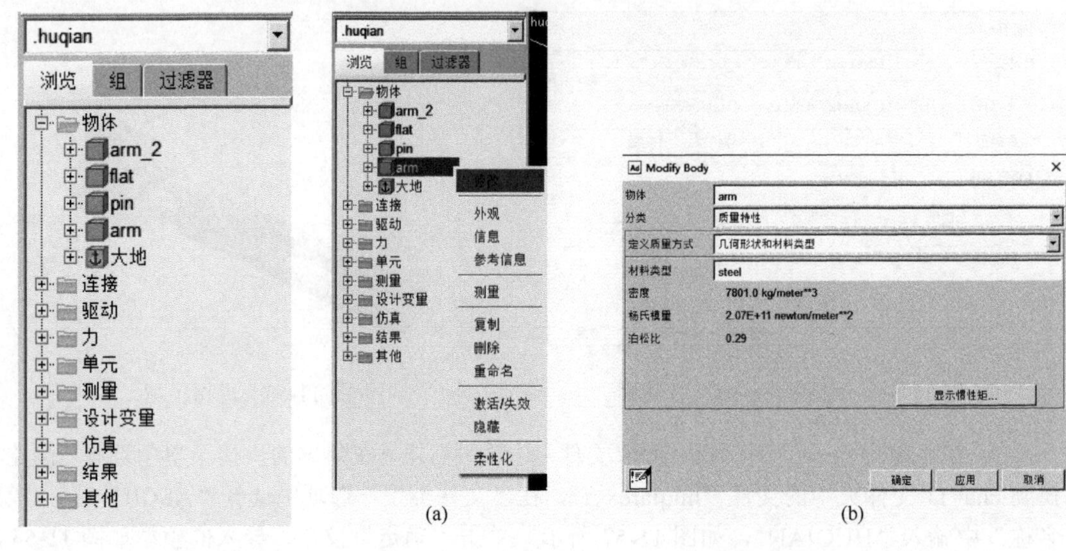

图 11-56　浏览器窗口　　　　图 11-57　定义材料属性

（4）添加约束

① 创建 pin 与 ground 之间的固定副。在“连接”选项卡中单击固定副图标，弹出“固定副”对话框，如图 11-58 所示。在“构建方式”列表中选择“2 个物体-1 个位置”和“垂直格栅”，在“第 1 选择”下拉列表中选择“选取部件”，在“第 2 选择”下拉列表中选择“选取部件”。

单击选择“pin”后，再单击空白区域，即选择 ground，根据提示栏提示单击选择 pin 的重心“pin.cm”为固定连接点，结果如图 11-59 所示。

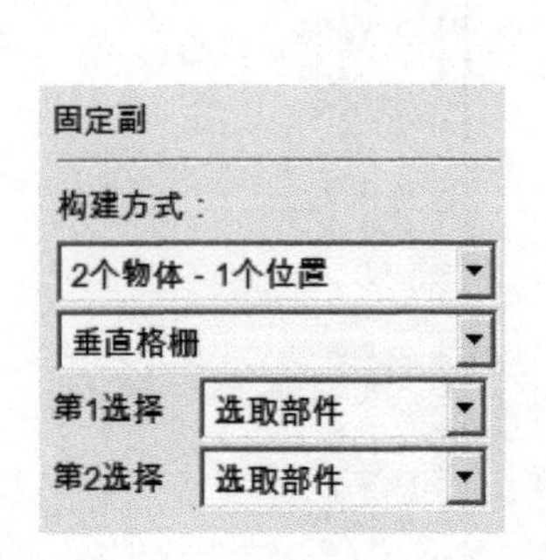

图 11-58　“固定副”对话框

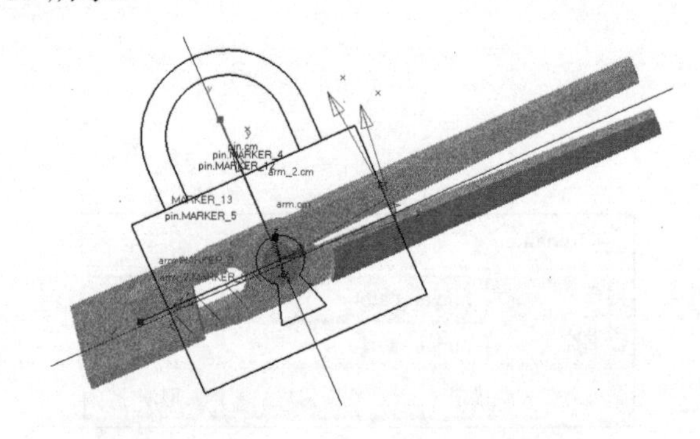

图 11-59　pin 与 ground 的固定副

② 创建虎钳两个把手之间的旋转副。单击转动副图标，弹出“旋转副”对话框，如图 11-60 所示。在“构建方式”下拉列表中选择“2 个物体-1 个位置”和“垂直格栅”，在“第 1 选择”下拉列表中选择“选取部件”，在“第 2 选择”下拉列表中选择“选取部件”。

单击 pin 模型部分，再单击 arm 模型部分，选择 pin 的重心作为旋转副连接点，单击重心，移动鼠标，当鼠标指针指向 *X* 轴正方向时单击，创建 pin 与 arm 间的旋转副，如图 11-61 所示。

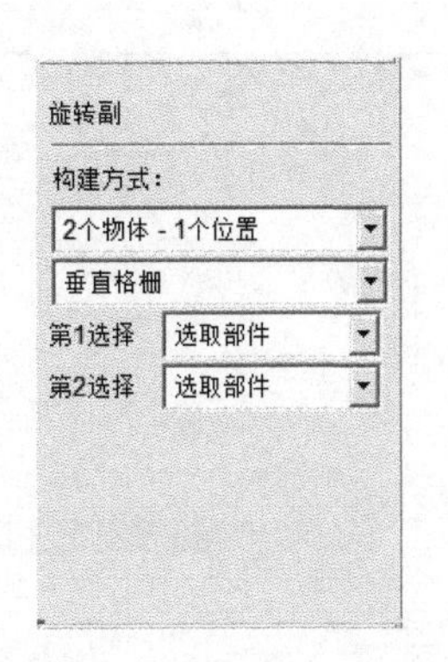

图 11-60　“旋转副”对话框

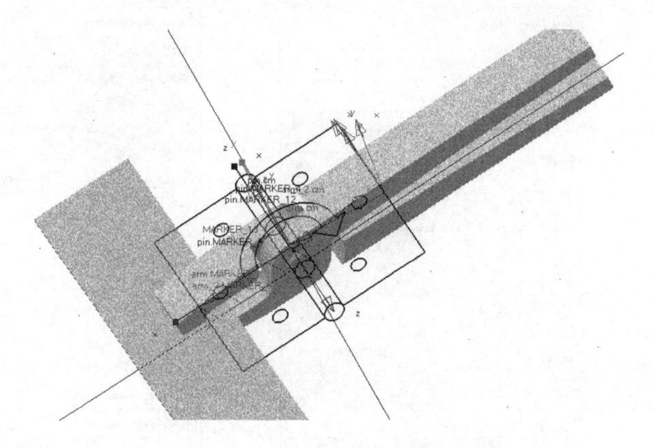

图 11-61　pin 与 arm 间的旋转副

（5）施加驱动

① 单击转动驱动按钮，弹出创建转动驱动对话框，如图 11-62 所示，在“旋转速度”中采用默认设置，单击旋转副 Joint_ 1，创建转动驱动，如图 11-63 所示。pin 与 arm_2 之间的驱动创建同上。

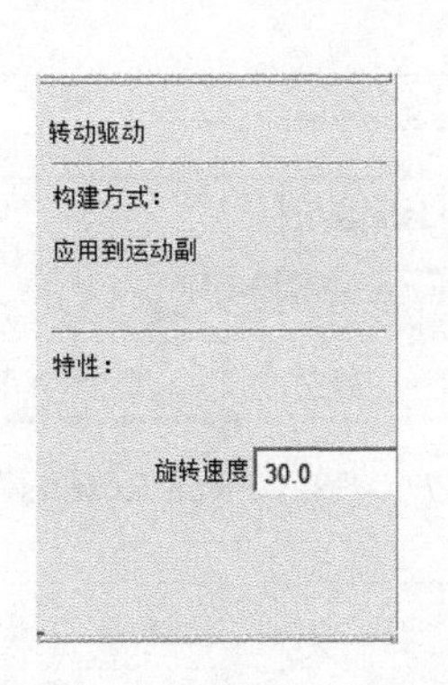

图 11-62　转动驱动对话框

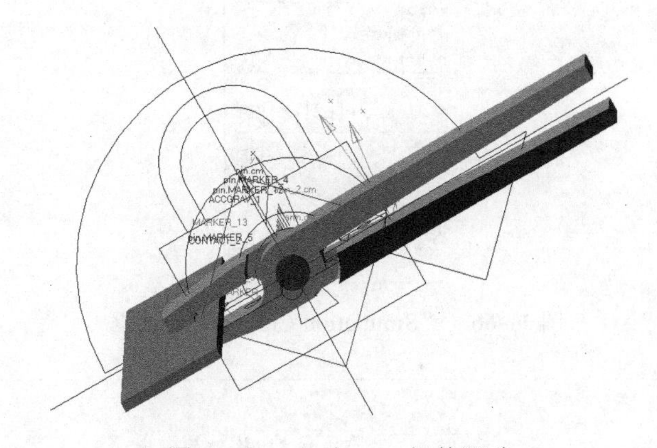

图 11-63　pin 与 arm 间的驱动

② 在“浏览器”—“驱动”下双击 MOTION_1，弹出“Joint Motion”对话框，如图 11-64 所示。设置“类型”选项为速度。在“函数（时间）”选项中单击按钮，弹出“Function Builder”对话框，如图 11-65 所示。在“定义运行时间函数”选项输入框中，输入“STEP（time，0，0d，2，20d）+STEP（time，3，0d，5，-20.5d）”，单击“确定”。

（6）仿真

① 仿真控制设置。在“仿真”选项卡中，单击“Simulation Control”按钮，弹出“Simulation Control”对话框，设置终止时间为 5.0，步数为 200，勾选“运行前复位”复选框，其余采用默认设置，结果如图 11-66 所示。

② 仿真。在“Simulation Control”对话框中单击仿真按钮，完成一次仿真。仿真结束单击“Save Run Results”按钮，弹出“Save Run Results”对话框，设置名称为 fangzhen，如图 11-67 所示，单击“确定”。

（7）后处理分析

① 单击仿真控制对话框中的后处理图标，打开后处理窗口，如图 11-68 所示。

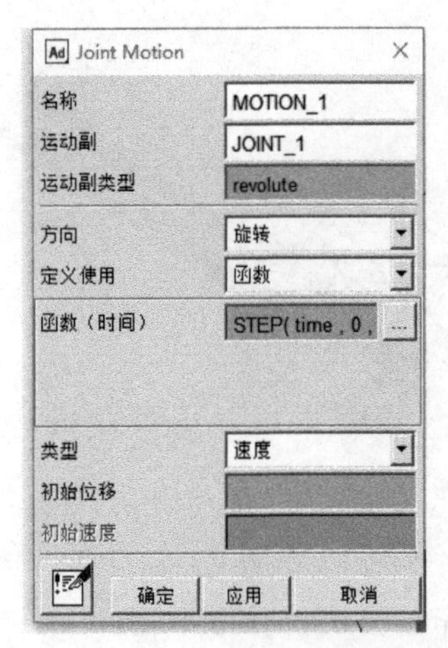

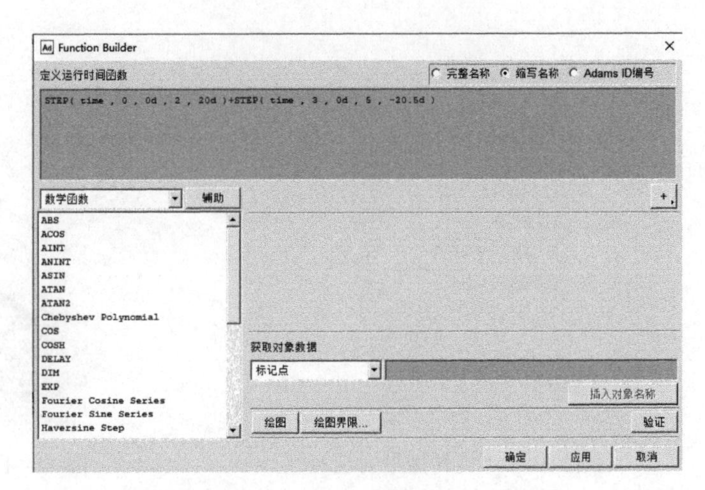

图 11-64 “Joint Motion”对话框

图 11-65 “Function Builder”对话框

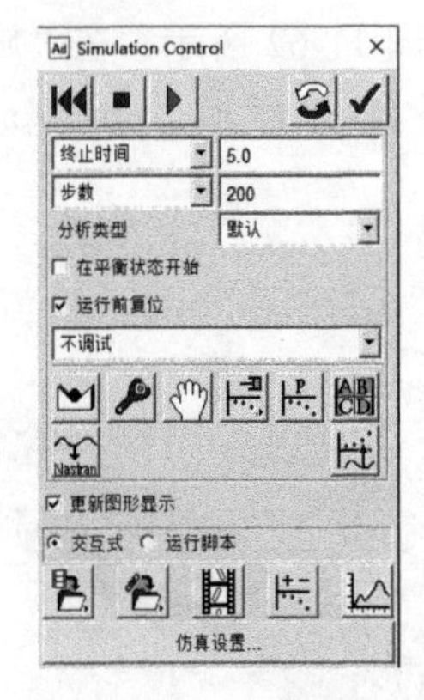

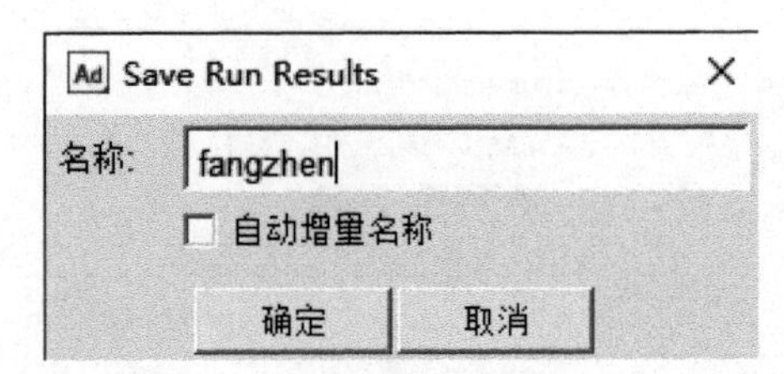

图 11-66 “Simulation Control”对话框

图 11-67 “Save Run Results”对话框

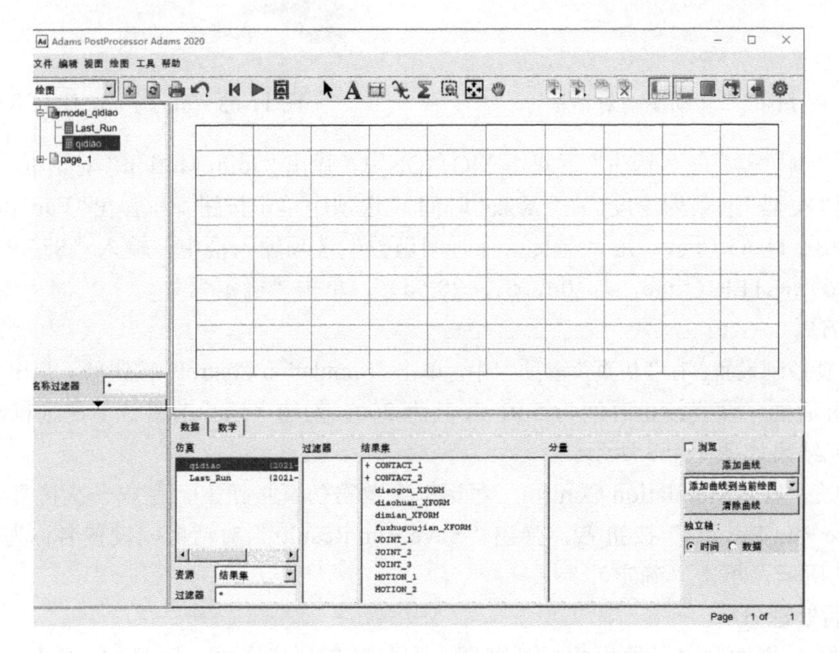

图 11-68 “Adams PostProcessor”窗口

② 在窗口的“资源”下拉列表中选择“结果集”，在“仿真”列表中选择“fangzhen”。在“结果集”中选择“CONTACT_1”，在“分量”中选择“FY”，单击“添加曲线”，即可显示接触1在定义接触前后 Y 方向力的时域图，如图11-69所示。同理可得CONTACT_2的曲线图，如图11-70所示。

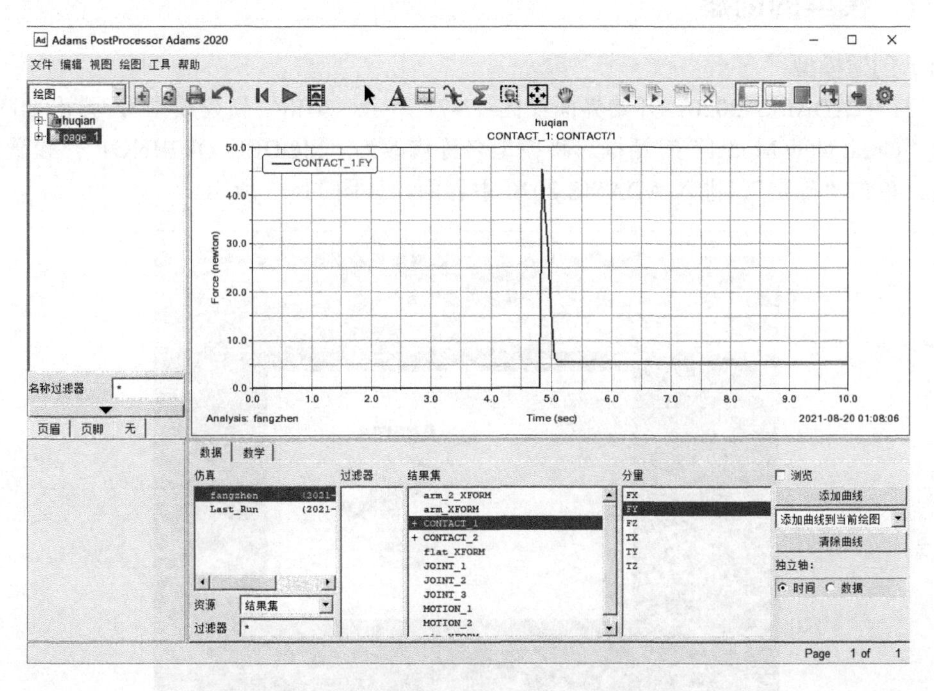

图11-69　接触力CONTACT_1曲线

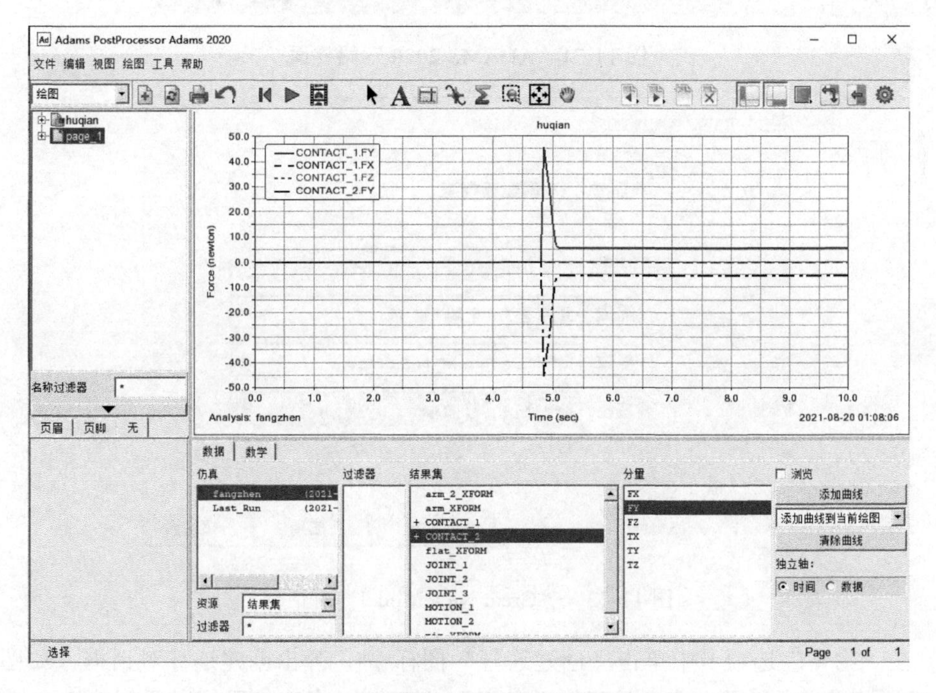

图11-70　接触力CONTACT_2曲线

11.3 柔性体创建实例

11.3.1 模型的创建

（1）创建模型

① 打开 ADAMS 2020，开始界面如图 11-71 所示，单击“新建模型”，弹出如图 11-72 所示的“Creat New Model”对话框。将模型名称修改为“MODEL_QUBING1”，设置好工作路径后，单击“确定”，进入 ADAMS 2020 主界面，如图 11-73 所示。

图 11-71　ADAMS 2020 开始界面

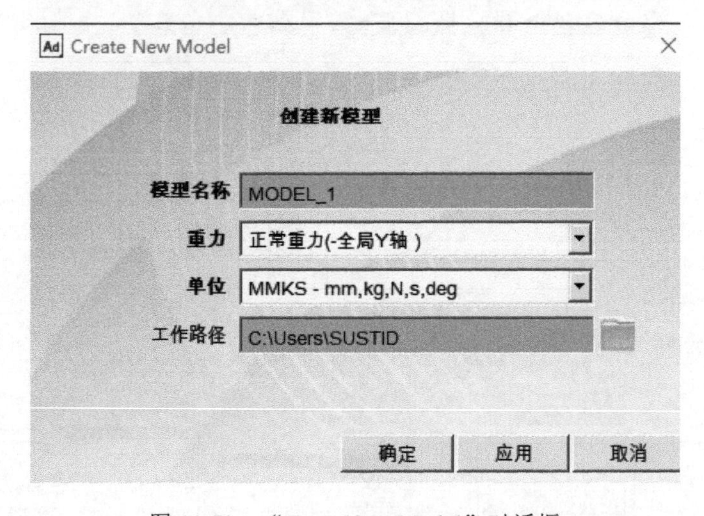

图 11-72　“Creat New Model”对话框

② 在“物体”选项卡中单击“创建连杆”图标，弹出创建连杆对话框，如图 11-74 所示，设置相关参数，并选中“长度”、“宽度”、“深度”，在工作区域所要创建模型的工作点单击鼠标，得到新建模型，如图 11-75 所示。

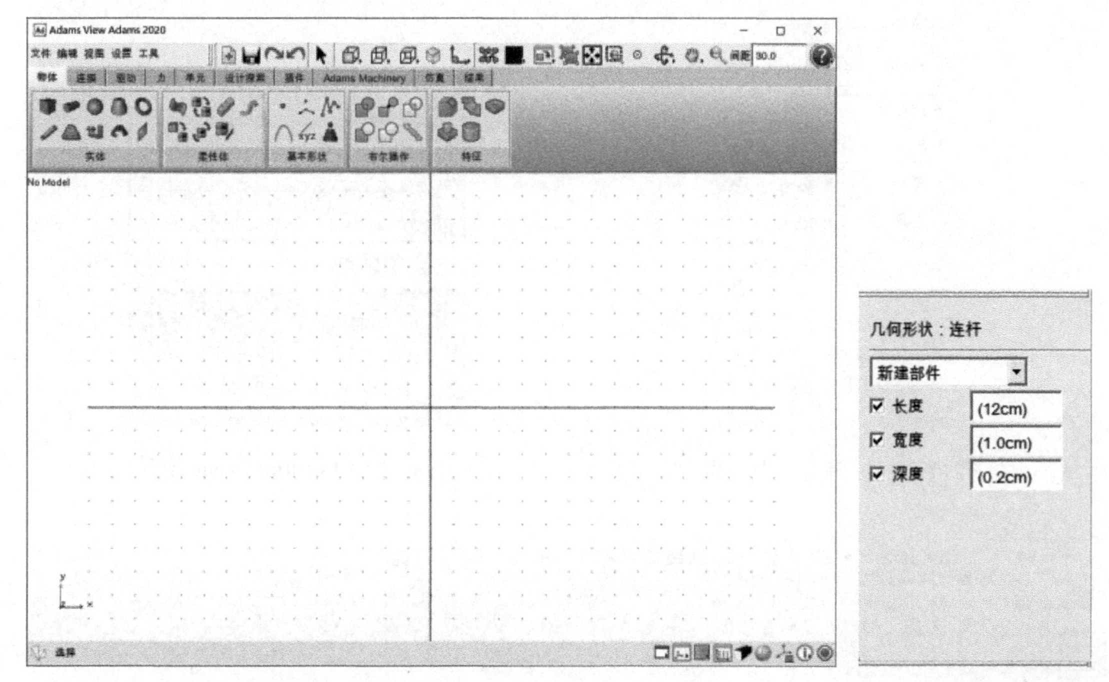

图 11-73 ADAMS 2020 主界面

图 11-74 连杆创建参数设置页面

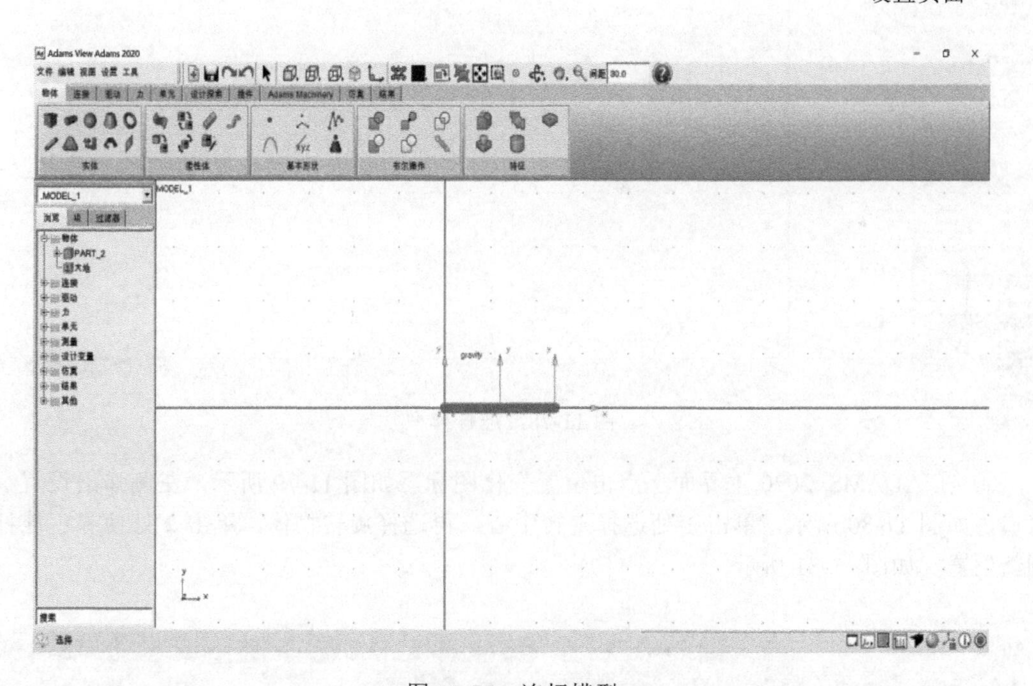

图 11-75 连杆模型

③ 与步骤②相同创建第二个连杆，设计参数页面如图 11-76 所示，参数设置完成后鼠标右击工作区域，主界面左下角弹出 LocationEvent 页面，如图 11-77 所示，修改坐标为“300.0，0.0，0.0”，单击“应用”，得到第二个新建连杆，如图 11-78 所示。

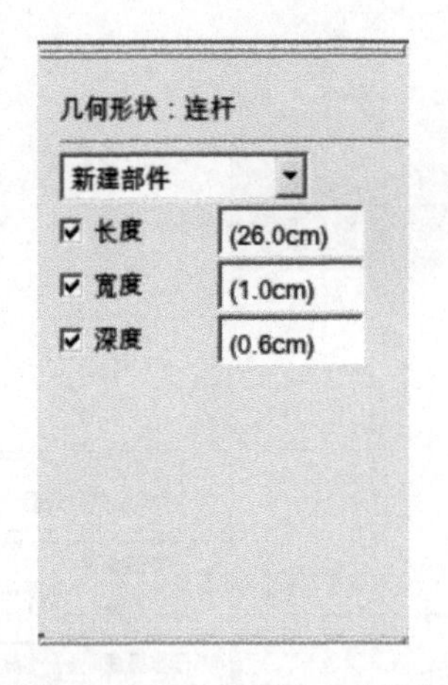

图 11-76 “连杆”对话框

图 11-77 LocationEvent 界面

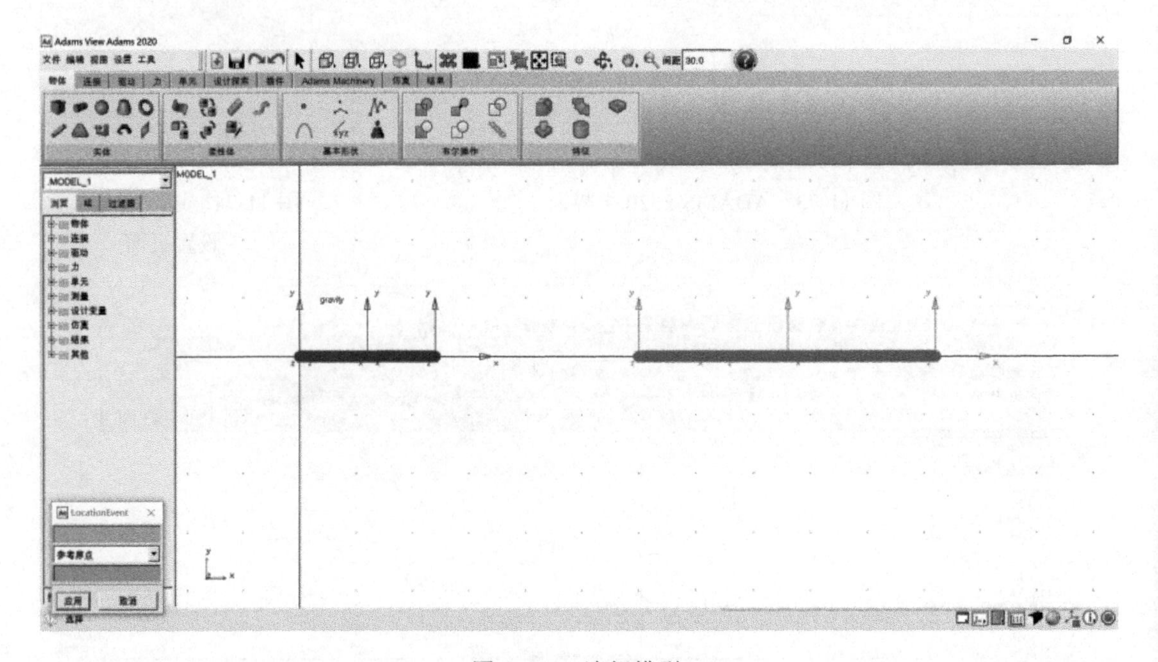

图 11-78 连杆模型

④ 在 ADAMS 2020 主界面上点击位置变化图标，如图 11-79 所示，左侧弹出设置参数窗口，如图 11-80 所示，单击 1 处选择旋转中心，再选择旋转物体，单击 2 处使绿色连杆得到新位置，如图 11-81 所示。

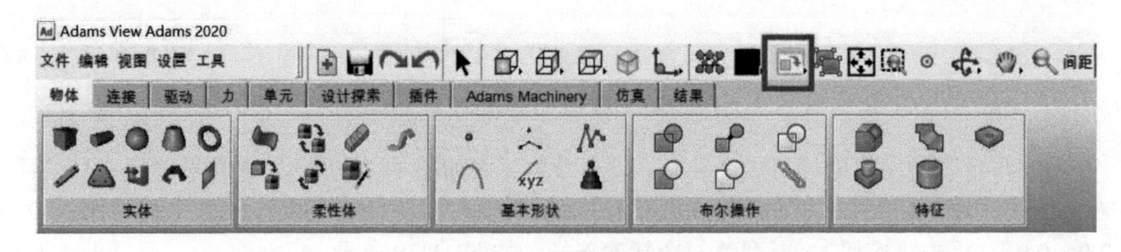

图 11-79 ADAMS 2020 工作栏

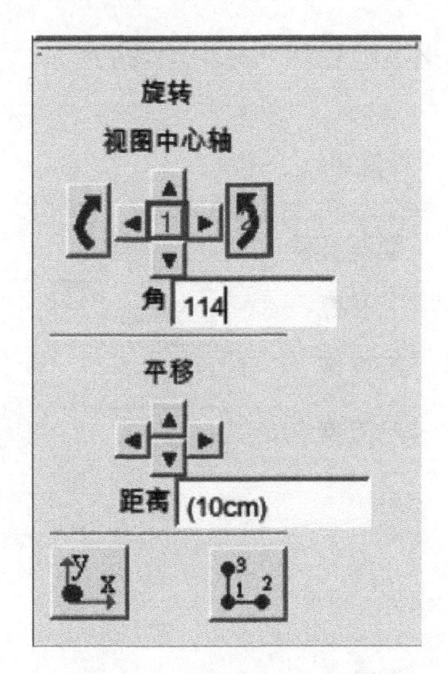

图 11-80　位置变换对话框

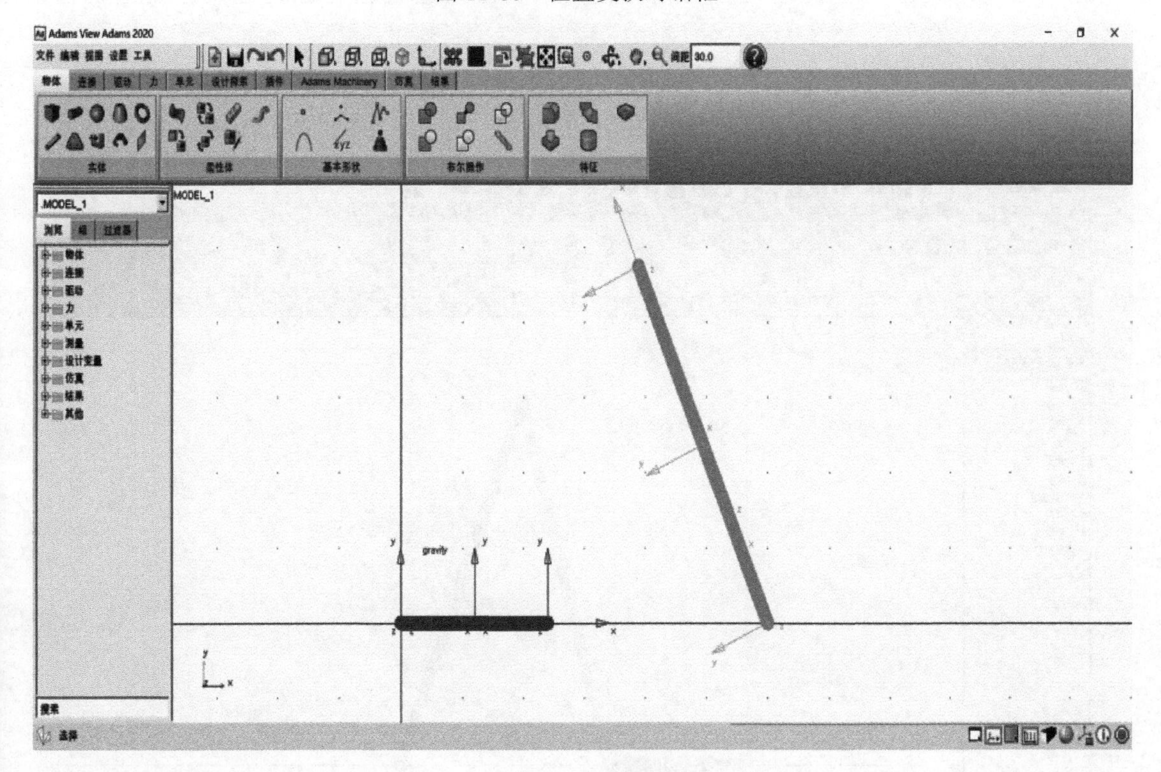

图 11-81　连杆模型

⑤ 单击连杆创建，取消“长度”选择，设置“宽度”、“深度”参数，如图 11-82 所示，选择红色连杆与绿色连杆两端，建立中间连杆，如图 11-83 所示。

⑥ 在浏览器窗口单击“浏览”标签，单击“物体”展开起吊系统部件，如图 11-84 所示，为了方便操作，可以对各个部件进行重新命名。右击“PART_2”，在快捷菜单中选择“重命名”，弹出“Rename”对话框，在“新名称”选项中键入“crank1”，如图 11-85 所示，单击

“确定”。按同样的方法重新命名其他部件，如图 11-86 所示。

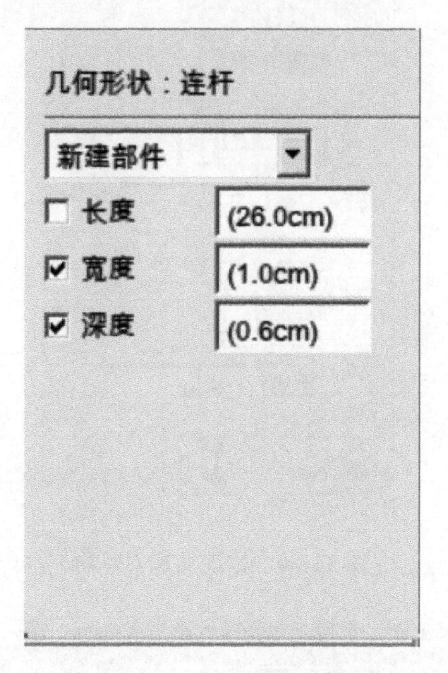

图 11-82 连杆对话框

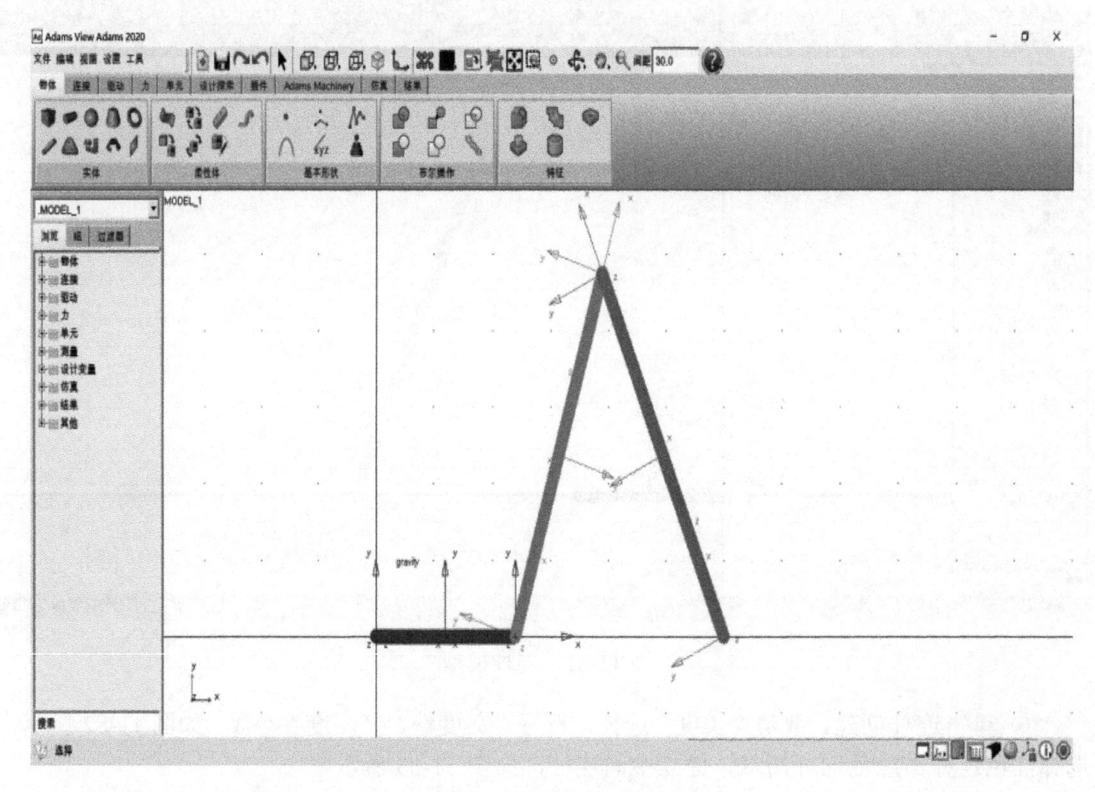

图 11-83 连杆模型

(2) 添加约束及驱动

① 创建 crank1 与 ground 之间的转动副。在“连接”选项卡中单击“创建转动副”图标

，弹出“旋转副”对话框，如图 11-87 所示。在“构建方式”列表中选择“2 个物体-1 个位置”和“垂直格栅”,“第 1 选择”和“第 2 选择”均设置为“选取部件”，单击选择“crank1”后，点击空白工作区域以选择 ground，最后点击连杆端部的半圆圆心以确定转动中心，如图 11-88 所示。

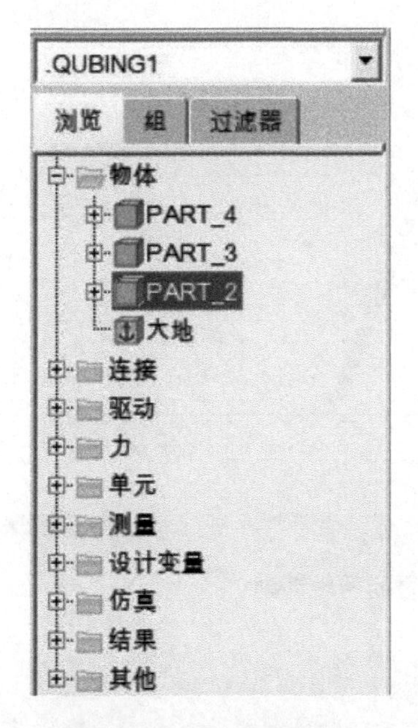

图 11-84　浏览器窗口

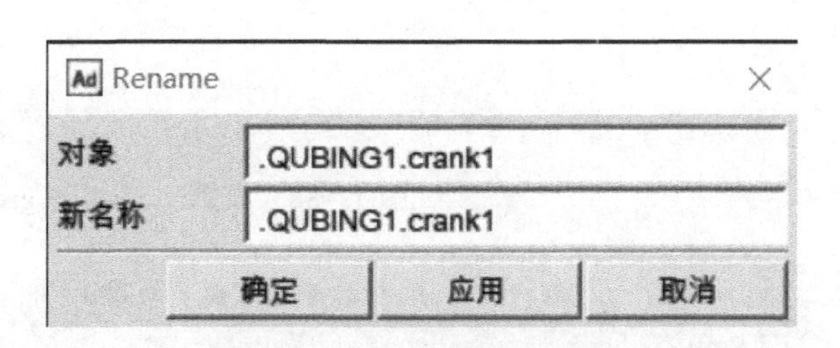

图 11-85　Rename 窗口

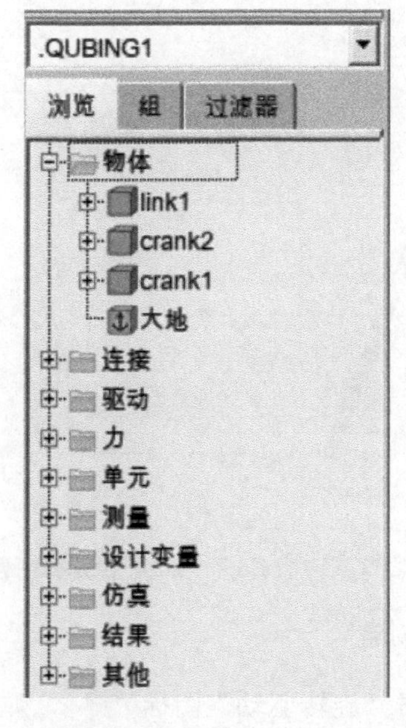

图 11-86　重命名部件

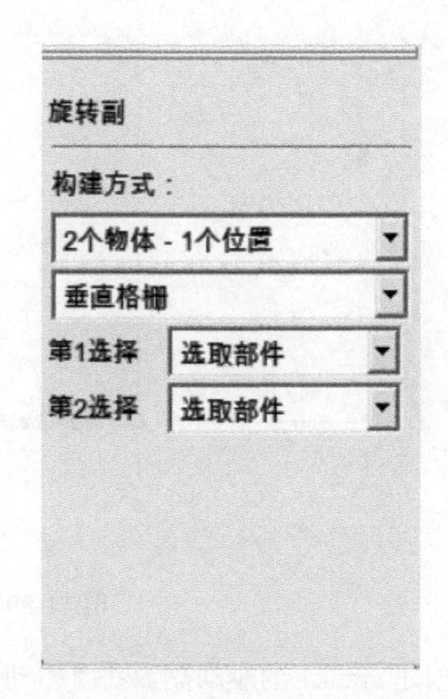

图 11-87　“旋转副”对话框

② 创建 crank1 与 link1、crank2 与 link1、crank2 与 ground 之间的转动副。创建步骤与①中步骤相同，创建完成后如图 11-89 所示。

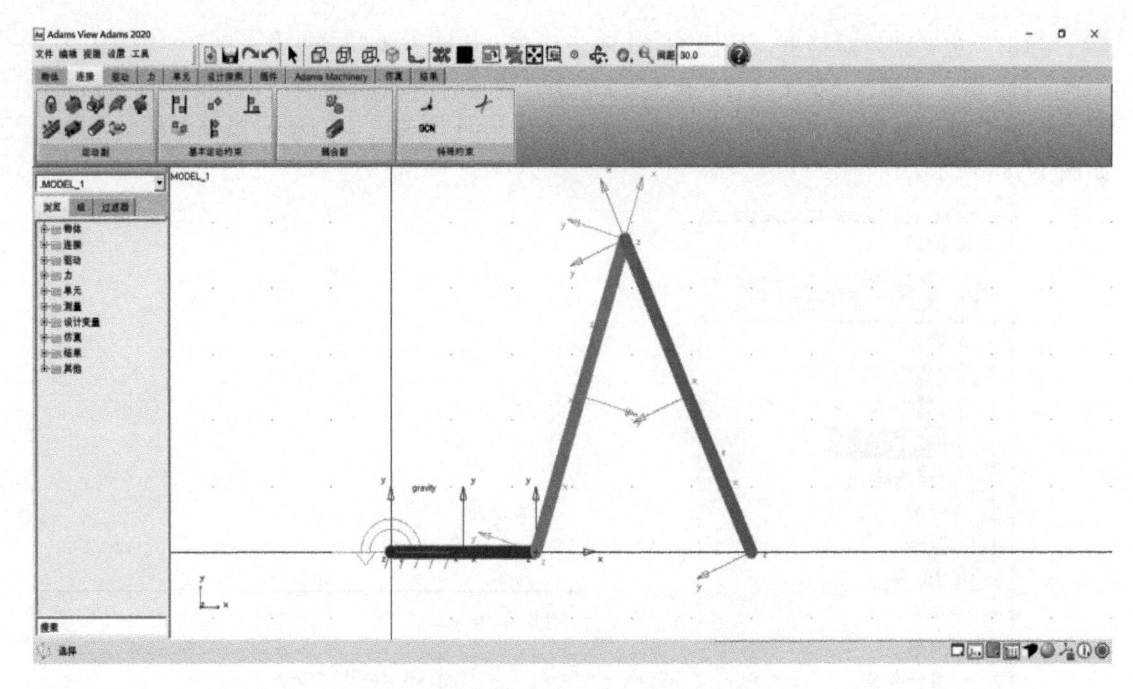

图 11-88　设置 crank1 与 ground 之间的转动副

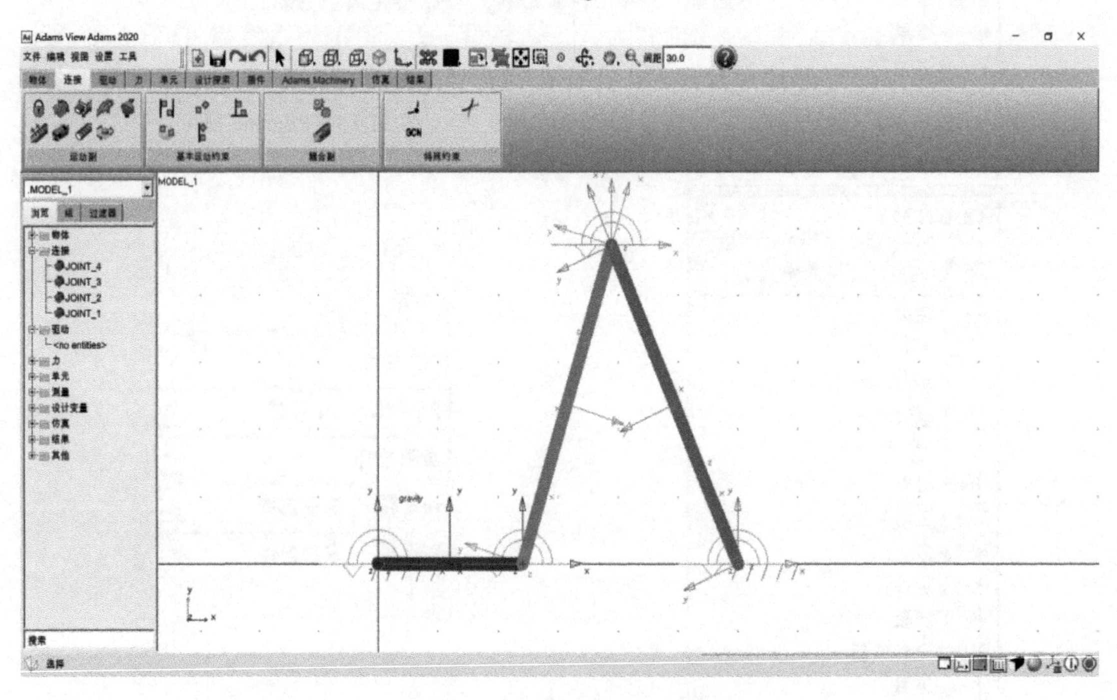

图 11-89　其他转动副的创建

③ 创建 crank1 的驱动副。在“驱动”选项卡中点击“旋转驱动”图标，弹出“转动驱动”对话框，如图 11-90 所示。设置旋转速度，点击已经创建的驱动“JOINT-1”，创建完成后如图 11-91 所示。

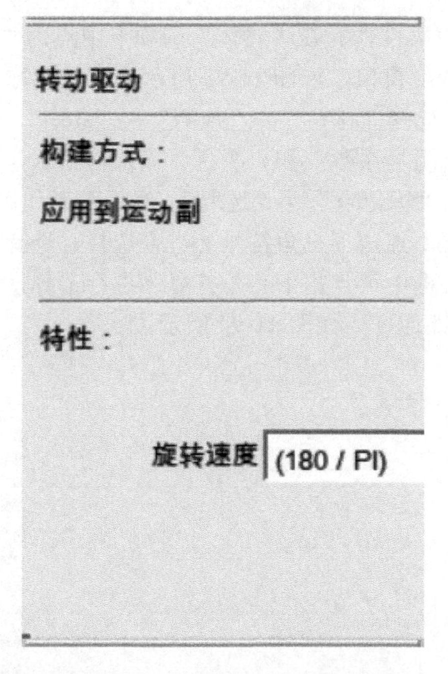

图 11-90　其他转动驱动的创建

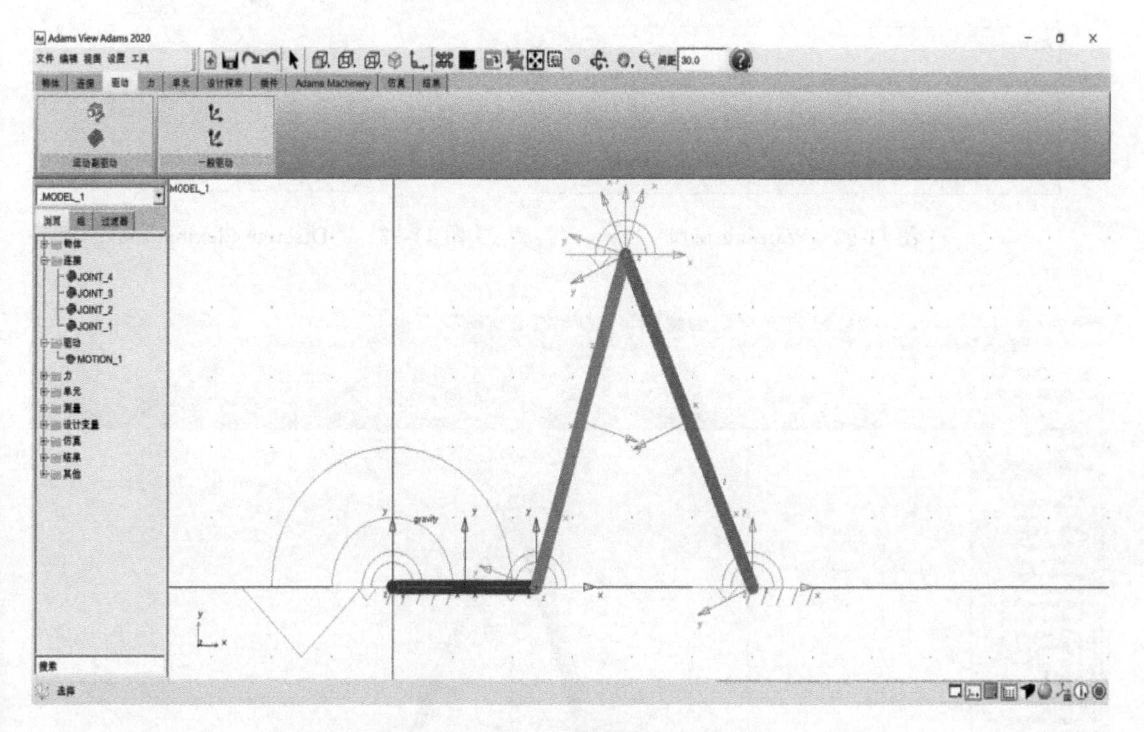

图 11-91　驱动副的创建

11.3.2　曲柄群机构连杆离散柔性体连接

① 在浏览器窗口选中 liangan 文件夹，单击鼠标右键，选择“删除”选项，弹出 Warning 窗口，点击“全部删除”，如图 11-92 所示。

② 创建 liangan 的离散柔性体。在“物体”选项卡中点击“离散柔性连杆”图标，弹出“Discrete Flexible Link”窗口，如图 11-93 所示。在“名称”输入框中输入“liangan”，在“材料”输入框中右击，选择“材料”—“推测”—“steel”，段数设置为所需离散柔性体的段数，此处设置为 10，“阻尼系数”和“颜色”输入框默认，若需要可进行修改，在“标记 1”输入框中右击，选择“标记点”—“选取”，然后在工作区域中点击 liangan 的任意端点，在“连接方式”输入框中点击下三角符号进行选择，选择“柔性”，“标记 2”的设置方法相同，在“断面”输入框中可点击下三角符号进行选择，现选择实心圆，设置完成后单击“确定”，得到离散柔性连杆，如图 11-94 所示。

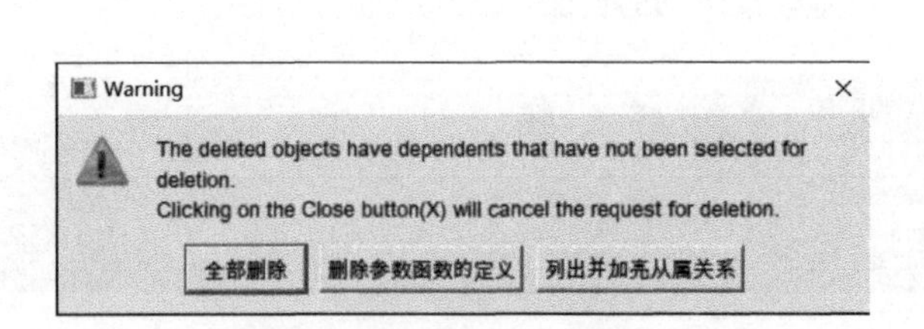

图 11-92　Warning 窗口

图 11-93　“Discrete Flexible Link”窗口

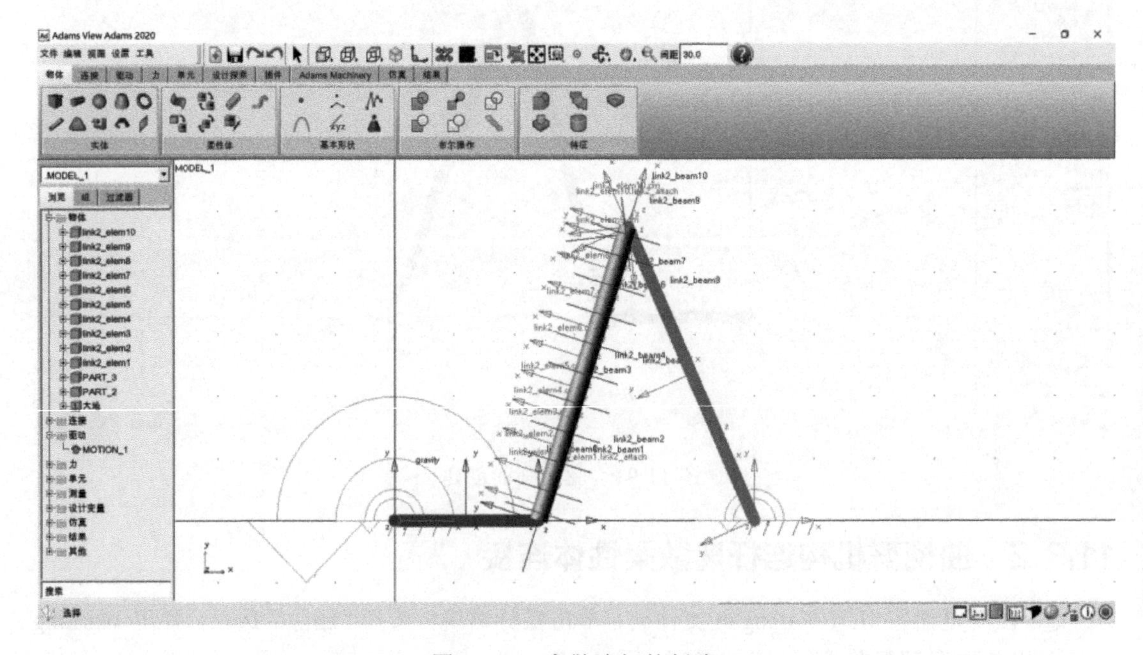

图 11-94　离散连杆的创建

③ 创建 crank1 与 liangan-elem1、crank2 与 liangan-elem10 之间的转动副。创建步骤与前面步骤相同，可参考，离散柔性连杆创建完成，如图 11-95 所示。

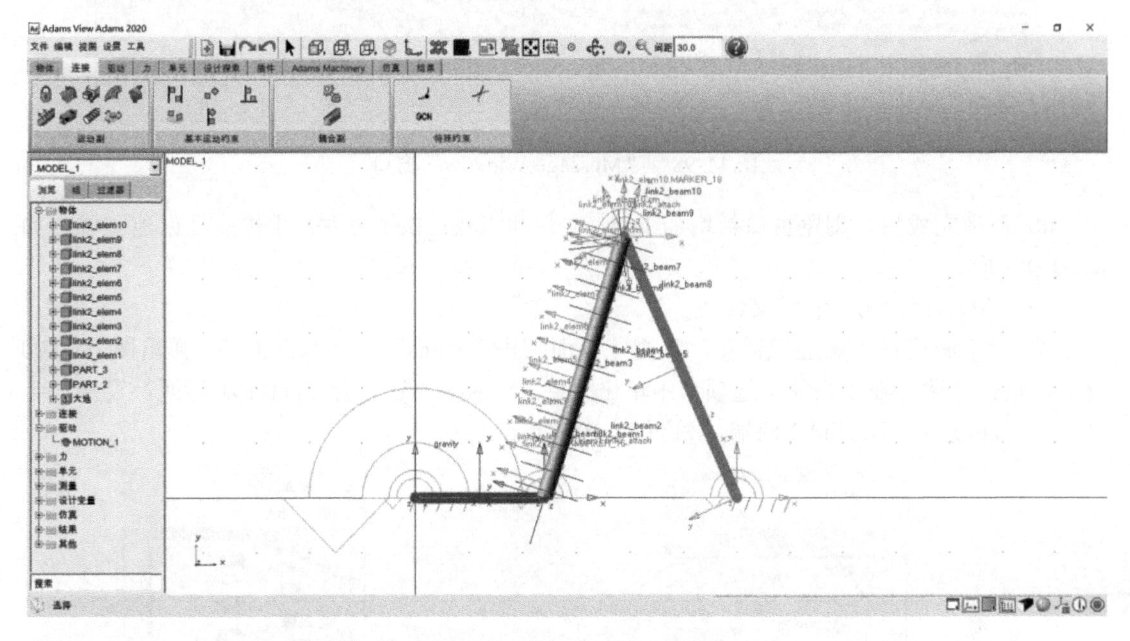

图 11-95 离散柔性连杆的创建

11.3.3 曲柄群机构连杆外部导入 mnf

（1）ADAMS 2020 ViewFlex 插件生成 mnf 文件

① 打开上节创建的 Qubing1.bin 文件，在“物体”选项卡中点击“刚体转变为柔性体”图标，弹出“Make Flexible”对话框，如图 11-96 所示。

② 点击“创建新的”，弹出“ViewFlex-Create”对话框，如图 11-97 所示，在“划分网格的部件”输入框中右击，选择“部件”—“选取”，点击 link1 部件，在“材料”输入框中右击，选择“材料”—“推测”—“steel”，“模数”设置为 10，需要其他分析可勾选“应力分析”、“Strain Analysis”、“手动替换”，点击“确定”，弹出“Message Window”窗口，如图 11-98 所示。

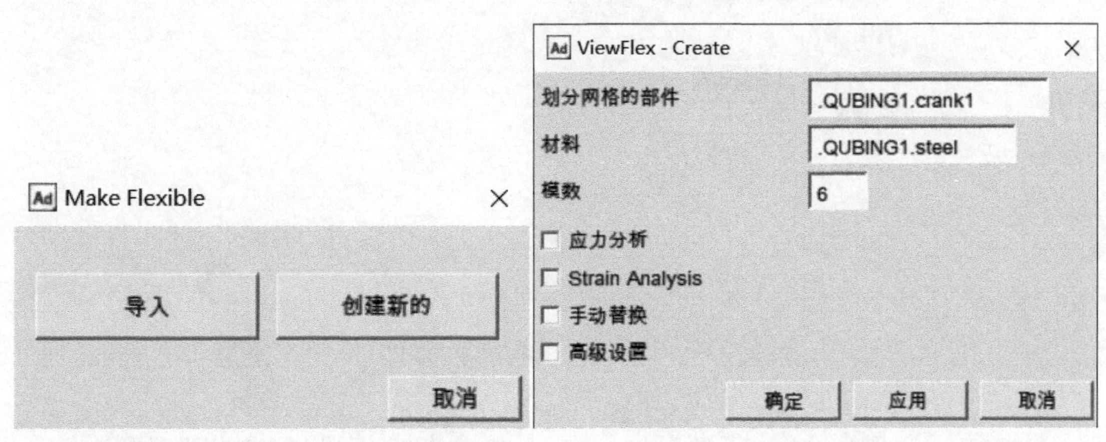

图 11-96 “Make Flexible”对话框

图 11-97 “ViewFlex-Create”对话框

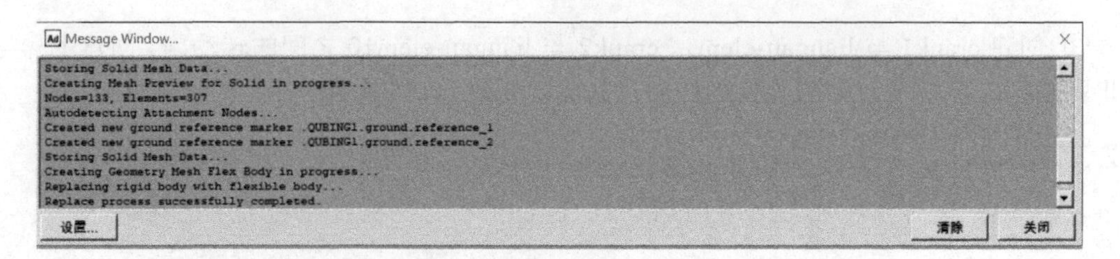

图 11-98 “Message Window”窗口

③ 替换完成后，浏览窗口新增加 link1 文件和 link1_flex 文件，柔性连杆创建完成，如图 11-99 所示。

(2) ANSYS 导入 mnf 文件

① 对中间连杆两端进行钻孔，在浏览界面右击“crank1”和“crank2”，弹出图 11-100 界面，点击隐藏，在“物体”选项卡中单击“钻孔”图标，弹出 11-101 界面，设置“半径”—“深度”，点击 link2 两端，如图 11-102 所示。

图 11-99 浏览窗口

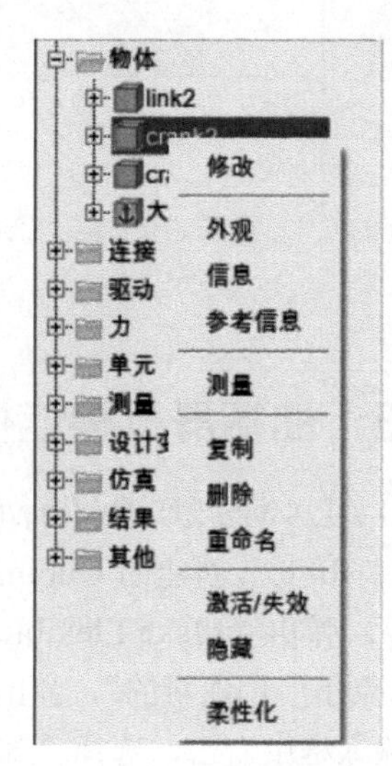

图 11-100 浏览界面

图 11-101 钻孔界面

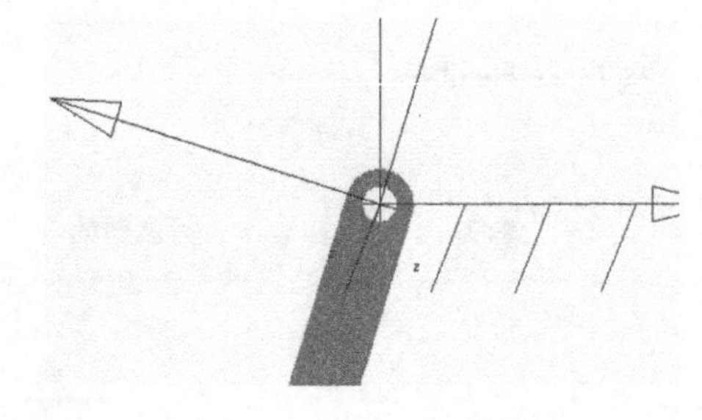

图 11-102 工作界面

② 将所需要柔性化的部件导入 ANSYS 软件中。点击文件—导出，弹出“File Export”对话框，“文件类型”选择“Parasolid”，输入文件名称，“文件类型”选择“ASCII”，将“模型名称”改为“部件名称”，右击输入框，选择“部件”—“选取”，点击所需要柔性化的部件，设置完成后如图 11-103 所示，点击确定。

图 11-103 “File Export”对话框

③ 在工作路径可找到 xmt_txt 文件，如图 11-104 所示。打开 ANSYS 软件，选择工作路径并设计名称，点击“run”，如图 11-105 所示。

图 11-104 文件位置

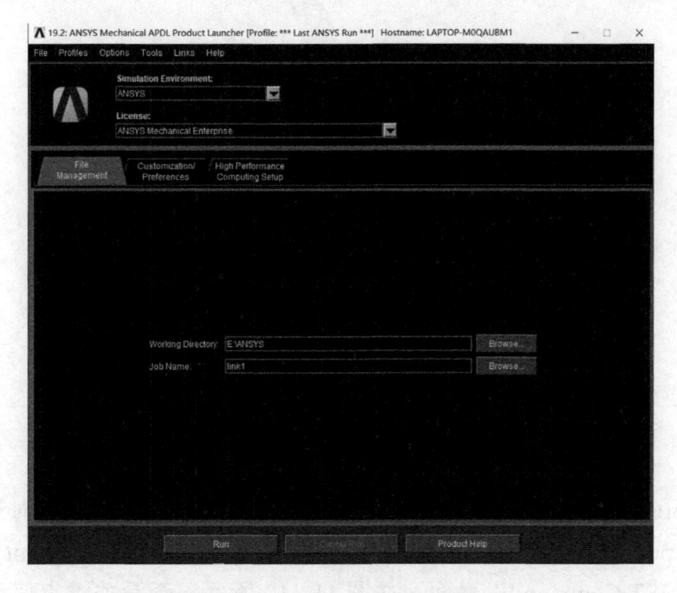

图 11-105 ANSYS 打开界面

④ 点击“File”—“Import”—“PARA”，弹出“ANSYS Connection for Parasolid”窗口，如图 11-106 所示，选择 ADAMS 导出的文件，点击“PlotCtrls”—“Style”—“Solid Model Pacets”，弹出“Solid Model Facets”对话框，如图 11-107 所示，选择“Fine”，依次点击“Apply”与“OK”，显示部件实体，如图 11-108 所示。

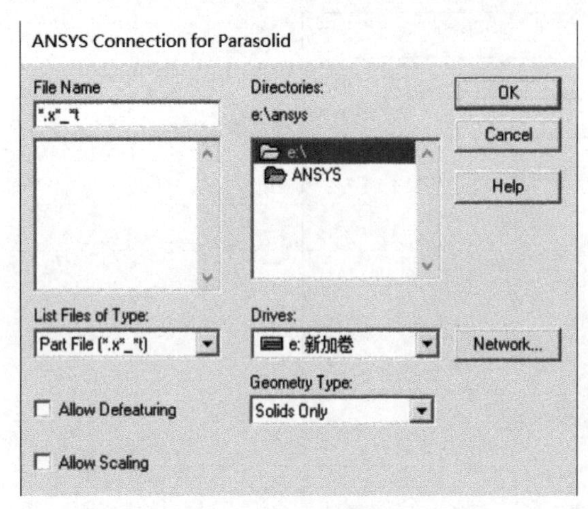

图 11-106 “ANSYS Connection for Parasolid”对话框

图 11-107 “Solid Model Facets”对话框

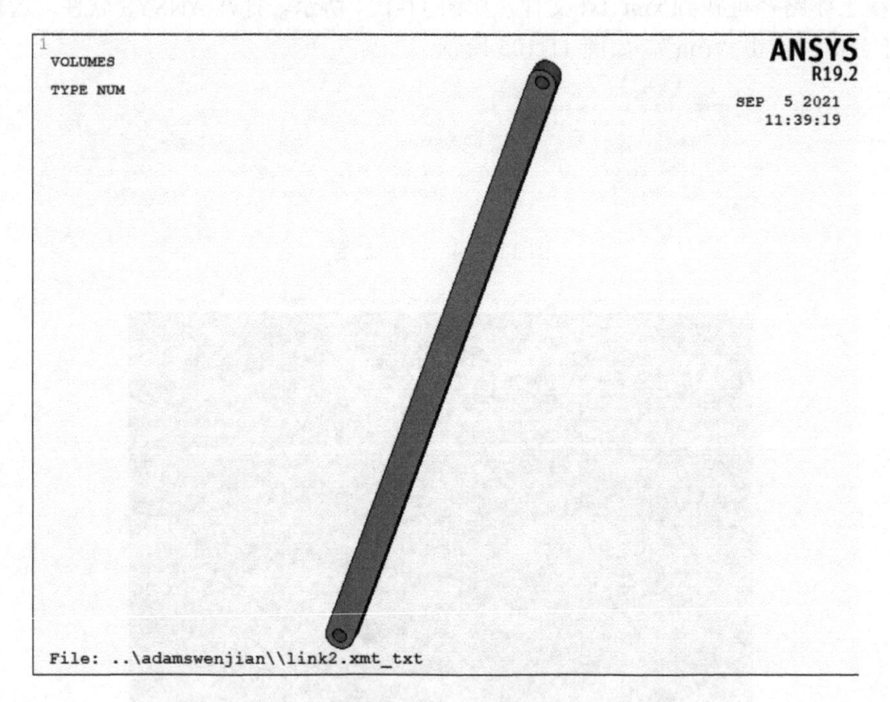

图 11-108 部件实体

⑤ 点击“PlotCtrls-Numbering…”，弹出“Plot Numbering Controls”对话框，如图 11-109 所示，勾选“Keypoint numbers”，显示关键点，点击“List”—“Keypoint”—“Coordinates Only”，弹出“KLIST Command”界面，如图 11-110 所示，查看关键点信息。

Plot Numbering Controls

[/PNUM] Plot Numbering Controls

KP Keypoint numbers ☐ Off

LINE Line numbers ☐ Off

AREA Area numbers ☐ Off

VOLU Volume numbers ☐ Off

NODE Node numbers ☐ Off

Elem / Attrib numbering No numbering

TABN Table Names ☐ Off

SVAL Numeric contour values ☐ Off

DOMA Domain numbers ☐ Off

[/NUM] Numbering shown with Colors & numbers

[/REPLOT] Replot upon OK/Apply? Replot

OK Apply Cancel Help

图 11-109 “Plot Numbering Controls”对话框

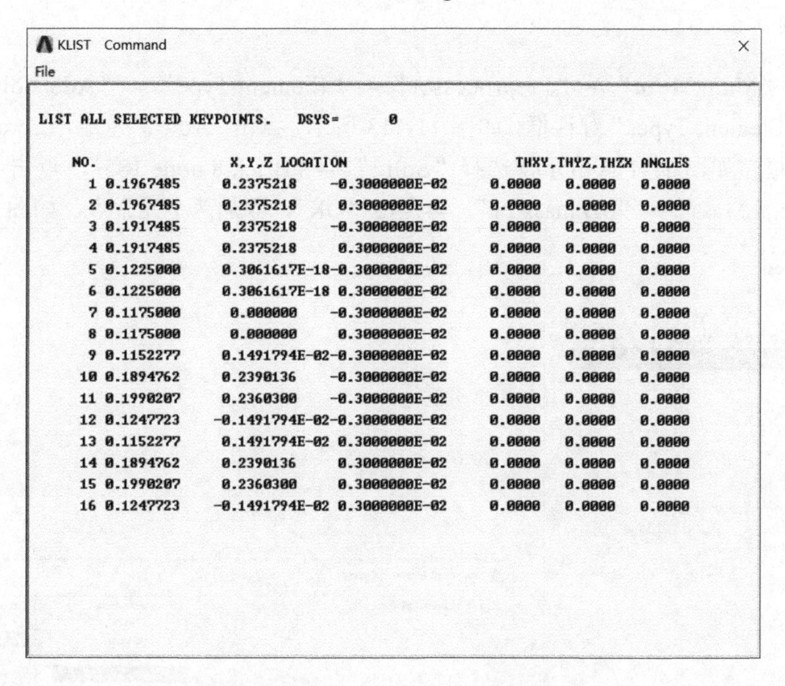

KLIST Command

File

LIST ALL SELECTED KEYPOINTS. DSYS= 0

NO.	X,Y,Z LOCATION			THXY,THYZ,THZX ANGLES		
1	0.1967485	0.2375218	-0.3000000E-02	0.0000	0.0000	0.0000
2	0.1967485	0.2375218	0.3000000E-02	0.0000	0.0000	0.0000
3	0.1917485	0.2375218	-0.3000000E-02	0.0000	0.0000	0.0000
4	0.1917485	0.2375218	0.3000000E-02	0.0000	0.0000	0.0000
5	0.1225000	0.3061617E-18	-0.3000000E-02	0.0000	0.0000	0.0000
6	0.1225000	0.3061617E-18	0.3000000E-02	0.0000	0.0000	0.0000
7	0.1175000	0.000000	-0.3000000E-02	0.0000	0.0000	0.0000
8	0.1175000	0.000000	0.3000000E-02	0.0000	0.0000	0.0000
9	0.1152277	0.1491794E-02	-0.3000000E-02	0.0000	0.0000	0.0000
10	0.1894762	0.2390136	-0.3000000E-02	0.0000	0.0000	0.0000
11	0.1990207	0.2360300	-0.3000000E-02	0.0000	0.0000	0.0000
12	0.1247723	-0.1491794E-02	-0.3000000E-02	0.0000	0.0000	0.0000
13	0.1152277	0.1491794E-02	0.3000000E-02	0.0000	0.0000	0.0000
14	0.1894762	0.2390136	0.3000000E-02	0.0000	0.0000	0.0000
15	0.1990207	0.2360300	0.3000000E-02	0.0000	0.0000	0.0000
16	0.1247723	-0.1491794E-02	0.3000000E-02	0.0000	0.0000	0.0000

图 11-110 “KLIST Command”界面

⑥ 点击“Main Meau”—“Preprocessor”—“Modeling”—“Operate”—“Scale”—“Volumes”进行缩放处理，弹出“Scale Volumes”对话框，如图 11-111 所示，单击 link2 实体，弹出“Scale Volumes”对话框，设置参数如图 11-112 所示（模型在 ADAMS 中长度单位为 mm，在 ANSYS 中需缩放模型使单位统一）。

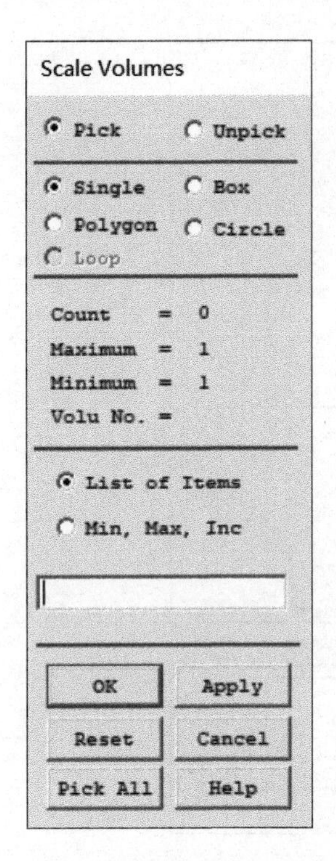

图 11-111 “Scale Volumes”对话框

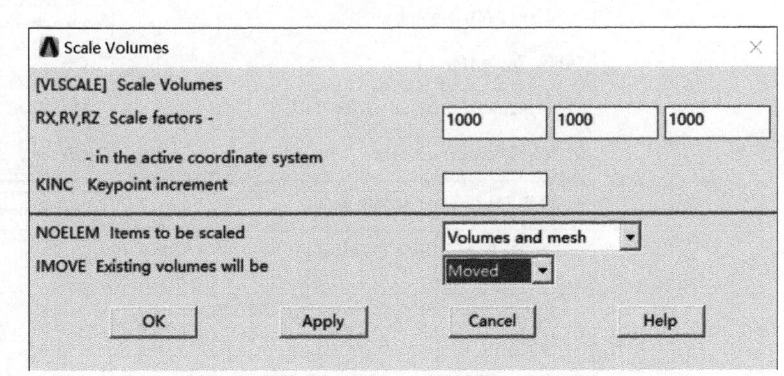

图 11-112 “Scale Volumes”对话框

⑦ 点击“Main Meau”—“Preprocessor”—“Element Type”—“Add/Edit/Delet”设置元素，弹出“Element Types”对话框，如图 11-113 所示，点击“Add”，弹出“Library of Element Types”对话框，如图 11-114 所示，选择“Solid”—“Brick 8 node 185”，点击“Apply”，再选择“Structural Mass”—“3D mass 21”，再点击“OK”，添加两个元素点，如图 11-115 所示。

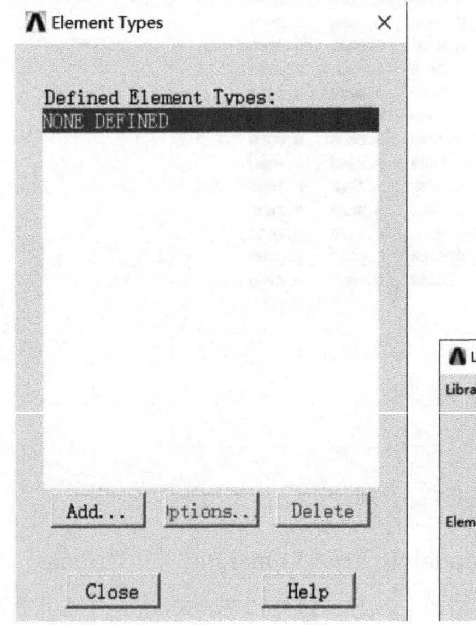

图 11-113 “Element Types”对话框

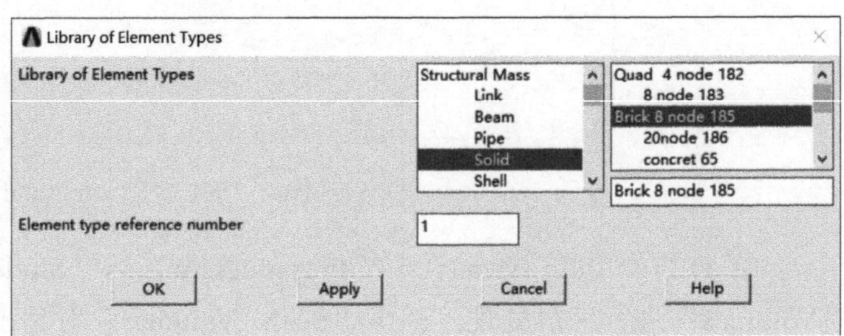

图 11-114 “Library of Element Types”对话框

⑧ 点击“Main Meau”—“Preprocessor”—“Material Props”—“Material Models”设置材料，弹出“Define Material Model Behavior”窗口，如图 11-116 所示，选择“Structural”—“Linerar”—“Elastic”—“Isptropic”，设置泊松比，如图 11-117 所示，选择“Structural”—“Density”，设置密度，如图 11-118 所示。

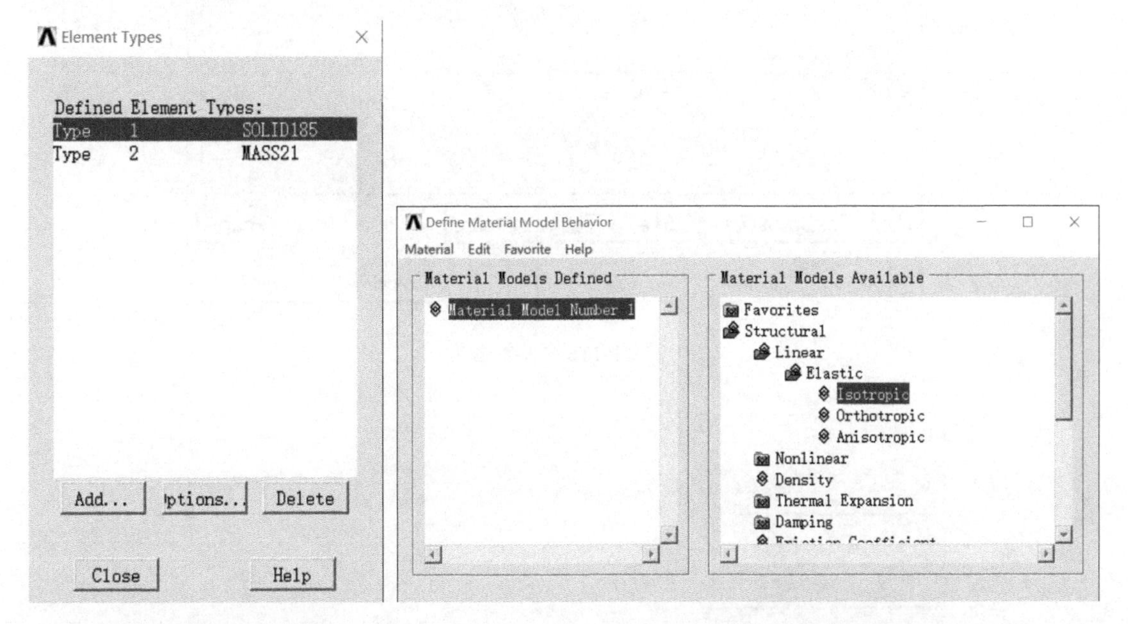

图 11-115 “Element Types”对话框

图 11-116 “Define Material Model Behavior”窗口

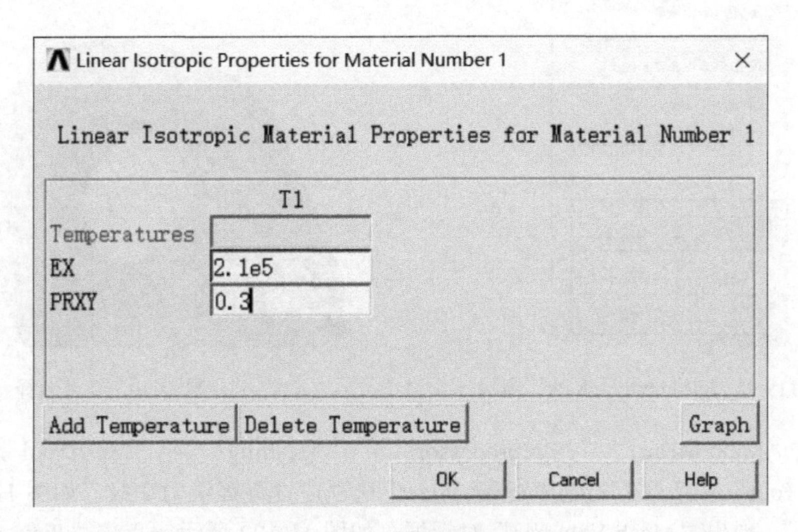

图 11-117 设置泊松比

⑨ 点击“Main Meau”—“Preprocessor”—“Modeling”—“Create”—“Keypoints”—“KP between KPs”，设置关键点，弹出“KP between KPs”对话框，如图 11-119 所示，选择连杆端部两点，如图 11-120 所示，点击“Apply”，弹出“KBetween options”对话框，点击“OK”。

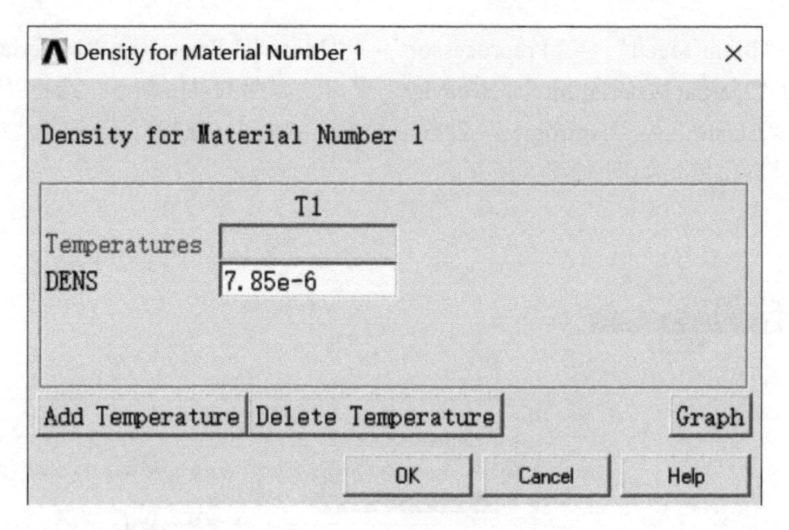

图 11-118　设置密度

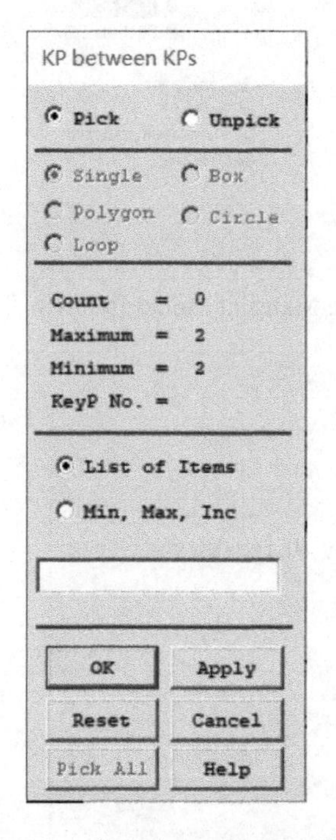

图 11-119　“KP between KPs”窗口

图 11-120　节点选择

⑩ 点击“Main Meau”—“Preprocessor” —“Meshing” —“MeshTool”，划分网格，弹出“MeshTool”对话框，勾选“Smart Size”选项，设置等级为 2 级，如图 11-121 所示，点击“Mesh”，弹出“Mesh Volumes”对话框，如图 11-122 所示，点击“Pick All”，网格划分完成。

⑪ 点击“Main Meau”—“Preprocessor”—“Real Constants”—“Add/Edit/Delete”，弹出“Real Constants”对话框，如图 11-123 所示，点击“Add”，弹出“Element Type for Real Constants”对话框，如图 11-124 所示，选中“Type 2 Msaa21”，点击“OK”，弹出“Real Constant Set Number 1，for MASS21”对话框，设置参数如图 11-125 所示，点击“OK”。

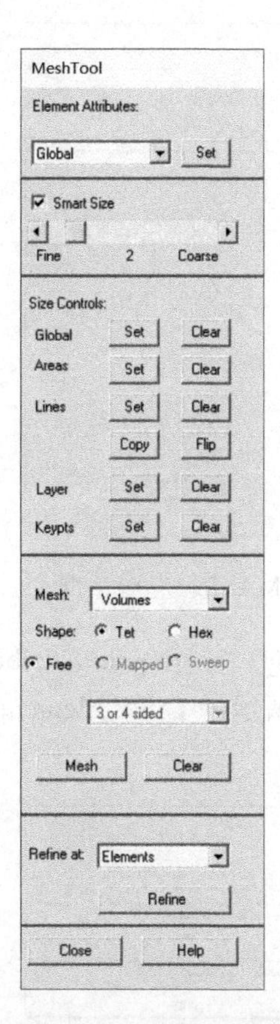

图 11-121 “MeshTool”对话框

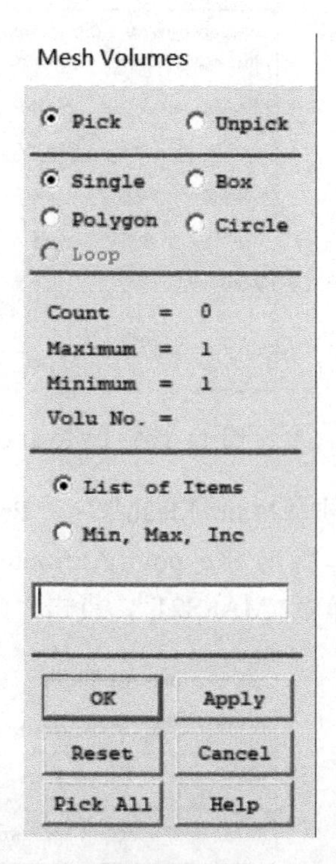

图 11-122 “Mesh Volumes”对话框

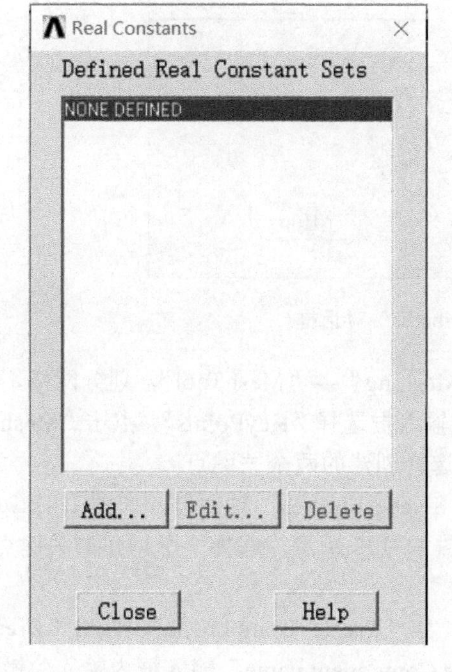

图 11-123 “Real Constants”对话框

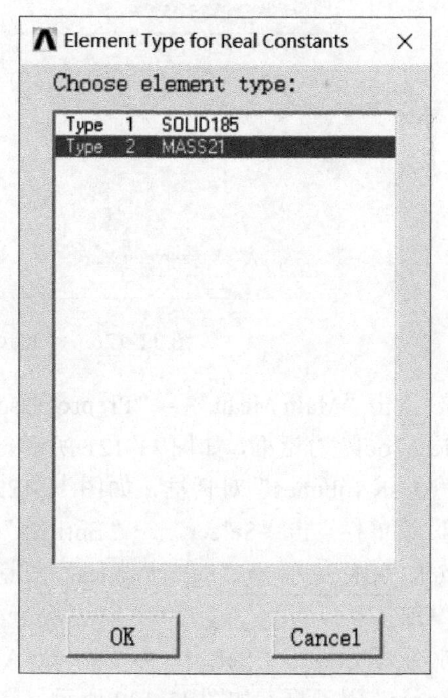

图 11-124 “Element Type for Real Constants”对话框

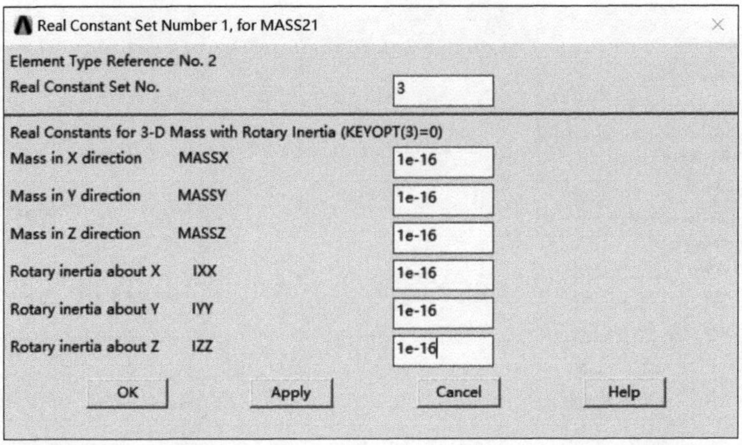

图 11-125 “Real Constant Set Number 1，for MASS21”对话框

⑫ 点击“Main Meau”—“Preprocessor”—“Meshing”—“Mesh Attributes”—“All Keypoints”，弹出“Keypoint Attributes”对话框，如图 11-126 所示，“TYPE Element type number”输入框选择“2 MASS21”，点击“OK”。

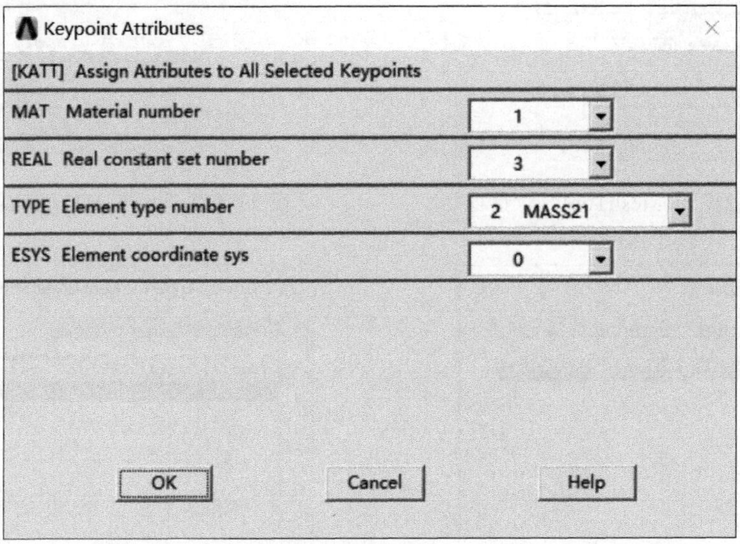

图 11-126 “Keypoint Attributes”对话框

⑬ 点击“Main Meau”—“Preprocessor”—“Meshing”—“MeshTool”，划分网格，弹出“MeshTool”对话框，如图 11-121 所示，“Mesh”输入框选择“KeyPoints”，点击“Mesh”，弹出“Mesh Volumes”对话框，如图 11-122 所示，选择创建的两个关键点。

⑭ 菜单栏点击“Select”—“Entities”，弹出“Selece Entities”对话框，如图 11-127 所示，点击“OK”，弹出“Select nodes”对话框，如图 11-128 所示，选择一个创建的关键点，点击“OK”。

⑮ 菜单栏点击“Select”—“Comp/Assembly”—“Create Component”，弹出“Create Component”对话框，如图 11-129 所示，在“Cname Component name”输入框内输入关键点代号，这里输入“L1”，点击“OK”，同样的步骤命名第二个关键点为 L2。

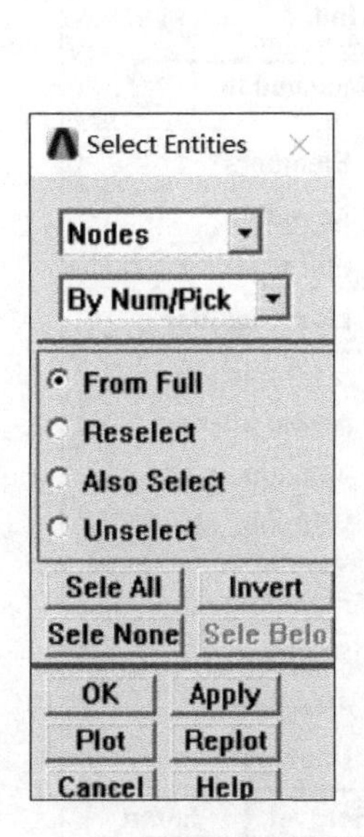

图 11-127 “Selece Entities”对话框

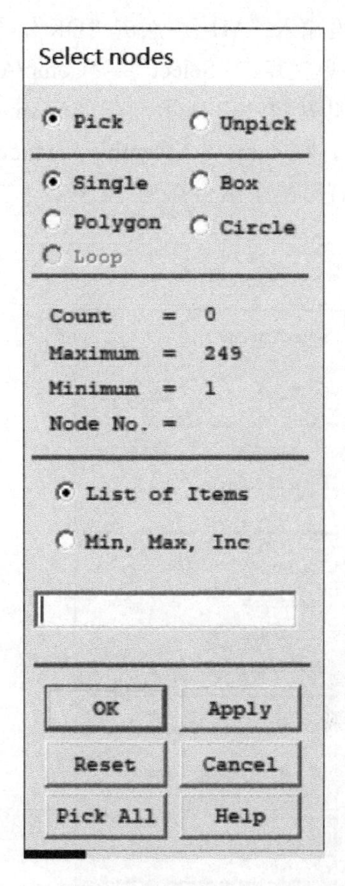

图 11-128 “Select nodes”对话框

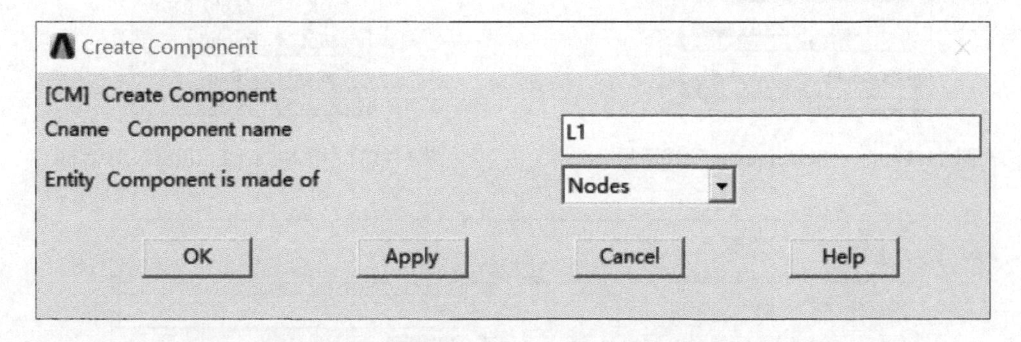

图 11-129 “Create Component”对话框

⑯ 菜单栏点击“Select”—“Entities”，弹出“Selece Entities”对话框，如图 11-127 所示，第一个输入框选择“Areas”，其他默认不变，点击“OK”，弹出“Select areas”对话框，如图 11-130 所示，选择一个创建的关键点处的内圆周面，点击“OK”。菜单栏再次点击“Select”—“Entities”，弹出“Selece Entities”对话框，第一个输入框选择“Nodes”，第二个选择“Attached to”，下面勾选“Areas，all”，如图 11-131 所示，点击“OK”。

⑰ 菜单栏点击“Select”—“Comp/Assembly”—“Create Component”，弹出“Create Component”对话框，如图 11-129 所示，在“Cname Component name”输入框内输入关键点

代号，这里输入“M1”，点击“OK”，同样的步骤命名第二个关键点处其他平面点为M2。

⑱ 菜单栏点击“Select”—“Comp/Assembly”—“Create Assembly”，弹出“Create Assembly”对话框，如图 11-132 所示，在“Aname Assembly name”输入框内输入关键点代号，这里输入“LM1”，“Cnam1-8 Assembly is made of”输入框内选择“L1”、“M1”，点击“OK”，同样的步骤命名第二个组合点为“LM2”。

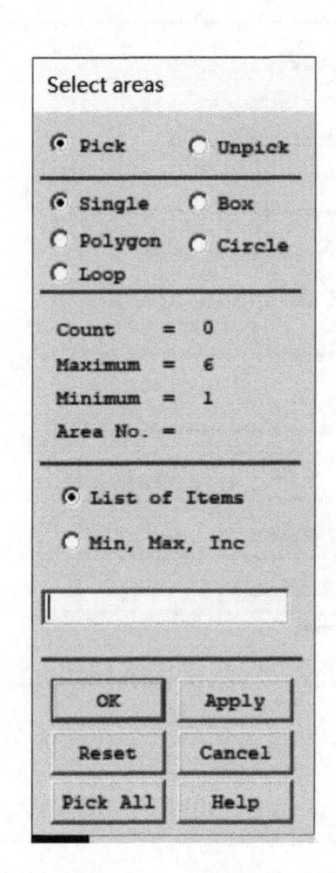

图 11-130 “Select areas”对话框

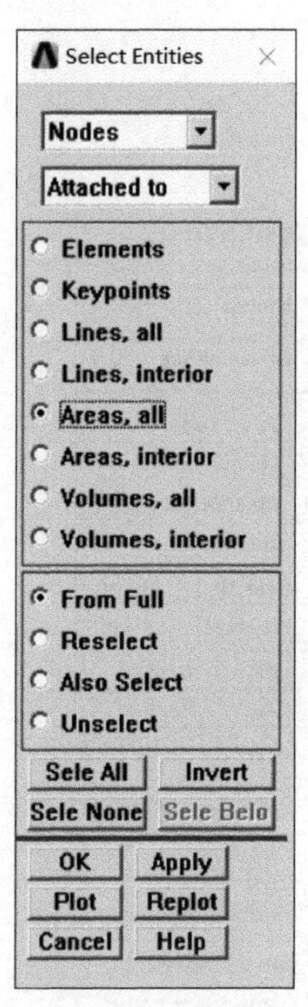

图 11-131 “Select Entities”对话框

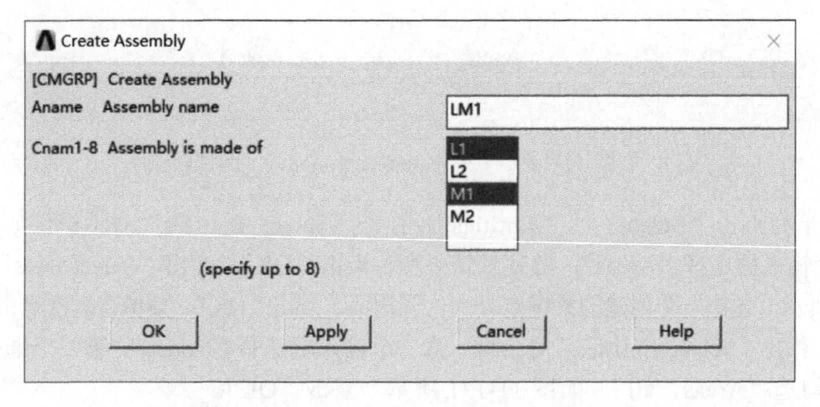

图 11-132 “Create Assembly”对话框

⑲ 菜单栏点击“Select”—“Comp/Assembly”—“Select Com/Assembly”，弹出“Select

Component or Assembly”对话框，如图 11-133 所示，点击“OK”，弹出窗口如图 11-134 所示，在“Name Comp/Assemb to be selected”输入框中选择“LM1”，点击“OK”。

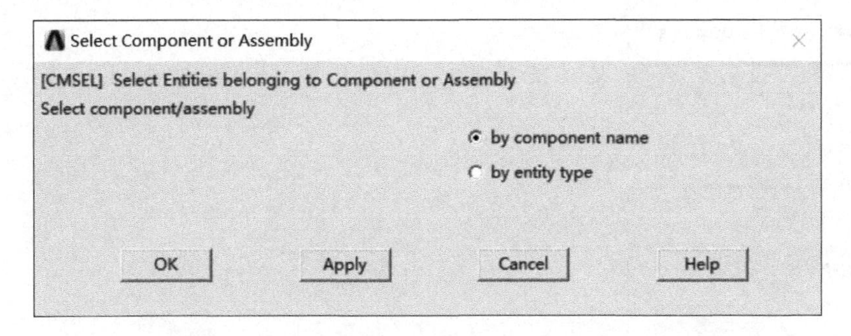

图 11-133 “Select Component or Assembly”对话框

图 11-134 选择 LM1 点

⑳ 菜单栏点击“Plot”—“Nodes”，显示出节点，点击“Main Meau”—“Preprocessor”—“Coupling/Ceqn”—“Rigid Region”，创建刚体区域，弹出“Constraint Equation for Rigid Region”对话框，如图 11-135 所示，选择中心节点，点击“OK”，在窗口上方选择“Box”，框选其他节点，点击“OK”，弹出“Constraint Equation for Rigid Region”对话框，如图 11-136 所示，点击“OK”，同样的步骤创建另一个节点的刚性区域。

㉑ 菜单栏点击“Select”—“Comp/Assembly”—“Create Assembly”，弹出“Create Assembly”对话框，如图 11-132 所示，在“Aname Assembly name”输入框内输入关键点代号，这里输入“LM12”，“Cnam1-8 Assembly is made of”输入框内选择“LM1”、“LM2”，点击“OK”。

㉒ 菜单栏点击“Plot”—“Multi”—“Plots”，显示部件实体。

㉓ 点击“Main Meau”—“Solution”—“Analysis Type”—“New Analysis”，设置分析类型，弹出“New Analysis”对话框，勾选 Modal 选项，如图 11-137 所示。

㉔ 点击“Main Meau”—“Solution”—“Analysis Type”—“Analysis Options”，设置抽取模态数，弹出“Modal Analysis”对话框，设置参数如图 11-138 所示，设置完成后点击“OK”，弹出“Block Lanczos Method”对话框，参数默认，如图 11-139 所示，点击“OK”。

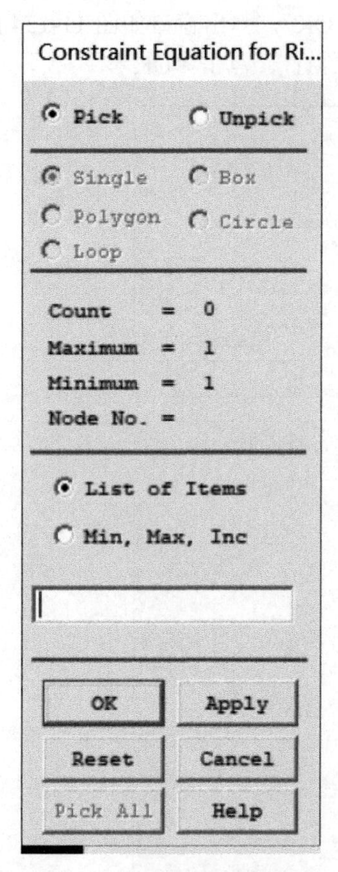

图 11-135 “Constraint Equation for Rigid Region”对话框

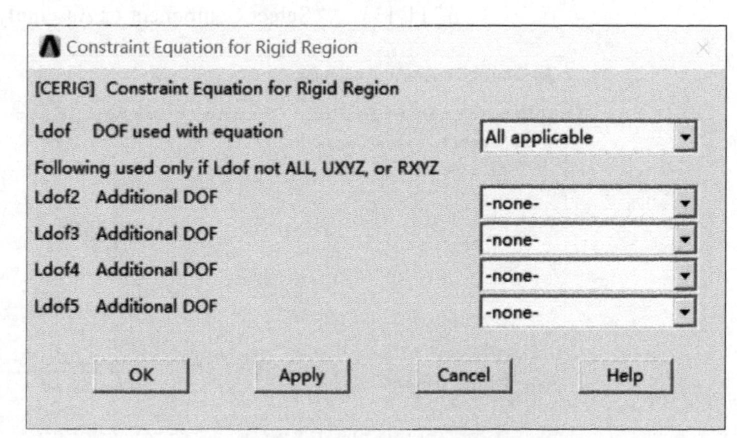

图 11-136 “Constraint Equation for Rigid Region”对话框

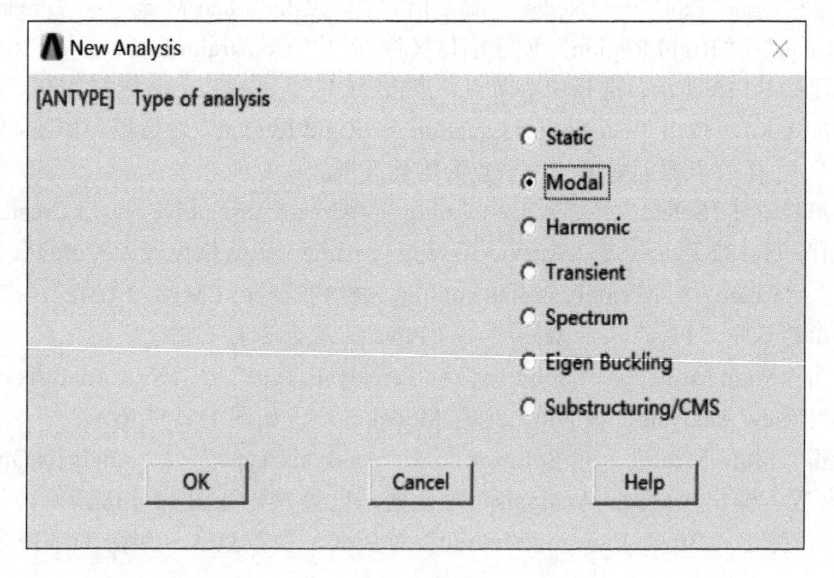

图 11-137 “New Analysis”对话框

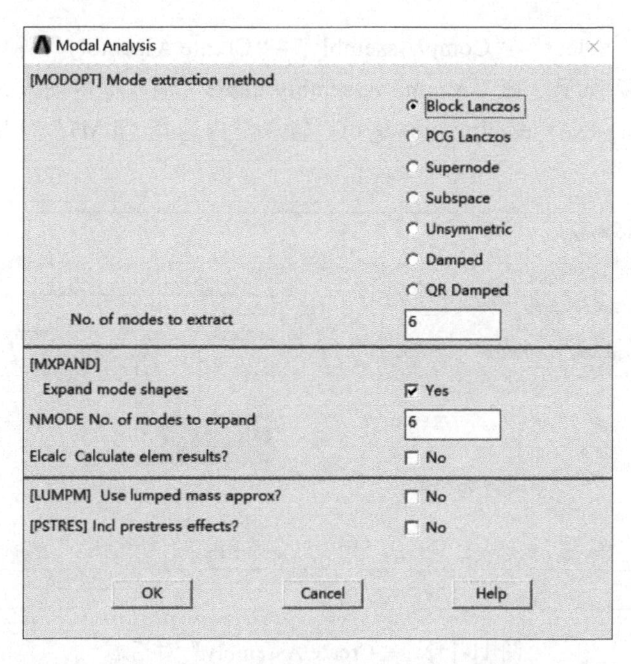

图 11-138 “Modal Analysis”对话框

㉕ 在任务栏点击“MenuCtrls”—“Message Controls”，如图 11-140 所示，弹出“Message Controls”对话框，设置参数如图 11-141 所示。

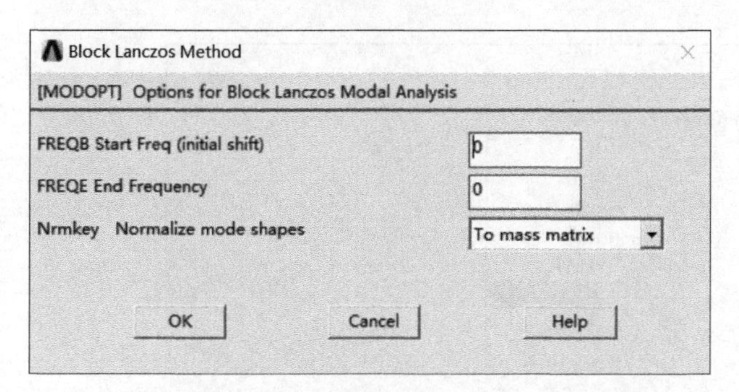

图 11-139 “Block Lanczos Method”对话框

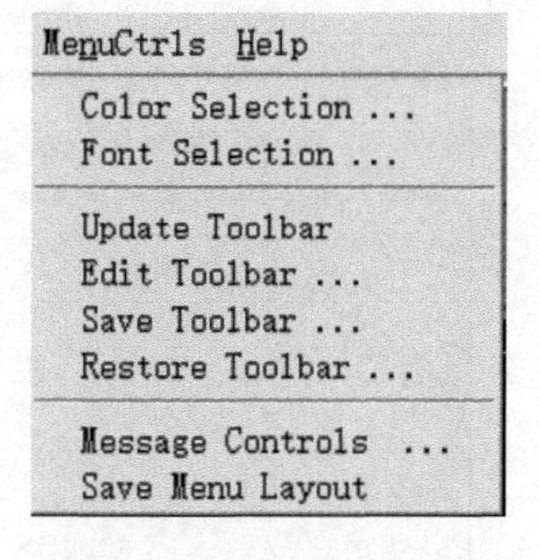

图 11-140 任务栏窗口

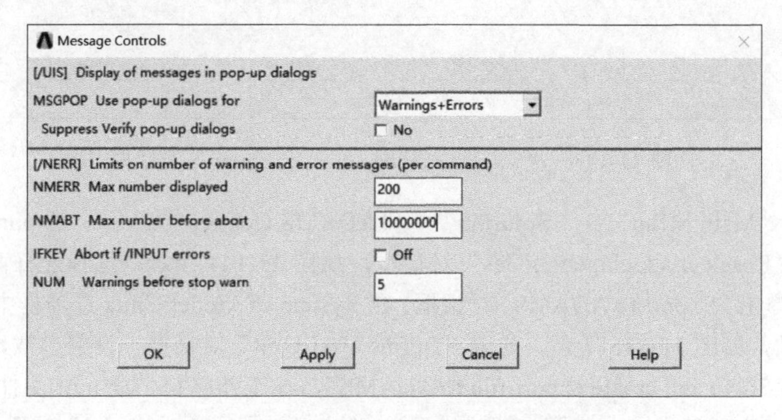

图 11-141 “Message Controls”对话框

㉖ 菜单栏点击“Select”—“Comp/Assembly”—“Create Assembly”，弹出“Create Assembly”对话框，如图 11-132 所示，在“Aname Assembly name”输入框内输入关键点代号，这里输入“LM12”，“Cnam1-8 Assembly is made of”输入框内选择“LM1”“LM2”，点击“OK”，如图 11-142 所示。

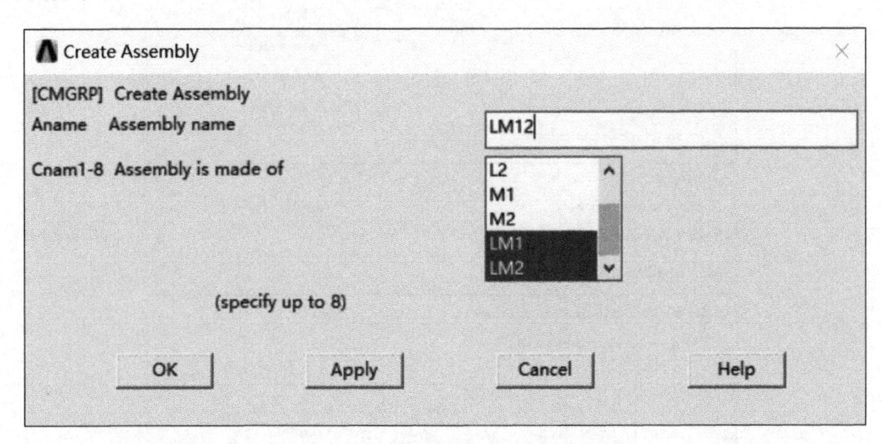

图 11-142 “Create Assembly”对话框

㉗ 菜单栏点击“Select”—“Comp/Assembly”—“Select Com/Assembly”，弹出“Select Component or Assembly”对话框，如图 11-143 所示，在“Name Comp/Assemb to be selected”输入框中选择“LM12”，点击“OK”。

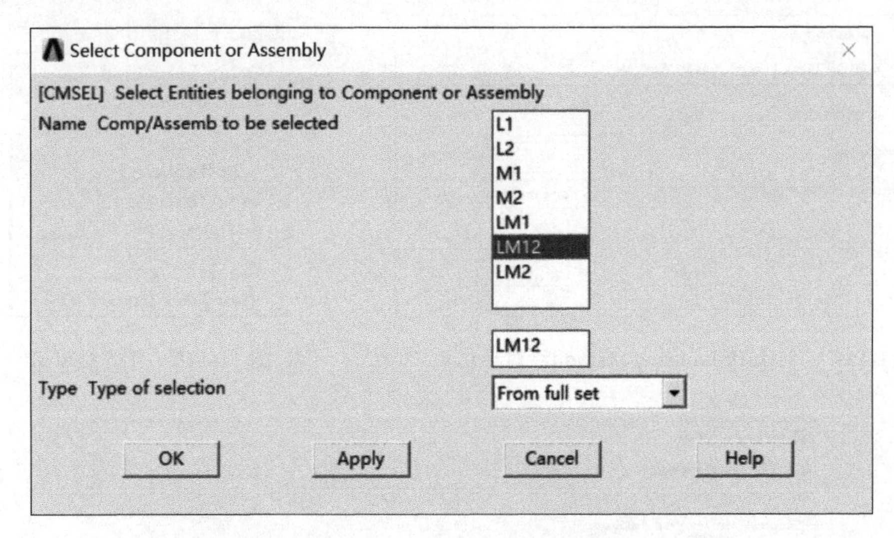

图 11-143 “Select Component or Assembly”对话框

㉘ 点击“Main Meau”—“Solution”—“ADAMS Connection”—“Export to ADAMS”计算，弹出“Reselect attachment nodes”对话框，如图 11-144 所示，选择连杆两端圆心点，点击“OK”，弹出“Export to ADAMS”对话框，在 System of Model Units 选项框中选择“USER defined”选项，如图 11-145 所示，弹出“Define User Unit”对话框，设置参数，如图 11-146 所示，点击“Solve and create export file to ADAMS”，在工作路径生成 mnf 文件。

㉙ 打开 ADAMS 软件，选择“新建模型”，弹出“Create New Model”对话框，输入“模

型名称”、“重力”、“单位”以及“工作路径”，“单位”设置与mnf单位一致，在“物体”选项卡中点击创建柔性体图标，弹出“Create a Flexible Body”对话框，如图11-147所示，右击空白输入框，选择mnf文件，点击“确定”，导入mnf文件完成，浏览界面的FLEX_BODY_1为添加的柔性件，如图11-148所示，工作界面如图11-149所示。

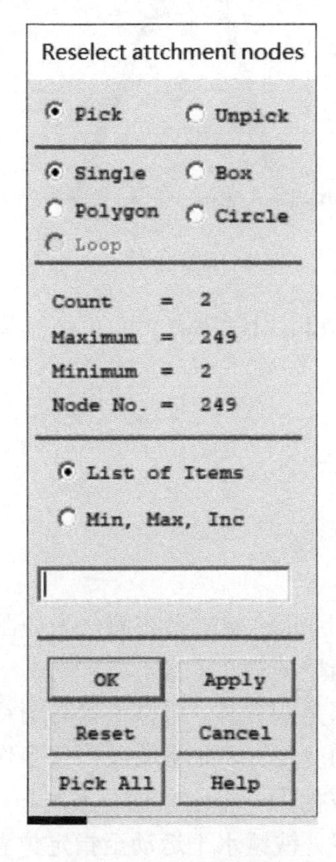

图11-144 “Reselect attachment nodes”对话框

图11-145 “Export to ADAMS”对话框

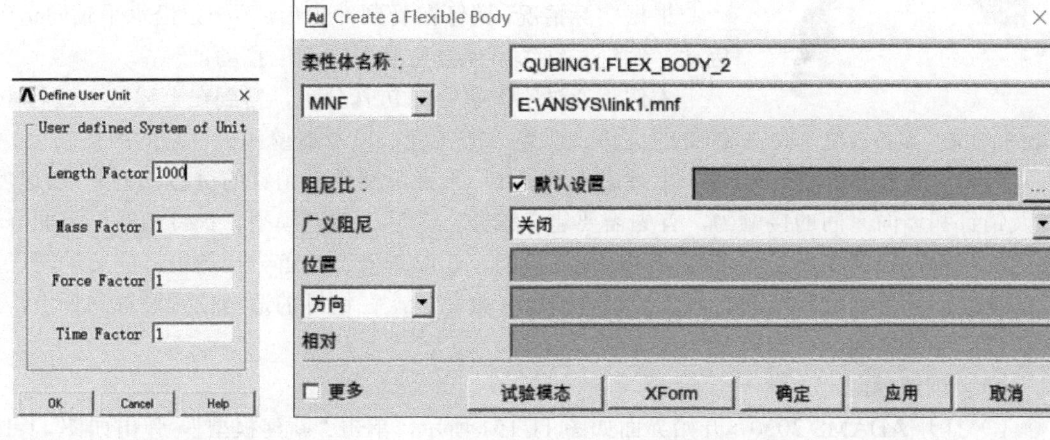

图11-146 “Define User Unit”对话框

图11-147 “Create a Flexible Body”对话框

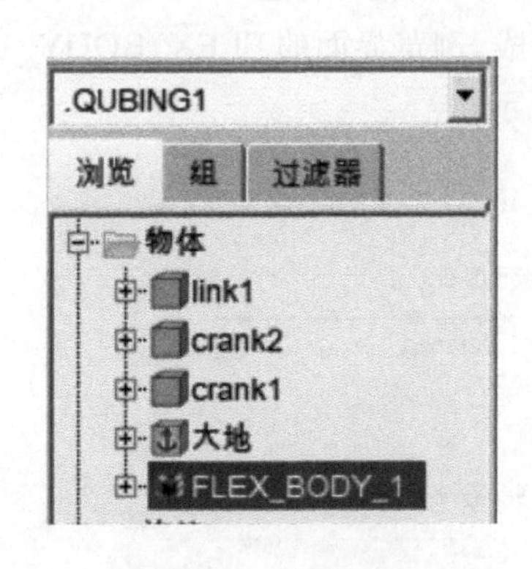

图 11-148 浏览界面

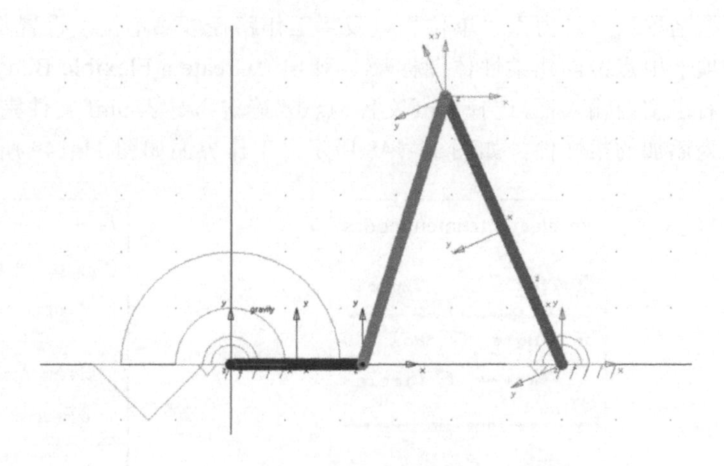

图 11-149 显示界面

11.4 刚柔耦合仿真实例

11.4.1 敲击过程的刚柔耦合碰撞分析

本节主要以一个实例演示刚柔耦合系统的分析过程，因此将敲击系统简化为如图 11-150 所示只包含铁锤、销钉以及墙壁的简单系统。

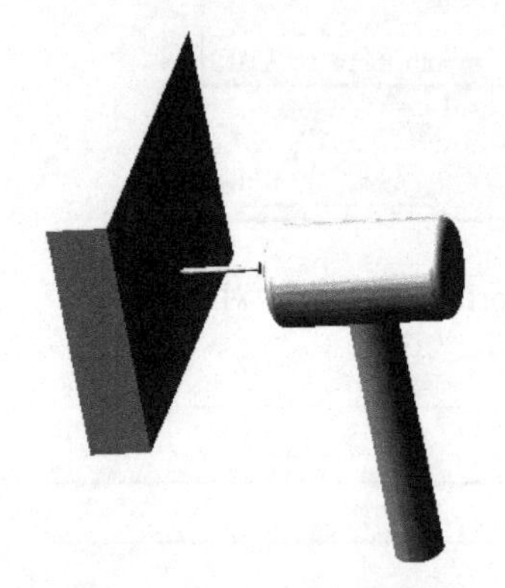

图 11-150 敲击系统模型

由于系统中铁锤与销钉都是刚性体，所以铁锤与销钉在敲击过程中的变形远远小于墙壁的变形，因此将墙壁构件当作柔性化构件，因此该起吊系统可以被视为一个刚柔耦合系统。

敲击系统的工作过程如下：铁锤水平运动至指定位置；铁锤与销钉产生接触；销钉在铁锤的作用下钉入墙壁；铁锤与销钉平移一个指定的距离；铁锤与销钉脱离。

根据实际情况，销钉在受到冲击后，不一定沿水平轴向运动，因此，销钉与铁锤可能发生竖直方向的摆动。

本例将通过刚柔耦合的仿真分析，得到在上述敲击过程中，销钉的位移、速度、加速度，以及墙壁和销钉之间的接触力。

上述敲击系统中，重点考察的是销钉的位移、速度、加速度，以及销钉和墙面之间的接触力。首先需要建立铁锤、销钉、墙壁模型，销钉相对于墙面竖直方向的平移，还需要建立一个辅助移动构件模型。在此基础上，首先构造销钉的运动轨迹与运动速度，设置销钉和墙面之间的接触力模型参数；其次在销钉的适当位置设置测量点，跟踪该点的运动参数。

（1）创建模型

① 打开 ADAMS 2020，开始界面如图 11-151 所示，单击“新建模型”，弹出如图 11-152 所示的“Creat New Model”对话框。将模型名称修改为“MODEL_QIDIAO”，设置好工作路径后，单击“确定”，进入 ADAMS 2020 主界面，如图 11-153 所示。

图 11-151　ADAMS 2020 开始界面

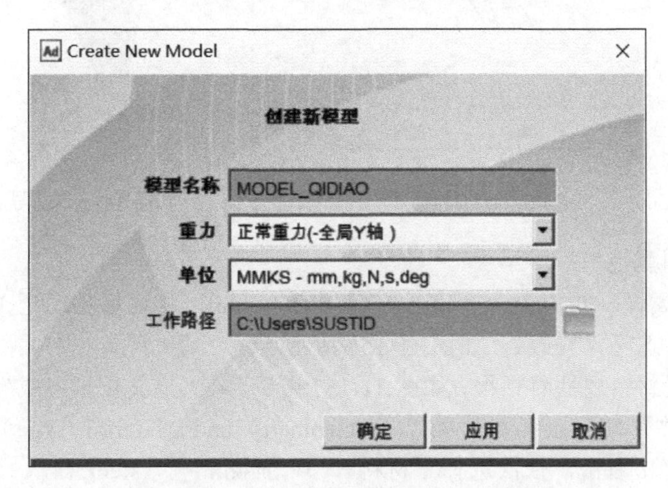

图 11-152　“Creat New Model”对话框

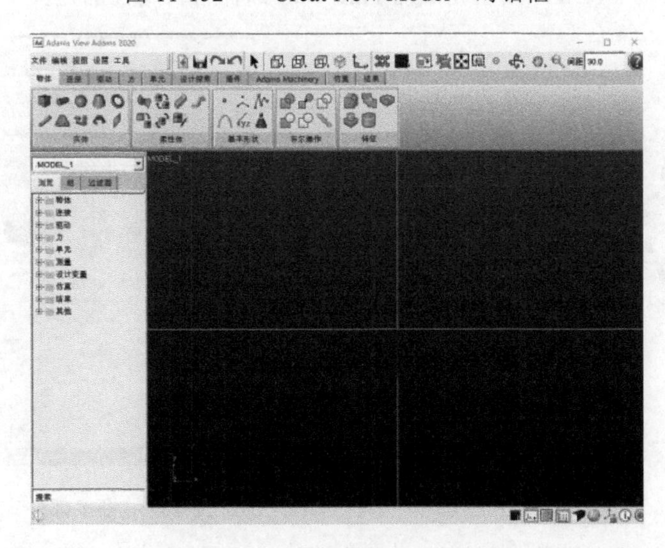

图 11-153　ADAMS 2020 主界面

② 在开始界面中，选择“文件”—“导入”命令，弹出如图 11-154 所示“File Import”对话框，在“文件类型”选项中，选择“Parasolid”。

③ 在“File Import”对话框中“读取文件”选项中右击，在弹出的快捷菜单中选择“浏览”，找到 model 文件夹中的文件“case1-hammer.x_t”，在“文件类型”选项中选择“ASCII”，在“模型名称”中输入“.MODEL_case1”。单击“确定”按钮，导入的模型如图 11-155 所示。

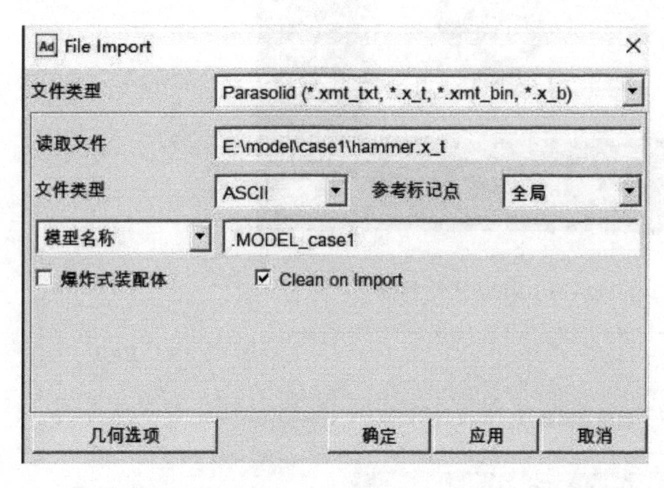

图 11-154 “File Import”对话框

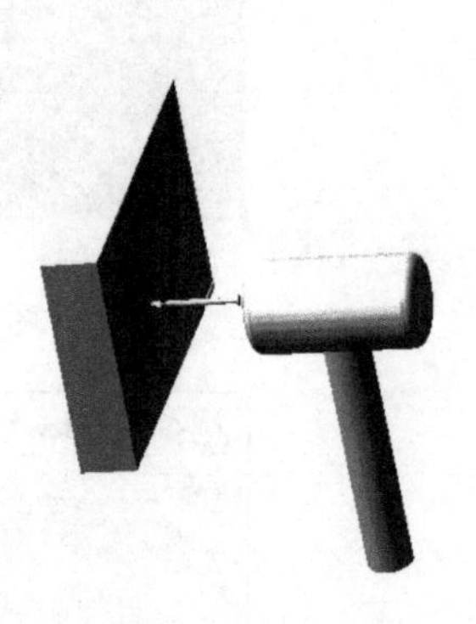

图 11-155 导入后的模型

（2）定义材料属性

① 定义材料属性。右击 Part_wall，选择 PART_wall，将鼠标移动至 PART_wall 右侧的箭头处，从列表中选择“修改”，如图 11-156 所示。

系统弹出定义材料属性对话框，如图 11-157 所示。在“定义质量方式”（Define Mass By）下拉列表中选择“几何形状和材料类型”（Geometry and Material Type），在“材料类型”（Material Type）栏中右击，依次选择“材料”—“推测”—“steel”。

最后单击“确定”（OK）按钮完成对 Part_wall 部件材料属性的定义。

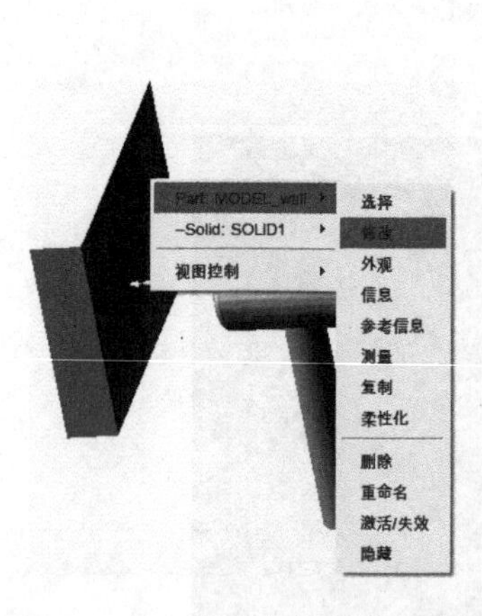

图 11-156 定义材料属性工作

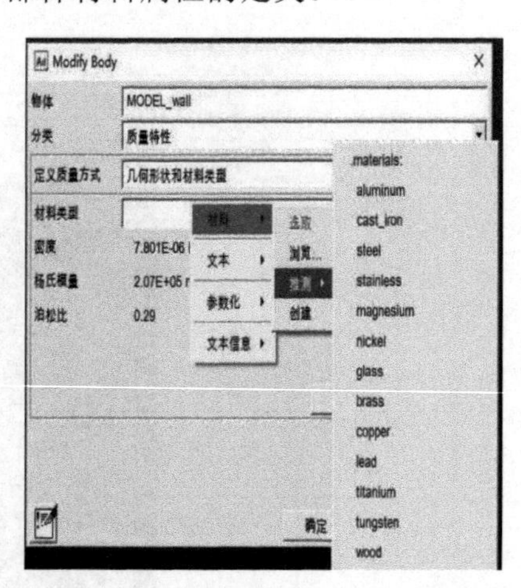

图 11-157 将零部件定义为刚性体

② 定义材料属性。右击 Part_nail，选择“PART_nail”，将鼠标移动至 PART_nail 右侧的箭头处，从列表中选择“修改”。

系统弹出定义材料属性对话框，如图 11-157 所示。在“定义质量方式”（Define Mass By）下拉列表中选择“几何形状和材料类型”（Geometry and Material Type），在“材料类型”（Material Type）栏中右击，依次选择“材料”—“推测”—“steel”。

最后单击“确定”（OK）按钮完成对 Part_nail 部件材料属性的定义。

③ 定义材料属性。右击 Part_hammer，选择“PART_hammer”，将鼠标移动至 PART_hammer 右侧的箭头处，从列表中选择“修改”。

系统弹出定义材料属性对话框，如图 11-157 所示。在“定义质量方式”（Define Mass By）下拉列表中选择“几何形状和材料类型”（Geometry and Material Type），在“材料类型”（Material Type）栏中右击，依次选择“材料”—“推测”—“steel”。

最后单击“确定”（OK）按钮完成对 Part_hammer 部件材料属性的定义。

（3）模型的渲染

① 改变部件颜色。右击 Part_wall，选择“-Solid：SOLID1”—“外观”，如图 11-158 所示，系统弹出修改部件颜色对话框。

在颜色（Color）栏中右击，选择“颜色”—“推测”选项，并从“推测”后面的列表中选择 Brown。单击“确定”（OK）按钮完成颜色的设置，如图 11-159 所示。

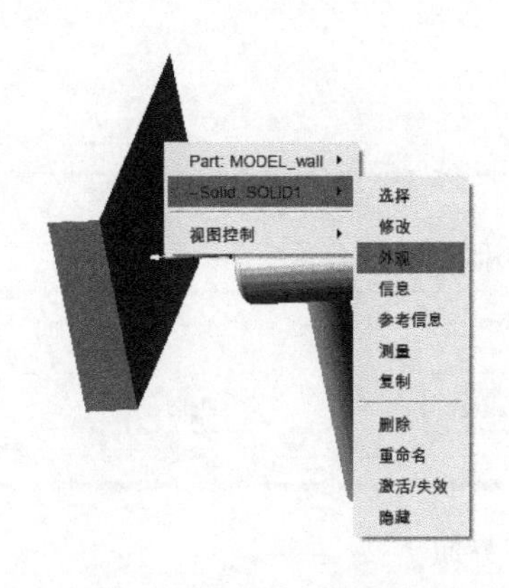

图 11-158　颜色设置选项

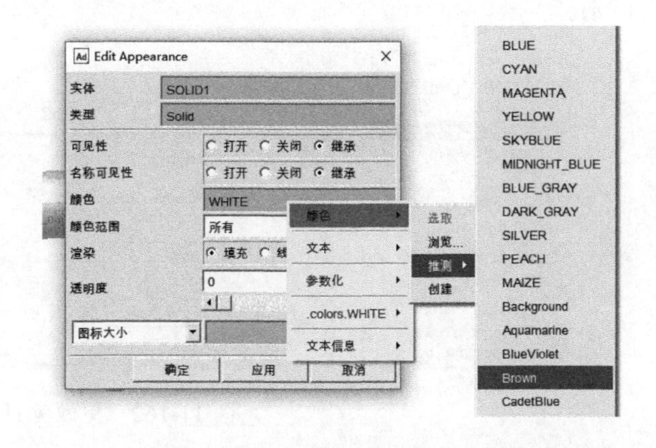

图 11-159　将部件 wall 定义为棕色

② 改变部件颜色。右击 Part_nail，选择“-SOLID1”—“外观”，如图 11-158 所示，系统弹出修改部件颜色对话框。

在颜色（Color）栏中右击，选择“颜色”—“推测”选项，并从“推测”后面的列表中选择“BLACK”。单击“确定”按钮完成颜色的设置。

③ 改变部件颜色。右击 Part_hammer，选择“-Solid：SOLID1”—“外观”，如图 11-158 所示，系统弹出修改部件颜色对话框。

在颜色（Color）栏中右击，选择“颜色”—“推测”选项，并从“推测”后面的列表中选择“YELLOW”。单击“确定”（OK）按钮完成颜色的设置。颜色渲染完成如图 11-160 所示。

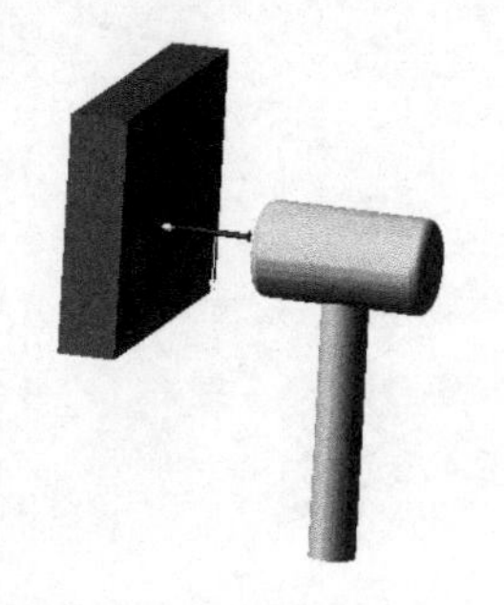

图 11-160　颜色渲染完成图

（4）墙壁柔性化过程

① 找到并打开 ANSYS APDL 软件，如图 11-161 所示。

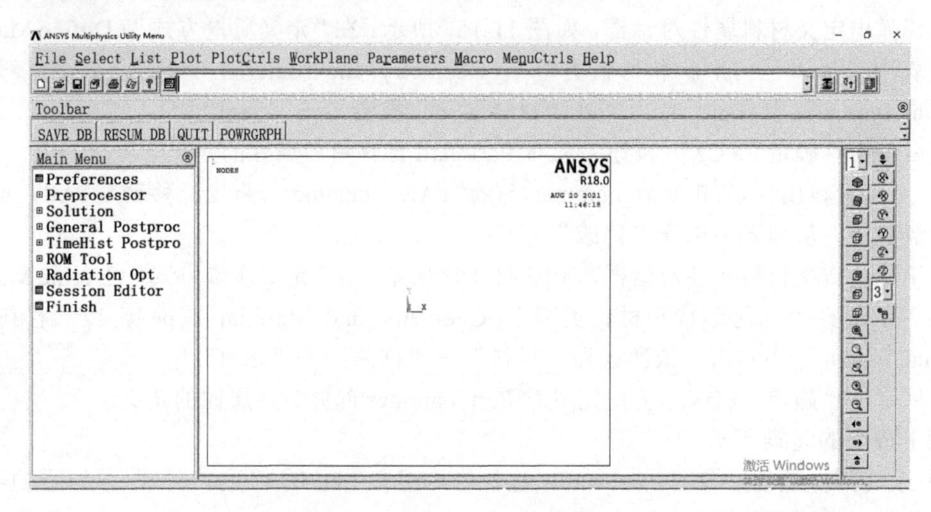

图 11-161 ANSYS APDL 软件开始界面

② 单击“File”，找到下属“Change Jobname”，更改项目名称为“wall_file”，如图 11-162 所示。

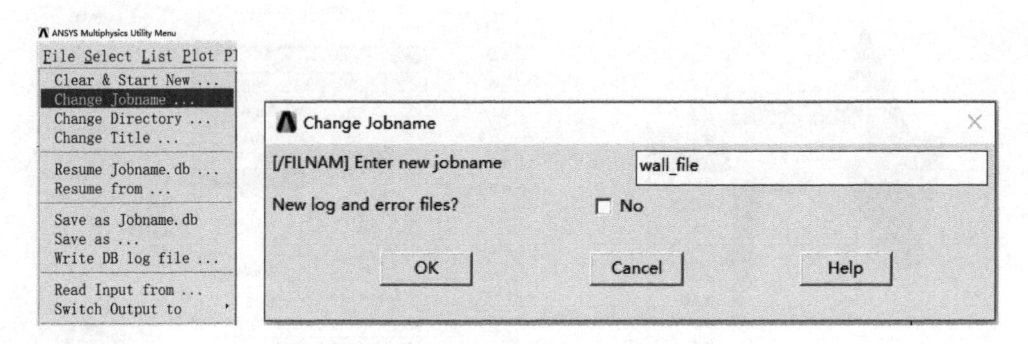

图 11-162 更改项目名称界面

③ 单击“File”，找到下属“Change Directory”，更改文件保存路径至指定的文件夹，如图 11-163 所示。

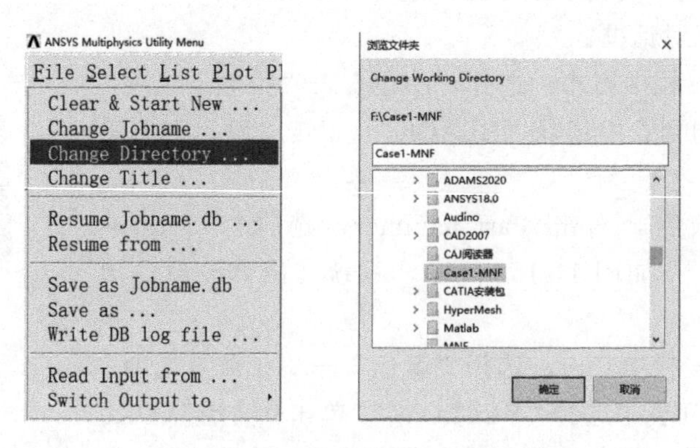

图 11-163 更改项目保存路径界面

④ 单击“File”，找到下属“Change Title”，更改项目标题为指定标题，如图 11-164 所示。

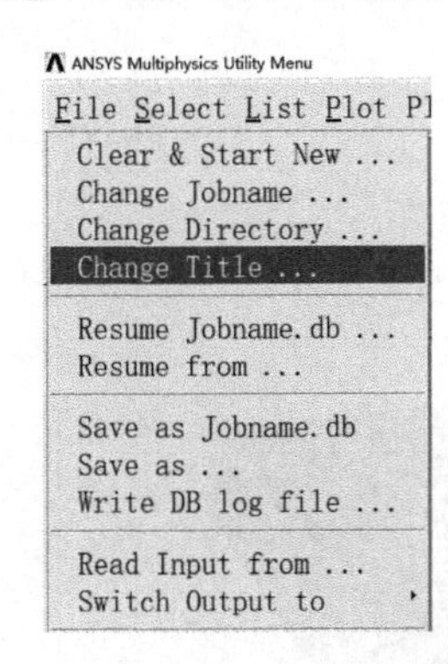

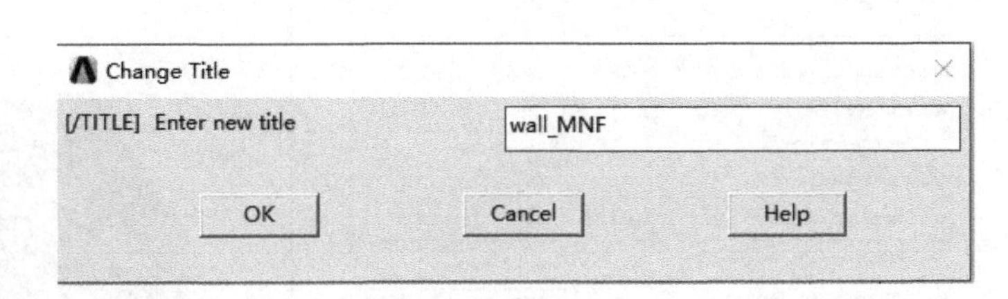

图 11-164　更改项目标题界面

⑤ 单击“File”，找到下属“Import”，选择文件类型为“PARA...”，到指定文件夹选取之前创建保存好的模型，如图 11-165 所示。

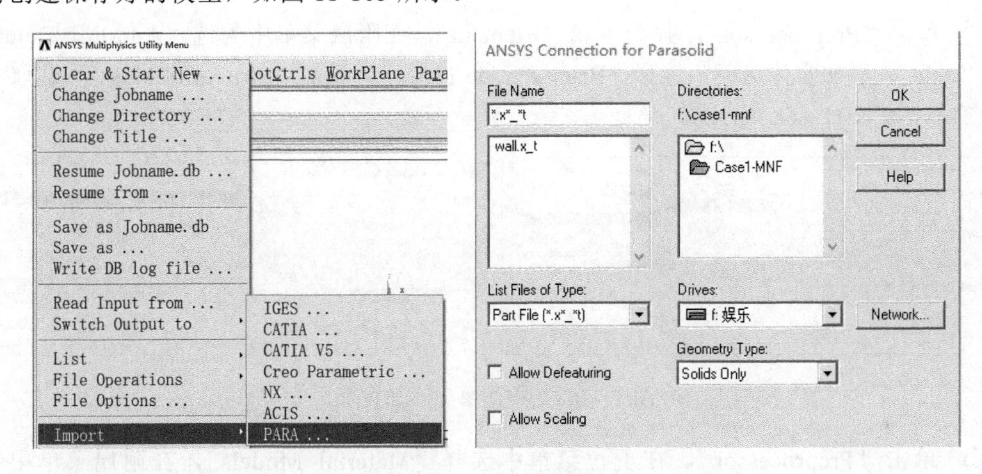

图 11-165　导入模型界面

⑥ 将模型放大至适合屏幕比例，然后点击“PlotCtrls”，在下拉菜单中选择“Style”，在附属菜单中选择“Solid Model Facets”，在显示类型中选择“Normal Faceting”，移动鼠标，模型即以实体的形式显示，如图 11-166 所示。

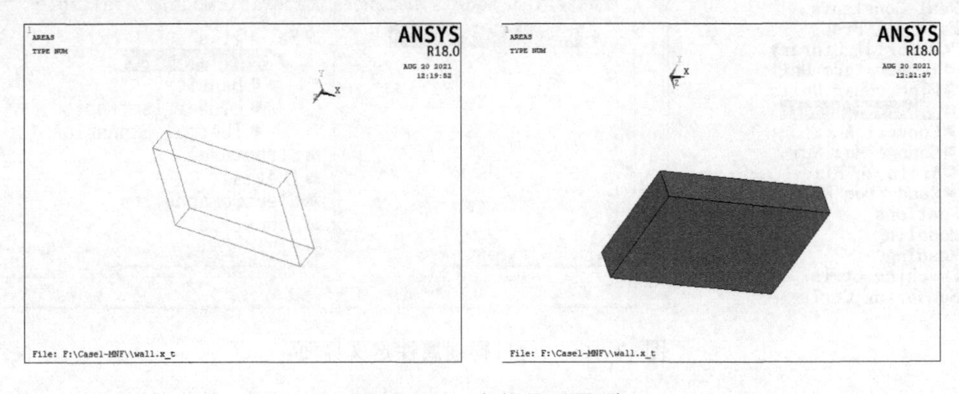

图 11-166　实体显示界面

⑦ 单击“PlotCtrls”，在下拉菜单中选择“Numbering”，在附属菜单中勾选“KP Keypoint numbers”，显示所有节点，如图 11-167 所示。

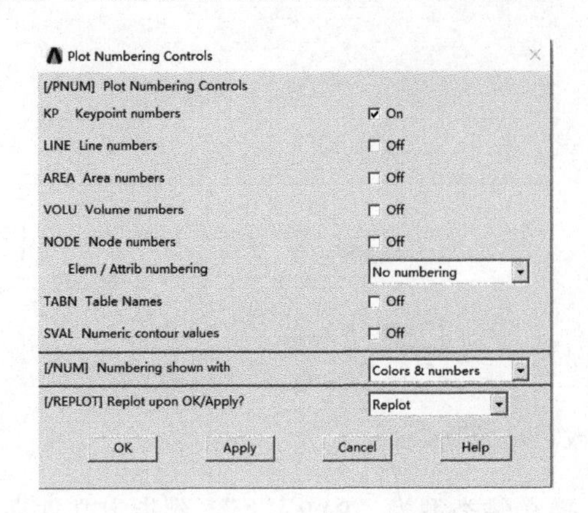

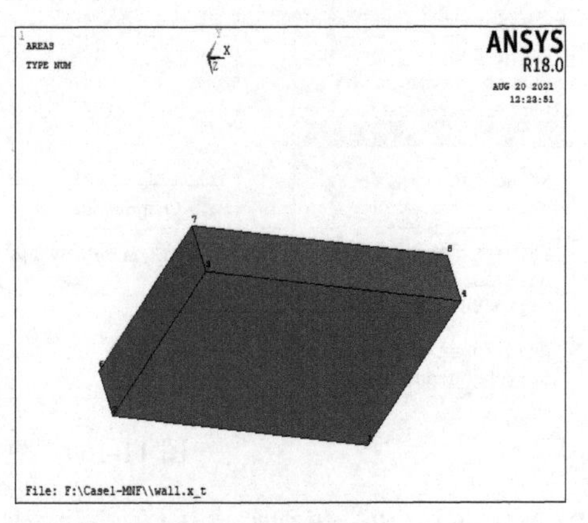

图 11-167　节点显示界面

⑧ 单击“Preprocessor”，找到下属“Element”，在附属菜单中勾选“Add/Edit/Delete”，选择“Add”，添加实体单元，选择“Brick 8 node 185”，再添加“Structural Mass”，选取“3D mass 21”，如图 11-168 所示。

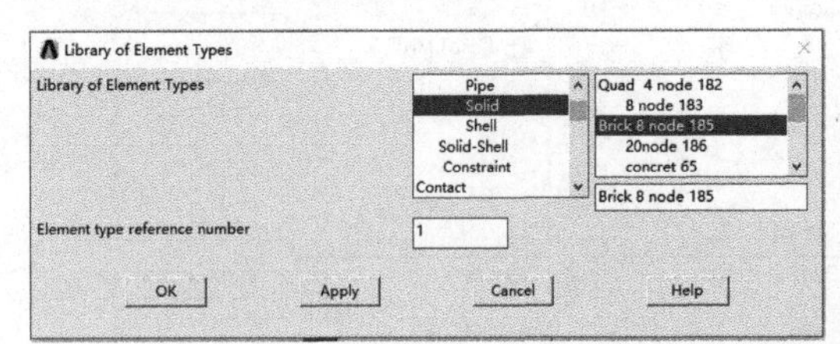

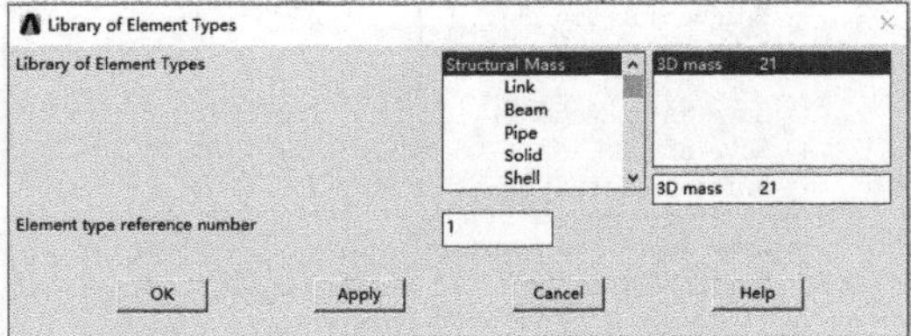

图 11-168　实体单元添加界面

⑨ 单击“Preprocessor”，在下拉菜单中选择“Material Models”，在附属菜单中勾选“Material Model Number”，选取“Favorites”，单击“Linerar Static”，定义密度、弹性模量、泊松比等物理属性，如图 11-169 所示。

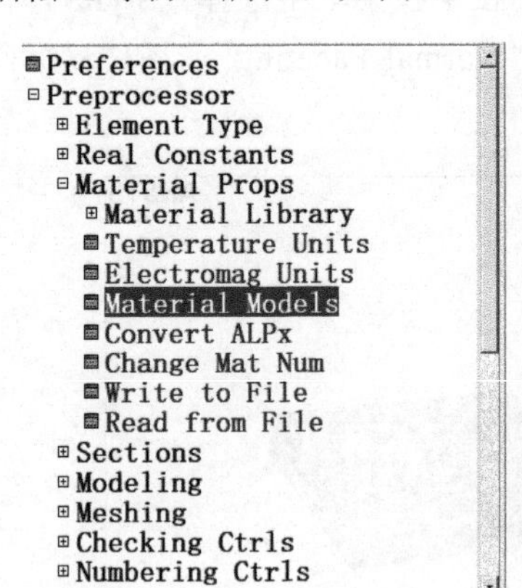

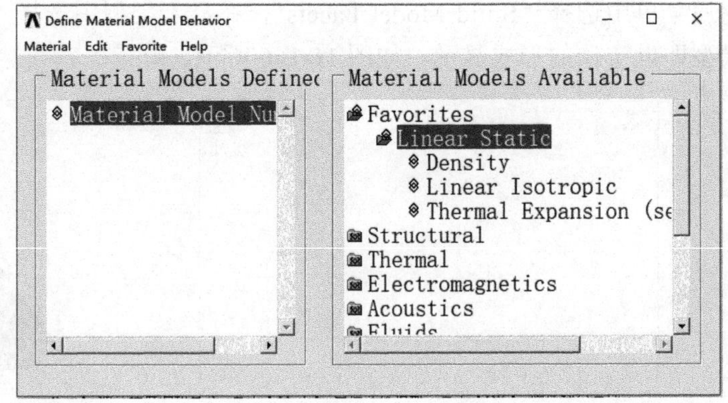

图 11-169　材料物理属性定义界面

⑩ 单击“Preprocessor”，在下拉菜单中选择“Modeling”，找到下属“Create”，选取

“Keypoints”，创建两个端面节点，如图 11-170 所示。

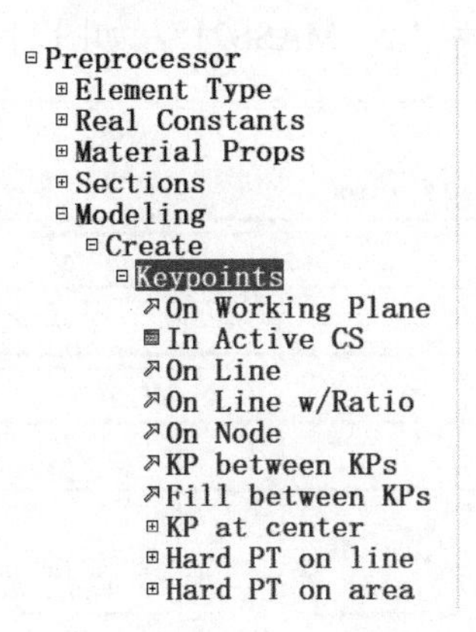

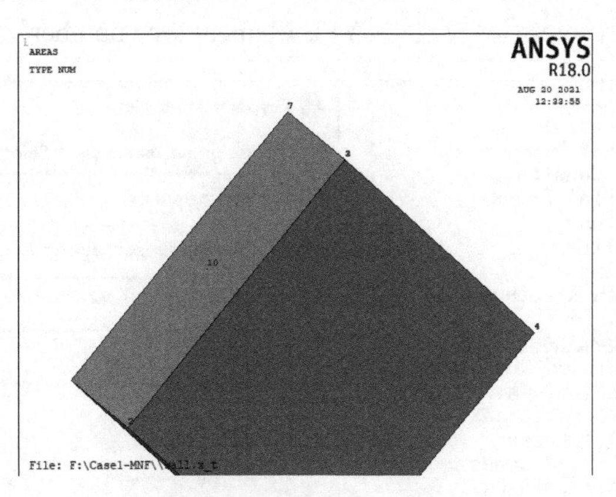

图 11-170　关键节点创建界面

⑪ 单击“Preprocessor”，在下拉菜单中选择“Meshing”，找到下属“Mesh Tool”，勾选“Smart Size”，调节精度滑块至 2，点击“Mesh”，鼠标选择模型，点击“OK”，网格划分完成，如图 11-171 所示。

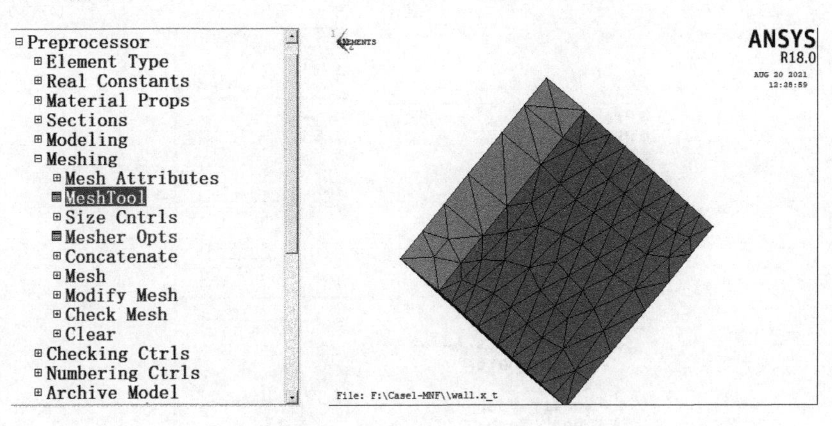

图 11-171　网格划分界面

⑫ 单击“Preprocessor”，在下拉菜单中选择“Real Constants”，找到下属“Add/Edit/Delete”，选择“Add”，添加实常数，如图 11-172 所示。

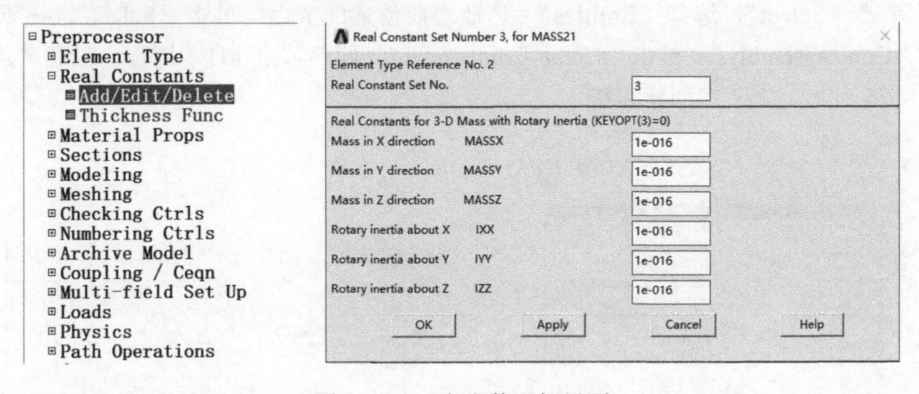

图 11-172　实常数添加界面

⑬ 单击“Preprocessor”，在下拉菜单中选择“Meshing”，找到下属“Mesh Attributes”，选择“All Keypoints”，修改“TYPE Element type number”为“2　MASS21”，如图 11-173 所示。

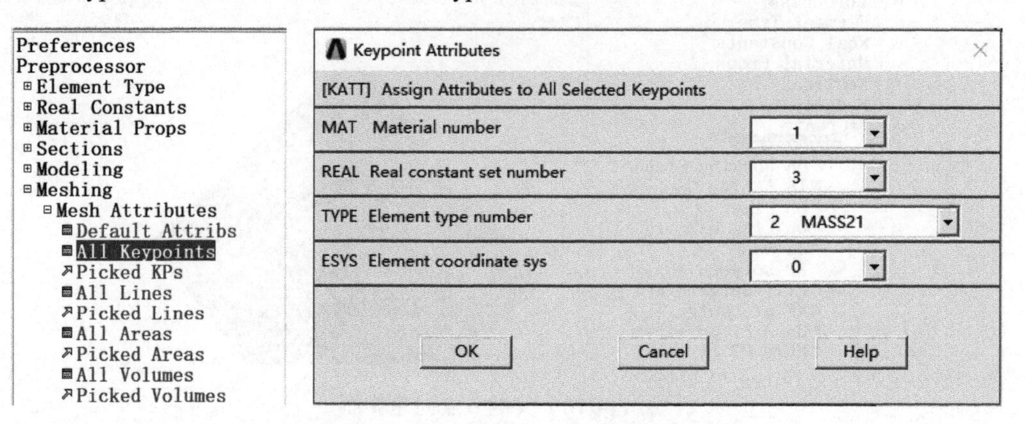

图 11-173　更改实体单元依据界面

⑭ 单击“Preprocessor”，在下拉菜单中选择“Meshing”，找到下属“Mesh Tool”，将网格类型改为“KeyPoints”，选择之前创建的关键节点，完成网格划分，如图 11-174 所示。

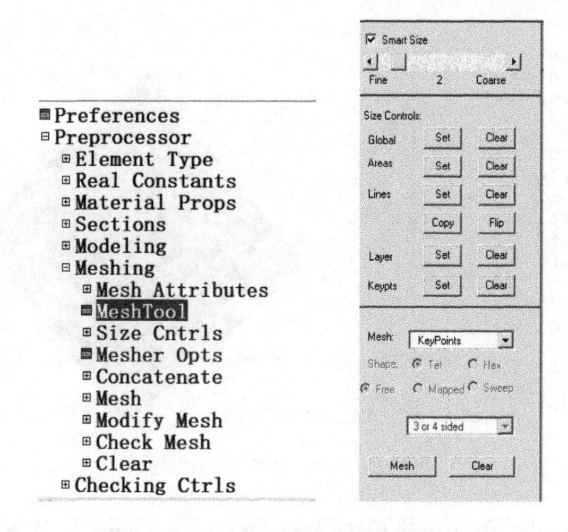

图 11-174　更改网格划分依据界面

⑮ 单击“Select”，选择“Entities”，选取之前创建的节点，单击“Select”，在下拉菜单中选择“Com/Assembly”，单击“Creat Component”，创建节点 M1，同理，创建节点 M2，如图 11-175 所示。主节点创建完毕。

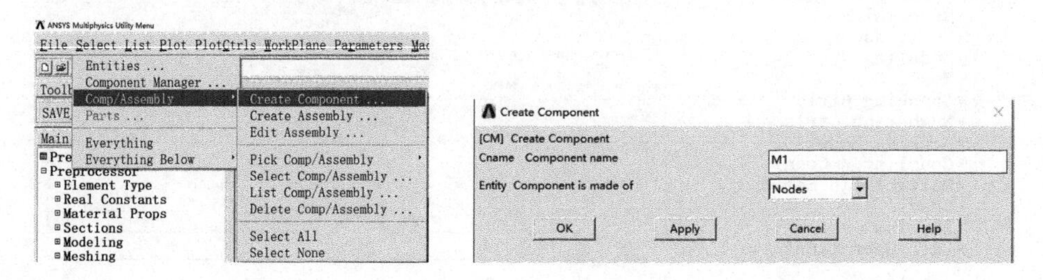

图 11-175　创建组成部件界面

⑯ 单击“Select”，选择“Entities”，将类型更改为“Areas”，选取从节点的附着面，再点击更改类型为“Nodes”，方式为“Attached to”以及“Areas，all”，如图 11-176 所示。单击“Select”，在下拉菜单中选择“Com/Assembly”，单击“Creat Component”，创建附着面 S1。创建完之后，以同样的方式创建附着面 S2。

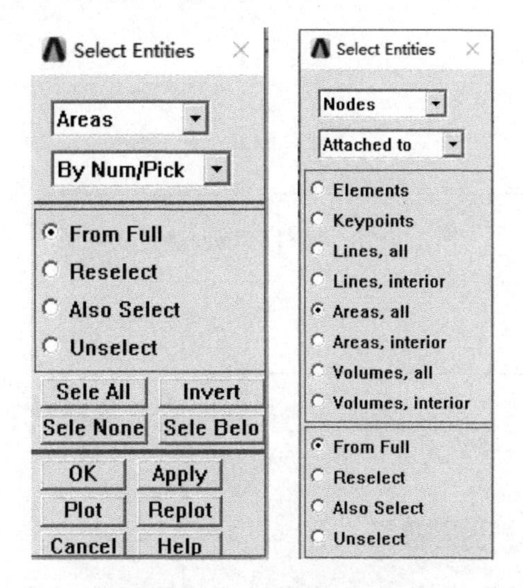

图 11-176　创建附着面界面

⑰ 单击“Select”，选择“Comp/Assembly”，单击“Create Assembly”，创建 MS1、MS2 主从节点的装配体，如图 11-177 所示。

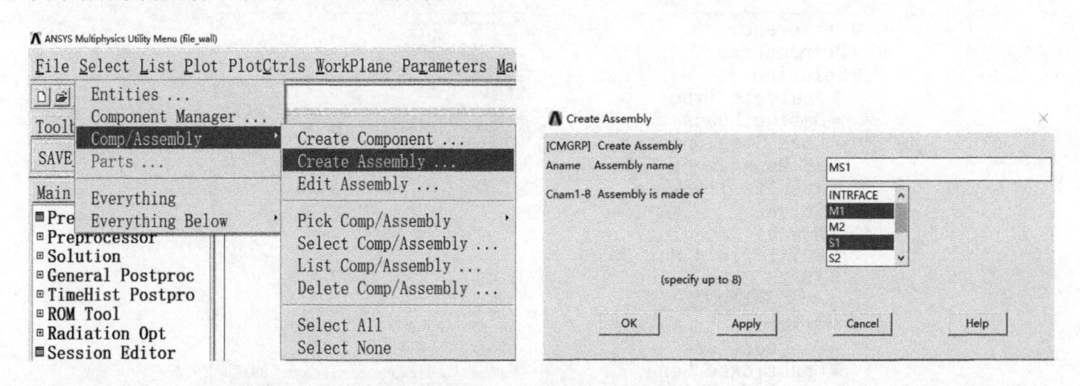

图 11-177　创建装配体界面

⑱ 单击“Preprocessor”，在下拉菜单中选择“Coupling/Ceqn”，找到下属“Rigid Region”，选取主节点，再框选从节点，完成 MS1 刚性区域的创建。同理，可以创建 MS2 刚性区域，如图 11-178 所示。

⑲ 单击“Select”，选择“Comp/Assembly”，单击“Create Assembly”，创建 MS1、MS2 主从节点的总装配体 MS12，单击“Plot”，选取“Nodes”，可以显示装配体 MS12 的主从节点，如图 11-179 所示。

⑳ 单击“Solution”，在下拉菜单中选择“ADAMS Connection”，单击“Export to ADAMS”，选中两个主节点，单位可以自定义，模态阶数保持默认，导出 mnf 文件，如图 11-180 所示。

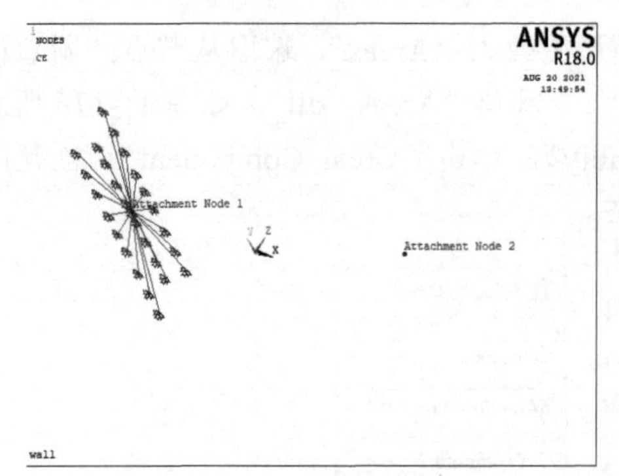

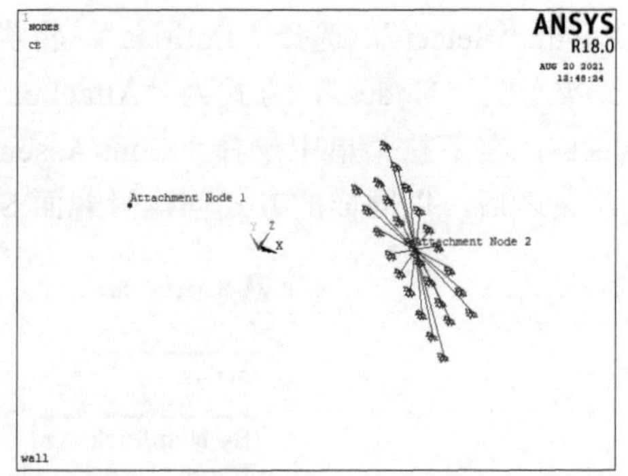

图 11-178　刚性区域创建完成界面

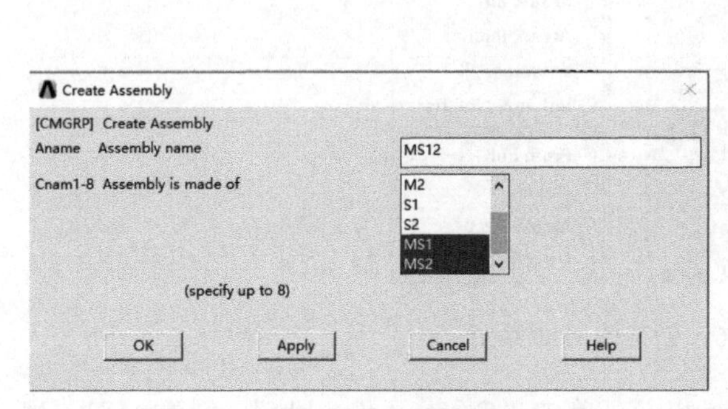

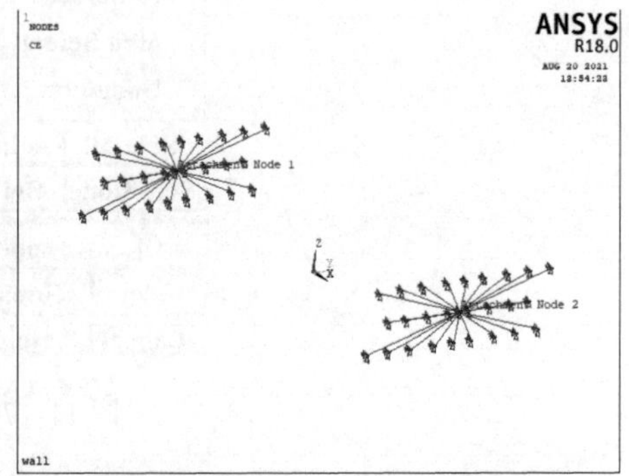

图 11-179　主从节点显示界面

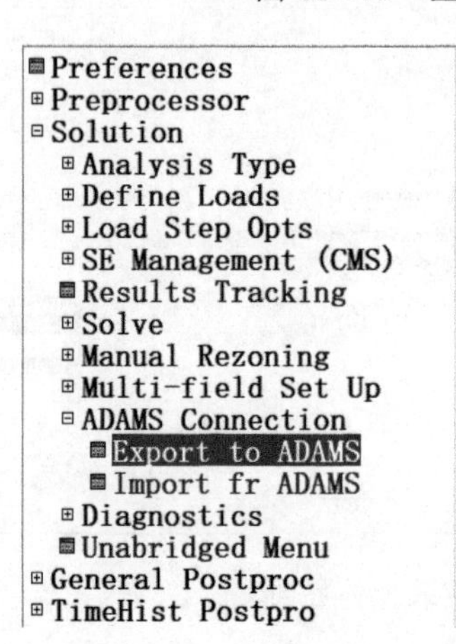

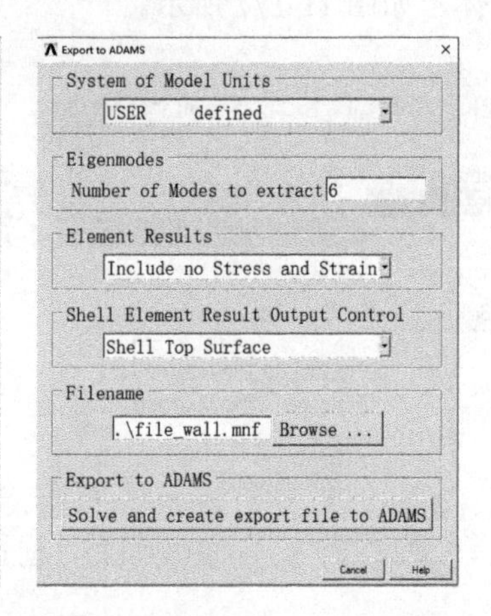

图 11-180　文件导出接口界面

（5）约束的添加

① 对 Part_wall 施加固定副。单击固定副按钮，系统弹出创建固定副对话框，如图 11-181 所示。在“构建方式”（Construction）下选择“2 个物体-1 个位置”（2 Bodies-1 Locations）和“垂直格栅”（Normal To Grid）。分别单击 Part wall 和地面（ground），移动鼠标至 Part _ wall.cm 后单击，系统创建 Part_wall 和地面（ground）之间的固定副。

② 创建平移副。单击平移副按钮，系统弹出创建平移副对话框，如图 11-182 所示。在“构建方式”（Construction）下选择“2 个物体-1 个位置”（2 Bodies-1 Locations）和

“选取几何特性”（Pick Geometry Feature）。分别单击 Part_nail 和地面（ground），移动鼠标，当出现 Part_.nail.cm 时单击，移动鼠标，当箭头指向 X 轴正方向时单击，完成平移副的创建。

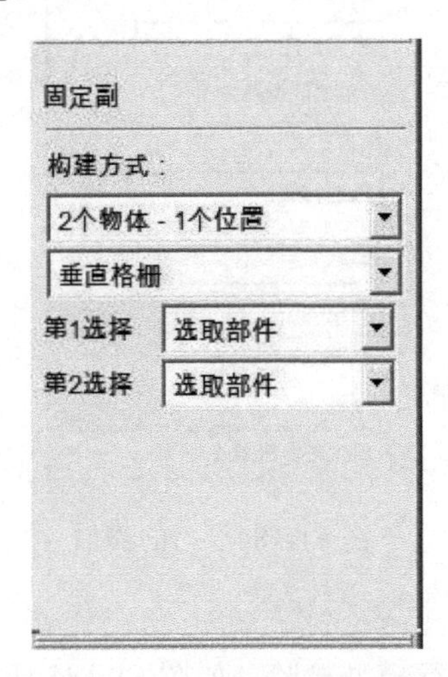

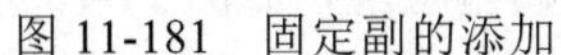

图 11-181　固定副的添加

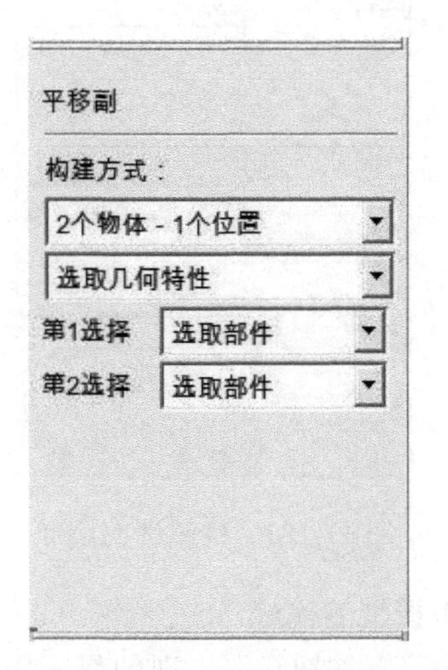

图 11-182　移动副的添加

③ 创建平移副。单击平移副按钮，系统弹出创建平移副对话框。在“构建方式”（Construction）下选择“2 个物体-1 个位置”（2 Bodies-1 Locations）和“选取几何特性”（Pick Geometry Feature）。分别单击 Part _hammer 和地面（ground），移动鼠标，当出现 Part _hammer.cm 时单击，移动鼠标，当箭头指向 X 轴正方向时单击，完成平移副的创建。

④ 创建 Part_wall 和 Part _nail 接触副。单击接触按钮，系统弹出创建接触对话框，在“接触类型”（ContactType）栏中选择“实体对实体”（Solid to Solid）。在“I 实体”（I Solid）栏中右击，选择接触实体（ContactSolid），然后从弹出的列表中单击选取（Pick），移动鼠标到 Part_nail，并单击 Part_nail。在“J 实体”（J Solid）栏中右击，选择接触实体（Contact Solid），然后从弹出的列表中单击选取（Pick），移动鼠标到 Part _wall 并单击。

在“法向力”（Normal Force）下拉列表中选择“碰撞”（Impact），其余选项采用默认设置，单击“确定”（OK）按钮完成接触的创建，如图 11-183 所示。

⑤ 创建 Part_nail 和 Part_hammer 接触副。单击接触副按钮，系统弹出创建接触对话框，在“接触类型”（Contact Type）栏中选择“实体对实体”（Solid to Solid）。在“I 实体”（I Solid）栏中右击，选择“接触实体”（Contact Solid），然后从弹出的列表中点“选取”（Pick），移动鼠标到 Part_nail 并单击。在“J 实体”（J Solid）栏中右击，选择“接触实体”（Contact Solid），然后从弹出的列表中点“选取”（Pick），移动鼠标到 Part_hammer 并单击。

在“法向力”（Normal Force）下拉列表中选择“碰撞”（Impact），其余选项采用默认设置，单击“确定”（OK）按钮完成接触的创建。

（6）载荷的添加

① 施加力。单击力按钮，系统弹出创建力对话框，如图 11-184 所示。在创建力对话框中勾选“力”（Force）复选框，并在其后的文本框中输入“20”。

② 选择 Part _hammer，移动鼠标，当指针指向 Part_hammer 时单击，继续移动鼠标，当鼠标指针指向轴线正方向时单击，完成单向力的创建。

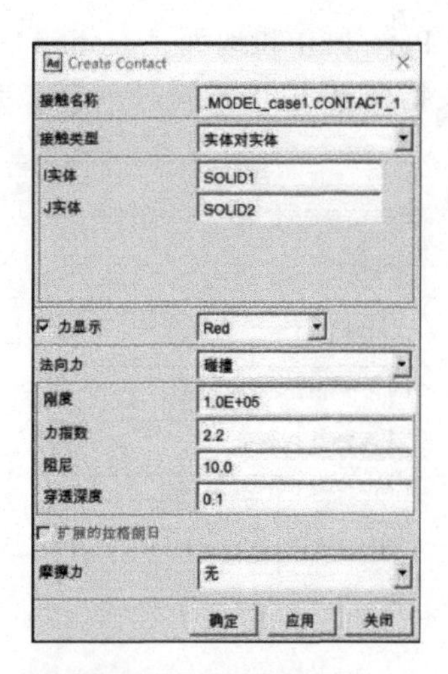

图 11-183　接触副的添加

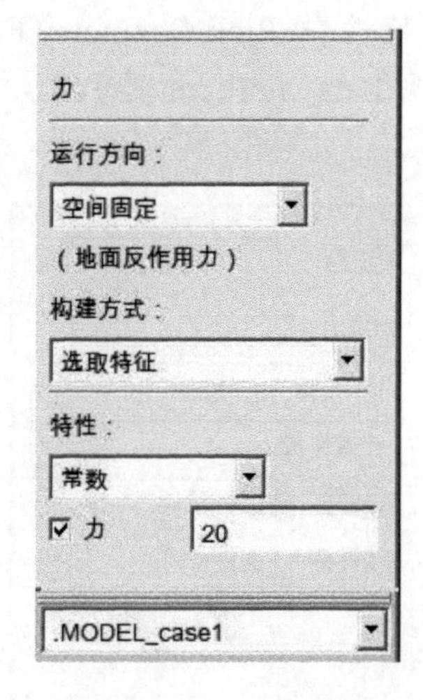

图 11-184　力的添加

（7）模型的检验

点击仿真按钮，在出现的界面中点击后面的☑，进行模型检验，如图 11-185 所示，模型检验信息界面如图 11-186 所示。

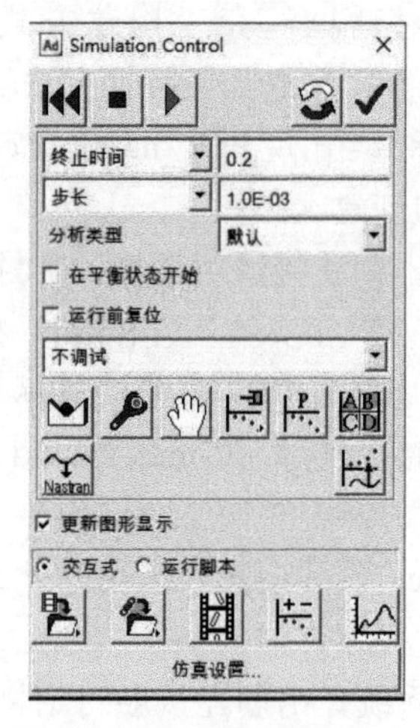

图 11-185　模型检验按钮

```
Information
应用  父类  子类  修改  详细  6 Levels  清除  读取文件  保存到文件  关闭

验证模型 .MODEL_case1

   2 Gruebler 数 (近似自由度)
   3 移动部件 (不包括地面)
   2 Translational Joints
   1 Fixed Joints

   7 自由度关于 .MODEL_case1

有 5 个过约束方程。

   这个约束:                                      不必移除此DOF:

   .MODEL_case1.JOINT_4  (Translational Joint)   Rotation Between Zi & Xj
   .MODEL_case1.JOINT_4  (Translational Joint)   Rotation Between Xi & Yj
   .MODEL_case1.JOINT_1  (Fixed Joint)           Rotation Between Zi & Xj
   .MODEL_case1.JOINT_1  (Fixed Joint)           Rotation Between Zi & Yj
   .MODEL_case1.JOINT_1  (Fixed Joint)           Rotation Between Xi & Yj

模型验证正确
```

图 11-186　模型检验信息界面

（8）仿真界面设置

单击仿真按钮，系统弹出“Simulation Control”（仿真控制）对话框，将终止时间设置为“0.1”、步长设置为“0.001”，如图 11-187 所示。单击开始仿真按钮，系统开始仿真。

（9）柔性体的替换与编辑

① 柔性体替换刚性体。单击按钮，系统弹出导入柔性体对话框，如图 11-188 所示，在对话框的 MNF 栏中右击，找到存储柔性体的文件，双击选中，然后单击“确定”（OK）按钮完成柔性体的导入。

② 将柔性体与缸体质心对齐，或者启动精确移动对话框，移动旋转柔性体。弹出旋转和平移对话框，如图 11-189 所示。在“柔性体”（flexible body）后右击，再单击“选取”（Pick），移动鼠标选择柔性体。

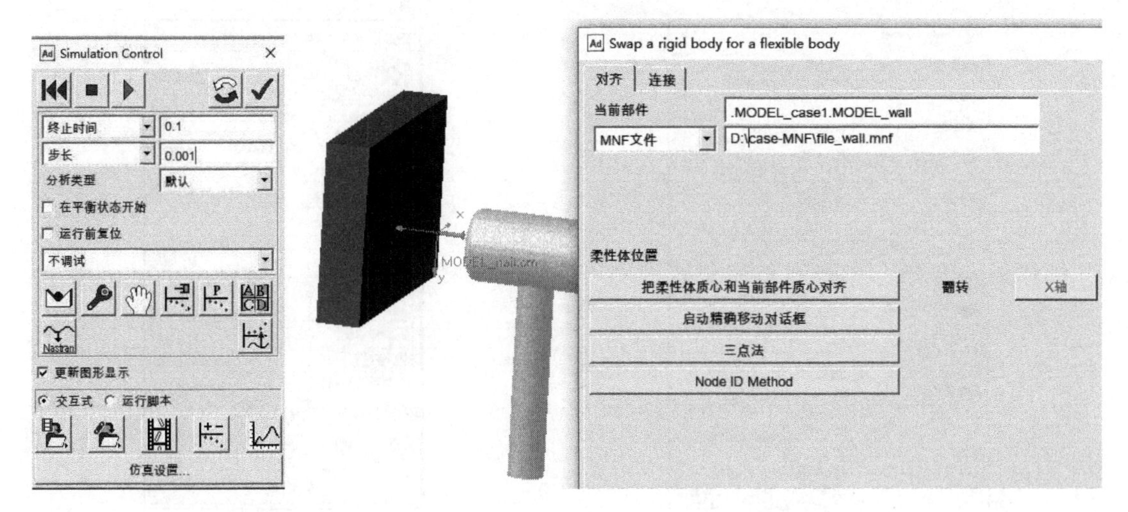

图 11-187　仿真设置界面　　　　图 11-188　柔性体的替换

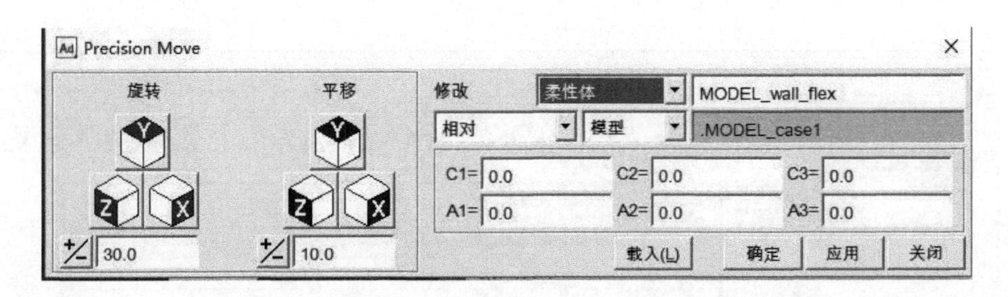

图 11-189　精确移动命令框

③ 删除刚性体。右击“Part_wall”，在弹出的菜单中单击删除（Delete）按钮完成刚性体的删除。

④ 固定柔性体。单击固定副按钮，系统弹出“固定副”对话框。单击柔性体，再单击地面，然后找到柔性体并单击，完成固定副的创建。

⑤ 创建刚柔接触。单击“接触”按钮，系统弹出创建接触对话框，如图 11-190 所示。

在对话框的“接触类型”（Contact Type）下拉列表中选择“柔性体对刚体”（Flex Body to Solid），在“I 柔性体”（I Flexible Body）栏中右击，单击“选取”（Pick），移动鼠标选择柔性体。在“J 实体”（J Solid）栏中右击，单击“选取”（Pick），移动鼠标选择 Part_nail。

⑥ 勾选“力显示”复选框，并从下拉列表中选择“Red”。在“法向力”下拉列表中选择“碰撞”，其余选项采用默认设置。单击“确定”按钮完成接触的定义。

（10）仿真计算

单击仿真按钮，系统弹出仿真控制对话框，将仿真时间设置为 0.2s、仿真步长设置为 0.001s，如图 11-191 所示。单击开始仿真按钮，系统开始仿真。

（11）后处理

查看仿真结果。单击后处理按钮，系统打开后处理窗口。在后处理窗口的仿真下，在结果集中先后选择“CONTACT_1”与“CONTACT_2”，在分量栏中，选择 *Z* 向分量，然后选中“浏览”复选框，显示如图 11-192 所示的 *Z* 方向的接触力。

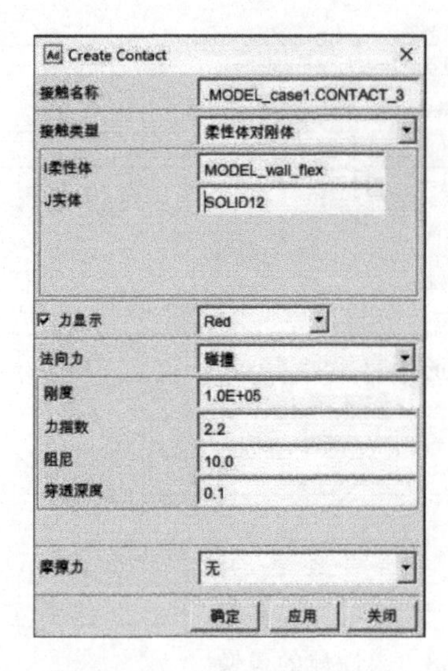

图 11-190　刚柔接触对话框

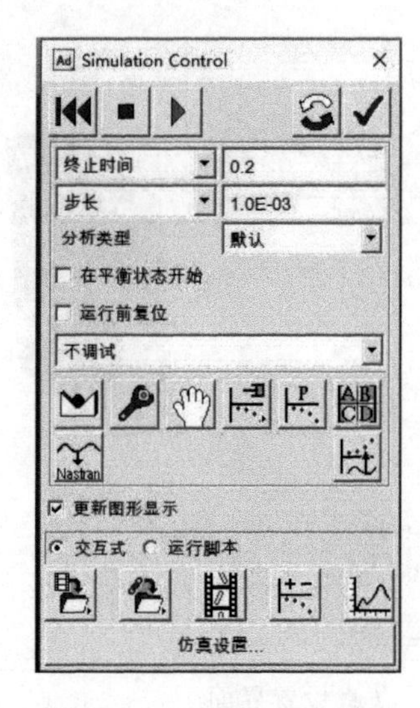

图 11-191　开始仿真界面

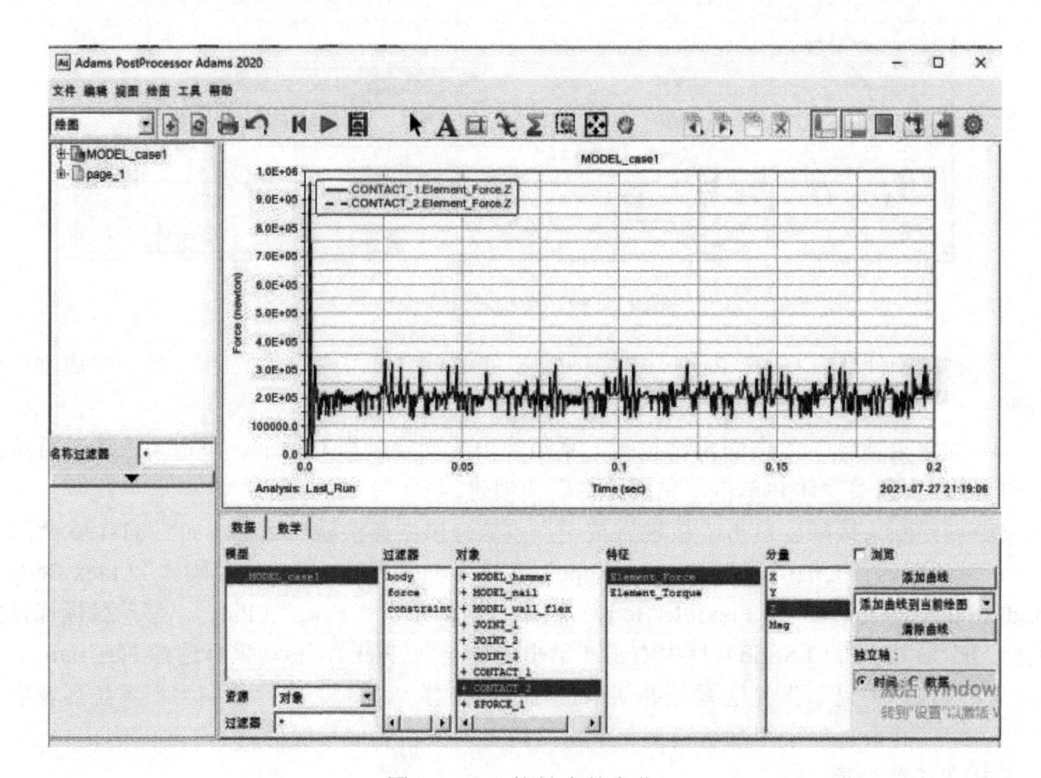

图 11-192　接触力的变化

11.4.2　连杆结构动力学仿真

本节主要以一个实例演示刚柔耦合系统的分析过程，因此将连杆系统简化为如图 11-193 所示只包含曲柄、连杆以及滑块的简单系统。

由于系统中曲柄与滑块都是刚性体，因此将连杆构件当作柔性化构件，故该连杆系统可以被视为一个刚柔耦合系统。

连杆系统的工作过程如下：曲柄以指定角速度逆时针转动；曲柄与连杆产生接触；连杆在曲柄的作用下产生转动；连杆与滑块产生接触；滑块在连杆的作用下产生水平移动。

根据实际情况，由于曲柄与连杆以及连杆与滑块之间的连接副存在间隙，在转动的同时可能产生摆动。

本例将通过刚柔耦合的仿真分析，得到在上述敲击过程中，滑块的位移、速度、加速度，以及连杆和滑块之间的接触力。

上述连杆系统中，重点考察的是滑块的位移、速度、加速度，以及连杆和滑块之间的接触力。首先需要建立曲柄、连杆、滑块模型，滑块相对于地面水平方向的平移。在此基础上，首先构造滑块的运动轨迹与运动速度，设置连杆和滑块之间的接触力模型参数；其次在滑块的适当位置设置测量点，跟踪该点的运动参数。最终的连杆系统模型如图 11-194 所示。

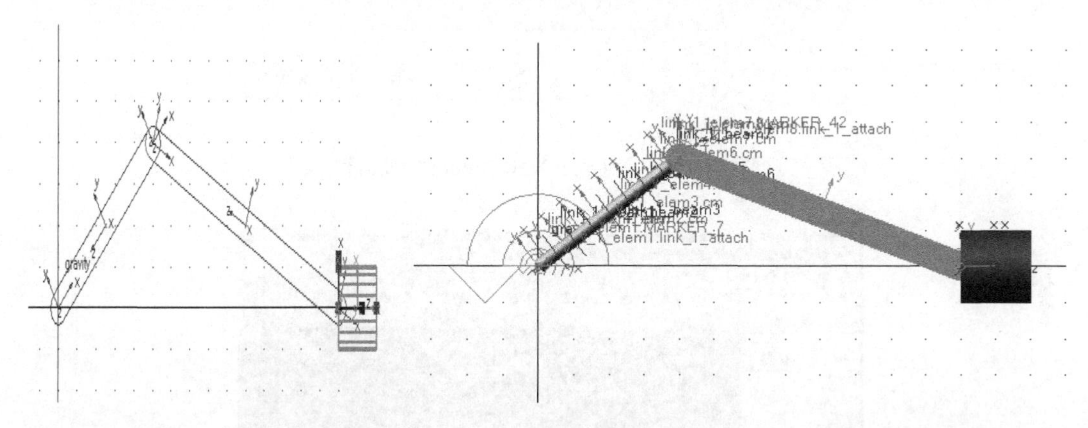

图 11-193　曲柄、连杆、滑块系统　　　　图 11-194　曲柄、连杆、滑块完整系统

（1）创建模型

① 打开 ADAMS 2020，开始界面如图 11-195 所示，单击“新建模型”，弹出如图 11-196 所示的“Creat New Model”对话框。将模型名称修改为“MODEL_1”，设置好工作路径后，单击“确定”，进入 ADAMS 2020 主界面，如图 11-197 所示。

图 11-195　ADAMS 2020 开始界面

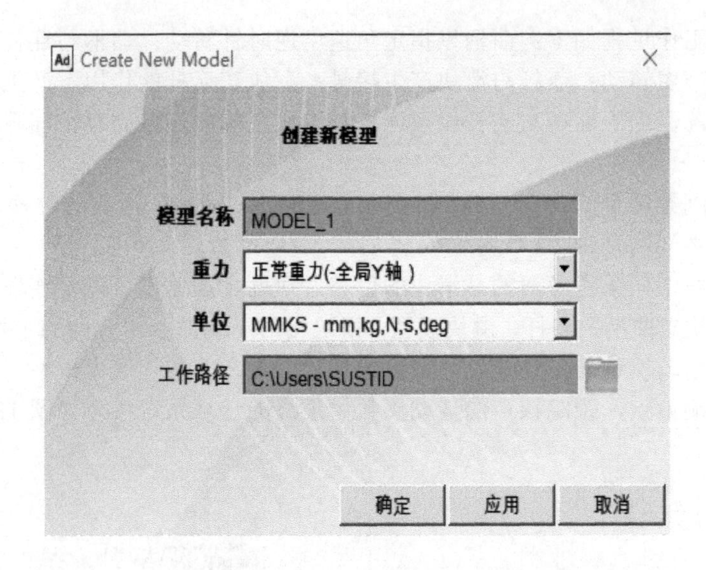

图 11-196　“Creat New Model”对话框

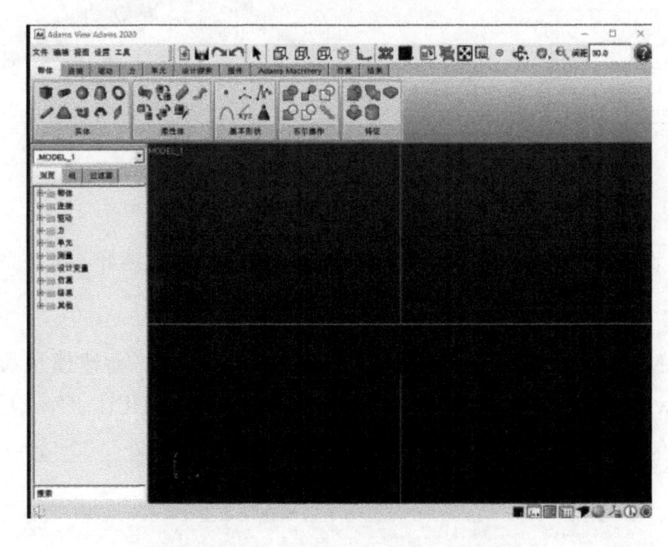

图 11-197　ADAMS 2020 主界面

② 创建连杆 PART_2。在菜单栏中单击“视图”（View），从列表中选择坐标窗口（Coordinate Window），如图 11-198 所示，或者直接按 F4 键打开系统捕捉工具。

③ 单击连杆图标，系统弹出创建连杆对话框，如图 11-199 所示。在创建连杆对话框中选中“宽度”并输入 4.0cm，选中“深度”并输入 2.0cm，移动鼠标单击（0，0，0），再移动鼠标单击（200，150，0），创建连杆 PART 2，如图 11-200 所示。

④ 创建连杆 PART 3。单击连杆图标，系统弹出“连杆”对话框，如图 11-201 所示。在创建连杆对话框中选中“宽度”并输入 4.0cm，选中“深度”并输入 2.0cm，移动鼠标单击（200，150，0），再移动鼠标单击（600，0，0），创建连杆 PART_3，如图 11-202 所示。

⑤ 创建圆柱 PART_4。单击圆柱图标，系统弹出“圆柱”对话框，如图 11-203 所示。在创建圆柱对话框中选中“半径”并输入 5.0cm，移动鼠标单击（600，0，0），再移动鼠标单击（750，0，0），创建圆柱 PART_4，如图 11-204 所示。

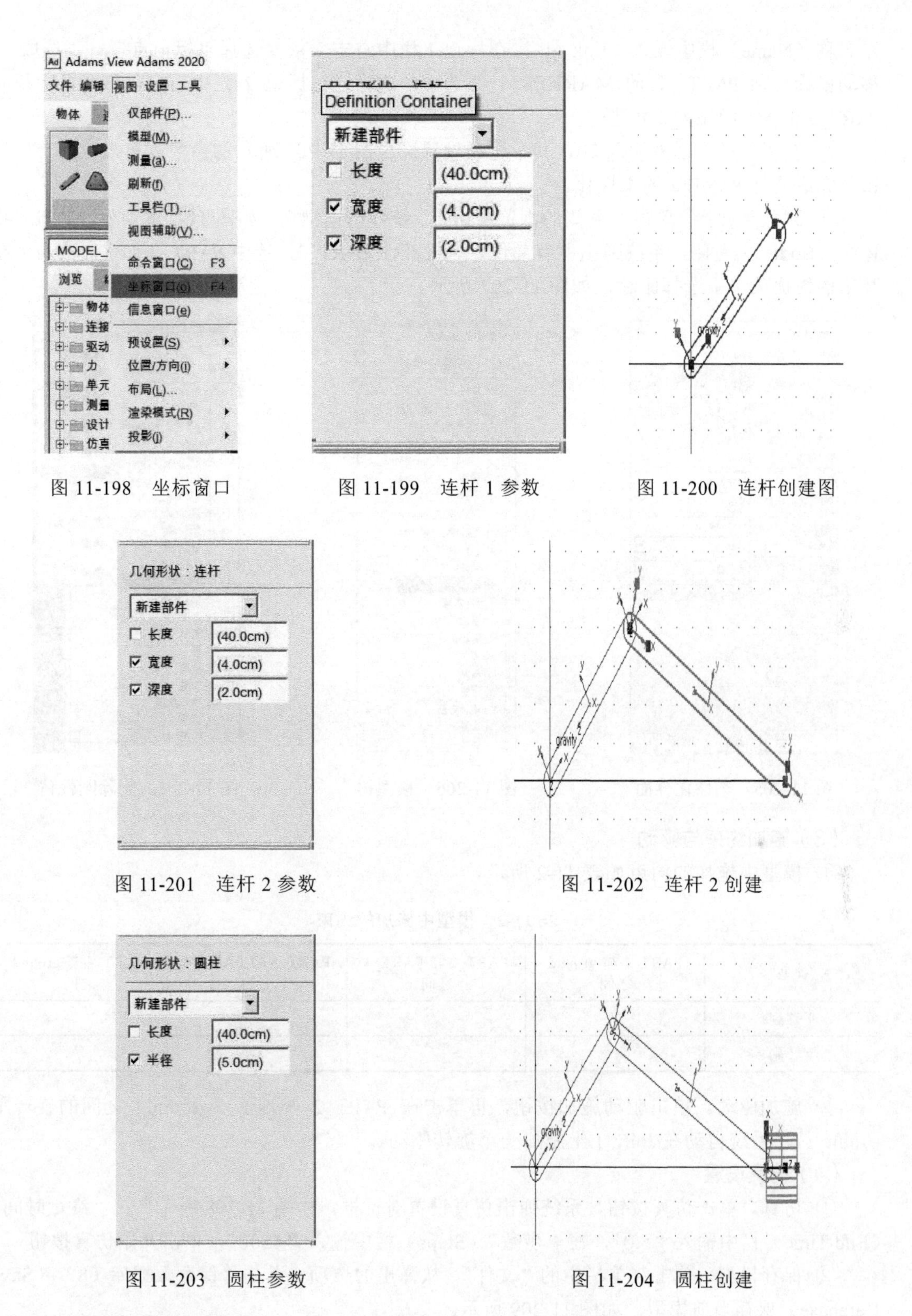

图 11-198　坐标窗口

图 11-199　连杆 1 参数

图 11-200　连杆创建图

图 11-201　连杆 2 参数

图 11-202　连杆 2 创建

图 11-203　圆柱参数

图 11-204　圆柱创建

（2）柔性化连杆机构

① 柔性化连杆 PART_2。单击柔性按钮，系统弹出“柔性化”对话框，如图 11-205 所示。

在名称（Name）栏中输入“link _1”，在标记 1 栏中右击，依次选择“标记点”—“选取”，移动鼠标找到 PART _2 的 MARKER_1 并选中，同样，在标记 2 栏中右击，移动鼠标找到 PART_2 的 MARKER_2 并选中。

② 在“直径”栏中输入 20，其余选项设置采用图 11-205 所示的参数，单击“确定”按钮，完成连杆 PART_2 的柔性化。

③ 删除刚性体。单击左上侧的浏览按钮，系统弹出模型树，如图 11-206 所示。单击“物体”（Bodies）左侧，系统弹出所有部件，单击部件 PART_2，选中 PART_2 部件，右击，在弹出的快捷菜单中选择删除，如图 11-207 所示。

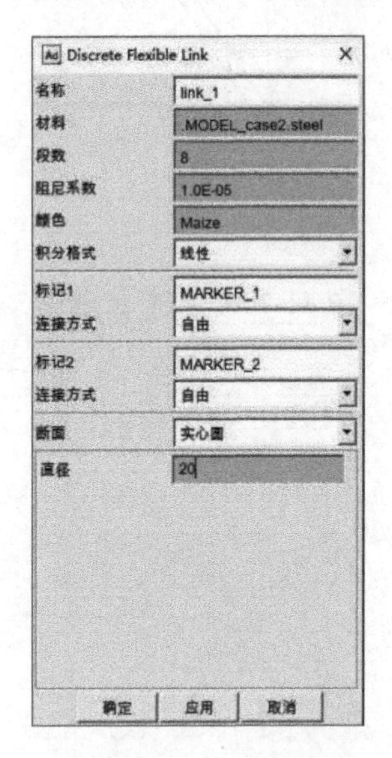

图 11-205　柔性化界面

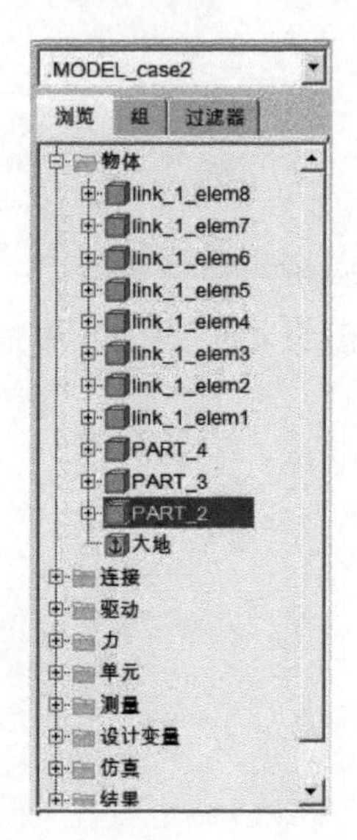

图 11-206　模型树

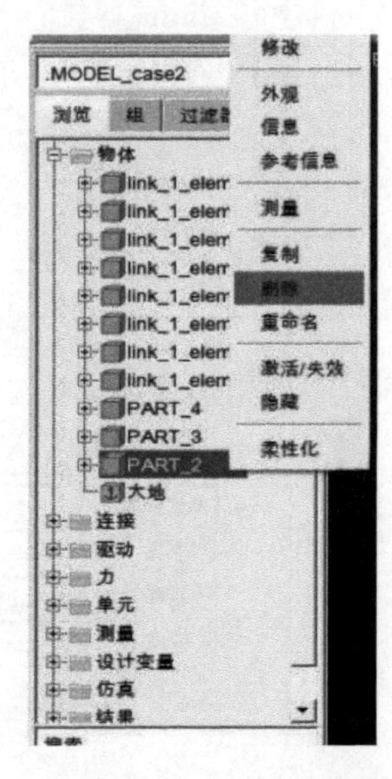

图 11-207　删除刚性体

（3）施加约束与驱动

① 模型中施加的约束如表 11-2 所示。

表 11-2　模型中施加的约束

类型	PART_2 与 ground 之间	PART_2 与 PART_3 之间	PART_3 与 PART_4 之间	PART_4 与 ground 之间
平移副	√	√	√	
旋转副				√

② 施加驱动。单击驱动施加按钮，再单击在 PART_2 与地面（ground）之间的旋转副（Joint_1），系统自动在 Joint 1 上施加一个旋转驱动。

（4）仿真设置

① 仿真。单击仿真按钮，系统弹出仿真设置对话框，如图 11-208 所示。在“终止时间”（End Time）栏中输入“5.0”，在“步数”（Steps）栏中输入“1500”，单击开始仿真按钮。

② 保存模型。单击菜单栏中的“文件”，从弹出的选项中单击“保存数据库（S）”（Save Datebase）保存当前模型，如图 11-209 所示。

③ 点击仿真设置界面的对号，进行模型的检验，检验结果如图 11-210 所示。

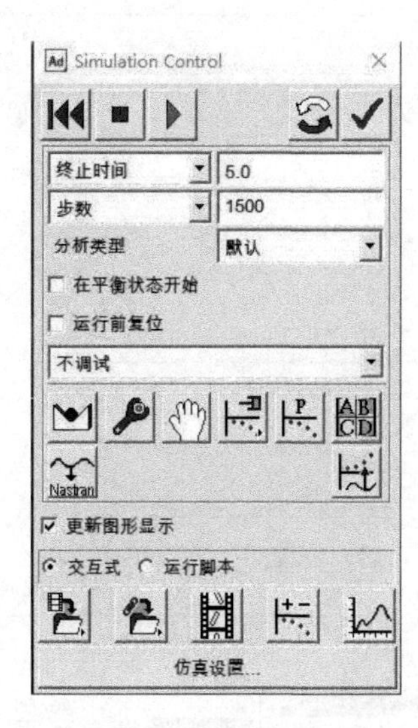

图 11-208　仿真设置界面

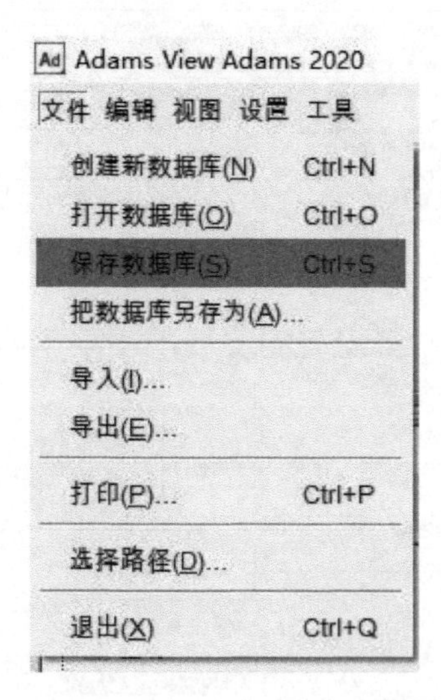

图 11-209　文件保存界面

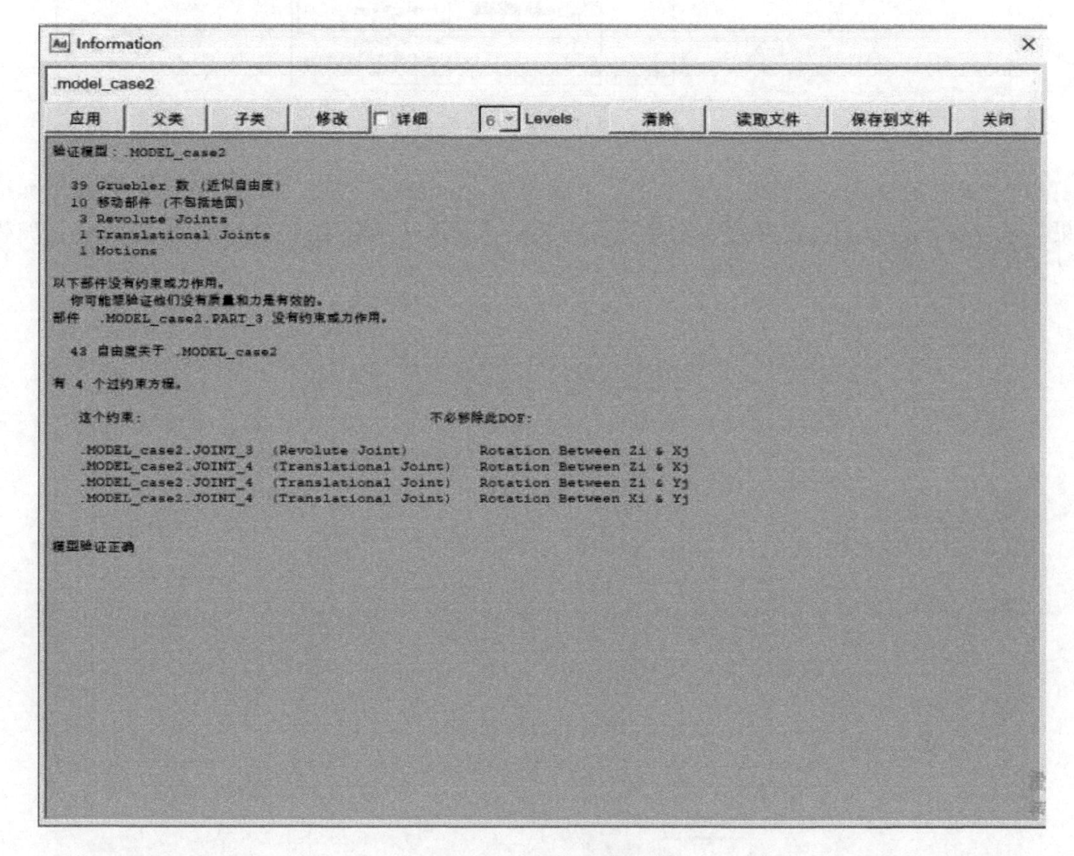

图 11-210　模型检验结果

（5）仿真后处理

① 查看仿真结果。单击后处理按钮，进入后处理。在后处理中查看 PART_3 的位移图，如图 11-211 所示。

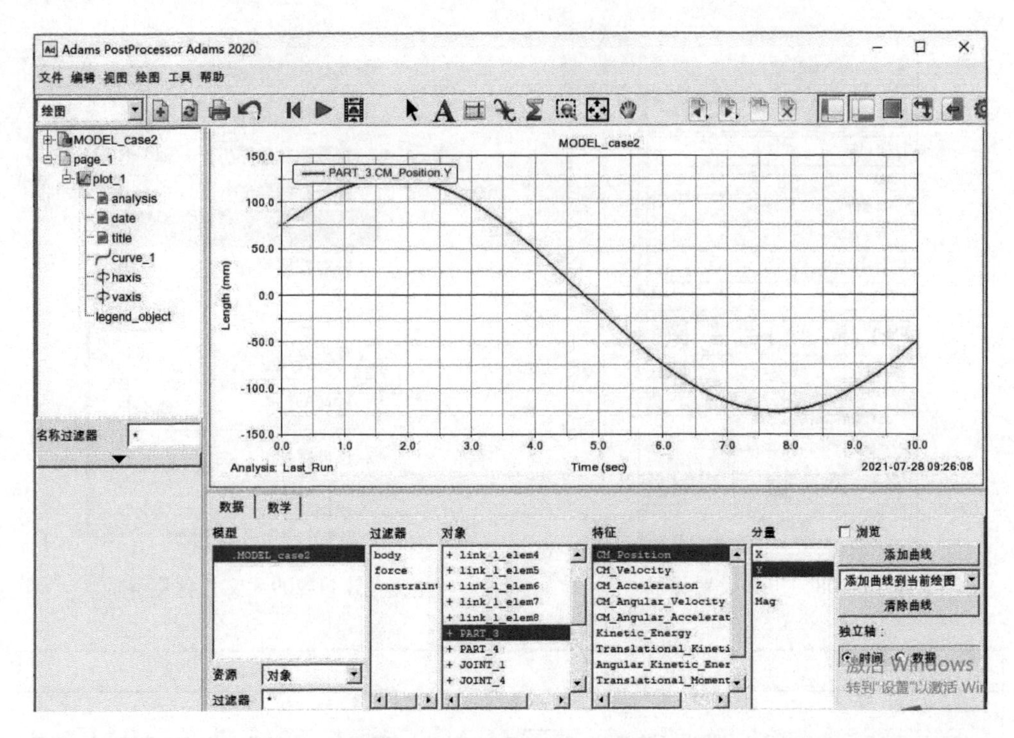

图 11-211　PART_3 位移图

② 查看运行轨迹。在左上角框中单击动画（Animation）项，系统进入动态回放仿真结果显示界面，如图 11-212 所示。在界面空白处右击，选择加载动画（Load Animation），加载动态仿真，如图 11-213 所示。

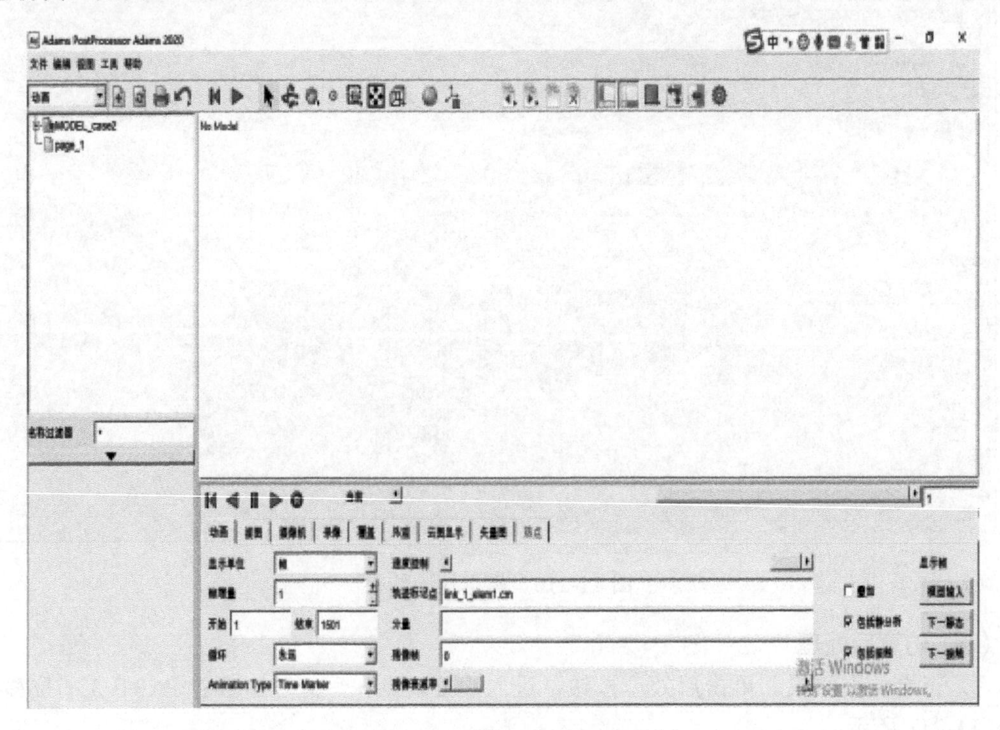

图 11-212　动画加载选项

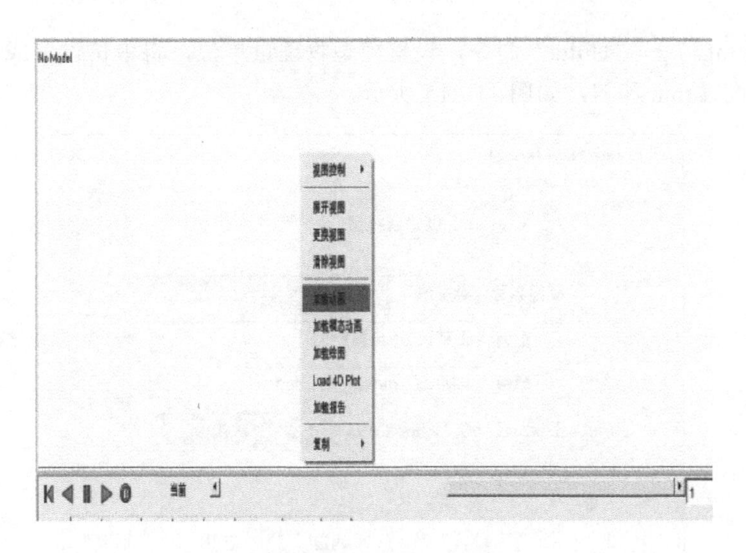

图 11-213　动画加载操作

③ 在空白区域的下侧“轨迹标记点”（Trace Marker）栏中输入“link_1_elem1.cm”，以查看 link_1_elem8 的运行轨迹。运行轨迹如图 11-214 所示。

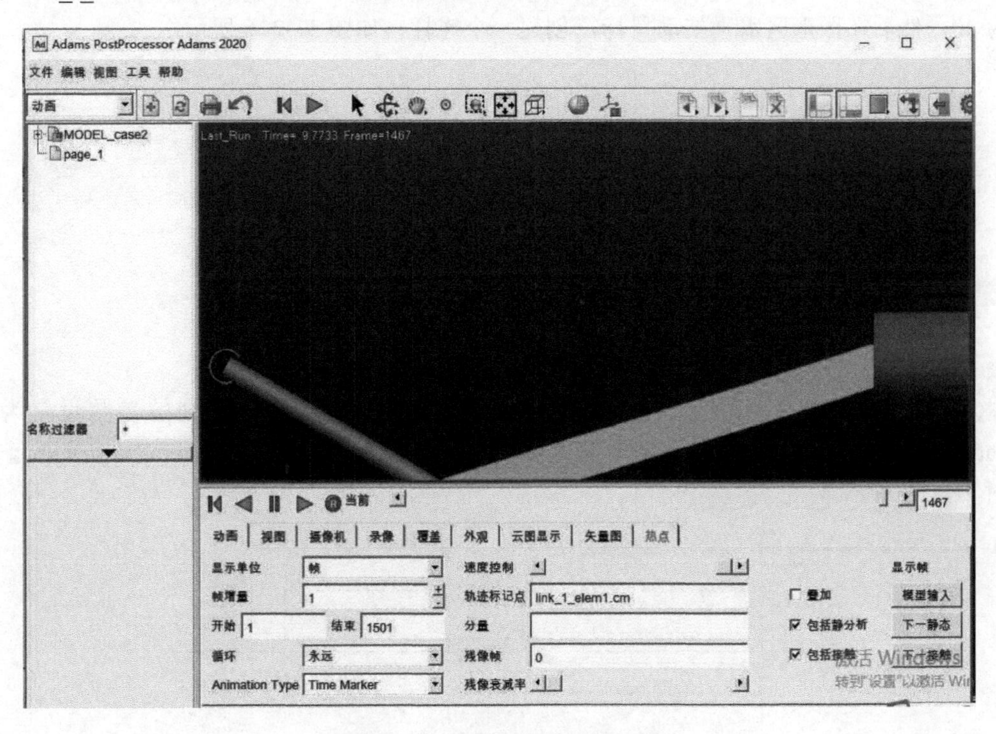

图 11-214　离散化连杆轨迹图

11.5　偏心连杆机电联合仿真

（1）创建机械系统模型

① 设置单位　启动 ADAMS/View，选择新模型，在模型名称中输入“MODEL_1”。选

择菜单栏“Settings”—“Units”命令，设置模型物理量单位，将单位设置成 MMKS，长度和力的单位设置成 mm 和 N，如图 11-215 所示。

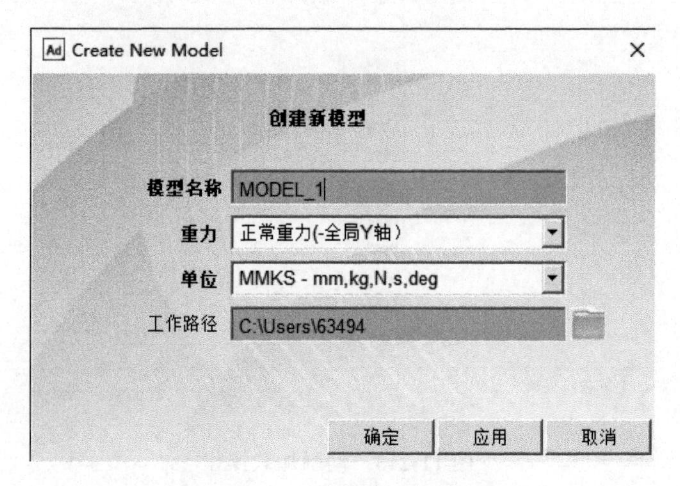

图 11-215　设置模型物理单位

② 创建连杆　单击几何工具包中的连杆按钮，将连杆长度设置为 400，宽度为 20，深度为 20，然后在图形区水平拖动鼠标，创建一个连杆，如图 11-216 所示。

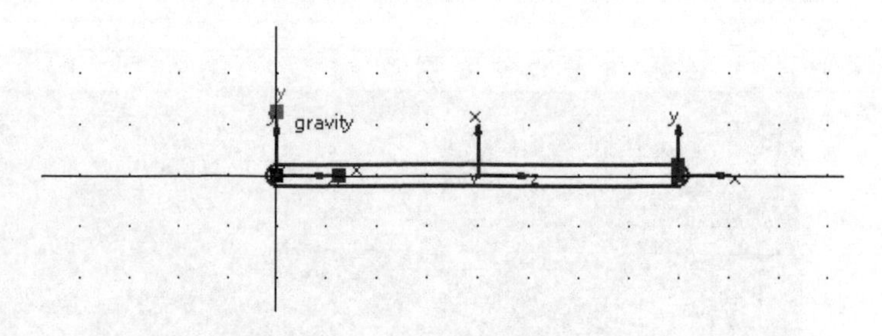

图 11-216　创建连杆

③ 创建旋转副　单击运动副工具包中的旋转副按钮，将旋转副的参数设置为“1 Location”和“Normal to gird”，单击连杆质心处的“Marker”点，将连杆和大地关联起来，如图 11-217 所示。

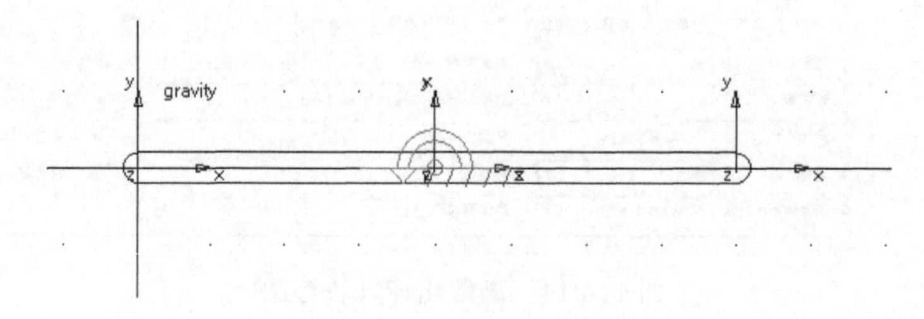

图 11-217　创建旋转副

④ 创建球体　单击几何工具包中的球体按钮，将球体的选项设置为“Add to Part”，半径设置为 20，然后在图形区单击连杆，再单击连杆右侧处的 “Marker”点，将球体加入连杆上，如图 11-218 所示。此时连杆的质心产生了移动。

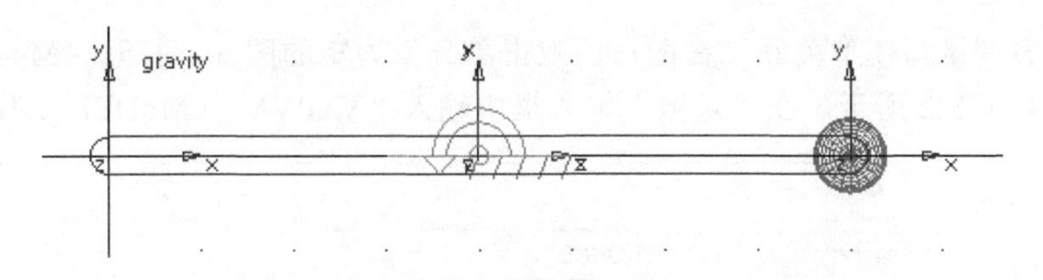

图 11-218　创建球体

⑤ 创建单分量力矩　单击载荷工具包中的单分量力矩按钮，将单分量力矩的选项设置为“空间固定”和“垂直于格栅”，将“特性”设置为“常数”，勾选“力矩”并输入“0”，然后在图形区单击连杆，再单击连杆左侧的 Marker 点，在连杆上创建一个单分量力矩，如图 11-219 和图 11-220 所示。

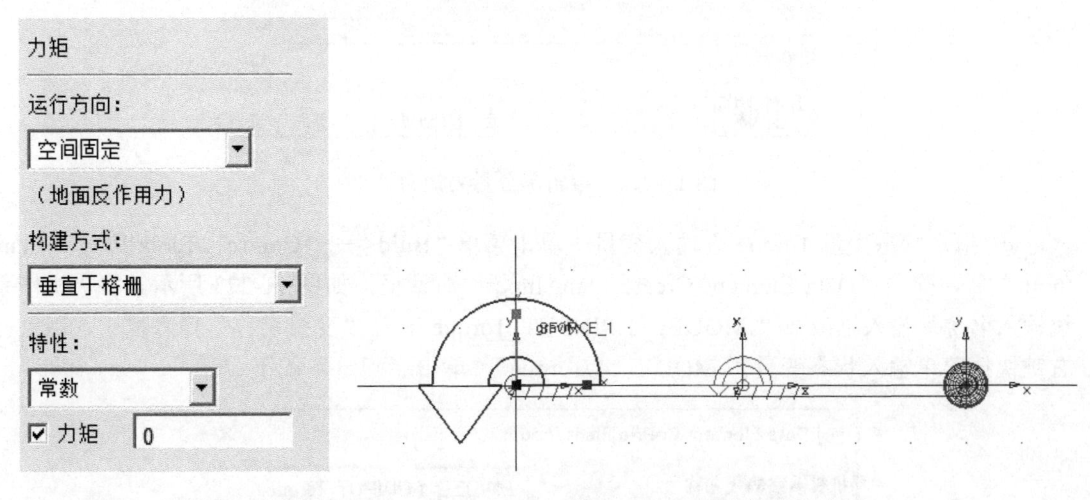

图 11-219　“力矩”对话框　　　　图 11-220　创建单分量力矩

⑥ 创建输入状态变量　单击菜单“Build”—“System Elements”—“State Variable”—“New”，弹出创建状态变量对话框，如图 11-221 所示，将“名称”改成“.MODEL_1.Torque ”，单击确定按钮后创建状态变量 Torque 作为输入变量。

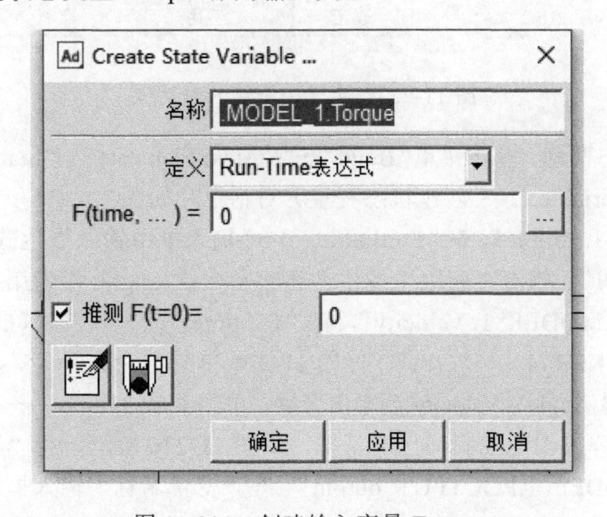

图 11-221　创建输入变量 Torque

⑦ 将状态变量与模型关联　在图形区双击单分量力矩的图标，打开“Modify Torque”对话框，如图 11-222 所示，在“函数”输入框中输入“VARVAL（MoDEL_1.Torque）”。

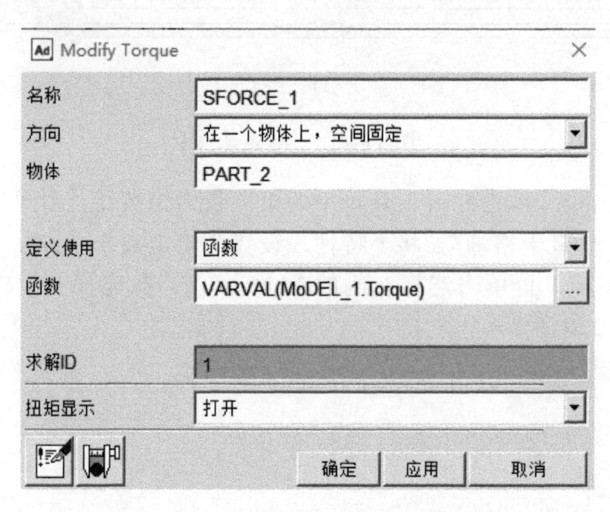

图 11-222　编辑单分量力矩对话框

⑧ 指定状态变量 Torque 为输入变量　单击菜单“Buid”—“Controls Toolkit”—“Plant Input”后，弹出“Data Element Create Plant Input”对话框，如图 11-223 所示。将“机械系统输入名称”输入框改成“.MODEL_1.PINPUT_Torque”，在“变量名称”输入框中，用鼠标右键快捷菜单输入状态变量“.MODEL_1.Torque”，单击“确定”按钮。

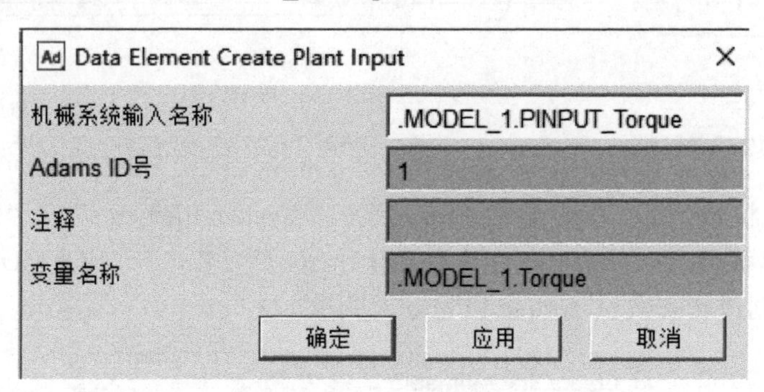

图 11-223　定义控制输入对话框

⑨ 创建输出状态变量　单击菜单“Build”—“System Elements”—“State Variable”—“New”，弹出“Create State Variable...”（创建状态变量）对话框，如图 11-224 所示，将“名称”输入框修改成“.MODEL_1. Ang le”，在“F（time，...）=”输入框中输入表达式“AZ（MARKER_3，MARKER_4）*180/PI”，单击“应用”按钮创建状态变量 Angle 作为第一个输出变量，然后将“名称”修改成“.MODEL_1. Velocity”，在“F（time，...）=”输入框中输入表达式“WZ（MARKER_3，MARKER_4）*180/PI”，如图 11-224 和图 11-225 所示。

⑩ 指定状态变量 Angle、Velocity 为输出变量　单击菜单“Build”—“Controls Tookit”—“Plant Output”后，弹出创建控制输出对话框，如图 11-226 所示，将“机械系统输出名称”输入框修改成“. MODEL_1.POUTPUT_output”。在“变量名称”输入框中，用鼠标右键快捷菜单输入状态变量 Angel 和 Velocity，单击“确定”按钮。

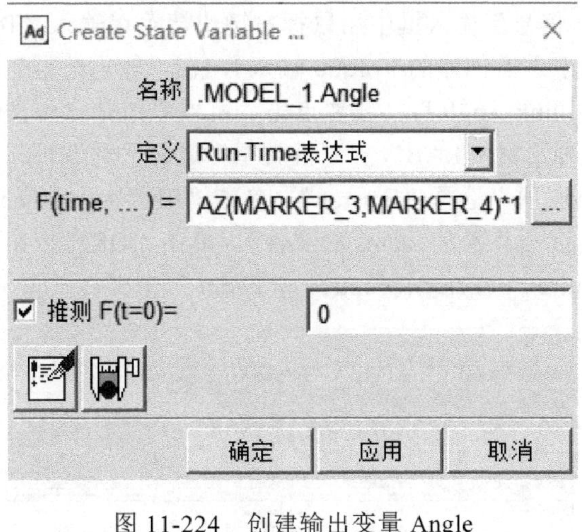

图 11-224　创建输出变量 Angle

图 11-225　创建输出变量 Velocity

Data Element Create Plant Output

机械系统输出名称	.MODEL_1.POUTPUT_output
Adams ID号	1
注释	
变量名称	Angle, Velocity

确定　应用　取消

图 11-226　创建控制输出对话框

⑪ 导出控制函数　如果还没有加载 ADAMS/Controls 模块，单击菜单“Tools”—“Plugin Manager”，在弹出的插件管理对话框中选择 ADAMS/Controls 模块，并单击“OK”按钮，之后出现一个新的菜单 Controls。单击菜单“Controls”—“Plant Export”，弹出“Adams Controls Plant Export”（导出控制参数）对话框如图 11-227 所示。在“File Prefix”输入框中输入

“controlspid”，在“输入信号”输入框中用鼠标右键快捷菜单输入“Torque”，（或者点击“机械系统输入”按钮，选中之前创建的 Torque 输入），在“输出信号”输入框中用鼠标右键快捷菜单输入“Velocity，.link.Angle”，（或者点击“机械系统输出”按钮，选中之前创建的输出）将“目标软件”选择“MATLAB”，“分析类型”选择“非线性”，“初始静态分析”选择“否”，“ADAMS/Solver 选项”选择“Fortran”。单击“file”—“select directiory”，选定工作路径（我在桌面上创建的一个名为 adams 的文件），单击“OK”按钮后，在 adams 文件中将生成 control_pid.m、control_pid.cmd、control_pid.adm 三个文件。

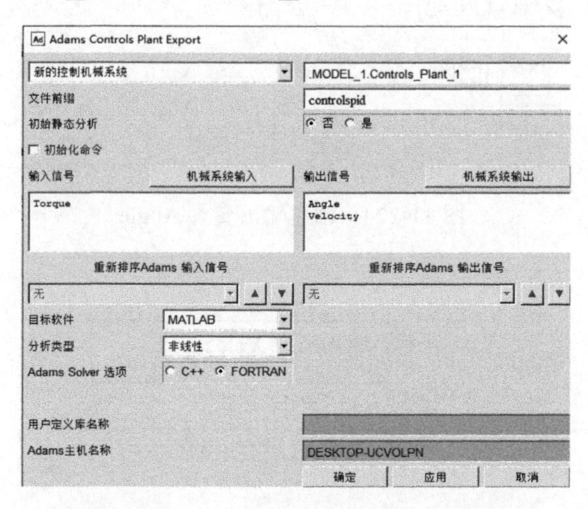

图 11-227　“导出控制参数”对话框

（2）建立 Matlab 控制模型

① 导出 ADAMS 模型在 MATLAB 里的模块　启动 MATLAB，先将 MATLAB 的工作目录指向 ADAMS 的工作目录，方法是单击工作栏中 Current Direction 后的按钮，弹出选择路径对话框。在 MATLAB 命令窗口的“>>”提示符下，输入“controlspid”，也就是 controlspid.m 的文件名，然后在“>>”提示符下输入命令“ADAMS_sys”，该命令是 ADAMS 与 MATLAB 的接口命令。在输入 ADAMS_sys 命令后，弹出一个新的窗口。图 11-228 是 Matlab 控制方案图，图 11-229 是输出扭矩、导出速度和角度的命令行窗口，图 11-230 是导出程序文件。

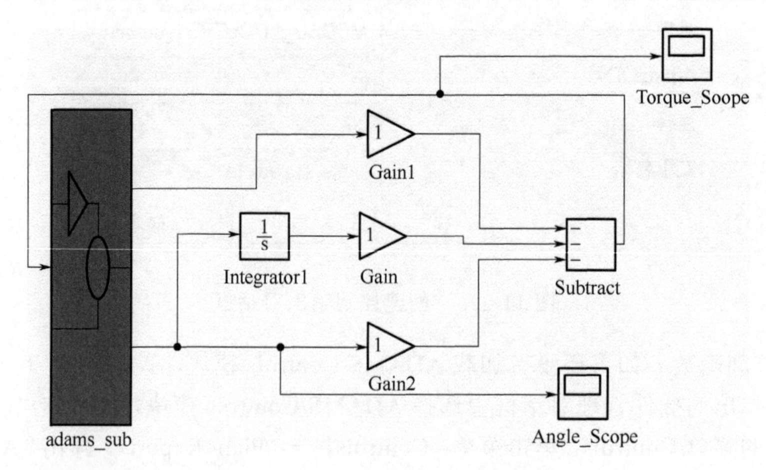

图 11-228　连接后的控制方案

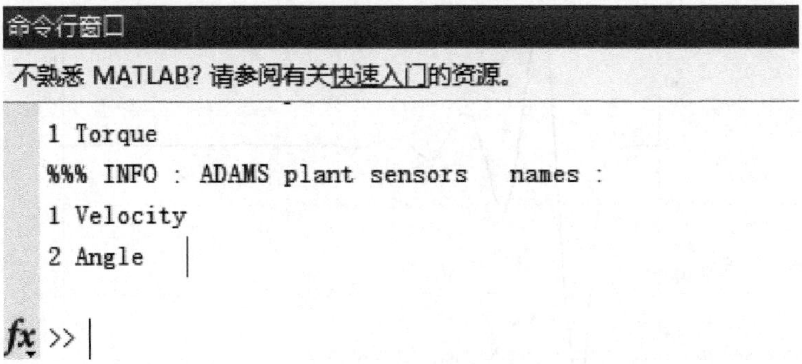

```
命令行窗口
不熟悉 MATLAB? 请参阅有关快速入门的资源。

1 Torque
%%% INFO : ADAMS plant sensors   names :
1 Velocity
2 Angle

fx >>
```

图 11-229　命令行窗口

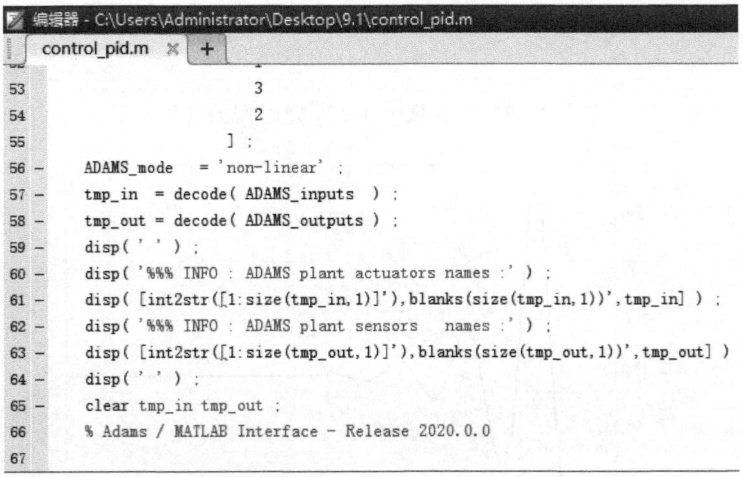

```
编辑器 - C:\Users\Administrator\Desktop\9.1\control_pid.m
control_pid.m  ×  +
53                  3
54                  2
55                ] ;
56 -   ADAMS_mode   = 'non-linear' ;
57 -   tmp_in  = decode( ADAMS_inputs  ) ;
58 -   tmp_out = decode( ADAMS_outputs ) ;
59 -   disp( ' ' ) ;
60 -   disp( '%%% INFO : ADAMS plant actuators names :' ) ;
61 -   disp( [int2str([1:size(tmp_in,1)]'),blanks(size(tmp_in,1))',tmp_in] ) ;
62 -   disp( '%%% INFO : ADAMS plant sensors   names :' ) ;
63 -   disp( [int2str([1:size(tmp_out,1)]'),blanks(size(tmp_out,1))',tmp_out] )
64 -   disp( ' ' ) ;
65 -   clear tmp_in tmp_out ;
66     % Adams / MATLAB Interface - Release 2020.0.0
67
```

图 11-230　control—pid.m 程序文件

② 设置 MATLAB 与 ADAMS 之间的数据交换参数　在 control_model.mdl 窗口中双击 ADAMS_sub 方框，在弹出的新的窗口中双击 MSCSDoftware，弹出“数据交换参数设置”对话框，将 Interprocess 设置为 PIPE（DDE），如果不是在一台计算机上，选择 TCP/P，在 Communication Interval 输入框中输入 0.005，表示每隔 0.005s 在 MATLAB 和 ADAMS 之间进行一次数据交换，若仿真过慢，可以适当增大该参数，将 SimulationMode 设置为 continuous，An imation mode 设置成 interactive，表示交互式计算，在计算过程中会自动启动 ADAMS/View，以便观察仿真动画，如果设置成 batch，则用批处理的形式，看不到仿真动画，其他使用默认设置即可。

③ 仿真设置和仿真计算　单击窗口中菜单“Simulation”—“S imulation Parameters”，弹出仿真设置对话框，在 Solver 页中将 Start time 设置为 0，将 Stop time 设置为 20，将 Type 设置为 Variable-step，其他使用默认选项，单击“OK”按钮。最后单击“开始”按钮，开始仿真。若出现错误，重启 MATLAB 即可。每次启动 MATLAB 都需要选择路径到包含 controlspid.m、controlspid.cmd、controlspid.adm 的文件夹。

④ 结果后处理　在 MAT LAB 示波器中，可以得到角度和力矩的曲线。得到的 Velocity 变量曲线和 Torque 变量曲线分别如图 11-231 和图 11-232 所示。此模型初始受重力作用，产生转动，通过控制力矩的大小，最终角速度为零，模型达到平衡。

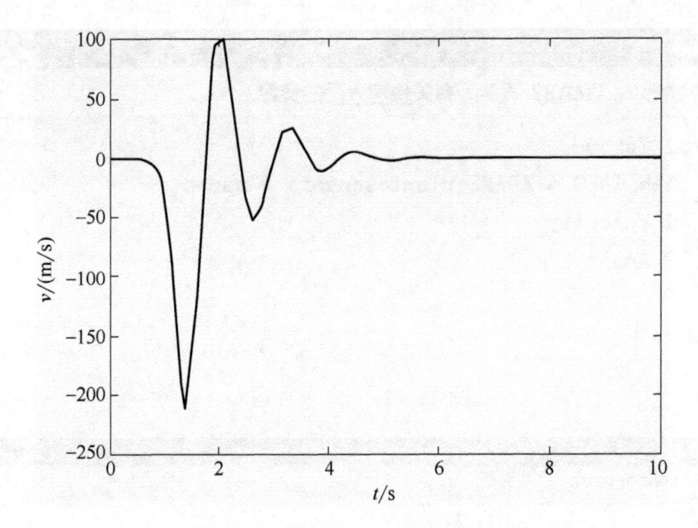

图 11-231　变量 Velocity 随时间的变化

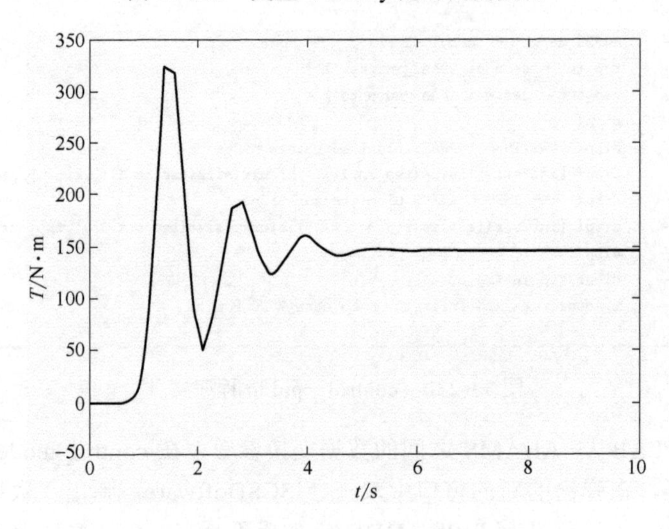

图 11-232　变量 Torque 随时间的变化

第12章

综合实例一：吊车起吊过程的多刚体分析

扫码尽享
ADAMS全方位学习

12.1 吊车系统的结构特点及起吊过程

本章主要以一个实例演示多刚体系统的分析过程，因此将吊车起吊系统简化为如图12-1所示只包含吊钩和吊环（含重物）的简单系统。

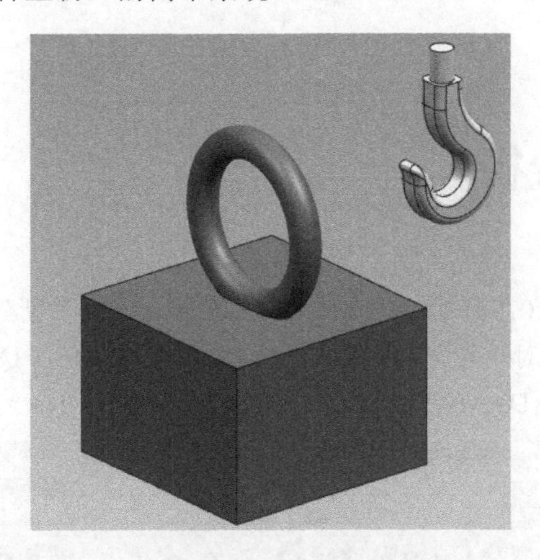

图12-1 吊车起吊系统

由于不含绳索等弹性构件，且吊钩和吊环的变形相对于吊钩和吊环的大尺度运动非常小，因此该起吊系统可以被视为一个多刚体系统。

起吊系统的工作过程如下：①吊钩向吊环（含重物，下文简称吊环）运动至指定位置；②吊钩竖直向上运动；③吊钩与吊环产生接触；④吊环在吊钩的作用下被吊起；⑤吊钩与吊环一起平移一个指定的距离；⑥吊钩与吊环一起竖直向下运动到指定位置后吊环静止；⑦吊钩继续向下运动至一个指定位置停止；⑧吊钩从吊环中脱离。

根据实际情况，吊钩在吊起吊环时，两者对称面不一定重合，因此吊环在吊钩上可能会发生竖直方向的摆动。

本例将通过多刚体的仿真分析，得到在上述起吊过程中，吊环的位移、速度、加速度，以及吊钩和吊环之间的接触力。

12.2 吊车系统动力学分析思路及要点

上述吊车系统中，重点考察的是吊环的位移、速度、加速度，以及吊钩和吊环之间的接触力。由于吊环在起吊过程的开始和结束均位于地面上，需要建立地面模型，吊钩相对于地面完成水平方向和竖直方向的平移，还需要建立一个辅助移动构件模型。在此基础上，首先构造吊钩的运动轨迹与运动速度，设置吊钩和吊环之间的接触力模型参数；其次在吊环的适当位置设置测量点，跟踪该点的运动参数。最终的起吊系统模型如图 12-2 所示。

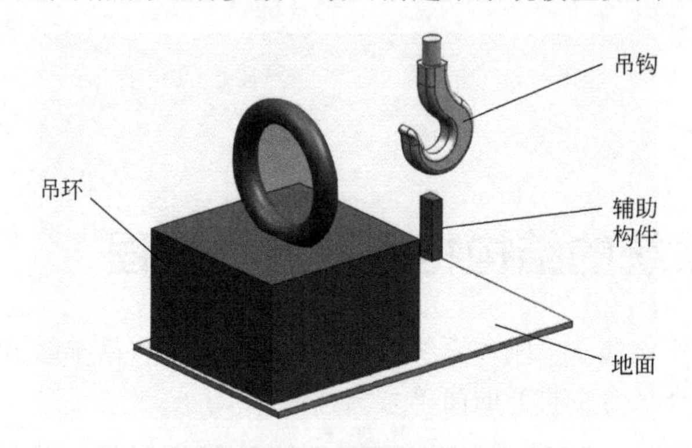

图 12-2　含地面的起吊系统

12.3 动力学分析

（1）创建模型

① 打开 ADAM S2020，开始界面如图 12-3 所示，单击“新建模型”，弹出如图 12-4 所示的“Creat New Model”对话框。将模型名称修改为“MODEL_QIDIAO”，设置好工作路径后，单击“确定”，进入 ADAMS 2020 主界面，如图 12-5 所示。

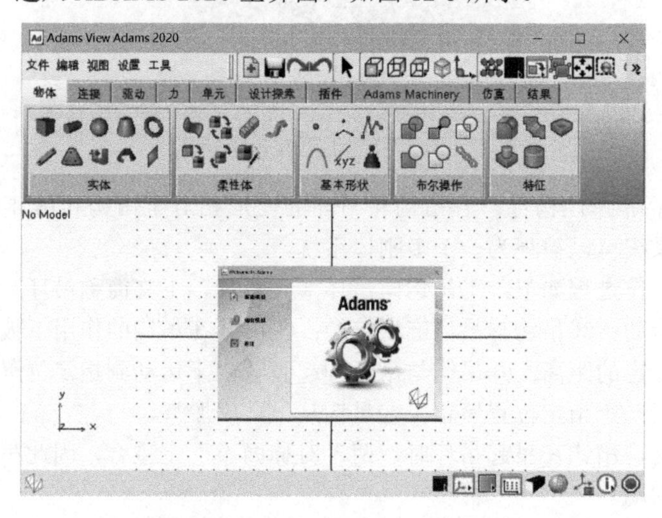

图 12-3　ADAMS 2020 开始界面

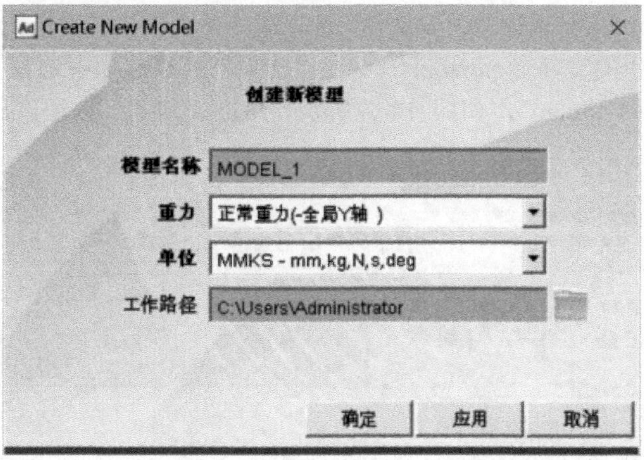
Create New Model
创建新模型
模型名称
MODEL_1
重力
正常重力(-全局Y轴)
单位
MMKS - mm,kg,N,s,deg
工作路径
C:\Users\Administrator
确定
应用
取消

图 12-4　“Creat New Model”对话框

Adams View Adams 2020
文件 编辑 视图 设置 工具
物体
连接
驱动
力
单元
设计探索
插件
Adams Machinery
仿真
结果
实体
柔性体
基本形状
布尔操作
特征
No Model

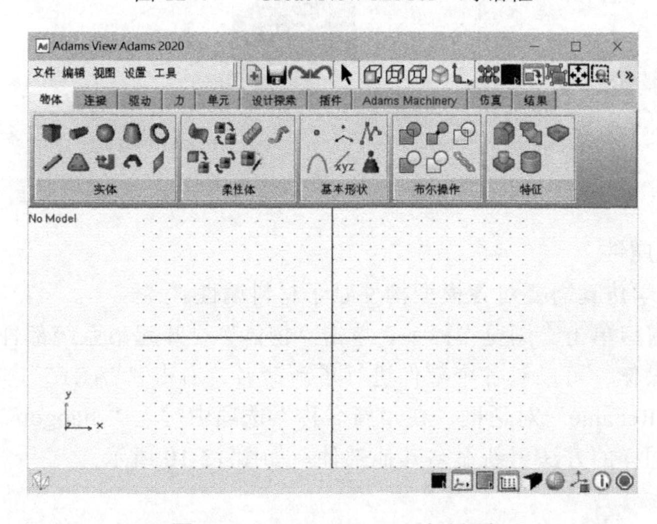

图 12-5　ADAMS 2020 主界面

② 在图 12-5 的界面中，选择“文件”—“导入”命令，弹出如图 12-6 所示的“File Import”对话框，在“文件类型”选项中选择“Parasolid”。

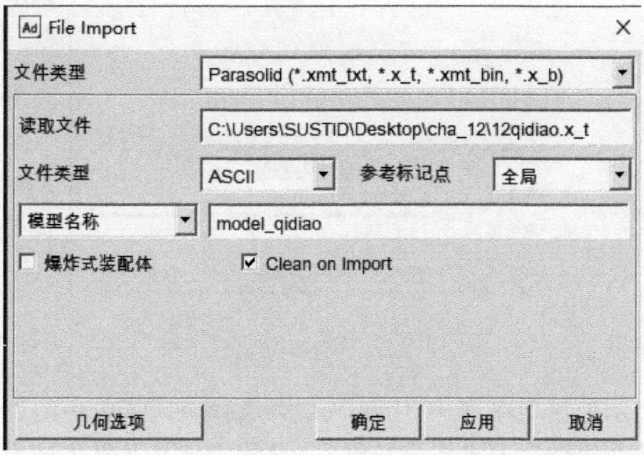
File Import
文件类型
Parasolid (*.xmt_txt, *.x_t, *.xmt_bin, *.x_b)
读取文件
C:\Users\SUSTID\Desktop\cha_12\12qidiao.x_t
文件类型
ASCII
参考标记点
全局
模型名称
model_qidiao
爆炸式装配体
Clean on Import
几何选项
确定
应用
取消

图 12-6　“File Import”对话框

③ 在“File Import”对话框“读取文件”选项中右击，在弹出的快捷菜单中选择“浏览”，找到 cha_12 文件夹中的文件“qidiao.x_t”，在“文件”类型选项中选择“ASCII”，在“模型名称”中输入“model_qidiao”，如图 12-6 所示。单击“确定”按钮，导入的模型如图 12-7 所示。

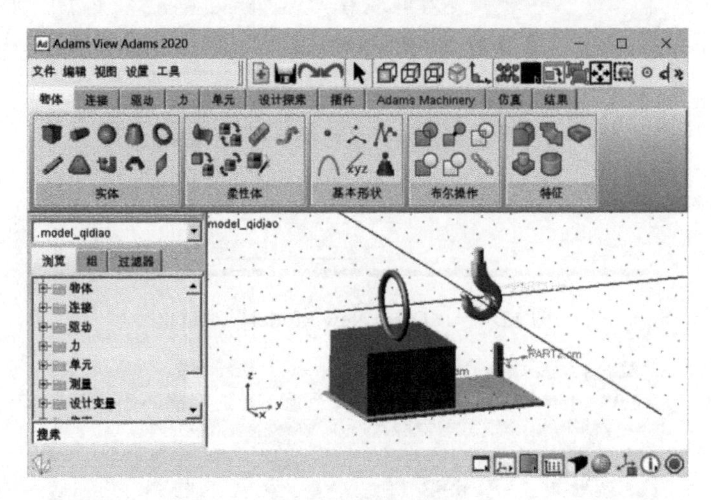

图 12-7　起吊模型

(2) 定义材料属性

多体系统动力学仿真需要对各模型构件赋予材料属性。

① 在浏览器窗口单击“浏览”标签，单击“物体”展开起吊系统部件，如图 12-8 所示。

② 为了方便操作，可以对各个部件进行重新命名。右击“PART5”，在快捷菜单中选择“重命名”，弹出“Rename”对话框，在“新名称”选项中键入“diaogou”，如图 12-9 所示，单击“确定”。按同样的方法重新命名其他部件，如图 12-10 所示。

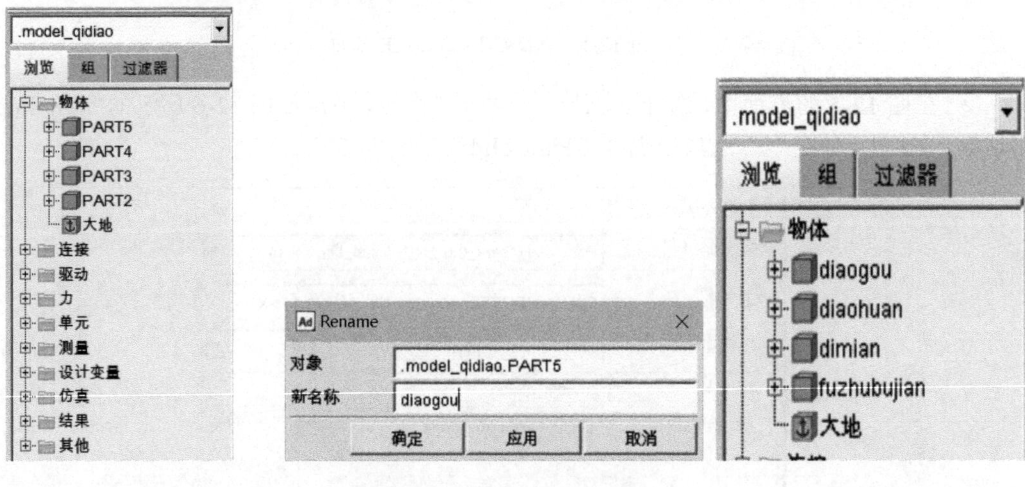

图 12-8　浏览器窗口　　图 12-9　“Rename”对话框　　图 12-10　重命名部件

③ 在图 12-10 所示的窗口中右击“diaogou”，选择快捷菜单中的“修改”，弹出“Modify Body”对话框，设置“分类”为“质量特性”，设置“定义质量方式”为“几何形状和材料类型”，在“材料类型”输入框中右击，选择“材料”—“推测”—“steel”，以定义材料的

密度、弹性模量和泊松比，如图 12-11 所示。单击“确定”。同理，定义“diaohuan”材料为“steel”，“dimian”材料为“steel”。fuzhubujian 只起辅助运动作用，可不设置材料属性。

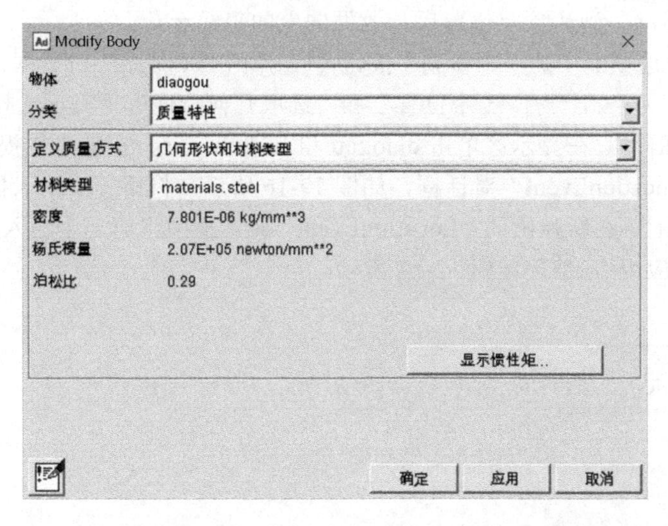

图 12-11　“Modify Body”对话框

（3）添加约束与驱动

① 创建 dimian 与 ground 之间的固定副。在“连接”选项卡中单击“固定副”图标 ，弹出“固定副”对话框，如图 12-12 所示。在“构建方式”列表中选择“2 个物体-1 个位置”和“垂直格栅”，将“第 1 选择”和“第 2 选择”均设置为“选取部件”，单击选择“dimian”后，在空白区域单击，选择 ground，根据提示栏提示单击选择 dimian 上的“dimian.SOLID2.V2”为固定连接点，结果如图 12-13 所示。

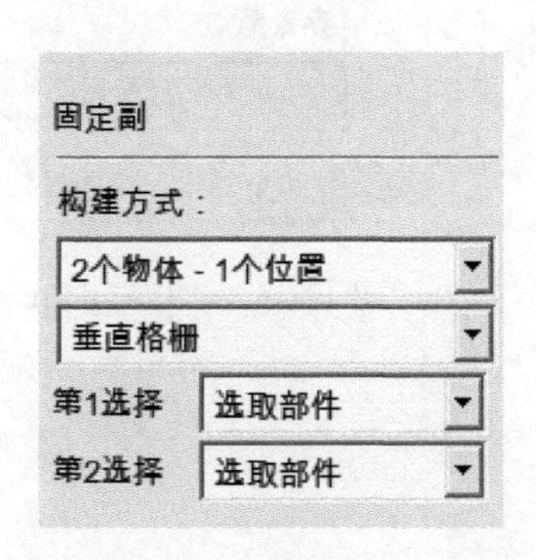

图 12-12　“固定副”对话框

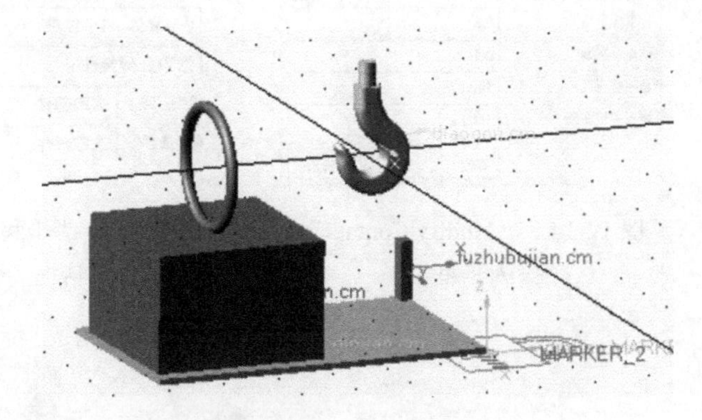

图 12-13　dimian 与 ground 的固定副

② 创建 diaohuan 和 dimian 之间的接触力。在“力”选项卡中单击“Creat Contact”图标 ，弹出“Modify Contact”对话框，如图 12-14 所示。“接触名称”选项设置为“.model_qidiao.CONTACT_1”，“接触类型”选择“实体对实体”，“I 实体”输入框右击，选择“接触实体”—“选取”，单击“diaohuan”，“J 实体”输入框右击，选择“接触实体”—“选取”，单击 dimian，“刚度”为“1000”，“力指数”为“1.0”，“摩擦力”选择“库仑”，其余设置保持默认，单击“确定”。

③ 创建 diaohuan 和 diaogou 之间的接触力。按照与步骤②同样的方法创建 diaohuan 和

diaogou 之间的接触力。

④ 设置 diaogou 的运动副。按照起吊过程，吊钩的运动分为两部分，一是吊钩从初始位置向吊环作直线运动，到达预定位置后，改做向上的直线运动。

单击“连接”选项卡中的“平移副”按钮，弹出“平移副”对话框，如图 12-15 所示。设置“构建方式”为“2 个物体-1 个位置”和“选取几何特性”，“第 1 选择”和“第 2 选择”均设置为“选取部件”。在显示区单击 diaogou 和 fuzhubujian，在信息栏提示“请选择位置”后右击，弹出“LocationEvent”对话框，如图 12-16 所示。将第一个输入框坐标设置为（0，0，0），单击“应用”，在新弹出的“LocationEvent”对话框中将第一个输入框坐标设置为（0，0，100），单击“应用”，结果如图 12-17 所示。

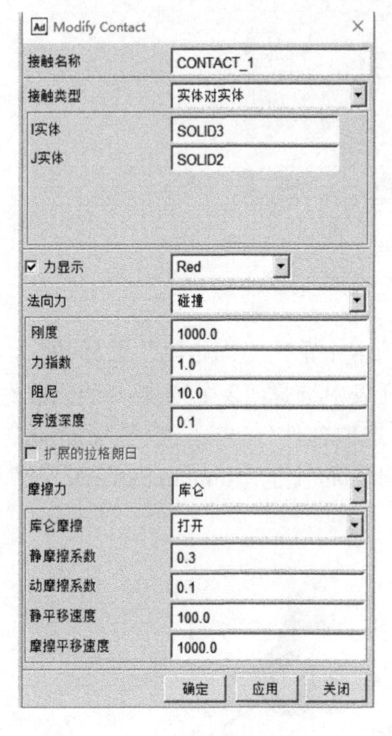

图 12-14 “Modify Contact”对话框

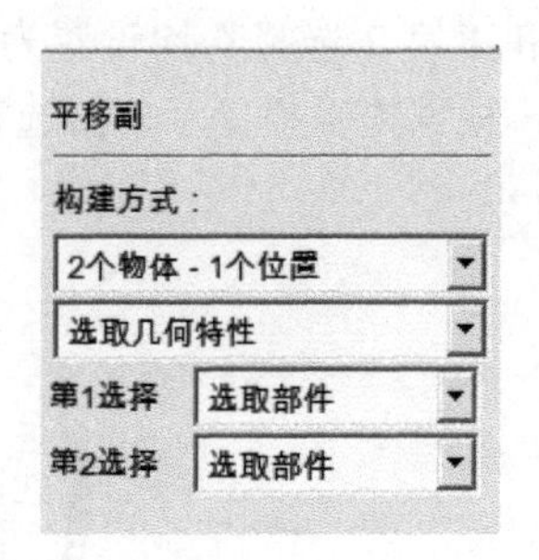

图 12-15 “平移副”对话框

图 12-16 “LocationEvent”对话框

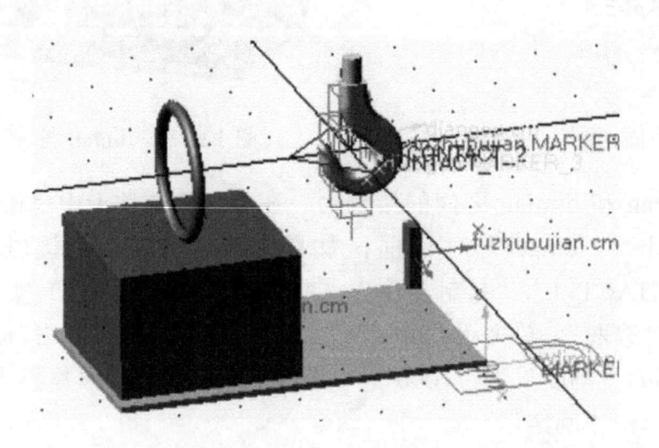

图 12-17 设置 diaogou 与 fuzhubujian 之间的平移副

同理可以设置 fuzhubujian 与 ground 之间的平移副，其中确定选择位置的第 1 个和第 2 个位置点分别选择 fuzhubujian 的两个角点如图 12-18 所示。结果如图 12-19 所示。

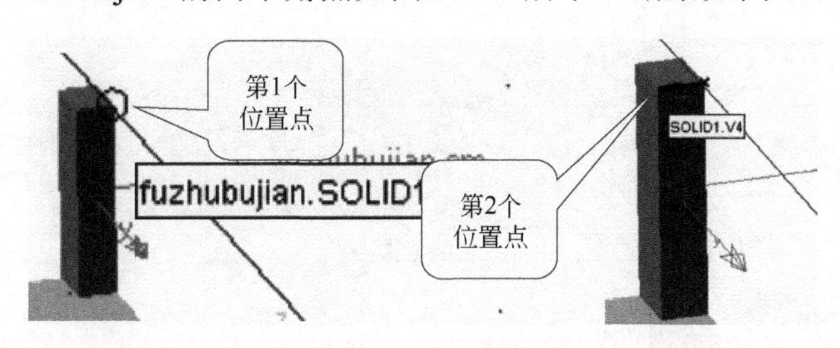

图 12-18　位置点的选择

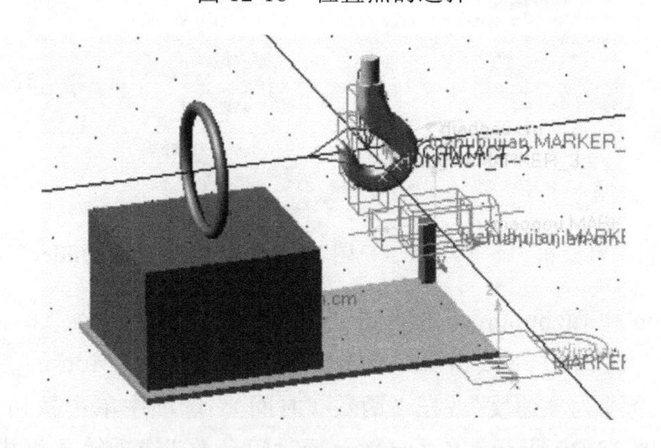

图 12-19　设置 fuzhubujian 和 ground 之间的平移副

⑤ 设置两个平移副的驱动。由于第 1 个平移副和第 2 个平移副在时间上有严格的顺序关系，因此需要通过定义 step 函数以保证这种顺序关系。

在“驱动”选项卡中单击“移动驱动”图标，弹出“移动驱动”对话框，设置“平移速度”为“10”，在操作窗口中单击 fuzhubujian 与 ground 之间的平移副“JIONT3”即设置成功，如图 12-20 所示。

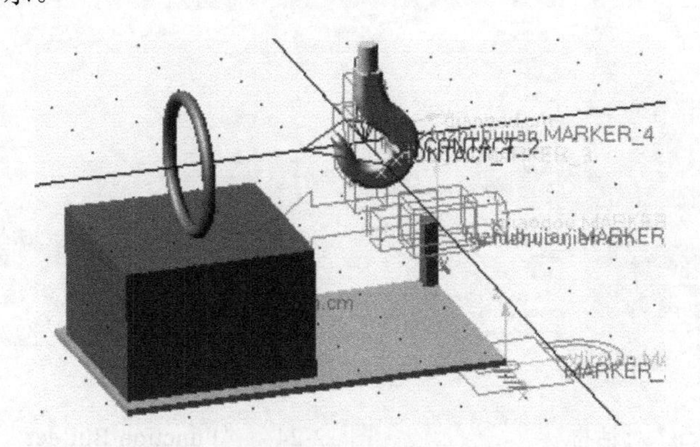

图 12-20　设置平移副的驱动“JIONT3”

在“浏览器”—“驱动”下双击 MOTION_1，弹出“Jiont Motion”对话框，如图 12-21 所示。设置“类型”选项为“速度”。在“函数（时间）”选项中单击按钮，弹出“Function Builder”对话框，如图 12-22 所示。在“定义运行时间函数”选项输入框中，键入“step（time,

0，0，0.1，5）+step（time，24，0，24.5，-5）”，单击“确定”。

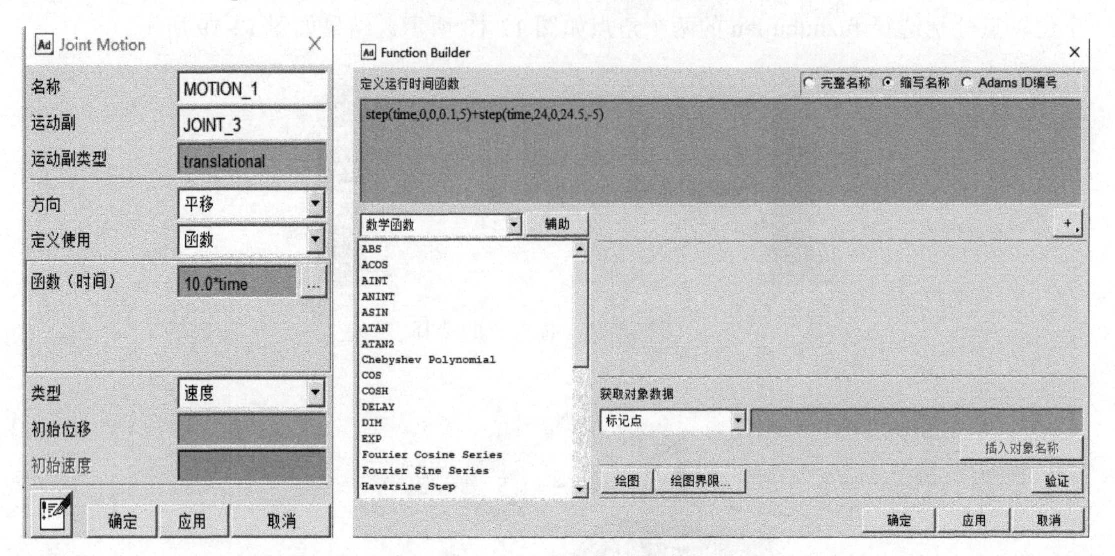

图 12-21 “Jiont Motion”对话框　　图 12-22 “Function Builder”对话框

同理设置 diaogou 和 fuzhubujian 之间的驱动，参数同上。

在“浏览器”—“驱动”下双击 MOTION_2，弹出“Jiont Motion”对话框，如图 12-23 所示。设置“类型”选项为“速度”。在“函数（时间）”选项中单击按钮 ...，弹出“Function Builder”对话框，如图 12-24 所示。在“定义运行时间函数”选项输入框中，键入“step（time，0，0，0.1，0.3）+step（time，249.9，0，250，-0.3）”，单击“确定”。

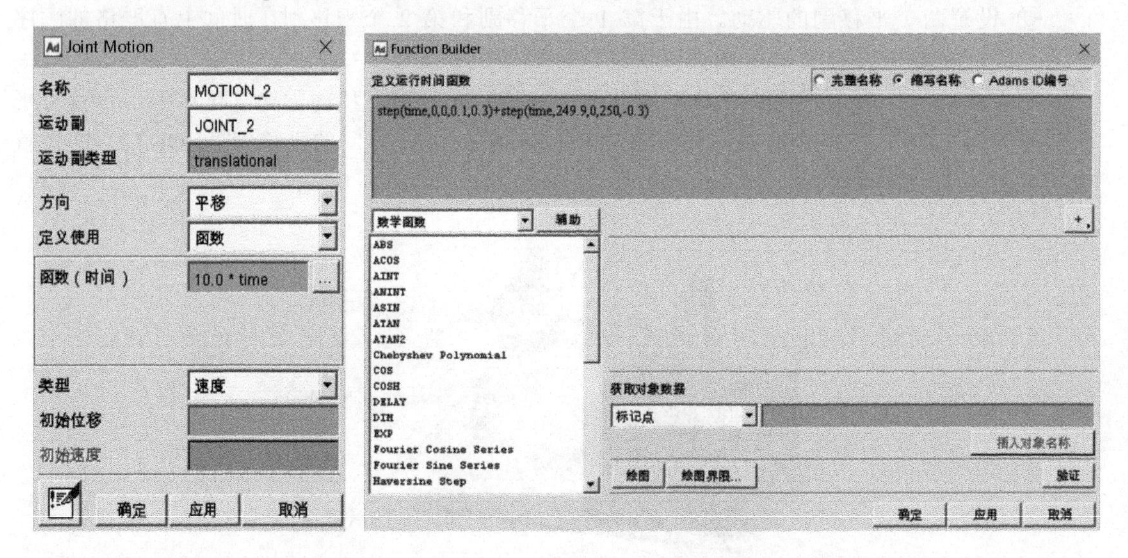

图 12-23 “Jiont Motion”对话框　　图 12-24 “Function Builder”对话框

⑥ 设置重力方向。在“设置”菜单选择“设置”—“重力”，弹出“Gravity Settings”对话框，勾选“重力”复选框，单击“-Z*”，结果如图 12-25 所示。

⑦ 确定标记点。在“物体”选项卡中单击“标记点”按钮，在弹出的如图 12-26 所示对话框中的“基本形状：标记点”中选择“添加到现有部件”，在“方向”中选择“全局 XY

平面”。

图 12-25　“Gravity Settings”对话框

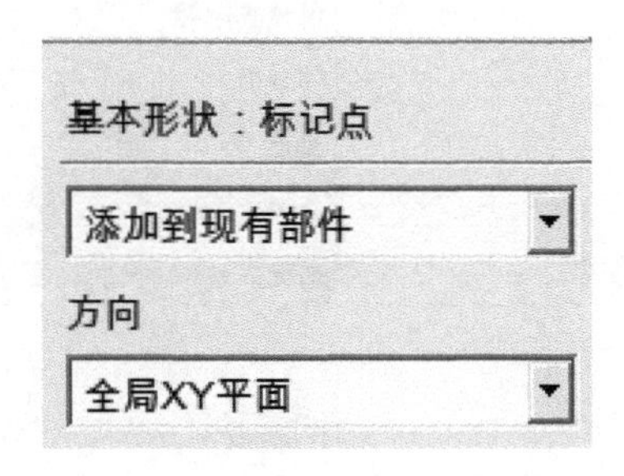

图 12-26　“标记点”对话框

在绘图区域单击选择“diaohuan”，然后选择“diaohuan.SOLID3.V6”点，如图 12-27 所示。

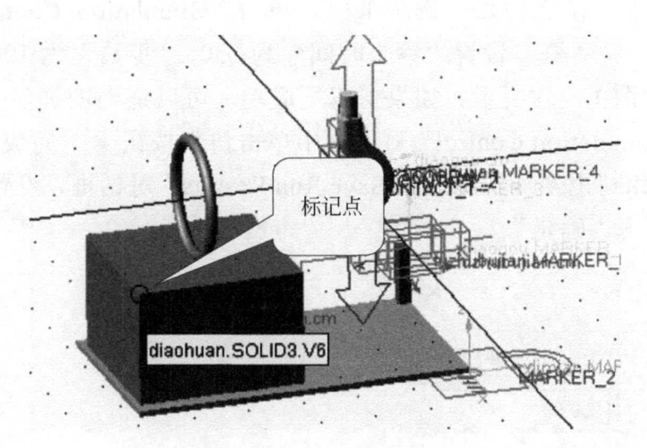

图 12-27　选择标记点

在“模型浏览器”中展开“物体”—“diaohuan”，右击“MARKER_18”，在快捷菜单中选择“重命名”，在弹出的如图 12-28 所示的“Rename”对话框中，设置新名称为“celiang_1”，单击“确定”。

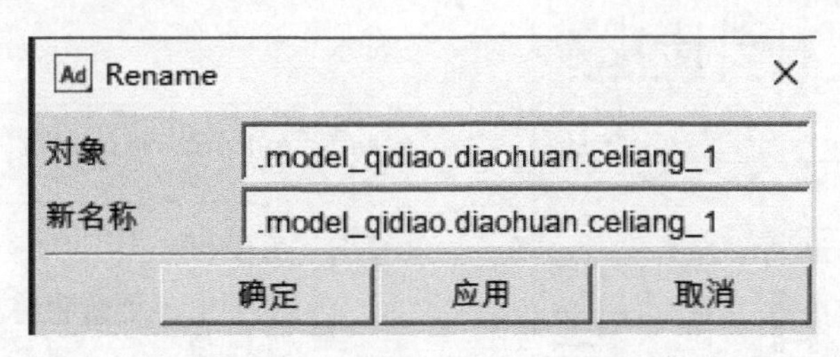

图 12-28　“Rename”对话框

（4）设置求解器

在“设置”菜单选择“设置”—“求解器”—“动力学分析”，弹出“Solver Settings”

对话框，如图 12-29 所示。保持默认设置，单击“关闭”按钮，完成设置。

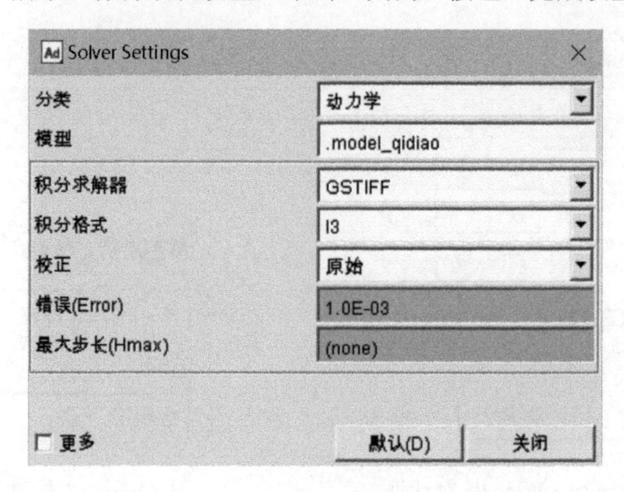

图 12-29 “Solver Settings”对话框

（5）仿真与后处理分析

① 仿真控制设置。在“仿真”选项卡中，单击“Simulation Control”按钮，弹出“Simulation Control”对话框，设置“终止时间”为 250，“步数”为 1000，勾选“运行前复位”复选框，结果如图 12-30 所示。如果仿真不成功，可以适当增加步数。

② 仿真。在“Simulation Control”对话框中单击仿真按钮，完成一次仿真。仿真结束单击“Save Run Results”按钮，弹出“Save Run Results”对话框，设置名称为“qidiao_1”，如图 12-31 所示，单击“确定”。

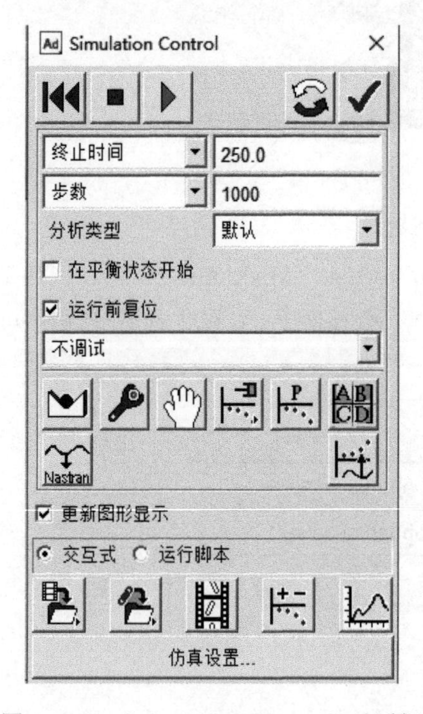

图 12-30 “Simulation Control”对话框

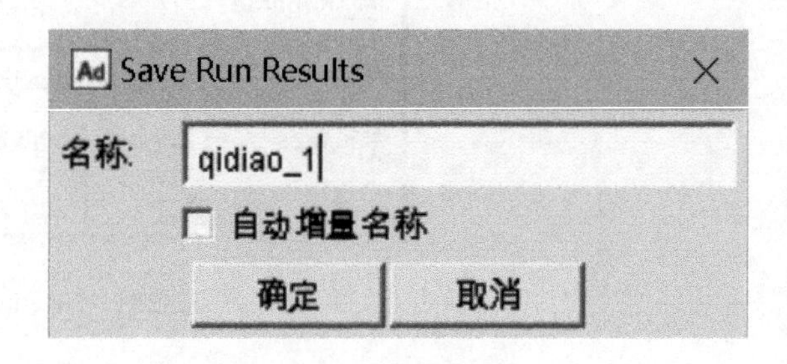

图 12-31 “Save Run Results”对话框

③ 后处理。接触力 CONTACT_1 变化曲线。在“结果”选项卡中单击按钮 ，弹出“Adams PostProcessor Adams 2020” 窗口，如图 12-32 所示。

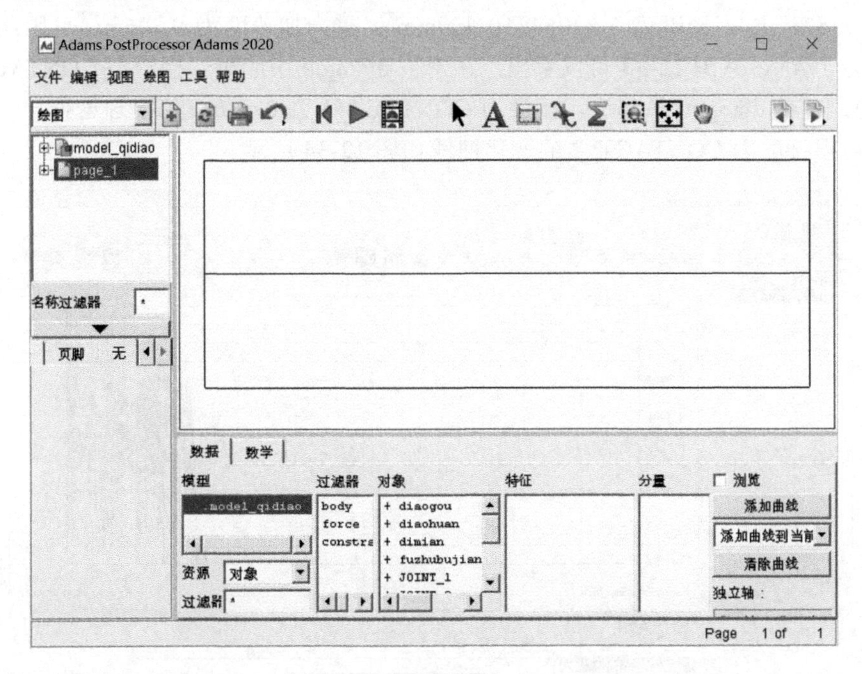

图 12-32 “Adams PostProcessor Adams 2020” 窗口

在“资源”下拉列表中选择“结果集”，在“仿真”列表中选择“qidiao_1”。在“结果集”中选择“CONTACT_1”，在“分量”中选择“FZ”，单击“添加曲线”，结果如图 12-33 所示。

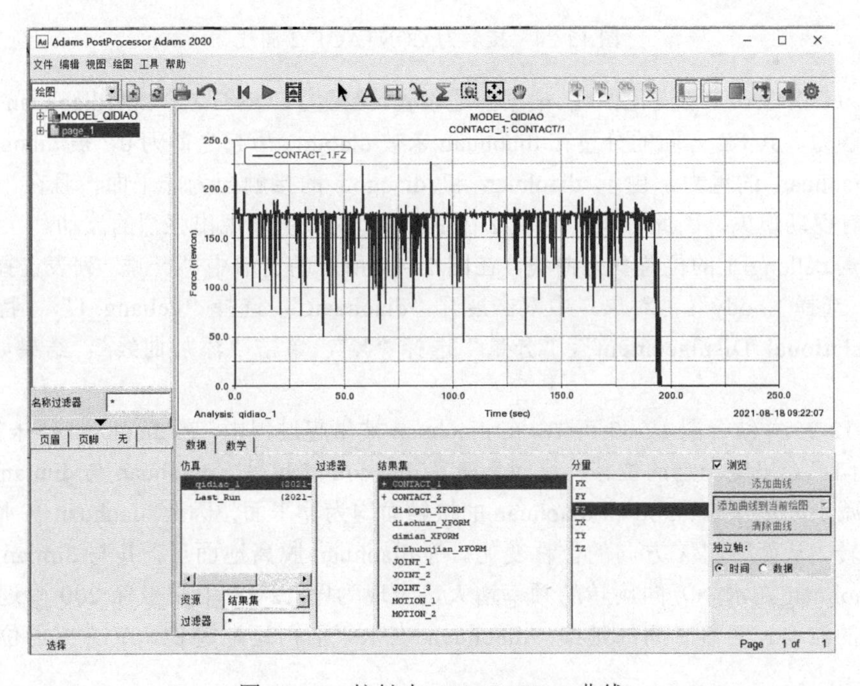

图 12-33 接触力 CONTACT_1 曲线

根据前述设置，接触力 CONTACT_1 为 diaohuan 与 dimian 之间的接触力，其 FZ 方向的分量在 diaohuan 未被 diaogou 吊起之前表现为 diaohuan 的重力。依据三维模型，diaohuan 的体积为 2273571mm^3，密度为 7.83064×10^{-6}kg/mm^3，重力加速度为 9.806m/s^2，因此 diaohuan 的重力约为 174N。从图 12-33 可以看出，在未被 diaogou 吊起时，接触力 CONTACT_1 围绕 174N 波动，在被 diaogou 吊起后，接触力 CONTACT_1 为 0，仿真符合理论推导。

同理可得接触力 CONTACT_2 的变化曲线如图 12-34 所示。

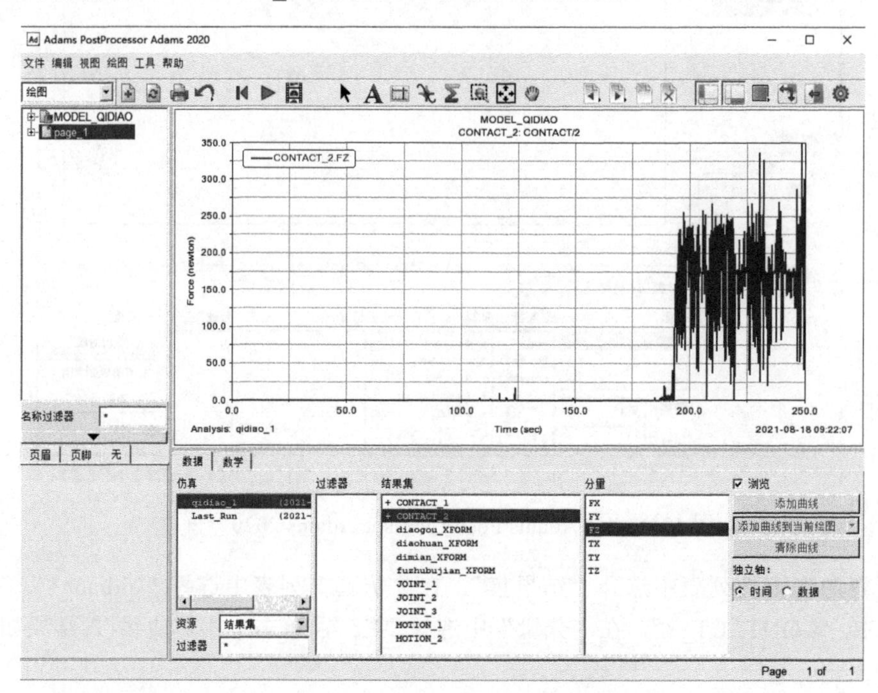

图 12-34 接触力 CONTACT_2 曲线

接触力 CONTACT_2 变化曲线。根据前述设置，接触力 CONTACT_2 为 diaohuan 与 diaogou 之间的接触力，其 FZ 方向的分量在 diaohuan 未被 diaogou 吊起之前为 0，被 diaogou 吊起后表现为 diaohuan 的重力。由于 diaohuan 和 diaogou 的接触面为非平面，且在吊起过程中 diaohuan 有摆动现象，因此 CONTACT_2 在 FZ 方向的分量表现出强烈的波动。

标记点 celiang_1 的位置变化曲线。在图 12-32 所示的窗口中“资源”列表选择“对象”，“过滤器”选择“body”，“对象”中双击展开“diaohuan”，选择“celiang_1”，“特征”中选择“Translational_Displacement”，“分量”选择“X”，单击“添加曲线”，结果如图 12-35 所示。

由图 12-35 并结合图 12-33 可知，在 diaohuan 被吊起过程中，在 diaohuan 还未被吊起时，其在 X 方向已经出现一定的位移，原因是随着 diaogou 的起吊，diaohuan 与 dimian 之间的摩擦力逐渐减小，并且 diaogou 和 diaohuan 的接触面均为非平面，因此 diaohuan 在水平方向有一定的旋转，从而引起 X 方向的位移变化。等 diaohuan 脱离地面后，其与 dimian 的摩擦力消失，diaohuan 在水平方向旋转的频率增大，表现为图 12-35 中横坐标 200 附近的位移曲线有较大的波动。随着时间的延续，diaohuan 在水平面内逐渐趋稳，X 方向的位移不再发生变化。

同理可得，标记点 celiang_1 在 *Y*、*Z* 方向的位移曲线如图 12-36 和图 12-37 所示。

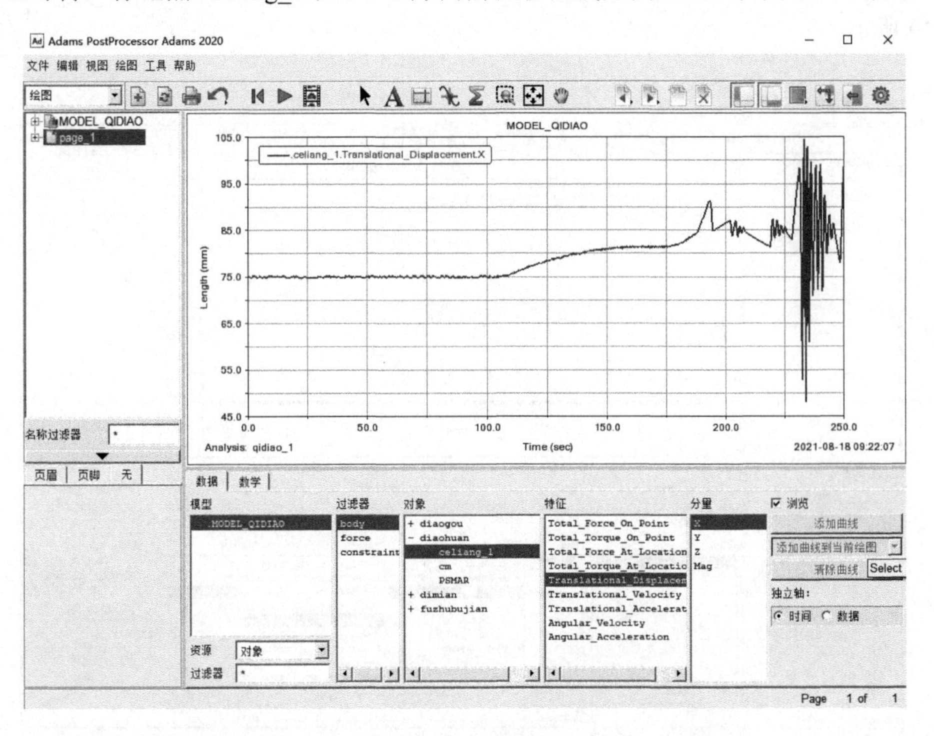

图 12-35　标记点 celiang_1 在 *X* 方向的位移曲线

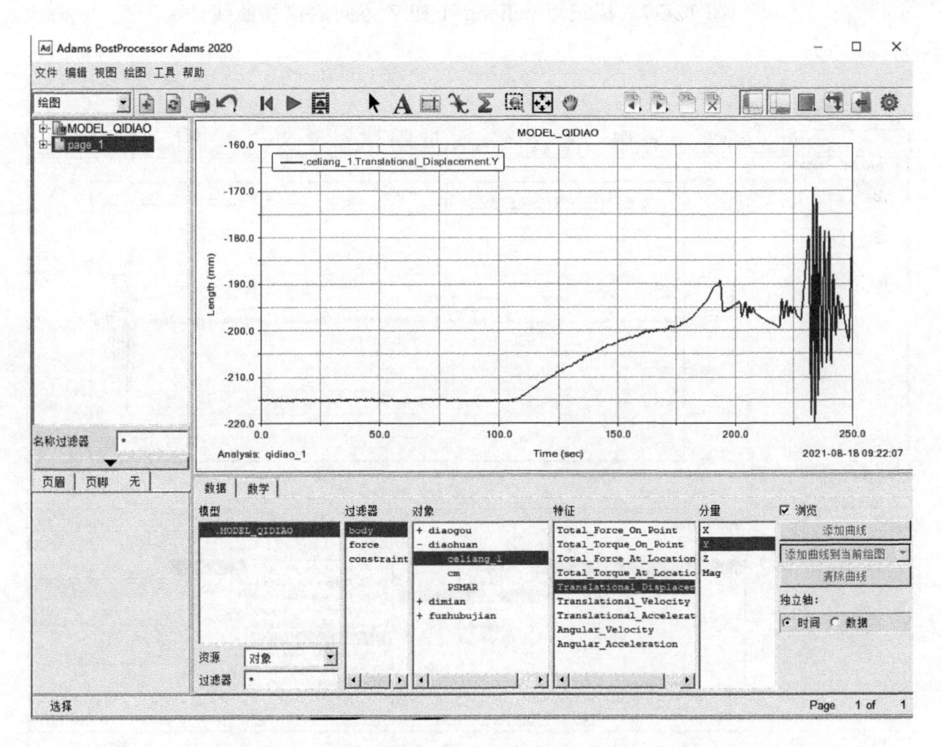

图 12-36　标记点 celiang_1 在 *Y* 方向的位移曲线

同样方法可以得到标记点 celiang_1 在 X、Y、Z 方向的速度曲线，分别如图 12-38、图 12-39、图 12-40 所示。

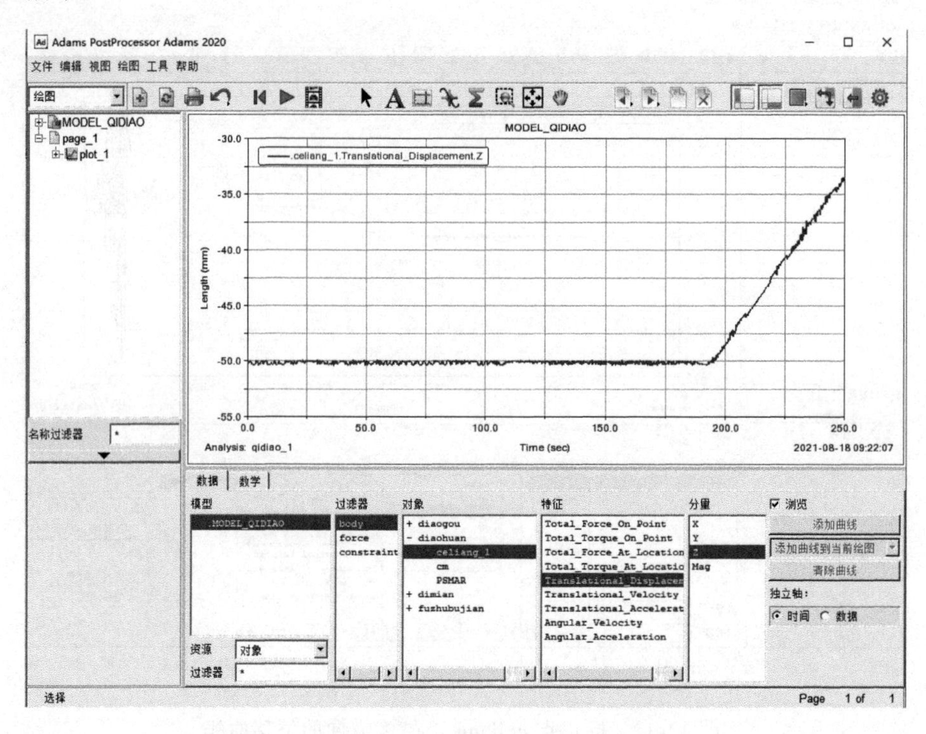

图 12-37　标记点 celiang_1 在 Z 方向的位移曲线

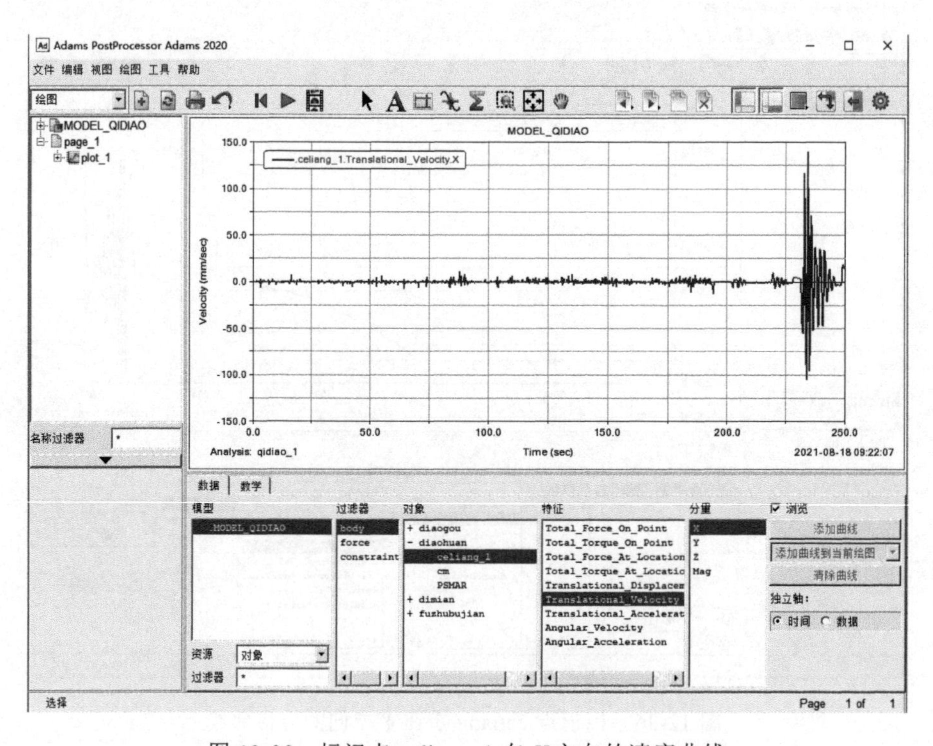

图 12-38　标记点 celiang_1 在 X 方向的速度曲线

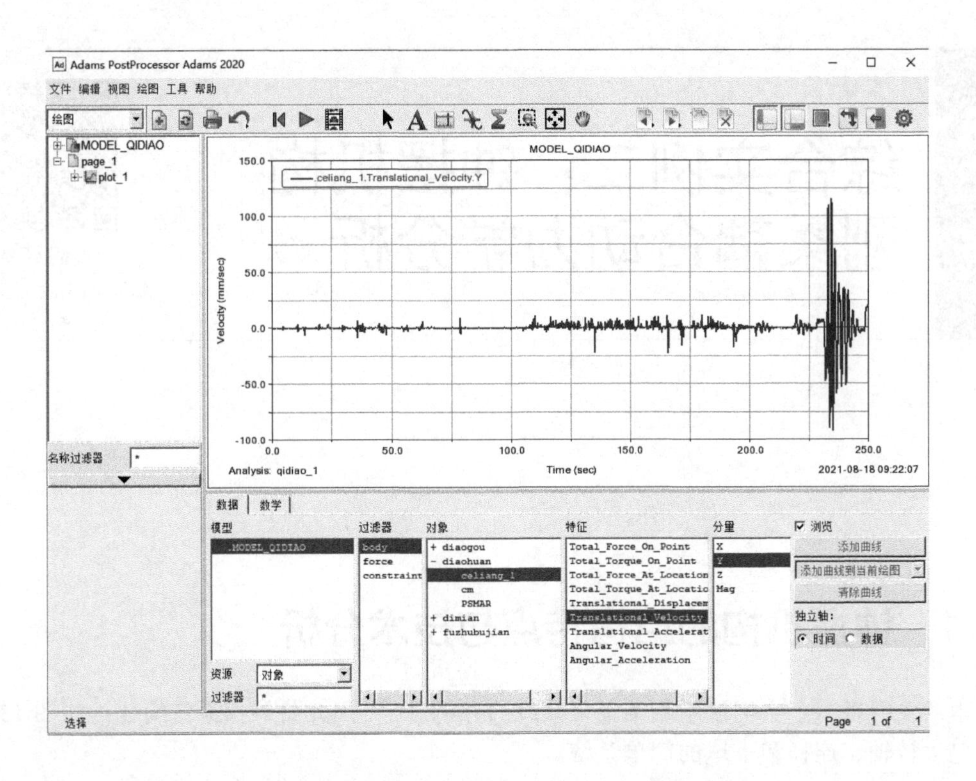

图 12-39 标记点 celiang_1 在 Y 方向的速度曲线

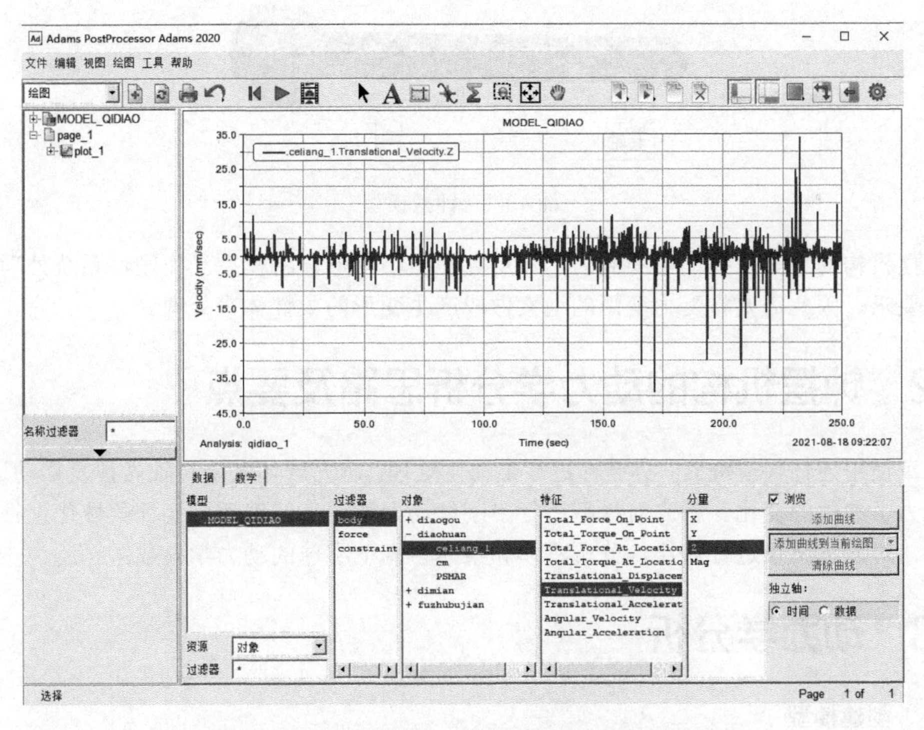

图 12-40 标记点 celiang_1 在 Z 方向的速度曲线

对于速度曲线变化的分析过程，读者可以参考位移曲线的分析自行完成。

第13章 综合实例二：钟摆机构刚柔耦合动力学分析

扫码尽享
ADAMS 全方位学习

13.1 钟摆机构的结构特点与技术分析

本章主要以一个实例演示刚柔耦合系统的分析过程，因此将钟摆系统简化为如图 13-1 所示只包含转轴、连杆和小球的简单系统。

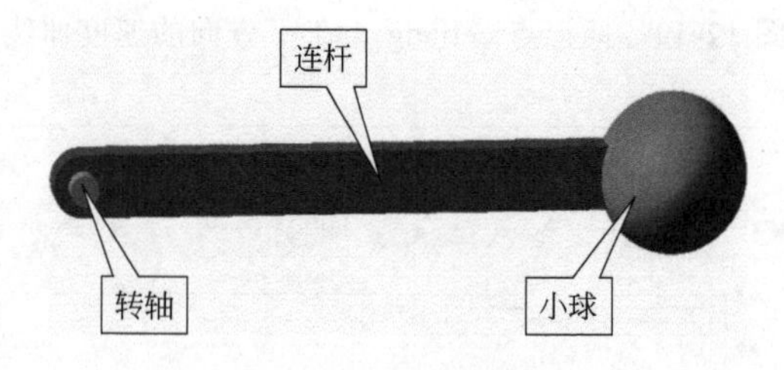

图 13-1　钟摆模型

钟摆机构的绳索在摆动中受到力的作用存在微小变形，将模型当作刚性系统处理不能达到精度要求，因此需要将受力变形的绳索做成产生变形的柔性体来处理。

13.2 钟摆机构的动力学分析思路及要点

本章使用连杆代替绳索，将连杆进行柔性化处理，研究球体在绕转轴做往复摆动运动时，小球动力学参数的变化。首先对模型进行多刚体动力学仿真，然后将连杆柔性化进行刚柔耦合仿真，对两种结果进行对比，分析刚体和柔体仿真下小球的动力学参数。

13.3 动力学分析

（1）创建模型

① 打开 ADAMS 2020，开始界面如图 13-2 所示，单击“新建模型”，弹出如图 13-3 所示的“Create New Model”对话框。将模型名称修改为“MODEL_zhongbai”，设置好工作路径后，单击“确定”，进入 ADAMS 2020 主界面，如图 13-4 所示。

Adams View Adams 2020

文件 编辑 视图 设置 工具

物体 | 连接 | 驱动 | 力 | 单元 | 设计探索 | 插件 | Adams Machinery | 仿真 | 结果

实体 | 柔性体 | 基本形状 | 布尔操作 | 特征

No Model

Adams

图 13-2　ADAMS 2020 开始界面

Create New Model

创建新模型

模型名称　MODEL_zhongbai

重力　正常重力(-全局Y轴)

单位　MMKS - mm,kg,N,s,deg

工作路径　C:\Users\19604

确定　应用　取消

图 13-3　“Create New Model”对话框

图 13-4　ADAMS 2020 主界面

② 在图 13-4 的界面中，选择“文件”—“导入”命令，弹出如图 13-5 所示的“File Import”对话框，在“文件类型”选项中选择“Parasolid”。

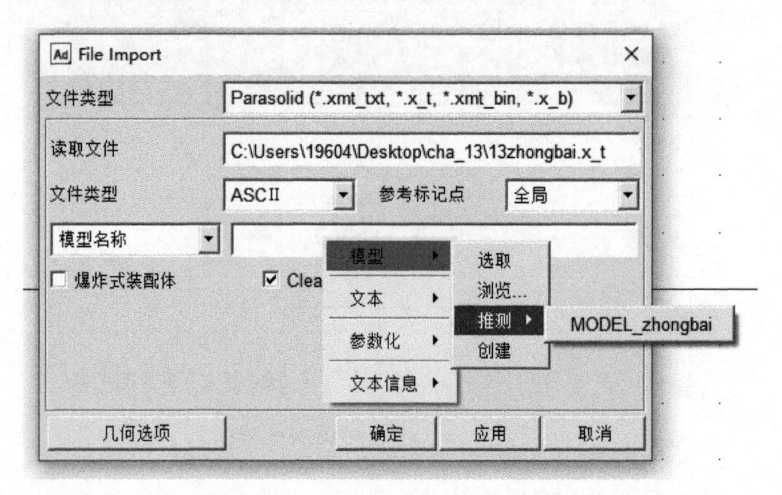

图 13-5 “File Import”对话框

③ 在“File Import”对话框中的“读取文件”选项中右击，在弹出的快捷菜单中选择“浏览”，找到 cha_13 文件夹中的文件“zhongbai.x_t”，在“文件类型”选项中选择“ASCII”选项，在“模型名称”栏中输入“.MODEL_zhongbai”或单击右键依次选中“模型”—“推测”—“MODEL_zhongbai”，如图 13-5 所示。单击“确定”按钮，此时，导入的模型为线框模式。

④ 单击主界面中的“视图”命令，依次选择“渲染模式（R）”—“阴影模式（h）”，此时模型如图 13-6 所示。

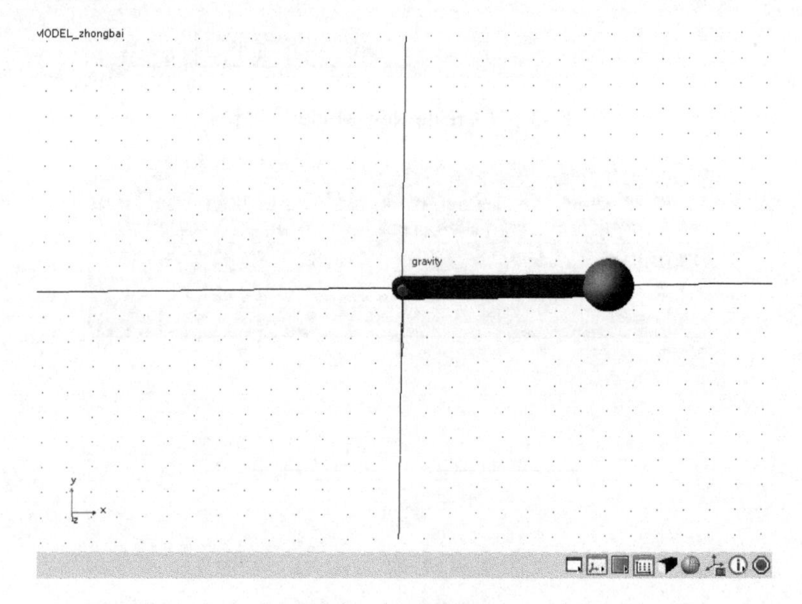

图 13-6 钟摆模型

⑤ 右键单击选择主界面右下角 按钮，在弹出界面选择白色背景或单击主界面的“设

置”命令，选择下拉选项中“背景颜色 B”，弹出“Edit Background Color”对话框，如图 13-7 所示设置各参数，取消“梯度”勾选，单击“确定”，完成背景颜色的设置，如图 13-8 所示。

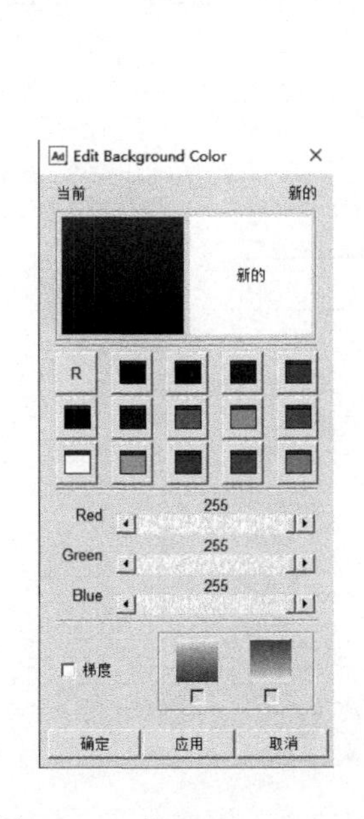

图 13-7 “Edit Background Color”对话框

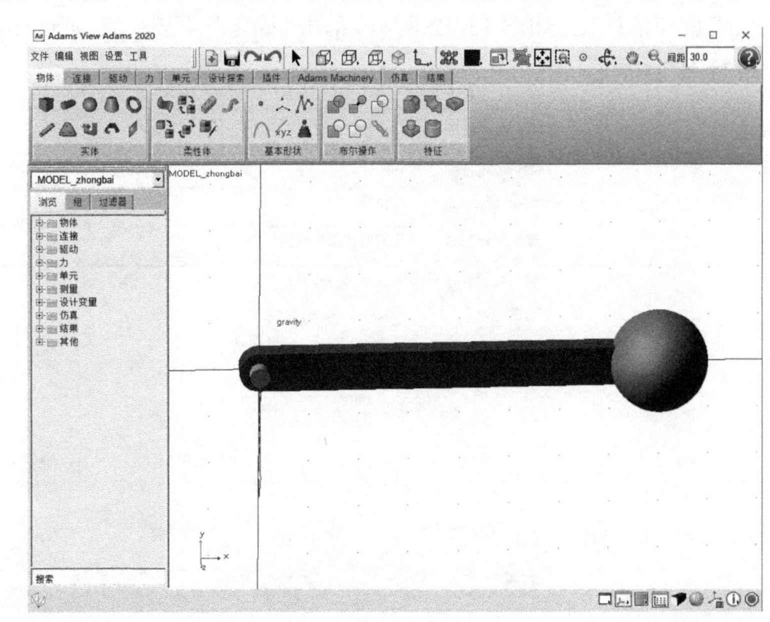

图 13-8 背景颜色设置

（2）定义材料属性

① 在浏览器窗口单击“浏览”标签，单击“物体”展开钟摆系统部件，如图 13-9 所示。

② 为了方便操作，可以对各个部件进行重新命名。右击“PART_2”，在快捷菜单中选择“重命名”，弹出“Rename”对话框，在“新名称”选项中键入“link”，如图 13-10 所示，单击“确定”。按同样的方法重新命名其他部件，如图 13-11 所示。

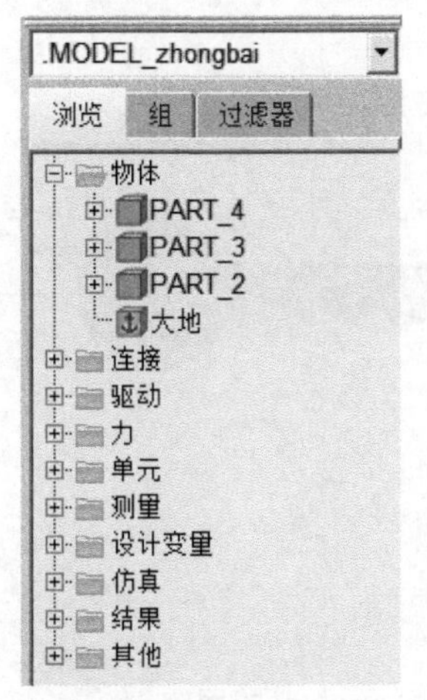

图 13-9 浏览器窗口

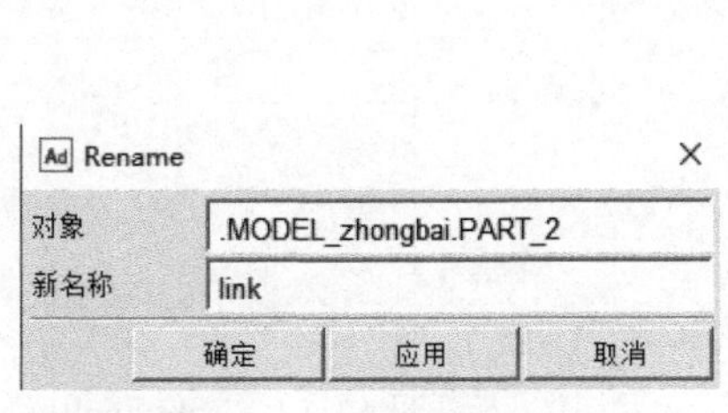

图 13-10 “Rename”窗口

图 13-11 重命名部件

③ 在图 13-11 所示的窗口中右击“link”，选择快捷菜单中的“修改”，弹出“Modify Body”

对话框，设置“分类”为“质量特性”，设置“定义质量方式”为“几何形状和材料类型”，在“材料类型”输入框中右击，选择“材料”—“推测”—“steel”，以定义材料的密度、弹性模量和泊松比，如图 13-12 所示。单击“确定”。同理，定义 xiaoqiu 材料为“steel”，zhuanzhou 材料为“steel”。

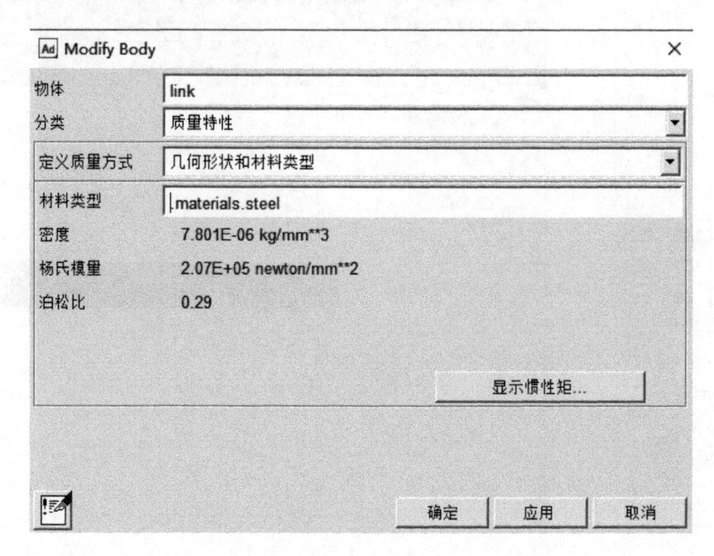

图 13-12 “Modify Body”对话框

（3）添加约束与驱动

① 创建 zhuanzhou 与 ground 之间的固定副。在“连接”选项卡中单击“固定副”图标，弹出“固定副”对话框，如图 13-13 所示。在“构建方式”列表中选择“2 个物体-1 个位置”和“垂直格栅”，“第 1 选择”和“第 2 选择”均设置为“选取部件”，单击选择“zhuanzhou”后，在空白区域单击，选择 ground，根据提示栏提示单击选择 zhuanzhou 的重心“zhuanzhou.cm”为固定连接点，结果如图 13-14 所示。

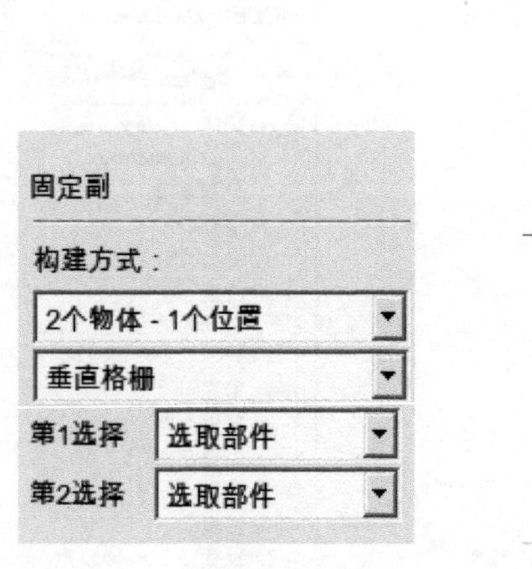

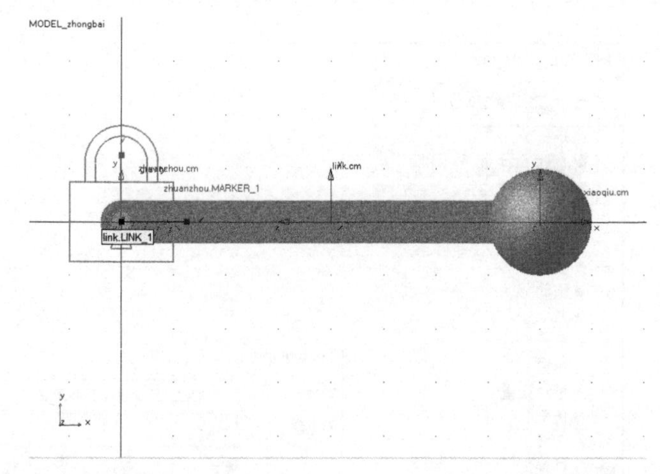

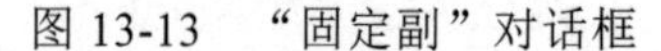

图 13-13 “固定副”对话框

图 13-14 zhuanzhou 与 ground 的固定副

② 创建 zhuanzhou 和 link 之间的旋转副。在主界面“连接”选项卡中单击“旋转副”图标，弹出“旋转副”对话框，如图 13-15 所示。在“构建方式”列表中选择“2 个物体-1

个位置”和“垂直格栅”，“第 1 选择”和“第 2 选择”均设置为“选取部件”，分别单击选择“zhuanzhou”和“link”。

根据提示栏提示单击选择 link.LINK_1.E12（center）为旋转副连接点，创建 zhuanzhou 和 jizuo 之间的旋转副，结果如图 13-16 所示。

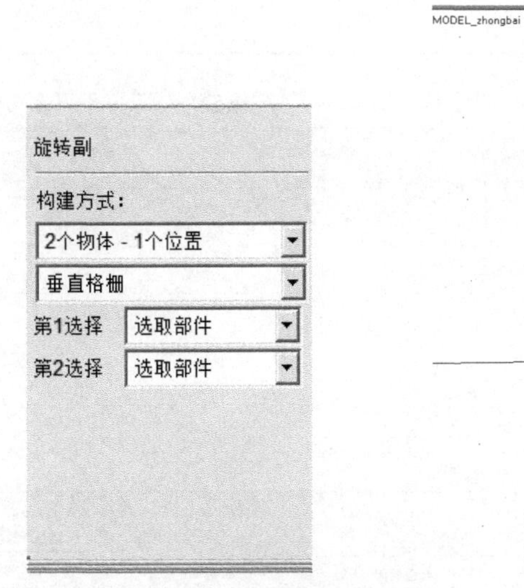

图 13-15 “旋转副”对话框

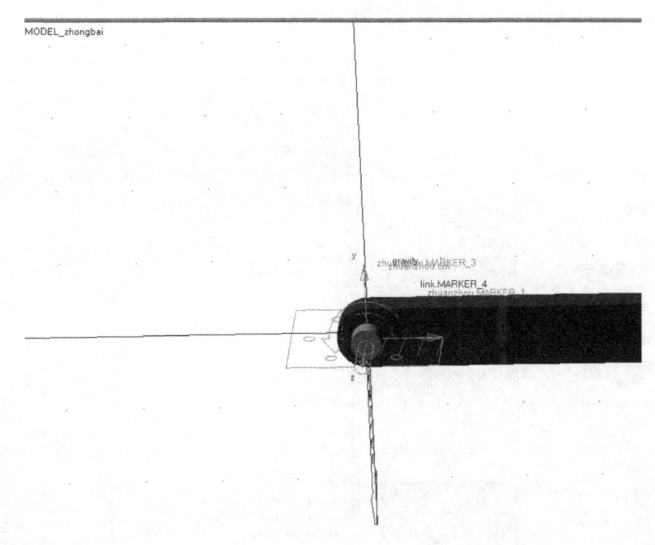

图 13-16 zhuanzhou 与 link 间的旋转副

③ 创建 link 和 xiaoqiu 之间的旋转副。在主界面“连接”选项卡中单击“旋转副”图标 ，弹出“旋转副”对话框。在“构建方式”列表中选择“2 个物体-1 个位置”和“垂直格栅”，“第 1 选择”和“第 2 选择”均设置为“选取部件”，分别单击选择“link”和“xiaoqiu”。根据提示栏提示，单击选择 xiaoqiu 的重心“xiaoqiu.cm”为旋转副连接点，创建 link 和 xiaoqiu 之间的旋转副。

④ 创建 zhuanzhou 和 jizuo 之间的转动驱动。在主界面“驱动”选项卡中单击“转动驱动”图标 ，弹出“转动驱动”对话框，如图 13-17 所示，设置“旋转速度”为“360.0”，单击连杆左端运动副 JOINT_2，创建 zhuanzhou 和 link 之间的转动驱动，如图 13-18 所示。

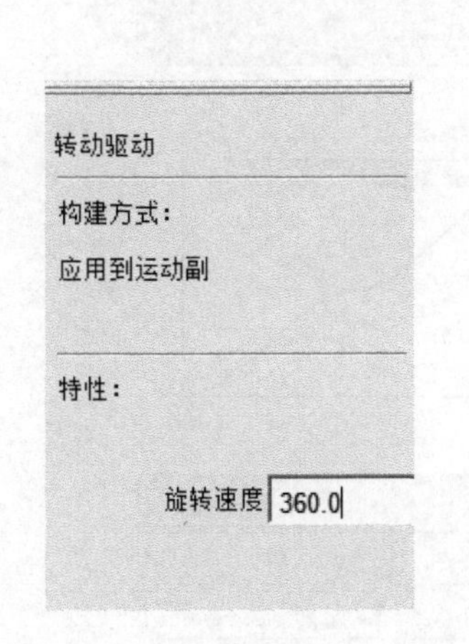

图 13-17 “转动驱动”对话框

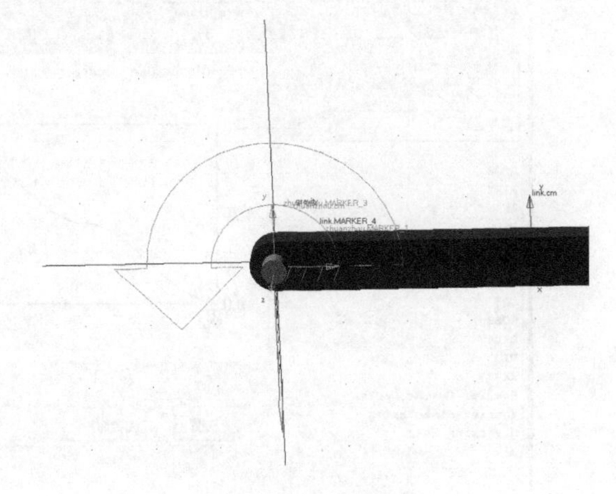

图 13-18 转动驱动

⑤ 设置驱动函数。右击浏览窗口下创建的转动驱动 MOTION_1，选择“修改”命令，弹出“Joint Motion”对话框，如图 13-19 所示。在“函数（时间）”栏单击 ... ，弹出“Fuction Builder”对话框，在“定义运行时间函数”对话框中输入“STEP（time，0，0d，0.5，90d）+ STEP（time，0.501，0d，1，90d）+STEP（time，1.01，0d，1.5，-90d）+STEP（time，1.501，0d，2，-90d）”，如图 13-20 所示。

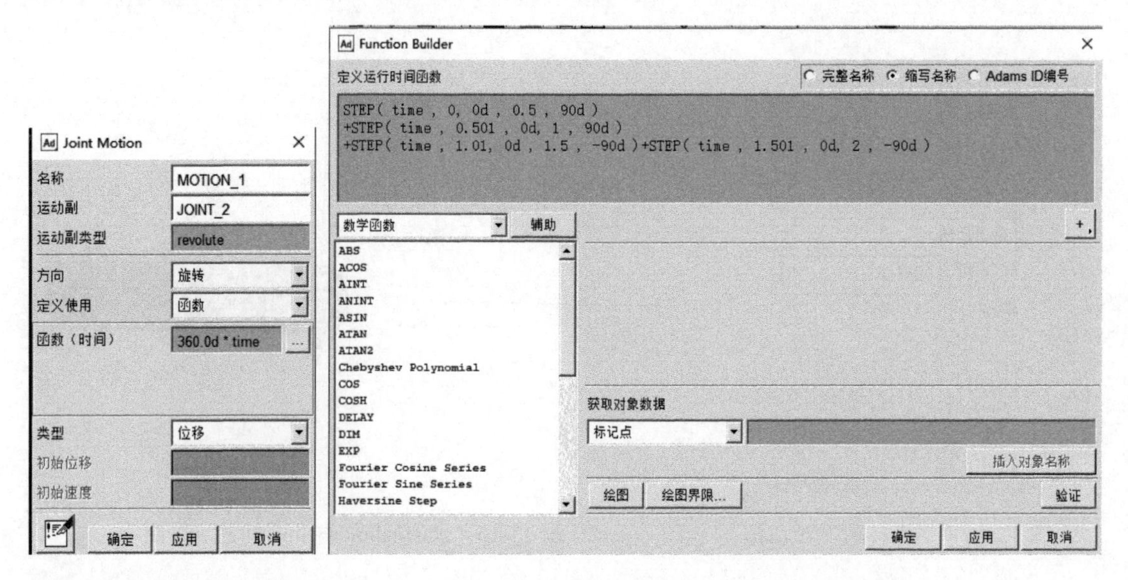

图 13-19　“Joint Motion”对话框　　图 13-20　“Fuction Builder”对话框

⑥ 单击“绘图界限”按钮，设置开始值为 0，最终值为 2，计算点的数量为 1001，单击“确定”按钮；单击“绘图”按钮，系统弹出驱动曲线，如图 13-21 所示，点击“确定”完成函数的定义；再单击“确定”按钮，完成函数的设置。

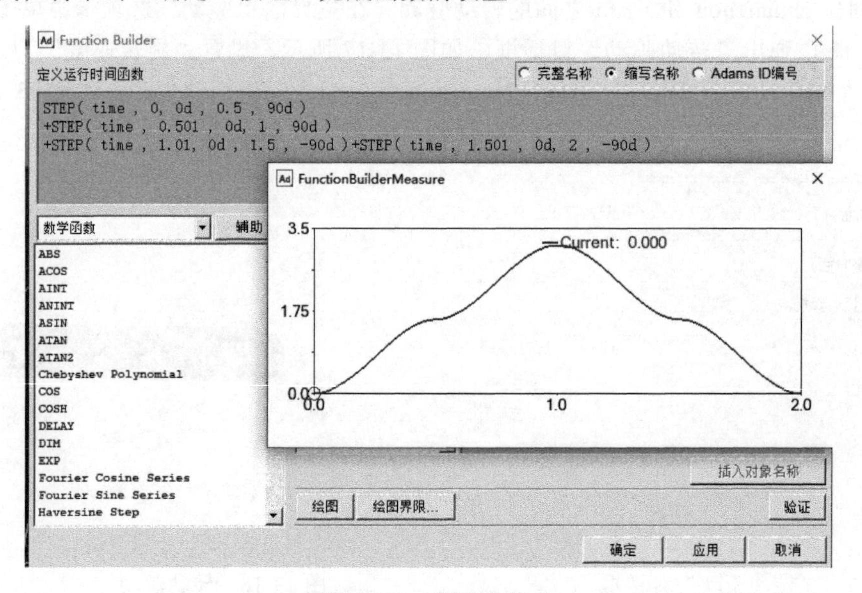

图 13-21　驱动曲线

（4）设置求解器

在“设置”菜单选择“设置”—“求解器”—“动力学分析”，弹出“Solver Settings”对话框，如图 13-22 所示。保持默认设置，单击“关闭”按钮，完成设置。

（5）仿真与后处理分析

① 仿真控制设置。在“仿真”选项卡中，单击“Simulation Control”按钮，弹出“Simulation Control”对话框，设置“终止时间”为 2.0，“步数”为 1000，勾选“运行前复位”复选框，结果如图 13-23 所示。

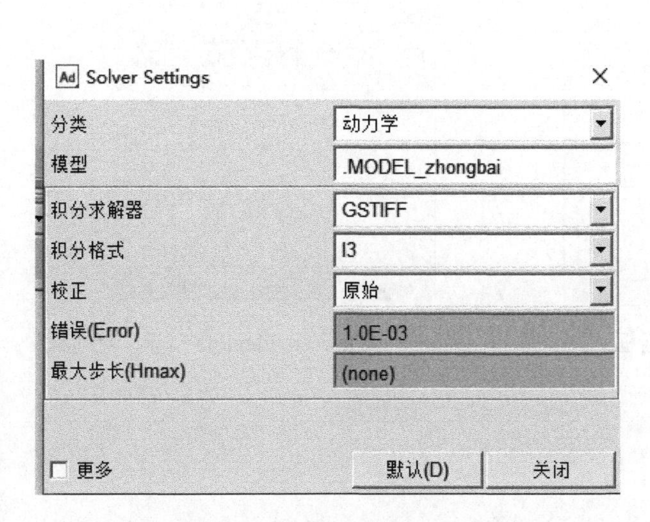

图 13-22 “Solver Settings”对话框

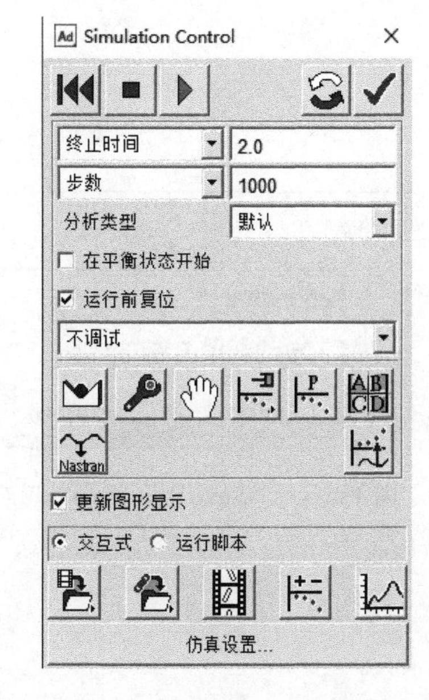

图 13-23 “Simulation Control”对话框

② 仿真。在“Simulation Control”对话框中单击仿真按钮，完成一次仿真。仿真结束单击“Save Run Results”按钮，弹出“Save Run Results”对话框，设置名称为“zhongbai_1”，如图 13-24 所示，单击“确定”。

③ 后处理。多刚体动力学仿真后处理数据与刚柔耦合动力学仿真后处理数据进行对比处理，本节不做分析。

（6）创建柔性连杆

① 离散连杆。在主界面“物体”选项卡“柔性体”中单击“离散柔性连杆”图标，弹出“Discrete Flexible Link”对话框，如图 13-25 所示。

② 在“名称”中输入“liangan”，“段数”中输入“8”，“阻尼系数”、“颜色”以及“积分格式”保持默认。

③ 在“标记 1”栏中右击，在弹出的选项中依次选择“标记点”—“选取”，移动鼠标，单击选择连杆左端的点“MARKER_4”。在“标记 2”栏中右击，在弹出的选项中依次选择“标记点”—“选取”，移动鼠标，单击选择连杆左端的点“MARKER_5”。

④ 在“连接方式”下拉列表中选择“柔性”，代表柔性连接。

⑤ 在“断面”一栏中选择实心圆。在“直径”栏中输入“20”，单击“确定”按钮，完成柔性杆的创建，如图 13-26 所示。

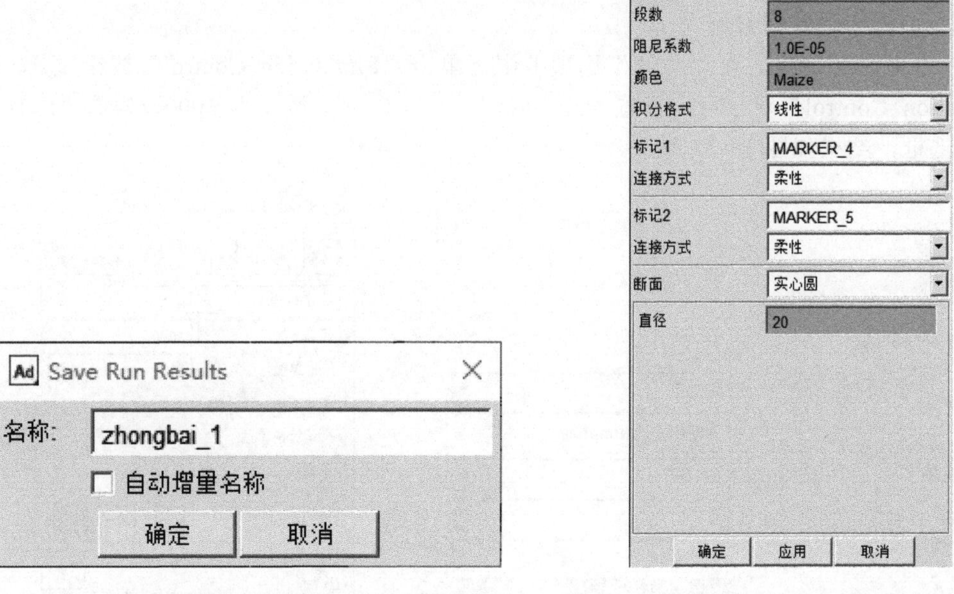

图 13-24 “Save Run Results”对话框　　　图 13-25 “Discrete Flexible Link”对话框

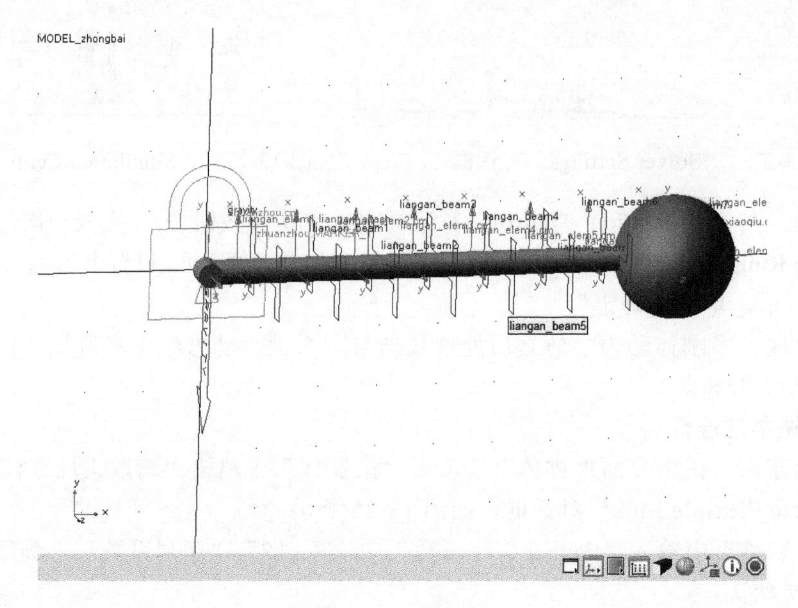

图 13-26 柔性体

⑥ 删除刚性体。在连杆上右击，在弹出的列表中单击删除，完成刚性体的删除。

（7）创建刚柔连接的约束与驱动

① 创建 zhuanzhou 和 liangan 之间的旋转副。在主界面“连接”选项卡中单击“旋转副”图标，弹出“旋转副”对话框，如图 13-27 所示。在“构建方式”列表中选择“一个位置-物体暗指”和“垂直格栅”，单击选择 liangan 与 zhuanzhou 的连接点 zhuanzhou.cm，完成旋

转副的创建，如图 13-28 所示。

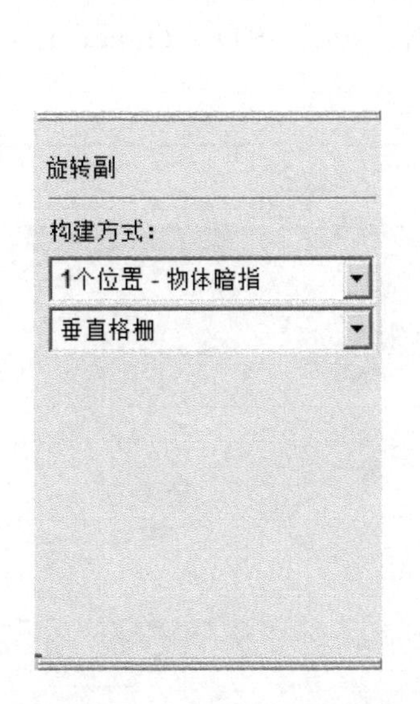

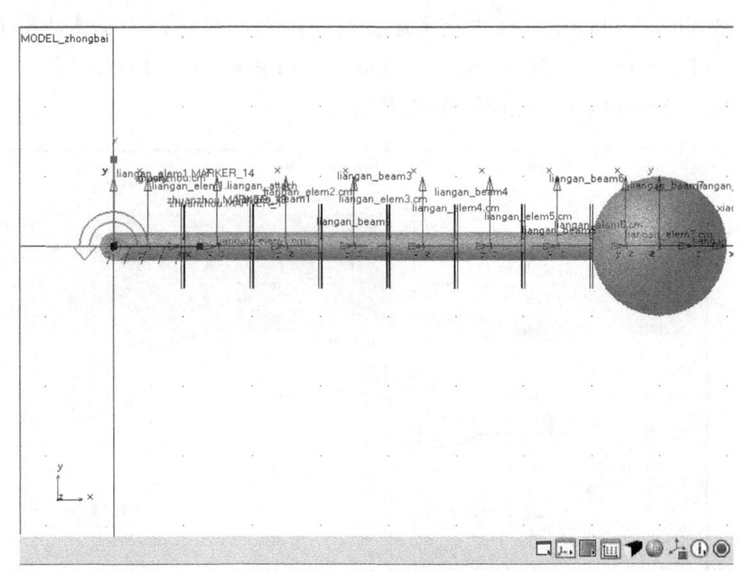

图 13-27　“旋转副”对话框　　　　图 13-28　旋转副创建

② 创建 liangan 和 xiaoqiu 之间的旋转副。在主界面“连接”选项卡中单击“旋转副”图标，弹出“旋转副”对话框。在“构建方式”列表中选择“一个位置-物体暗指”和“垂直格栅”，单击选择 liangan 与 xiaoqiu 的连接点 xiaoqiu.cm，完成 liangan 和 xiaoqiu 之间旋转副的创建。

③ 添加驱动。在主界面“驱动”选项卡中单击“转动驱动”图标，弹出“转动驱动”对话框，如图 13-29 所示，在“旋转速度”对话框中输入“360.0”，单击连杆左端运动副 JOINT_2，创建 zhuanzhou 和 liangan 之间的转动驱动，如图 13-30 所示。

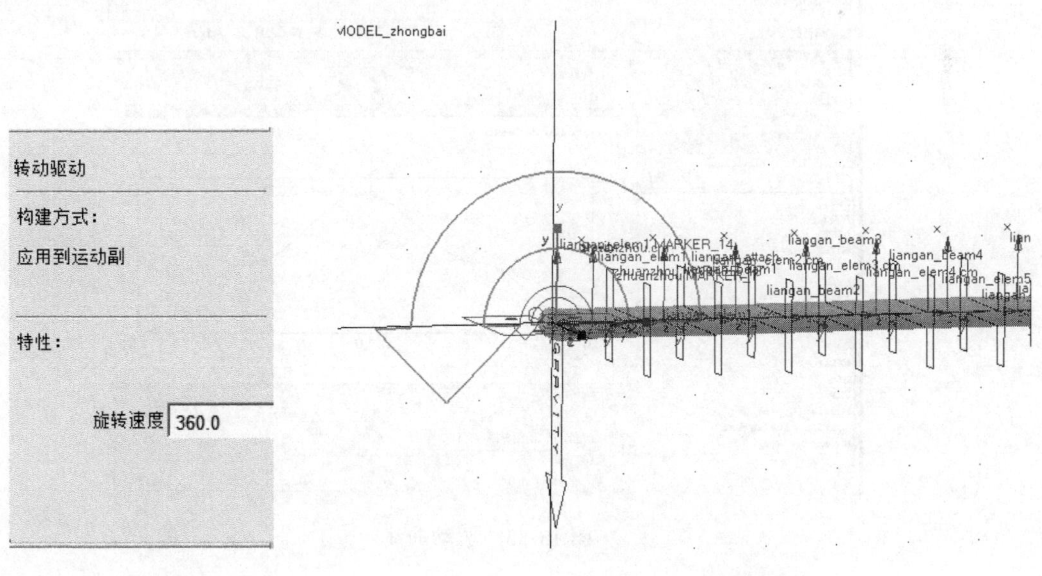

图 13-29　“转动驱动”对话框　　　　图 13-30　转动驱动

④ 设置驱动函数。右击浏览窗口下创建的转动驱动 MOTION_1，选择“修改”命令，

弹出“Joint Motion”对话框，如图 13-31 所示。在“函数（时间）”栏单击 ... ，弹出“Fuction Builder”对话框，在“定义运行时间函数”对话框中输入“STEP（time，0，0d，0.5，90d）+STEP（time，0.501，0d，1，90d）+STEP（time，1.01，0d，1.5，-90d）+STEP（time，1.501，0d，2，-90d）”，如图 13-32 所示。

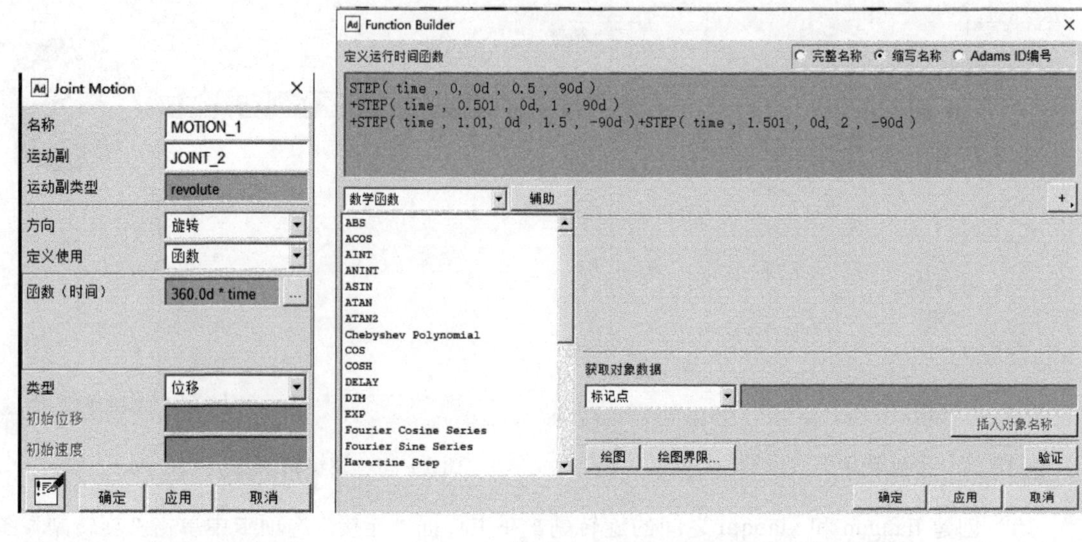

图 13-31 “Joint Motion”对话框　　图 13-32 “Fuction Builder”对话框

⑤ 单击“绘图界限”按钮，设置开始值为 0，最终值为 2，计算点的数量为 1201，单击“确定”按钮；单击“绘图”按钮，系统弹出驱动曲线，如图 13-33 所示，点击“确定”完成函数的定义；再单击“确定”按钮，完成函数的设置。

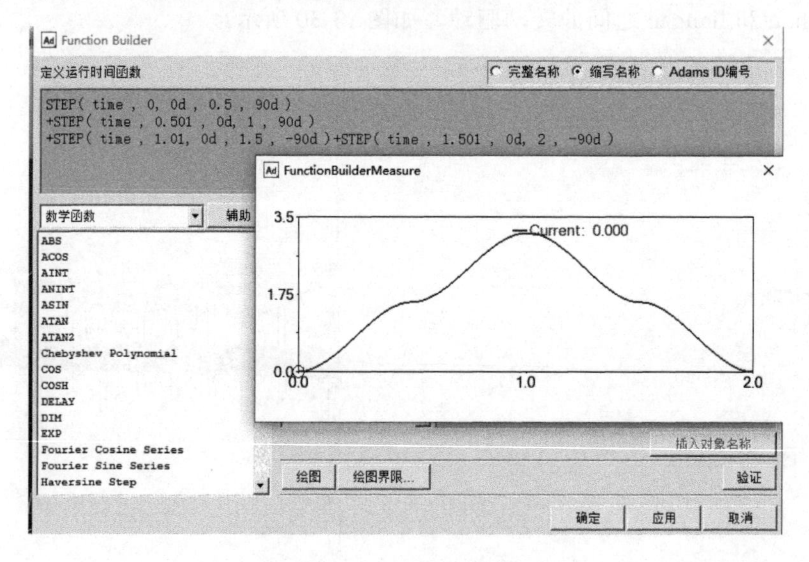

图 13-33 驱动曲线

（8）仿真与后处理分析

① 仿真控制设置。在“仿真”选项卡中，单击“Simulation Control”按钮，弹出

“Simulation Control”对话框，设置“终止时间”为 2.0，“步数”为 1000，勾选“运行前复位”复选框，结果如图 13-34 所示。

② 仿真。在“Simulation Control”对话框中单击仿真按钮▶，完成一次仿真。仿真结束单击“Save Run Results”按钮，弹出“Save Run Results”对话框，设置“名称”为“flex_1”，如图 13-35 所示，单击“确定”。

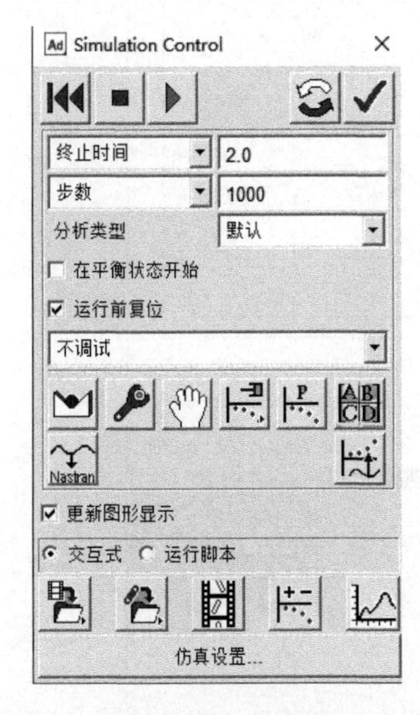

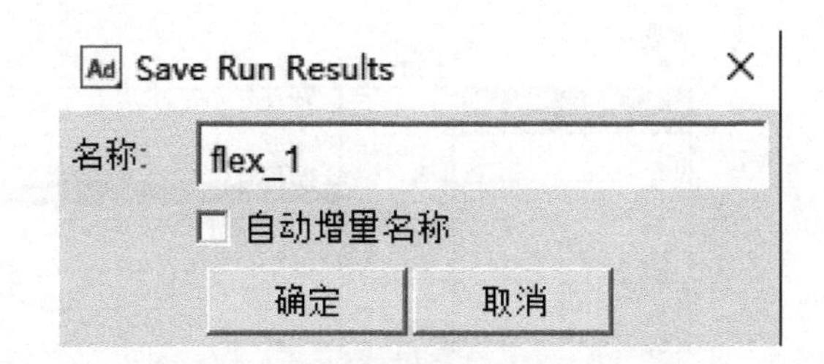

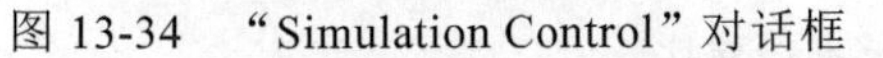

图 13-34 “Simulation Control”对话框

图 13-35 “Save Run Results”对话框

③ 单击仿真对话框中的后处理图标或在主界面“结果”选项卡中单击图标，打开后处理窗口，如图 13-36 所示。

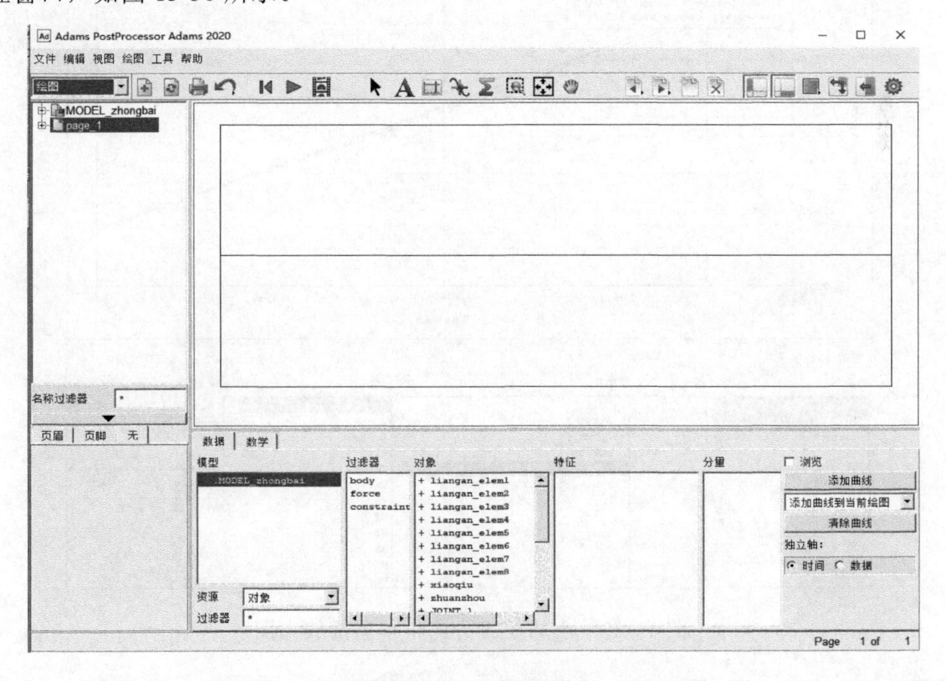

图 13-36 后处理窗口

④ 在窗口的资源下拉菜单中选择结果集，仿真窗口选择 zhongbai_1 和 flex_1，结果集列表中选择“xiaoqiu_XFORM”，分量列表框中选择“X”，单击“添加曲线”或点击“浏览”，即可显示小球在 X 方向上的位移曲线对比，如图 13-37 所示。

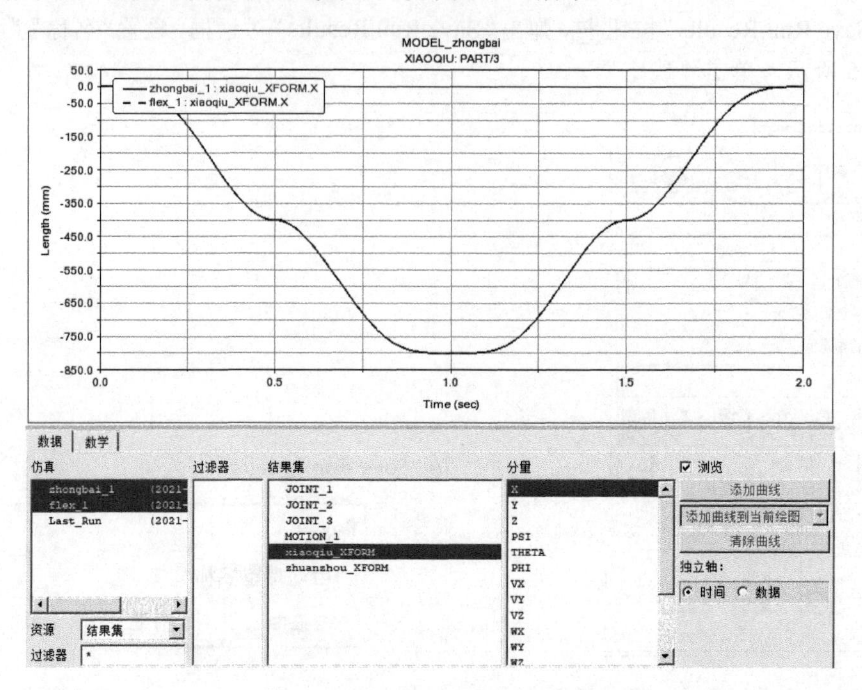

图 13-37　小球在 X 方向的位移曲线对比

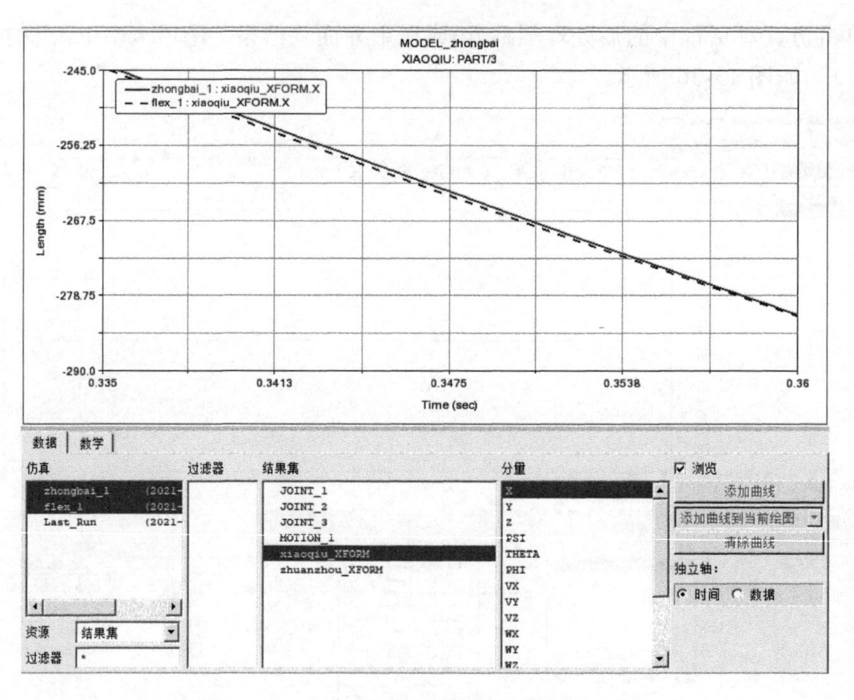

图 13-38　小球在 X 方向位移局部放大图

从图 13-38 中，可以看出小球在刚柔耦合情况下，位移与刚性运动下，有较小差异。在刚柔耦合情况下，更能真实反映小球的运动情况。

⑤ 在窗口的资源下拉菜单中选择结果集，仿真窗口选择 zhongbai_1 和 flex_1，结果集列表中选择 xiaoqiu_XFORM，分量列表框中选择 ACCX，单击“添加曲线”或点击“浏览”，即可显示小球在 *X* 方向上的加速度曲线对比，如图 13-39 所示。

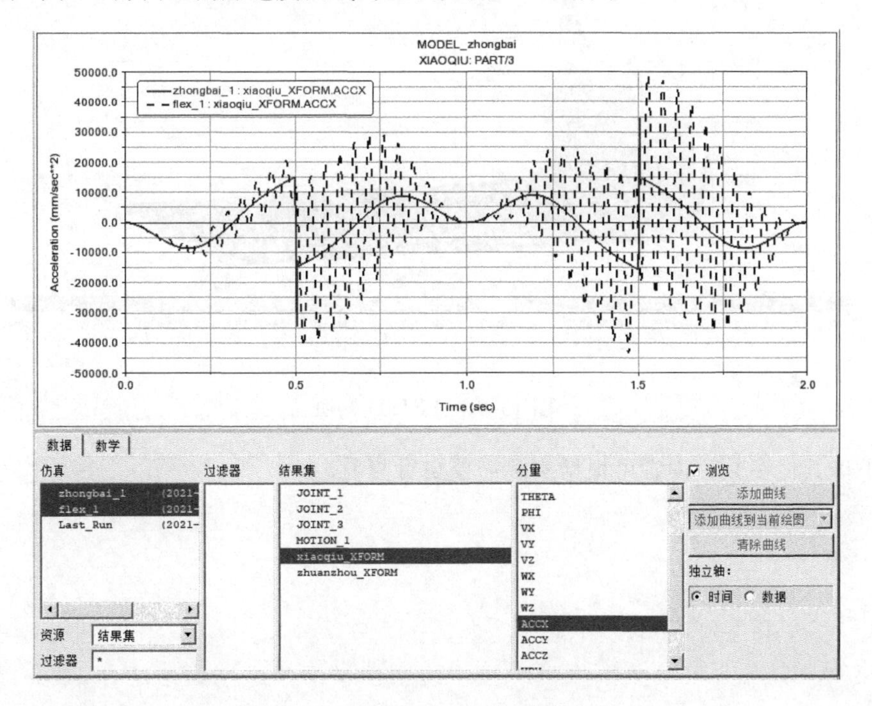

图 13-39 小球在 *X* 方向的加速度曲线对比

⑥ 单击选择图 13-39 中红色曲线，在菜单栏中单击绘图，在下拉列表中选择“FFT”，采用默认设置，对曲线进行傅里叶变换，如图 13-40 所示。

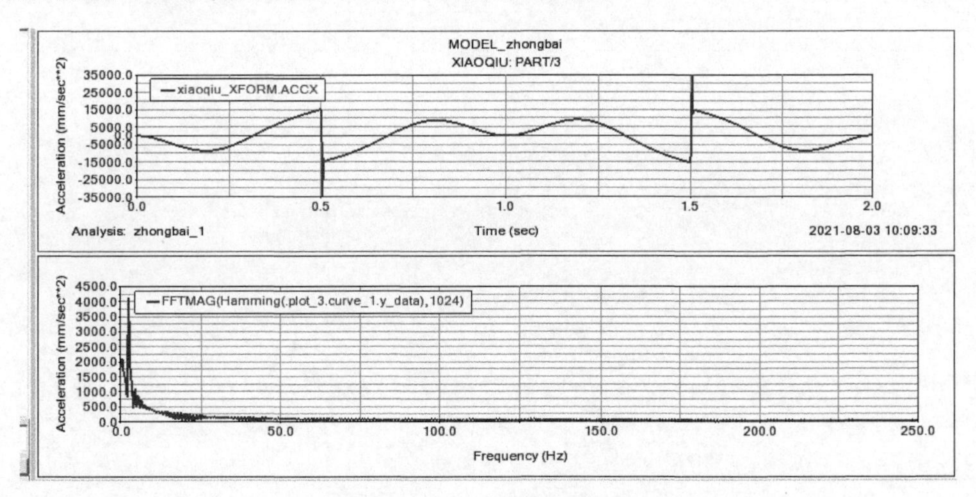

图 13-40 傅里叶变换图

⑦ 单击选择图 13-39 中红色曲线，在菜单栏中单击绘图，在下拉列表中选择“FFT3D”，采用默认设置，对曲线进行快速傅里叶变换，如图 13-41 所示。

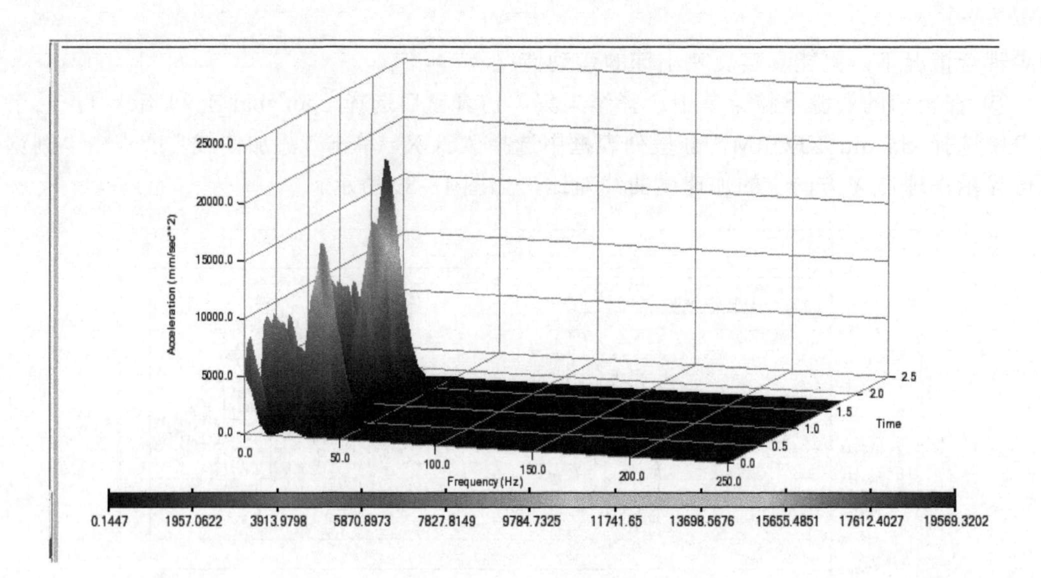

图 13-41　FFT3D 变换

⑧ 小球其他参数，读者可根据实际需要自行查看。

第14章

综合实例三：焊接机械手多柔体动力学分析

扫码尽享
ADAMS 全方位学习

14.1 焊接机械手的结构特点与技术分析

焊接作为工业“裁缝”，是工业生产中非常重要的加工手段，同时由于焊接烟尘、弧光、金属飞溅的存在，焊接的工作环境又非常恶劣，焊接质量的好坏对产品质量有很大影响。

随着工业自动化的发展，焊接机械手在工业应用中越来越重要。焊接机械手可以代替人手的繁重劳动，主要特点有焊接稳定、焊接质量高、均一性好、产品周期明确、容易控制产品产量、实时焊接参数可调节、显著减轻工人的劳动强度、提高劳动生产率和自动化水平等，同时也解决了工业生产中工人长期频繁单调的操作，提高了产品的生产速度，缩短设计周期，提高了产品的设计质量和使用寿命，提高了企业的技术创新能力和市场竞争能力。

焊接机械手的结构设计与一般的机械结构设计相比，既具有类似性，又有其独特性。从机构学的角度来看，机械手的机械结构可看作是一系列连杆通过旋转关节、移动关节连接起来的开式运动链。与一般机构相比，机械手的开链结构形式具有灵巧性和空间可达性等，但由于开链式结构实际上是由一系列悬臂杆件串联而成的，机械误差和弹性变形的累积影响机械手的刚度和精度。因此，机械手的结构设计既要满足强度要求，又要考虑刚度和精度。另一方面，机械手的机械结构，特别是关节传动系统，是整个伺服系统中的一个组成部分，无论是结构的紧凑性、灵巧性，还是在运动时的稳定性、快速性等伺服性能，都比一般机构有更高的要求。

焊接机械手虽然有多种结构形式，但大体上都可以分为 3 大组成部分，即本体、点焊焊接系统及控制系统。目前应用较广的点焊机器人，其本体形式有直角坐标简易型及全关节型。前者可具有 1~3 个自由度，焊件及焊点位置受到限制；后者具有 5~6 个自由度，能在可到达的工作区间内任意调整焊钳姿态，以适应多种形式结构的焊接。

对焊接机械手的结构设计进行研究，目的是寻找在不同要求下最优的机械结构，以最大程度地满足生产需要。

14.2 焊接机械手的动力学分析思路及要点

机械手动力学是分析力学与多体（或刚体）系统动力学相结合的产物。进行动力学研究有两个作用：为控制系统的设计提供依据，并帮助改善控制系统工作的稳定性和控制精度；帮助实现机械手结构设计的动力学优化和对现有机械手的结构做动力学特性的评估和检验。机械手动力学分为两个方向：正动力学问题和逆动力学问题。正动力学问题是已知某一时刻机械手系统上的关节力、关节位置和速度矢量而求解此时刻此关节上加速度矢量的问题；逆运动学问题是知道某一时刻的关节位置、关节速度矢量和加速度，求解该关节上力矢量的问题。机械手动力学分析的主要方法就是对机械手进行动力学建模和求解，通常动力学模型为动力学微分方程组。

14.3 动力学分析

（1）创建模型

① 开始界面如图 13-2 所示，单击“新建模型”，弹出如图 14-1 所示的“Creat New Model”对话框。将模型名称修改为“welding_robot”，将单位设置成 MMKS，设置好工作路径后，单击“确定”，进入 ADAMS 2020 主界面，如图 14-2 所示。

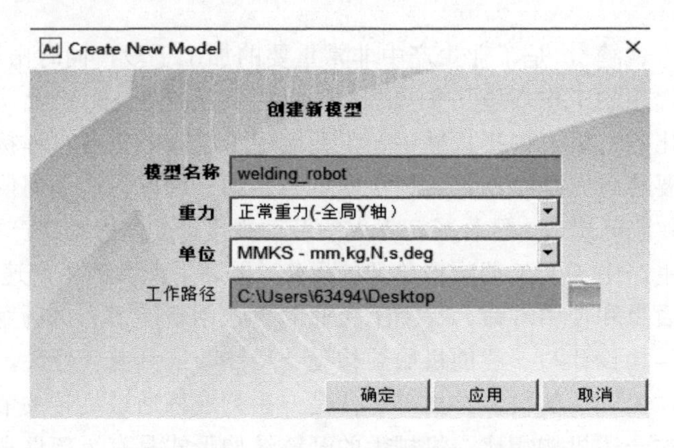

图 14-1 “Creat New Model”对话框

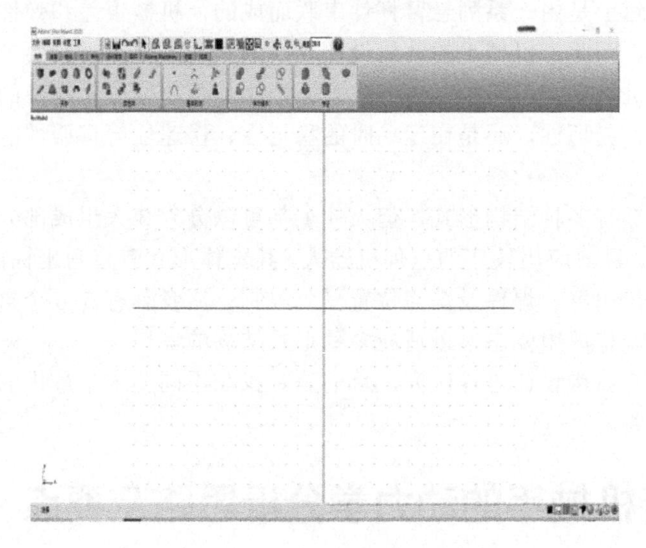

图 14-2 ADAMS 2020 主界面

② 在 ADAMS 2020 主界面里设置工作环境。点击菜单“Setting”—“Working Grid”，在“Working Grid Settings”对话框中，将工作格栅的 X 和 Y 尺寸设置成 1100mm，间隔设置成 25mm，如图 14-3 所示，单击“确定”按钮，单击工具栏中按钮，调整视图方向，点击键盘 F4 键，打开坐标窗口。单击菜单“Setting”—“Icons”，在“Icon Settings”对话框中，将“新的尺寸”项设置为 25，如图 14-4 所示。

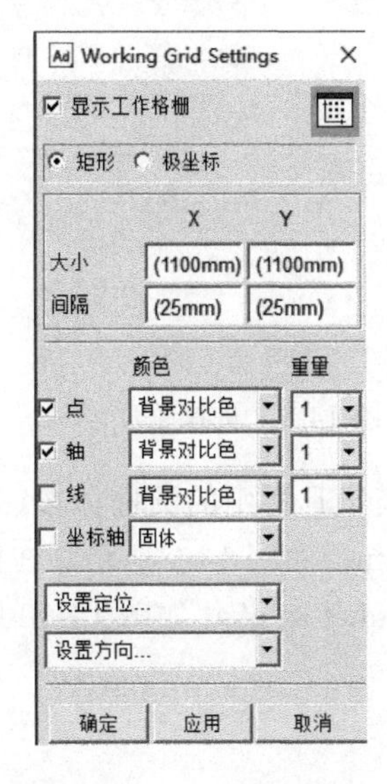

图 14-3 工作格栅对框

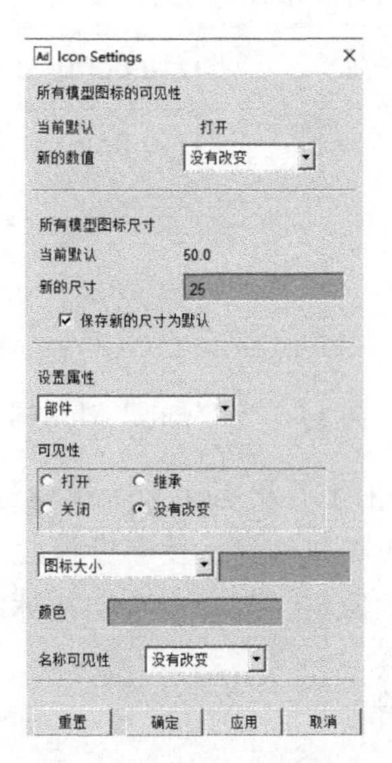

图 14-4 “Icon Settings”（图标设置）对话框

（2）创建底座

① 创建机械手基座。打开几何建模工具栏，然后点击几何建模工具栏上的拉伸按钮，弹出几何形状对话框，如图 14-5 所示，将对话框中“轮廓”设置成“点”，勾选“闭合”选项，“路径”设置为后退，长度设置成 10，点击“确定”关闭对话框，在图形区依次选择（−250，0，250）、（250，0，−250）、（250，0，250）、（−250，0，−250）4 个位置，单击鼠标右键，就可以创建一个拉伸体，如图 14-6 所示，在基座上单击鼠标右键，在弹出的菜单中选择“part：PART_2”重命名，在弹出的对话框中输入“robotbase”。

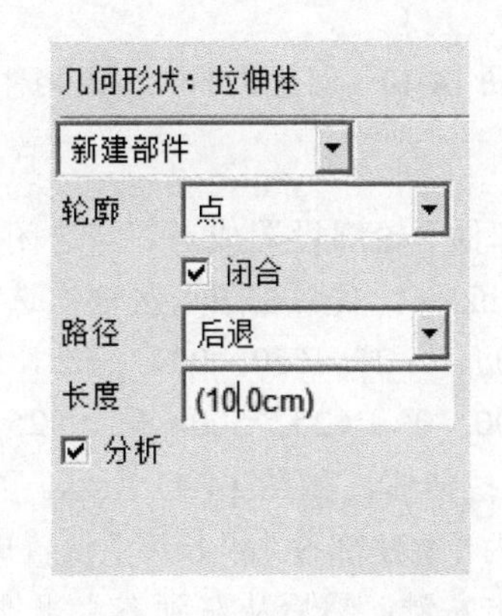

图 14-5 拉伸几何体对话框

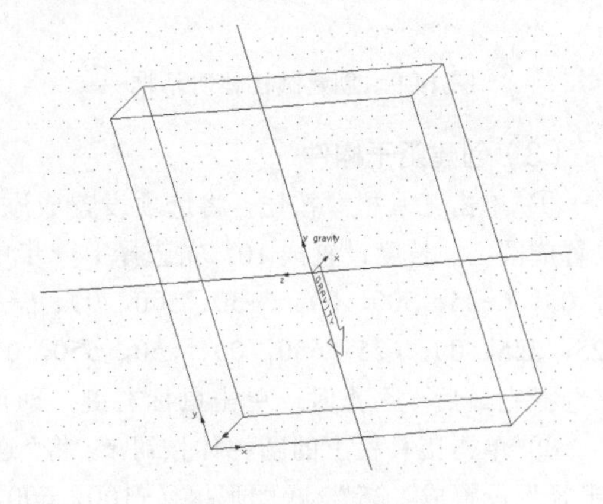

图 14-6 机械手底座

② 在工具栏中单击打孔按钮，将半径设置成 100mm，深度设置成 100mm，如图 14-7

所示。在图形区单击刚刚创建的拉伸体，在圆孔上单击鼠标右键，在弹出的菜单中选择“HoleFeature：Hole_1”—“Modify”，在弹出的编辑对话框中，将 Center 输入框中的坐标值设置成（0，0，0），最后生成的基座如图 14-8 所示。

图 14-7 “钻孔”对话框

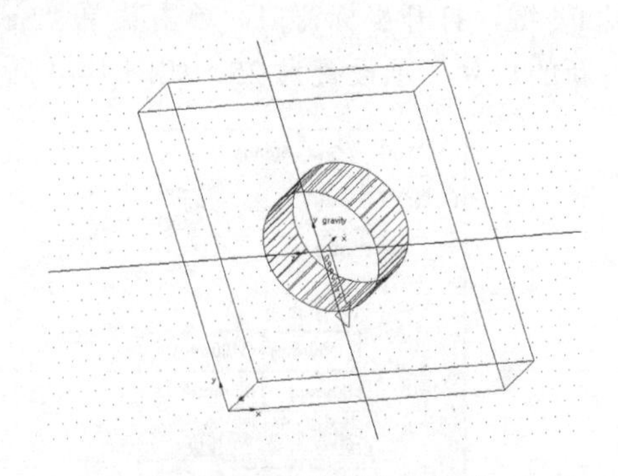

图 14-8 机械手底座钻孔

③ 单击工具栏按钮，调整视图方向，单击几何建模工具栏中的圆柱体按钮，将“选项”设置成新建部件，长度设置成 10cm，半径设置成 10cm，如图 14-9 所示。在图形区单击工作格栅的原点，创建一个圆柱体，将圆柱体重命名为 Robot trunk，如图 14-10 所示。

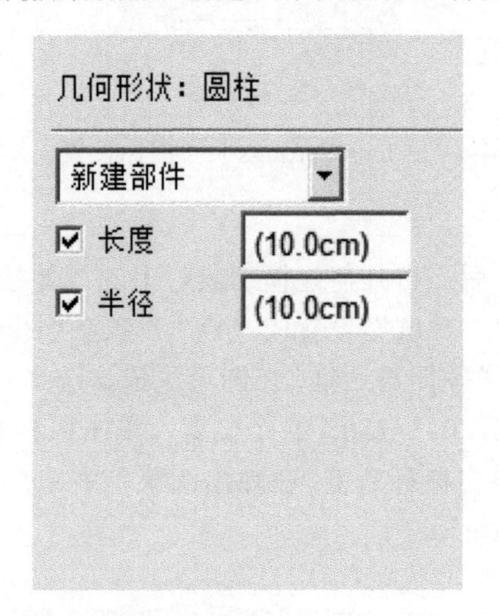

图 14-9 创建圆柱体对话框

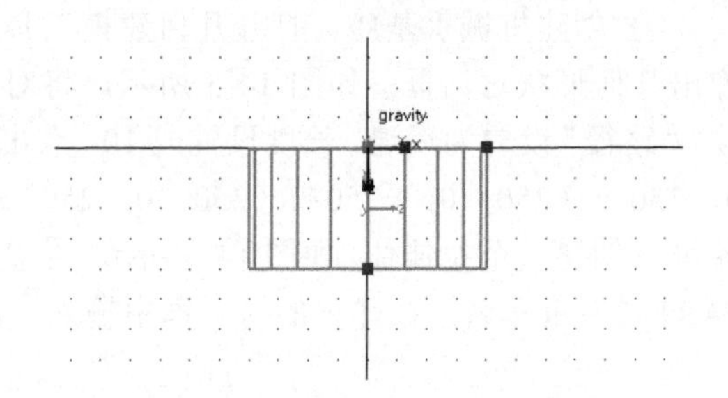

图 14-10 创建 Robot trunk 构件

（3）创建躯干构件

① 单击工具栏按钮，将选项设置成添加到现有部件、轮廓设置成点、勾选闭合、路径设置成圆心、长度设置成 10，先选择上一步中 Robot trunk 件，然后在图形区依次选择（-25，0，0）、（-25，500，0）、（-50，500，0）、（-50，650，0）、（-25，650，0）、（-25，525，0）、（25，525，0）、（25，650，0）、（50，650，0）、（50，500，0）、（25，500，0）、（25，0，0），在选择完最后一个点时，单击鼠标右键，即可创建一个拉伸体，如图 14-11 所示。

② 单击工具栏上的圆柱体按钮，将“选项”设置为“新建部件”、“长度”设置成“200”，“半径”设置成“25”，在图形区（-100，600，0）处单击左键，然后从左到右水平拖动鼠标，创建一个圆柱体，如图 14-12 所示，单击工具栏中的布尔差按钮，先单击 Robot trunk，再单击“圆柱体”，便可拉伸一个圆孔。

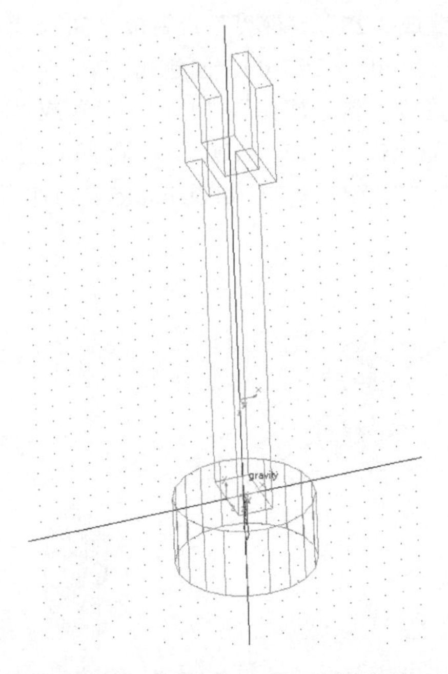

图 14-11　机械手躯干拉伸体构件

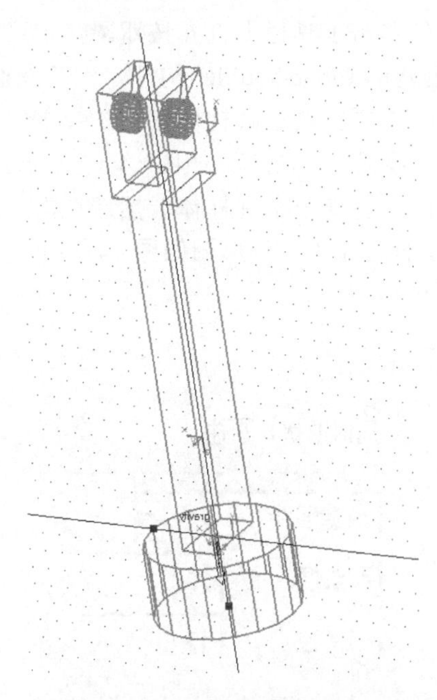

图 14-12　机械手躯干圆柱体构件

（4）创建肩构件

① 单击工具栏拉伸按钮，将“选项”设置成“新建部件”、“轮廓”设置成“点”、勾选“闭合”选项，“路径”设置成“圆心”、“长度”设置成“50”，然后在图形区依次选择（0，-25，0）、（-300，-25，0）、（-300，-50，0）（-400，-50，0）、（-400，-25，0）、（-325，-25，0）、（-325，25，0）、（-400，25，0）、（-400，50，0）、（-300，50，0）、（-300，25，0）、（0，25，0），选择完最后一个点时，单击鼠标右键，即可创建拉伸体机械手肩，将此构件更改名称为“robotshoulder”，如图 14-13 所示。

② 单击工具栏上圆柱体按钮，将“选项”设置成“新建部件”、“长度”设置为“50”、“半径”设置为“50”，在图形区单击（0，-25，0）和（0，25，0）两个点，创建一个圆柱体，然后单击工具栏的布尔合并按钮，先单击上一步中的 robotshoulder，再单击刚新建的圆柱体，将两个件合并为一个件，如图 14-14 所示。

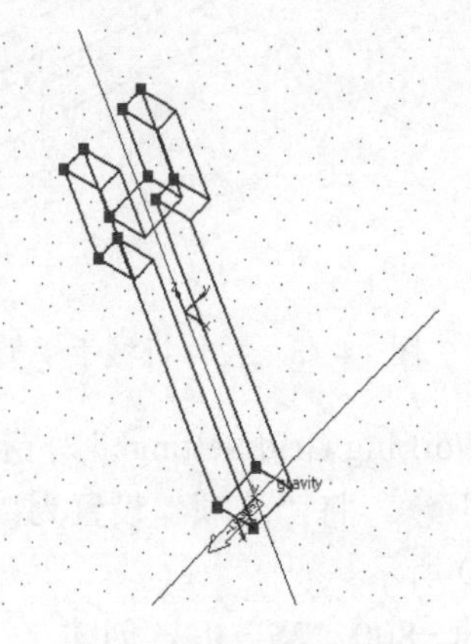

图 14-13　拉伸机械手肩构件

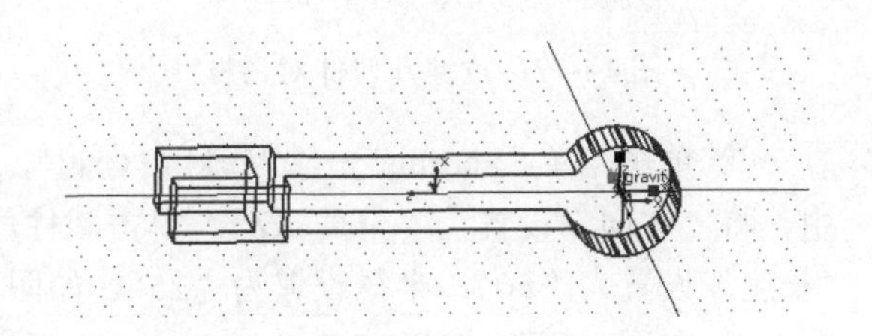

图 14-14　拉伸机械手肩构件拉伸圆柱

③ 单击工具栏上打孔按钮，将“半径”设置成“25”，“深度”设置成“50”，单击上一步创建的 robotshoulder 构件，然后在图形区单击点（0，-25，0），创建孔。

④ 单击工具栏圆柱体按钮，将“选项”设置成“新建部件”、“长度”设置成“200”、“半径”设置成“12.5”，如图 14-15 所示。在图形区先点击（-375，-100，0），再点击点（375，100，0），创建一个圆柱体，然后点击工具栏布尔差按钮，先点 robotshoulder 构件，后点击新建的圆柱体，外形图如图 14-16 所示。

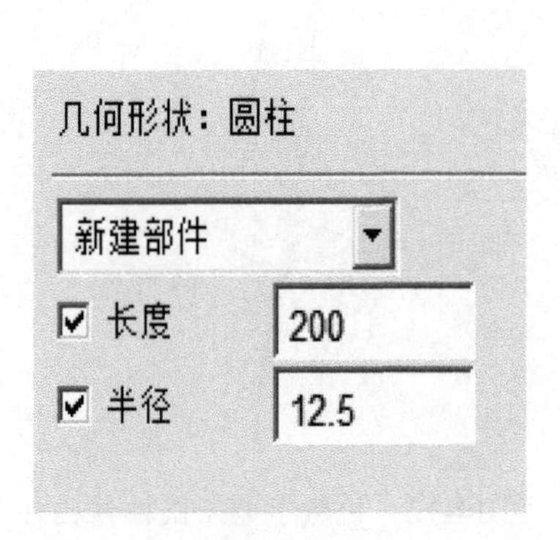

图 14-15　创建圆柱体对话框

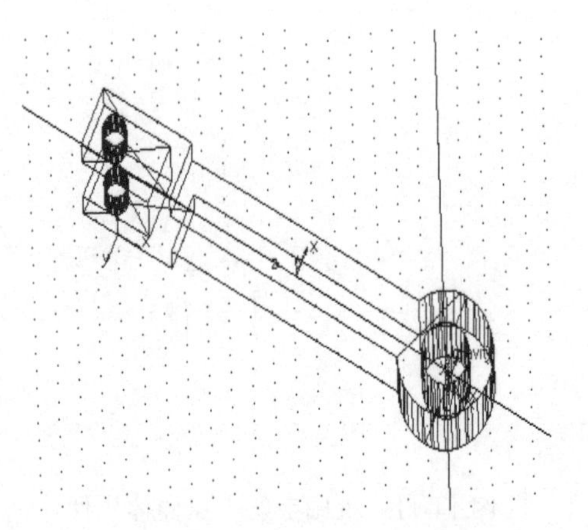

图 14-16　机械手肩构件打孔

（5）创建手臂构件

① 单击工具栏拉伸按钮，将“选项”设置成“新建部件”、“轮廓”选择“点”、勾选“闭合”、“路径”设置成“圆心”、“长度”设置成“50”，如图 14-17 所示。然后在图形区依次点击（-800，25，0）、（300，25，0）、（300，-25，0）和（-800，-25，0），并将构件重命名为“robot arm”，如图 14-18 所示。

图 14-17　拉伸几何体对话框

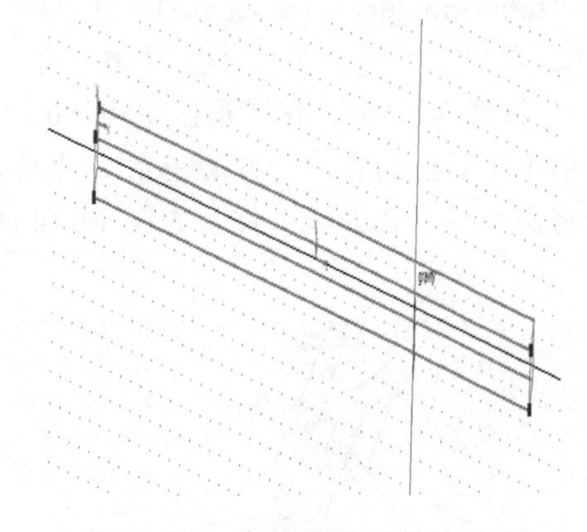

图 14-18　拉伸机械手手臂构件

② 单击菜单“Setting”—“Working Grid”，在“Working Grid Settings”对话框（图 14-19）中，将“方向”设置为“全局 XZ”。单击圆柱体按钮，将“选项”设置为“新建部件”，“长度”设置为“50”，半径设置为“25”，如图 14-20 所示。

③ 在图形区先点击（-800，-25，0），再点击（-800，25，0），创建一个圆柱体，如图 14-21 所示。

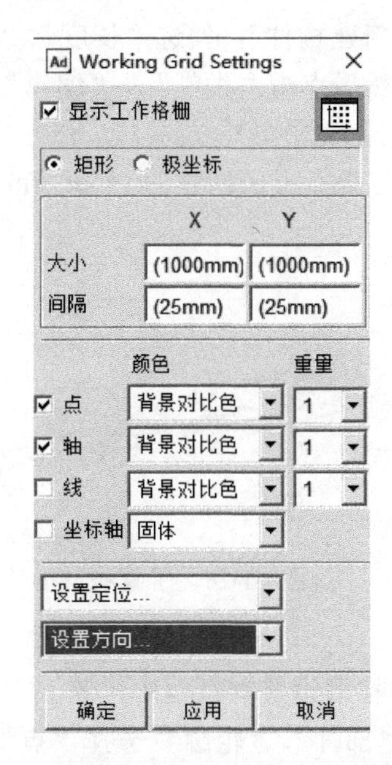

图 14-19　“Working Grid Settings”工作格栅对话框

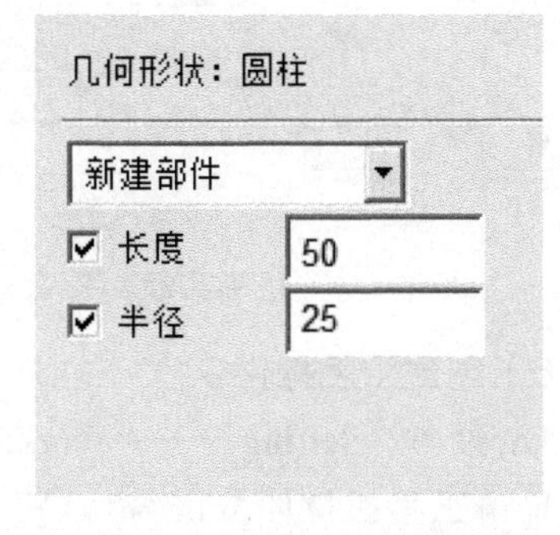

图 14-20　拉伸圆柱体对话框

④ 然后点击工具栏布尔按钮，先点击“robot arm”，再点击新建的圆柱体，将两个构件合并为一个，如图 14-22 所示。

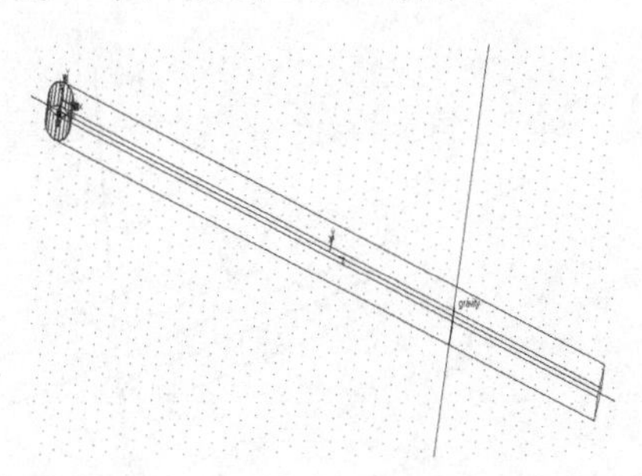

图 14-21　手臂构件添加旋转体

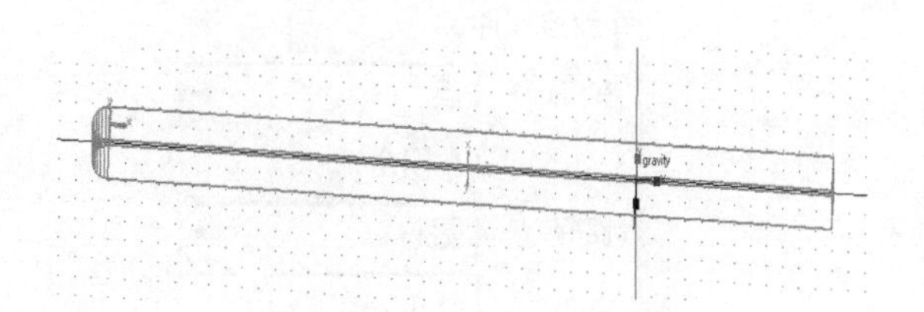

图 14-22　手臂构件布尔求和

⑤ 在工具栏单击打孔按钮，将半径设置为 12.5mm，深度设置为 50mm，如图 14-23 所示，然后在图形区单击“robot arm”构件，在点（0，0，25）和（-800，0，25）处创建一个孔，结果如图 14-24 所示。

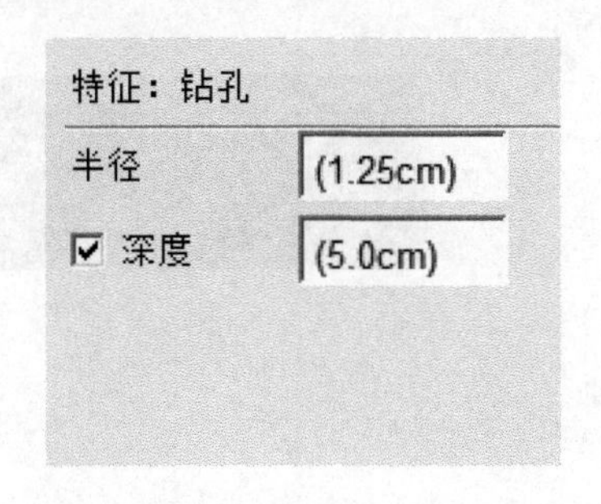

图 14-23　“钻孔”对话框

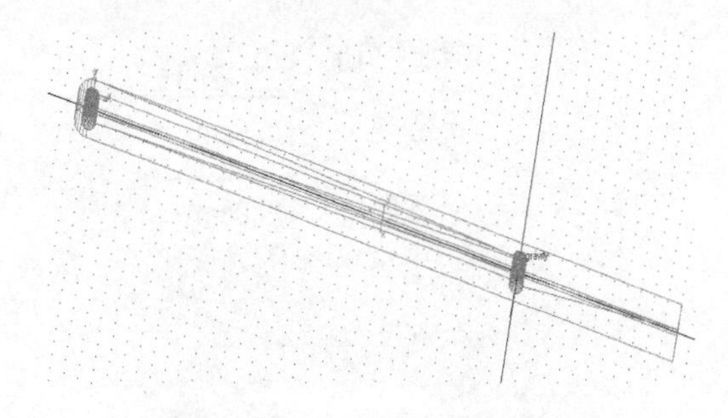

图 14-24　手臂构件上钻孔

⑥ 单击工具栏立方体按钮，将选项设置为“新建构件”，勾选“长度”、“高度”、“厚度”，分别输入“100”、“20”、“100”后创建立方体，然后点击“菜单”—“编辑”—“移动”，在对话框（如图 14-25 所示）中输入相应的数值，将立方体沿 X 方向移动 850，沿 Y 方向移动 50，沿 Z 方向移动 10，单击工具栏布尔差按钮，先点击已创建的 robot arm 构件，再点击立方体构件，便可得到图 14-26。

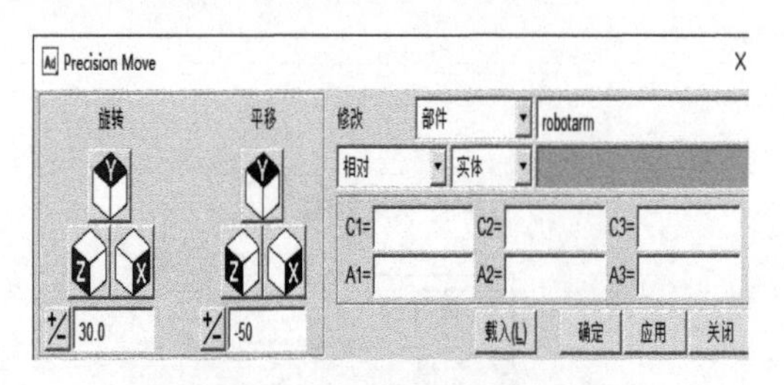

图 14-25　精确移动构件对话框

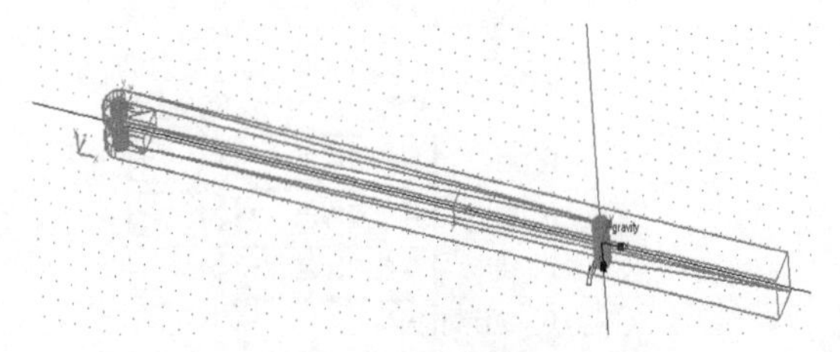

图 14-26　手臂构件上切槽

（6）创建手腕构件

单击菜单“Setting”—“Working Grid”，在工作格栅设置对话框中，将方向设置为全局 XY。单击工具栏拉伸按钮，将选项设置成“新建部件”、“轮廓”选择“点”、勾选“闭合”、“路径”设置成“圆心”、“长度”设置成 20mm，如图 14-27 所示。然后按图 14-28～图 14-30 所示在手腕构件上钻孔。最后按图 14-31～图 14-33 所示，将手腕构件和圆柱体求和，使之成为一个构件。

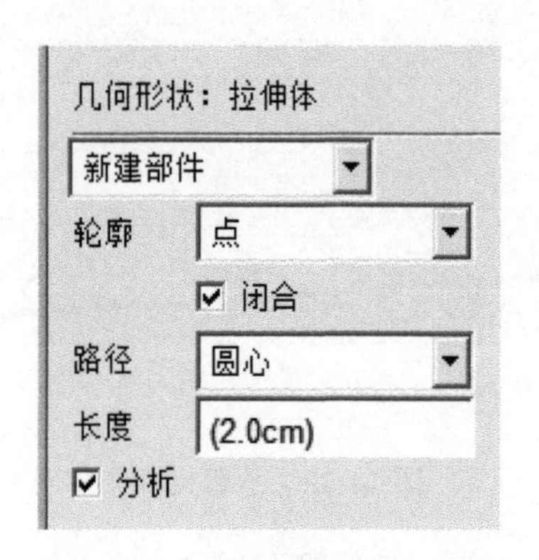

图 14-27　“拉伸体”对话框

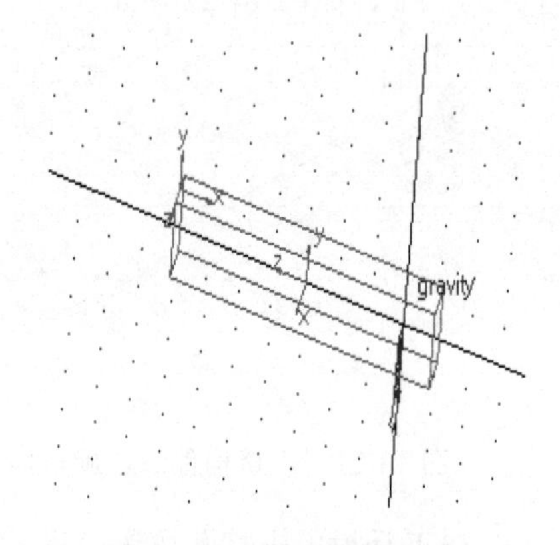

图 14-28　手腕构件主体

图 14-29　“钻孔”对话框

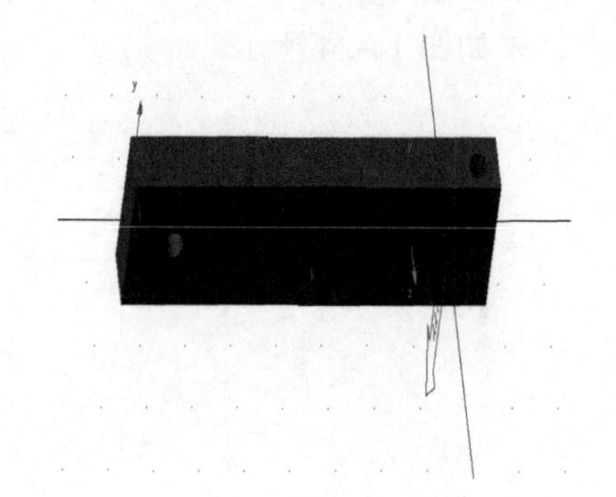

图 14-30　手腕构件上打孔

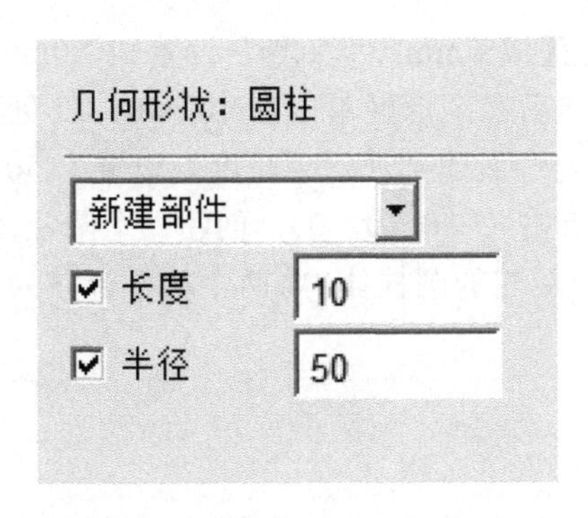

图 14-31　拉伸圆柱体对话框

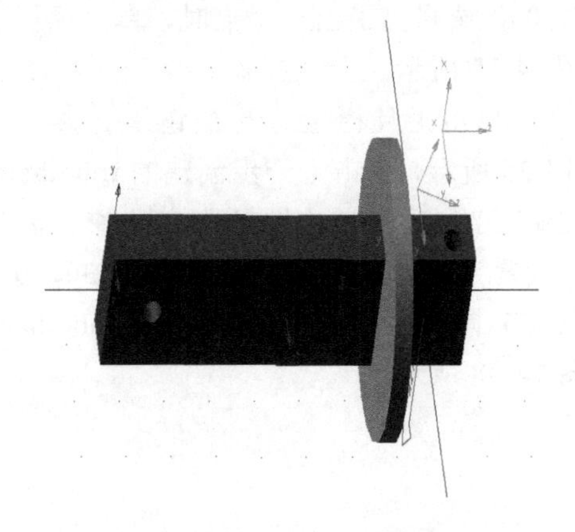

图 14-32　手腕构件上添加圆柱体

（7）创建机械手构件

① 创建 robothand，单击菜单“Setting”—“Working Grid”，在“Working Grid Settings”对话框中，将方向设置为“全局 XY”，将工作格栅的 *X*、*Y* 尺寸均设置为 300mm，间隔均设置为 5mm，如图 14-34 所示。

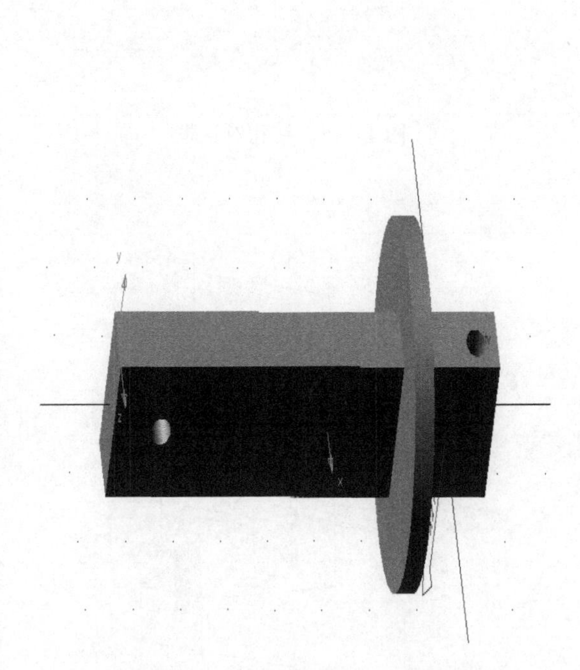

图 14-33　手腕构件布尔求和

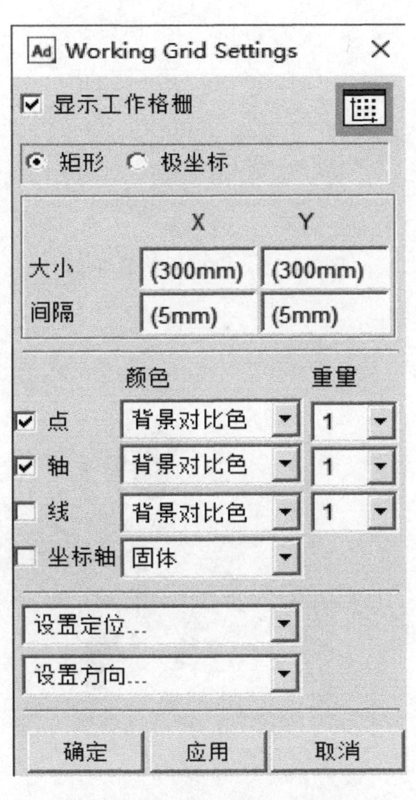

图 14-34　工作栅格对话框

② 单击工具栏拉伸按钮，将选项设置成“新建部件”、“轮廓”选择“点”、勾选“闭合”、“路径”设置成“圆心”、“长度”设置成 40，在图形区依次选择点（15，−25，0）、（15，−40，0）、（−45，−40，0）、（−45，40，0）、（15，40，0）、（15，25，0）、（−30，25，0）、（−30，

-25，0），选择完最后一个点时，单击鼠标右键，创建一个拉伸体，并重命名为“robothand”，如图 14-35 所示。

③ 单击工具栏上打孔按钮，将“半径”设置成 5mm，“深度”设置成 80mm，如图 14-36 所示，单击上一步创建的 robothand 构件，然后在图形区单击点（0，40，0）创建孔，如图 14-37 所示。单击圆柱体按钮，将选项设置为“新建部件”，“长度”设置为 50，“半径”设置为 10，在图形区先点击（-30，0，0），再点击（-80，0，0），创建一个圆柱体，然后点击工具栏布尔按钮，先点击 robothand，再点击新建的圆柱体，将两个构件合并为一个，如图 14-38 所示。

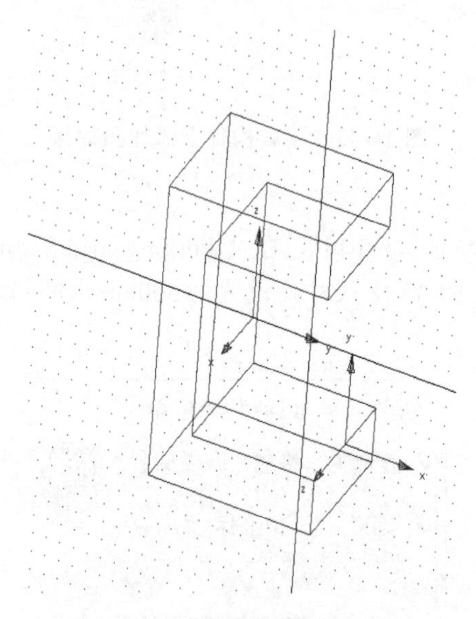

图 14-35 机械手构件主体

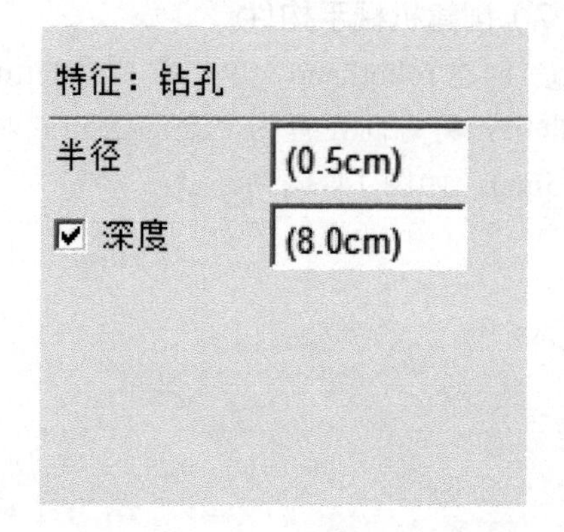

图 14-36 钻孔对话框

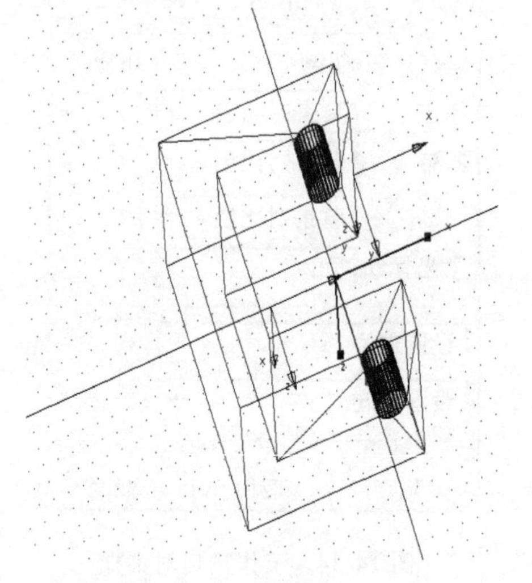

图 14-37 机械手构件打孔

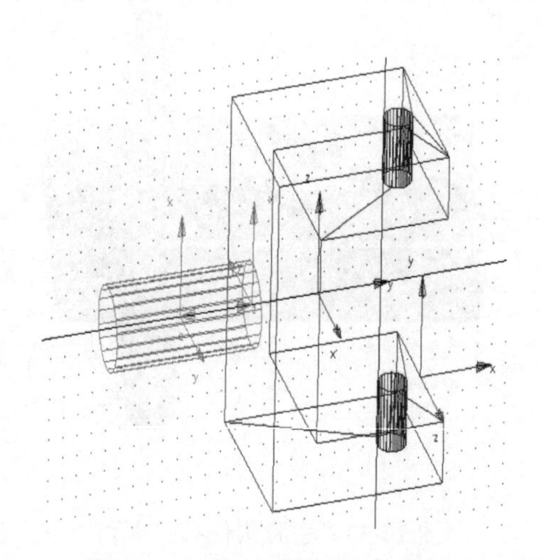

图 14-38 机械手构件添加圆柱

④ 单击圆柱体按钮，将选项设置为“新建部件”，“长度”设置为 150，“半径”设置为 3，在图形区先点击（-80，0，0），再点击（-150，0，0），创建一个圆柱体，如图 14-39

所示，然后点击工具栏布尔按钮，先点击 robothand，再点击新建的圆柱体，将两个构件合并为一个。最后得到如图 14-40 所示构件。

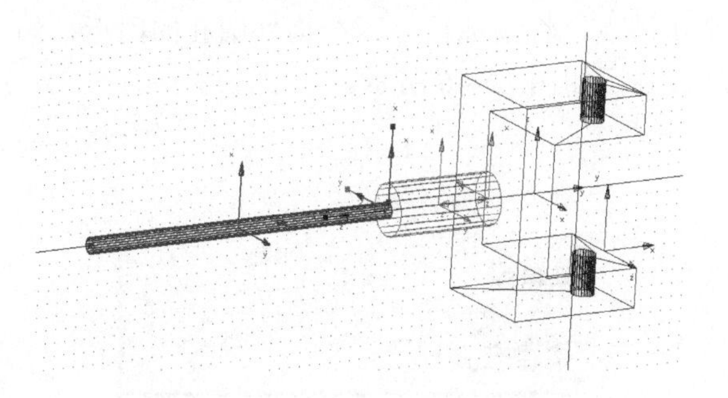

图 14-39　机械手构件添加焊条

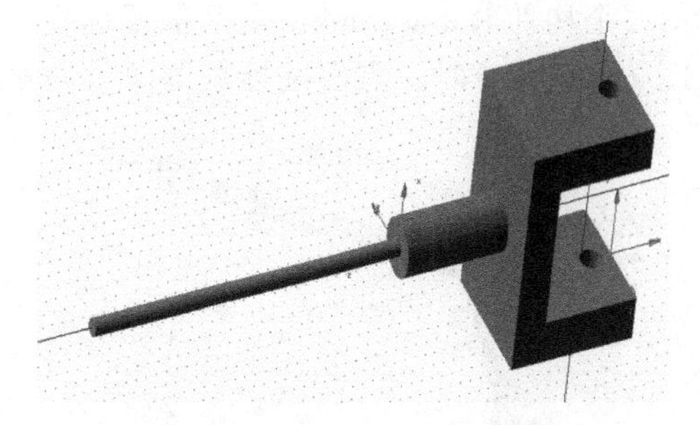

图 14-40　机械手构件布尔求和

⑤ 调整构件之间相对位置。调整 robot trunk 位置。展开左侧栏中物体，右键选中显示，将所有构件如此操作显示出来。单击菜单“编辑”—“移动”，弹出“Precision Move”对话框，如图 14-41 所示，在修改后的下拉列表中选择部件，在部件后的输入框中用鼠标右键浏览输入“Robot trunk”，在旋转下的输入框输入“90”，然后点击，于是就将 robot trunk 构件沿坐标系 Y 轴旋转 90°。

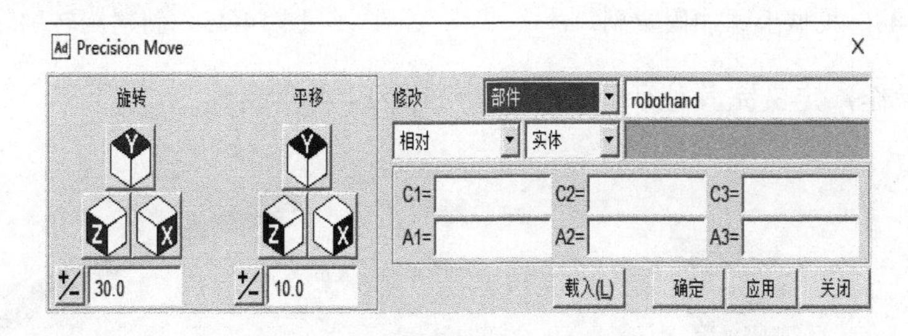

图 14-41　精确移动构件对话框

依次将其他构件类似地调整位置，最终生成的焊接机器人模型如图 14-42 所示。

（8）添加约束与驱动

① 创建固定副。单击工具栏中固定副按钮，弹出“固定副”对话框（图 14-43），将“构建方式”选项设置为“1 个物体-物体暗指”，然后在图形区点击 robotbase 上任意一点，将 robotbase 固定在大地上，如图 14-44 所示。

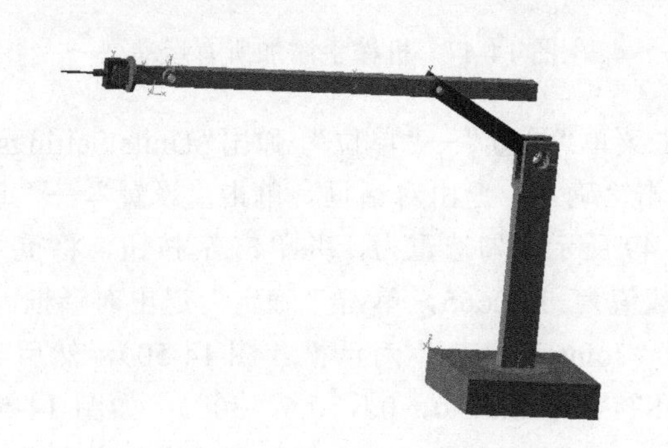

图 14-42　最后生成的焊接机器人

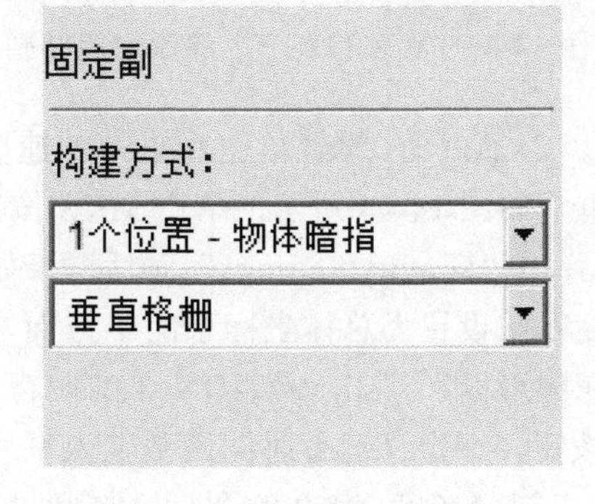

图 14-43　创建固定副对话框

② 创建旋转副。单击工具栏中的旋转副按钮，弹出“旋转副”对话框，如图 14-45 所示，将“构建方式”选项设置为“2 个物体-1 个位置”，然后在图形区点击第一个构件 robotbase 和第二个构件 Robot trunk，之后需要选择一个作用点，将鼠标移至两个构件圆孔的附近，当出现 center 信息时，点击鼠标左键即可创建旋转副，如图 14-46 所示。

图 14-44　机械手添加固定副

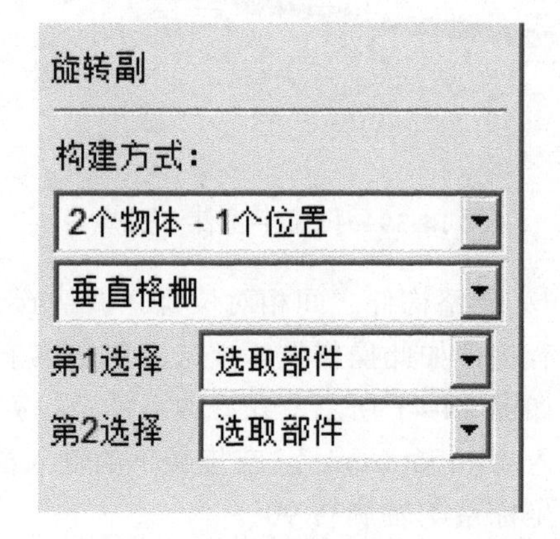

图 14-45　创建旋转副对话框

按照上述操作，定义完其他所有旋转副，如图 14-47 所示。

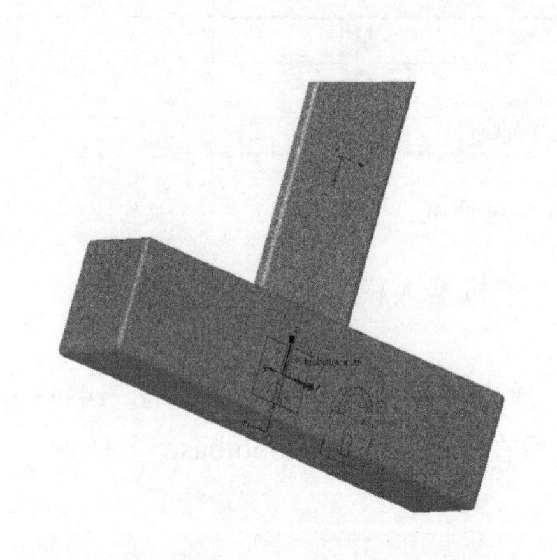

图 14-46　底座和躯干之间添加旋转副

图 14-47　机械手添加所有运动副

③ 添加驱动。设置单位和重力加速度。单击菜单“设置”—“单位”，弹出“Units Settings”对话框，如图 14-48 所示，单击 MKS 按钮，单击“确定”退出对话框。单击“设置”—“重力”，弹出“Gravity Settings”对话框，如图 14-49 所示，勾选重力，并单击 Y 按钮，将重力加速度方向设置为总体坐标系的 *Y* 方向，设置数值为-9.80665，单击“确定”退出对话框。

在图形区，双击 MOTION_3 的图标，打开“Joint Motion”对话框（图 14-50），然后点击按钮，在定义运行时间函数输入框中输入 STEP（time，0，0d，0.5，30d），如图 14-51 所示。双击 MOTION_2 的图标，打开“Joint Motion”对话框，然后点击按钮，在定义运行时间函数输入框中输入 STEP（time，0.5，0d，1.0，15d）。双击 MOTION_1 的图标，打开

“Joint Motion”对话框，然后点击按钮，在定义运行时间函数输入框中输入 STEP（time，0，0d，0.5，30d）。双击 MOTION_4 的图标，打开“Joint Motion”对话框，然后点击按钮，在定义运行时间函数输入框中输入 STEP（time，1.5，0d，2.0，-15d）。双击 MOTION_5 的图标，打开“Joint Motion”对话框，然后点击按钮，在定义运行时间函数输入框中输入 STEP（time，2，0d，2.5，15d）。

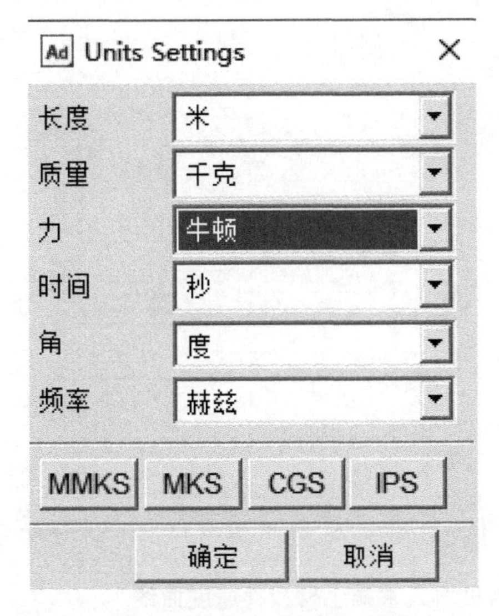

图 14-48　单位设置对话框

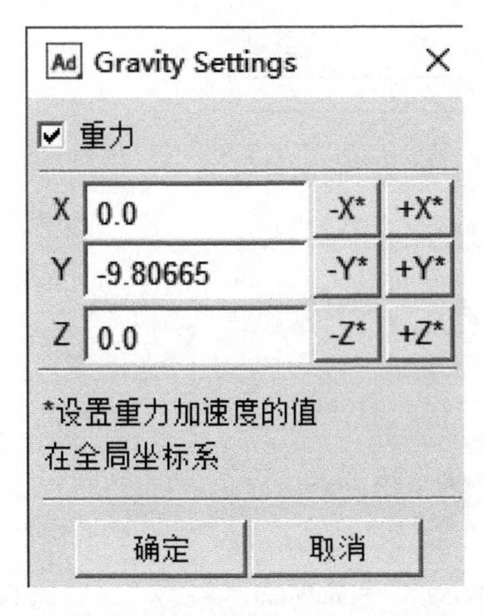

图 14-49　“Gravity Settings”（重力设置）对话框

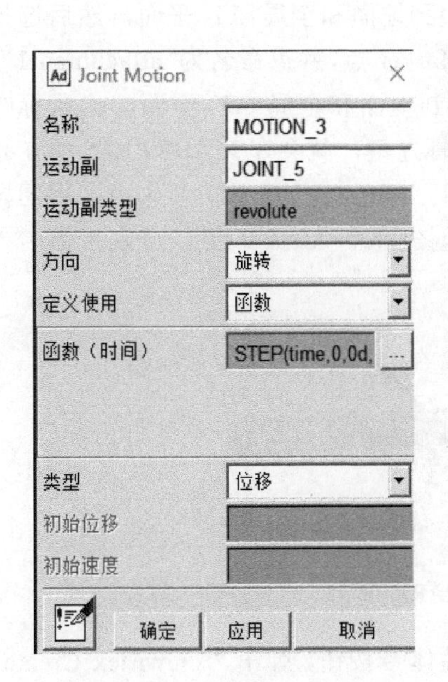

图 14-50　“Joint Motion”（编辑驱动）对话框

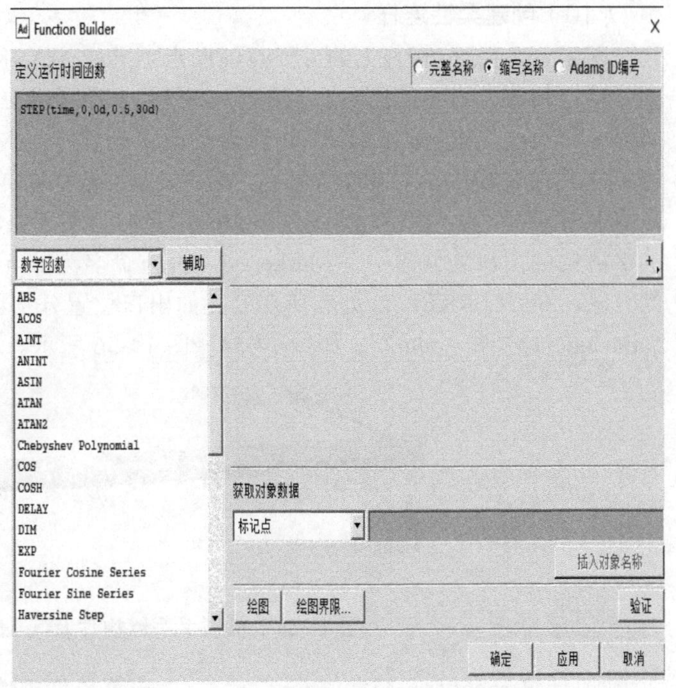

图 14-51　“Function Builder”（函数编辑）对话框

（9）仿真

运行仿真。单击工具栏 按钮，弹出“Simulation Control”对话框（图 14-52），“仿真时间”设置为 5，“步数”设置为“1000”，单击 按钮开始仿真，机械手末端在竖直方向上的速度曲线如图 14-53 所示。

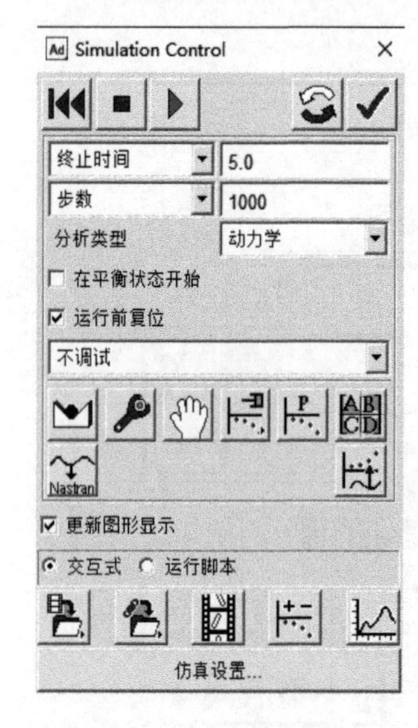

图 14-52 “Simulation Control”（仿真控制）对话框

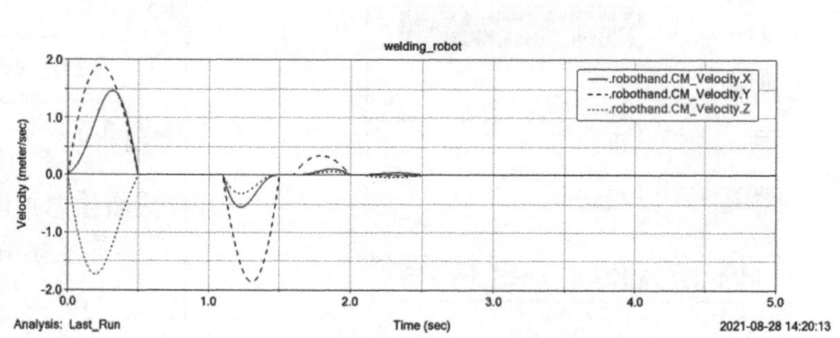

图 14-53 焊接机器人末端手臂构件速度曲线

（10）创建柔性连杆

创建 robot arm 构件上的外连点辅助点，其中 MARKER72 和 MARKER65 关联两个旋转副。单击几何建模工具栏中的 按钮，将选项设置为添加到地面和全局 *XY* 平面，然后选择 MARKER65 点，在与 MARKER65 重合的位置创建一个 Marker 点，并重命名为“attachment1”，再单击几何建模工具栏中的 按钮，将选项设置为添加到地面和全局 *XY* 平面，将鼠标在 MARKER65 出口处移动，当出现 center 信息时，按下鼠标左键，就会在 MARKER65 所在孔的 *Z* 方向的出口处创建一个 Marker 点，并重命名为 tem1，Marker 点用于辅助作用。用同样的方法，在 MARKER72 处和所在的孔的出口位置分别创建两个 Marker 点，分别重命名为“attachment2”和“tem2”，如图 14-54～图 14-56 所示。

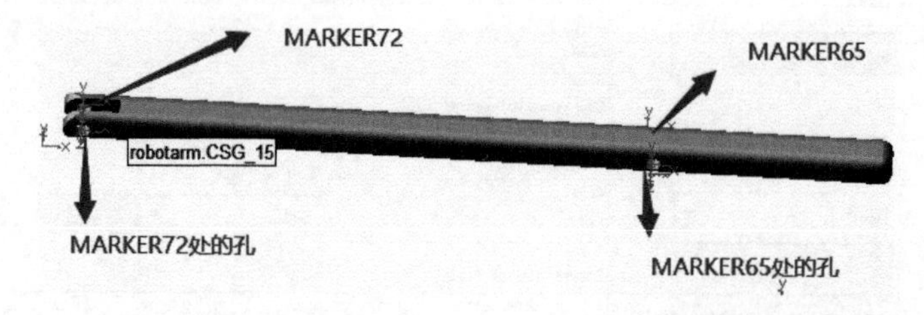

图 14-54 机械手手臂构件及其 MARKER 点

① 计算 robot arm 构件的 mnf 文件。单击菜单栏柔性体 按钮，弹出“ViewFlex-Create”对话框，如图 14-57 所示，在对话框划分网格的部件后的框中右键浏览选中 robotarm 构件，将单元类型设置为四面体固体，单元规范选择大小，单元大小设置为 3mm，最小尺寸设置为

5mm，勾选 Strain Analysis，在材料框中选择 steel 材料，其他设置为默认即可。

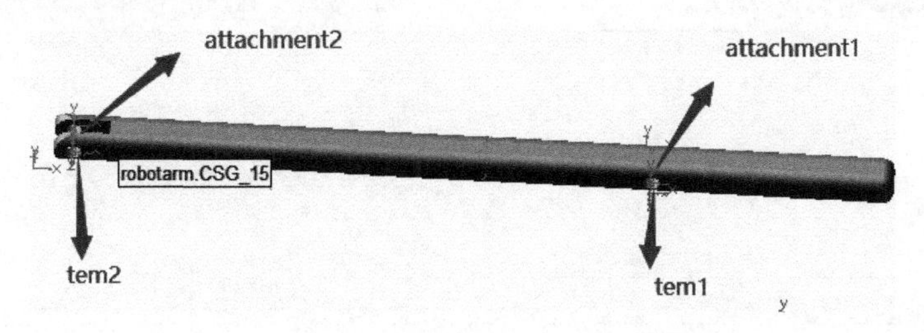

图 14-55 机械手手臂构件及其外连点和辅助点

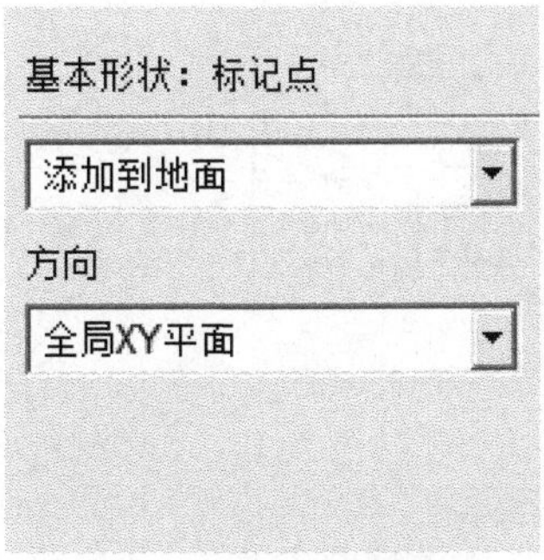

② 单击 attachments，进入外连点的定义阶段，如图 14-58 所示，用鼠标单击第一行，然后单击浏览坐标系，在弹出的对话框中，双击 grand 并找到名为 attachment1 的 Marker 点，并在右侧选择模型处选择圆柱副，在半径框中输入 12.5，在终点位置输入框中单击鼠标右键，选择“参考坐标系”—“浏览”，在弹出的对话框中，在 grand 下找到名 tem1 的 marker 点，将其插入终点位置处，勾选对称，并单击“变换 ID”按钮，然后点击“添加”，追加一行，用鼠标单击这行，然后单击浏览坐标系，在弹出的对话框中，双击 grand 并找到名为 attachment2 的 Marker 点，并在右侧选择模型处选择圆柱副，在半径框中输入 12.5，在终点位置输入框中单击鼠标右键，选择“参考坐标系”—“浏览”，在弹出的对话框中，在 grand 下找到名 tem2 的 marker 点，将其插入终点位置处，勾选对称，并单击“变换 ID”按钮，然后点击“确认”，便可开始计算 robot arm 的 mnf 文件。

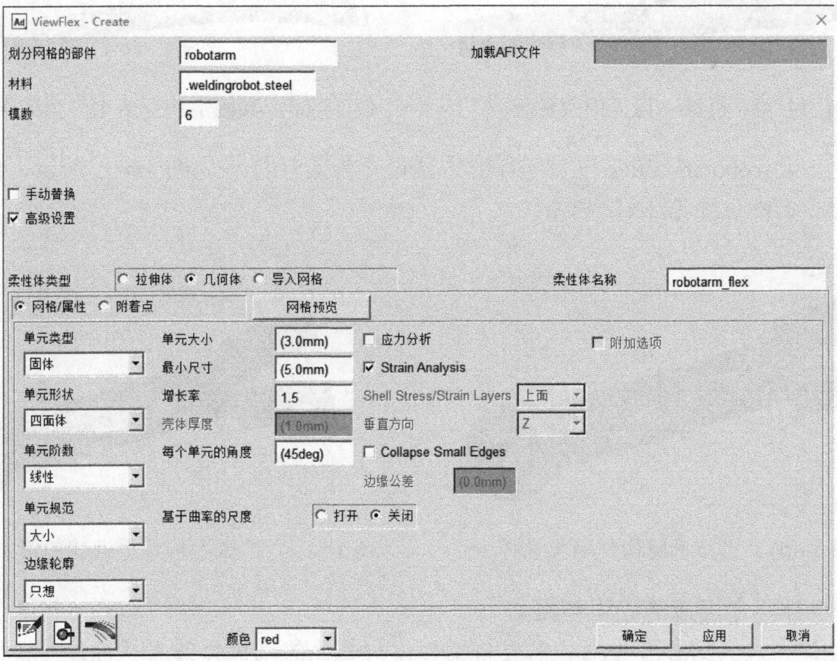

图 14-56 创建点对话框

图 14-57 定义手臂构件柔性体单元及其属性

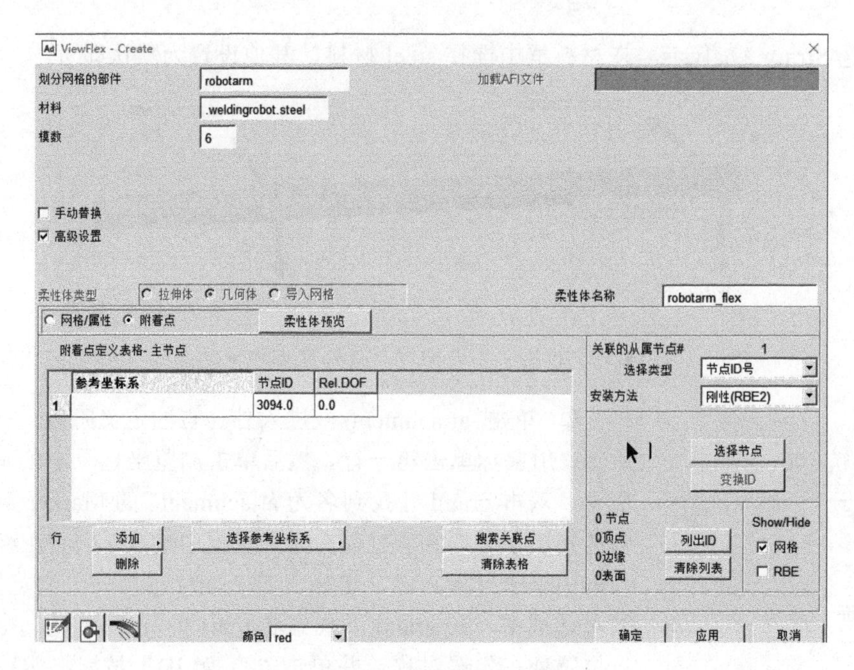

图 14-58　定义手臂构件的外连点

③ 用柔性体替换刚性体。点击菜单栏按钮，在当前部件浏览框中选择 robotarm 构件，在 MNF 输入框中浏览找到刚才所生成的 mnf 文件，单击“连接”，然后点击“确认”即可将原来刚体上的点均转移到柔性体上，替换后的柔性体如图 14-59 所示，在图形区双击柔性体，弹出“柔性体”的编辑对话框，点击即可查看各阶模态，图 14-60 为其第 9 阶模态。

图 14-59　机械手构件的柔性体

图 14-60　机械手构件的柔性体的第 9 阶模态

类似地，将 robotshoulder 按照同样的方法设置为柔性杆，如图 14-61 所示，图 14-62 为 robotshoulder 柔性体的第 10 阶模态。

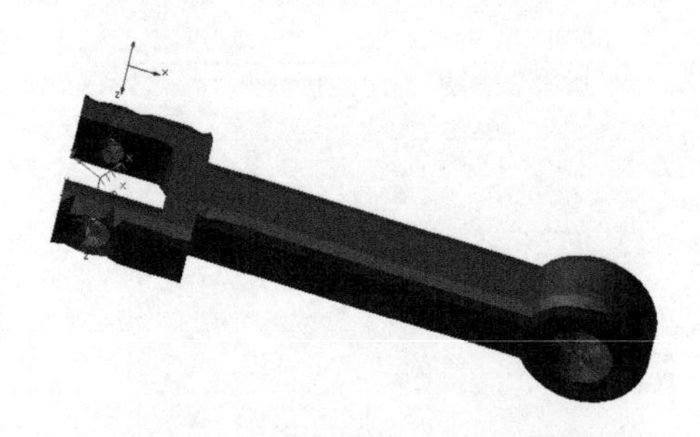

图 14-61　机械手肩构件的柔性体

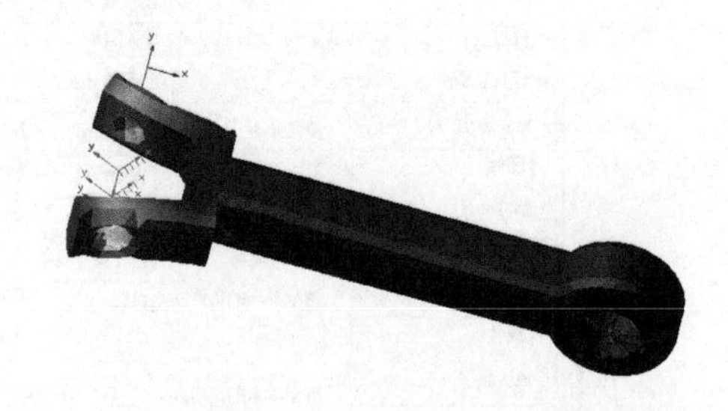

图 14-62　机械手构件柔性体的第 10 阶模态

（11）创建刚柔连接的约束与驱动

将柔性体导入 ADMAS 中后，需要将柔性体与其他的刚性体或者柔性体与柔性体之间建立运动副约束关系，还需要在柔性体上施加载荷等。

在robot arm和robotshoulder与相应的柔性体之间创建固定副，创建后的结果如图14-63～图14-65所示。

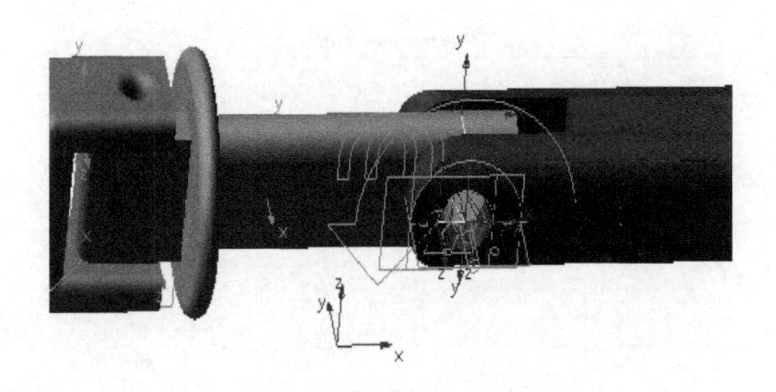

图14-63　手腕构件与手臂构件创建固定副

图14-64　肩构件与手臂构件创建固定副

图14-65　肩构件与躯干构件之间创建固定副

（12）仿真与后处理分析

由机械手臂 X 方向上的仿真结图（图14-66～图14-70）可以得出，多刚体运动、刚柔耦合运动和多柔体运动的位移是存在一些差异的，但是差异性不大。这主要是由于刚体是一种理想固体，它的尺寸和形状完全是固定的，当施加外力时，仍保持不变，但是柔性体是存在变形的。所以三个运动仿真是存在差异的。

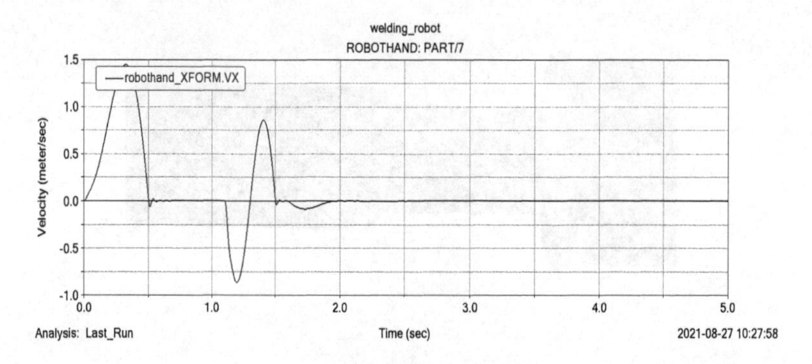

图 14-66　后处理

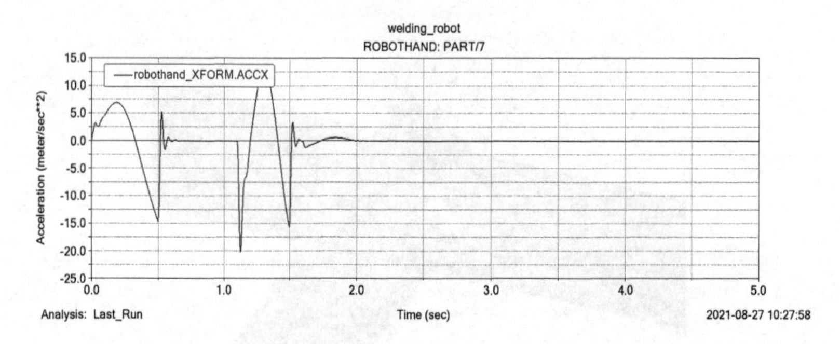

图 14-67　机械手构件在 X 轴方向上的加速度曲线

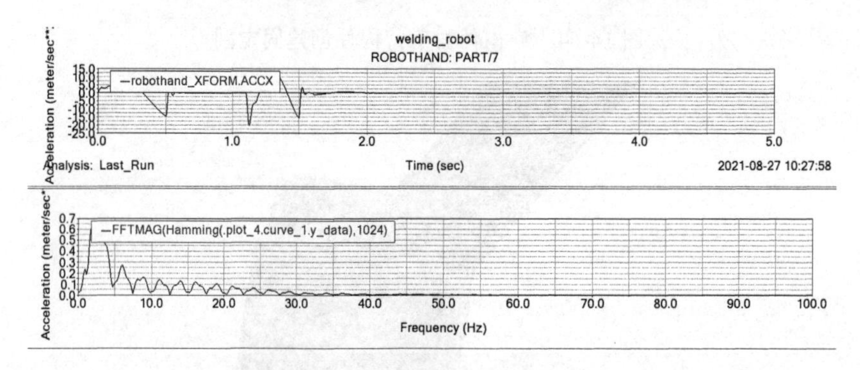

图 14-68　曲线 FFT 变换

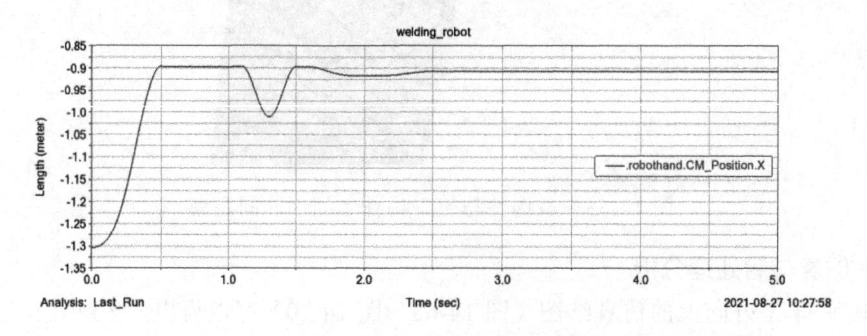

图 14-69　机械手构件在 X 轴方向上的位移曲线

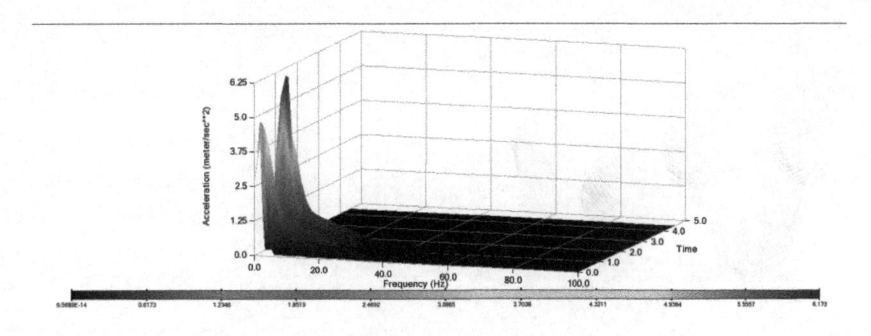

图 14-70　红色曲线 FFT（3D）变换

在 1.2～1.3s 时这个差异较大，是由于施加的力使柔性体产生相对较大的变形所导致的，所以这里的位移会有相对明显的变化。